G. Menges / E. Haberstroh / W. Michaeli / E. Schmachtenberg

# Werkstoffkunde Kunststoffe

5., völlig überarbeitete Auflage

# HANSER

Carl Hanser Verlag München Wien

Die Autoren:
*Prof. Dr.-Ing. Georg Menges,* Am Beulardstein 19, 52072 Aachen; *Prof. Dr.-Ing. Edmund Haberstroh,*
*Prof. Dr.-Ing. Walter Michaeli, Prof. Dr.-Ing. Ernst Schmachtenberg,* Institut für Kunststoffverarbeitung,
RWTH Aachen, Pontstraße 49, 52062 Aachen

Alle in diesem Buch enthaltenen Verfahren und Berechnungen wurden nach bestem Wissen erstellt und mit
Sorgfalt getestet. Dennoch sind Fehler nicht ganz auszuschließen. Aus diesem Grund sind die in diesem Buch
enthaltenen Verfahren und Berechnungen mit keiner Verpflichtung oder Garantie irgendeiner Art verbunden.
Autor und Verlag übernehmen infolgedessen keine Verantwortung und werden keine daraus folgende oder
sonstige Haftung übernehmen, die auf irgendeine Art aus der Benutzung dieser Verfahren und Berechnungen
oder Teilen davon entsteht.

Die Wiedergabe von Gebrauchsnamen, Handelsnamen, Warenbezeichnungen usw. in diesem Werk berechtigt
auch ohne besondere Kennzeichnung nicht zu der Annahme, dass solche Namen im Sinne der Warenzeichen-
und Markenschutz-Gesetzgebung als frei zu betrachten wären und daher von jedermann benutzt werden dürf-
ten.

Die Deutsche Bibliothek – CIP Einheitsaufnahme
Werkstoffkunde Kunststoffe / Georg Menges ... – 5., völlig überarb. Aufl. – München ; Wien : Hanser, 2002
    Bis 4. Aufl. u.d.T.: Menges, Georg: Werkstoffkunde Kunststoffe
    ISBN-10: 3-446-21257-4
    ISBN-13: 978-3-446-21257-2

Dieses Werk ist urheberrechtlich geschützt.
Alle Rechte, auch die der Übersetzung, des Nachdruckes und der Vervielfältigung des Buches, oder Teilen
daraus, vorbehalten. Kein Teil des Werkes darf ohne schriftliche Genehmigung des Verlages in irgendeiner
Form (Fotokopie, Mikrofilm oder ein anderes Verfahren), auch nicht für Zwecke der Unterrichtsgestaltung,
reproduziert oder unter Verwendung elektronischer Systeme verarbeitet, vervielfältigt oder verbreitet werden.

© 2002 Carl Hanser Verlag München Wien
Satz: Druckhaus Th. Müntzer, Bad Langensalza
Herstellung: Martha Kürzl, Stafford, UK
Druck und Bindung: Druckhaus Th. Müntzer, Bad Langensalza
Printed in Germany

# Vorwort zum korrigierten Nachdruck der 5. Auflage

Die bisherigen Auflagen dieses Lehrbuches erfreuten sich eines Leserkreises, der weit über die Studierenden unserer Fachrichtung Kunststofftechnik der RWTH Aachen hinausgeht. Wir sind stolz darauf und dankbar, dass viele Hochschullehrer anderer Universitäten und Fachhochschulen gerne mit diesem Buch arbeiten, weil es in der Sprache des Ingenieurs geschrieben ist und an deren Modellbilder anknüpft. Das erleichtert Ingenieuren den Zugang zum Verständnis der Polymerwerkstoffe, deren Werkstoffverhalten komplex ist und sich deutlich von dem klassischer Ingenieurwerkstoffe, d. h. vor allem der Metalle, unterscheidet.

Georg Menges und seine Mitarbeiter haben sofort nach der Einrichtung des Lehrstuhls für Kunststoffverarbeitung der RWTH Aachen 1965 begonnen, die bis dahin für Ingenieure undurchsichtigen Eigenschaften der Kunststoffe in einer langen Reihe von Forschungsvorhaben systematisch zu erforschen, sie für Ingenieure verständlich zu erklären und mit den klassischen Berechnungsmethoden zu behandeln.

In den vergangenen 50 Jahren wurde weltweit von zahlreichen Wissenschaftlern erfolgreich an dieser Aufgabe gearbeitet. Damit verfügen wir heute über ein weitgehendes Verständnis, um das Verhalten dieser Werkstoffe in vielen Anwendungsfällen ausreichend genau vorhersagen zu können.

Mit der 5., überarbeiteten Auflage aus dem Jahre 2002 wurde versucht, die für den Ingenieur wesentlichen Aspekte noch besser herauszuarbeiten. In dem vorliegenden korrigierten Nachdruck dieser 5. Auflage wurden neben Korrekturen auch Verbesserungen sowie Ergänzungen und Aktualisierungen der Literaturangaben vorgenommen. Hiermit möchten wir anwendenden Ingenieuren helfen, das Verhalten dieser Werkstoffe zu verstehen, auch wenn in ihrer Ausbildung dieses Thema nicht oder nur spärlich behandelt wurde. Wir hoffen, dass wir auch Konstrukteuren helfen können, Entwicklungen werkstoffgerecht anzugehen und so zu gebrauchssicheren Produkten zu kommen. Wir sind zuversichtlich, dass wir auch denjenigen Ingenieuren, die Kunststoffverarbeitungsprozesse entwickeln oder bewerten, helfen können, die Vorgänge in diesen Prozessen besser zu verstehen und damit Fehler zu vermeiden. Das Buch wurde von uns bewusst für den Wissensstand von Ingenieuren leicht verständlich und auf das Wesentliche beschränkt abgefasst. Dies erschien uns trotz der vielen Bücher auf diesem Gebiet wichtig, weil viele entweder sehr wissenschaftlich aufgebaut sind oder sich in erster Linie an Spezialisten wenden. Die Kunststoffe sind schon heute weltweit dem Volumen nach die größte Werkstoffklasse. Damit sie erfolgreich weiterwachsen, ist die Verbreitung der Kenntnisse ihrer Eigenschaften unumgänglich.

In einem solchen Lehrbuch ist Konzentration auf das Wesentliche gefordert. Bewusst haben wir daher die Hinweise auf die Normen und Güterichtlinien in dieser Ausgabe gestrichen, weil diese einerseits für das Grundverständnis nicht unbedingt notwendig erscheinen und andererseits sich schnell weiter entwickeln. Wir verweisen denjenigen Leser, der diese Hinweise sucht, auf das Saechtling Kunststoff Taschenbuch aus dem Carl Hanser Verlag, das in kurzen Abständen überarbeitet wird und auch die Normen und Güterichtlinien stets in der neuesten Fassung enthält. Das Literaturverzeichnis enthält in bewährter Weise die wissenschaftlichen Basiswerke, Kompendien und Lehrbücher des Fachgebietes, ebenso wie wichtige wissenschaftliche Arbeiten und Dissertationen, die zum heutigen Stand des Wissens beigetragen haben.

Schließlich möchten wir auch den vielen Kollegen danken, die uns mit ihren Vorschlägen geholfen haben, Fehler auszumerzen und die Darbietung des Stoffes zu verbessern – ganz besonders Herrn Kollegen Prof. Dr. rer.nat Horst Briehl von der Fachhochschule Schwenningen. Wir hoffen auch weiterhin auf die kritischen Hinweise unserer Leser.

Dem Carl Hanser Verlag verdanken wir es, dass das Buch in einer ansehnlichen Ausführung und gleichzeitig zu einem erträglichen Preis angeboten werden kann.

Gemeinsam mit allen Mitverfassern wünschen wir, dass unsere Leser zu begeisterten Freunden dieser ungemein vielfältigen und interessanten Werkstoffe werden.

Aachen, im Dezember 2005

G. Menges, E. Haberstroh, W. Michaeli, E. Schmachtenberg

# Inhalt

# Dieses Buch entstand unter Mitarbeit folgender Autoren:

| | |
|---|---|
| Klaus Breyer | (Kap. 16) |
| Rainer Dahlmann | (Kap. 14) |
| Hubert Ehbing | (Kap. 9) |
| Ingrid Fonteiner | (Kap. 13) |
| Martin Giersbeck | (Kap. 4.4.3) |
| Jochen Hauck | (Kap. 2.3) |
| Hartwig Höcker | (Kap. 12) |
| Stefan Hoffmann | (Kap. 6.1) |
| Andreas Kammann | (Kap. 11) |
| Martin Knops | (Kap. 7.6) |
| Jochen Kopp | (Kap. 7.6) |
| Uwe Lang | (Kap. 8) |
| Peter Niggemeier | (Kap. 6.1) |
| Jürgen Philipps | (Kap. 10) |
| Boris Rotter | (Kap. 5) |
| Peter Schwarz | (Kap. 3, 4, 15) |

# 1 Entwicklung und historische Bedeutung der Kunststoffe

## 1.1 Historie

Hochmolekulare, organisch aufgebaute Werkstoffe werden von den Menschen seit ältester Zeit, in Form von Textilien aus Naturfasern, Holz und Leder, benutzt. Die gezielte Umwandlung von Naturstoffen in das, was man unter Kunststoffen – Polymerwerkstoffen – versteht, begann in der ersten Hälfte des 19. Jahrhunderts (Tabelle 1.1) mit der Cellulose. Eine wirtschaftliche Bedeutung gewinnen, wie man Bild 1.1 entnimmt, die Kunststoffe jedoch erst in den dreißiger Jahren des vergangenen Jahrhunderts, nachdem Hermann Staudinger, der deutsche Nobelpreisträger, mit seiner Schöpfung des Modellbilds vom Aufbau der Kunststoffe aus Molekülketten den Forschern in den damaligen Industrieländern gleichzeitig Anreiz und Schlüssel zu neuen Synthesen bot. Es hatte zwar bereits zuvor basierend auf Naturstoffen Polymere wie Caseinharze auf Basis Milch oder bekannter als dieses das „Celluloid" auf Basis Holz gegeben. Auch synthetische Werkstoffe gab es schon seit der Jahrhundertwende in Form von Harzen auf der Basis von Phenol und Aminoplasten z. B. Melaminharze. Die industrielle Verarbeitung von polymeren Werkstoffen setzte Mitte des 19-ten Jahrhunderts mit der Verarbeitung des Latex von Gummibäumen und seiner Umwandlung zu Kautschuk (Gummi, Elastomere) ein. Erstes und wichtigstes Anwendungsgebiet für diese Polymerwerkstoffe war die Elektroindustrie mit ihrem Bedarf an Isolationswerkstoffen. In

*geschichtliche Einführung*

*natürliche Polymere*

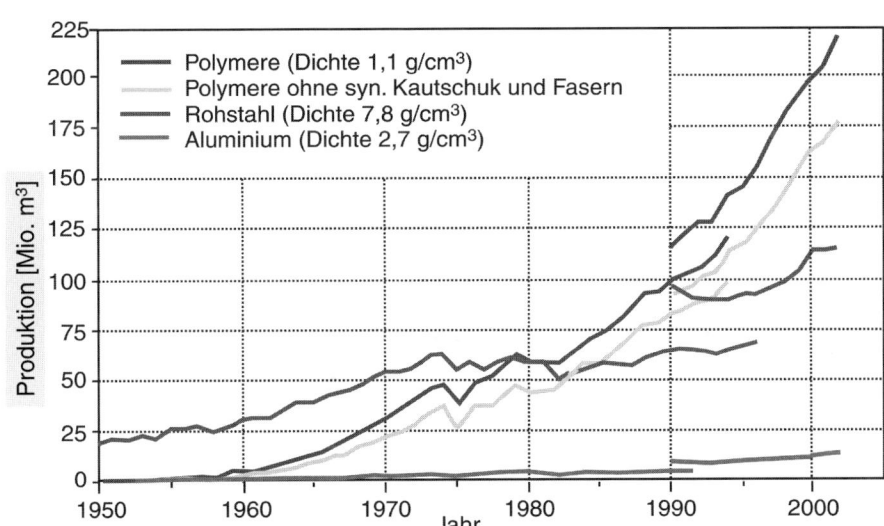

Bild 1.1 Produktion verschiedener Werkstoffe in der westlichen Welt, ab 1990 in der gesamten Welt (volumenbezogen)
Quelle: BASF AG, Wirtschaftsvereinigung Stahl, Gesamtverband der Deutschen Aluminium Industrie (nach *Ehrenstein*)

Tabelle 1.1 Zeitliche Entwicklung von handelsüblichen Polymeren (Quelle: Der Lichtbogen. 4/XXV, Dez. 1976, Nr. 183)

| Zeitliche Entwicklung | Polymerbezeichnung | Kurz-zeichen | Aufbauprinzip |
|---|---|---|---|
| 1880 90 1900 10 20 30 40 50 60 70 | | | |
| **THERMOPLASTE** | Celluloid | | Chemische Umwandlung von Naturstoffen |
| | Zellglas und Zellwolle | | |
| | Cellulosederivate | CA, CP, CAB | |
| | Polyvinylchlorid | PVC | Polymerisation |
| | Polyvinylchlorid weich | PVC-P | Polymerisation |
| | Polyvinylalkohol | PVAL | Polymerisation und Verseifung |
| | Polyacrylate | PMMA u. a. | Polymerisation |
| | Polyvinylacetat | PVAC | Polymerisation |
| | Polystyrole | PS, ABS u. a. | Polymerisation |
| | Polyamide | PA 6, PA 66 | Polykondensation, Polymerisation |
| | Polyethylene | PE | Polymerisation |
| | Polyisobutylen | PIB | Polymerisation |
| | Polyacrylnitril | PAN | Polymerisation |
| | Polyurethane | PUR | Polyaddition |
| | Polyfluorcarbone | PTFE u. a. | Polymerisation |
| | Polycarbonat | PC | Polykondensation |
| | Polyalkylenterephthalate | PET, PBT | Polykondensation |
| | Ethylen/Vinylacetat-Copolymere | E/VA | Polymerisation |
| | Polypropylen | PP | Polymerisation |
| | Polyimide | PI | Polykondensation |
| | Polyformaldehyd, Polyoxymethylen | POM | Polymerisation |
| | Aramide | | Polykondensation |
| | Polyarylether | z. B. PPE | Polykondensation |
| | Poly-4-methylpenten-1 | MMP | Polymerisation |
| | Polybuten-1 | PB | Polymerisation |
| | LC-Polymere | LCP | Polykondensation |
| | Polyetheretherketon | PEEK | Polykondensation |
| | Polyethersulfon | PES | Polykondensation |
| **THERMOPLASTISCHE ELASTOMERE** | Ethylen/Propylen-Copolymere + Blends | E/P bzw. EPM | Polymerisation |
| | Polyethylen + Polyamid-Blends | (PE + PA) | Polymerisation |
| **VERNETZTE ELASTOMERE** | Naturkautschuk | NR | Naturstoff |
| | Polyisopren | IR | Polymerisation |
| | Polybutadien | BR | Polymerisation |
| | Polysulfide | | Polykondensation |
| | Acrylnitril-Butadien-Copolymere | NBR | Polymerisation |
| | Styrol-Butadien-Copolymere | SBR | Polymerisation |
| | Polychloropren | CR | Polymerisation |
| | Isobuten/Isopren-Copolymere | IIR | Polymerisation |
| | Silicone | | Polykondensation |
| | Polyurethane | PUR | Polyaddition |
| | Polyfluorcarbone | PTFE u. a. | Polymerisation |
| | Polyacrylate | ACM, ANM | Polymerisation |
| | Polyethylen, chlorsulfoniert | CSM | Polymerisation u. chem. Umwandl. |
| | Ethylen-Co- und Terpolymere | EP(D)M | Polymerisation |
| | Polyepichlorhydrin | CHR | Polymerisation |
| | Polyalkenamere | TPA u. a. | Polymerisation |
| **DUROPLASTE** | Kunsthorn, Caseinharze | CSF | Chem. Umwandlung v. Naturstoffen |
| | Phenol-Formaldehyd | PF u. a. | Polykondensation |
| | Alkydharze | | Polykondensation |
| | Harnstoff-Formaldehyd | UF | Polykondensation |
| | Polyurethane | PUR | Polyaddition |
| | Epoxide | EP | Polykondensation |
| | ungesättigte Polyester | UP | Polykondensation |
| | Melamin-Formaldehyd | MF | Polykondensation |
| | Polyesterimide | | Polykondensation |
| | Leiterpolymere | | Polymerisation und -kondensation |
| 1880 90 1900 10 20 30 40 50 60 70 | | | |

☐ Laboratoriums- u. Technikumsentwicklung     ▨ Technische Kunststoffe, größere Mengen werden gefertigt.

▨ Spezialitätenkunststoff     ▤ Massenkunststoff wird in größten Mengen gefertigt und angewandt.

den ersten Jahrzehnten des zwanzigsten Jahrhunderts war die rasch wachsende Autoindustrie der Motor für ein schnelles Wachstum der Kautschukindustrie. Die Kunststoffindustrie blieb zunächst relativ klein, bis die synthetischen Thermoplaste Mitte der dreißiger Jahre auf den Markt kamen und ihre Verarbeitung und Anwendung durch die Autarkiebestrebungen in Deutschland vor und im zweiten Weltkrieg einen erheblichen Schub bekamen.

die ersten Poly-<br/>merwerkstoffe

Damals wurden so wichtige Werkstoffe, wie der synthetische Kautschuk (Buna) entwickelt, für dessen Produktion eine große Fabrikation in Leuna in Ostdeutschland aufgebaut wurde. Das Polycaprolactam (Polyamid 6, Perlon) wurde ebenfalls in Deutschland bei der IG-Farben erfunden, und als strategisch wichtiger Werkstoff (Fallschirme) wurden hierfür sofort Erzeugungsanlagen aufgebaut. In den USA bei DuPont wurde gleichzeitig das Polyhexamethylendiamin (Ausgangsrohstoff für Polyamid 66, bekannt unter dem Handelsnamen Nylon) und in England von der ICI 1933 das Polyethylen niedriger Dichte (Hochdruckpolyethylen, PE-LD) erfunden. Wegen der großen strategischen Bedeutung wurden für diese Werkstoffe schnell ebenfalls Erzeugungsanlagen aufgebaut. Hiermit begann die chemische Industrie Werkstoffproduzent zu werden.

synthetische<br/>Polymere

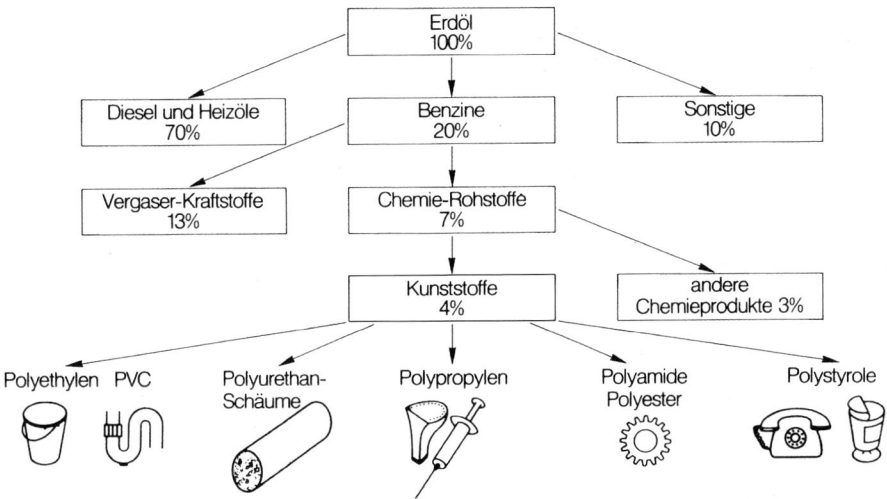

Bild 1.2 Vom Erdöl zum Kunststoff (Zahlenangaben gültig für die Bundesrepublik Deutschland 1998)

Zunächst war die Ausgangsbasis für die synthetischen Kunststoffe noch die Kohle (Tabelle 1.2). Mitte der fünfziger Jahre wurde jedoch die Rohstoffbasis auf Erdöl umgestellt (vgl. Bild 1.2), denn der steigende Benzinverbrauch ließ erhebliche Mengen praktisch wertloser Raffinationsanteile anfallen. Die bis dahin nicht verwertbaren Gase, vor allem Ethylen und etwas später Propylen, boten sich als hochwertige Kohlenwasserstoffe als Grundstoffe für die Polymerisation von Kunststoffrohstoffen an. So fällt Ethylen zu 6 % bis 12 % beim Cracken von Rohöl an. Es ist bis heute die wichtigste Rohstoffbasis geblieben und dies nicht mehr nur für das Polyethylen (Tabelle 1.3), sondern generell für sehr viele Kunststoffe und andere chemische Produkte. Dieser Zweig der Chemie wird heute als „Petrochemie" bezeichnet. Mit dem steigenden Benzin- und Heizölverbrauch in den

Rohstoffbasis

Tabelle 1.2 Polymerwerkstoffe auf Kohlebasis (Quelle: Der Lichtbogen. 4/XXV, Dez. 1976, Nr. 183)

| | | | | |
|---|---|---|---|---|
| Steinkohle | | Produktfluß | | |
| | | ⟶ | | |
| Ammoniak | | | | |
| Stadtgas | | | | |
| Koks | Wassergas | Methanol | Formaldehyd | Formaldehydharze UF, MF, PF |
| | Karbid | Ca-cynamid | Melamin | Melamin-Formaldehyd |
| | Acetylen | | Ethylen | Polyethylen |
| | | | Ethylenglykol | Polyester |
| | | | Acrylsäure(ester) | Polyacrylate |
| | | | Acrylnitril | Polyacrylnitril, Nitrilkautschuk, ABS |
| | | 1,3-Butandiol | Butadien | Polybutadien, SBR |
| | | Vinylacetylen | Chloropren | Polychloropren |
| | | | Vinylchlorid | Polyvinylchlorid |
| | | | Vinylidenchlorid | Polyvinylidenchlorid |
| | | | Vinylacetat | Polyvinylacetat, -alkohol, -butyral |
| | | | Vinylether | Polyvinylether |
| Steinkohlenteer | Leichtöl | Benzol | Styrol | Polystyrol, Styrol-Copolymere |
| | | Xylole | Terephthalsäure | Polyester |
| | | | Isophthalsäure | Polyester |
| | Phenolöl | Phenol | | Phenol-Formaldehyd |
| | | | Bisphenol A | Epoxidharze, Polycarbonate |
| | | Cyclohexanon | Caprolactam | Polyamid 6 |
| | | | Adipinsäure / Hexamethylendiamin | Polyamid 66 |
| | Naphthalinöl | | Phthalinsäureanhydrid | Polyester, Alkydharze |

fünfziger und sechziger Jahren wuchs auch die Petrochemie und vor allem auch die Produktion von Polymerwerkstoffen boomartig mit weit über 10 % pro Jahr. Erst mit der Erdölkrise 1973 trat eine gewisse Dämpfung ein. Seither hat sich die Wachstumsrate für den Verbrauch von Kunststoffen zusammen mit der gesamten Wirtschaftsentwicklung auf im Durchschnitt ca. 4 % pro Jahr verlangsamt. Jedoch ist die Entwicklung, insbesondere bei Thermoplasten immer noch, beispielsweise bei Polypropylen (PP) mit mehr als 10 %/Jahr weltweit, beachtlich. Auch technologische Verbesserungen, wie neue Technologien zur Herstellung von Polymeren, z. B. die Verwendung neuer Katalysatoren (Metallocene) bei der Polymerisation, werden keine nennenswerten Verbilligungen der Kunststoffrohstoffe bringen, jedoch die Anwendungen vergrößern.

Gründe für den Erfolg

Die Thermoplaste zeichnen sich dadurch aus, dass sie sich besonders leicht zu Formteilen und Profilen ausformen (urformen) lassen. Die kostengünstige Produktion von Massengütern ließ einige dieser Werkstoffe zu Massenkunststoffen werden, deren stetiges Wachstum zunächst auf der Substitution konventioneller Werkstoffe, wie Papier, Holz, Metallblech u.a., beruhte. Das stärkste Wachstum besitzen seit Jahren die Polyolefine, die heute einen Anteil von 45 % an der ge-

Tabelle 1.3 Polymerwerkstoffe auf Naphthabasis (Quelle: Der Lichtbogen. 4/XXV, Dez. 1976, Nr. 183)

Naphtha    Produktfluß
→

Restgas — Synthesegas — diverse Synthesen — u.a. Formaldehyd — Polyformaldehyd, Formaldehydharze

Acetylen — (siehe Acetylenzweig in Tabelle 1.2)

Ethylen — Polyethylen, EP[D]M-Kautschuk

Vinylchlorid — PVC und Copolymere

Vinylacetat — PVAC, PVA, Polyacetale

Ethylenoxid — Ethylenglykol — Polyester

Polyether, Polyurethane

Propylen — Polypropylen, EP[D]M

Acrylnitril — Polyacrylnitril, ABS, NBR

Adipindinitril — Hexamethylendiamin — Polyamid 66 u.a. Polyamide

Acrylsäure(ester) — Polyacrylate und Copolymere

Propylenoxid — Propylenglykol — Polyester, Polyurethane

Cumol — Aceton — Methylmethacrylat — Polymethylmethacrylat

Bisphenol A — Epoxidharze, Polycarbonate, Polysulfone

$C_4$-Fraktion — 1-Buten — Polybuten-1

n-Butan — Maleinsäureanhydrid — ungesättigte Polyester

Isobuten — Butylkautschuk

Isopren — Polyisopren

Butadien — Polybutadien, SBR, NBR

Cyclododecatrien — Laurinlactam — Polyamid 12

1,12-Dodecandisäure — Polyamid 612 u.a.

Adipindinitril — Hexamethylendiamin — Polyamid 66 u. 612

Chloropren — Polychloropren

$C_5$-Fraktion — Isopren — Polyisopren

Crackbenzin — Benzol — Ethylbenzol — Styrol — Polystyrol und Copolymere z.B. SBR, ABS, SAN; UP

Cumol — Phenol — Phenole, Epoxide

Cyclohexan — Caprolactam — Polyamid 6

Adipinsäure — Polyamid 66 und andere

Toluol — Toluylendiisocyanat — Polyurethane

o-Xylol — Phthalsäureanhydrid — Polyester, Alkydharze

p-Xylol — Terephthalsäure — Polyester

m-Xylol — Isophthalsäure — Polyester

höhere Homologe — Trimellitsäureanhydrid Pyromellitsäureanhydrid — Polymide

Naphthalin — Phthalsäureanhydrid — Polyester

samten Kunststoffpalette besitzen. Dabei ist das Polypropylen das schnellstwachsende Polymer seit Jahren. Das anhaltende starke Wachstum von Polypropylen beruht darauf, dass es gleichzeitig auch zu einem wichtigen Werkstoff für technische Anwendungen geworden ist, wo es immer noch neue Anwendungen erobert und zum Teil auch andere Kunststoffe substituiert.

Die gesamte Gruppe der technischen, thermoplastischen Kunststoffe, wozu auch die Polyamide und die thermoplastischen Polyester zählen, wachsen mit ca. 7,5 % pro Jahr (diese Zahlen beinhalten nicht die Verwendung als Faserstoffe, welche in den offiziellen Statistiken separat gezählt werden). Der Anteil der Verwendung dieser Werkstoffe für Fasern beträgt allerdings weniger als 10 % der Gesamtproduktion.

faserverstärkte
Kunststoffe

Auch die mit langen Fasern (Glasfasern, Kohlenstofffasern u. a.) verstärkten Kunststoffe, die so genannten Faserverbund-Werkstoffe, wachsen nur noch mäßig. Ihr Wachstum hat sich mit dem Ende des kalten Krieges drastisch verlangsamt. Vorher waren die militärischen Anwendungen in Form von Leichtbauwerkstoffen für Großbauteile intensiv gefördert worden. Die zivilen Anwendungen fassen erst jetzt langsam Fuß, denn noch immer sind die Kosten für die Verarbeitung höher als bei metallischen Werkstoffen, und der Vorteil des niedrigen Gewichts wird weit weniger honoriert als bei militärischen Anwendungen. Ihr Anteil beträgt etwa 2 % der Gesamtproduktion von Kunststoffen.

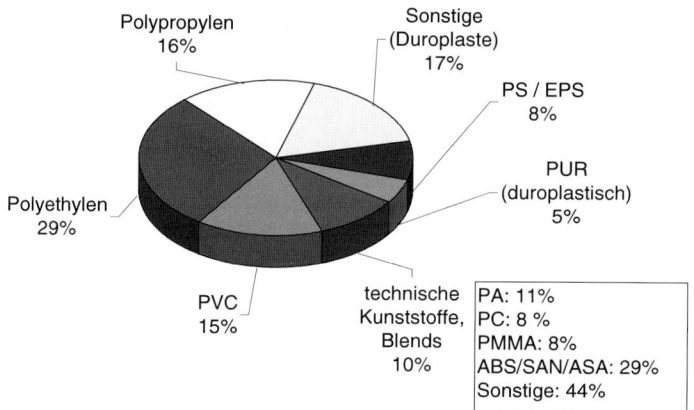

Bild 1.3 Weltproduktion von Kunststoffen nach Kunststoffarten in 1998 (Thermoplaste insgesamt ca. 125 Mio t), (*Hensel/Ticona*)

2/3 des Verbrauchs entfallen auf Standard-Kunststoffe

Derzeit entfallen auf die in großen Mengen erzeugten thermoplastischen Kunststoffe, die so genannten Standard- oder Massen-Kunststoffe, wie Polyolefine (PE und PP) Polyvinylchlorid (PVC), und Polystyrole (PS), allein über 2/3 der gesamten Kunststoffproduktion (vgl. Bild 1.3). Die übrigen Thermoplaste machen ca. 10 % aus. Auf die härtbaren Harze, die Duromere oder auch Duroplaste genannt werden und wozu ein Großteil der Faserverbund-Werkstoffe gehört, entfallen schließlich etwa 22 %. Man zählt (aus rein in der statistischen Erfassung liegenden Gründen) weder Kautschuk noch die synthetischen Fasern zu den Kunststoffen, obwohl es sich ebenfalls um organische Polymerwerkstoffe handelt, die einen ähnlichen, chemischen Aufbau besitzen. Während der Verbrauch im Jahr 2000 noch bei 180 Mio. t lag, wurden im Jahr 2005 bereits 240 Mio. t verbraucht.

## 1.2 Anwendung der Kunststoffe

### 1.2.1 Strukturpolymere

Die heutige Anwendung der Kunststoffe erstreckt sich auf nahezu alle Lebensbereiche. Die Haupteinsatzgebiete sind: Bauwesen, Verpackung, Landwirtschaft, Elektro-, Medizin- und Haustechnik sowie Fahrzeug- und Feingerätebau. (Bild 1.4). Einen beachtlichen Markt stellen auch Spielzeuge, Hobby-, Camping- und Haushaltsgeräte dar.

*Einsatzgebiete*

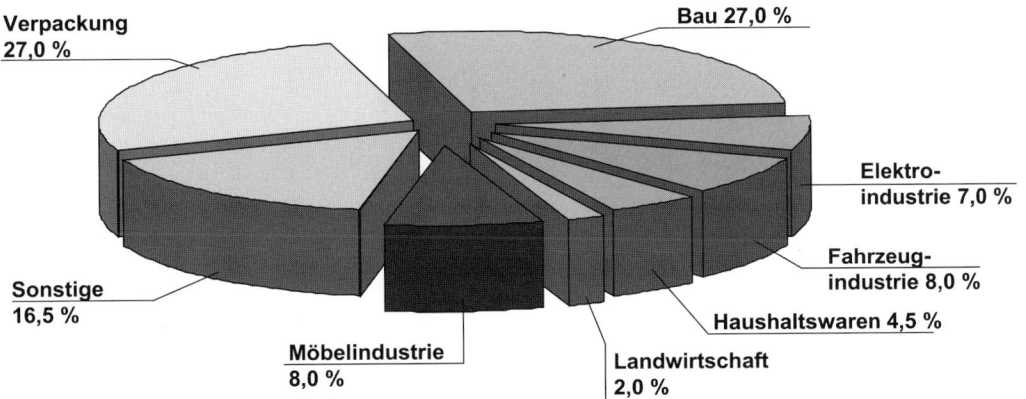

Bild 1.4 Haupteinsatzgebiete für Kunststoffe in Deutschland, Stand 2000 (VKE)

Der Pro-Kopf-Verbrauch an Kunststoffen liegt in der Bundesrepublik Deutschland bei 112 kg/Kopf (Bild 1.5). Es ist zu erwarten, dass er sich weltweit in den nächsten Jahrzehnten auf diese Zahl hin bewegen wird. Davon gehen auch vorliegende Prognosen aus (Bild 1.6). Die hier gezeigte Prognose erscheint deswegen glaubwürdig, weil sie mit dem vorhersehbaren Wachstum der Weltbevölkerung korreliert und man damit rechnen muss, dass unser heutiger Zivilisationsstandard sich weltweit ausbreiten wird. Man kann daraus weiterhin direkt ableiten, dass das Wachstum in den nächsten 80 Jahren vorzugsweise nicht mehr in den Industrielän-

*Prognose*

Bild 1.5 Kunststoffverbrauch der Bevölkerung bei einigen Ländern für 1997

dern, sondern in den volkreichen Entwicklungsländern stattfinden wird. Für diese Prognose spricht auch der zurzeit zu beobachtende Ausstieg der Großchemie der westlichen Industrieländer aus der Produktion von Kunststoff-Rohstoffen. Sie wird zudem mehr und mehr von den Erdölproduzenten oder deren Polymere erzeugenden Tochterunternehmen übernommen.

Für die obige Prognose spricht weiterhin, dass Polymerwerkstoffe letztlich die einzigen Werkstoffe sind, deren Rohstoffbasis nie versiegen wird. Man kann Kunststoffe nämlich aus jedem Stoff herstellen, der Kohlenstoff liefern kann.

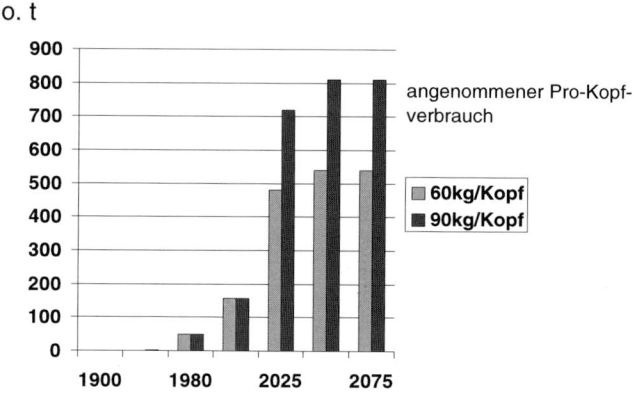

Bild 1.6 Prognose für den Welt-Kunststoff-Verbrauch

Das sind außer Stein- und Braunkohle, Holz und Pflanzen, aber auch Kalkstein ($CaCO_3$) und letztlich Kohlendioxid ($CO_2$) aus Rauchgasen von Kraftwerken oder auch aus der Luft. Die Technologien hierzu sind bereits bekannt und verfügbar. Wann man jedoch diese Quellen benutzen wird, ist eine Frage der Kosten. Derzeit sind die wasserstoffreichen Kohlenwasserstoffe auf Erdölbasis noch die kostengünstigste Rohstoffquelle. Bei einer Herstellung von Polymerwerkstoffen aus einer der anderen denkbaren Kohlenstoffquellen ist vor allem mehr Energie erforderlich, womit die Werkstoffe derzeit zu teuer wären.

nachhaltiger Einsatz

Für ein nachhaltiges Wirtschaften wird bereits diskutiert, schnell wachsende Bäume, andere Pflanzen und Gewächse als Rohstoffquelle einzusetzen. Sie wandeln das Kohlendioxid ($CO_2$) aus der Luft in Biomasse um, die dann zu Kunststoff-Rohstoffen weiterverarbeitet wird. Diese Kunststoffe plant man, zunächst zu Gebrauchsgütern zu verarbeiten, diese sollen dann nach Gebrauch z. B. durch Verbrennen wieder in den biologischen Kreislauf des Kohlenstoffs zurückgegeben werden. Dies ist in Bild 1.7 schematisch dargestellt. Fast alle anderen derzeit aus politischen Gründen eingeführten Methoden des Recyclings von gemischten Abfällen aus Kunststoffen erfordern hohe Subventionen. Sie bedeuten damit auch Vergeudung von Energie.

Die Gründe, warum man auf ein weiteres Wachstum der Kunststoffe sicher bauen kann, liegen aber nicht in der Verbilligung der Kunststoff-Rohstoffe. Deren Kosten werden heute nur noch von den Preisen für das Erdöl bestimmt. Weder Technologieverbesserungen noch Vergrößerungen der Erzeugungseinheiten lassen nennenswerte Verbilligungen erwarten, denn schon heute haben die Anlagen zur Polymerisation von Standardkunststoffen, wie PVC, PE, PP und PS bereits solche

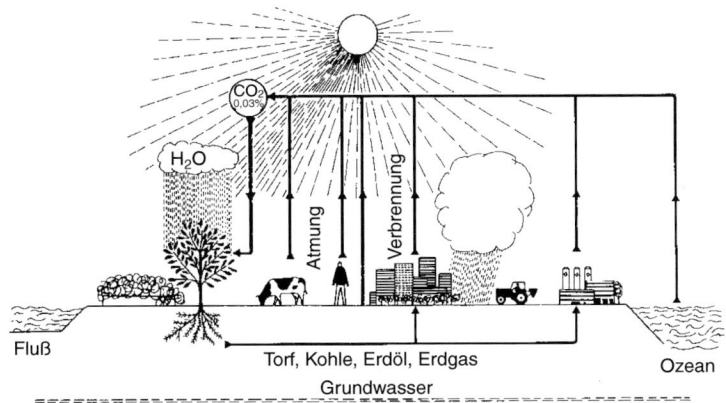

Bild 1.7 Biologischer Kohlenstoffkreiskauf

Dimensionen erreicht (z. B. 600 000 t pro Jahr bei PE), dass eine weitere Vergrößerung kaum noch Kostenersparnisse bringen kann.

Ein besonders wichtiger Grund für das weitere Wachstum alleine der Kunststoffe (ohne Fasern und Kautschuk) von heute ca. 240 Mio. t auf über 700 Mio. t im Jahr 2075 (vgl. Bild 1.6), ist vor allem darin zu sehen, dass die Massenerzeugung von Gebrauchs-Gegenständen und Gütern für den täglichen Bedarf, die nur bei Raumtemperatur beansprucht und gering belastet werden, aus keinem der konkurrierenden Werkstoffe sich so kostengünstig durchführen lässt. Das ist bedingt durch die kostengünstig arbeitenden, automatischen Produktionsverfahren, die oft nur einen Arbeitsgang erfordern und wenig Energie für die Urformungsarbeit bedürfen. Die Umformtemperaturen liegen dabei bei nur knapp über 200 °C. Beispielsweise können durch Spritzgießen Gebrauchsgegenstände identischer Gestalt aus dem gleichen Werkstoff konkurrenzlos preisgünstig hergestellt werden, wenn die Stückzahlen eine gewisse Mindestanzahl von einigen tausend identischen Teilen überschreiten.

*ökonomische Produktion*

Indirekt jedoch bringen die stetigen Weiterentwicklungen in der Technologien der Rohstofferzeugung vor allem in den Polymerisationsverfahren mit neuen Katalysatoren eine Verbilligung und Verbesserung bei der Herstellung von Kunststoffartikeln. Diese neuen Kunststoffe sind nämlich noch besser an die Verarbeitung und die vorgesehenen Verwendungen angepasst und sie verbessern die Qualität der Produkte. Dadurch werden weitere Anwendungen stimuliert, so dass dank der größeren Mengen die Teilekosten sinken werden. Beachtliche Möglichkeiten zur Rationalisierung sind noch bei der Kunststoffverarbeitung vorhanden; sie werden in den nächsten Jahren intensiv genutzt werden.

## 1.2.2 Kunststoffe mit besonderen Eigenschaften (Funktionspolymere)

Die Kunststoff-Rohstoffe besitzen noch ein weiteres wichtiges Anwendungsgebiet in welchem ihre besonderen Eigenschaften ausgenützt werden. Diese Gruppe nennt man Funktionspolymere. Welche Erwartungen man an diese Funktionspoly-

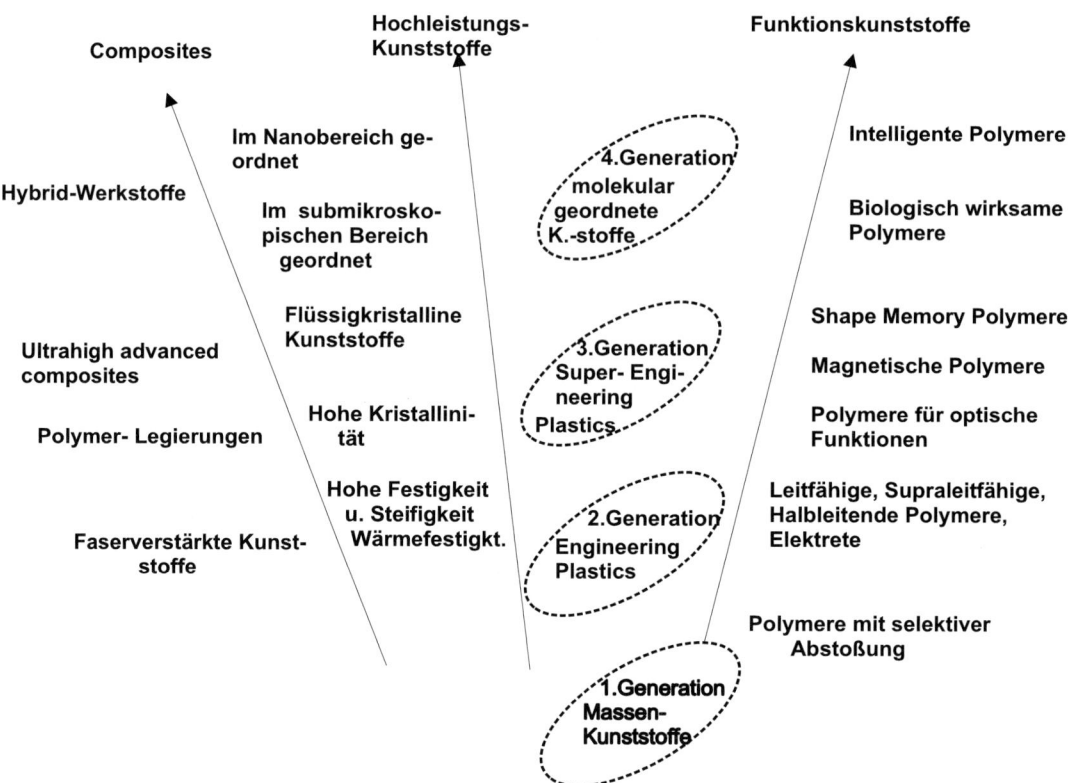

Bild 1.8 Die Entwicklung der polymeren Werkstoffe

mere hat, zeigt Bild 1.8. Durch solche, oft ganz spezielle Polymerwerkstoffe können neue Anwendungen erschlossen, oft überhaupt erst hierdurch ermöglicht werden. Bild 1.8 entstammt einer Delphi-Prognose aus dem Jahr 1996 und zeigt,
welche Erwartungen von renommierten Werkstoffforschern an diese Werkstoffe
gestellt werden. Der heutige Stand stimmt in etwa mit dem Übergang von der
zweiten in die dritte Generation in Bild 1.8 überein. Beispiele für die technolo-
gisch sehr wichtigen Funktionspolymere finden sich in Kap. 2.3.

Zusammenfassend kann man feststellen:

> **Kunststoffe haben noch eine große Zukunft; gerade erst beginnt eine neue Wachstumsphase.**

### Literatur zu Kapitel 1

www.plasticseurope.org

# 2 Kunststoffe – Eigenschaften und Anwendungen kurz gefasst

## 2.1 Hervorstechende Eigenschaften der Kunststoffe im Vergleich mit anderen Werkstoffen

### 2.1.1 Kunststoffe sind leicht

Die Dichten der Kunststoffe liegen zwischen 0,8 g/cm$^3$ (Polymethylpenten) und 2,2 g/cm$^3$ (Polytetrafluorethylen). Sie sind damit leichter als Metalle oder keramische Werkstoffe. Dieser Eigenschaft verdanken sie viele Anwendungen im Fahrzeug- und Flugzeugbau, bei Sportgeräten, Verpackung u. a. In Verbindung mit der relativ hohen mechanischen Tragfähigkeit, die durch die Einarbeitung von leichtgewichtigen Fasern erreicht wird, gehören sie daher in dieser Form auch zu den wichtigsten Leichtbauwerkstoffen (vgl. Bild 2.1).

spezifisches Gewicht

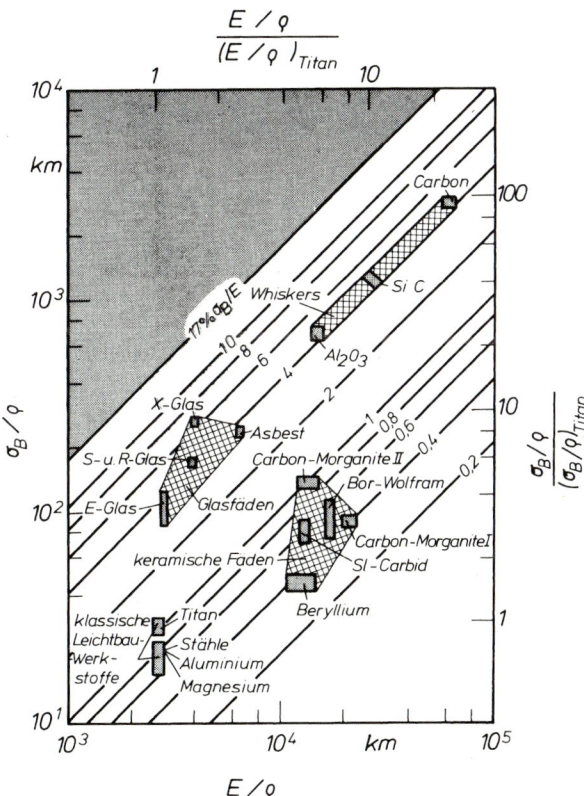

Bild 2.1 Festigkeit $\sigma_B$ und Elastizitätsmodul E von faserverstärkten Kunststoffen und Leichtbauwerkstoffen bezogen auf die Dichte $\rho$ (*Hütter*)

## 2.1.2   Kunststoffe sind flexibel

**mechanische Eigenschaften**

Die Elastizitätsmodulen der Kunststoffe (Bild 2.2) sind – ebenso wie die Festigkeiten – weit gespreizt. Sie reichen von denjenigen eines weichen Kautschuks (Elastomer) bis zu denjenigen von Metallen (Aluminium). Diese große Spannweite des Elastizitätsmoduls ist einer der besonderen Vorteile gegenüber anderen Werkstoffen. Was besonders die Elastomere (Gummi) betrifft, so ist deren Flexibilität eine für uns unverzichtbare, von keiner anderen Werkstoffgruppe gebotene Eigenschaft.

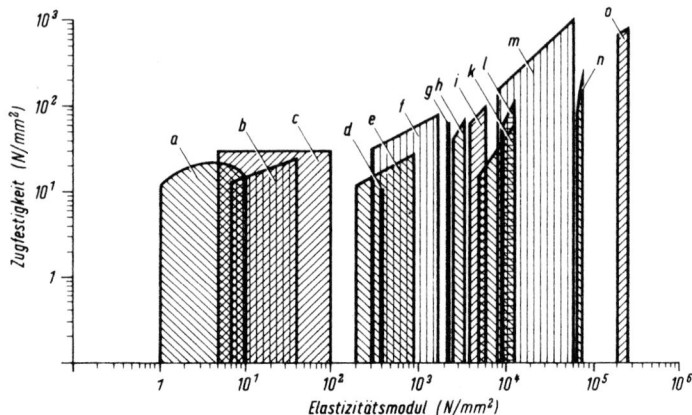

Bild 2.2 Zugfestigkeits- und Elastizitätsmodul-Bereiche gummielastischer bis stahlelastischer Werkstoffe (nach *Saechtling*)
*gummielastische Stoffe*: a Weichgummi, b Weich-PVC (PVC-P), c Polyurethan-Elastomere;
*teilkristalline Thermoplaste*: d Polytetrafluorethylen, e Polyethylene, f Polyamide;
*amorphe Thermoplaste*: g Polycarbonat, h Polystyrol, Hart-PVC (PVC-U), Polymethylmethacrylat;
*Hydratcelluloseschichtstoff*: i Vulkanfiber;
*klassische Preß- und Schichtpreßstoffe*: k Preßstoffe (DIN 7708), Hartpapier, Hartgewebe;
*glasverstärkte Kunststoffe*: m Glasfaser-Matten, -Gewebe oder -Rovings mit UP- oder EP-Harzmatrix;
*Metalle*: n Aluminium, o Stahl

Bei den für Kunststoffe typischen, kleinen bis mittelgroßen Formteilen kann man bereits durch werkstoffgerechtes Konstruieren der Formteile den niedrigen Modul überspielen und dank eines hohen Trägheitsmoments viele Anforderungen auch ohne Faserfüllung erfüllen. Bei großen Formteilen und höheren Ansprüchen an die Steifigkeit hilft die Einarbeitung von Füllstoffen, in erster Linie in Form von Fasern.

## 2.1.3   Kunststoffe haben eine niedrige Verarbeitungs-(Urform-) Temperatur und ihre Schmelzen sind oft zähflüssig

**Verarbeitung**

Die Temperatur, bei der Kunststoffe geformt werden können, erstreckt sich von Raumtemperatur bis ca. 250 °C bis 300 °C, in einigen Sonderfällen bis knapp 400 °C. Die gebräuchlichsten Kunststoffe (Thermoplaste) haben eine mit 200 °C bis 250 °C anzusetzende Verarbeitungstemperatur. Dies ist einer der Hauptgründe für die unkomplizierte Verarbeitung und die niedrigen Fertigungskosten, auch wenn die Teile eine komplizierte Gestalt besitzen. Gleichzeitig können dank dieser Eigenschaft sehr viele Füllstoffe in die Kunststoffe eingearbeitet und diese damit an die jeweiligen Anwendungen angepasst werden. Das gilt vor allem auch für Farbpigmente, welche es gestatten, die Formteile durchgehend einzufärben, sodass ein nachträglicher Anstrich nicht erforderlich ist. Neuerdings machen auch die Pharmaindustrie und medizinische Anwendungen hiervon vermehrt Gebrauch; man denke beispielsweise an Pflaster, die medizinische Wirkstoffe enthalten und die bei so niedrigen Temperaturen verarbeitet werden können, dass die Pharmaka nicht geschädigt werden.

Weiterhin erlaubt diese Eigenschaft das Einarbeiten von Treibmitteln und damit die Herstellung von synthetischen Schaumstoffen, deren Dichte – hier spricht man von Raumgewicht – sich bis auf ein Hundertstel des homogenen Werkstoffs, d. h. auf ca. 0,01 g/cm$^3$ (d. h. 10 kg/m$^3$) erniedrigen lässt. Die Anwendungen nützen die gute Isolation von Schall und Wärme, andere das sehr geringe Gewicht bei großer Zähigkeit. Letzteres ermöglicht das Herstellen leichter Bauteile, die dank der großen Dicke trotzdem oft ausreichende Tragfähigkeit besitzen. In anderen Fällen ist auch die Kombination mit Kautschukelastizität gefragt.

Dank der hohen Zähigkeit der Schmelzen und ihrer damit verbundenen Klebrigkeit lassen sich Füllstoffe bis zu Volumengehalten von 60 % einarbeiten. Pulver oder Sand steigern beispielsweise den Elastizitätsmodul, was man ausnützt, um vor allem die Druckfestigkeit zu steigern. Ein gutes Beispiel sind Fußbodenbeläge aus gefülltem Weich-PVC.

Organische Füll- und Verstärkungsstoffe, wie Holzmehl, Fasern oder Zellulosebahnen, steigern die Schlagzähigkeit, den Modul und die Festigkeit beispielsweise bei duroplastischen Harzen (Phenolharze). Gleichzeitig steigert man damit die Festigkeit und die Schlagzähigkeit und vermindert Poren, die wegen der Wasserabspaltung bei der Härtung entstehen würden.

Kohlenstoff in Form von Graphit, Ruß oder als Faser wird ebenfalls in erheblichen Mengen eingearbeitet, z. B. Ruß in Elastomere bei Autoreifen. Hierdurch werden die mechanischen Eigenschaften und die Lichtbeständigkeit verbessert. In anderen Fällen dienen sie der Herstellung der Leitfähigkeit für elektrischen Strom und Wärme.

Durch Einarbeiten von Weichmachern (gewisse Ester) kann die Steifigkeit gewisser Kunststoffe von hart bis zu weich, d. h. hin zu einem Elastomeren, verändert werden (z. B. PVC).

Mit Hilfe von gezielt eingearbeiteten Fasern lassen sich Steifigkeit und Festigkeit um ein Vielfaches steigern. Dies zeigt sich besonders deutlich in den auf die Dichte bezogenen Eigenschaften ($\sigma/\rho$ und $E/\rho$), die als Kennzahlen für den Leichtbau benützt werden. Sie übertreffen diejenigen von Metallen weit (Bild 2.1). Bei diesen Anwendungen macht man noch von einer weiteren, besonderen Eigenschaft einiger Kunststoffe Gebrauch, die bei niedrigen Temperaturen, z. B. Raumtemperatur, als flüssige Vorprodukte vorliegen wodurch das Tränken von solchen Fasern und Textilien sehr erleichtert wird. Bei der nachfolgenden Polymerisation (oft als Härten bezeichnet), wird eine vernetzte Molekülstruktur aufgebaut, wobei eine hohe Haftfestigkeit zu den Fasern aufgebaut wird, was zu einem erhöhtem Elastizitätsmodul dieses Verbundwerkstoffes gegenüber dem ungefüllten Harz führt. Mit dieser Methode kann man mit relativ geringem Aufwand auch in geringen Stückzahlen wirtschaftlich Bauteile bis zur Größe von Schiffen, Raketen, Sendetürmen u. a. (100 m Höhe) herstellen.

### 2.1.4 Kunststoffe haben niedrige Leitfähigkeiten

Wärme- und
elektrische
Leitfähigkeit

Die Wärmeleitfähigkeit ($1 \cdot 10^{-1}$ bis $8 \cdot 10^{-1}$ W/mK) liegt um etwa drei Größenordnungen unter derjenigen der Metalle. Dies erschwert zwar oft die Fertigung (Ursache für vergleichsweise lange Abkühlzeiten nach der Formgebung), macht jedoch viele Kunststoffe zu wichtigen Isolationswerkstoffen, was durch Schäumen noch weiter verbessert wird. Der elektrische Durchgangswiderstand liegt bei homogenen Kunststoffen zwischen $10^{10}$ und $10^{18}$ $\Omega$ cm, also mehr als 15 Größenordnungen höher als bei Konstantan (das am schlechtesten leitende Metall mit $5 \times 10^{-5}$ $\Omega$ cm). Kunststoffe sind daher besonders wichtige elektrische Isolierwerkstoffe, die in Verbindung mit ihrer Flexibilität für die Isolierung von elektrischen Leitungen und Kabeln genutzt wird. Aber auch hier lässt sich durch Einmischen von z. B. Graphit oder Ruß der spezifische Durchgangswiderstand bis hinunter zu demjenigen von Konstantan anpassen. Seit einem Jahrzehnt ist es auch möglich, durch speziellen Molekülaufbau hoch leitfähige, so genannte intrinsisch leitfähige, Polymere herzustellen (z. B. Polyacetylen, Polypyrrol, Polyanilin). Da sie nicht mehr umgeformt werden können, werden sie bisher als Füllstoffe z. B. in Lacke eingearbeitet und eingesetzt.

### 2.1.5 Kunststoffe sind teilweise transparent

optische
Eigenschaften

Einige amorph erstarrende Kunststoffe haben den mineralischen Gläsern vergleichbare optische Eigenschaften bei gleichzeitig weit verbesserter Zähigkeit. Daher werden sie seit langen Zeiten im Bauwesen und mehr und mehr auch im Automobilbau für Verglasungen eingesetzt (Acrylglas, Polycarbonat).

### 2.1.6 Kunststoffe haben eine hohe chemische Beständigkeit

chemische
Beständigkeit:
Grund für sehr
viele Anwen-
dungen

Infolge des von Metallen sehr verschiedenen atomaren Bindungsmechanismus (Atombindung anstelle der metallischen Bindung) leiden sie nicht unter der als Korrosion bekannten Zerstörungsform von Metallen, wenn sie mit entsprechenden Medien in Berührung kommen. Die meisten Kunststoffe sind beständig gegen Mineralsäuren, Laugen und wässrige Salzlösungen, welche die meisten Metalle angreifen. Dies ist auch die Ursache für die pflegeleichte Handhabung, was ihren Einsatz bei Haus- und Elektrogeräten, Spielzeugen, Fahrzeugausstattungen u. a. m. sehr unterstützt. Ebenso basiert hierauf die hohe Beständigkeit gegen Einflüsse durch Bewitterung.

Andererseits sind viele Kunststoffe durch organische Lösungsmittel lösbar. Da diese jedoch nur spezifisch wirken, kann man dies für jeden Einsatzfall berücksichtigen und jeweils beständige Werkstoffe aussuchen (Benzintank aus Polyethylen). Die Löslichkeit ist andererseits oft eine Möglichkeit einfacher Verarbeitung, z. B. sind Lacke gelöste Polymere.

### 2.1.7 Kunststoffe sind durchlässig (Permeation, Diffusion)

Durchlässigkeit

Die infolge größerer Atomabstände, was gleichbedeutend ist mit niedriger Dichte, höhere Durchlässigkeit für Gase und manchmal auch Flüssigkeiten kann nachteilig sein. Jedoch gilt das nicht generell, denn auch die Durchlässigkeit wirkt sich spezifisch aus, d. h. gewisse Polymerwerkstoffe sind nur gegenüber chemisch ähnlich aufgebauten Gasen und Flüssigkeiten leicht durchlässig; man kann somit die für das jeweilige Anwendungsgebiet am besten geeigneten Kunststoffe aussuchen. Andererseits ist die Durchlässigkeit für manche Anwendungen erforderlich, z. B. für Membranen für Meerwasserentsalzungsanlagen oder Kunststoffe, die als Organersatz eingesetzt werden.

## 2.1.8 Kunststoffe lassen sich mit Hilfe unterschiedlicher und vielseitiger Methoden wieder verwenden bzw. verwerten (Recycling)

Kunststoffe sind bereits von ihrer Erzeugung her umweltfreundliche Werkstoffe; sie benötigen nur wenig Energie zu ihrer Herstellung, wie die Energieäquivalente einiger Werkstoffe im Vergleich mit Kunststoffen zeigen (vgl. Bild 2.3). Auch für die Herstellung von Formteilen werden nur geringe Energiemengen benötigt, wie im Vergleich einiger Erzeugnisse (in Tabelle 2.1), die üblicherweise sowohl aus Kunststoffen, wie aus anderen Werkstoffen hergestellt werden, leicht erkennbar ist.

*Wieder- und Weiterverwendung*

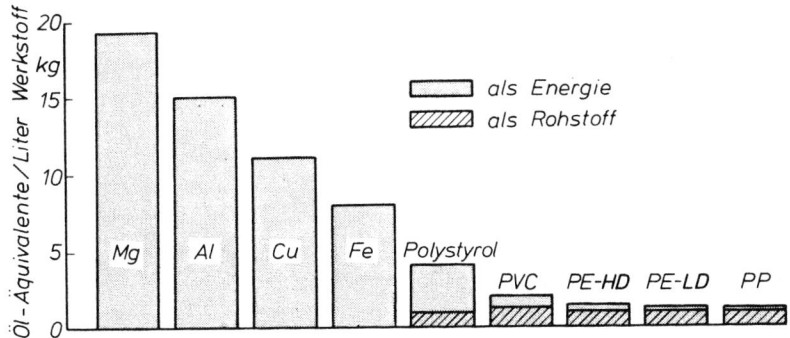

Bild 2.3 Energiebedarf für die Herstellung von Werkstoffen

Falls ein wirtschaftliches Wiederverwerten nicht möglich sein sollte, können Kunststoffabfälle, die mit anderen Stoffen gemischt vorliegen, problemlos, z. B. durch Verbrennen (unter Energiegewinnung), beseitigt und somit nützlich verwertet werden. In Tabelle 2.2 sind die Heizwerte verschiedener Polymerwerkstoffe und anderer (Brenn-) Stoffe aufgelistet Die Heizwerte kennzeichnen die Wärme, die man theoretisch beim Verbrennen gewinnen könnte. Dank ihres organischen Aufbaus sind Kunststoffe mit ganz wenigen Ausnahmen gut brennbar; dies kann man durch gewisse Füllstoffe beschränken und so eine schnelle Entzündung erschweren, aber nie völlig verhindern. Durch Verbrennen werden die Polymerwerkstoffe zunächst in Kohlenwasserstoffe depolymerisiert; diese verbrennen dann zu Kohlendioxid und Wasserdampf. Damit schließen sich die Kunststoffe in den biologischen Kreislauf des Kohlenstoffs zwanglos ein (vgl. Bild. 1.5).

*Einfügen in den biologischen Kreislauf*

> **Kunststoffe haben ein ungewöhnlich breites und variables Eigenschaftsspektrum.**

Tabelle 2.1 Energieaufwand zur Herstellung bestimmter Erzeugnisse aus unterschiedlichen Werkstoffen (Angaben in t Erdöläquivalent für Rohstoff und Herstellung der Erzeugnisse) (Quelle: BASF)

| Erzeugnis – Menge und Art | | Erdölbedarf (t) |
|---|---|---|
| 1 Mio. m² Verpackungsfolie aus | Polypropylen | 110 |
| | Cellulose | 150 |
| 1 Mio. m² Düngemittelsäcke aus | Polyethylen | 470 |
| | Papier | 700 |
| 100 km Rohrleitung, 1 Zoll Durchmesser, aus | | |
| | Polyethylen | 57 |
| | Kupfer | 66 |
| | galvanisiertem Stahl | 232 |
| 1 Mio. 1 l-Behälter aus | PVC | 97 |
| | Glas | 230 |
| 100 km Dränagerohr, 4 Zoll Durchmesser, mit Fittings, aus | | |
| | PVC | 360 |
| | Asbestzement | 400 |
| | Ton | 500 |
| | Gußstahl | 1970 |

Tabelle 2.2 Heizwert (in MJ/kg) verschiedener Kunststoffe und fossiler Brennstoffe

| Kunststoff/Brennstoff | Kurzbezeichnung | Heizwert (MJ/kg) | |
|---|---|---|---|
| Polypropylen | PP | 44 | |
| Erdöl, Heizöl | | 42,5 | |
| Phenolharz-Formmasse | PF | 32 | mit 30 % Glasfaser: 25 |
| ungesättigter Polyester | UP | 34 | |
| Epoxidharz | EP | 33 | |
| Steinkohle | | 29 | |
| Polycarbonat | PC | 29,4 | mit 30 % Glasfaser: 20,6 |
| Polyamid | PA6 | 28,7 | mit 30 % Glasfaser: 20,1 |
| Melamin-Formaldehydharz | MF | 28 | |
| Braunkohle | | 8 bis 22 | |
| Harnstoffharz | UF | 18 | |
| Brennholz (1 m³ = 0,7 t) | | 14,5 | |

## 2.2    Bezeichnung der Kunststoffe

genormte
Bezeichnung

Man bezeichnet, wie Bild 2.4 zeigt, die Kunststoffe mit Kurzbuchstaben, die auf ihren chemischen Grundaufbau schließen lassen (DIN 7728 bzw. ISO 1043). Zusätzliche Buchstaben kennzeichnen die Verwendung, Füllstoffe und Grundeigenschaften, wie Dichte und Viskosität.

| Thermoplast | | ISO 1874 | PA 12 | MHLR | 16-060N | GF 30 |
|---|---|---|---|---|---|---|
| Datenblock: | | 1 | 2 | 3 | 4 | |

Erläuterung:
Norm für Polyamide
Polyamid 12
Spritzguß (M)
Hitzestabilisierung (H)
Licht- und witterungsstabilisiert (L)
Entformungsmittel enthaltend (R)
Code für Viskositätszahl
Code für Zug-E-Modul
N steht für schnelle Kristallisation
Glas (G) – Fasern (F)
30 Gewichtsprozent

Codierung von Verstärkungsmitteln und Füllstoffen in Datenblock 4

| 1. Position | | 2. Position | | 3. Position | |
|---|---|---|---|---|---|
| Code | Art | Code | Form | Code | Gehalt Gew.-% |
| B | Bor | B | Kugeln | 5 | 0–<7,5 |
| C | Kohlenstoff | D | Pulver | 10 | 7,5–<12,5 |
| G | Glas | F | Fasern | 15 | 12,5–<17,5 |
| K | Kreide | G | Mahlgut | 20 | 17,5–<22,5 |
| M | Mineralien | H | Whisker | 25 | 22,5–<27,5 |
| S | Organische Stoffe | | | 30 | 27,5–<32,5 |
| T | Talkum | | | 35 | 32,5–<37,5 |
| X | nicht spezifiziert | | | 40 | 37,5–<42,5 |
| | | | | 45 | 42,5–<47,5 |
| | | | | 50 | 47,5–<55 |
| | | | | 60 | 55–<65 |
| | | | | 70 | 65–<75 |
| | | | | 80 | 75–<85 |
| | | | | 90 | 85 und mehr |

Bild 2.4 Bezeichnung von Kunststoffen nach ISO 1874 am Beispiel von PA 12

## 2.3 Funktionspolymere

### 2.3.1 Allgemeines

Ein wesentliches Merkmal der Funktionspolymere liegt darin, dass sie nicht direkt zu einem Produkt verarbeitet werden und so keinen Beitrag zum strukturellen Aufbau des Produkts leisten. Sie übernehmen innerhalb eines Produkts eine spezielle Funktion, woher sich auch ihr Name ableitet. Dabei steht immer eine technische Anwendung im Vordergrund. Dies bedeutet, dass zur Lösung eines technischen Problems ein spezielles Funktionspolymer entwickelt wird.

Definition des
Begriffs
Funktions-
polymer

**Funktionspolymere leisten keinen Beitrag zum strukturellen Aufbau eines Produktes, sondern übernehmen innerhalb des Produktes eine spezielle technische Funktion.**

Dendrimer   Weiterhin weisen Funktionspolymere im Allgemeinen eine sehr komplexe chemische Struktur auf. Als Beispiel für ein solches komplexes Funktionspolymer ist in
Bild 2.5 ein so genanntes Dendrimer (Sternpolymer) dargestellt. Dreidimensional
hat es die Gestalt einer polymeren Kugel und besitzt daher eine sehr geringe
Schmelzeviskosität, da sich die einzelnen Moleküle untereinander nicht verschlau-
fen können. Dendrimere finden daher z. B. einen Einsatz als Verarbeitungshilfsmittel, da sie die Viskosität einer Schmelze während des Verarbeitungsprozesses herabsetzen können.

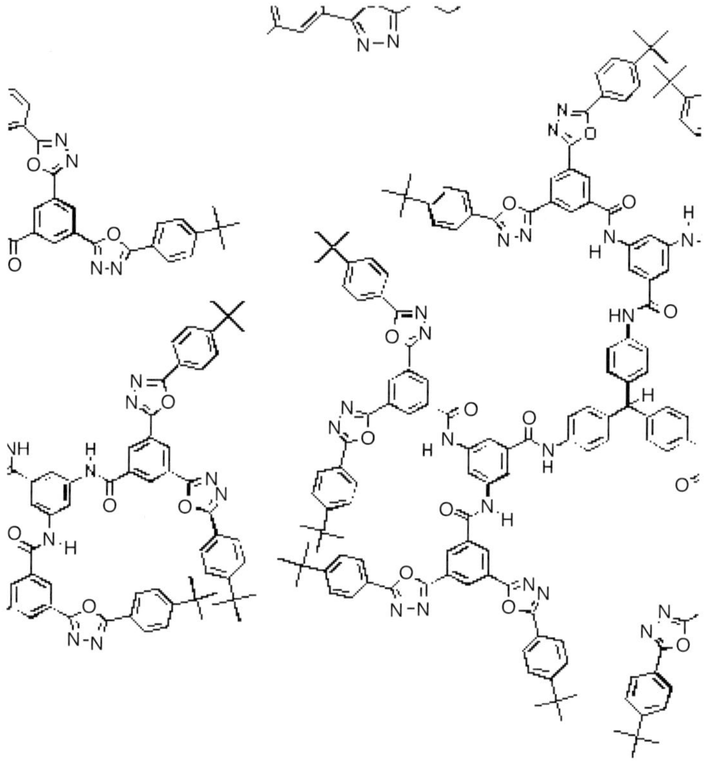

Bild 2.5  Struktur eines Dendrimeren

Im Folgenden werden beispielhaft einige weitere Anwendungen von Funktionspo-
lymeren beschrieben. Darüber hinaus sind eine Vielzahl weiterer Anwendungen
bekannt, auf die aus Platzgründen nicht näher eingegangen werden kann. Außerdem werden ständig neue Funktionspolymere entwickelt und eingesetzt.

## 2.3.2   Schaltbare Polymere

Schaltbare Polymere lassen sich zunächst in reversibel und irreversibel schaltbare
Polymere einteilen. Als „Schalter" können dabei sehr unterschiedliche Wirkme-
chanismen zum Einsatz kommen. Hier sind vor allem die Einflussgrößen Wärme,
Strahlung, pH-Wert und elektrisches Feld zu nennen.

Als ein Beispiel für Polymere, die irreversibel ihre Eigenschaften ändern, können polymere Lacke und Klebstoffe genannt werden. Hier wird der Schalter „Strahlung" zum Vernetzen des Polymeren verwendet. Die Anforderungen an polymere Klebstoffe sind dabei im Allgemeinen sehr unterschiedlich. So benötigt man für eine hohe Adhäsion (Haftung) ein Polymer mit einer geringen Viskosität, das leicht auf das Substrat aufgetragen werden kann und gute Benetzungseigenschaften aufweist. Dazu muss eine hohe Beweglichkeit der Molekülketten gewährleistet sein. Um eine gute Kohäsion (Eigenfestigkeit des Klebstoffs) zu erreichen, benötigt man dagegen Polymere mit sehr starken innermolekularen Bindungen. Dies bedeutet, dass die Beweglichkeit der Polymerketten untereinander eingeschränkt sein muss, um eine hohe innere Festigkeit zu erreichen. Die Realisierung dieser gegensätzlichen Anforderungen gelingt durch die Entwicklung eines speziellen Funktionspolymers (Polyacrylat, vgl. Bild 2.6), das alle diese Anforderungen erfüllt.

*strahlungshärtbare Klebstoffe*

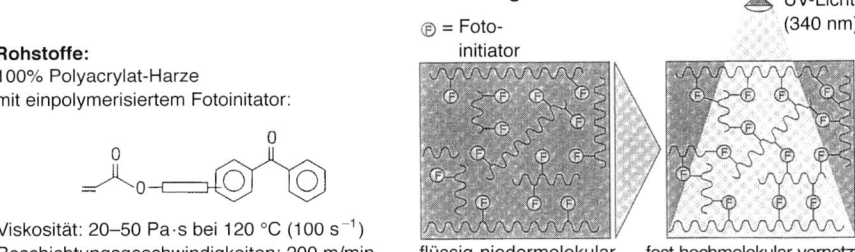

Bild 2.6 Polyacrylat als polymerer Klebstoff (nach *Urban*)

Dieses zeichnet sich durch eine sehr geringe Viskosität im Verarbeitungsbereich aus, wodurch ein Auftrag des Polymers auf das Substrat mit hohen Geschwindigkeiten ermöglicht wird. Als funktionelle Gruppe ist in das Polyacrylat ein sog. Photoinitiator einpolymerisiert. Durch den Einfluss von UV-Strahlung zerfällt dieser in Radikale und führt damit zu einer Vernetzung der Polyacrylate. Das so vernetzte Polyacrylat weist dabei eine sehr hohe innere Festigkeit auf und sichert damit eine hohe Kohäsion des Klebstoffs.

Als Beispiel für ein reversibel schaltbares Polymer wird ein in der Solarenergienutzung verwendetes Funktionspolymer gewählt. Das Funktionsprinzip der Solarenergienutzung ist dabei aus der Natur vom Funktionsprinzip des Eisbärfells (Bild 2.7 oben) entlehnt. Dieses besteht aus transparenten Haaren, in die das Sonnenlicht eindringen kann, gesammelt wird und an die dunkle Lederhaut des Eisbären weitergeleitet und dort absorbiert wird. Nach einem ähnlichen Prinzip sind nun auch Fassadenelemente für Häuser entwickelt worden (Bild 2.7 unten).

Diese bestehen ebenfalls aus transparenten Kapillaren (Polycarbonat), die die Wärmestrahlung sammeln und an das dunkle absorbierende Mauerwerk weiterleiten. Allerdings wäre damit insbesondere im Sommer das Fassadenelement einer hohen Sonneneinstrahlung ausgesetzt und das Haus würde sich stark erwärmen. Da dieses aber eigentlich nur im Winter gewünscht ist, ist das Fassadenelement zusätzlich noch mit einem Überhitzungsschutz ausgerüstet. Hierbei kommt als Funktionspolymer ein so genanntes thermotropes Polymer zum Einsatz. Dabei

*thermotrope Polymere*

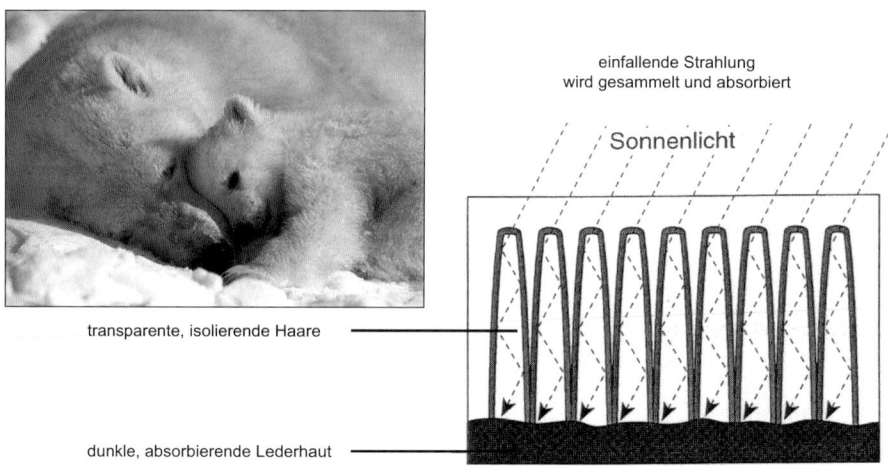

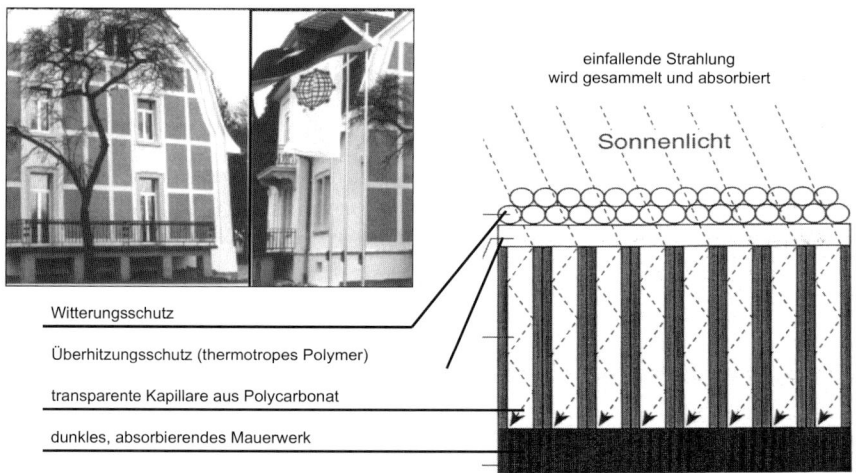

Bild 2.7 Solarenergienutzung mit Polymeren (nach *Urban*)

handelt es sich um das in Bild 2.8 dargestellte Vinyl-Caprolactam-Copolymer, das
bei tieferen Temperaturen zunächst in Wasser gelöst vorliegt. Die Hydratation ist
temperaturabhängig, sodass oberhalb von 30 °C das Copolymer ausfällt und sich
die im Bild 2.8 rechts dargestellten Streuzentren bilden. An diesen wird das einfallende Sonnenlicht gebrochen, sodass weniger Strahlung in das Fassadenelement eindringen kann. Die thermotrope Polymerschicht scheint trüb. Dieser
Schaltvorgang ist dabei vollkommen reversibel.

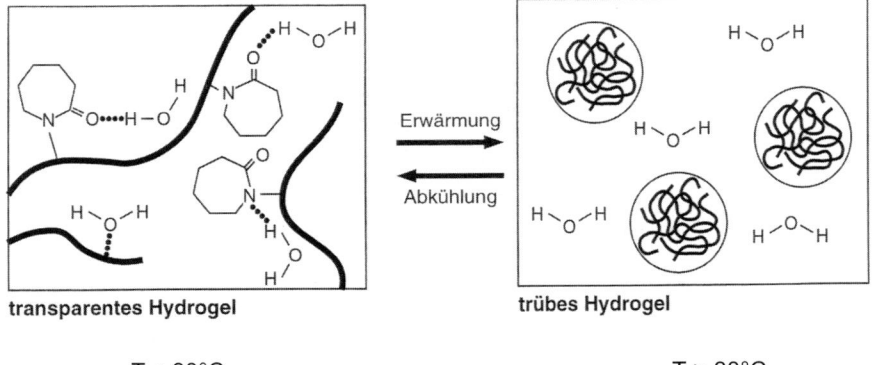

**transparentes Hydrogel**          **trübes Hydrogel**

T < 30°C                                           T > 30°C

Bild 2.8 Temperaturabhängige Hydratation in Hydrogelen (nach *Urban*)

## 2.3.3 Elektrorheologische Flüssigkeiten

Unter dem Begriff „elektrorheologische Flüssigkeit" (ERF) werden Substanzen zusammengefasst, deren rheologisches Verhalten durch den Einfluss eines starken elektrischen Feldes in großen Bereichen geändert werden kann. Diese ERF bestehen aus einer Trägerflüssigkeit, in die Partikel mit elektrorheologischen Eigenschaften dispergiert sind. Die elektrorheologischen Partikel sind zunächst unpolar, d. h. die Ladungen liegen in ihnen ungeordnet vor. Legt man nun ein elektrisches

Fließverhalten elektro- rheologischer Flüssigkeiten

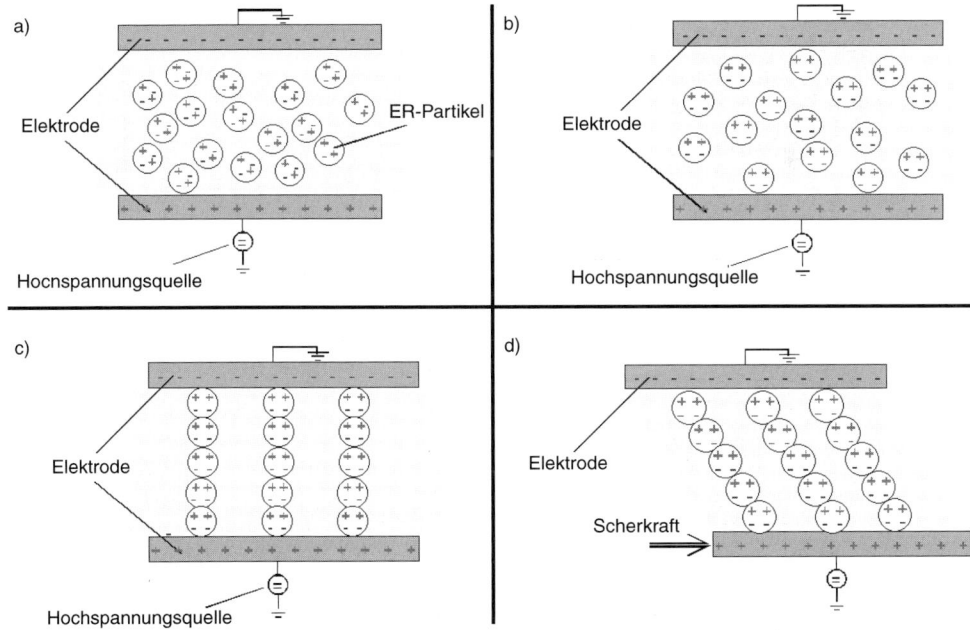

Bild 2.9 Wirkprinzip der elektrorheologischen Flüssigkeiten (nach *Wolff-Jesse*)

Feld an, so bilden sich Dipole aus und die Teilchen richten sich durch die gegenseitige Anziehung aus. Dadurch kommt es zur Ausbildung von kettenförmigen Strukturen. Verschiebt man nun eine der Elektroden, was einer Scherströmung entspricht, werden die Ketten deformiert und setzen damit dem Scherfließen einen Widerstand entgegen (Bild 2.9 a–d).

Die ERF zeigt ohne ein elektrisches Feld zunächst Newtonsches Verhalten (Bild 2.10 links). Legt man ein elektrisches Feld an, so wird die Fließkurve nach oben verschoben und das rheologische Verhalten der ERF ähnelt dem eines Bingham-Fluids mit Fließgrenze. Interessant ist nun, daß die Fließgrenzspannung mit zunehmendem elektrischen Feld ansteigt (Bild 2.10 rechts) und sich so der Fließwiderstand stufenlos einstellen lässt.

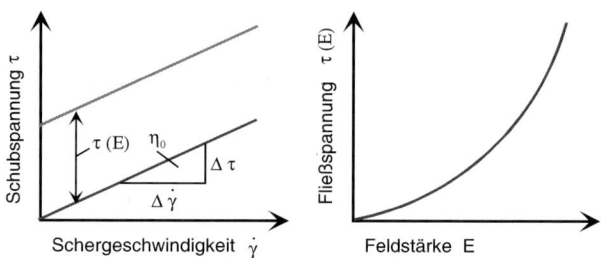

Bild 2.10  Steigerung der Fließgrenzspannung mit zunehmendem elektrischem Feld

Als ER-Partikel kann z. B. ein spezielles Polyurethan verwendet werden, das sich insbesondere durch seine geringe Abrasivität auszeichnet. Die für den ER-Effekt benötigte Polarisierbarkeit des Polyurethans wird durch Metallsalze (z. B. Lithium-Verbindungen) erreicht, die in die Polymermatrix eingebunden werden. Das hier verwendete Polyurethan wurde dabei als Funktionspolymer zielgerichtet so polymerisiert, dass das Lithium von vier Sauerstoffatomen umgeben ist und daher besonders leicht in die PUR-Matrix eingebettet werden kann.

**Wirkprinzipien elektrorheologischer Flüssigkeiten**  Beim Einsatz von ERF kann nach drei verschiedenen Wirkprinzipien unterschieden werden (Bild 2.11). Im Schermodus werden die zwei Platten, zwischen denen sich die ERF befindet, relativ zueinander bewegt. Damit ist eine flexible Momentübertragung möglich (Anwendung z. B. bei Bremsen und Kupplungen). Im Fließ-

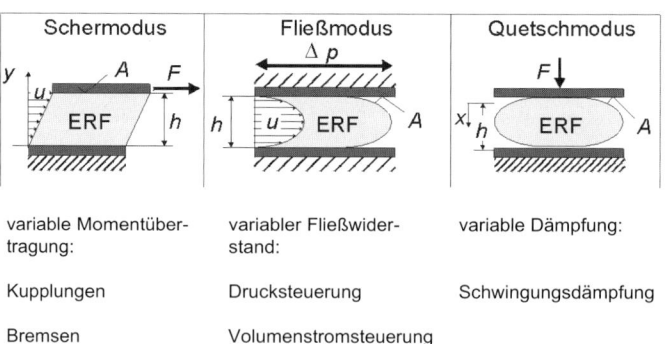

Bild 2.11  Prinzipielle Anwendungen von ERF (nach *Wolff-Jesse*)

modus fließt die ERF durch einen Kanal, in dem sich durch das Anlegen eines elektrischen Feldes der Fließwiderstand variabel einstellen lässt. Damit lassen sich Ventile realisieren, die ohne bewegte Teile auskommen. Im Quetschmodus befindet sich die ERF zwischen zwei Elektroden, wobei die obere nach oben und unten bewegt werden kann. Durch das Anlegen eines elektrischen Feldes lässt sich der Widerstand gegen die Bewegung der oberen Platte gezielt einstellen, sodass hier eine variable Dämpfung von Bewegungen erreicht werden kann. Erste auf diesem Prinzip basierende Prototypen von Schwingungsdämpfern sind bereits im Einsatz.

## 2.3.4 Funktionspolymere in der Informationstechnologie

### 2.3.4.1 Polymere Datenspeicher

Zur Speicherung von Daten werden als Funktionspolymer sogenannte photoadressierbare Polymere (PAP, z. B. amorphe Azobenzene) eingesetzt. Bild 2.12 links
zeigt die schematische Struktur eines PAP-Polymers. Zunächst liegen die Seitenketten völlig ungeordnet an der Hauptkette vor. Bestrahlt man diese PAP nun mit
einem polarisierten Laserstrahl, so führt dies zu einer Ausrichtung der Seitenketten senkrecht zur Polarisationsebene des Laserstrahls (Bild 2.12 rechts). Diese
Ausrichtung bleibt auch dann erhalten, wenn der Strahl die Probe nicht mehr
bestrahlt.

*photoadressier-*
*bare Polymere*

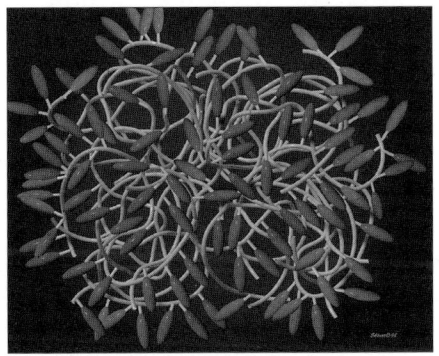 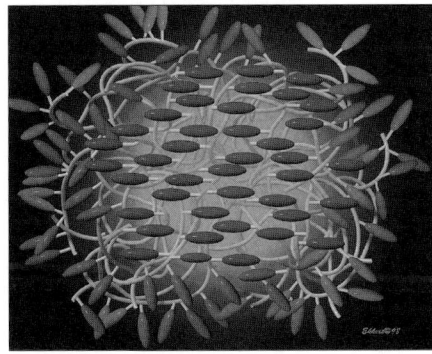

Bild 2.12 Photoadressierbare Polymere.
Links: regelloser Zustand; rechts: ausgerichteter Zustand (*Bayer AG*)

Zur Datenspeicherung werden dann ein sogenannter Datenstrahl und ein Adressstrahl benötigt (Bild 2.13 oben). Beide Strahlen sind polarisierte Laserstrahlen, die
außerdem zueinander kohärent sind, d. h. sie schwingen im Gleichtakt. Die zu spei-
chernden Daten werden zunächst als Hell/Dunkelfeld dargestellt, d. h. die binären
Informationen 0 und 1 werden in Farbinformationen Null = schwarz und Eins =
weiß umgesetzt. Der Datenstrahl fällt nun durch das Hell/Dunkelfeld, wodurch sich
aus der Polarisation des Laserstrahls eine Intensitätsverteilung im Strahl ergibt. Im
Speicherpunkt des PAP kommt es nun zu einer Interferenzerscheinung mit dem
Adressstrahl und damit zu einer charakteristischen Ausrichtung der Polymerketten
in Abhängigkeit von der Intensitätsverteilung im Interferenzmuster.

Für das Auslesen der Daten wird dann nur der Adressstrahl benötigt (Bild 2.13
unten). Dabei fällt der polarisierte Laser auf die ausgerichteten Moleküle, wobei

Bild 2.13 Photoadressierung.
Oben: Abspeichern der Daten; unten: Auslesen der Daten (*Bayer AG*)

es zu Doppelbrechungserscheinungen kommt. Aus der Doppelbrechung folgt somit wiederum eine charakteristische Intensitätsverteilung, aus der wiederum Hell/Dunkelfelder erzeugt werden können, die dann als Informationen die binären Daten enthalten.

Trägt man nun eine Schicht der photoadressierbaren Polymeren auf ein Trägermaterial auf, so entsteht nach Angaben der Bayer AG (1998) eine so genannte Holo-CD mit einer Speicherkapazität von ca. 1000 Gigabyte (1500fache Speicherkapazität einer CD-Rom). Eine Anwendung dieser Technik ergibt sich überall dort, wo sehr große Datenmengen verarbeitet werden müssen.

## 2.3.4.2  Polymere Displays

Grundlage für die Darstellung von Daten in Displays ist die Erzeugung einer Farbinformation, wobei hierzu die Farben rot, blau und grün benötigt werden, die zur Darstellung weiterer Farben dann kombiniert werden können.

Dazu finden Funktionspolymere in polymeren Leuchtdioden Verwendung (Bild 2.14 links). Die Voraussetzung zur Erzeugung von Licht sind so genannte halbleitende Eigenschaften der Polymere. Ein solches halbleitendes Polymer ist das im Bild oben dargestellte Poly-Phenylen-Vinylen (PPV). Aufgrund seiner konjugierten Doppelbindungen besitzt es so genannte delokalisierte Elektronen, d. h. die Doppelbindungselektronen sind relativ frei beweglich. Legt man nun ein elektrisches Feld an eine PPV-Schicht an, so können Ladungen transportiert werden. Kommt es zu einem Zusammenstoß der Ladungsträger, führt dies zu einer so genannten Rekombination auf ein niedrigeres Energieniveau. Die dabei frei werdende Energie wird in Form von Lichtenergie emittiert. Die Farbe des Lichts richtet sich nach seiner Wellenlänge und damit nach der chemischen Struktur des Halbleiters. Verwendet man PPV als Funktionspolymer, so wird grünes Licht abgestrahlt. Zur Erzeugung blauen Lichts wird dagegen Poly-para-Phenylen und für rotes Licht Polythiophen verwendet. Damit lassen sich die in der Displaytechnologie benötigten drei Farben durch die Anwendung polymerer Leuchtdioden erzeugen. Dazu wird jeder Bildpunkt des Diplays aus drei polymeren Leuchtdioden aufgebaut, die so klein sind, dass sich bei einer 1 Zoll Bildschirmdiagonalen eine Auflösung von $800 \times 236$ Pixel erreichen lässt (Bild 2.14).

polymere
Leuchtdioden

Photo-
lumineszenz

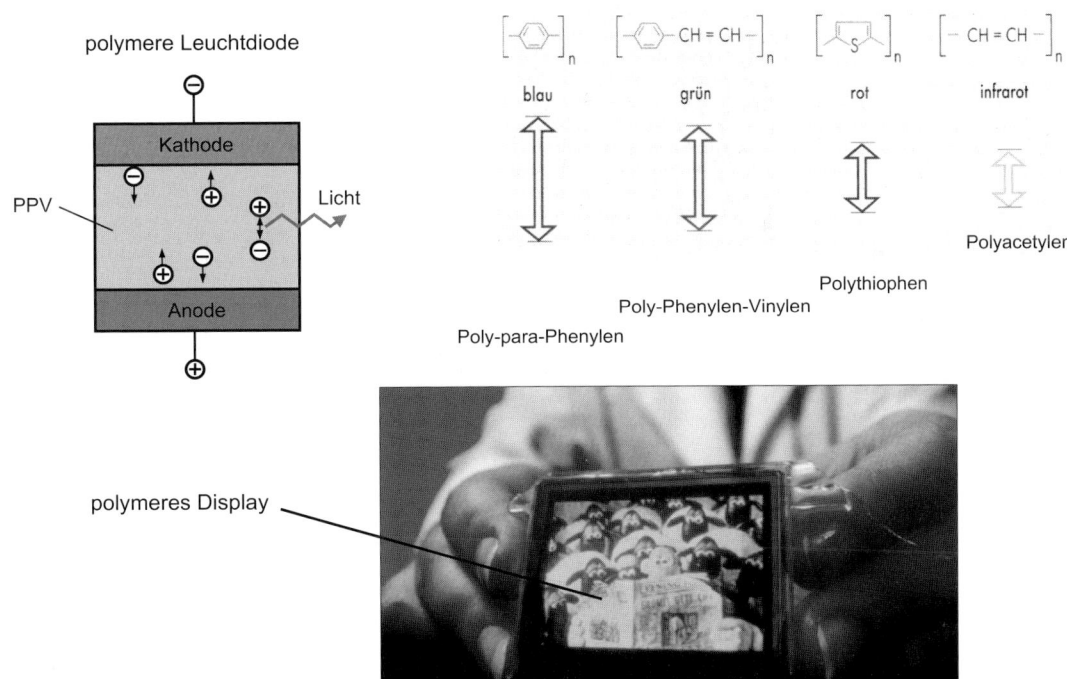

Bild 2.14  Polymere Displays (*Stieler*)

> **Beispiele für Funktionspolymere sind schaltbare Polymere, die unter Einfluss von Wärme, Strahlung oder einem elektrischen Feld ihre Eigenschaften ändern, photoadressierbare Polymere zur polymeren Datenspeicherung oder halbleitende Polymere zur Anwendung in polymeren LEDs oder Displays.**

## Literatur zu Kapitel 2

Mülhaupt, R.: Neue Zwischenprodukte durch kontrollierte Polymerisation: Vortrag auf der Fachtagung „Funktionspolymere, Effektstoffe und formulierte Systeme", SKZ, Würzburg, 15./16. Oktober 1997

N.N.: Speichern in 3D: Aus: Research, das Bayer-Forschungsmagazin 10/1998, S. 36–45

Schubert, U. S.: Funktionspolymere: WebSite des Lehrstuhls für technische Chemie, TU München, www.chemie.tu-muenchen.de/makro/forschung/funktionspolymere.html

Stieler, W.: Aus dem Reagenzglas – Plastik wird die Computertechnik verändern: c't magazin für computertechnik 2/1999, S. 76–81

Urban, D.: Schaltbare Eigenschaften bei Polymeren: Vortrag auf der Fachtagung „Funktionspolymere, Effektstoffe und formulierte Systeme", SKZ, Würzburg, 15./16. Oktober 1997

Wolff-Jesse, C.: Untersuchung des Einsatzes elektrorheologischer Flüssigkeiten in der Hydraulik: Dissertation an der RWTH Aachen, 1997

Zilker, S. J., et al.: Holographic Data Storage in Amorphous Polymers: Advanced Materials 10 (1998) 11, S. 855–859

# 3 Der makromolekulare Aufbau der Kunststoffe

## 3.1 Bildung von Makromolekülen

„Kunststoffe sind makromolekulare Verbindungen, die synthetisch oder durch Umwandlung von Naturprodukten entstehen" sagt sinngemäß ein Normentwurf. Oft bezeichnet man Kunststoffe auch als *Polymere* (griech. *poly* = viele, *meros* = Teil). Dies ist jedoch nur insofern korrekt, als dass Kunststoffe neben Polymeren auch noch Füllstoffe, Farbstoffe, Stabilisatoren etc. enthalten können; die Polymere stellen folglich die Grundstoffe der Kunststoffe dar.

Charakteristisch für alle Polymere ist mindestens eine, sich durch das ganze Molekül fortsetzende Kette aus miteinander verknüpften Wiederholungseinheiten, den sog. *Monomeren* (griech. *mono* = allein). Der Begriff des *Makromoleküls* wurde 1922 von HERMANN STAUDINGER geprägt und bezeichnet ein Molekül, welches sich in seiner Zusammensetzung nicht merklich unterscheidet, egal ob es aus n oder n + 1 Wiederholungseinheiten zusammengesetzt ist. Daneben existieren eine Reihe weiterer Definitionen; bis heute konnte man sich jedoch nicht auf eine Definition einigen.

*Monomere bilden die Wiederholungseinheiten*

Organische Polymere auf der Basis von Kohlenstoffatomen sind die Baustoffe der gesamten belebten Natur. Auch der menschliche Körper besteht zu einem großen Teil aus Makromolekülen. Seit Beginn seiner Existenz benutzt der Mensch viele dieser Naturstoffe als Werkstoffe. Dies waren zunächst Holz, Blätter und Gras, dann aber mit fortschreitender Entwicklung Elfenbein, Leder, Tiersehnen, Baumwolle, Flachs, Hanf, Leinen, Seide, Kautschuk, Teer, Bernstein u. v. a. m. Viele davon sind organische Polymere auf der Basis von Kohlenstoffatomen.

*natürliche Polymere*

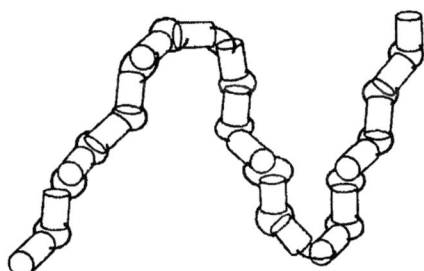

Bild 3.1 Stäbchenmodell eines Makromoleküls

Wie kann man sich nun ein Makromolekül vorstellen? Bild 3.1 zeigt ein anschauliches Modell. Hier hat das Makromolekül die Form einer Kette, aufgebaut aus Stahlstäbchen (den Monomeren), die über Ringe (die Bindungen zwischen den Monomeren) verbunden sind. In einem Makromolekül hätte eine solche Kette eine Länge von mindestens einigen hundert Stäbchen. Man muss sich nun ein Polymer als Stoff denken, der aus vielen Ketten zusammengesetzt ist, die entweder ungeordnet miteinander verschlungen oder regelmäßig angeordnet sein können.

*Modell des Makromoleküls*

Da vom molekularen Aufbau und der Anordnung der Ketten die Eigenschaften der Polymere in entscheidendem Maße geprägt werden, wird hierauf nachfolgend ausführlich eingegangen werden. Zunächst soll jedoch die Frage beantwortet werden, wie die Bindungen zwischen den Monomermolekülen zustande kommen.

Alle organischen Makromoleküle und damit auch die Kunststoffe basieren auf der Fähigkeit des Kohlenstoffs, *kovalente Atombindungen* einzugehen. Diese Fähigkeit resultiert aus dem atomaren Aufbau des Kohlenstoffatoms. Für eine anschauliche Darstellung dieses Aufbaus wird oft das Bohrsche Atommodell (oder Kugelschalenmodell) herangezogen. Darin wird ein Atomkern, der aus positiven und neutralen Teilchen (*Protonen und Neutronen*) zusammengesetzt ist, von negativen Teilchen (*Elektronen*) auf verschiedenen aber definierten Bahnen umkreist.

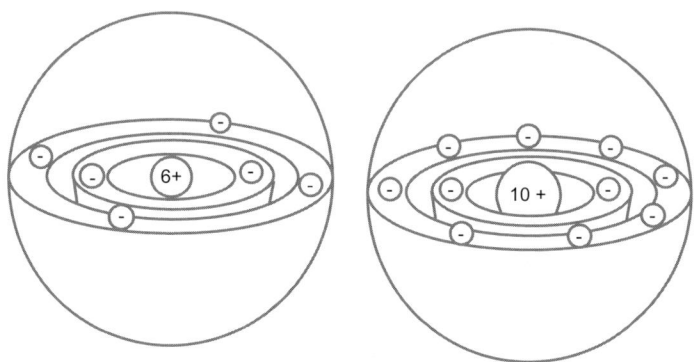

Bild 3.2  Kugelschalenmodell des Kohlenstoffatoms (links) und des Neonatoms (rechts)

Bild 3.2 zeigt die Kugelschalenmodelle des Kohlenstoff- und des Neonatoms. Man erkennt, dass das Neonatom acht Elektronen in der äußeren Schale besitzt. Aus physikalischen Gründen ist eine derartige Anordnung der Elektronen in der äußeren Schale (die sog. *Edelgaskonfiguration*) eines Atoms besonders stabil, was sich z. B. darin zeigt, dass Neon keine chemischen Verbindungen bildet.

die chemische Bindung

Dem Kohlenstoffatom fehlen vier Elektronen in der äußeren Schale zur Edelgaskonfiguration. Man spricht hier auch von *freien Valenzen*. Der Kohlenstoff versucht nun, diese Lücken in seiner äußeren Schale aufzufüllen, indem er sich Elektronen von anderen Atomen „leiht".

Das Kohlenstoffatom lagert sich mit anderen Atomen zusammen, teilt sich mit ihnen die Elektronen der Außenschale und gelangt so quasi zu einer Edelgaskon-

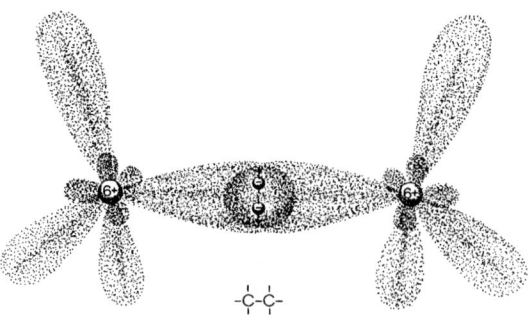

Bild 3.3  Einfachbindung zwischen zwei Kohlenstoffatomen (BASF AG)

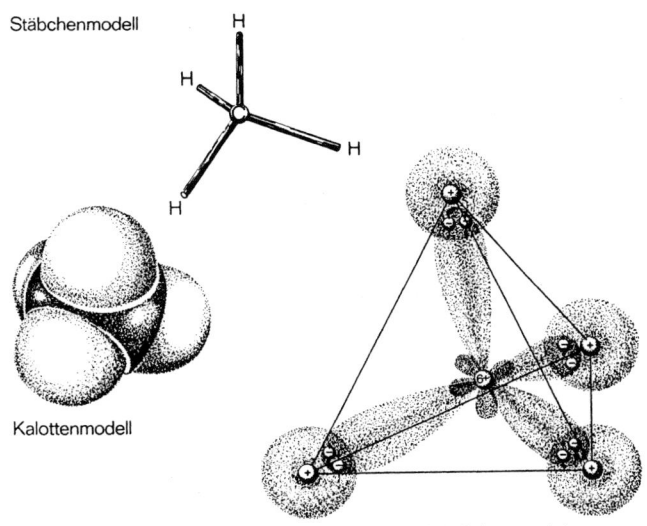

Stäbchenmodell

Kalottenmodell

verfeinertes Modell der räumlichen
Elektronenwolkenstruktur

Bild 3.4  Verschiedene Darstellungen des Methanmoleküls (BASF AG)

figuration. Diese anderen Atome können z. B. Kohlenstoff sein (Diamant), aber auch Wasserstoff, Sauerstoff, Stickstoff etc. Durch dieses „Teilen" von Elektronen entsteht die kovalente Atombindung. Bild 3.3 zeigt schematisch eine Bindung zwischen zwei Kohlenstoffatomen.

Die beiden Elektronen der sich überschneidenden Elektronenwolken (oder „-bahnen") stehen beiden Atomen zur Verfügung, sodass beide Atome quasi fünf Außenelektronen besitzen. Man erkennt weiterhin, dass die vier „bindungsfähigen" Bahnen des Kohlenstoffatoms sich möglichst günstig im Raum anordnen (so daß die elektrostatische Abstoßung möglichst gering ist) und so die Form eines *Tetraeders* einnehmen. Dies ist in Bild 3.4 verdeutlicht.

Verbindet sich nun ein Kohlenstoffatom mit jeweils zwei seiner Valenzen mit anderen Kohlenstoffatomen, so können Kettenmoleküle entstehen. Die beiden anderen freien Valenzen des Kohlenstoffatome müssen durch andere Atome abgesättigt sein (z. B. Wasserstoff H). Das Polyethylenmolekül als ein wichtiges aber gleichzeitig sehr einfach gebautes Kettenmolekül ist hier als Modell sehr willkommen; es ist in Bild 3.5 schematisch dargestellt.

Hier ist jedes Kohlenstoffatom mit zwei weiteren Kohlenstoffatomen verbunden; die weiteren Valenzen sind mit Wasserstoffatomen gesättigt. Der Einfachheit halber zeichnet man die Kette meist gestreckt, obwohl sie aufgrund des Bindungswinkels des Kohlenstoffs (Tetraederwinkel = 109,5°) auch in der gestreckten Form einer

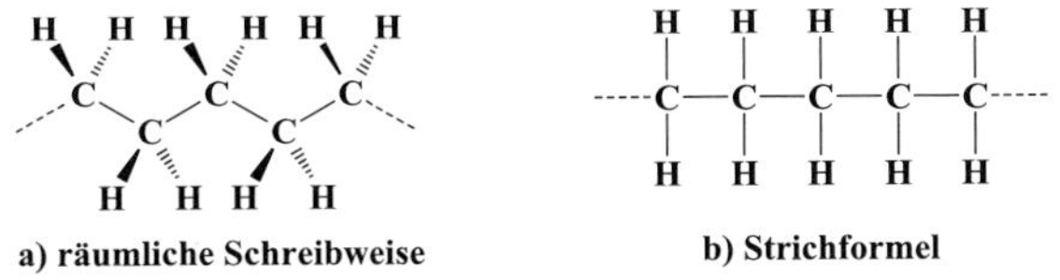

a) räumliche Schreibweise  
b) Strichformel

Bild 3.5  Schematische Darstellung des Polyethylenmoleküls

Zick-Zack-Linie folgen. Die zum Polyethylen gehörende Monomereinheit ist das Ethylen, eine Verbindung aus zwei Kohlenstoff- und vier Wasserstoffatomen (s. u.).

---

**Die Fähigkeit des Kohlenstoffs, Kettenmoleküle zu bilden, liefert die Grundlage für die meisten natürlichen und künstlichen Polymere.**

---

*Polymerisationsgrad*

Die physikalischen Eigenschaften der Polymere werden entscheidend durch ihre Kettenlänge bestimmt. Ein Maß für diese Kettenlänge ist der *(mittlere) Polymerisationsgrad n*. Dieser bezeichnet die Anzahl an Monomereinheiten, die in der Kette enthalten sind. Im Falle der Polyethylens können dies bis zu $10^4$ Einheiten sein. Aufgrund des Mechanismus der Kettenbildung sind nicht alle Ketten gleich lang, sodass man einen Mittelwert für den Polymerisationsgrad angibt.

*Molekulargewicht und Molmasse*

Die wichtigste Größe zur Charakterisierung der Kettenlänge ist die Molmasse (auch Molekulargewicht, relative Molekülmasse, Formelgewicht genannt). Sie sind definiert als Produkt der Molmasse der Wiederholungseinheit und des mittleren Polymerisationsgrades. Im Falle des Polyethylens erhält man so Werte zwischen 28 000 und 280 000 (Masse der Wiederholungseinheit = $2 \cdot 12\,\text{g} \cdot \text{mol}^{-1} + 4 \cdot 1\,\text{g} \cdot \text{mol}^{-1} = 28\,\text{g} \cdot \text{mol}^{-1}$). Da – wie gesagt – nicht alle Ketten gleich lang sind, wird hier ein Mittelwert angegeben, im Gegensatz zu den niedermolekularen chemischen Verbindungen, die in der Regel ein definiertes Molekulargewicht besitzen. Auch fügt man der Angabe des Molekulargewichtes keine Einheit hinzu, weil es sich um einen Verhältniswert (bezogen auf 1/12 der Masse eines Kohlenstoffisotopes mit dem Aromgewicht 12) handelt.

---

**Polymerisationsgrad und mittlere Molmasse bzw. das mittlere Molekulargewicht geben Aufschluss über die Kettenlänge.**

---

*Heteroatome*

Neben Kohlenstoffatomen können andere Atome – z. B. Sauerstoff oder Stickstoff – in die Polymerkette eingebaut werden. Man spricht dann von Polymeren mit *Heteroatomen* in der Kette.

Auch einige andere Atome sind direkt zur Bildung von Ketten mit kovalenten Bindungen befähigt. So sind z. B. die Polysiloxane Makromoleküle, die in der Hauptkette immer abwechselnd ein Silizium- und ein Sauerstoffatom tragen.

$$\cdots\!-\!\underset{\underset{R}{|}}{\overset{\overset{R}{|}}{Si}}\!-\!O\!-\!\underset{\underset{R}{|}}{\overset{\overset{R}{|}}{Si}}\!-\!O\!-\!\underset{\underset{R}{|}}{\overset{\overset{R}{|}}{Si}}\!-\!\cdots$$

Schließlich finden sich sowohl bei den makromolekularen Naturstoffen wie auch bei den Kunststoffen Makromoleküle, in welchen Ringbausteine enthalten sind. Als Beispiele soll hier die Cellulose dienen, ein so genanntes *Polysaccharid*, welches in der Natur große Bedeutung hat.

Die Größe solcher Moleküle liegt an der Grenze der Auflösung modernster Elektronenmikroskope. Wenn ein solches Makromolekül ausgestreckt würde, hätte es eine Länge von etwa einem Mikrometer ($10^{-6}$ m) bei einer Dicke von etwa 0,5 nm ($10^{-9}$ m).

## 3.2 Einführende Darstellung in Aufbau und Eigenschaften

Der molekulare Aufbau der Polymere beeinflusst in hohem Maße die Struktur und damit die physikalischen Eigenschaften. Die übliche Einteilung ist in Bild 3.6 gezeigt.

### 3.2.1 Lineare Makromoleküle

Im einfachsten Fall liegen lineare Makromoleküle vor, die unter Umständen kurze Seitenketten (Verzweigungen) enthalten können. Diese Kunststoffe können wiederholt geschmolzen oder in einem Lösemittel gelöst werden. Ihre mechanischen Eigenschaften reichen von weich (z. B. thermoplastische Elastomere) und zäh bis hart und spröde. Die Anwesenheit von Seitenketten führt zu einer leichten Erweichung gegenüber den rein linearen Polymeren; ansonsten ändern sich die Eigenschaften nicht wesentlich.

*thermoplastische Polymere*

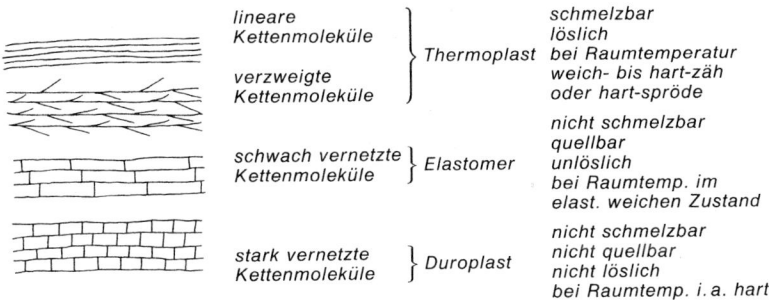

Bild 3.6 Schematische Darstellung der Anordnung der Kettenmoleküle in Kunststoffen und deren Eigenschaften

Man erkennt, dass, wenn die Ketten solcher Makromoleküle genügend Beweglichkeit durch Wärme oder Lösemittel erhalten, sie aneinander abgleiten können; der Kunststoff wird weich (plastisch). Die Namensgebung folgt dieser Eigenschaft; sie werden mit dem Sammelbegriff *Thermoplaste* (früher: *Plastomere*) bezeichnet.

Es gibt nun noch eine Besonderheit bei den Thermoplasten, die wir jetzt schon kurz erwähnen müssen, wenn auch eine ausführliche Behandlung erst im Abschnitt 6 erfolgt. Unter bestimmten Voraussetzungen (z. B. ein regelmäßiger Aufbau) können sich Teile der Polymerketten so weit nähern, dass sie sich partiell zu extrem regelmäßigen *kristallinen* Strukturen zusammenlagern. Ein solcher *teilkristalliner* Zustand kann bei vielen Thermoplasten beobachtet werden. Sein Auftreten hängt – gleiche Verarbeitungsbedingungen vorausgesetzt – nur vom Aufbau der Makromoleküle ab. Bei einem unregelmäßigen Aufbau der Makromoleküle

*teilkristalline Thermoplasten*

(z. B. bei einem hohen Anteil an Seitenketten) ist eine enge Zusammenlagerung zu kristallinen Bereichen dagegen nicht möglich; der Werkstoff erstarrt *amorph*.

Im Gegensatz zu den niedermolekularen Verbindungen kristallisieren Kunststoffe jedoch nie vollständig. Dies ist zurückzuführen auf die extrem langen Moleküle – bei denen eine komplett „passende" Ausrichtung sehr unwahrscheinlich ist – und die auch bei höheren Temperaturen noch verhältnismäßig schlechte Beweglichkeit der Ketten. Auch reicht die zur Verfügung stehende Zeit, die für einen definierten Kristallisationsprozess erforderlich ist, nicht aus. Es entstehen daher kristalline Strukturen neben nicht-kristallinen *amorphen* Bereichen; man spricht von einem *teilkristallinen* Zustand.

Eigenschaften<br>teilkristalliner<br>Polymere

Die Kristallisation auch nur eines Teils der Makromoleküle verändert die Eigenschaften des Materials in einem ganz wesentlichen Maß, insbesondere dahingehend, dass teilkristallin erstarrte Thermoplaste bis zu erheblich höheren Temperaturen belastbar sind, ohne ihre Gestalt zu verlieren. Auch die optischen Eigenschaften der Kunststoffe ändern sich mit dem Auftreten von kristallinen Bereichen. Amorphe Thermoplaste sind – sofern sie nicht eingefärbt sind und keine Füllstoffe enthalten – transparent, ähnlich dem anorganischen Glas. Man spricht daher auch von organischen Gläsern. Im Gegensatz dazu wird an den kristallinen Bereichen – sofern ihre Abmessungen im Bereich der Wellenlänge des Lichts liegen – das Licht abgelenkt, sodass diese Werkstoffe opak erscheinen.

> **Bei sonst gleichem molekularem Aufbau unterscheiden sich amorph und kristallin erstarrende Thermplasten sehr. Teilkristalline Thermoplasten sind härter, zäher und wärmeformbeständiger.**

## 3.2.2   Vernetzte Makromoleküle

vernetzte Poly-<br>mere (Duro-<br>plaste, Elasto-<br>mere)

Es ist auch möglich, dass die einzelnen Kettenmoleküle über Querbrücken miteinander verbunden (*vernetzt*) sind. Damit können die Polymerketten auch bei erhöhter Beweglichkeit nicht mehr aneinander abgleiten, was die Eigenschaften deutlich verändert. Man muss hier zwei Fälle unterscheiden:

- Falls die Vernetzung zwischen den Polymerketten sehr weitmaschig ist, sind derartige Kunststoffe zwar weder schmelzbar noch löslich, sie können jedoch unter der Einwirkung von Lösemitteln aufquellen, d. h. die Lösemittelmoleküle lagern sich zwischen den Polymerketten ein. Ist bei derartigen Polymeren die Kettenbeweglichkeit bei Raumtemperatur ausreichend hoch, so erlaubt dies ihnen, sich reversibel sehr stark verformen zu lassen. Man nennt Materialien dieser Art *Elastomere* (kautschukelastische Stoffe).
- Mit zunehmend engmaschigerer Vernetzung wird der Werkstoff steifer (härter) und spröder; er ist weder schmelzbar noch quellbar noch löslich. Derartige Werkstoffe werden als *Duroplaste* (oder Duromere) bezeichnet. Aus den vielen Makromolekülen ist ein Netzwerk, also ein einziges, kompaktes Molekül geworden. Die Verarbeitung solcher Werkstoffe – z. B. das Tränken von Faserverstärkungen – erfolgt zunächst im unvernetzten Zustand, in dem sie meist recht dünnflüssig sind. Beim Härtungsvorgang erfolgt dann die Vernetzung und der Kunststoff erreicht seine Gebrauchsfähigkeit. Die Vernetzung verleiht diesen Werkstoffen auch eine bessere Wärmefestigkeit gegenüber einem Thermoplasten mit gleicher chemischer Struktur.

> **Werden lineare Makromoleküle vernetzt, so ändern sich viele wichtige Eigenschaften, vor allem die Wärmeformbeständigkeit.**

## 3.3 Die Bildung und Herstellung von Polymeren

### 3.3.1 Thermoplaste

Die Verknüpfung der Monomeren zu Polymeren kann dann erfolgen, wenn in diesen entweder freie Valenzen erzeugt werden können oder die Monomere reaktive Endgruppen besitzen, die chemische Bindungen eingehen können.

#### 3.3.1.1 Ungesättigte Bindungen, Polymerisation

Neben der schon besprochenen Einfachbindung zwischen zwei Kohlenstoffatomen, bei der sich die Atome zwei Elektronen teilen, ist auch die Ausbildung von Doppel- und Dreifachbindungen zwischen zwei C-Atomen möglich (diese teilen sich dann 4 bzw. 6 Elektronen). Man bezeichnet derartige Moleküle, die Doppel- oder Dreifachbindungen enthalten, als *ungesättigt*.

*ungesättigte Moleküle*

Das einfachste Beispiel für ein ungesättigtes Molekül ist das Ethylen (die nach den Regeln der Chemie richtige Bezeichnung lautet „Ethen", jedoch benutzt man aus historischen Gründen meist den älteren Ausdruck),

$$\begin{matrix} H & & & H \\ & \diagdown & & \diagup & \\ & & C = C & \\ & \diagup & & \diagdown & \\ H & & & H \end{matrix}$$

welches zur Gruppe der *Alkene* oder *Olefine* gehört und den monomeren Baustein des Polyethylens darstellt (man bezeichnet daher das Polyethylen auch als *Polyolefin*). Bild 3.7 zeigt schematisch den Aufbau eines Ethylenmoleküls.

Man erkennt, daß bei der Doppelbindung beide Bindungen stark „verbogen" werden müssen (sie weichen stark vom Tetraederwinkel ab), sodass ein gespannter Zustand entsteht. Während eine C—C-Einfachbindung eine Bindungsenergie von 350 kJ/mol aufweist (die Bindungsenergie ist die Energie die frei wird, wenn sich zwei Atome kovalent miteinander verbinden), besitzt eine Doppelbindung eine Bindungsenergie von 560 kJ/mol. Öffnet man eine Doppelbindung und knüpft stattdessen zwei Einfachbindungen, so wird eine Energie von 140 kJ/mol frei. Dies erklärt die Möglichkeit, ungesättigte Moleküle zu langen Ketten zusammenzulagern. Noch größer ist diese Energiedifferenz bei einer C—C-Dreifachbindung

*Energieinhalt ungesättigter Moleküle*

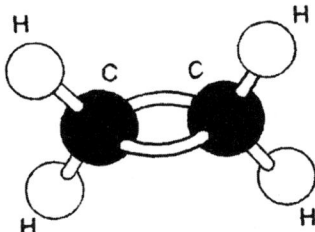

Bild 3.7 Schematische Darstellung des Ethylenmoleküls

(Bindungsenergie 840 kJ/mol), wie sie z. B. im Acetylen (Ethin)

$$H-C \equiv C-H$$

vorhanden ist.

**Ablauf der Polymerisation**

Bei der Bildung von Polymeren aus ungesättigten Monomeren – der sog. *Polymerisation* – werden zunächst einige Monomermoleküle durch einen *Initiator* aktiviert, d. h. die Mehrfachbindung wird aufgebrochen und eine freie Valenz erzeugt. Dieses aktive Zentrum lagert dann ein weiteres Monomermolekül an, wobei dessen Mehrfachbindung geöffnet wird und das aktive Zentrum auf den neuen Kettenbaustein übergeht. So werden in einer sog. *Kettenreaktion* die Monomermoleküle nacheinander angelagert.

Initiator    1. Monomer

2. Monomer          Polymer

**Initiatoren**

Die Initiierung der Polymerisationsreaktion kann auf verschiedenen Wegen erfolgen. Man unterscheidet hier *radikalische, anionische* und *kationische* Initiatoren (und spricht analog von der radikalischen, anionischen oder kationischen Polymerisation). Im Wesentlichen liegt der Unterschied in der chemischen Natur der aktiven Stelle (in der obigen Gleichung mit * bezeichnet), die im ersten Fall ein Teilchen mit einem einzelnen ungepaarten freien Elektron (*Radikal*), im zweiten Fall ein Anion ($C^-$) und im dritten Fall ein Kation ($C^+$) sein kann.

Aus der unterschiedlichen Natur der aktiven Spezies resultieren Unterschiede im Reaktionsmechanismus und in den erzielbaren Eigenschaften. So zeichnen sich z. B. anionisch oder kationisch hergestellte Polymere durch eine besonders enge *Molekulargewichtsverteilung* aus. Ein Beispiel für ein anionisch polymerisierbares Monomer ist das Styrol, welches zu *Polystyrol* umgesetzt wird. Die entsprechende Reaktionsgleichung lautet wie folgt:

Initiator          Styrol

Polystyrol

Für einige Polymerisationsreaktionen existieren spezielle Katalysatoren, welche ein Polymer mit besonders regelmäßiger Struktur erzeugen. Diese Katalysatoren besitzen ein aktives Zentrum, an welches die wachsende Polymerkette sowie das einzubauende Monomer gebunden sind. Aufgrund der Struktur kann nun das Monomer nur in einer ganz bestimmten Weise an die Kette angekoppelt werden („Folterbankmechanismus"). Man nennt die Art der Bindung zwischen dem Katalysator und der Kette bzw. dem Monomer eine *koordinative Bindung*, daher spricht man auch von einer *koordinativen* Polymerisation. Diese Art der Polymerisation wurde von K. Ziegler und G. Natta (Nobelpreis 1963) entdeckt. Die von ihnen verwendeten Katalysatoren (auch *Ziegler-Natta-Katalysatoren* genannt) sind chemische Verbindungen, die ein Metallatom enthalten. In neuerer Zeit wurde ein weiterer Katalysatortyp entwickelt: die sog. *Metallocen-Katalysatoren*. Auch hier handelt es sich um metallhaltige organische Verbindungen, die nach einem ähnlichen Mechanismus funktionieren (d. h. auch hier wird durch eine Koordination der Reaktionspartner eine bestimme Art der Anbindung erzwungen). Die Produkte einer koordinativen Polymerisation zeichnen sich meist durch eine besonders regelmäßige Struktur aus; man spricht von einer bestimmten *Taktizität*. Diese besondere Regelmäßigkeit führt z. B. bei Polyolefinen zu einem erhöhten Kristallinitätsgrad von ca. 50 %, was ihre Gebrauchsfähigkeit bis zu einer Temperatur von 100 °C ermöglicht. Dies hat mit dazu geführt, dass diese von ihrer Rohstoffbasis preiswerten Polymere zu den mengenmäßig bedeutendsten Kunststoffen der Welt zählen.

*koordinative Polymerisation*

---

**Bei einer Polymerisation wächst die durch einen Initiator gestartete Polymerkette durch Anlagerung einzelner Monomermoleküle in einer Kettenwachstumsreaktion.**

---

### 3.3.1.2 Reaktive Endgruppen, Polyaddition und Polykondensation

Moleküle (dies können nahezu beliebige Verbindungen sein, weshalb sie im Folgenden nur mir R bezeichnet werden), können, wenn sie zwei reaktive Endgruppen besitzen (man nennt dies *bifunktionell*), mit den reaktiven Endgruppen anderer Moleküle (R′) reagieren und auf diese Weise ebenfalls Makromoleküle erzeugen. Solche reaktiven Endgruppen sind z. B.

*bifunktionelle Monomere, Polyaddition*

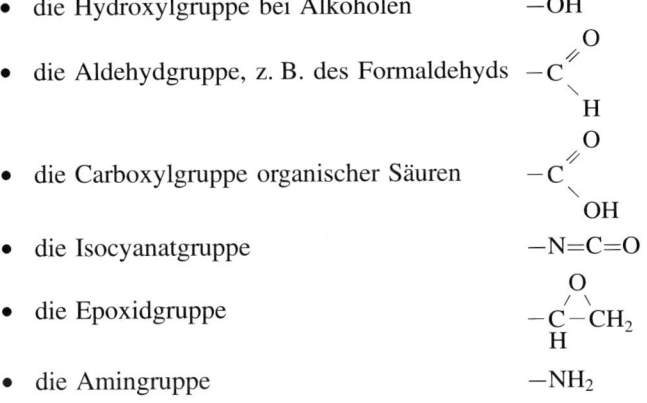

- die Hydroxylgruppe bei Alkoholen     −OH

- die Aldehydgruppe, z. B. des Formaldehyds   $-C\overset{O}{\underset{H}{}}$

- die Carboxylgruppe organischer Säuren   $-C\overset{O}{\underset{OH}{}}$

- die Isocyanatgruppe     −N=C=O

- die Epoxidgruppe     $-\underset{H}{C}-CH_2$ (mit O-Brücke)

- die Amingruppe     −NH$_2$

**Polyaddition**

So reagiert z. B. die Isocyanatgruppe eines Diisocyanats mit der Hydroxylgruppe eines Dialkohols (Glykol) gemäß folgender Gleichung

$$R-N=C=O \ + \ O-R' \ \longrightarrow \ R\diagdown N \diagup C(=O) \diagup O \diagup R'$$

zu einem linearen *Polyurethan*. Ähnlich verläuft die Reaktion zwischen Epoxid- und Amingruppen. Kennzeichnend für diese Reaktionstypen ist, dass keine Nebenprodukte entstehen; es findet nur eine Addition der Bausteine statt. Man spricht daher von einer *Polyaddition*.

**Polykonden-sation**

Es gibt jedoch auch Kombinationen reaktiver Endgruppen, die unter Abspaltung von niedermolekularen Komponenten miteinander reagieren. Ein Beispiel ist die Reaktion von Alkohol- und Säuregruppen zu *Estern*:

$$R-C(=O)-O\boxed{H \ + \ HO}-R' \ \rightleftharpoons \ R-C(=O)-O-R' \ + \ H_2O$$

Der Doppelpfeil deutet an, dass die Reaktion in beide Richtungen ablaufen kann; es handelt sich um eine *Gleichgewichtsreaktion*. Entzieht man dem Reaktionsgemisch das entstehende Wasser, dann wird das Gleichgewicht auf die Seite des Esters verschoben. Setzt man auch hier einen Dialkohol und eine Disäure ein, so bilden sich *Polyester*.

Ein weiteres Beispiel für eine Polykondensationsreaktion ist die Reaktion von Phenol mit Formaldehyd. Auch hier wird Wasser als Nebenprodukt frei, welches dem System entzogen werden muss (Reaktion s. Abschnitt 3.3.2.2).

Weder für die Polykondensation noch für die Polyaddition ist eine Aktivierung der Moleküle bzw. Endgruppen erforderlich (lediglich werden in einigen Fällen Katalysatoren zur Beschleunigung der Reaktion zugegeben). Die Bildung der Makromoleküle folgt daher einem anderen Mechanismus. Zunächst lagern sich die Moleküle paarweise zusammen und reagieren miteinander. Dann lagern sich die so gebildeten Gruppen zusammen und reagieren zu größeren Gruppen (man spricht hier von *Oligomeren* mit wenigen Wiederholungseinheiten; griech. Oligo = wenig, klein). Dies setzt sich fort; die Gruppen werden immer größer bis schließlich Makromoleküle gebildet werden. Da das Molekulargewicht der Ketten immer in Stufen größer wird, spricht man auch von einer *Stufenwachstumsreaktion* (Bild 3.8).

**Stufenwachs-tumsreaktion, Äquivalenz der Gruppen**

Um große Molmassen zu erhalten, muss eine weitere Voraussetzung erfüllt sein. Greifen wir zurück auf das oben genannte Beispiel der Polyaddition von Diisocyanaten an Glykol. Liegt hier das Glykol im Überschuss vor, so werden sich nur kurze Kettenfragmente bilden, die an beiden Seiten Alkoholgruppen tragen. Da diese jedoch nicht mehr miteinander reagieren können und alles Isocyanat verbraucht ist, stoppt die Reaktion an dieser Stelle. Erst die Zugabe von weiterem Diisocyanat setzt die Reaktion fort. Man erhält das höchste Molekulargewicht, wenn genau gleich viele Alkohol- und Isocyanatgruppen vorhanden sind (*Äquivalenz*).

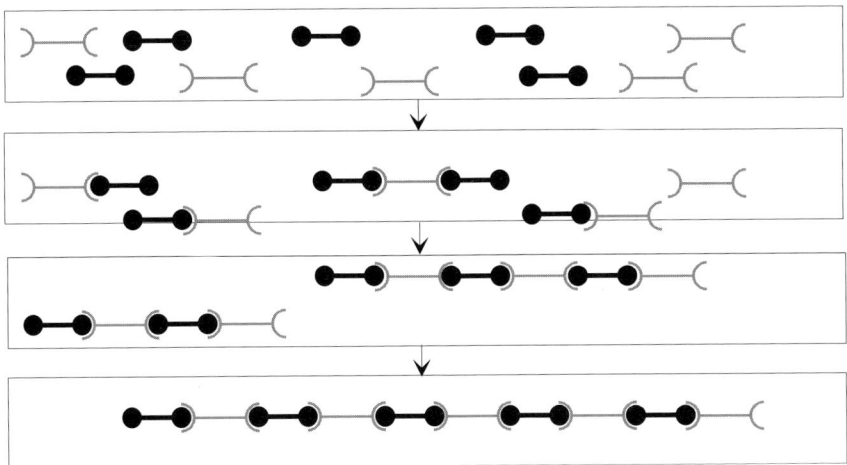

Bild 3.8 Schema einer Stufenwachstumsreaktion

Man kann folglich die Kettenbildung gezielt anhalten, wenn die Ketten noch recht kurz sind. Man macht sich dieses Verhalten bei der Verarbeitung zu Nutze, indem man die Monomermischung zunächst so weit polymerisiert (man spricht fälschlicherweise vereinfachend immer von polymerisieren, obwohl es richtiger *polykondensieren* oder *polyaddieren* heißen müsste), dass sie einen zähflüssigen Charakter annimmt (aufgrund der dann noch kurzen Ketten ist die Viskosität noch vergleichsweise gering). Im nächsten Schritt gibt man die fehlende Menge Monomer hinzu und die Reaktion schreitet fort. Da sich nun nur noch die Gruppen zusammenlagern müssen, steigen das Molekulargewicht und die Viskosität sprunghaft an.

Ein gutes Beispiel für diese Vorgehensweise sind einige sog. Zweikomponenten-Klebstoffe. Diese härten erst dann aus (in diesem Fall heißt das, dass sie ein hohes Molekulargewicht erreichen), wenn die fehlende Monomermenge (die zweite Komponente) in ausreichender Menge – man sagt „im *stöchiometrischen* Verhältnis" – eingemischt worden ist.

> **Bei der Polykondensation und der Polyaddition werden die Makromoleküle in einer Stufenwachstumsreaktion aus Monomeren mit reaktiven Endgruppen gebildet. Bei der Polykondensation entstehen niedermolekulare Nebenprodukte, bei der Polyaddition nicht.**

## 3.3.2 Elastomere und Duroplaste

Wie bereits gesagt, können Makromoleküle untereinander verbunden (*vernetzt*) werden. Damit diese Reaktion stattfinden kann, müssen an den Makromolekülen noch *Vernetzungsstellen* vorhanden sein. Dies können entweder C–C-Doppelbindungen (ungesättigte Bindungen) in der Kette sein oder aber reaktive Gruppen, wie sie in Abschnitt 3.3.1 genannt worden sind. Die Vernetzung kann dann ent-

Methoden der Vernetzung

weder nach erfolgter Kettenbildung durch die Zugabe geeigneter Reagenzien erfolgen, sie kann jedoch auch schon während der Kettenbildungsreaktion einsetzen. Schließlich kann – wenn keine ungesättigten Bindungen oder geeignete Endgruppen zur Verfügung stehen – eine Vernetzung über eine Bestrahlung oder über spezielle, sehr reaktive Reagenzien erfolgen.

### 3.3.2.1   Vernetzung über ungesättigte Bindungen

**Vernetzung über ungesättigte Bindungen**

Ein Beispiel für eine Vernetzung über ungesättigte Bindungen in der Polymerkette sind die *ungesättigten Polyesterharze*. Hier wird in einem Polykondensationsprozess zunächst ein Vorprodukt – ein *Präpolymer* – hergestellt, welches ungesättigte Bindungen in der Kette enthält. Dieses wird anschließend in ca. 30 % Styrol gelöst. Unmittelbar vor der Verarbeitung werden dann Chemikalien zugesetzt (Initiatoren), die eine Polymerisationsreaktion des Styrols starten. An die gebildeten aktiven Zentren (freie Valenzen) können neben den Styrolmolekülen auch die in den Polymerketten vorhandenen Doppelbindungen anlagern, d. h. die Präpolymer-Ketten werden quasi in die sich bildenden Polystyrolketten eingebaut.

**Vulkanisation**

Ein weiteres Beispiel für eine Vernetzung über Doppelbindungen in zunächst thermoplastischen Polymeren ist die *Vulkanisation* von Elastomeren (Kautschuken). Hier werden z. B. Schwefel oder Schwefelverbindungen als Vernetzungsreagenzien zugegeben, die dann mit den Doppelbindungen reagieren. Der eigentliche Mechanismus der Schwefelvernetzung ist nicht genau bekannt. Es gibt zwar eine Reihe von Vermutungen über den Ablauf der Reaktion, jedoch konnte der konkrete Mechanismus bisher nicht gefunden werden.

### 3.3.2.2   Vernetzung über reaktive Gruppen

**Vernetzung über reaktive Gruppen**

Auch eine Vernetzung über reaktive Gruppen kann direkt während der Kettenbildungsreaktion erfolgen. Setzt man anstelle der bifunktionellen Monomeren solche mit drei oder mehr reaktiven Gruppen ein, so werden gezielt Verzweigungsstellen in der Polymerkette erzeugt. Durch den Stufencharakter der Reaktion können diese Verzweigungen schließlich die Vernetzungsbrücken zwischen den Ketten bilden.

Ein praktisches Beispiel für eine derartige Vernetzung ist die Herstellung von Polyurethanen. Hier setzt man z. T. *mehrwertige Alkohole (Polyole)*, d. h. Alkohole mit drei oder mehr OH-Gruppen. Nach der Mischung tritt die Reaktion mit gleichzeitiger Vernetzung ein. Gibt man dann noch ein weiteres Reagenz hinzu, welches für die Entwicklung von $CO_2$-Gas in der Mischung sorgt, dann führt dies zu einem Aufschäumen. Nach dem Abschluss der Reaktion erhält man einen *Polyurethanschaum (PUR-Schaum)* wie man ihn als Montageschaum aus dem Baumarkt kennt.

Ein weiteres Beispiel für eine Stufenreaktion mit gleichzeitiger Vernetzung über reaktive Endgruppen ist die Herstellung von Phenolharzen. Rohstoffhersteller stellen zunächst so genannt *Novolake* her, die sich im flüssigen Zustand leicht mit Füllstoffen versetzen lassen und dann durch Verpressen in heißen Formen gleichzeitig ihre Endgestalt erhalten und unter der Wirkung von Formaldehyd, welches vorher eingemischt wurde, vernetzen; man spricht hier von Aushärten.

Phenol   Form-
aldehyd

+ H$_2$O

dreidimensionales Netzwerk

Derartige Vernetzungsreaktionen werden fast immer stufenweise ausgeführt, d. h. man erzeugt zunächst das thermoplastische oder plastisch-flüssige Vorprodukt geringerer Molmasse (Präpolymer), welches dann durch den Zusatz von weiteren reaktionsfähigen Molekülen und oft weiteren, reaktionsbeschleunigenden Chemikalien (*Härtergemisch*) in der Wärme vernetzt wird.

### 3.3.2.3  Vernetzung über Strahlung oder Peroxide

Wenn weder Doppelbindungen noch Endgruppen im Molekül vorhanden sind, besteht die Möglichkeit, freie Valenzen durch „Herausschlagen" von Wasserstoffatomen – der sog. *Wasserstoffabstraktion* – zu erzeugen. Dies kann z. B. durch die Einwirkung energiereicher Strahlung (Elektronenstrahlen) erfolgen. Eine weitere Möglichkeit ist der Einsatz spezieller Reagenzien, die ebenfalls die gesättigten Polymerketten angreifen können. Diese *Peroxide* sind z. B. in der Lage, Polyethylen zu vernetzen.

> **In der Verarbeitung wird die Vernetzung erst ausgeführt, nachdem das Formteil seine Endgestalt erhalten hat. Eine Umformung nach der Vernetzung ist nicht ohne Zerstörung möglich.**

### 3.3.2.4  Leiterpolymere

Eine spezielle Art der Vernetzung ist die Erzeugung eines *Leiterpolymers* durch eine Cyclisierung im Molekül. Sie sei am Beispiel des *Polybutadiens* dargestellt. Im ersten Schritt polymerisiert *Butadien* zu linearen, thermoplastischen Makromolekülen. In dieser Form lässt sich das Polybutadien z. B. zu Fäden verspinnen und verweben. In einem zweiten Reaktionsschritt werden diese Gewebe dann behandelt, um die noch vorhandenen ungesättigten Bindungen zu aktivieren und die Ringe zu schließen. Es entstehen quasi zwei gleich lange Polymerketten, die

*(Randnotizen:)*
Strahlenvernetzung, Vernetzung mit Peroxiden

Leiterpolymere, besondere Eigenschaften

an jedem zweiten Kohlenstoffatom miteinander kovalent verbunden sind:

Die auf diese Weise hergestellten Pluton-Gewebe sind bis zu 1000 °C unschmelzbar. Sie oxidieren jedoch unter längerer Wärmeeinwirkung an der Luft. Die besondere Wärmefestigkeit rührt von der besonderen Struktur der Polymermoleküle her. Kommt es bei normalen Thermoplasten z. B. unter Wärmeeinwirkung zu einer Kettenspaltung, so verringert sich das Molekulargewicht der gespaltenen Kette und, werden viele Ketten geschädigt, schließlich die mittlere Molmasse des Polymeren. Damit verschlechtern sich auch die mechanischen Eigenschaften erheblich. Bei einem Leiterpolymer müssen beide Stränge einer Kette an der gleichen Stelle gespalten werden, damit ein Molekulargewichtsabbau entsteht. Daher rühren die sehr hohen Wärmestandfestigkeiten von Leiterpolymeren. Als Nebeneffekt tritt dann meist noch eine Teilvernetzung während der Bildung der Leiterstruktur ein, was die Wärmestandfestigkeit zusätzlich erhöht. Ein weiteres Beispiel für ein Leiterpolymer ist das Polyacrylnitril, welches durch *Pyrolyse* (Erhitzen ohne Luftzutritt) in eine Leiterstruktur übergeht:

Eine besondere Eigenschaft einiger Leiterpolymere, die aus der Steifigkeit der Polymerleitern resultiert, ist die Bildung von *flüssigkristallinen Phasen*. Dabei ordnen sich die Ketten in einer Lösung oder in der Schmelze bereits zu kristallinen Bereichen (und nicht erst beim Abkühlen). Auf diesen Effekt wird in Abschnitt 4.4.1.3 näher eingegangen.

---

**Leiterpolymere besitzen aufgrund ihrer Struktur besondere physikalische Eigenschaften.**

---

## 3.3.3   Copolymerisate und Pfropfpolymerisate

Einteilung der
Copolymere

Polymere müssen keineswegs nur aus einer Sorte Monomer aufgebaut sein. Vielmehr können verschiedene Monomere in die gleiche Polymerkette eingebaut werden, und zwar sowohl über eine Polymerisation als auch über eine Polyaddition oder Polykondensation. Man spricht dann von *Copolymeren*.

Je nach Anordnung der Bausteine in der Kette unterscheidet man statistische, alternierende oder Blockcopolymere (Bild 3.9). Durch die Verwendung von zwei oder mehr Monomeren in einem Polymer können besondere Eigenschaften erzeugt werden. Kombiniert man z. B. in einem Blockcopolymer Segmente aus weichen, beweglichen Ketten mit Segmenten aus steifen Ketten mit hoher Kristallisationsneigung, dann gelangt man zu *thermoplastischen Elastomeren*. Hier ent-

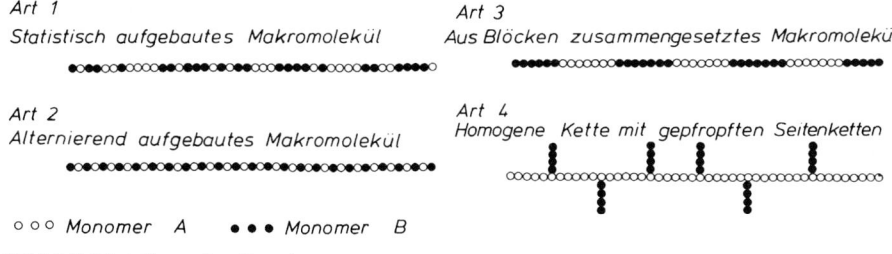

Bild 3.9 Einteilung der Copolymeren

steht durch die Zusammenlagerung verschiedener Polymerketten bei Raumtemperatur in den kristallinen Bereichen eine Art physikalischer Vernetzung. Die weichen Segmente bleiben beweglich, sodass elastische Eigenschaften resultieren. Bei höheren Temperaturen schmelzen die Kristallite auf und die Masse wird thermoplastisch (und kann entsprechend verarbeitet werden).

Die Herstellung solcher Copolymere kann z. B. durch *simultane* oder *sequentielle Copolymerisation* erfolgen. Dabei werden die verschiedenen Monomere entweder vor Beginn der Polymerisationsreaktion gemischt oder nacheinander in den Reaktor eingetragen. Auf diese Weise kann man ebenfalls die Struktur des entstehenden Copolymeren beeinflussen; so entstehen bei einer sequentiellen Polymerisation Blockcopolymere.

Eine spezielle Form der Copolymere sind die Pfropfcopolymere. Dies sind Polymere mit einer meist homogenen Hauptkette (sie besteht nur aus einer Sorte Monomer), auf die kürzere Seitenketten einer anderen Monomersorte *aufgepfropft* sind. Dies kann z. B. durch eine Pfropfreaktion erfolgen, bei der die Seitenketten in einem gesonderten Verarbeitungsschritt mit der Hauptkette verbunden werden. Bei der *Pfropfpolymerisation* werden an der Hauptkette aktive Stellen erzeugt, an die dann Monomere anpolymerisieren können.

## 3.3.4 Polymer-Blends

Blenden bedeutet Mischen, d. h. in einem Polymerblend sind verschiedene Polymere schlicht miteinander vermischt (siehe auch Kap. 4.4.2). Derartige Mischvorgänge werden in speziellen Schneckenmaschinen durchgeführt. Auf diese Weise ist es möglich, die Eigenschaften vorhandener Thermoplasten zu kombinieren und an neue Aufgaben anzupassen. Meist ist bei der Herstellung von Blends zusätzlich der Einsatz von *Verträglichkeitsvermittlern* (*Compatibilizern*) erforderlich, welche die Mischbarkeit der Polymere verbessern.

*Mischen von Polymeren*

> **Die Kombination verschiedener Monomere in Copolymeren oder verschiedener Polymere in Blends liefert die Möglichkeit, Eigenschaften verschiedener Kunststoffe zu vereinigen.**

## 3.3.5 Verfahrenstechnik zur Herstellung von Polymeren

Damit eine Polymerisationsreaktion spontan – eventuell nach Zufuhr einer gewissen *Aktivierungsenergie* – ablaufen kann, muss der Energieinhalt der Produkte

*Reaktionsenthalpie*

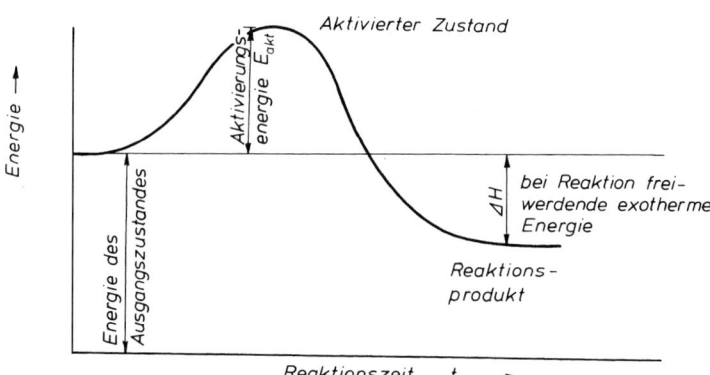

Bild 3.10 Energetisches Schema einer exergonen Reaktion

(des Polymers) kleiner sein als der Energieinhalt der Edukte (Monomere). Dies ist in Bild 3.10 schematisch dargestellt. Meist ist diese Energiedifferenz – die *Reaktionsenthalpie* – recht groß, sodass viel Energie in Form von Wärme freigesetzt wird (Man nennt derartige Reaktionen *exotherm*). Daher werden Polymerisationen nur selten als *Substanz-* oder *Massepolymerisationen* ausgeführt. In einigen Ausnahmen wird in der Schmelze (Polystyrol radikalisch) oder in der Gasphase (Polyethylen) polymerisiert.

**Polymerisation in Lösung**

Um die Wärme besser abführen zu können, wird die Mehrzahl der technischen Polymerisationen in einem Lösemittel durchgeführt (*Lösungspolymerisation*). Dieses Verfahren erfüllt drei Aufgaben. Zum einen hilft es, die noch nicht reagierten Monomere und die wachsenden Polymerketten ausreichend gut zu vermischen. Zum zweiten wird die Abfuhr der Reaktionswärme stark verbessert, da die Wärmeleitfähigkeit von Polymerschmelzen sehr gering ist. Zum dritten wird die Viskosität des entstehenden Produkts herabgesetzt, sodass dieses leichter aus dem Reaktionsgefäß entnommen werden kann.

**Suspensions- und Emulsionspolymerisation**

Die Tatsache, dass die meisten Polymerisate in ihrem Monomer löslich sind, macht man sich bei der *Suspensionspolymerisation* zu Nutze. Hier wird das Monomer in einem Lösemittel, mit dem es nicht mischbar ist, dispergiert, sodass quasi kleine Monomertröpfchen entstehen. Man startet dann die Polymerisation in diesen Tröpfchen, sodass man schließlich kleine Polymerperlen erhält.

Nach einem ähnlichen Prinzip funktioniert die *Emulsionspolymerisation*. Hier wird wieder das Monomer dispergiert, der Initiator ist jedoch nicht im Monomer sondern im Lösemittel löslich. Der Initiator holt sich nun ein Monomer nach dem anderen aus den Monomertröpfchen und bildet so das Polymer.

**Verfahrenstechnik bei Stufenwachstumsreaktionen**

Bei der Polyaddition ist in der Regel keine Aktivierungsenergie erforderlich. Direkt nach dem Mischen erfolgt die Reaktion. Bei der Polykondensation muss zusätzlich noch das entstehende niedermolekulare Nebenprodukt entfernt werden, um ein hohes Molekulargewicht zu erhalten. Dies kann z. B. durch das Anlegen eines Vakuums an den Polymerisationsreaktor erfolgen.

Eine besondere Form der Polymerisation ist die *Plasmapolymerisation*. Hier wird das Monomer in einem Niederdruckplasma zur Polymerisation angeregt und als Polymer auf einer Oberfläche abgeschieden. Man nutzt dieses Verfahren z. B. zur Kratzfestbeschichtung von Kunststofflinsen oder -brillengläsern.

Für die praktische Durchführung von Polymerisationsreaktionen ist oft eine mathematische Beschreibung des Reaktionsablaufs hilfreich bzw. erforderlich (z. B. um die Wärmeentwicklung über der Zeit zu berechnen). Analog zum physikalischen Begriff der Kinetik spricht man hier von der *Reaktionskinetik*. Im Folgenden soll ein einfaches und leider nur bedingt anwendbares Verfahren vorgestellt werden. Ausgehend von den Gesetzen der chemischen Reaktionskinetik kann man eine Polymerisationsreaktion vereinfachend als Reaktion n-ter Ordnung auffassen. Für die Konzentrationsänderung $dC$ der bereits reagierten Monomere kann dann folgender Ansatz (*Geschwindigkeitsgesetz*) aufgestellt werden:

Reaktionskinetik

$$\frac{dC}{dt} = K(T) \cdot (1 - C)^n$$

Hier ist $K(T)$ eine temperaturabhängige Konstante und $n$ die formale Reaktionsordnung. Die Integration dieser Gleichung liefert eine Bestimmungsgleichung für die Reaktionszeit $t$ und den Umsatz $C$:

$$\int \frac{dC}{(1 - C)^n} = K(T) \cdot \int dt$$

Dann ist

$$t = \frac{1}{(n - 1) \cdot K(T)} \cdot \left[ \frac{1}{(1 - C)^{n-1}} - 1 \right]$$

$$C = 1 - \sqrt[n-1]{\frac{1}{1 + (n - 1) \cdot K(T) \cdot t}}$$

Für die Berechnung von $K(T)$ kann der Arrhenius-Ansatz verwendet werden:

$$K(T) = Z \cdot e^{\left( -\frac{Ea}{R \cdot T} \right)}$$

wobei $Z$ der *präexponentielle Faktor*, $R$ die allgemeine Gaskonstante, $T$ die thermodynamische Temperatur (in K) und $E_a$ die Aktivierungsenergie darstellt. Es sei jedoch an dieser Stelle davor gewarnt, die hier angegebenen Gleichungen als allgemein gültig anzusehen. So kann keineswegs davon ausgegangen werden, dass eine Polymerisationsreaktion dem hier angenommenen Geschwindigkeitsgesetz gehorcht; dieses muss vielmehr zunächst experimentell nachgewiesen werden. Auch muss für $K(T)$ nicht zwingend der Arrhenius-Ansatz gültig sein. Es gibt durchaus Reaktionen, die ein völlig anderes Verhalten zeigen. Für die Bestimmung der reaktionskinetischen Parameter gibt es eine Vielzahl verschiedener Methoden, auf die hier nicht näher eingegangen werden kann.

## Literatur zu Kapitel 3

Kircher, K.: Chemische Reaktionen bei der Kunststoffverarbeitung. München: Carl Hanser Verlag, 1982

van Krevelen, D. W.: Properties of Polymers. 3. Edition. Elsevier; Amsterdam, London, New York, Tokyo, 1990

Utracki, L.: Polymer Alloys and Blends; Thermodynamics and Rheology. München: Carl Hanser Verlag, 1999

# 4 Bindungskräfte und Aufbau von Polymerwerkstoffen

Die Kräfte, welche die Atome in den Polymerketten zusammenhalten, bestimmen die chemischen und physikalischen – und damit direkt die makroskopischen – Eigenschaften der Polymere. Bild 4.1 zeigt grob schematisch die Zusammenhänge.

Im Folgenden werden zunächst die auftretenden Bindungskräfte erläutert.

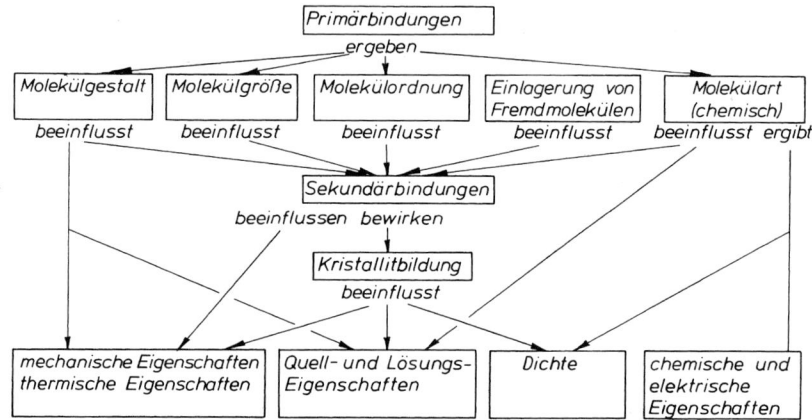

Bild 4.1 Zusammenhänge zwischen Moleküleigenschaften und Werkstoffeigenschaften (*Biederbick*)

## 4.1 Hauptvalenzbindungen

### 4.1.1 Kovalente Atombindung

Bereits im Kapitel 3 wurde beschrieben, wie sich Atome durch gemeinsame „Nutzung" von Elektronen miteinander verbinden können. Diese Bindung nennt man *kovalente Atombindung*. Durch derartige Bindungen werden die üblicherweise in Polymerketten vertretenen Atome C, O, S und N miteinander verbunden.

**Bindungsenergie**  Bei den an der Bindung beteiligten Atomen entsteht durch die zusätzlichen Elektronen ein Energiegewinn, die sog. *Bindungsenergie*. Diese beträgt beispielsweise bei der C−C-Bindung ca. 350 kJ/mol. Die Energien der Bindungen zwischen Kohlenstoff und den Heteroatomen O, S, N und Si liegen demgegenüber etwas niedriger.

Würde man die Bindungsenergie der C−C-Einfachbindung in Festigkeitswerte umrechnen, dann müsste z. B. bei Polyethylen, welches in der Hauptkette nur C−C-Einfachbindungen aufweist, eine Festigkeit von etwa $1{,}4 \cdot 10^4$ bis $1{,}9 \cdot 10^4$ N/mm$^2$ besitzen. Die effektiven Festigkeiten von Polymeren sind aber bekanntlich um Größenordnungen niedriger und liegen nur zwischen 10 und 100 N/mm$^2$.

> **Man muss daraus schließen, dass der Zusammenhalt der Polymeren nicht auf den Kettenmolekülen und damit der kovalenten Bindung beruht. Für den Zusammenhalt der Polymerwerkstoffe sind vielmehr die Verschlaufungen der Kettenmoleküle und die Kräfte verantwortlich, mit welchen die nebeneinander liegenden Moleküle sich gegenseitig anziehen.**

Dies sind die im nächsten Abschnitt zu besprechenden Nebenvalenzkräfte.

Weitere anzutreffende Bezeichnungen für die kovalente Atombindung sind *Elektronenpaarbindung*, *Molekülbindung* oder *homöopolare Bindung*. Berücksichtigt man eine weitere Eigenschaft der Atome – ihre *Elektronegativität EN* – so gelangt man zur *polaren kovalenten Bindung*. Die Elektronegativität beschreibt die Neigung von Atomen, die Elektronen der Bindung an sich zu ziehen. Sie ist keine messbare Größe, sondern eine Modellvorstellung, die von Pauling etabliert wurde. Durch ein Berechnungsverfahren auf Grundlage der Bindungsenergien verschiedenster Atomkombinationen erstellte er eine Tabelle, in der die Elektronegativität in Zahlenwerten angegeben ist. Dabei ist Fluor das elektronegativste Element ($EN = 4$), die am wenigsten elektronegativen Elemente (elektropositivsten) sind die schweren Alkalielemente der ersten Hauptgruppe des Periodensystems. Die EN von Kohlenstoff beträgt 2,5, von Wasserstoff 2,2 und von Sauerstoff 3,5 (nach Pauling). *(Elektronegativität)*

In einer Bindung zwischen Atomen unterschiedlicher EN zieht nun das Atom mit der höheren EN die Elektronen der Bindung mehr auf seine Seite (wie es z. B. O in einer $-C-O-$Bindung tut). Damit entsteht ein Ladungsgefälle entlang der Bindungsachse und so ein elektrischer Dipol. Diese Dipole sind von besonderem Interesse, da sie zum einen einige chemische Eigenschaften bestimmen, zum anderen Ursache für eine Nebenvalenzkraft sind (s. u.). Die Elektronegativitäten von Kohlenstoff (C) und Wasserstoff (H) sind nahezu gleich groß, sodass $C-H$-Bindungen unpolar sind. Bild 4.2 verdeutlicht die Bildung der Dipole.

Das linke Molekül (1) besitzt einen stark polaren Charakter (z. B. $H_2O$); die Aufenthaltswahrscheinlichkeit der Elektronen ist stark zum Atom X verschoben. Das mittlere Molekül (2) ist schwach polar, die Elektronen sind nicht so stark verschoben (z. B. $H_2S$, viele organische Verbindungen). Beim rechten Molekül (3) liegen die Elektronen „mittig" zwischen den Atomkernen. Das Molekül ist unpolar (z. B. $H_2$, $N_2$, $O_2$ usw.). *(polare Bindung)*

Unter den Kunststoffen ist Polyvinylchlorid (PVC) der wichtigste Vertreter mit großen polaren Bindungskräften. Hier ist der Schwerpunkt der Bindung der bei-

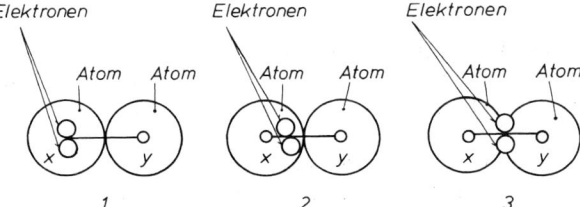

Bild 4.2 Erklärung des polaren Charakters
1 stark polar (z. B. $H_2O$)
2 schwach polar (z. B. $H_2S$, viele organische Verbindungen)
3 unpolar (z. B. $H_2$, $N_2$, $O_2$ usw.)

den Atome stark zum elektronegativen Chlor verschoben.

$$-\underset{\underset{\delta^+}{|}}{\overset{|}{C}}-\underset{\delta^-}{Cl}$$

Von geringerer Stärke sind die Dipolmomente der Nitrilgruppe

$$-\overset{\delta^+}{C}\equiv\overset{\delta^-}{N}$$

und diejenigen der Estergruppe

Enthalten chemische Gruppen polare kovalente Bindungen, so spricht man von *polaren Gruppen*.

---

**Kovalente Bindungen verbinden die Atome in den Polymermolekülen.**

---

## 4.1.2   Ionenbindung

Ionenbindung

Streng genommen ist eine Ionenbindung nichts anderes als die elektrostatische Anziehung zwischen elektrisch geladenen Teilchen (Ionen), wie man sie z. B. in Salzen findet. Es gibt keine Makromoleküle, in denen Ionenbindungen an der Bildung einer Polymerkette beteiligt sind. Lediglich in einigen Ausnahmefällen sind Ionenbindungen in Polymeren anzutreffen, die dann jedoch zu interessanten Eigenschaftsverbesserungen führen können. So können z. B. durch Copolymerisation $Zn^{2+}$ und $Cd^{2+}$-Ionen eingebaut werden:

Wie man dem Strukturbild entnimmt, bilden die benachbarten Metall- und Sauerstoffionen Metallsalze, die durch Ionenkräfte zusammengehalten werden. Derartige Kräfte bilden sich daher auch in den solcherart ausgerüsteten Polymerwerkstoffen. Diese Bindung ist bei Raumtemperatur sehr fest, löst sich jedoch bei hohen Temperaturen, sodass eine leichte Verarbeitung möglich ist. Sie wirkt also ähnlich wie die Wasserstoffbrückenbindung und verleiht derartig ausgerüsteten Polymerwerkstoffen eine hohe Zähigkeit.

Dies ist ein Effekt, wie er sonst von Nebenvalenzkräften hervorgerufen wird. Da jedoch die Ionenbindung als ein Spezialfall der kovalenten Atombindung angesehen werden kann, gehört sie zu den Hauptvalenzkräften und wird an dieser Stelle besprochen. Dieser Spezialfall erklärt sich so, dass in einer Ionenbindung eines der beiden Atome die an der Bindung beteiligten Elektronen vollständig auf seine Seite gezogen hat. Das Natriumatom im NaCl gibt quasi sein Bindungselektron an das Chloratom ab, sodass ein Natrium$^+$-Ion und ein Chlor$^-$-Ion entstehen, die dann durch Ionenbindungen in NaCl-Kristallen zusammengehalten werden.

## 4.2 Zwischenmolekulare Kräfte (Nebenvalenzkräfte/Sekundärbindungen)

Neben den Hauptvalenzkräften, die für den direkten Zusammenhalt der Atome in den Molekülen verantwortlich sind, gibt es eine Reihe von schwächeren Wechselwirkungen zwischen den Molekülen, die deren chemische und physikalische Eigenschaften erheblich beeinflussen können. Dies sind die sog. Nebenvalenzkräfte (Sekundärbindungen, siehe Bild 4.1, Mitte). Sie spielen offensichtlich, wie man an den Verbindungspfeilen in Bild 4.1 erkennt, eine ganz entscheidende Rolle für die meisten Eigenschaften der Polymerwerkstoffe.

### 4.2.1 Dispersionskräfte

Die *Dispersionskräfte* sind die allgemein in Materie wirkenden Anziehungskräfte ($W_{an}$). Sie sind umso höher, je näher die Moleküle zusammenrücken.

Dispersions-
kräfte

Die Bindungsenergie ist lediglich abhängig vom Abstand der Moleküle $r$:

$$W_{an} \sim \frac{1}{r^6}$$

Die Bindungskräfte der Dispersionskräfte betragen bei Polymerwerkstoffen maximal 10 kJ/mol. Es ist leicht verständlich, dass diese Bindungskräfte mit zunehmender Erwärmung schnell abnehmen, weil höhere Temperaturen größere Schwingungsamplituden und damit größeren Abstand der Moleküle voneinander bedeuten. Sie sinken weiterhin, wenn durch Aufnahme von Fremdmolekülen z. B. Lösungsmittel, wie z. B. Wasser bei Polyamiden, die Moleküle größere Beweglichkeit gewinnen.

Man macht von diesem Effekt vielfältigen praktischen Gebrauch, sei es, dass man Folien aus der Lösung gießt oder durch Einlagerung von Weichmachern die Einfriertemperatur herabsetzt und damit kautschukelastische Eigenschaften bei Raumtemperatur erzwingt.

Erwartungsgemäß sind die Dispersionskräfte in den kristallisierten Bereichen besonders groß, da hier die Moleküle die dichteste mögliche Packung, d. h. Nähe zueinander besitzen. Dies ist die Ursache dass vor allem im hochverstreckten Zustand mit parallel aneinander liegenden Ketten beachtlichen Festigkeiten von

$$\sigma_B \cong \frac{E}{25}$$

erhalten werden können.

## 4.2.2   Dipolkräfte

permanente
Dipolkräfte

Die *Dipolkräfte* oder *van-der-Waals-Kräfte* sind die wichtigsten Nebenvalenz-kräfte. Sie resultieren aus elektrostatischen Anziehungskräften zwischen Molekü-len, die elektrische Dipole enthalten. Der einfachste Fall – die Anziehung zwi-schen permanenten Dipolen – tritt auf bei Molekülen, die polare Atombindungen enthalten (s. o.). Weiterhin dürfen diese Bindungen nicht in einer Weise angeord-net sein, die das Dipolmoment wieder aufheben würde (so ist z. B.: die $C-Cl$-Bindung deutlich polar, das $CCl_4$-Molekül ist jedoch unpolar, da sich die Dipol-momente der einzelnen Bindungen aufgrund der tetraedrischen Struktur aufhe-ben). Sind diese Voraussetzungen erfüllt, so besitzt das Molekül ein permanentes Dipolmoment. Damit können natürlich zwischen den Molekülen elektrostatische Wechselwirkungen auftreten, die dann zu einer Änderung der physikalischen Ei-genschaften führen. So sind z. B. diese Kräfte dafür verantwortlich, dass der Sie-depunkt von Ethanol mit 78 °C deutlich höher liegt als derjenige von Propan ($-42{,}1$ °C), obwohl dieses eine vergleichbare Masse und Größe besitzt.

Das folgende Strukturbild zeigt schematisch die auftretenden Wechselwirkungen.

$$\cdots C - \overset{\delta^+}{C} \equiv \overset{\delta^-}{N}$$
$$H_2 \quad \underset{\delta^-}{N} \equiv \underset{\delta^+}{C} - C \cdots$$
$$\qquad\qquad H_2$$

induzierte
Dipolkräfte

Weiterhin können Moleküle mit Dipolen in anderen, unpolaren Molekülen Elek-tronenverschiebungen hervorrufen und somit Dipole induzieren. Auch diese unter-liegen dann – zumindest für den Zeitraum ihrer Existenz – den Dipolkräften. Schließlich können in einem Molekül spontan Dipole entstehen, indem aufgrund von Schwingungen Elektronenverschiebungen auftreten. Dies sei hier jedoch nur am Rande erwähnt.

Kunststoffe mit polaren Gruppen erweichen aufgrund der Dipol-Wechselwirkun-gen bei höheren Temperaturen als ähnlich gebaute Polymere ohne Dipolkräfte. Die Stärke der Dipolkräfte folgt etwa der vierten Potenz des Abstands der Atome in zwei benachbarten Ketten:

$$W_{Dipol} \sim \frac{1}{r^4}$$

Wasserstoff-
brücken

Bei Wasserstoffbrückenbindungen handelt es sich um eine besondere Art einer polaren Wechselwirkung, bei der ein an ein (in der Regel elektronegatives Atom O, N u. dgl.) gebundener Wasserstoff eine Wechselwirkung mit einem elektrone-gativen Atom eines anderen Moleküls eingeht. Aufgrund der Wechselwirkung kommt es zu einer Ladungsverschiebung, die dieser Bindung ihre Energie liefert ($< 40$ kJ mol$^{-1}$). Diese Art der Bindung ist z. B. für den im Vergleich zu Masse und Größe extrem hohen Siedepunkt des Wassers verantwortlich.

Auch zwischen geeigneten Polymerketten können derartige Bindungen wirksam werden. Insbesondere die natürliche Cellulose und ihre thermoplastischen Derivate sowie die Polyamide verdanken diesen zwischenmolekularen Kräften ihre hohen Erweichungstemperaturen, sowie die außergewöhnliche Zähigkeit. Das nachfolgende Strukturbild von Polyamid 6 möge als Beispiel für diese Art der Nebenvalenzbindungen dienen.

Hier entstehen zwischen den N—H-Gruppen und den C—O-Gruppen Wasserstoffbrücken, die hohe Schmelz- und Erweichungstemperaturen sowie eine außerordentlich hohe Zugfestigkeit hervorrufen. Die Brücken zeichnen sich weiterhin dadurch aus, dass sie zwar bei hohen Belastungen durch das aneinander Abgleiten von Ketten gelöst werden, sich jedoch nach einer Verschiebung sofort wieder klettenartig aufbauen.

> **Die Nebenvalenzbindungen verbinden die Polymerketten untereinander und beeinflussen die Eigenschaften wesentlich.**

## 4.2.3 Vergleich der verschiedenen Nebenvalenzkräfte

Die schwächsten Nebenvalenzkräften sind die Dispersionskräfte mit 8 kJ/mol bzw. 450 N/mm$^2$. Die daraus resultierende theoretische Zugfestigkeit beträgt jedoch immer noch mehr als das Zehnfache der Zugfestigkeit von Polymeren. Dies kann man nur durch Defekte im Aufbau realer Polymerer erklären. Die Dispersionskräfte spielen bei den dank der Kristallisation engen Molekülabständen eine besonders große Rolle. Allerdings ist eine vollständige Kristallisation in realen Polymeren wegen Strukturfehlern nicht möglich. Technische Polymere sind allenfalls zu 30 % bis 70 % kristallin. Infolge von Baufehlern innerhalb der kristallinen Bereiche werden aber auch in verstreckten Polymerwerkstoffen noch immer die theoretischen Festigkeiten, die sich aus den Anziehungskräften errechnen lassen, nicht erreicht (bei Polyamid 66 betrüge der theoretische Elastizitätsmodul 1,4 · 10$^5$ N/mm$^2$; er beträgt aber effektiv nur ca. 5 % hiervon im hochverstreckten Zustand, z. B. bei Fasern.

Es sei jedoch erwähnt, dass neueste Faserentwicklungen durch spezielle Verstreck- und Wärmebehandlungen bei einem aromatischen Polyamid solche hohen, nahezu den theoretischen Werten entsprechenden Modulwerte zu gewinnen gestatten.

In der Natur finden wir ähnlich hohe Bindungskräfte, z. B. in der Cellulose. Bei ihr handelt es sich an sich um ein lineares Polymeres, also einen Thermoplasten. Aber durch den gezielten Strukturaufbau entstehen so hohe Nebenvalenzkräfte, dass der Stoff sich vor dem Schmelzen zersetzt (verbrennt).

Die festeste Nebenvalenzbindung ist die Wasserstoffbrückenbindung mit etwa 20 kJ/mol. Sie bewirkt einen Anstieg der Erweichungstemperatur von über 100 °C. Anderseits besitzen Polymere, die polare Gruppen enthalten, eine hohe Verträglichkeit mit kleinen Molekülen wie Wasser, Lösungsmittel oder Weichmacher, die ebenfalls polar sind. Hierauf beruht z. B., dass man an sich antiadhäsiv verhaltende Polymerwerkstoffe durch den Einbau solcher Gruppen in die Oberflächen mit anderen verträglich d. h. klebbar machen und auch dass PVC z. B. durch den Einbau von polaren Flüssigkeiten weich gemacht werden kann (*Weichmacher*, engl. Plasticiser).

## 4.3    Struktur und Eigenschaften

In der makromolekularen Chemie wird die Struktur von Makromolekülen in die Primär-, Sekundär-, Tertiär- und Quartärstruktur differenziert. Dabei bezeichnet als *Primärstruktur* die *Konstitution* (d. h. den Typ und die Anordnung der Atome, Substituenten, Endgruppen, Verzweigungen und das Molekulargewicht) und die *Konformation* (d. h. die räumliche Anordnung bestimmter chemischer Gruppen). Die *Sekundärstruktur* beschreibt die Anordnung der einzelnen Polymerketten im Raum. Die Begriffe der *Tertiärstruktur* (= vollständige räumliche Anordnung eines Makromoleküls) und *Quartärstruktur* (= definierte Assoziation mehrerer Makromoleküle zueinander) entstammen der Chemie der Proteine und sind für die synthetisch hergestellten Polymere ohne wesentliche Bedeutung. Im Rahmen dieses Buches wird daher nicht näher darauf eingegangen. Weiterhin gibt es den Begriff der „supermolekularen Strukturen", mit dem man die Strukturen bezeichnet, die größere Mengen an Makromolekülen umfassen.

### 4.3.1    Primärstruktur und Eigenschaften

Primärstruktur    Die Primärstruktur eines Polymeren wird bestimmt durch die verschiedenen in ihm enthaltenen Atome sowie ihre „Reihenfolge" in der Kette und die Art ihrer Verknüpfung. Auch Seitenketten und Verzweigungen gehen in die Primärstruktur ein.

Bild 4.1 entnimmt man, dass die Primärstruktur (Molekülgestalt) die mechanischen und thermischen Eigenschaften der Polymere direkt beeinflusst. Aus Anordnung und Wirkung der in einem Polymer eingebauten Atome und Atomgruppen lassen sich daher nahezu alle Eigenschaften voraussagen, wie dies VAN KREVELEN gezeigt und ausführlich beschrieben hat[*]). Die Ausführungen unseres Buches verweisen an vielen Stellen auf dieses Lehrbuch.

---

[*]) VAN KREVELEN, D. W.: Properties of Polymers. 3. Aufl., Elsevier, Amsterdam, Oxford, New York, 1990

Die kovalenten Bindungen sind verantwortlich für den Zusammenhalt der Atome in den Molekülen (in der Primärstruktur) bei höheren Temperaturen und für das elektrische Verhalten, d. h. die nicht vorhandene elektrische Leitfähigkeit bei Polymerwerkstoffen (falls sie keine besondere Behandlung erfahren haben). Hieraus resultiert vor allem aber auch die thermische Beständigkeit der Polymerwerkstoffe. Infolge der Bindungsenergie der C−C-Bindung kann man bestenfalls thermische Stabilität bis zu etwas über 300 °C erwarten. Bei höheren Temperaturen sind die Wärmeschwingungen der Moleküle so groß, dass Brüche der kovalenten Bindungen auftreten können. Bereits früher können jedoch andere chemische Reaktionen (z. B. Oxidationen durch Luftsauerstoff oder Reaktionen unter dem Einfluss von UV-Strahlen) zu irreversiblen Schädigungen der Ketten führen. Zudem muss beachtet werden, dass gleichzeitig einwirkende andere energetische Belastungen, wie z. B. Scherung in Schmelzen oder Strahlung und die Dauer der Einwirkung auch bereits bei niedrigeren Temperaturen zu Zerstörungen führen können (s. Abschnitt 5.1.3.2). Nur Leiterpolymere haben höhere Wärmebeständigkeiten, weil hier die Wahrscheinlichkeit für einen Kettenbruch aufgrund der „Doppelstrang-Struktur" sehr viel geringer ist (s. Abschnitt 3.3.2.4).

Weiterhin ist im Begriff der Primärstruktur die Molekülgröße, d. h. das Molekulargewicht, enthalten.

### 4.3.1.1  Molekülordnung

Die Regelmäßigkeit, mit welcher die Ketten aufgebaut sind (bzw. mit der die Wiederholungseinheiten angeordnet sind), hat einen wesentlichen Einfluss auf die Größe der wirkenden Nebenvalenzkräfte und somit auf viele Eigenschaften. Beispielsweise begünstigt ein hochgradig regelmäßiger Aufbau der Ketten eine Ausbildung kristalliner Strukturen, indem sich mehr oder weniger lange Segmente zu dichten Packungen zusammenlagern. So können sehr große Dispersionskräfte wirksam werden. Auch eine Ausbildung von Wasserstoffbrücken kann durch einen regelmäßigen Aufbau begünstigt werden, wie es z. B. bei den Polyamiden der Fall ist. Wir sprechen hier von Strukturregelmäßigkeit. Hierauf wird in Kapitel 6 noch ausführlich eingegangen.

Es stellt sich in Anbetracht der großen Bedeutung nun sofort die Frage, wie man einen solchen regelmäßigen Molekülaufbau bei einer Polymerisation erzwingen kann. Dabei muss man zwischen zwei Effekten unterscheiden, das sind die *Sterische Ordnung* und die *Taktizität*. Beide müssen vorhanden sein, wenn Kristallisation möglich sein soll.

### 4.3.1.2  Sterische Ordnung

Unter der sterischen Ordnung eines Moleküls versteht man die Anordnung des Substituenten R an der Kohlenstoffkette. Betrachtet man z. B. ein zur Polymerisation befähigtes Monomeres folgender Struktur:

sterische
Ordnung

$$H_2C_1 \underset{2}{\overset{\overset{\displaystyle H}{\underset{\displaystyle C}{\|}}}{{}}} R$$

so kann sich dieses theoretisch mit dem Kopf (Atom 1) oder mit dem Schwanz (Atom 2) an die wachsende Kette anlagern. Es können sich so prinzipiell drei verschiedene Polymere bilden (Bild 4.3).

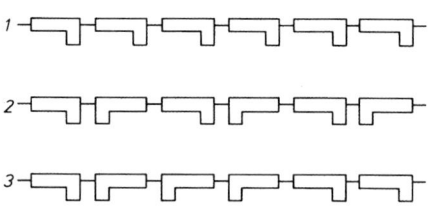

Bild 4.3 Schematische Darstellung der Kopf-Kopf- und Kopf-Schwanz-Polymerisation
1 Kopf-Schwanz-Polymerisation, 2 Kopf-Kopf-Polymerisation, 3 gemischte Polymerisation

Allerdings ist häufig eine der möglichen Anlagerungen aufgrund von Reaktions-
mechanismen bevorzugt. Eine Kristallisation ist nur möglich, wenn eine regelmäßige Anordnung des ganzen Kettenmoleküls oder zumindest von Segmenten einer
gewissen Länge vorliegt. Die bevorzugte Regelmäßigkeit bei kristallinen Poly-
merisaten ist die Kopf–Schwanz–Kopf–Schwanz-Konfiguration. Es ist dies aber
nur eine Bedingung; hinzu muss kommen, dass die Substituenten ebenfalls ganz
regelmäßig angeordnet sind. Es muss eine einheitliche Taktizität vorliegen.

### 4.3.1.3   Taktizität

Stereoisomerie

Kohlenstoff ist chemisch gesehen vierwertig, d. h. es können vier Substituenten
an ein C-Atom gebunden sein. Während bei einem dreiwertigen Atom mit drei
verschiedenen Substituenten deren Anordnung egal ist, da sich alle möglichen
Anordnungen durch Drehungen ineinander überführen lassen, entstehen beim
vierwertigen Kohlenstoff mit vier verschiedenen Substituenten zwei Strukturen,
die sich wie eine linke und eine rechte Hand zueinander verhalten. Sie lassen
sich nicht durch eine Drehung, sondern nur durch eine Spiegelung ineinander
überführen. Man nennt ein derartiges Kohlenstoffatom ein *asymmetrisches Kohlenstoffatom* oder *Stereozentrum*; die beiden möglichen räumlichen Anordnungen
nennt man *Stereoisomere*. Das folgende Bild zeigt schematisch die Stereoisomere
eines Kohlenstoffatoms. Man erkennt, dass zur Überführung der einen in die andere Struktur der Austausch zweier Substituenten durch Öffnen und Knüpfen
zweier Bindungen erforderlich ist.

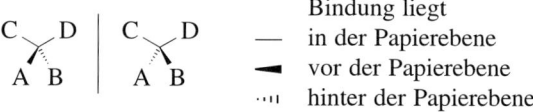

Stereoisomere können sich in ihren chemischen Eigenschaften durchaus unterscheiden. Ein Beispiel ist das Schlafmittel Contergan, welches in der Vergangenheit traurige Berühmtheit erlangte. Der Wirkstoff enthält ebenfalls ein Stereozentrum. Während das eine Stereoisomer ein hervorragendes Schlafmittel ist, ruft das
andere Isomer schwere Missbildungen bei ungeborenen Kindern hervor.

Taktizität

In einer Polymerkette ist prinzipiell jedes Kohlenstoffatom ein Stereozentrum,
welches neben den beiden gebundenen Kettenatomen zwei weitere unterschiedliche Substituenten (z. B. Fluor, Wasserstoff oder andere chemische Gruppen) enthält. Die Art, wie sich diese Substituenten im Raum anordnen, bezeichnet der
Begriff der *Taktizität*. Man unterscheidet *isotaktische* Polymere, bei denen alle
Stereozentren dieselbe Konfiguration aufweisen, *syndiotaktische* Polymere, bei

denen die Konfiguration der Stereozentren regelmäßig wechselt und *ataktische* Polymere, bei denen keine regelmäßige Konfiguration der Stereozentren sichtbar ist. Anschaulich gesprochen liegen die Substituenten bei isotaktischen Polymeren alle auf einer Seite der Hauptkette, bei syndiotaktischen Polymeren abwechselnd rechts und links (Bild 4.4).

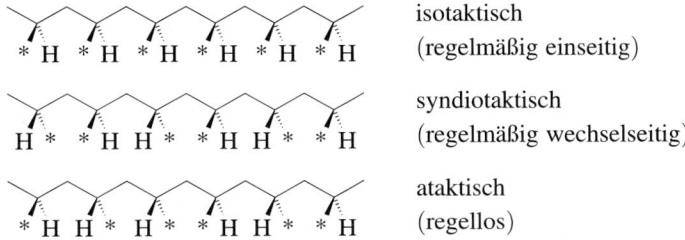

isotaktisch
(regelmäßig einseitig)

syndiotaktisch
(regelmäßig wechselseitig)

ataktisch
(regellos)

Bild 4.4 Sterische Konfiguration der Seitenketten

Technische Bedeutung haben alle drei Formen, wovon jedoch die isotaktische Struktur die bisher wichtigste Molekülbauform ist. Der erste Kunststoff der so hergestellt wurde, ist auch heute noch der wichtigste, das Polypropylen. Es kristallisiert zu etwa 50 % und verdankt seine herausragenden Eigenschaften dieser Struktur.

In jüngster Zeit kommen aber nun auch syndiotaktische Kunststoffe auf den Markt, die sich in ihren Eigenschaften vom isotaktisch aufgebauten Polymeren unterscheiden, aber ebenfalls einen hohen Kristallinitätsgrad besitzen. Das bekannteste ist das syndiotaktische Polystyrol, welches einen sehr hoch liegenden Schmelzpunkt von ca. 270 °C besitzt. Die dritte Form ist das ataktische Polymer, bei welchem die Substituenten völlig unregelmäßig angeordnet sind. Es ist völlig amorph.

Reale Polymere enthalten nach der Polymerisation meist noch alle drei Arten von Stereoisomeren nebeneinander, jedoch sind der ataktische Anteil und bei isotaktischen der syndiotaktische Anteil sehr klein. Man spricht von großem *Isotaxie-Index* (bei Polypropylen > 95 %).

Der ataktische Anteil wird in technischen Polymerwerkstoffen – z. B. bei PP mit Heptan – vor der Granulierung vom Hersteller extrahiert. Auch er findet Anwendungen; deren wichtigste ist die Beschichtung der Rückseiten von Teppichen.

### 4.3.1.4 Konfiguration der Doppelbindungen in der Kette

Einige Polymere enthalten in ihren Ketten noch intakte C—C-Doppelbindungen. Diese können ebenfalls verschiedene Konfigurationen einnehmen, die sich nicht durch Drehungen um Bindungsachsen ineinander überführen lassen:

                                                           Cis-Trans-
                                                           Isomerie

cis-1,4-Polybutadien

n Butadien

trans-1,4-Polybutadien

Man spricht hier von *cis-trans-Isomerie*. Auch diese Isomerie hat Einflüsse auf die physikalischen Eigenschaften der Polymere. Beispielsweise sind die Schmelztemperaturen der verschiedenen Isomere stark unterschiedlich.

### 4.3.1.5 Verzweigungen

Verzweigungen

Wie bereits im Kapitel 3 angesprochen, bestehen Polymere nicht nur aus linearen Ketten. Aufgrund von „Baufehlern" können z. B. *Verzweigungen* auftreten. Diese wurden zunächst zufällig bei der Hochdruckpolymerisation von Polyethylen beobachtet, werden heute aber bewusst erzeugt, um die Eigenschaften des Werkstoffs an die Anwendungen anzupassen (Tabelle 4.1 und 4.2). Das Muster und vorläufig einzige Beispiel hierzu ist das Polyethylen und die an seiner Hauptkette hängenden Verzweigungen. Das sind mehr oder weniger lange an der Hauptkette hängende Polyethylenketten bzw. Kettensegmente. Bei der Polymerisation können infolge von Verunreinigungen des Monomergases bei der Polymerisation in statistischer Verteilung Verzweigungen entstehen. Diese verändern erwartungsgemäß auch das Eigenschaftsbild in Abhängigkeit von der Zahl, der Verteilung und der Länge der Verzweigungen. In erster Linie stören sie die Kristallisation.

Es existieren heute vor allem drei große Gruppen derartiger Polyethylene, die sich in vielen Eigenschaften unterscheiden, obwohl sie chemisch sonst gleich sind (Bild 4.5). Es sind dies das PE-HD (PE hoher Dichte; engl. high density), das PE-LD (PE niedriger Dichte; engl. low density) und das PE-LLD (PE linear low density). In Tabelle 4.1 findet man die wesentlichen Einflüsse, welche die verschiedenen Verzweigungsarten bei Polyethylen bewirken.

Tabelle 4.1 Einfluss von Verzweigungen auf die Eigenschaften von Polyethylen

| Verzweigungsart | Anzahl | Auswirkung | |
|---|---|---|---|
| kurze Verzweigung (2–6 C-Atome) | steigend | Kristallisation<br>Dichte<br>Steifigkeit | ↓<br>↓<br>↓ |
| lange Verzweigung (>10 C-Atome) | steigend | Molmassenverteilung<br>Fließfähigkeit<br>Glanz von Folien<br>Einschnürung von Folien<br>   beim Verstrecken | ↓<br>↓<br>↓<br><br>↓ |

Tabelle 4.2 Einfluss von Art und Anzahl der Seitenketten bei PE-LD auf dessen Eignung für bestimmte Verwendungszwecke

| Verwendungszweck | Anzahl kurze Seitenketten | Anzahl lange Seitenketten |
|---|---|---|
| transparente Folien | mittel | wenig |
| zähe Folien | wenig | viel |
| leichtfließendes Spritzgussmaterial | viel | viel |
| steife Spritzgussteile | wenig | wenig |
| Blasformteile | mittel | viel |
| Extrusionsbeschichten | mittel | viel |

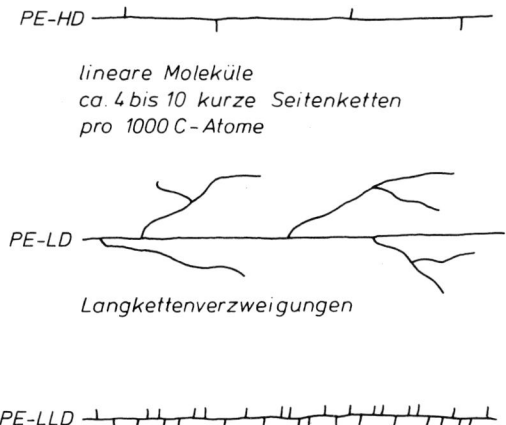

Bild 4.5 Molekülaufbau der verschiedenen PE-Typen

Verzweigungen können auch als innere Weichmacher wirken. Man nutzt dieses kommerziell durch Anhängen von langen, beweglichen Paraffinseitenketten. Dies erfolgt beim Polyethylen (PE-LD) quasi „von Haus aus" infolge der Verzweigungen. Man hat daraus gelernt und nutzt diesen Effekt, indem man aliphatische Ketten auf die Hauptketten anderer Polymere künstlich aufpfropft Das nachfolgende Beispiel zeigt den Aufbau von Polyacrylsäurepropylester:

innere
Weichmacher

Die Einfriertemperatur (Glastemperatur) liegt hier bei $-50\,°C$, bei Raumtemperatur ist das Polymer weich und zäh.

> **Die Stellung und Anordnung der Seitenketten hat erheblichen Einfluss auf die Eigenschaften der Polymere.**

## 4.3.2 Molekulargewicht

Für die Eigenschaften eines Polymerwerkstoffs ist die Kettenlänge der Moleküle von sehr großer Bedeutung. Eine Definition des Molekulargewichts-Begriffs wurde bereits in Kapitel 3 gegeben. Angegeben werden Molekulargewichte in der Regel als Mittelwerte, da es sich bei Polymeren um Gemische mit verschieden langen Ketten handelt. Durch Fraktionieren eines Polymers erhält man den Mas-

Definition Molekulargewicht

senanteil $m_i$ und die Molmasse $M_i$ jeder Fraktion $i$. Daraus kann man das *zahlenmittlere Molekulargewicht* $\bar{M}_n$ ableiten:

$$\bar{M}_n = \frac{\sum m_i}{\sum n_i} = \frac{\sum n_i \cdot M_i}{\sum n_i}$$

mit $n_i$ Anzahl der Moleküle der Molmasse $m_i$.

Das *Gewichtsmittel des Molekulargewichts* $\bar{M}_w$ ist definiert als

$$\bar{M}_w = \frac{\sum m_i M_i}{\sum m_i} = \frac{\sum n_i \cdot M_i^2}{\sum n_i \cdot M_i}$$

Ein einer Messung leicht zugänglicher Wert ist das so genannte *viskositätsmittlere Molekulargewicht* (Viskositätsmittel, viskosimetrisches Mittel):

$$\bar{M}_v = \sqrt[\alpha]{\frac{\sum n_i \cdot M_i^{\alpha+1}}{\sum m_i}}$$

Die mittlere Molekülmasse hat einen ganz entscheidenden Einfluss vor allem auf die Festigkeitseigenschaften, wie sich gut am Beispiel von Polystyrol zeigen lässt:

$\bar{M}_w < 10000$ spröde, mäßige Festigkeit
$\bar{M}_w \approx 250\,000$ hart, fest, glasartig
$\bar{M}_w > 10^6$ faserig

Bild 4.6 und 4.7 zeigen die Abhängigkeit wichtiger Gebrauchseigenschaften von der mittleren Moleküllänge. Alle Eigenschaften laufen mit zunehmender Molekülmasse asymptotisch einem Grenzwert zu. Die Abhängigkeit der Einfriertemperatur lässt sich auch rechnerisch mit folgender Gleichung bestimmen

$$T_g = T_{g\infty} - \frac{\kappa}{M^\alpha}$$

wobei $\alpha$, $\kappa$ Konstanten und $T_{g\infty}$ die Einfriertemperatur bei unendlich großer Molekülmasse darstellen.

Mit zunehmender Molekülmasse wird aber auch die Verarbeitung schwieriger, weil die Viskosität zunimmt und die Schmelze immer elastischer wird. Praktische

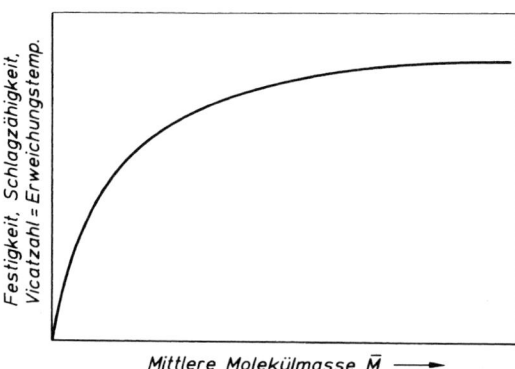

Bild 4.6 Einfluss der mittleren Molekülmasse auf physikalische Eigenschaften

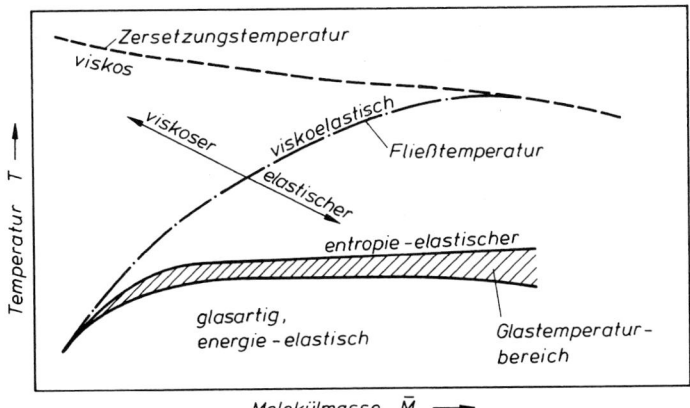

Bild 4.7 Formänderungsverhalten eines amorphen Thermoplasten als Funktion der mittleren Molekülmasse und der Temperatur

Kunststoffe werden daher so hergestellt, dass die Moleküle eine mittlere Länge besitzen, bei welcher bereits für die betreffenden Anwendungen ausreichende Eigenschaften vorhanden sind, jedoch die Viskosität in Bereichen bleibt, bei der noch eine erträgliche Verarbeitbarkeit vorhanden ist. Für die Verarbeitung durch Spritzgießen wird man möglichst niedrige Viskositäten zu erhalten versuchen. Für die Extrusion und das Blasformen jedoch bevorzugt man höhere Viskositäten und nimmt die höhere Elastizität der Schmelze in Kauf, weil man eine ausreichende Steifigkeit des extrudierten Stranges braucht, damit er nicht auseinander fließt, sobald er das formende Werkzeug verlässt.

Die Tabelle 4.3 ergibt einen Eindruck über den Einfluss einer steigenden Ketten-molekülgröße auf die verschiedenen Eigenschaften.

Neben der mittleren Molekülmasse hat jedoch auch deren Verteilung einen Einfluss auf gewisse Eigenschaften. Die einzelnen Moleküle in einem Polymer unter-scheiden sich durch ihren Polymerisationsgrad bzw. ihre Molekülmasse. Die Häu-figkeit mit der bestimmte Polymerisationsgrade (oder Kettenlängen einzelner Moleküle) auftreten bezeichnet man als Molekülmassenverteilung. Sie hat beson-deren Einfluss auf die Fließeigenschaften vor allem auf die elastischen Eigen-

Tabelle 4.3 Einfluss der steigenden mittleren Molekülmasse (steigende durchschnittliche Moleküllänge) auf verschiedene Eigenschaften

| Steigende Molekülmasse bedingt: | | | |
|---|---|---|---|
| höhere Festigkeit | höhere Zähigkeit | höhere chemische Beständigkeit | schlechteres Fließverhalten |
| Ursachen: | | | |
| höhere Nebenvalenzkräfte, mehr Verschlaufungen | geringerer Kristallisa-tionsgrad bei längeren Molekülen, mehr Verschlaufungen | höhere Nebenvalenz-kräfte, geringer Einfluss von Abbau, da insgesamt hohes Niveau | mehr Verschlaufungen, Folge: früher Schmelzebruch |

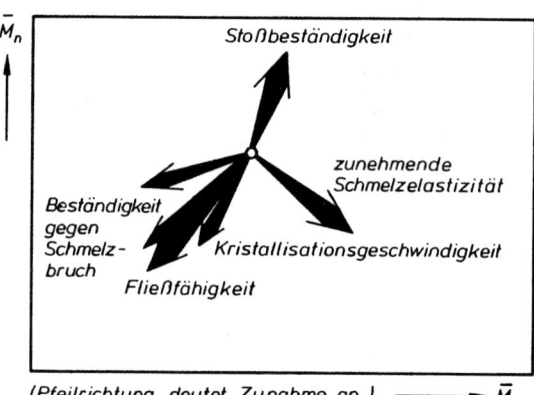

Bild 4.8 Qualitative Abschätzung des Einflusses von Molekülmasse und Molekülmassenverteilung auf verschiedene Eigenschaften. Die Pfeilrichtung deutet Zunahme an (nach *van der Regt*)

schaften der Schmelze und auf das Verhalten bei Stoßbeanspruchung der festen Polymere (vgl. Bild 4.8)

Für die Verarbeitung sind in der Regel etwas breitere Molekülmassenverteilungen erwünscht, wie man der Tabelle 4.4 entnehmen kann.

Zusammenfassend lässt sich feststellen, dass eine breitere Verteilung das Fließen begünstigt, da die kurzen Moleküle wie Schmiermittel wirken. Anderseits aber brauchen die langen Moleküle länger bis sie kristallisieren. Dies verlängert die Zykluszeit und verursacht eine höhere Nachschwindung im Gebrauch, wenn man dem Werkstoff keine Zeit lässt aus zu kristallisieren und ihn damit zwingt, amorph zu erstarren.

Die in einem Polymer auftretende mittlere Molmasse sowie die Molmassenverteilung lässt sich durch eine gezielte Anpassung des Herstellungsprozesses steuern. Damit lassen sich ebenfalls die Eigenschaften an die Verwendungen anpassen.

Tabelle 4.4 Einfluss der Uneinheitlichkeit der Molekülmassenverteilung ($\bar{M}_w/\bar{M}_n$) auf Verarbeitung und Eigenschaften

| $1 < \bar{M}_w/\bar{M}_n$ | | $\bar{M}_w/\bar{M}_n \to 1$ |
|---|---|---|
| Einfluss auf Verarbeitung | | Einfluss auf Festigkeit |
| Spritzgießen | Extrudieren | |
| verlängerte Zykluszeit durch langsame Abkühlung infolge schlechter Kristallisation (Wärmeleitung) | Schmelzebruch später, da kurze Kettenmoleküle als Schmiermittel wirken, stärkeres Schwellen durch lange Kettenmoleküle | möglichst enge Verteilung ergibt bessere Stoßfestigkeit (kurze Kettenmoleküle führen zum Reißen) |

### 4.3.2.1   Molekulargewichtsbestimmung

Es gibt eine Reihe verschiedener Methoden für die Molekulargewichtsbestimmung. Eine Übersicht vermittelt Tabelle 4.5. Die verschiedenen Methoden lassen sich einteilen in relative und absolute Methoden. In die Auswertung einer Absolutmethode

Tabelle 4.5 Übersicht über verschiedene Molekülmassen-Bestimmungsmethoden (*Zahn*)

| Methode | Absolut-/ Relativmethode | Mittelwert | Grenze für die Anwendung |
|---|---|---|---|
| Lösungsviskosität | relativ | $\bar{M}_v$ | bis $10^7$ |
| Schmelzviskosität | relativ | $\bar{M}_w$ (in Näherung) | keine Grenze |
| Ultrazentrifuge | absolut | $\bar{M}_w$ (in Näherung) | $10^4$ bis $10^7$ |
| Lichtstreuung | absolut | $\bar{M}_w$ | $10^4$ bis $10^7$ |
| Osmometrie | absolut | $\bar{M}_n$ | $10^4$ bis $10^7$ |
| Endgruppen | absolut | $\bar{M}_n$ | stark methodenabhängig |
| Kryoskopie* und Ebullioskopie** | absolut | $\bar{M}_n$ | bis $2 \times 10^4$ |
| Gelpermeations- chromatographie (GPC) | relativ | $\bar{M}_n$, $\bar{M}_v$ und $\bar{M}_w$ | 600 bis $2 \times 10^6$ (bei Polystyrol-Eichung) |

\* Gefrierpunktserniedrigung
\*\* Siedepunktserhöhung

gehen außer einigen leicht bestimmbaren Stoffkonstanten (z. B. Brechungsindex oder Dichte) nur universelle Konstanten (Gaskonstante, Avogadro-Konstante) ein. Die Auswertungen nach den relativen Methoden erfordert hingegen die Bestimmung einer Eichkurve anhand von Polymerstandards, deren Molekulargewicht durch eine Absolutmethode bestimmt worden ist.

Eine gebräuchliche Methode für die Molekulargewichtsbestimmung ist die Lösemittelviskosimetrie (die Messung der Viskosität von verdünnten Lösungen verschiedener Konzentrationen des Polymeren in geeigneten Lösemitteln). Dem liegt zugrunde, dass gelöste Polymermoleküle die Viskosität des Lösemittels erhöhen. Die Bestimmung der Viskosität erfolgt dabei in der Regel in einem Kapillarviskosimeter, in dem die Durchlaufzeit einer definierten Menge Lösung durch eine definierte Kapillare gemessen und mit der Durchlaufzeit des reinen Lösemittels verglichen wird. Gemessen wird dabei die Zunahme der Viskosität mit der Konzentration $c$. Zur Auswertung extrapoliert man die Viskositäten für $c \to 0$ und erhält so die sog. *Grenzviskositätszahl* (*$\eta$-Wert, Staudinger-Index*). Mit Hilfe der *Mark-Houwink-Beziehung*, die für lineare Polymere gilt, kann man dann auf das mittlere Molekulargewicht schließen:

Lösemittel-viskosimetrie

$$[\eta] = K \cdot M_w^{\alpha}$$

mit $K$ = Koeffizient, $\alpha$ = Exponent, der die Beweglichkeit der Polymermoleküle im Lösemittel ausdrückt, $M_w^{\alpha}$ = massenmittleres Molekulargewicht.

In Bild 4.9 ist die Abhängigkeit von $[\eta]$ von $M_w$ für einige wichtige Kunststoffe in Lösung in einem bestimmten Lösungsmittel aufgetragen. Sie gelten für lineare Polymerwerkstoffe; bereits bei Polymeren mit Verzweigungen sind sie nicht mehr gültig, wie man an der Kurve für Polyethylen niedriger Dichte (PE-LD) erkennen kann.

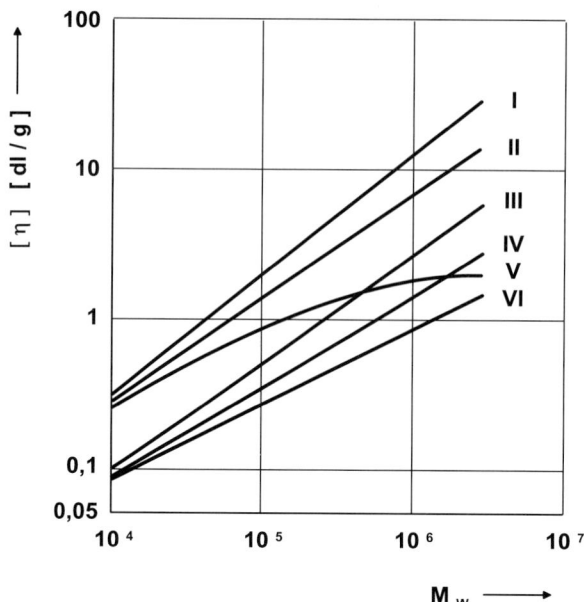

Bild 4.9 Zusammenhang zwischen Viskosität und Molekülmasse unterschiedlicher Polyme-
re gemessen in verschiedenen Lösemitteln (nach *Hoffmann, Krömer, Kuhn*)
I:     Lineare Polyethylene (PE-HD) in Tetralin bei 120 °C
II:    Lineares Polypentenamer mit 80 % *trans*-Gehalt in Toluol bei 25 °C
III:   Polystyrol in Toluol bei 25 °C
IV:    Polystyrol in Dimethylformamid bei 25 °C
V:     Verzweigte Polyethylene (PE-LD) der Dichte 0,918 g cm$^{-3}$ in Tetralin bei 120 °C
VI:    Polystyrol in Cyclohexan bei 34,5 °C ($\Theta$-Lösungsmittel)

Bei PVC wird die Molekülgröße durch den $K$-Wert ausgedrückt, der sich durch
eine besondere Art der Auftragung der gemessenen Viskositätswerte von gelös-
tem Werkstoff ergibt. Die Messung des $K$-Wertes ist in DIN 53726 genormt.

Für nicht oder schlecht lösliche Thermoplaste (vor allem Polyolefine) hat sich als
Schnellprüfung die Bestimmung des Schmelzindex (vgl. Abschnitt 5.1 und
Bild 5.1) eingebürgert. Diese Bestimmungsmethode ist beschrieben in DIN
ISO 1133. Der Schmelzindex gibt dabei an, welche Menge in Gramm unter festge-
legten Bedingungen (Geometrie der Düse) innerhalb einer bestimmten Zeit
(10 min) bei einer bestimmten Temperatur der Schmelze (bei Polyethylen z. B.
190 °C) und genau definierter Belastung (z. B. 20 N ergibt Bezeichnung $i_2$ bzw.
50 N ergibt Bezeichnung $i_5$) durch die Düse hindurchgedrückt wird.

Für Einzelheiten zu den anderen Verfahren zur Molekulargewichtsbestimmung sei
auf die Fachliteratur verwiesen.

### 4.3.2.2  Bestimmung der Molekülmasseverteilung

Fraktionierung
von Polymeren

Die Molekülmassenverteilung der in der Regel polydispersen Kunststoffe bestimmt man meistens durch Fraktionieren von Lösungen (z. B. durch schrittweises Ausfällen der Polymere mit zunehmender Kettenlänge) und deren Auftragung

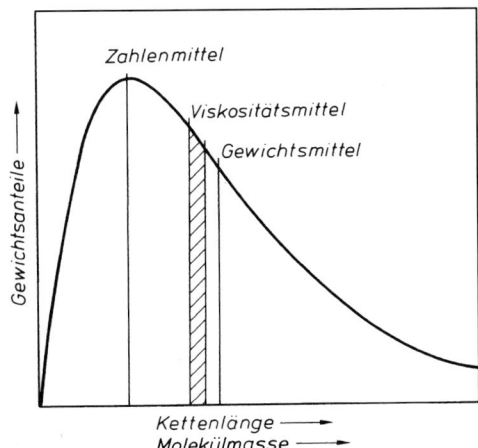

Bild 4.10 Molekülmassenverteilung eines Polymeren mit Angabe der Lage verschiedener Mittelwertangaben

in der in Bild 4.10 gezeigten Weise. Diesem Bild entnimmt man auch, wie die verschiedenen verwendeten Mittelwerte definiert werden. Aus deren Beziehung zueinander ergibt sich auch die Maßzahl für Molekülmassenverteilung, die man mit *Uneinheitlichkeit* bezeichnet.

Bei einem völlig einheitlichen, d. h. monodispersen Kunststoff gilt

$$M_w = M_n = M_v$$

Bei den praktischen polydispersen Kunststoffen, d. h. den unterschiedlich lange Polymerketten enthaltenden Polymeren ist stets

$$M_w > M_v > M_n$$

Somit hat ein Polymeres eine umso einheitlichere Molekülgröße, je mehr das Verhältnis $M_w/M_n$ sich 1 nähert. Als Messzahl wird die Uneinheitlichkeit

$$U = \left(\frac{M_w}{M_n}\right) - 1$$

benutzt.

Einige Methoden zur Molekulargewichtsbestimmung liefern die Molekulargewichtsverteilung gleich mit. So erhält man z. B. aus der Gelpermeationschromatographie (GPC, engl. size exclusion chromatography SEC) – ein Verfahren bei dem die Polymerketten quasi „der Länge nach" sortiert und dann detektiert werden – die Molekulargewichtsverteilung, aus der dann rechnerisch die entsprechenden Mittelwerte berechnet werden.

Gelpermeationschromatographie

**Sowohl das Molekulargewicht als auch die Molekulargewichtsverteilung haben erhebliche Einflüsse auf die Eigenschaften der Polymere.**

### 4.3.3    Sekundärstruktur und Eigenschaften

Der kettenförmige Aufbau der Polymere wurde bereits in Kapitel 3 beschrieben. Diese Ketten sind nun in der Regel – entgegen der als Vereinfachung gewählten Schreibweise – nicht linear, sondern an jedem Kohlenstoffatom mit Einfachbindungen entsteht aufgrund des Valenzwinkels (vgl. Kapitel 3) ein Knick von ca. 110° (Siehe Bild 4.11). Doppel- und Dreifachbindungen hingegen sind linear mit einem Bindungswinkel von 180°.

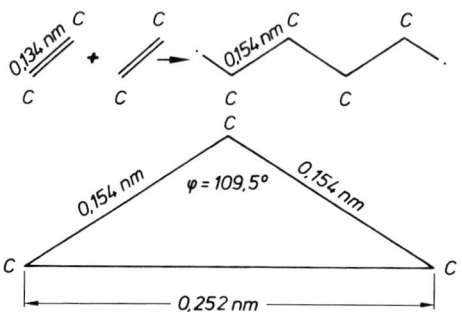

Bild 4.11 Bindungsabstand und Bindungswinkel bei Polyolefinen

**Drehbarkeit um Einfachbindung**

Um die Achse einer C–C-Einfachbindung besteht eine weitgehende freie Drehbarkeit. Lediglich in einigen Stellungen behindern sich die weiteren an die Kohlenstoffatome gebundenen Gruppen aufgrund ihrer räumlichen (sterischen) Ausdehnung, sodass energetisch ungünstige Konstellationen entstehen. Daher stehen die benachbarten C-Atome mit ihren Substituenten normalerweise in der energetisch günstigsten Stellung (vgl. Bild 4.12), was bedeutet, dass die Substituenten (Wasserstoffatome beim Polyethylen beispielsweise) auf Lücke (engl. staggered) stehen. Unter besonderen Bedingungen (z. B. durch eine Behinderung der Drehung, s. u.) stehen die Substituenten „hintereinander" (engl. eclipsed):

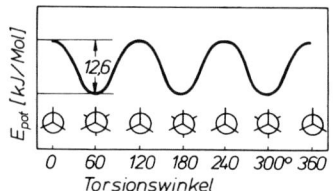

Bild 4.12 Beweglichkeit um die Hauptvalenzachse bei organischen Molekülen, Verlauf der potenziellen Energie bei der inneren Rotation eines Ethanmoleküls

Die Energieschwelle zu einer Drehung ist recht niedrig (z. B. 13 kJ/mol beim Ethan-Molekül, dem Monomeren des Polyethylens). Bereits bei Raumtemperatur können sich die Methylgruppen des Ethan-Moleküls um die Bindungsachse frei drehen. Je leichter die Drehbarkeit, umso weniger steif ist das Polymere. Tatsächlich sind Ketten mit Heteroatomen (z. B. C–O–C) noch leichter zu drehen.

$$E > 63 \text{ kJ/mol}$$

$$E \sim 63 \text{ kJ/mol}$$

$$E \sim 13 \text{ kJ/mol}$$

Bei Doppel- oder Dreifachbindungen ändert sich dieses Verhalten. Aufgrund der Anordnung der Bindungselektronen ist eine Drehung um derartige Bindungen nicht möglich. Doppelbindungen in einer Polymerkette führen daher zu einer etwas höheren Steifigkeit. Polymere mit Ringen in der Kette sind besonders steif, was vor allem bedeutet, dass das betreffende Polymere eine höhere Wärmefestigkeit besitzt.

Die Drehbarkeit um die C—C-Bindung und die Länge der Polymerketten ermöglichen den Polymermolekülen, eine Vielzahl verschiedener Gestalten anzunehmen. Solange keine ordnenden Kräfte einwirken und die Moleküle bzw. Molekülsegmente ausreichende Beweglichkeit, z. B. in der Schmelze oder in Lösung, besitzen, wird die Kette die statistisch wahrscheinlichste Form – eine Knäuelstruktur – einnehmen (dies ist gleichzeitig die Anordnung mit der größten Entropie), Bild 4.13.

Werden während der Synthese Substituenten an die Polymerkette angefügt, so behindern diese die Drehbarkeit um die C—C-Bindungen der Hauptkette aufgrund des

Behinderung der Drehung

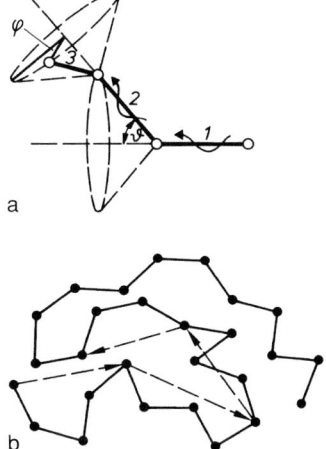

Bild 4.13 Rotation der Kette um die Valenzachse (*Kosfeld*)
a) schematisch für drei C—C—C-Glieder
b) die Entstehung des Knäuels

Tabelle 4.6 Molekülkonfiguration, Erweichungstemperatur (Glastemperatur) $T_g$ und Kristallisationsschmelztemperatur $T_m$ (*Vollmert*)

| Kettenausschnitt | Polymeres | $T_g$ [°C] | $T_m$ [°C] |
|---|---|---|---|
| $-CH_2-CH_2-$ | lineares Polyethylen | $-125$ | 135 |
| $-CH_2-CH-$<br>　　　$\vert$<br>　　　$CH_3$ | isotaktisches Polypropylen | $-20$ | 170 |
| $-CH_2-CH-$<br>　　　$\vert$<br>　　　$C_2H_5$ | isotaktisches Polybuten | $-25$ | 135 |
| $-CH_2-CH-$<br>　　　$\vert$<br>　　　$CH-CH_3$<br>　　　$\vert$<br>　　　$CH_3$ | isotaktisches Poly-3-methylbuten-1 | 50 | 310 |
| $-CH_2-CH-$<br>　　　$\vert$<br>　　　$CH_2$<br>　　　$\vert$<br>　　　$CH-CH_3$<br>　　　$\vert$<br>　　　$CH_3$ | isotaktisches Poly-4-methylpenten-1 | 29 | 240 |
| $-CH_2-CH-$<br>　　　$\vert$<br>　　　$C_6H_5$ | syndiotaktisches Polystyrol | 100 | 270 |
| 　　$CH_3$<br>　　$\vert$<br>（Ring）$-O-$<br>　　$\vert$<br>　　$CH_3$ | Polyphenylenether (PPE) | 210 | 261 |
| $-O-CH-$<br>　　$\vert$<br>　　$CH_3$ | Polyacetaldehyd | $-30$ | 165 |
| $-O-CH_2-$ | Polyformaldehyd (Polyacetal, Polyoxymethylen) | $-85$ | 178, 198 |
| $-O-CH_2-CH-$<br>　　　　　$\vert$<br>　　　　　$CH_3$ | isotaktisches Polypropylenoxid | $-75$ | 75 |
| 　　　　$CH_2Cl$<br>　　　　$\vert$<br>$-O-CH_2-C-CH_2-$<br>　　　　$\vert$<br>　　　　$CH_2Cl$ | Poly-[2,2-bis-(chlormethyl)-trimethylenoxid] | 5 | 181 |
| 　　　$CH_3$<br>　　　$\vert$<br>$-CH_2-C-$<br>　　　$\vert$<br>　　　$CO_2CH_3$ | Polymethylmethacrylat, isotaktisch | 50 | 160 |

Tabelle 4.6 (1. Fortsetzung)

| Kettenausschnitt | Polymeres | $T_g$ [°C] | $T_m$ [°C] |
|---|---|---|---|
| Cl F<br>$\|$ $\|$<br>$-C-C-$<br>$\|$ $\|$<br>F F | Polychlor-<br>trifluorethylen | 45 | 220 |
| $-CF_2-CF_2-$ | Polytetrafluorethylen | −113,<br>+127 | 330 |
| Cl<br>$\|$<br>$-CH_2-C-$<br>$\|$<br>Cl | Polyvinylidenchlorid | −19 | 190 |
| F<br>$\|$<br>$-CH_2-C-$<br>$\|$<br>F | Polyvinylidenfluorid | −45 | 171 |
| $-CH_2-CH-$<br>$\|$<br>Cl | Polyvinylchlorid,<br>amorph<br>kristallin | 80<br>80 | –<br>212 |
| $-CH_2-CH-$<br>$\|$<br>F | Polyvinylfluorid | −20 | 200 |
| $-CO_2-\langle\bigcirc\rangle-CO_2-(CH_2-)_2O-$ | Polyethylenterephthalat<br>(linear, Polyester) | 69 | 245 |
| $-CO-(CH_2-)_4CO-NH-(CH_2-)_6NH-$ | Polyamid 66 | 57 | 265 |
| $-CO-(CH_2-)_8CO-NH-(CH_2-)_6NH-$ | Polyamid 610 | 50 | 228 |
| $-CO-(CH_2-)_5NH-$ | Polycaprolactam,<br>Polyamid 6 | 75 | 233 |
| CH₃ O<br>$\|$ $\|\|$<br>$-\langle\bigcirc\rangle-C-\langle\bigcirc\rangle-O-C-O-$<br>$\|$<br>CH₃ | Polycarbonat | 149 | 267 |
| $-CH_2-\langle\bigcirc\rangle-CH_2-$ | Poly-(p-xylen)<br>(Parylen $\|$ R) | – | 400 |
| $[-C-\langle\bigcirc\rangle-C-O-(CH_2)_2-O]_x-[C-\langle\bigcirc\rangle-O]_x$<br>$\|\|$ $\|\|$ $\|\|$<br>O O O<br>~ 35 % ~ 65 %<br>$\longleftarrow$ PET $\longrightarrow\!\longleftarrow$ PHB $\longrightarrow$ | Polyethylentereph-<br>thalat/p-Hydroxy-<br>benzoat-Copolymeres<br>LC-PET, Polymeres<br>mit semiflexiblen<br>Ketten) | 75 | 280 |

Tabelle 4.6  (2. Fortsetzung)

| Kettenausschnitt | Polymeres | $T_g$ [°C] | $T_m$ [°C] |
|---|---|---|---|
| | Polyimid PI | bis 400 | |
| | Polyamidimid PAI | ~260 | |
| | Polyetherimid PEI | ~215 | |
| | Polybismaleinmid PBI | ~250 | |
| | Polyoxybenzoat POB | ~290 | |
| | Polyetheretherketon PEEK | 143 | 335 |
| | Polyphenylensulfid PPS | 85 | 280 |
| | Polyethersulfon PES | ~230 | |
| | Polysulfon PSU | ~180 | |

erhöhten Raumbedarfs. Je größer und sperriger der Substituent ist, umso größer ist dabei die Behinderung. Man bezeichnet diesen Effekt als sterische Hinderung. Sie beeinflusst das mechanisch-thermische Verhalten sehr vieler Polymerwerkstoffe stark. Dies findet seinen Ausdruck vor allem in der Höhe der Einfriertemperatur. (vgl. Tabelle 4.6).

Bei den Thermoplasten ist das typischste Beispiele, für den Einfluss einer sterischen Behinderung durch den Substituenten das Polystyrol (PS)

Die Einfriertemperatur (Glastemperatur) $T_g$ beträgt 100 °C, die Kristallitschmelztemperatur $T_m$ beträgt 270° (bei syndiotaktischem Aufbau) und die Verdampfungswärme des Monomeren (Maß für die Bindungsenergie) ist 32 kJ/mol.

Ein anderes gutes Beispiel ist Polymethylmetacrylat (PMMA)

Hier beträgt die Einfriertemperatur $T_g$ 100 °C, die Kristallitschmelztemperatur (bei syndiotaktischem Aufbau, bisher nicht kommerziell erhältlich) $T_m$ 200 °C und die Verdampfungswärme des Monomeren 32 kJ/mol.

Beide Thermoplaste erstarren in der Regel amorph, wenn man nicht einen streng regelmäßigen Aufbau erzwingt. Beide Thermoplaste sind bei Raumtemperatur hart und spröde. Infolge ihrer sperrigen Substituenten liegt eine sterische Behinderung vor. (Wenn sie amorph erstarren, sind sie glasklar. Man bezeichnet sie daher auch als organische Gläser.)

Weitere Beispiele sind in der Auflistung von Aufbau und thermischen Eigenschaften ($T_g$ und $T_m$) der wichtigsten Kunststoffe in Tabelle 4.6 zu entnehmen.

## 4.3.4 Supermolekulare Strukturen

### 4.3.4.1 Vernetzungen

Wie bereits in Kapitel 3 besprochen, können die einzelnen Polymerketten durch geeignete Reaktionen miteinander zu physikalischen Netzwerken vernetzt werden. Durch diese Vernetzungen entstehen gravierende Änderungen in den Eigenschaften. Mechanische Eigenschaften, die durch Vernetzung beeinflusst werden, sind der Schubmodul im kautschukelastischen Bereich und die Zugfestigkeit. Durch Vernetzen werden Polymere unlöslicher. Sie quellen jedoch bis zu einem bestimmten Gleichgewichtswert, der eine Funktion des Vernetzungsgrads sowie der Wechselwirkungen zwischen Polymeren und Lösungsmittel ist.

Vernetzung, physikalisches Netzwerk

Vernetzungs-
grad, Quellung

Der Vernetzungsgrad ist dabei definiert durch das Verhältnis der vernetzten Bausteine (Wiederholungseinheiten) zur Gesamtzahl der Wiederholungseinheiten. Die Quelldehnung ist somit eine geeignete Möglichkeit zur Bestimmung des Vernetzungsgrades. Aus dem Volumenbruch $v_p$ des vernetzten Polymers im Gel ($= v_{ungequollenes\ Polymer}/v_{Gel}$) lässt sich mittels der *Flory-Rehner-Gleichung* das Molekulargewicht der Segmente $M_{segm}$, die zwischen den Vernetzungsstellen liegen, bestimmen:

$$M_{segm} = -\frac{v_0\rho_p\left(\sqrt[3]{v_p} - \frac{v_p}{2}\right)}{\ln\left(1 - v_p\right) + v_p + \chi v_p^2}$$

mit $v_p =$ Volumenbruch des Polymers im Gel, $\chi =$ Parameter zur Beschreibung der Polymer-Lösemittel-Wechselwirkungen, $v_0 =$ Molvolumen des Lösemittels, $\rho_p =$ Dichte des Polymers.

Aber auch aus der Ermittlung mechanischer Parameter lässt sich der Vernetzungsgrad bzw. $M_{segm}$ bestimmen. Durch die Entropieänderung der Ketten entsteht beim Dehnen eines Elastomeren eine Rückstellkraft, deren Höhe von der mittleren Kettenlänge der Segmente $M_{segm}$ zwischen den Vernetzungen abhängt. Damit lässt sich die mittlere Kettenlänge der Segmente aus der Rückstellkraft $F$ wie folgt errechnen:

$$M_{segm} = A_0 \cdot \rho \cdot R \cdot T \left[\beta - \frac{1}{2\beta}\right] \cdot \frac{1}{F}$$

Aber auch mit dem Elastizitätsmodul kann man die mittlere Molekülsegmentlänge zwischen zwei Vernetzungsstellen leicht errechnen:

$$M_{segm} = \frac{3 \cdot \rho \cdot RT}{E}$$

mit $A =$ Querschnitt der nichtdeformierten Probe, $T =$ absolute Temperatur, $R =$ allg. Gaskonstante, $\beta =$ Verhältnis der Längen der gedehnten Probe zur ungedehnten, $F =$ Rückstellkraft, $\rho =$ Dichte, $E =$ Elastizitätsmodul.

nicht-vernetzte
Anteile

Eine wichtige Methode zur Bestimmung der nicht vernetzten Anteile ist das Kochen in einem geeigneten Lösemittel. Hierzu wird das Polymer in feine Späne zerlegt, in ein feinmaschiges Säckchen aus Draht oder Tuch gepackt, die dann abgewogen werden. Da beim Kochen in Lösungsmittel das unvernetzte Polymer herausgewaschen wird, kann man durch erneutes Wägen des Säckchens dessen Anteil bestimmen. Der unlösbare Anteil, die vernetzten Moleküle, wird als *Gelgehalt* bezeichnet.

### 4.3.4.2   Kristallisation

Kristallisation

Wenn eine Kette einen völlig regelmäßigen Aufbau besitzt, dann ist eine extrem hohe Packungsdichte durch geordnetes Aneinanderlagern möglich. Als anschauliches Beispiel mag ein Reißverschluss dienen. Bereits ein nicht an seinem Platz sitzender Reißverschlusshaken verhindert auf einem gewissen Bereich das Schließen des Reißverschlusses.

Ebenso haben wir uns das Aneinanderpassen der Kettenmoleküle vorzustellen. Man spricht bei den zu solcher engen Packung fähigen Kunststoffen von teilkristallinen Polymeren, teilkristallin deswegen, weil die langen Ketten in praktischen Fällen beim Abkühlen aus der Schmelze niemals fähig sind, vollständig zu kristallisieren.

Die besten Beispiele sind das Polyethylen hoher Dichte (PE-HD)

$$
\begin{array}{c}
\phantom{x}\overset{\displaystyle H_2}{C} \quad \overset{\displaystyle H_2}{C} \quad \overset{\displaystyle H_2}{C} \\
\diagup^{\phantom{x}}\diagdown_{\phantom{x}}C\diagup^{\phantom{x}}\diagdown_{\phantom{x}}C\diagup^{\phantom{x}}\diagdown_{\phantom{x}}C\diagup^{\phantom{x}}\diagdown_{CH_3} \\
\underset{\displaystyle H_2}{\phantom{x}} \quad \underset{\displaystyle H_2}{\phantom{x}} \quad \underset{\displaystyle H_2}{\phantom{x}}
\end{array}
$$

– hier erfolgt die Kristallisation der teilkristallinen Phase bei $+136\,°C$ – und das Polyformaldehyd (Polyacetal),

$$
\begin{array}{c}
\phantom{x}\overset{\displaystyle H_2}{C} \quad \overset{\displaystyle H_2}{C} \quad \overset{\displaystyle H_2}{C} \\
\diagup^{\phantom{x}}\diagdown_{O}\diagup^{\phantom{x}}\diagdown_{O}\diagup^{\phantom{x}}\diagdown_{O}\diagup^{\phantom{x}}\diagdown_{CH_3}
\end{array}
$$

wo die Kristallisation der teilkristallinen Phase bei $+170\,°C$ erfolgt. Beide Polymere kristallisieren zu etwa $70\,\%$.

Wie wir später noch erkennen werden, zeichnen sich die teilkristallinen Polymere durch besondere Zähigkeit aus, die von dem Nebeneinander der harten kristallinen und der weichen amorphen Phasen bewirkt wird.

Durch unregelmäßigen Aufbau der Makromoleküle wird die Kristallisation eingeschränkt bzw. ganz unterdrückt. Bereits das im Hochdruckverfahren hergestellte Polyethylen (PE-LD) hat infolge seiner Verzweigung einen geringeren Kristallisationsgrad als Niederdruck-Polyethylen ($35\,\%$). In anderen Fällen verhindert man die Kristallisation durch Copolymerisation mit anderen Monomeren, die statistisch in die Hauptkette eingebaut werden.

*Unterdrückung der Kristallisation*

Ein anschauliches Beispiel ist das aus Ethylen und Propylen aufgebaute Copolymerisat EPM:

$$
\begin{array}{c}
\overset{H_2}{C} \ \overset{H_2}{C} \ \overset{H_2}{C} \ \overset{H_2}{C} \ \overset{H_2}{C} \ \overset{H_2}{C} \ \overset{H_2}{C} \ \overset{H_2}{C} \\
C \quad C \quad C \quad C \quad C \quad C \quad C \\
H_2 \quad CH_3 \quad CH_3 \quad H_2 \quad H_2 \quad H_2 \quad CH_3
\end{array}
$$

dessen Erweichungstemperatur je nach der Zusammensetzung zwischen $-20\,°C$ und $-60\,°C$ liegt. Durch den unregelmäßigen Aufbau ist hier bei einem Propylengehalt von $30\,\%$ eine Kristallisation ausgeschlossen (vgl. Bild 4.19)

Die räumliche Anordnung und morphologische (Gefüge-)Struktur, die sich nach dem Erstarren bei Polymeren einstellt, zeigt Bild 4.14 schematisch am Beispiel von Polyethylen. In Kap. 6.1.3 wird weiter auf die Kristallisation eingegangen.

Es gibt auch solche Polymere, die bereits in der Schmelze oder in Lösung einen bestimmten Ordnungszustand einnehmen. Man nennt sie *flüssigkristalline Polymere*. Auf sie wird später in Abschnitt 4.4.1.3 noch genauer eingegangen.

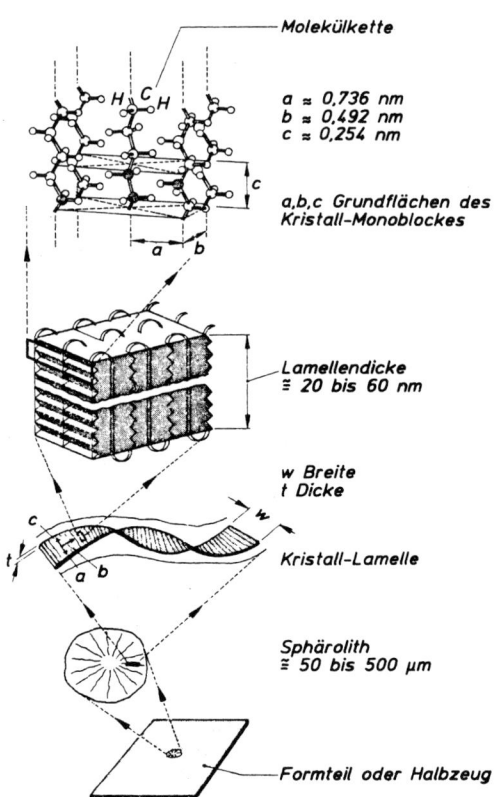

Bild 4.14 Struktureller Aufbau von teilkristallinen Polymeren am Beispiel von Polyethylen, Bildung von Überstrukturen (Sphärolithen)

## 4.4    Einlagerung von Fremdmolekülen

*Fremdmoleküle*

Das Eigenschaftsprofil von Kunststoffen wird auch durch die Anwesenheit „fremder" Moleküle beeinflusst. Damit können z. B. andere Monomere gemeint sein, die während des Herstellungsprozesses in die Kette eingebaut werden. Der Nachteil ist natürlich, dass dies aus wirtschaftlichen Gründen nur bei großen Volumina möglich ist.

Es hat sich daher eine zweite Methode in jüngster Zeit sehr stark durchgesetzt, bei der andere Monomere, Polymere oder Nanopartikel aus z. B. Mineralstoffen in die Polymere eingemischt werden.

### 4.4.1    Copolymerisation (Einbau in die Kette)

Die Grundbegriffe der Copolymerisation wurde bereits in Kapitel 3 behandelt. Zur eindeutigen Kennzeichnung der Konstitution und präzisen Eigenschaftsvoraussage müssen hier zusätzlich gegenüber einem Homopolymeren bekannt sein:

- die mittlere Zusammensetzung,
- die Verteilung der Zusammensetzung,
- die mittlere Sequenzlänge,
- die Verteilung der Sequenzen.

Es soll hier nur qualitativ auf den Einfluss in Abhängigkeit von der mittleren Zusammensetzung an zwei Beispielen eingegangen werden.

### 4.4.1.1  Amorphe Copolymere

Bild 4.15 zeigt exemplarisch die Änderung der Erweichungstemperatur mit der Zusammensetzung eines Copolymers aus Polystyrol und Dimethylstyrol. Unterschiedliche Kettensegmente bedingen eine unterschiedliche Molekülbeweglichkeit. Im Falle statistischer Verteilung werden die Erweichungstemperaturen entsprechend dem Verhältnis der Partner im Copolymeren linear verschoben. Bei Blockcopolymeren, wo lange Sequenzen der beiden Monomeren auftreten, können auch zwei getrennte Erweichungsbereiche beobachtet werden.

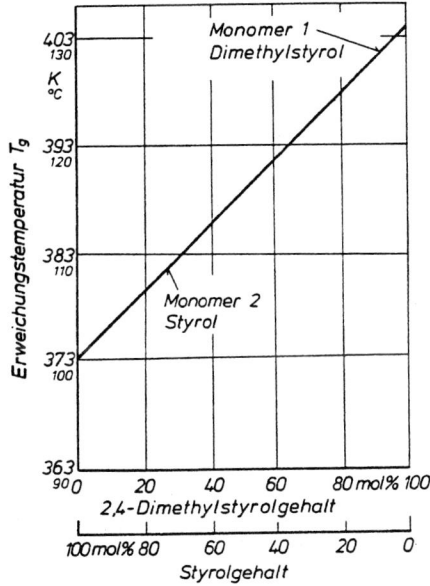

Bild 4.15 Erweichungstemperatur (Glastemperatur) als Funktion des Comonomeranteils bei alternierender oder statischer Verteilung der Comonomeren

### 4.4.1.2  Teilkristalline Copolymere am Beispiel von Copolymeren aus PE und PP

Diese Monomere bilden beide Thermoplaste, welche im festen Zustand zwei Phasen nebeneinander aufweisen, d. h. eine amorphe und eine kristalline Phase. Man darf daher auch für das Copolymer erwarten, dass sich je nach Sequenzlänge der aus jeweils einem Monomer bestehenden Sequenzen ebenfalls solche Phasen bei der Erstarrung bilden können. Das bedeutet, dass man kein lineares Verhalten wie bei amorphen Thermoplasten erwarten kann. Die Kristallisation wird je nach Län-

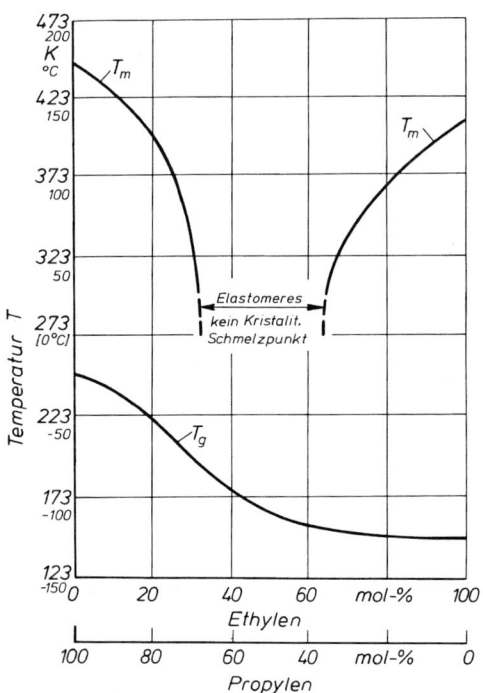

Bild 4.16 Schmelz- und Einfriertemperatur bei statistischen Ethylen-Propylen-Copolymeren

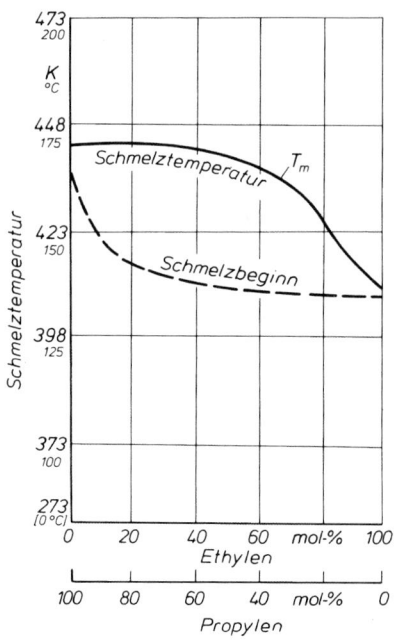

Bild 4.17 Schmelzbereich und Kristallitschmelztemperatur bei Ethylen-Propylen-Blockcopolymeren

ge der Sequenzen entscheidend beeinflusst werden und damit die Endeigenschaften bestimmen.

Bild 4.16 zeigt für ein Copolymeres mit statistischer Verteilung des Comonomeren in der Kette und Bild 4.17 für ein Blockcopolymeres aus Ethylen/Propylen den Verlauf der Einfriertemperatur der amorphen Phase und der Kristallitschmelztemperatur in Abhängigkeit von den Comonomer-Anteilen.

Bei einem statistischen Copolymer aus Ethylen und Propylen wird bei Anteilen von mehr als 20 % bis 30 % des einen oder anderen Comonomeren im Polymerwerkstoff die Kristallisation unterdrückt. Der Stoff hat amorphen Aufbau und, wenn gleichzeitig die Molekülmassen ausreichend hoch sind, elastomeren Charakter, da die Einfriertemperatur weit unter Raumtemperatur liegt. In der Tat gewinnt dieser so genannte EP(D)M-Kautschuk dank seiner vorzüglichen Eigenschaften ständig an Bedeutung. (D bezeichnet hier eine zusätzlich einpolymerisierte ungesättigte Dien-Komponente, die eine spätere Vernetzung ermöglicht.)

Beim Blockcopolymeren wechseln Kettensegmente, welche jeweils aus nur einem Monomer bestehen, sich regelmäßig blockweise ab. Hier kristallisieren die jeweiligen Segmente, was in Bild 4.18 deutlich wird. Infolge der verbesserten Schlagzähigkeit sind solche Blockcopolymerisate aus Propylen mit Ethylen sehr gebräuchlich, insbesondere mit mittleren Anteilen an beiden Comonomeren.

Wie man beim Vergleich dieser Bilder erkennt, können die Eigenschaften von Copolymeren sehr weit variiert werden. Das Blockcopolymere erweist sich infol-

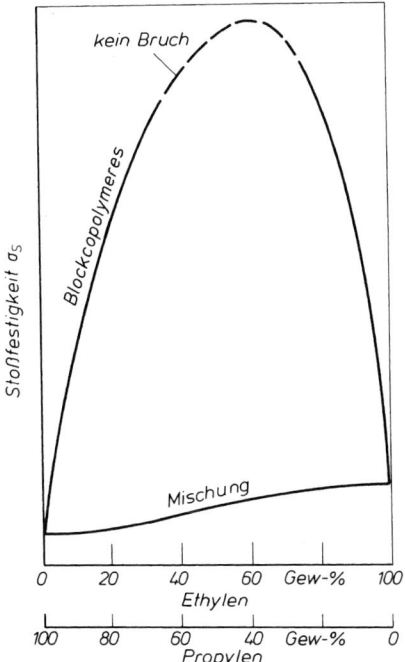

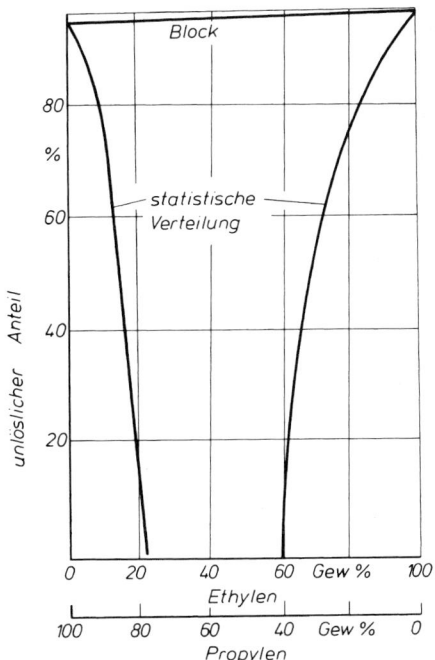

Bild 4.18 Das Blockcopolymere hat eine die Grundstoffe weit übertreffende Schlagzähigkeit und ist somit Gemischen der Homopolymeren weit überlegen

Bild 4.19 Löslichkeit von Block- und statistisch angeordneten Copolymeren; infolge der verminderten Kristallisation ist bei mittleren Mischungsverhältnissen bei statistischen Copolymeren eine starke Löslichkeit vorhanden

ge der Kristallisation auch bei der chemischen Beständigkeit gegenüber dem statistisch verteilten Copolymeren als überlegen (Bild 4.19). Was hier exemplarisch für Copolymere aus Ethylen und Propylen ausgeführt wurde, gilt auch für andere Copolymerisate aus anderen Monomeren.

Insgesamt wird die Copolymerisation in einem sehr breiten Maße zur Anpassung der Polymeren an ihre Verwendungszwecke industriell ausgeübt. Sie benötigt jedoch erhebliche Mindestmengen, um wirtschaftlich sein zu können.

### 4.4.1.3 Besondere Copolymere

*a) Schlagzähe und gleichzeitig steife Kunststoffe*

Der dafür typischste Kunststoff, der in sehr großen Mengen seit Jahrzehnten eingesetzt wird, ist auch gleichzeitig ein gutes Beispiel für viele Copolymere, das Styrol-Acrylnitril-Butadien (ABS). Bei der Herstellung von ABS wird zunächst das leicht vernetzte Elastomere, das in feinen Partikeln vorliegt, in monomerem Styrol verteilt und dann das Copolymerisat aus Acrylnitril und Styrol hergestellt. Die bei der Polymerisation entstehenden Ketten pfropfen auf dem Elastomeren auf; d. h. sie sind fest darauf verankert. Der Kautschuk liegt dann als feine, aus Kügelchen bestehende Phase in der Styrol/Acrylnitril-Matrix vor. Dieses Aufpfropfen ist notwendig; ohne Pfropfung entsteht keine Schlagzähigkeit (vgl. Abschnitt 7.2.3).

flüssigkristalline
Polymere

*b) Flüssigkristalline Kunststoffe (LCP liquid crystalline polymers)*

Moleküle mit steifen Kettensegmenten, die aus mehreren miteinander verbundenen Aromatenringen bestehen (vgl Tabelle 4.6), welche durch aliphatische Segmente verbunden sind, können einen flüssigkristallinen Charakter besitzen, wenn die steifen Kettensegmente nicht zu groß sind. Diese Polymere sind noch schmelzbar, weisen jedoch bereits in der Schmelze eine hohe Ordnung auf, weshalb sie als thermotrope Flüssigkristalle bezeichnet werden (im Gegensatz dazu weisen lyotrope Polymere eine hohe Ordnung im gelösten Zustand auf). Die möglichen Ordnungszustände zeigt Bild 4.20.

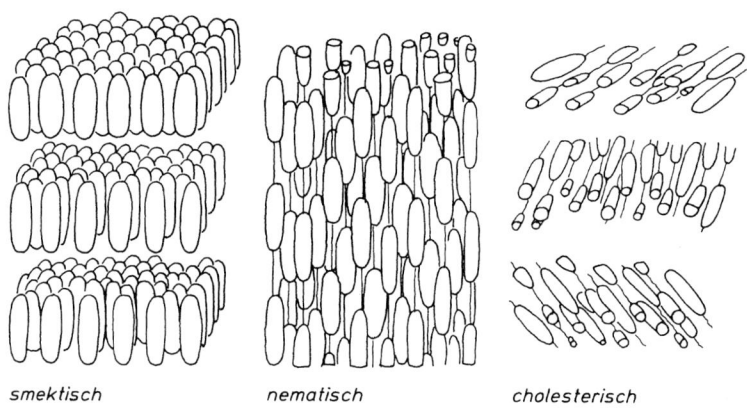

      *smektisch*               *nematisch*            *cholesterisch*

Bild 4.20  Flüssigkristalline Phasen

Die Molekülstäbchen orientieren sich beim Fließen wie Baumstämme in einem strömenden Fluss. Da sie sich gegenseitig behindern, ist praktisch keine Relaxation möglich, sodass der Orientierungszustand eingefroren wird. Hierdurch besitzt dann ein Bauteil aus einem derartigen Werkstoff in Richtung der Orientierung der aromatischen Segmente besonders hohe Modulwerte.

Es gibt theoretisch mehrere Möglichkeiten, wie die steifen Gruppen in bzw. an den Kettenmolekülen eingebaut sein können (Bild 4.21).

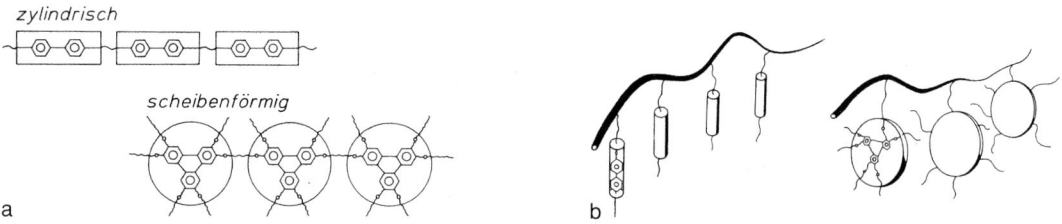

Bild 4.21  Möglichkeiten des Aufbaus von Polymeren mit flüssigkristallinen Bausteinen
a) Stäbchenmoleküle, b) Seitenketten-LCPs

### 4.4.1.4 Polysalze
(Intrinsisch leitfähige Polymere, ICP Intrinsic Conductive Polymers)

Wenn bestimmte Polymere durch eine Oxidation, Reduktion oder eine Säure-Base-Reaktion behandelt werden, bildet sich ein Polysalz. So werden z. B. bei einer Oxidation die Gegenionen dem Oxidationsmittel entzogen. Das Polysalz besteht dann aus elektrisch geladenen Ketten mit eingelagerten Ionen. Die Elektronen können entlang den Ketten und von einer zur anderen mit großer Geschwindigkeit wandern, sodass hohe Leitfähigkeiten bis zu 100 000 S/cm entstehen. Das ist so viel, wie bei Kupfer und unvergleichlich mehr, als man durch Einarbeiten von Ruß erhalten kann. Solche Produkte sind heute als Pulver (z. B. Polypyrol und Polyanilin) erhältlich aber noch kaum verarbeitbar, da sie nicht thermoplastisch sind. Polyanilin in Form von Lösung wird als Lack eingesetzt, um die damit beschichteten Oberflächen leitfähig zu machen.

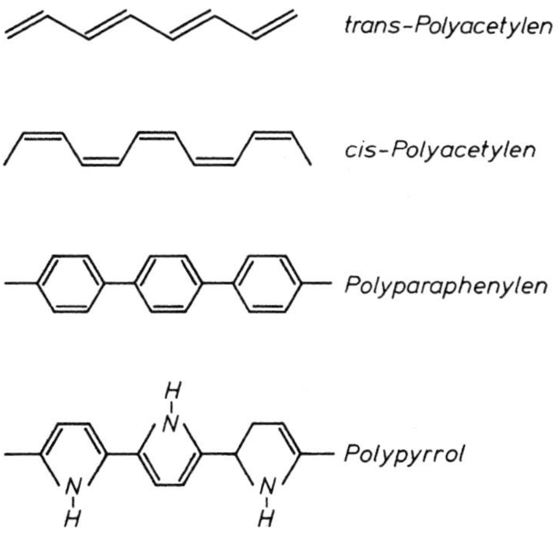

leitfähige Polymere

Bild 4.22 Polymerstrukturen mit intrinsischer Leitfähigkeit

## 4.4.2 Polymergemische (Polymerblends)

Auch durch das Mischen verschiedener Polymere lassen sich die Materialeigenschaften beeinflussen. Die Eigenschaften dieser Blends hängen stark davon ab, ob und inwieweit die beiden, die Mischung bildenden Polymere miteinander verträglich sind, d. h. ob sie sich vollständig miteinander mischen oder ob sie separate Phasen bilden.

Verträglichkeit ist nur bei wenigen Polymeren gegeben. Wir unterscheiden daher

- homogene Gemische aus verträglichen Polymeren,
- teilweise bzw. begrenzt verträgliche Gemische (Einphasengemische),
- heterogene Gemische aus unverträglichen Polymeren (Mehrphasengemische).

### 4.4.2.1 Homogene Gemische aus verträglichen Polymeren

Homogene Gemische aus verträglichen Polymeren, gibt es nur relativ wenige, jedoch haben diese eine gewisse Bedeutung, weil sich hierdurch die Eigenschaften linear mit dem Anteil zwischen den beiden Homopolymeren verändern lassen.

homogene Blends

Wirtschaftliche Bedeutung haben die folgenden Mischungen aus verträglichen Polymeren:

– Naturkautschuk mit Polybutadien und andere Elastomere,
– Polyphenylenether (PPE) mit Polystyrol (PS),
– Polyamide, z. B. PA 6 mit PA 10,
– Polyethylen mit Polyisobutylen,
– Mischungen von Homopolymeren mit der gleichen Monomerbasis, jedoch unterschiedlichen Molekülmassen und oder solche mit und ohne Verzweigungen (nicht immer unbegrenzt verträglich).

### 4.4.2.2   Mischungen aus begrenzt verträglichen Polymeren

*heterogene Blends*

Die bedeutendsten Anwendungen finden sich in der Kautschukverarbeitung, wo praktisch alle hierfür verwendeten Elastomere miteinander gemischt werden können. Die heutige Herstellung von Reifen und anderen Gummiprodukten wären nicht denkbar, wenn man nicht in dieser Weise höchste Leistungen aus den Produkten herausholen könnte.

Auch das Gemisch aus Polyphenylenether (PPE) mit Polystyrol (PS) ist ein Großprodukt, das als technischer Kunststoff dank seiner guten Wärmeformbeständigkeit bis ca. 160 °C und seiner hervorragenden chemischen Beständigkeit eine große Bedeutung hat.

Mischungen von Homopolymeren mit der gleichen Monomerbasis finden sich sehr oft. Das beste Beispiel sind Gemische aus verschiedenen Polyethylenen, insbesondere PE-LD mit PE-LLD. Hiermit wird das schwer verarbeitbare PE-LLD vor allem bei der Herstellung von Schlauchfolien an die vorhandenen Maschinen angepasst. Die Mischarbeit erfolgt hier in der Regel im Verarbeitungsprozess im Extruder.

### 4.4.2.3   Mehrphasengemische

Eine sehr breite Anwendung finden die Gemische (Blends) aus unverträglichen Polymeren. Mit modernen Knetmaschinen (z. B. Schneckenkneter von Werner & Pfleiderer) kann man eine gleichmäßige Dispersion erreichen und Partikel der ausgeschiedenen Phase von einigen Nanometern bis zu Mikrometern gleichmäßig erzeugen. Da man gleichzeitig mit Hilfe polymerer Zusatzstoffe, so genannten Compatibilizern, die Phasen durch Pfropfen aneinander bindet, entstehen so sehr hochwertige Kunststoffe mit genau an die Aufgaben angepassten Eigenschaften. Bild 4.23 zeigt an einigen fotografischen Aufnahmen, wie die mikroskopische Struktur solcher Werkstoffe beschaffen ist.

*Verträglichkeitsvermittler*

Compatibilizer sind Copolymere, deren Ketten je zur Hälfte aus Monomeren bestehen, die jeweils mit einer der Phasen verträglich sind. Bild 4.24 erklärt anschaulich den Mechanismus der Pfropfung mit Hilfe von Compatibilizern. Sie werden in Mengen von einigen Prozent in das Rohgranulat eingemischt. Für diese Art des Blendens sind normale Schneckenmaschinen in der Regel nicht geeignet, denn es kann schnell zu Schichtenbildung kommen bzw. es bilden sich zu große Partikel, was sich auf die Eigenschaften insbesondere auch die Schlagzähigkeit negativ auswirkt.

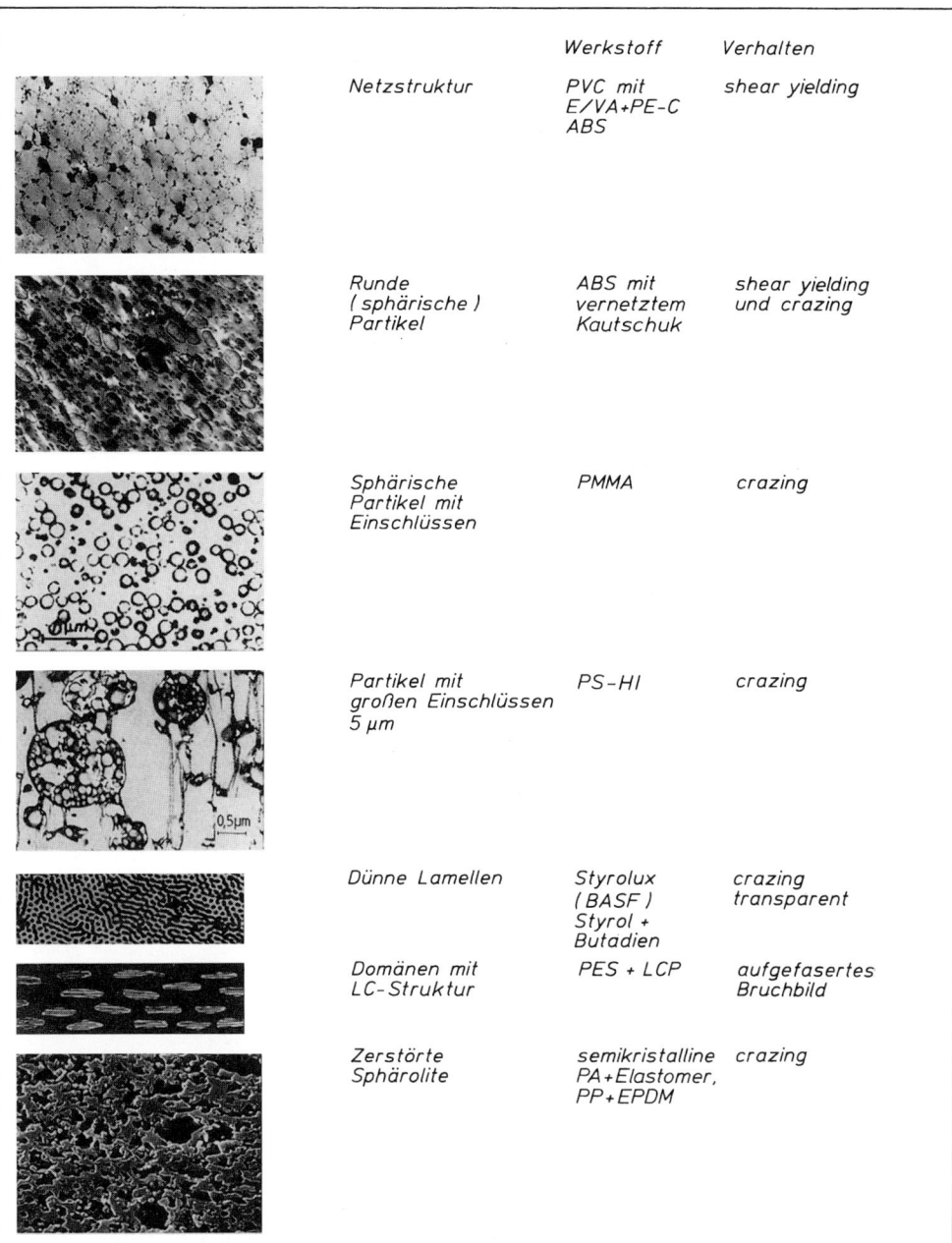

| | Werkstoff | Verhalten |
|---|---|---|
| Netzstruktur | PVC mit E/VA+PE-C ABS | shear yielding |
| Runde (sphärische) Partikel | ABS mit vernetztem Kautschuk | shear yielding und crazing |
| Sphärische Partikel mit Einschlüssen | PMMA | crazing |
| Partikel mit großen Einschlüssen 5 µm | PS-HI | crazing |
| Dünne Lamellen | Styrolux (BASF) Styrol + Butadien | crazing transparent |
| Domänen mit LC-Struktur | PES + LCP | aufgefasertes Bruchbild |
| Zerstörte Sphärolite | semikristalline PA+Elastomer, PP+EPDM | crazing |

Bild 4.23 Strukturen von Blends

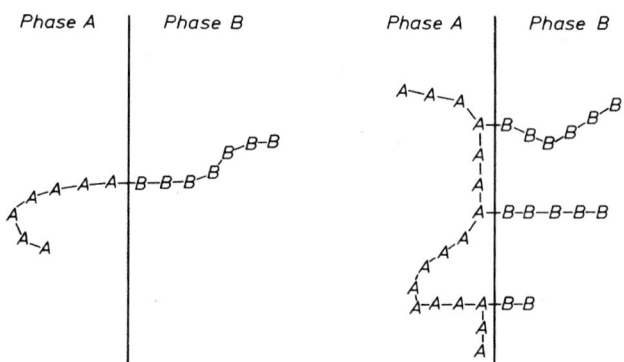

Bild 4.24 Wirkung von Block- oder Pfropf-Copolymer-Compatibilizer durch Eindringen in
die A- und B-Phasen des Blends
links: Block-Copolymer-Compatibilizer, rechts: gepfropfter Compatibilizer

Das klassische Beispiel eines wichtigen Kunststoffs, dessen herausragende Eigenschaften – hoher Elastizitätsmodul und ausgezeichnete Schlagzähigkeit – auf einer
Mischung von unverträglichen Polymeren beruht, ist das Gemisch aus Polystyrol
bzw. Styrol-Copolymerisat (Acrylnitril) mit Kautschuk, bekannt als schlagzähes
Polystyrol oder HIPS (high impact polystyrene). An diesem Beispiel hat man

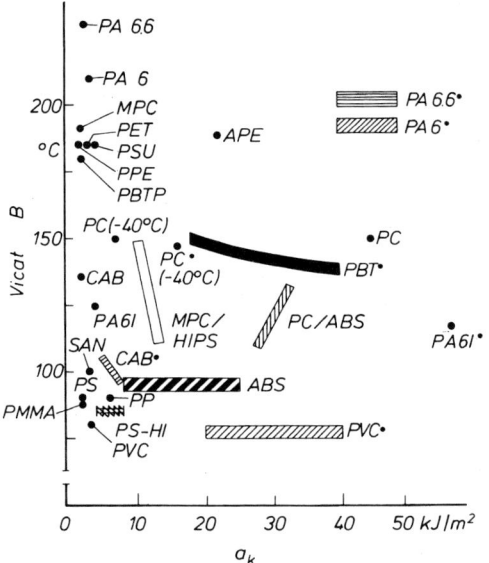

Bild 4.25 Kerbschlagzähigkeit (DIN 53453) und Vicat-Erweichungstemperatur VST/B
(DIN 53460) kautschukmodifizierter Produkte (*Bayer AG*)
MPC    Tetramethylbisphenol A-Polycarbonat
APE    aromatische Polyester aus Terephthalsäure/Isophthalsäure und Bisphenol A
PSU    Polysulfon aus Bisphenol A und 4.4′-Dichlordiphenylsulfon
PA 61  Polyamid aus Hexamethylendiamin und Isophthalsäure

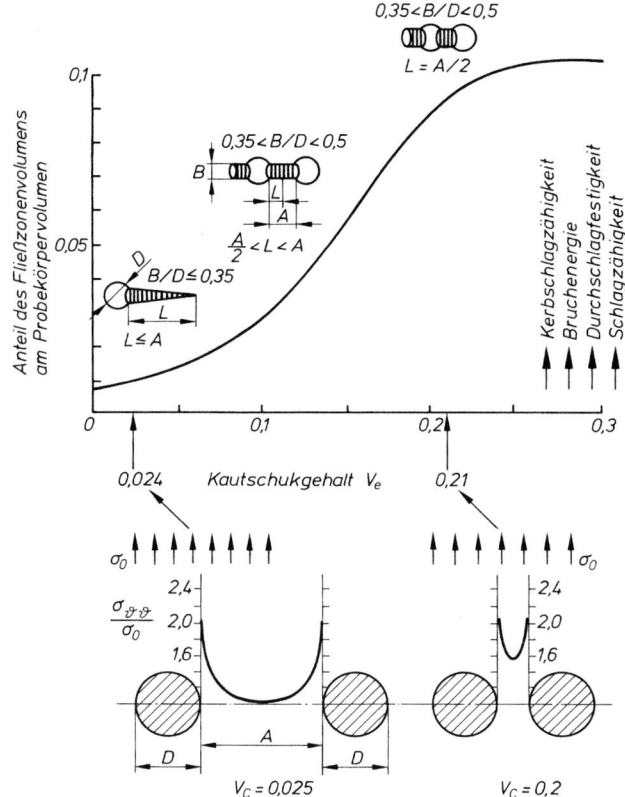

Bild 4.26 Fließzonenbildung und Bruchzähigkeit in Abhängigkeit vom Kautschukgehalt bei elastomermodifiziertem Kunststoff

| | |
|---|---|
| $B$ | Spaltweite von Fließzonen (crazes) |
| $D$ | Durchmesser der Elastomerpartikel |
| $A$ | Abstand der Elastomerpartikel senkrecht zur Hauptdehnung |
| $L$ | Länge einer Fließzone, die ihren Ursprung im Elastomerpartikel hat |
| $V$ | Elastomer-Volumenanteil (Index $e \triangleq$ Elastomeres) |
| $\sigma_0$ | mittlere Zugspannung |
| $\sigma_{\vartheta\vartheta}$ | Zugspannung am Äquator des Elastomerpartikels |
| $\dfrac{\sigma_{\vartheta\vartheta}}{\sigma_0}$ | Spannungsüberhöhung durch Kerbwirkung des Elastomerpartikels |
| $\dfrac{B}{D} \leq 0,35$ | bedeutet, dass die Fließzonen noch sehr dünn sind, dünner als etwa ein Drittel des mittleren Durchmessers der Elastomerpartikel |
| $0,35 < \dfrac{B}{D} < 0,5$ | bedeutet, dass die Fließzonen bis zum halben Partikeldurchmesser sich aufgeweitet haben |
| $L \leq A$ | bedeutet, dass die Fließzonen die benachbarten Partikel nicht erreichen |
| $\dfrac{A}{2} < L < A$ | die Fließzonen sind bereits länger als der halbe Abstand und können sich gelegentlich vereinigen mit solchen, die von den Nachbarpartikeln auswachsen |
| $L = \dfrac{A}{2}$ | von Partikeln ausgehende Fließzonen haben sich zu einem erheblichen Anteil zu durchgehenden Rissen vereinigt |

gelernt, dass eine ganz bestimmte Unverträglichkeit notwendig ist, um hohe Schlagzähigkeit zu erzeugen. Es müssen nämlich im Werkstoff fein und gleichmäßig verteilt Partikel ($<10\,\mu$m, besser $<2\,\mu$m) der ausgeschiedenen Phase vorliegen. Die Partikel sollten elastomerer Natur und fest mit der Matrix verbunden sein. Wie solche Gefüge aussehen, kann man an der in Bild 4.23 gezeigten Auswahl verschiedener mikroskopischer Aufnahmen des Gefüges von einigen Blends und Copolymeren sehen. Der Mechanismus, der zur hohen Schlagzähigkeit führt, wird in Abschnitt 7.2.3 erklärt.

Heute erfolgt das Blenden, d. h. Mischen, meist bei den Rohstoffherstellern auf großen Schneckenknetern, da dies auch bei kleineren Mengen wirtschaftlich ist und trotzdem zu gleichmäßigen Produkten führt. Es werden nahezu alle Thermoplasten so an ihre Aufgaben angepasst; selbst Duroplaste, wie Epoxid- und Phenolharze können mit Erfolg so in ihren Zähigkeitseigenschaften verbessert werden. Bild 4.25 zeigt die Wirkung solcher Maßnahmen in einer Darstellung der Wärmeformbeständigkeit anhand der Vicat-Temperatur (siehe Abschnitt 8.2.3) in Abhängigkeit von der Kerbschlagzähigkeit für einige wichtige Thermoplaste. In diesen hier dargestellten Beispielen dienen Kautschukpartikel zur Verbesserung der Schlagzähigkeit.

Die verbesserte Schlagzähigkeit beruht auf der Bildung von Myriaden von Mikrorissen (crazes) bei Stoßbelastung, welche für die Bildung ihrer Oberflächen die Energie absorbieren (Maximum, wenn etwa 10 % des Werkstoffvolumens durch Fließzonen (crazes) erfüllt ist). Infolge dessen ist die Wirkung stark von dem Volumengehalt der Elastomerkomponente abhängig, wie man Bild 4.26 entnehmen kann. Im Hinblick auf die Verbesserung der Schlagzähigkeit sind höhere Volumenanteile Kautschuk als 25 % nicht erforderlich und auch nicht sinnvoll, weil damit dann auch die Zugfestigkeit und der Modul stärker abfallen.

Bei Gehalten von mehr als 50 % der zweiten Komponente (Elastomerkomponente) entsteht eine Phasenumkehr und man erhält Elastomere mit Einlagerungen von steifen Polymeren. Man stellt beispielsweise in größeren Mengen in dieser Weise thermoplastische Elastomere her. Sie bieten gegenüber vernetztem Kautschuk den enormen Vorteil, dass sie sich auch unvernetzt kautschukelastisch verhalten, solange die Temperatur unter der Erweichungstemperatur der thermoplastischen Phase bleibt. Das wiederum hat den Vorteil, dass man solche Formteile mit den gleichen Verarbeitungsmaschinen wie andere Thermoplaste herstellen kann und damit weniger Probleme bei der Formgebung hat und die Zeit für die Vernetzung spart. Auch das Recycling ist unkompliziert. Zudem können durch so genanntes Coextrudieren oder Mehrkomponenten-Spritzgießen direkt in einem Arbeitsgang miteinander fest verbundene Teile aus zwei verschieden Werkstoffen, so genannte Hart-Weich-Verbunde, hergestellt werden. Ein typisches Anwendungsbeispiel sind angespritzte Dichtungen.

## 4.4.3   Nanocomposites

Als „Nanocomposites" werden zweiphasige Materialien bezeichnet, deren eine Phase zumindest in einer Dimension nanoskalig ist. Grundsätzlich wird zwischen keramischen und polymeren Nanocomposites unterschieden, wobei in diesem Kapitel explizit nur polymere Nanocomposites betrachtet werden. Polymere Nanocomposites sind immer Kombinationen einer polymeren Matrix mit anorganischen Partikeln.

> **Polymere Nanocomposites sind Kombinationen einer polymeren Matrix mit anorganischen Partikeln, die zumindest in einer Dimension nanoskalig sind.**

### 4.4.3.1 Aufbau von Nanocomposites

Polymere Nanocomposites lassen sich unterscheiden in Nanocomposites auf Basis von Schichtsilikaten und solche auf Basis von Nanopartikeln. Nanocomposites auf Basis von Schichtsilikaten haben hierbei die größere Bedeutung. Die Effizienz der Verstärkung bei diesen Werkstoffen liegt in der hohen Anisotropie begründet. Das so genannte Aspekt-Verhältnis (Länge zu Dicke) beträgt bei Nanocomposites auf Basis von Schichtsilikaten in der Regel mehr als 100.

Am weitesten entwickelt sind Nanocomposites auf Basis von Polyamiden sowie auf Basis von Epoxidharzen. Grundsätzlich ist die Herstellung von Nanocomposites auch auf Basis zahlreicher weiterer Polymere denkbar. Als mineralische Füllstoffe werden traditionell die natürlichen Silikate Wollastonit, Kaolin und Talkum sowie das Industriemineral Glimmer eingesetzt. Das quellfähige Dreischichtsilikat Montmorillonit ist der Ausgangsstoff für Nanocomposites auf Basis von Schichtsilikaten. Montmorillonit wird auch als „Tonerde" bezeichnet. Es handelt sich dabei im Prinzip um das gleiche Material, das auch unter der Bezeichnung „FIMO" für den Bastelbedarf angeboten wird. Das Industriemineral Bentonit enthält einen hohen Anteil an Montmorillonit.

Auf Bild 4.27 ist der chemische Aufbau von Montmorillonit dargestellt. Die äußeren Schichten bilden Tetraeder aus Silizium und Sauerstoff, während die mittlere Schicht aus dreiwertigen Aluminiumionen besteht, die Oktaeder mit Sauerstoffatomen bilden. Ein Teil der Aluminium-Ionen ist hierbei durch zweiwertige Ionen substituiert (Mg, Fe), sodass eine negative Oberflächenladung der Silikatschicht vorliegt. Zwischen den Schichten finden sich schwach gebundene Ionen (Na, Ca, Mg). Diese Zwischenschichtkationen sind austauschbar gegen organische Ionen, was Grundlage für die Herstellung von Nanocomposites ist.

Bild 4.28 zeigt die Schichtenstruktur von Montmorillonit in einer detaillierteren Ansicht. Deutlich zu erkennen sind die einzelnen Schichten mit den eingelagerten

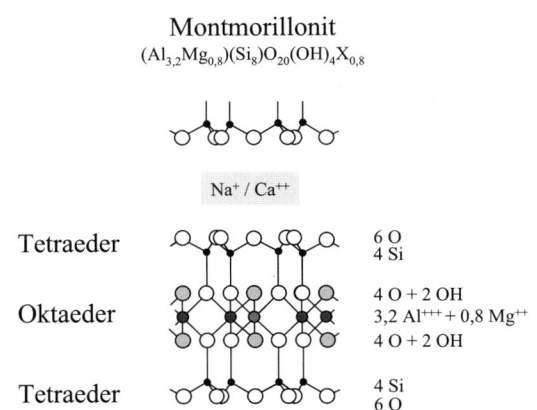

Montmorillonit
$(Al_{3,2}Mg_{0,8})(Si_8)O_{20}(OH)_4X_{0,8}$

$Na^+ / Ca^{++}$

| | | |
|---|---|---|
| Tetraeder | | 6 O <br> 4 Si |
| Oktaeder | | 4 O + 2 OH <br> $3{,}2\,Al^{+++} + 0{,}8\,Mg^{++}$ <br> 4 O + 2 OH |
| Tetraeder | | 4 Si <br> 6 O |

Bild 4.27 Chemischer Aufbau von Montmorillonit (nach *Engelhardt*)

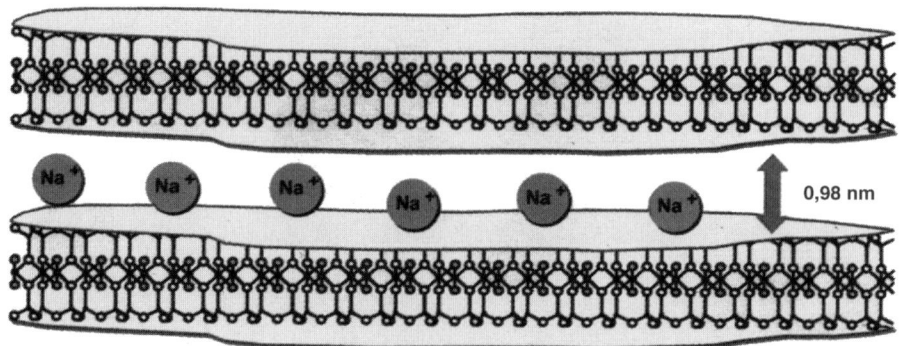

Bild 4.28  Schichtenstruktur von Montmorillonit (nach *Mülhaupt*)

Ionen. Der Schichtabstand beträgt 0,98 nm. Montmorillonit muss eine mehrstufige Aufbereitung erfahren, bis es für Nanocomposites einsetzbar ist. In dem wesentlichen Schritt wird dabei eine Hydrophobierung des Schichtsilikats vorgenommen, um organophile Silikatschichten zu erzeugen. Hierbei werden die Kationen in den Zwischenschichten ausgetauscht ($Na^+$ gegen Alkylammonium), wodurch sich der Schichtabstand signifikant erhöht und so die Anlagerung von Polymeren an das Silikat ermöglicht wird. Bild 4.29 zeigt die Schichtenstruktur eines Schichtsilikats mit aufgeweitetem Schichtabstand. Durch den Austausch der Natriumkationen gegen Alkylammonium-Ionen zwischen den Schichten hat sich der Schichtabstand von 0,98 auf 1,2 bis 2,5 nm erhöht (vgl. Bild 4.28).

Es gibt grundsätzlich vier Möglichkeiten, Nanocomposites auf Basis von Schichtsilikaten herzustellen. Das älteste Verfahren ist die Polymerisation zwischen den Silikatschichten, die z. B. bei PA 6 oder PA 12 durchgeführt werden kann. Als weitere Verfahren zur Einarbeitung von Schichtsilikaten in Nanocomposites sind die Schmelzcompoundierung von Thermoplasten (z. B. bei PP), die Dispersion von Schichtsilikaten in Reaktionsharzen (z. B. bei EP) und die Emulsionspolymerisation in wässrigen Dispersionen (z. B. bei PUR) zu nennen.

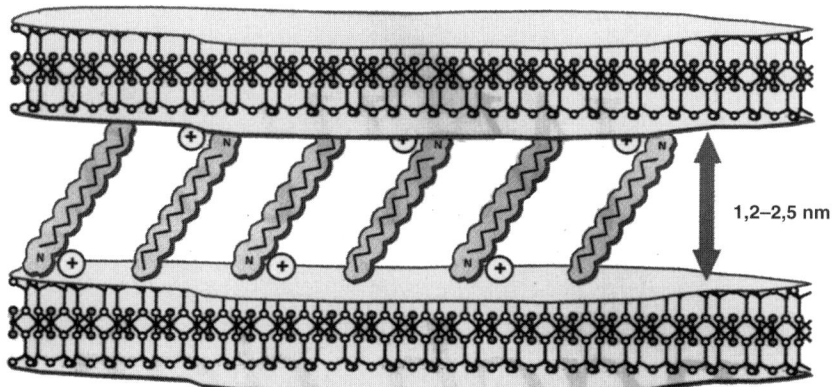

Bild 4.29  Schichtsilikat mit aufgeweitetem Schichtabstand (nach *Mülhaupt*)

Neben Nanocomposites auf Basis von Schichtsilikaten besteht eine weitere Möglichkeit zur Herstellung von Nanocomposites darin, Nanopartikel bzw. Pulver in Polymeren zu dispergieren. Neben keramischen und metallischen Pulvern werden vereinzelt auch isolierte metallische Partikel sowie mikrokristalline Stärke oder flüssigkristalline Polymere (LCP) eingesetzt.

### 4.4.3.2  Eigenschaften von Nanocomposites

Der wesentliche Vorteil von Nanocomposites auf Basis von Schichtsilikaten gegenüber unverstärkten bzw. gegenüber konventionell verstärkten Materialien liegt darin, dass bereits geringe prozentuale Anteile an Nanoschichtsilikaten ausreichend sind für massive Eigenschaftsveränderungen. Es lässt sich so eine erhebliche Gewichtsersparnis erreichen. Dass nur eine geringe Menge an Füllstoffen benötigt wird, ist auf Grenzflächeneffekte zurückzuführen. Die große Oberfläche und das hohe Aspektverhältnis der anisotropen Füllstoffe ist hier von Vorteil. Darüber hinaus wirkt sich auch die mikroskopisch homogene Verteilung der Füllstoffe günstig aus.

> **Die Eigenschaftsverbesserungen von Nanocomposites gegenüber unverstärkten bzw. konventionell verstärkten Materialien sind auf Grenzflächeneffekte zurückzuführen.**

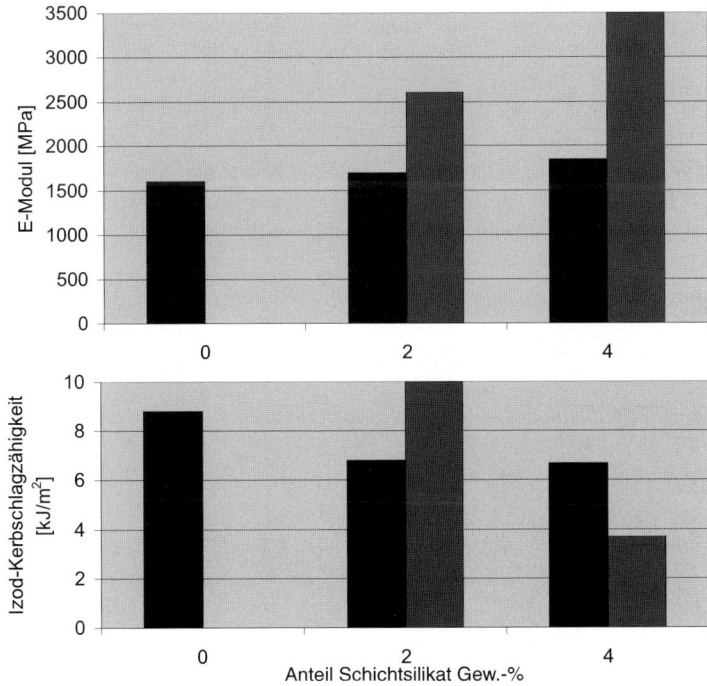

Bild 4.30 Mechanische Eigenschaften von PA12-Nanocomposites (nach *Mülhaupt*)

Aufgrund der größeren Flexibilität der Füllstoffe entsteht bei Nanocomposites auf Basis von Schichtsilikaten im Vergleich zu kurzglasfaserverstärkten Kunststoffen deutlich geringerer Verschleiß an Verarbeitungsmaschinen und Werkzeugen. Durch die Bildung von skelettartigen Strukturen kann mit diesen Nanocomposites weiterhin eine bessere Dimensionsstabilität und ein erheblich reduziertes Schwindungspotential erreicht werden. Die geringe Partikelgröße ($<350$ nm) ermöglicht schließlich die Herstellung verstärkter, aber optisch transparenter Kunststoffe.

Nanocomposites auf Basis von Schichtsilikaten zeichnen sich besonders durch die Kombination von erhöhter Steifigkeit und guter Schlagzähigkeit, durch das verbesserte Brandverhalten und die verbesserte Sperrwirkung gegen Permeation von Gasen und Flüssigkeiten aus. Weitere Eigenschaftsverbesserungen sind jeweils polymerspezifisch erreichbar. Als Beispiele seien die höhere Wärmeformbeständigkeit von PP-Nanocomposites, die reduzierte Wasseraufnahme von Nanocomposites auf Basis von PA 6 und die erhöhte Reißfestigkeit von Elastomeren genannt. Näher betrachtet werden im Folgenden die mechanischen Eigenschaften, das Brandverhalten und die Barriere-Eigenschaften von Nanocomposites.

*a) Mechanische Eigenschaften*

Die mechanischen Eigenschaften eines PA 12-Nanocomposites im Vergleich zu einem konventionell gefülltem PA 12 sind auf Bild 4.30 dargestellt. Bei einem Anteil von zwei Gewichtsprozent Schichtsilikat im Nanocomposite kann eine Zunahme des E-Moduls von 1620 auf 2600 MPa, gleichzeitig aber auch eine Zunahme der Kerbschlagzähigkeit festgestellt werden. Es wird deutlich, dass mit Nanocomposites die attraktive Kombination von hoher Steifigkeit und guter Schlagzähigkeit erreicht werden kann. Der Abfall der Schlagzähigkeit bei 5 % Silikatanteil ist aller Wahrscheinlichkeit nach in Verarbeitungsproblemen begründet.

*b) Brandverhalten*

Bild 4.31 verdeutlicht das Brandverhalten von PMMA-Nanocomposites [5, 8]. Auf dem Bild ist links ein PMMA-Nanocomposite, rechts ein unverstärktes PMMA zu sehen. Während das unverstärkte PMMA beim Brennen sichtbar

Bild 4.31 Brandverhalten von PMMA-Nanocomposites (nach *Mülhaupt*)

tropft, verhindert der Zusammenhalt der skelettartigen Struktur der Schichtsilikate die Tropfenbildung beim PMMA-Nanocomposite. Das Schichtsilikat verbessert aber auch direkt die Flammbeständigkeit, sodass Schichtsilikate als inhärentes halogenfreies Flammschutzmittel eingesetzt werden können.

*c) Barriere-Eigenschaften*

Aus Bild 4.32 ist der Grund für die guten Barriere-Eigenschaften von Nanocomposites zu erkennen: Durch die feine Dispersion der plättchenförmigen Schichtsilikate erhöht sich der Diffusionsweg, sodass die Wasserdampf-, die Lösemittel- und die Sauerstoffdurchlässigkeit reduziert wird. Diese Eigenschaft ist vor allem für den Verpackungsmarkt von Bedeutung (Folien). Besonders vorteilhaft ist der Effekt, dass die guten Barriereeigenschaften auch bei mechanischer Belastung erhalten bleiben.

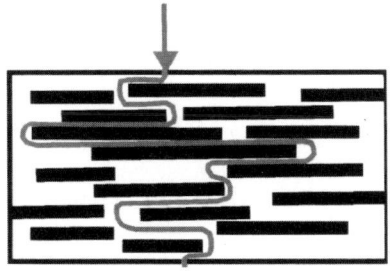

Bild 4.32 Barriereeigenschaften von Nanocomposites (nach *Mülhaupt*)

### 4.4.3.3 Anwendungen von Nanocomposites

Die Hauptanwendungsgebiete von Nanocomposites sind neben dem Automobilbau (Formteile) vor allem der Verpackungsbereich (Folien), die chemische Industrie (Absorber, Filter) und die Konsumgüterindustrie (Beschichtungen). Bei den Automobil-Anwendungen liegt der Schwerpunkt bisher eindeutig auf Polypropylenen. Der Einsatz von Nanocomposites zielt hier vor allem auf eine verbesserte Dimensionsstabilität ab. Im Verpackungsbereich sind vor allem die guten Barriere-Eigenschaften von Nanocomposites von Interesse, während sich die chemische Industrie die große innere Oberfläche und damit das hohe Aufnahmevermögen (20–30 mal das eigene Volumen in Wasser) zu nutze macht. Beschichtungen mit Nanocomposites auf Basis von Nanopartikeln, den so genannten „Nanomeren", können zum einen auf eine Erhöhung der Kratzfestigkeit abzielen, zum anderen lässt sich aber auch eine Schmutz abweisende Wirkung erreichen.

Zusammenfassend lässt sich sagen, dass es für Nanocomposites vielfältige Anwendungsoptionen gibt. Die Überlegenheit gegenüber traditionellen Werkstoffen in einigen Disziplinen liegt tatsächlich in der Nanoskaligkeit der enthaltenen Füllbzw. Verstärkungsstoffe begründet. Entwicklungsbedarf besteht allerdings noch zum einen im Aufbau einer großtechnischen Verfahrenstechnik zur Herstellung von Nanocomposite-Materialien, zum anderen sind hinsichtlich der Verarbeitung von Nanocomposites derzeit noch viele Fragestellungen offen. Nanocomposites werden sicherlich erst dann eine größere Verbreitung finden, wenn nachgewiesen worden ist, dass die erreichbaren Eigenschaftsverbesserungen reproduzierbar erreicht werden können.

## Literatur zu Kapitel 4

Arndt, K. F.; Müller, G.; Schröder, E.: Polymer Characterization. München: Carl Hanser Verlag, 1998

Becker, G. W.; Bottenbruch, L.; Braun, D.: Technische Polymer-Blends, PC-ABS-Blends, PC-PBT-Blends, PPE-Blends, Kunststoff-Handbuch 3/2 Technische Thermoplaste. München: Carl Hanser Verlag, 1992

Crolla, G.: Morphologische und verfahrenstechnische Untersuchungen an PVC. Diss. RWTH Aachen, 1988

Cremer, M.: Morphologie und Eigenschaftsveränderung beim Spritzgiessen von Polymerblends. Diss. RWTH Aachen, 1992

Elias, H.-G.: Makromoleküle, Band 1. Wiley-VCH, 1999

Elias, H.-G.: Makromoleküle, Band 2. Wiley-VCH, 2002

Grossmann, J.: New Generation of Nanocomposites for Thermoplastic Polymers. Stand Oktober 2005, http://www.suedchemie.com/.

Heidemeyer, P. K. H.: Herstellung verstärkter Thermoplaste durch Blenden mit flüssig kristallinen Polymeren. Diss. RWTH Aachen, 1990

Michler, G. H.: Kunststoff-Mikromechanik. München: Carl Hanser Verlag, 1992

Mülhaupt, R.: Nanowerkstoffe; Chancen und Risiken. Kunststoffe (2004) 8, S. 76–88

Nordmeier, J.: Schlagzähmodifizieren von Polypropylen auf Zweischneckenextrudern. Diss. RWTH Aachen, 1986

Schacht, T.: Spritzgiessen von Liquid Crystal Polymeren. Diss. RWTH Aachen, 1986

Wunderlich, W.: Megatrend innovativer Entwicklungen. Kunststoff-Trends (2004) 1, S. 26, 27

Vollmert B.: Grundriss der makromolekularen Chemie. Berlin, Göttingen, Heidelberg: Springer Verlag, 1962

Woodward, A. E.: Understanding Polymer Morphology. München: Carl Hanser Verlag, 1994

# 5    Verhalten in der Schmelze

Die Kenntnis der Fließeigenschaften von polymeren Werkstoffen ist für den Bereich der Polymerverarbeitung von besonderer Bedeutung, da in nahezu allen Verarbeitungsverfahren der Werkstoff im schmelzeflüssigen Zustand verarbeitet wird. Aufgrund des molekularen Aufbaus von Polymeren ergibt sich z. T. ein sehr komplexes Fließverhalten, dem sich ein eigener Wissenschaftszweig – die Rheologie – widmet. Dieses Kapitel kann daher nur eine Einführung in die Thematik geben. Für weiterführende Informationen sei auf die am Ende dieses Kapitels angegebene Literatur verwiesen.

*Rheologie*

Bei der Betrachtung des Fließverhaltens ist vor allem die Abhängigkeit von Spannungen und Deformationen in einer Schmelze von Interesse. Dabei wird grundsätzlich zwischen zwei Deformationsarten unterschieden: Scherdeformationen – diese werden in Abschnitt 5.1 behandelt – und Dehndeformationen, welche in Abschnitt 5.2 besprochen werden.

*Spannung/ Deformation*

Eine wichtige Eigenschaft von Polymerschmelzen ist ihre Fähigkeit, Spannungen zeitlich verzögert abzubauen, was sich deutlich in verschiedenen Bereichen der Verarbeitung bemerkbar macht, sobald die Schmelze eine instationäre Deformation erfährt. Man nennt dieses Verhalten Viskoelastizität, da die Eigenschaften der Polymerschmelzen zwischen denen eines rein viskosen Fluids und denen eines elastischen Festkörpers liegen. In den nachfolgenden Abschnitten wird zunächst auf die viskosen Eigenschaften eingegangen und anschließend das viskoelastische Verhalten besprochen. Dabei erfolgt zunächst eine phänomenologische Betrachtung, an die sich mathematische Modelle zur Beschreibung des beobachteten Verhaltens anschließen. Abschließend werden die jeweils wichtigsten rheologischen Messmethoden vorgestellt.

*viskoses und elastisches Verhalten*

> **Polymere Schmelzen weisen sowohl viskose als auch elastische Eigenschaften auf.**

Schließlich wird in Abschnitt 5.3 die Entstehung von Molekülorientierungen durch Fließvorgänge und deren Abbau durch Relaxation behandelt.

## 5.1    Scherrheologische Eigenschaften

Eine Kunststoffschmelze erfährt beim Durchlaufen jedes Verarbeitungsverfahrens Scherdeformationen. Dies liegt daran, dass die Schmelze – bei ausreichend geringen Geschwindigkeiten – an den Oberflächen der schmelzeführenden Kanäle haftet. Zudem fließen Kunststoffschmelzen aufgrund ihrer hohen Viskosität und somit geringen Reynolds-Zahl stets laminar.

*Wandhaftung*

Als einfaches Modell möge das Zweiplattenmodell (Bild 5.1) dienen. Wird eine der beiden Platten gegen die andere verschoben, dann werden die Flüssigkeitsschichten dazwischen entsprechend aufeinander abgleiten – die Schmelze wird geschert. Dieses Modell – es stammt von Newton – zeigt auch, wie ein Flüssigkeitsquader verformt wird. In Bild 5.2 ist dies schematisch dargestellt. Die angrei-

*Scherung*

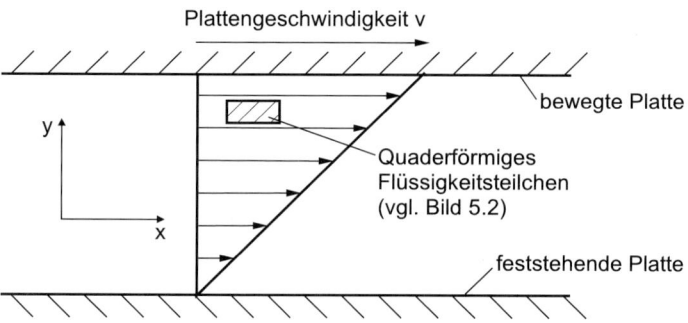

Bild 5.1 Schematische Darstellung des laminaren Scherfließens (Geschwindigkeitsverteilung im Zweiplattenmodell)

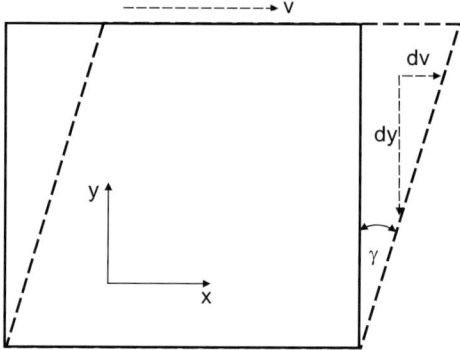

Bild 5.2 Definition der Schergeschwindigkeit $\dot{\gamma}$

fende Scherspannung verformt den Quader mit der Geschwindigkeit

$$\frac{\mathrm{d}v}{\mathrm{d}y} = \frac{\mathrm{d}}{\mathrm{d}y}\left(\frac{\mathrm{d}s}{\mathrm{d}t}\right) = \frac{\mathrm{d}}{\mathrm{d}t}\left(\frac{\mathrm{d}s}{\mathrm{d}y}\right) = \left(\frac{\mathrm{d}\gamma}{\mathrm{d}t}\right) = \dot{\gamma}, \tag{5.1}$$

Scher-
geschwindigkeit

die daher auch als Schergeschwindigkeit bezeichnet wird.

Die dargestellte Strömungsform wird auch Schleppströmung genannt und tritt in der Praxis bei sich gegeneinander bewegenden Wandungen eines schmelzeführenden Kanals auf – beispielsweise zwischen der Schnecken- und Zylinderwand einer Plastifiziereinheit. Eine andere wichtige Form der Scherströmung, die in der Realität der obigen überlagert sein kann, ist eine Strömung, die durch ein Druckgefälle hervorgerufen wird – dieser Fall wird in Abschnitt 5.1.1.5 besprochen.

## 5.1.1   Stationäres viskoses Fließen

In diesem Abschnitt soll das Verhalten von Polymerschmelzen unter stationären Bedingungen besprochen werden. Stationär bedeutet, dass ein Schmelzeteilchen beim Durchlaufen einer Strömung stets die gleiche Deformation erfährt, d. h. dass die Schergeschwindigkeit für das Schmelzeteilchen zeitlich konstant ist. Dies ist z. B. der Fall, wenn Volumenstrom und Fließkanalquerschnitt konstant sind. In diesem Fall muss das elastische Verhalten der Schmelze (Abschnitt 5.1.2) nicht berücksichtigt werden.

### 5.1.1.1 Die stationäre Scherviskosität

Bei der Beschreibung der viskosen Eigenschaften wird allein die Zähigkeit der Schmelze betrachtet. Diese bewirkt, dass die Schmelze dem Fließen einen inneren Widerstand entgegensetzt, d. h. zur Aufrechterhaltung eines Fließprozesses ist immer eine Kraft erforderlich. Sie hängt u. a. vom Aufbau der Makromoleküle ab, das heißt zum Beispiel von der Molmasse bzw. der Molekulargewichtsverteilung. Diese Kraft äußert sich bei einer Scherdeformation in einer Schubspannung.

*Schubspannung*

Der Zusammenhang zwischen der Scherung und der dafür benötigten Kraft wird über die Scherviskosität ausgedrückt. Im Gegensatz zu rein elastischen Festkörpern werden bei Flüssigkeiten Deformationsgeschwindigkeiten und nicht Deformationen mit den Spannungen verknüpft. Die stationäre Scherviskosität ist definiert als:

*Scherviskosität*

$$\eta = \frac{\tau}{\dot{\gamma}} \qquad (5.2)$$

Die Viskosität kann mit sog. Rheometern (vgl. Abschnitt 5.1.4) ermittelt werden. Sie hängt neben dem molekularen Aufbau von der Temperatur, dem Gehalt an Füllstoffen, dem Vernetzungsgrad bei vernetzenden Systemen und in geringem Maße auch vom Druck ab. Weiterhin zeigen insbesondere Polymerschmelzen eine ausgeprägte Abhängigkeit von der Schergeschwindigkeit, die im Folgenden zuerst behandelt werden soll.

### 5.1.1.2 Schergeschwindigkeitsabhängigkeit der Viskosität

Bei vielen Flüssigkeiten wie Wasser oder Ölen sind Schubspannung und Schergeschwindigkeit zueinander proportional, d. h. die Viskosität ist konstant. Tatsächlich zeigen Kunststoffschmelzen aber nur – wenn überhaupt – im Bereich sehr kleiner Schergeschwindigkeiten lineares Verhalten. Dies bezeichnet man auch als Newtonsches Fließen. Oft verhalten sie sich strukturviskos, d. h., bei höheren Verformungsgeschwindigkeiten nimmt die Spannung degressiv zu (Bild 5.3). Wie Bild 5.3 weiterhin zeigt, gibt es noch andere Formen des Fließverhaltens. So haben sehr hochgefüllte Schmelzen eine Fließgrenze – sie werden auch Bingham-Körper genannt.

*Struktur-viskosität*

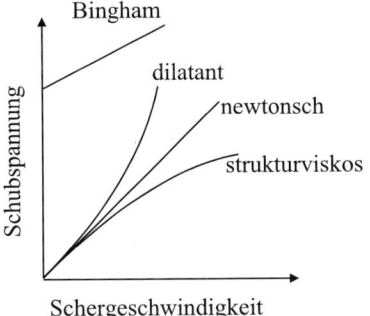

*Fließkurve*

Bild 5.3 Fließkurven verschiedener Flüssigkeiten (schematisch)

Man kann die Strukturviskosität mit dem Lösen von molekularen Verschlaufungen erklären. Jedoch befriedigt diese Erklärung nicht ganz, da alle Schmelzen, die Partikel enthalten – also arteigene, wie z. B. Globulen in PVC, oder fremde, wie ABS in Form von Kautschukpartikeln bzw. andere Füllstoffe, praktisch keinen Newtonschen Bereich der Viskositätskurve zeigen. Eine mögliche Erklärung ist die, dass durch die Partikel die effektive Schergeschwindigkeit des Schmelzeanteils infolge der Volumenverdrängung so erhöht wird, dass der lineare Bereich weit unter dem praktisch gemessenen liegt (vgl. Abschnitt 5.1.1.4).

Für die Darstellung der Schergeschwindigkeitsabhängigkeit der Viskosität haben sich zwei Diagrammformen etabliert: Die Fließkurve (Bild 5.3) und die Viskositätskurve (Bild 5.4).

Viskositätskurve

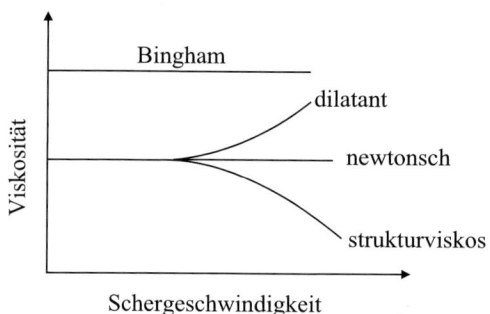

Bild 5.4  Viskositätskurven verschiedener Flüssigkeiten (schematisch)

*Mathematische Modellierung der Schergeschwindigkeitsabhängigkeit*

Die oben vorgestellten Fließ- und Viskositätsfunktionen sind die Grundlage für die Berechnung von Strömungs- und Spannungsverhältnissen in den schmelzeführenden Teilen einer Kunststoffverarbeitungsmaschine. Es ist daher für viele Berechnungsverfahren wünschenswert, die durch Messungen (s. Abschnitt 5.1.4) ermittelten Funktionen nicht nur in Diagramm- oder Wertetabellenform vorliegen zu haben, sondern auch durch mathematische Modelle in Form von Gleichungssystemen so beschreiben zu können, dass man sie in weiten Schergeschwindigkeitsbereichen verwenden kann. Hier sollen nun die wichtigsten Ansätze für strukturviskoses Verhalten beschrieben werden.

• Potenzansatz nach Ostwald/de Waele

Trägt man die Fließkurven verschiedener Polymere in doppelt-logarithmischem Maßstab auf (Bild 5.5), dann erhält man Kurven, die aus zwei näherungsweise linearen Abschnitten und einem Übergangsbereich bestehen. In vielen Fällen bewegt man sich nur in einem der beiden Bereiche, so daß sich zur mathematischen Beschreibung des Kurvenabschnitts eine Funktion der Form

$$\dot{\gamma} = \Phi \cdot \tau^m \tag{5.3}$$

eignet. Gleichung 5.3 stellt den so genannten Potenzansatz nach *Ostwald* und *de Waele* mit den beiden Parametern Fließexponent $m$ und Fluidität $\Phi$ dar. Charakterisierend für die Abweichung eines Stoffes vom Newtonschen Verhalten ist da-

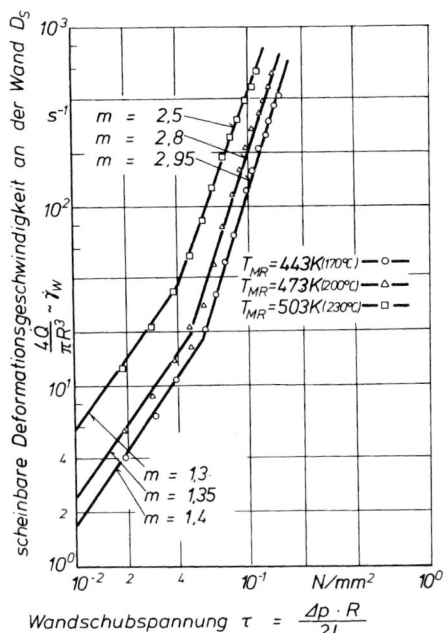

Bild 5.5 Scheinbare Deformationsgeschwindigkeit $D_s$ als Funktion der Wandschubspannung $\tau_w$

bei der Fließexponent $m$. Es gilt:

$$m = \frac{\Delta(\lg \dot{\gamma})}{\Delta(\lg \tau)} \qquad (5.4)$$

$m$ ist also die Steigung der Fließkurve im betrachteten Bereich, aufgetragen im doppeltlogarithmischen Diagramm mit der Schubspannung als Abszisse.

Bei Kunststoffschmelzen liegt $m$ in der Regel zwischen 1 und 6. Für $m = 1$ wird $\Phi = 1/\eta$, d. h., es liegt das Newtonsche Fließverhalten vor.

Mit

$$\eta = \frac{\tau}{\dot{\gamma}} \qquad (5.5)$$

erhält man aus Gleichung 5.3 für die Viskositätsfunktion:

$$\eta = \Phi^{-1} \cdot \tau^{1-m} = \Phi^{-\frac{1}{m}} \cdot \dot{\gamma}^{\frac{1}{m}-1} \qquad (5.6)$$

Mit

$$K = \Phi^{\frac{1}{m}} \quad \text{und} \quad n = \frac{1}{m} \qquad (5.7)$$

erhält man die übliche Darstellung der Viskositätsfunktion:　　　　　　　Potenzansatz

$$\eta = K \cdot \dot{\gamma}^{n-1} \qquad (5.8)$$

Der Faktor $K$ heißt Konsistenzfaktor oder Einsviskosität. Er gibt die Viskosität bei einer Schergeschwindigkeit von $\dot{\gamma} = 1\ \text{s}^{-1}$ an. Der Viskositätsexponent $n$ ist gleich 1 für Newtonsches Verhalten und liegt im strukturviskosen Bereich für die meisten Polymere zwischen 0,7 und 0,2. Er beschreibt die Steigung der Viskositätskurve (im doppelt-logarithmischen Diagramm) im hohen Schergeschwindigkeitsbereich.

Der Potenzansatz ist mathematisch sehr einfach aufgebaut und gestattet daher eine analytische Behandlung nahezu aller einfachen Strömungsprobleme. Nachteil dieses Ansatzes ist, dass bei verschwindender Schergeschwindigkeit der Viskositätswert unendlich groß wird und dass daher der näherungsweise schergeschwindigkeitsunabhängige Newtonsche Bereich nicht beschrieben werden kann. Generell kann der Potenzansatz eine Fließ- oder Viskositätskurve nur in einem gewissen Schergeschwindigkeitsbereich mit genügender Genauigkeit beschreiben. Vor allem für hochgefüllte Schmelzen, wie z. B. Kautschuke oder Duroplaste ist dieser Ansatz aber sinnvoll, da bei diesen Stoffen der Newtonsche Bereich oft bei so geringen Schergeschwindigkeiten liegt, dass mit den meisten Messgeräten hier keine Messungen mehr möglich sind.

- Carreau-Ansatz

Ein Stoffmodell, das sowohl den strukturviskosen als auch den Newtonschen Bereich beschreiben kann, ist der dreiparametrige Ansatz von *Carreau*. Er lautet:

*Carreau-Ansatz*

$$\eta(\dot{\gamma}) = \frac{A}{(1 + B \cdot \dot{\gamma})^C} \tag{5.9}$$

Hierbei beschreibt $A$ die Nullviskosität, $B$ die sogenannte reziproke Übergangsschergeschwindigkeit und $C$ die Steigung der Viskositätskurve im strukturviskosen Bereich (für $\dot{\gamma} \gg B^{-1}$, analog zu $1 - n$ im Potenzansatz, vgl. Bild 5.6).

Dieses Modell hat gegenüber dem Potenzansatz den Vorteil, dass es das tatsächliche Stoffverhalten innerhalb eines breiteren Schergeschwindigkeitsbereichs richtig wiedergibt und dass es auch für $\dot{\gamma} \rightarrow 0$ sinnvolle Viskositätswerte liefert. Dieses Modell liegt den meisten Simulationsmodellen zugrunde.

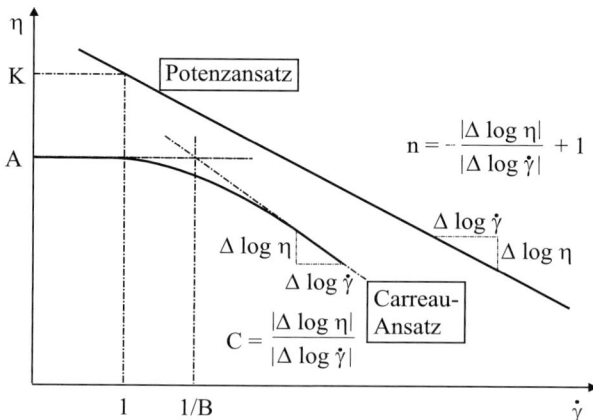

Bild 5.6 Potenz- und Carreau-Ansatz

> **Der Carreau-Ansatz kann für viele Polymere das Viskositätsverhalten über einen weiten Schergeschwindigkeitsbereich gut beschreiben.**

Die Verläufe der durch die beiden Modelle beschriebenen Viskositätsfunktionen sind in Bild 5.6 dargestellt – Abszisse und Ordinate sind wie üblich logarithmisch skaliert. Die vorgestellten Ansätze stellen nur eine kleine Auswahl der aus der Literatur bekannten Modelle dar. Weitere Modelle, die z. B. auch Fließgrenzen berücksichtigen, sind in der weiterführenden Literatur am Ende von Kapitel 5 zu finden.

Neben der Schergeschwindigkeitsabhängigkeit existieren noch weitere Einflüsse auf die Viskosität, von denen die wichtigsten in Bild 5.7 schematisch dargestellt sind. Auf den Einfluss von Temperatur, Druck und Füllstoffgehalt soll in den folgenden Kapiteln noch genauer eingegangen werden.

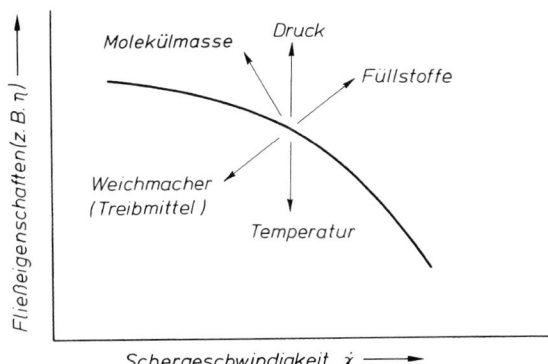

Bild 5.7 Einflüsse auf das Fließverhalten von Polymerschmelzen

### 5.1.1.3 Temperatur- und Druckabhängigkeit

Die Abkühlung einer Schmelze bedingt eine Volumenänderung. Bild 6.2 zeigt, dass das spezifische Volumen bei einer Abkühlung der Schmelze linear bis zur Einfriertemperatur $T_{ET} = T_g$ bei amorphen Thermoplasten bzw. der Kristallitschmelztemperatur $T_m$ bei teilkristallinen Thermoplasten linear abnimmt. Von der Einfriertemperatur an (bei amorphen Thermoplasten) ändert sich die Steigung; das spezifische Volumen nimmt nun weniger stark ab. Das bedeutet, dass oberhalb der Einfriertemperatur mit steigender Temperatur zusätzlich so genanntes „freies Volumen" entsteht, welches den Molekülketten Platzwechsel, d. h. Fließen ermöglicht, darunter jedoch nicht mehr.

Die lineare Volumenzunahme mit der Temperatur bedeutet, dass die Viskosität exponentiell fällt. *(Temperaturabhängigkeit)*

$$\eta(T) = \eta_{0S} \cdot e^{B/T} \qquad (5.10)$$

mit $\eta_{0S}$ Nullviskosität (Newtonsche) bei Scherung.

Umgekehrt wird durch zunehmenden hydrostatischen Druck $p$ das freie Volumen vermindert, sodass die Beweglichkeit abnehmen muss. *(Druckabhängigkeit)*

$$\eta = \eta_{0S} \cdot e^{C \cdot p} \qquad (5.11)$$

Es muss nun ein Maßstab gefunden werden, um den Einfluss des Druckes gemeinsam mit der Temperatur auszudrücken. Dies gelingt über die Einfriertemperatur, denn die Beweglichkeit der Moleküle entsteht ja erst nach deren Überschreiten. Wenn man somit die Einfriertemperatur als Bezugstemperatur benutzt, erhält man einen einheitlichen Bezugspunkt. Da die Einfriertemperatur auch vom hydrostatischen Druck abhängt (vgl. Bild 5.11), kann somit auch dessen Einfluss mit einbezogen werden. Da dieser Einfluss bei allen Thermoplastschmelzen nahezu gleich ist, lässt er sich wie folgt abschätzen (genauere Werte entnehme man Bild 5.11):

$$T_g(p) = T_g(1\ \text{bar}) + (20 \div 25) \cdot 10^{-3} \cdot p \tag{5.12}$$

Trägt man für ein- und dieselbe Polymerschmelze die Viskositätskurven doppelt-logarithmisch für jeweils unterschiedliche Temperaturen auf (Bild 5.8), so stellt man fest, dass sich zwar die Lage der Viskositätskurven im Diagramm je nach Temperatur ändert, deren Form aber gleich bleibt.

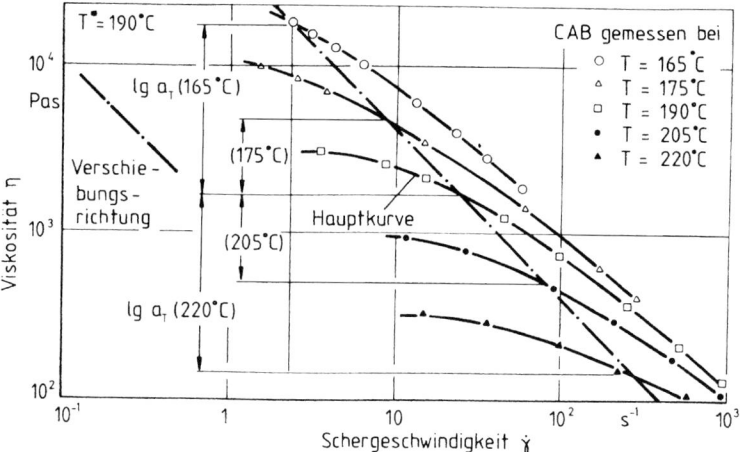

Bild 5.8 Viskositätsfunktion für CAB bei verschiedenen Temperaturen

Es kann gezeigt werden, dass man für fast alle Polymerschmelzen die Viskositätskurven bei verschiedenen Temperaturen in eine einzige temperaturunabhängige **Masterkurve** überführen kann, indem man die Viskosität durch den $\eta_0$-Wert der entsprechenden Temperatur dividiert und die Schergeschwindigkeit mit $\eta_0$ multipliziert. Graphisch bedeutet dies, dass man die Kurven entlang einer Geraden mit der Steigung $-1$, d. h. entlang einer Linie konstanter Schubspannung $\eta \cdot \dot{\gamma}$, um die Strecke $\lg(\eta_0(T))$ nach rechts und gleichzeitig nach unten verschiebt und ineinander überführt (Bild 5.9). Man spricht dabei vom Zeit-Temperatur-Verschiebungsprinzip. Diese **Zeit-Temperatur-Verschiebung** führt zur Auftragung der sogenannten reduzierten Viskosität $\eta/\eta_0$ über der Größe $\eta_0 \cdot \dot{\gamma}$. Man erhält somit eine einzige für das Polymere charakteristische Funktion:

$$\frac{\eta(\dot{\gamma}, T)}{\eta_0(T)} = \mathrm{f}(\eta_0(T) \cdot \dot{\gamma}) \tag{5.13}$$

Die Temperatur $T$ ist hierbei als Bezugsgröße frei wählbar. Ist die Viskositätsfunktion für eine bestimmte Temperatur $T$ gesucht, und ist nur die Masterkurve bzw. die Viskositätskurve bei einer zunächst willkürlichen Bezugstemperatur $T_0$ gegeben, muss eine Temperaturverschiebung durchgeführt werden, um den gewünschten Kurvenverlauf zu erhalten. Dabei ist aber zunächst nicht bekannt, um welchen Betrag die Viskositätskurve verschoben werden muss. Gesucht ist demnach der sogenannte Temperaturverschiebungsfaktor $a_T$ mit

Temperaturverschiebungsfaktor

$$a_T = \frac{\eta_0(T)}{\eta_0(T_0)} \quad \text{bzw.} \quad \lg a_T = \lg \frac{\eta_0(T)}{\eta_0(T_0)} \tag{5.14}$$

$\lg a_T$ ist dabei die Strecke, um die die Viskositätskurve der Bezugstemperatur $T_0$ jeweils in Richtung der Koordinatenachsen verschoben werden muss (Bild 5.9).

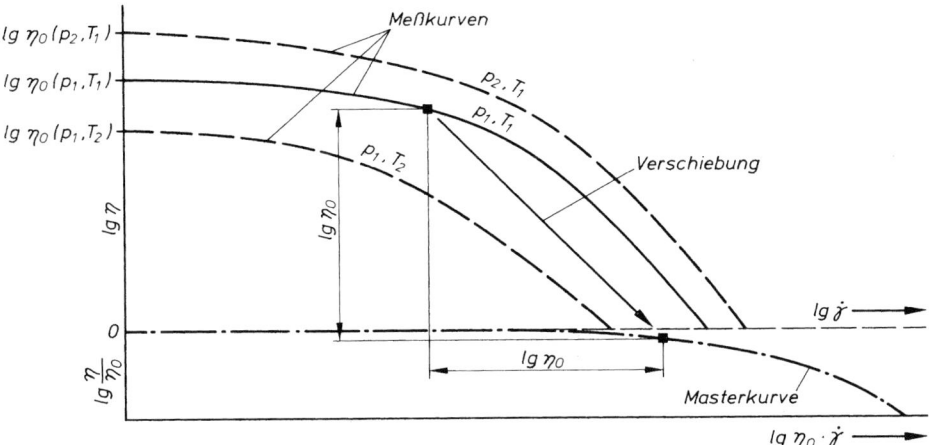

Bild 5.9 Zeit-Temperatur-Verschiebungsprinzip

**Durch eine Temperaturänderung wird eine Viskositätskurve verschoben, aber nicht ihre Form geändert.**

*Mathematische Modellierung der Temperaturverschiebung*

Zur Berechnung des Temperaturverschiebungsfaktors existieren verschiedene Ansätze, von denen im Folgenden die beiden wichtigsten – der *Arrhenius*-Ansatz und die WLF-Gleichung – dargestellt werden sollen.

- Arrhenius-Ansatz

Der Arrhenius-Ansatz lässt sich aus Betrachtungen eines rein thermisch aktivierten Platzwechselprozesses von Molekülen herleiten:

Arrhenius-Ansatz

$$\lg a_T = \lg \frac{\eta_0(T)}{\eta_0(T_0)} = \frac{E_0}{R} \cdot \left( \frac{1}{T} - \frac{1}{T_0} \right) \tag{5.15}$$

Dabei sind $E_0$ die materialspezifische Fließaktivierungsenergie (J/mol) und $R$ die universelle Gaskonstante mit $R = 8{,}314$ J/(mol · K). Der Arrhenius-Ansatz eignet sich insbesondere zur Beschreibung der Temperaturabhängigkeit der Viskosität von *teilkristallinen* Thermoplasten.

● WLF-Gleichung

Eine andere Betrachtungsweise, die auf der Grundlage des freien Volumen aufbaut, d. h. auf der Wahrscheinlichkeit von Platzwechselvorgängen, wurde von *Williams*, *Landel* und *Ferry* zur Beschreibung der Temperaturabhängigkeit von Relaxationsspektren entwickelt und später auf die Viskosität übertragen. Sie fanden die Beziehung (auch WLF-Gleichung genannt).

WLF-Gleichung

$$\lg a_T = \lg \left( \frac{\eta(T)}{\eta(T_S)} \right) = - \frac{C_1 \cdot (T - T_S)}{C_2 + (T - T_S)} \tag{5.16}$$

welche die Viskosität $\eta(T)$ bei einer gesuchten Temperatur $T$ mit der Viskosität bei der Standardtemperatur $T_S$ bei konstanter Schubspannung verknüpft. Für $T_S \approx T_E + 50\,°C$, wobei $T_E$ die Erweichungstemperatur ist, kann man für die meisten Polymerschmelzen mit hinreichender Genauigkeit $C_1 = -8{,}86$ und $C_2 = 101{,}6$ setzen.

Zur Messung von $T_E$ kann für amorphe Polymere das Verfahren zur Ermittlung der Formbeständigkeitstemperatur nach DIN 53461, Verfahren A, eingesetzt werden. Die so ermittelte Formbeständigkeitstemperatur kann gleich $T_E$ gesetzt werden.

Eine genauere Beschreibung ist möglich, wenn $T_S$ (und gegebenenfalls auch $C_1$ und $C_2$; diese können im allgemeinen aber als näherungsweise materialunabhängig angesehen werden) durch Regression aus Viskositätskurven, die bei verschiedenen Temperaturen gemessen wurden, ermittelt wird.

Die Abhängigkeit der Fließfähigkeit von der Temperatur ist noch einmal in Bild 5.10a schematisch und in 5.10b für verschiedene Thermoplaste dargestellt. Man kann erkennen, dass teilkristalline Kunststoffe spontan relativ dünnflüssig aufschmelzen, sobald die Kristallitschmelztemperatur überschritten wird. In Bild 5.10b ist der Differentialquotient d lg $\eta$/dT der WLF-Funktion aus Gleichung

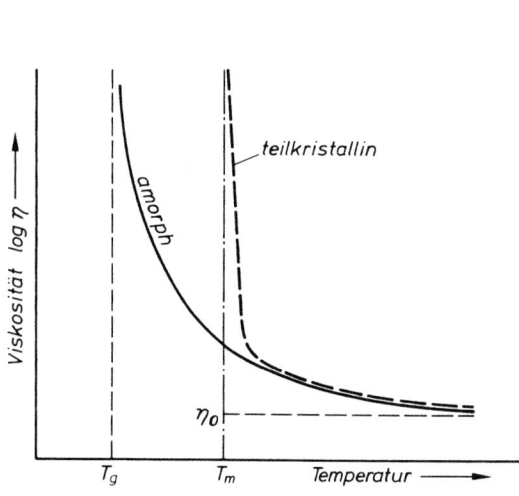

Bild 5.10a Temperaturabhängigkeit der Viskosität (schematisch)

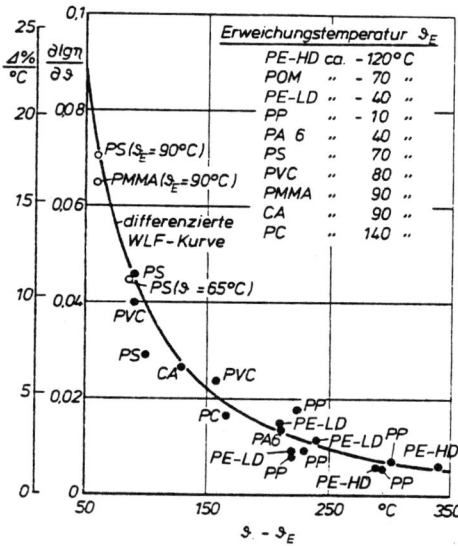

Bild 5.10b Schmelzviskositätsänderungen als Funktion der Differenz zwischen Masse- und Einfrier-(Glas)-Temperatur (nach *Wübken*)

Tabelle 5.1 Urformtemperaturen thermoplastischer Kunststoffe

| Material | Urformtemperatur |
|---|---|
| amorphe Thermoplaste | ca. $T_g + 100\,^{\circ}\mathrm{C}$ |
| teilkristalline Thermoplaste | ca. ab $T_m + 25\,^{\circ}\mathrm{C}$ |
| PE-HD | ab $T_m + 45\,^{\circ}\mathrm{C}$ |
| PA 66 | ab $T_m + 15\,^{\circ}\mathrm{C}$ |
| POM | ab $T_m + 20\,^{\circ}\mathrm{C}$ |
| PP | ab $T_m + 15\,^{\circ}\mathrm{C}$ |

(5.16) über der Temperaturdifferenz zwischen Schmelztemperatur und Einfrier-temperatur aufgetragen. Die Messpunkte stammen von unterschiedlichen Kunststoffen. Dabei ist besonders bemerkenswert, dass die teilkristallinen Kunststoffe bei Temperaturen verarbeitet werden müssen, die weit über der Erweichungstemperatur liegen – wegen der weit über der Einfriertemperatur liegenden Kristallitschmelztemperatur. Diese Schmelzen sind daher hinsichtlich der Viskosität weniger von der Temperatur abhängig.

*Druckabhängigkeit*

Zunehmender hydrostatischer Druck in der Schmelze vermindert die Fließfähigkeit, da die Einfriertemperatur verschoben wird und das freie Volumen abnimmt. Die Größe dieser Verschiebung ist bei verschiedenen Thermoplasten unterschiedlich, wie man Bild 5.11 entnimmt.

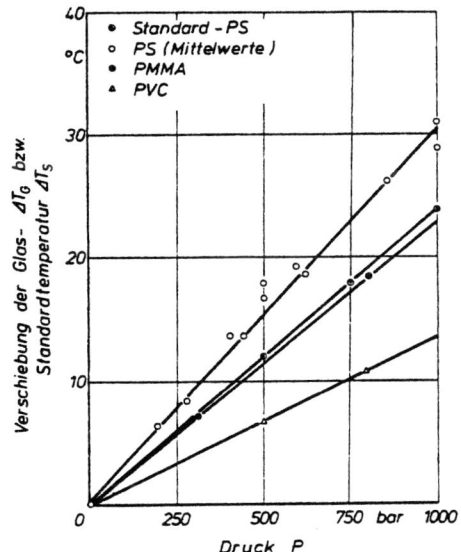

Bild 5.11 Verschiebung der Einfrier-(Glas-)-Temperatur durch hydrostatischen Druck

### 5.1.1.4  Abhängigkeit vom Füllstoffgehalt

Viele Kunststoffe werden mit Füllstoffen beladen. Um ihre Viskosität schnell aus den Viskositäten der ungefüllten Schmelze auch ohne Messung abschätzen zu

Füllstoffe

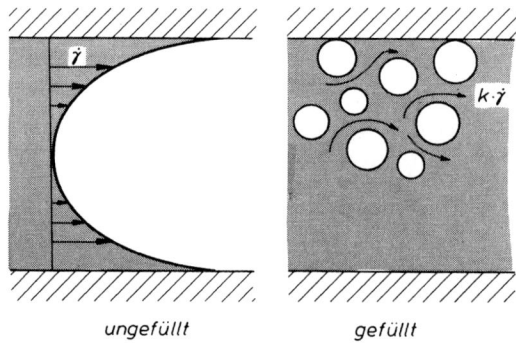

ungefüllt                              gefüllt

Bild 5.12  Schergeschwindigkeitsüberhöhung in gefüllten Thermoplasten

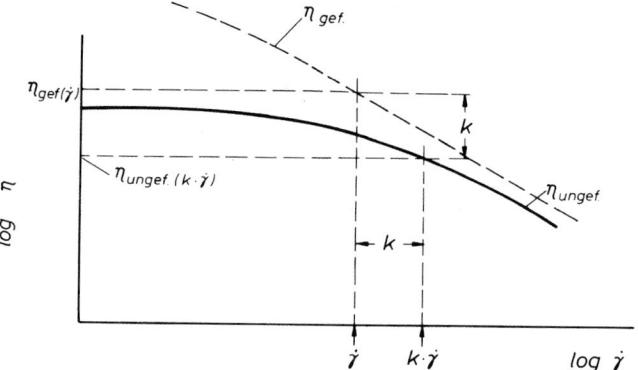

Bild 5.13  Berechnung der Viskosität einer gefüllten Schmelze aus der ungefüllten
(nach *Geisbüsch*)

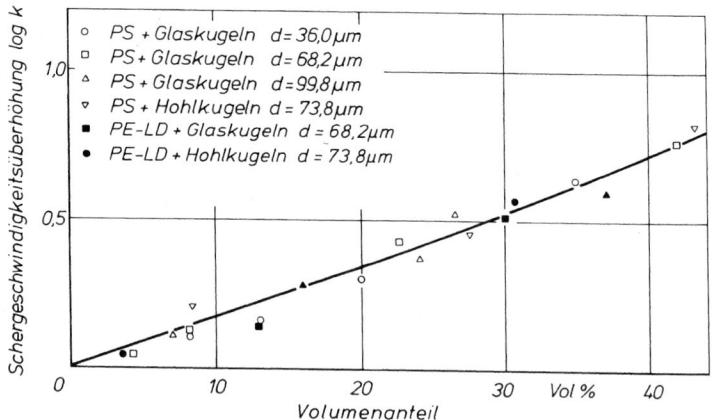

Bild 5.14  Schergeschwindigkeitsüberhöhung in Abhängigkeit vom Füllstoffgehalt

können, wurde eine einfache, bewährte Methode entwickelt (*Geisbüsch*). Hierbei geht man von einer einfachen Modellvorstellung aus (Bild 5.12). Danach ist die Schergeschwindigkeit in der gefüllten Schmelze effektiv um einen Faktor $k$ höher als in der ungefüllten, da die Füllstoffpartikel nur passiv von der Strömung mitgeschleppt, jedoch nicht selbst geschert werden.

Danach ergibt sich für die Viskosität der gefüllten Schmelze $\eta_{gef}(\dot{\gamma})$, die sich aus der Geometrie des Kanals und dem Volumenstrom errechnet (vgl. Bild 5.13):

$$\eta_{gef}(\dot{\gamma}) = \frac{\tau_0}{\dot{\gamma}} + k \cdot \eta_{ungef}(k \cdot \dot{\gamma}) \qquad (5.17)$$

bzw. für große $\dot{\gamma}$ näherungsweise

$$\eta_{gef}(\dot{\gamma}) \approx k \cdot \eta_{ungef}(k \cdot \dot{\gamma}) \qquad (5.18)$$

Darin ist $\tau_0$ die Fließgrenze, die bei niedrigen Schergeschwindigkeiten großen, bei realen, in Maschinen auftretenden Geschwindigkeiten jedoch vernachlässigbaren Einfluss hat. Der Faktor $k$ ist in halblogarithmischer Auftragung eine nahezu lineare Funktion des Volumenanteils Füllstoff, wie Bild 5.14 zeigt. Für kleine Volumengehalte ($< 10$ Vol.%) rechnet man relativ genau mit der Einstein-Gold-Beziehung und dem Volumenanteil Füllstoff $c$:

Einstein-Gold-Beziehung

$$\frac{\eta_{gef}}{\eta_{ungef}} = 1 + c^2 \qquad (5.19)$$

### 5.1.1.5 Druckströmungen in einfachen Fließkanälen

In Kunststoffverarbeitungsmaschinen treten in der Regel neben den o. g. Schleppströmungen noch Druckströmungen, also Strömungen, die durch ein Druckgefälle hervorgerufen werden, auf. Zur Auslegung dieser Maschinenteile und zur Auswertung von Messungen mit Kapillarrheometern (Abschnitt 5.1.4.2) werden Druck-/Durchsatzbeziehungen benötigt, die von der Fließkanalgeometrie und von der Viskositätsfunktion abhängen. Für geometrisch einfache Kanalformen, wie Schlitz-, Rund- oder Ringspaltkanäle, können diese Beziehungen analytisch berechnet werden. Am Beispiel der Strömung durch einen Rundkanal sollen die Besonderheiten bei der Berechnung, die durch die Strukturviskosität entstehen, aufgezeigt werden.

Druck-/Durchsatz-Beziehung

Das Druckgefälle über einer Länge $L$ in einem Fließkanal steht im direkten Zusammenhang mit den Schubspannungen in der Flüssigkeit. Dies leitet sich aus einer Kräftebilanz an einem Element in dem Kanal ab. Dabei ergibt sich der Schubspannungsverlauf in einer Kreiskapillare zu:

Schubspannungsverlauf

$$\tau(r) = \frac{\Delta p}{2L} \cdot r \qquad (5.20)$$

Dabei ist $L$ die Länge der Kapillare und $r$ die Koordinate in radialer Richtung, in der Kanalmitte beginnend. Dieser Verlauf ergibt sich allein aus den Kräftebilanzen und ist *unabhängig* vom viskosen Fließverhalten des Fluids! Im Gegensatz hierzu ist der Schergeschwindigkeitsverlauf materialabhängig und kann nur für Newtonsche Flüssigkeiten direkt aus dem Volumenstrom bestimmt werden:

Schergeschwindigkeitsverlauf

$$\dot{\gamma}_{Newtonsch}(r) = \frac{4\dot{V}}{\pi R^4} \cdot r \qquad (5.21)$$

Für Newtonsche Fluide kann nun bei Kenntnis der Viskosität mit den Gleichungen (5.2), (5.20) und (5.21) die Druck-/Durchsatzbeziehung für Rohrströmungen ermittelt werden:

$$\Delta p = \frac{8 \dot{V} L \eta_{Newtonsch}}{\pi R^4} \tag{5.22}$$

Strukturviskose Fluide weisen jedoch keinen linearen Zusammenhang zwischen Schergeschwindigkeit und Radius auf. Der Verlauf ist bei diesen Fluiden parabelförmig und mit einfachen analytischen Mitteln nicht zu bestimmen. Die Druckverlust-/Durchsatzbeziehung lässt sich aber auch für strukturviskose Medien durch ein von *Schümmer* vorgestelltes Verfahren mit hoher Genauigkeit ermitteln, welches im Folgenden vorgestellt werden soll.

*Das Konzept der repräsentativen Viskosität*

Schümmer und Mitarbeiter gingen von der Überlegung aus, dass bei einem Newtonschen und einem strukturviskosen Fluid, bei denen sich bei *gleichem Druckverlust* der *gleiche Volumenstrom* einstellt, die Schergeschwindigkeit der strukturviskosen Substanz in der Mitte des Fließkanals kleiner und am Rand größer als die der Newtonschen Flüssigkeit sein muss. Daraus folgt, dass es eine Stelle geben muss, an der beide Schergeschwindigkeiten gleich groß sind. Diese Stelle

wird repräsentative Stelle genannt; die Viskosität und die Schergeschwindigkeit werden hier als repräsentativ bezeichnet. Der Verlauf der Schubspannung ist aufgrund des gleichen Druckverlustes für beide Fluide gleich. Die Schergeschwindigkeitsverläufe sind in Bild 5.15 dargestellt.

Untersuchungen haben gezeigt, dass für praktisch alle Polymere die Lage dieser Stelle gleich bleibt. Für Polymerlösungen und Kreisquerschnitte gab *Schümmer* beispielsweise für das Verhältnis von repräsentativer Stelle $r_{rep}$ zum Rohrradius $R$ an:

$$e_0 = \frac{r_{rep}}{R} \approx \frac{\pi}{4} \tag{5.23}$$

Genauere Abschätzungen lassen sich bei *Giesekus* und *Langer* finden. Damit ist die Berechnung der Schergeschwindigkeit des strukturviskosen Fluids an der re-

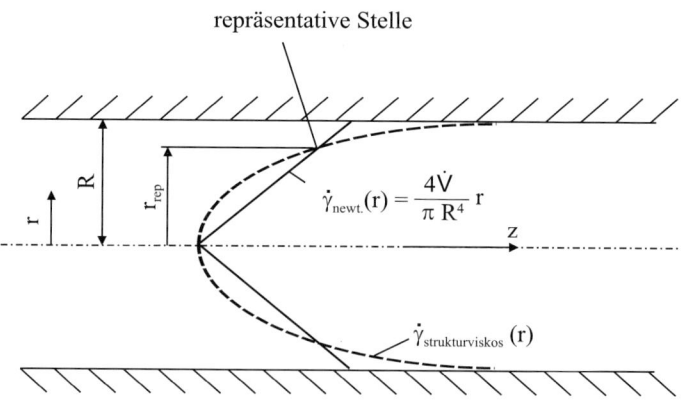

Bild 5.15 Konzept der repräsentativen Viskosität (nach *Schümmer*)

Tabelle 5.2 Grundgleichungen zur Düsenauslegung mit repräsentativen Größen

| Geometrie | Abkürzung | repräsentative Schergeschwindigkeit $\dot{\gamma}_{rep}$ | Druckverlust/Länge $\Delta p/l$ |
|---|---|---|---|
| Rohr | – | $\dfrac{4 \cdot \dot{V}}{\pi R^3} \cdot 0{,}815$ | $\dfrac{8\eta_{rep}\dot{V}}{\pi R^4}$ |
| Ringspalt | $\bar{R} = R_a \left(1 + k^2 + \dfrac{1-k^2}{\ln k}\right)^{\frac{1}{2}}$ $k = \dfrac{R_i}{R_a}$ | $\dfrac{\dot{V}}{(R_a^2 - R_i^2)\,\bar{R}}$ | $\dfrac{8\eta_{rep}\dot{V}}{\pi(R_a^2 - R_i^2)\,\bar{R}^2}$ |
| Schlitz | – | $\dfrac{6 \cdot \dot{V}}{BH^2} \cdot 0{,}722$ | $\dfrac{12\eta_{rep}\dot{V}}{BH^3}$ |

präsentativen Stelle mit Gleichung (5.21) möglich:

$$\dot{\gamma}_{rep} = \dot{\gamma}_{Newtonsch}(r_{rep}) = \frac{4\dot{V}}{\pi R^3} \cdot e_0 \qquad (5.24)$$

Die Viskosität an der repräsentativen Stelle $\eta_{rep}$ lässt sich nun über ein Viskositätsdiagramm oder eines der in Abschnitt 5.1.1.2 vorgestellten Modelle bestimmen. Mit Hilfe von Gleichung (5.20) und (5.2) ergibt sich somit:

$$\Delta p = \frac{8\dot{V}L\eta(\dot{\gamma}_{rep})}{\pi R^4} \qquad (5.25)$$

Die für die Rohrgeometrie dargestellte Methode zur Erfassung des Durchflussverhaltens kann analog auf die Geometrie des Schlitzes und des Ringspalts übertragen werden. Eine Zusammenstellung der Grundgleichungen für die angesprochenen Systeme ist in Tabelle 5.2 zu finden.

Voraussetzung für die fehlerfreie Anwendbarkeit dieser Berechnungsverfahren ist das Vorliegen thermisch und mechanisch homogener Schmelzen. Die angegebenen Beziehungen lassen sich ebenso verwenden, wenn bei einem Kapillarrheometerversuch Volumenstrom und Druckverlust gegeben sind, um die unbekannte Viskosität zu ermitteln.

*Viskositätsbestimmung*

### 5.1.1.6 Erwärmung infolge des Scherfließens

Im Gegensatz zu niedermolekularen Flüssigkeiten wird ein großer Anteil der für das Fließen aufzuwendenden Energie in Wärme umgesetzt, welche die Schmelze weiter aufheizt. Diese sog. Dissipation errechnet sich wie folgt:

*Dissipation*

Die bei der Scherung eines quaderförmigen Fluidteilchens umgesetzte Energie beträgt

$$E = F \cdot s \quad [\text{J}] \qquad (5.26)$$

Mit $F = \text{Kraft} = \tau \cdot A$, $s = \text{Weg} = \gamma \cdot l_0$ und $A = \text{Fläche}$ folgt

$$E = \tau \cdot A \cdot \gamma \cdot l_0 \qquad (5.27)$$

bzw. volumenspezifisch

$$e = \frac{E}{A \cdot l_0} = \tau \cdot \gamma \quad [\mathrm{J/m^3}] \tag{5.28}$$

Für die Leistung gilt

$$\dot{e} = \tau \cdot \dot{\gamma} \quad [\mathrm{W/m^3}] \tag{5.29}$$

und damit erhält man mit Gleichung (5.2) die spezifische Dissipation

$$\dot{e} = \eta \cdot \dot{\gamma}^2 \quad [\mathrm{W/m^3}] \tag{5.30}$$

Bei gefüllten Schmelzen ist die Umsetzung von Bewegungsenergie in Wärme, d. h. die Dissipation, größer. Entsprechend der in Abschnitt 5.1.1.4 dargelegten Überlegungen beträgt die spezifische Dissipation in gefüllten Schmelzen

$$\dot{e}_{gef} = k^2 \cdot \eta_{ungef}(k \cdot \dot{\gamma}) \cdot \dot{\gamma}^2 \cdot (1 - c) \tag{5.31}$$

Die Temperaturerhöhung einer Schmelze kann in den Fällen, in denen man adiabate Verhältnisse ansetzen kann – wie beim Durchströmen einer Düse – wie folgt abgeschätzt werden: Aus

$$\dot{m} \cdot c_p \cdot \Delta T = \dot{V} \cdot \mathrm{d}p + p \cdot \mathrm{d}\dot{V} \tag{5.32}$$

**Temperatur-erhöhung** wird, da $p \cdot \mathrm{d}\dot{V}$ vernächlässigt werden kann,

$$\Delta T = \frac{\dot{V} \cdot \mathrm{d}p}{\dot{m} \cdot c_p} \cong \frac{\Delta p}{\rho(T) \cdot c_p(T)} \tag{5.33}$$

Mit $\Delta p$ = Druckgefälle in der Düse, $\rho$ = Dichte der Schmelze, $c_p$ = Wärmekapazität der Schmelze.

---

> **Die dissipative Temperaturerhöhung einer strömenden Schmelze ist proportional zum Druckgefälle.**

---

### 5.1.1.7 Praktisches Verhalten ausgewählter Polymerschmelzen

**Schergeschwin-digkeitsbereiche** Die Größenordnung der Schergeschwindigkeit ist bei verschiedenen Verarbeitungsprozessen unterschiedlich. Die für praktische Fälle wichtigen Daten von Thermoplast-Schmelzen sind anhand einiger Beispiele in Tabelle 5.3 angegeben. Die Viskosität handelsüblicher Thermoplast-Schmelzen liegen im Bereich von $10 < \eta < 10^5 \, \mathrm{Pa \cdot s}$.

Viskositäten der Größenordnungen $\eta < 10 \, \mathrm{Pa \cdot s}$ sind zu niedrig für die Verarbeitung mit Schneckenmaschinen, sie erfordern andere Verarbeitungsmethoden, wie z. B. Rakeln bei Plastisolen. Viskositäten von $\eta > 10^4 \, \mathrm{Pa \cdot s}$ (zähflüssig) lassen

Tabelle 5.3 Schergeschwindigkeitsbereiche typischer Verarbeitungsverfahren

| Verarbeitungsprozess | Schergeschwindigkeitsbereich |
| --- | --- |
| Pressen | $0 \dots 10^1 \, \mathrm{s^{-1}}$ |
| Kalandrieren | $0 \dots 10^2 \, \mathrm{s^{-1}}$ |
| Extrudieren (Werkzeug) | $0 \dots 10^3 \, \mathrm{bis} \, 10^4 \, \mathrm{s^{-1}}$ |
| Spritzgießen | $0 \dots 10^4 \, \mathrm{bis} \, 10^6 \, \mathrm{s^{-1}}$ |

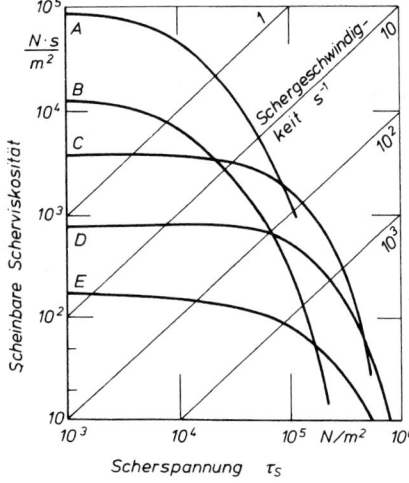

Bild 5.16 Scherviskosität als Funktion der Scherspannung für verschiedene Thermoplaste bei Atmosphärendruck (nach *Powell*)
A   PE-LD, Extrusionstyp, 170 °C
B   Ethylen/Propylen-Copolymerisat, Extrusiontyp, 230 °C
C   PMMA, Spritzgießtyp, 230 °C
D   POM-Copolymerisat, Spritzgießtyp, 200 °C
E   PA 66, Spritzgießtyp, 285 °C

sich durch Schneckenmaschinen nur noch schwer verarbeiten. Ein typisches Beispiel ist PTFE, das nur durch Kolbenpressen – sog. „Ramextrusion" – zu Profilen verarbeitet werden kann. Aber auch die am häufigsten eingesetzten Thermoplasttypen haben vergleichsweise recht unterschiedliche Viskositäten bei ihren jeweils qualitativ günstigsten Verarbeitungstemperaturen (vgl. Bild 5.16).

Da die Plastifizieranlagen über die Temperatur und den Druck an die Eigenschaften der Schmelze, insbesondere an deren Viskosität, angepasst werden müssen, ist ein Vergleich der Abhängigkeit der Viskosität von der Temperatur bzw. dem Druck bei verschiedenen Thermoplasten besonders interessant. In Bild 5.16 wird die Schmelzviskosität für fünf Kunststoffe bei ihrer jeweiligen optimalen Schmelzetemperatur für die Verarbeitung als Funktion der Schubspannung nebeneinander dargestellt.

*Verarbeitungstemperaturen und -viskositäten*

Typischerweise werden für das Extrudieren oder Extrusionsblasformen hochviskose Thermoplaste eingesetzt, da beim Austritt aus der Düse eine gewisse „Standfestigkeit" der Schmelze gegeben sein muss. Für das Spritzgießen werden niedrigviskosere Schmelzen bevorzugt, da hier häufig kleine Fließquerschnitte und hohe Volumenströme auftreten.

*Extrusion, Spritzgießen*

## 5.1.2 Viskoelastische Eigenschaften

Die meisten Kunststoffe sind sowohl im festen als auch im flüssigen Zustand Substanzen, die sich sowohl elastisch als auch viskos verhalten, weshalb man sie auch als viskoelastische Materialien bezeichnet. Es macht sich in der Schmelze immer dann bemerkbar, wenn sich der Deformationszustand eines Schmelzeteilchens zeitlich ändert, da sich die Spannungen in der Schmelze nicht wie bei einer rein viskosen Flüssigkeit direkt proportional zu den Deformationsgeschwindigkeiten verändern, sondern erst zeitlich verzögert abgebaut werden. Die Schmelze scheint sich somit an frühere Deformationen zu „erinnern", sodass man auch von Substanzen mit „Gedächtnis" spricht.

*Viskoelastizität*

*Zeitabhängigkeit*

Bemerkbar macht sich dies beispielsweise nach dem Austritt eines Schmelzeteilchens aus einem Fließkanal. In dem Kanal wurde das Teilchen aufgrund der Haf-

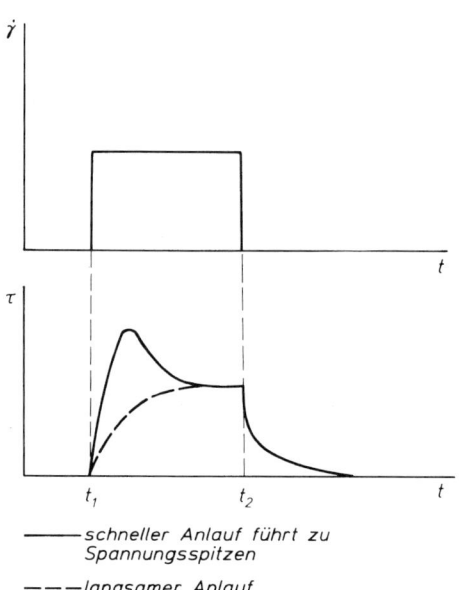

Extrudat-
schwellen

Einlaufdruck-
verluste

Feder-Dämpfer-
Modelle

Maxwell-
Modell

Bild 5.17 Anlaufeffekte beim Fließen von Polymerschmelzen
$t_1 \cong$ Verformungsbeginn
$t_2 \cong$ Ende der erzwungenen Verformung

tung an den Wänden geschert. Die dafür nötigen Schubspannungen werden nach dem Austritt erst zeitlich verzögert abgebaut, indem die Schmelze sich deformiert – dies ist ein Grund für das bekannte Aufschwellen eines Extrudatstrangs. Im umgekehrten Fall – der plötzlichen Erhöhung der Deformationsgeschwindigkeit – kann es zu sehr hohen Spannungen kommen, da sich die Schmelze dann wie ein Festkörper verhält. Dies ist beispielsweise bei starken Querschnittsverengungen eines Fließkanals der Fall und führt an dieser Stelle zu sehr hohen Druckverlusten.

Das beschriebene Verhalten ist schematisch in Bild 5.17 dargestellt und kann beispielsweise mit den in Abschnitt 5.1.4.3 beschriebenen Rotationsrheometern gemessen werden.

### 5.1.2.1  Mechanische Ersatzmodelle

Die Eigenschaft einer Polymerschmelze, sich gleichzeitig elastisch und viskos zu verhalten, kann über die aus der Festkörpermechanik bekannten mathematisch einfach zu beschreibenden Elemente Feder, Dämpfer und Reibungskörper abgebildet werden. Dabei ist es durch die Kombination dieser Grundelemente möglich, nahezu jedes Stoffverhalten zu modellieren. Die wichtigsten Kombinationen von Feder und Dämpfer und ihr Deformationsverhalten sind in Bild 5.18 dargestellt.

Anhand des häufig verwendeten *Maxwell*-Modells (Fall 3) soll kurz die mathematische Beschreibung des viskoelastischen Materialverhaltens erläutert werden: Infolge der Spannung $\sigma$ entsteht eine Verformung $\varepsilon$, die aus einem elastischen $\varepsilon_{el}$ und einem viskosen Anteil $\varepsilon_{vis}$ besteht. Nach der zeitlichen Ableitung ergibt sich:

$$\dot{\varepsilon} = \dot{\varepsilon}_{el} + \dot{\varepsilon}_{vis} \tag{5.34}$$

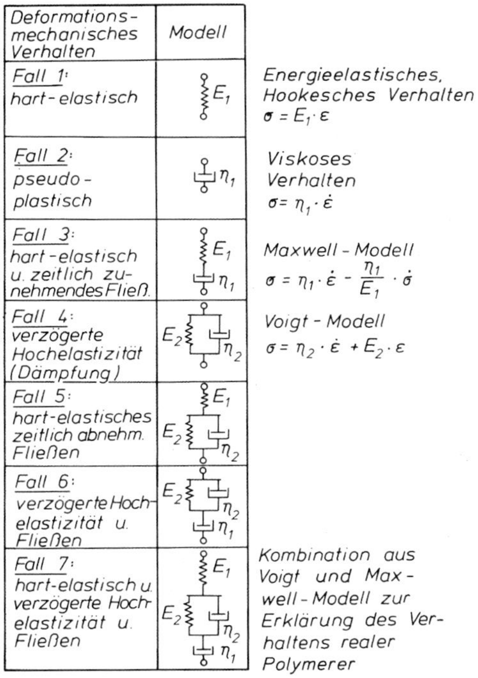

| Deformations-mechanisches Verhalten | Modell | |
|---|---|---|
| *Fall 1:* hart-elastisch | $E_1$ | Energieelastisches, Hookesches Verhalten $\sigma = E_1 \cdot \varepsilon$ |
| *Fall 2:* pseudo-plastisch | $\eta_1$ | Viskoses Verhalten $\sigma = \eta_1 \cdot \dot{\varepsilon}$ |
| *Fall 3:* hart-elastisch u. zeitlich zunehmendes Fließ. | $E_1$ $\eta_1$ | Maxwell-Modell $\sigma = \eta_1 \cdot \dot{\varepsilon} - \dfrac{\eta_1}{E_1} \cdot \dot{\sigma}$ |
| *Fall 4:* verzögerte Hochelastizität (Dämpfung) | $E_2$ $\eta_2$ | Voigt-Modell $\sigma = \eta_2 \cdot \dot{\varepsilon} + E_2 \cdot \varepsilon$ |
| *Fall 5:* hart-elastisches zeitlich abnehm. Fließen | $E_1$ $E_2$ $\eta_2$ | |
| *Fall 6:* verzögerte Hochelastizität u. Fließen | $E_2$ $\eta_2$ $\eta_1$ | |
| *Fall 7:* hart-elastisch u. verzögerte Hochelastizität u. Fließen | $E_1$ $E_2$ $\eta_2$ $\eta_1$ | Kombination aus Voigt- und Maxwell-Modell zur Erklärung des Verhaltens realer Polymerer |

Bild 5.18 Feder-Dämpfer-Modelle zur Beschreibung des Deformationsverhaltens von Polymeren

Dabei gilt:

$$\dot{\varepsilon}_{el} = \frac{\dot{\sigma}}{E} \quad (\textit{Hookesches Verhalten der Feder}) \tag{5.35}$$

und

$$\dot{\varepsilon}_{vis} = \frac{\sigma}{\eta} \quad (\textit{Newtonsches Fließen; Öl im Dämpfer}) \tag{5.36}$$

Damit ergibt sich durch Umformen eine Differentialgleichung für $\sigma$:

$$\dot{\sigma} + \frac{E}{\eta} \cdot \sigma - E \cdot \dot{\varepsilon} = 0 \tag{5.37}$$

Analog gelten diese Ansätze auch für Schubspannungen und Schergeschwindigkeiten. Hält man nun eine bestimmte Formänderung fest (Relaxationsversuch), d. h. $\varepsilon = $ konst bzw. $\dot{\varepsilon} = 0$, dann ergibt sich eine einfache Differentialgleichung für $\sigma$

$$\dot{\sigma} + \frac{E}{\eta} \cdot \sigma = 0 \tag{5.38}$$

und daraus wird durch Integration

$$\sigma = \sigma_0 \cdot \mathrm{e}^{-\frac{t \cdot E}{\eta}} = \sigma_0 \cdot \mathrm{e}^{-\frac{t}{\lambda}} \tag{5.39}$$

Diese Funktion erkennt man in Bild 5.19a als Abklingen der Spannung mit der Zeit. Dabei setzt man $t = t_0 = 0$; der Exponent $-t \cdot (E/\eta)$ nimmt den Wert $-1$ an, wenn $t = \eta/E = \lambda$ wird. Man bezeichnet diese Zeit als *Relaxationszeit* $\lambda$

Relaxationszeit

$$\lambda = \frac{\eta}{E} \left( \frac{\mathrm{N} \cdot \mathrm{s/m^2}}{\mathrm{N/m^2}} \right) \tag{5.40}$$

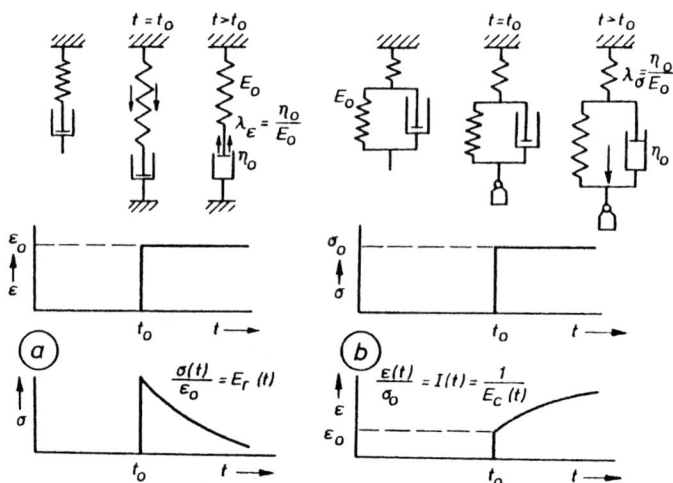

Bild 5.19 Verhalten viskoelastischer Körper (nach *Retting*)
a) Spannungsrelaxation (*Maxwell*-Modell), $E_r(t)$ Relaxationsmodul, $\lambda_\varepsilon$ Relaxationszeit
b) Kriechen (*Voigt-Kelvin*-Modell), $I(t)$ Nachgiebigkeit, $1/I = E_c(t)$ Kriechmodul, $\lambda_0$ Retardationszeit

für die gilt $\sigma/\sigma_{t=0} = \mathrm{e}^{-1} = 0{,}37$, d. h. $\eta/E = 1$ ist die Zeit, in welcher bei diesem Körper unter einer gegebenen Verformung die Spannung auf 37 % des Anfangswertes abgeklungen ist. Zur Abschätzung genügt es zu wissen, dass nach Ablauf der vierfachen Relaxationszeit die Spannung auf 1,8 % des Ausgangswertes abgeklungen ist.

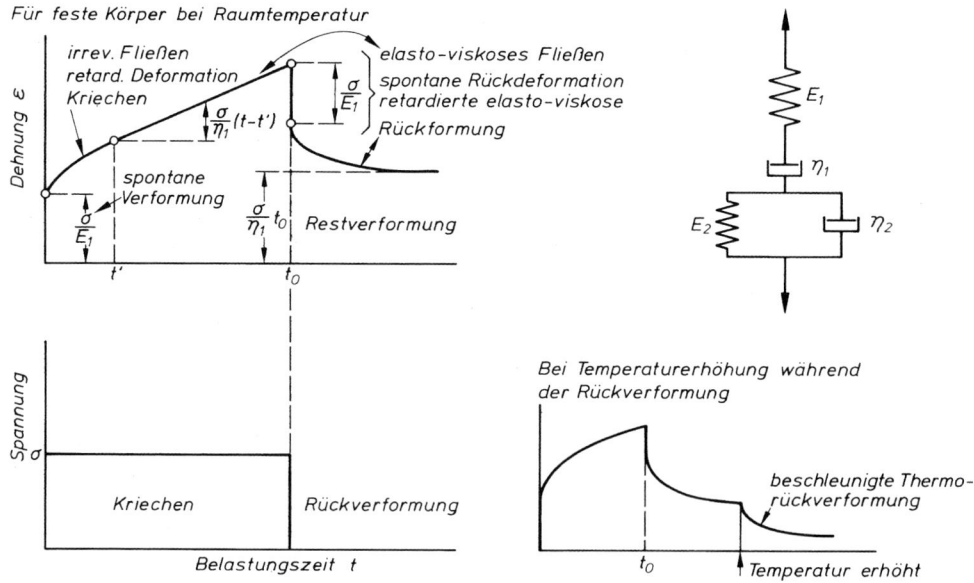

Bild 5.20 Reihenschaltung eines *Kelvin-Voigt-* und eines *Maxwell*-Modells

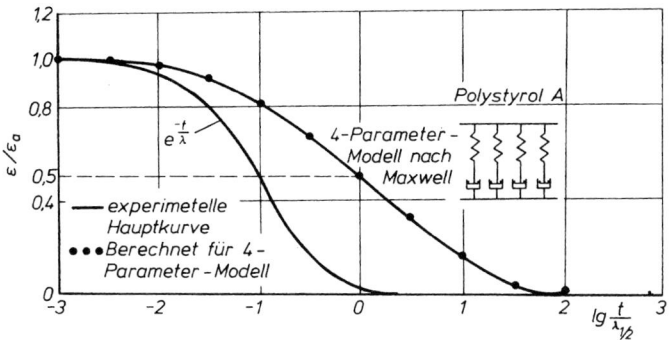

Bild 5.21 Beschreibung des experimentell ermittelten Relaxationsvorgangs durch ein 4-Parameter-Modell nach *Maxwell* (*Wübken*)

Für reale Schmelzen bzw. genauere Rechnungen reichen solche einfachen Modelle jedoch nicht aus. Man benötigt dann die Parallelschaltung mehrerer solcher Feder-Dämpfungssysteme, wie in Bild 5.21 für ein handelsübliches Polystyrol ($M_V = 260000$) gezeigt wird. Man spricht dann von einem verallgemeinerten *Maxwell*-Modell.

Parallelschaltung

Die mathematische Beschreibung nimmt zum Beispiel hier die Form an:

$$\frac{\varepsilon}{\varepsilon_a} = 0{,}25 \cdot \left( \mathrm{e}^{-8{,}75\frac{t}{\lambda_{1/2}}} + \mathrm{e}^{-1{,}0\frac{t}{\lambda_{1/2}}} + \mathrm{e}^{-0{,}28\frac{t}{\lambda_{1/2}}} + \mathrm{e}^{-0{,}0583\frac{t}{\lambda_{1/2}}} \right) \qquad (5.41)$$

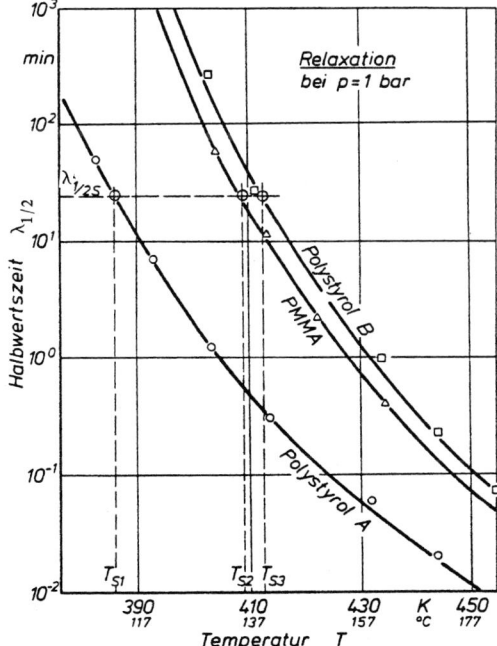

Bild 5.22 Temperaturabhängigkeit der Relaxationszeiten bei unterschiedlichen Werkstoffen (nach *Wübken*)

wobei die vier individuellen Relaxationszeiten

$$\lambda_1 = \frac{\lambda_{1/2}}{8,75}\,; \qquad \lambda_2 = \lambda_{1/2}\,; \qquad \lambda_3 = \frac{\lambda_{1/2}}{0,28}\,; \qquad \lambda_4 = \frac{\lambda_{1/2}}{0,0583} \qquad (5.42)$$

betragen.

Die Halbwertzeit $\lambda_{1/2}$ korreliert, wie man Bild 5.21 entnimmt, mit der auf die Hälfte abgeklungenen Anfangsdehnung $\varepsilon_a$. Sie ist temperaturabhängig und kann Bild 5.22 entnommen werden. Wie man aus dem Kurvenverlauf entnehmen kann, sind die Kurven ähnlich und nur zu verschiedenen Temperaturen verschoben. Es ist dabei besonders bemerkenswert, dass das Relaxationsverhalten aller amorphen Thermoplaste ähnlich ist.

Bei der Retardation (vgl. Bild 5.18, Fall 4, Bild 5.19b), d. h. der Verformung, die sich unter einer konstanten Belastung einstellt, ergibt sich sinngemäß

$$\varepsilon(t) = \frac{\sigma}{E} \cdot \left(1 - e^{-\frac{t \cdot E}{\eta}}\right) \qquad (5.43)$$

als die Verformung, die sich nach Wegnahme der Spannung $\sigma$ durch Zurückkriechen nach der Zeit $t$ einstellt (vgl. Bild 5.22). Man kann aus dem vorher Gesagten leicht schließen, dass ohne eine Relaxation eine konstante Verformungsgeschwindigkeit einer Schmelze, z. B. in einem Extruder, überhaupt nicht möglich wäre, da mit wachsender Zeit $t$ die Spannung, d. h.

$$E \cdot \dot{\varepsilon} \cdot t = \sigma \quad \text{für} \quad t \to \infty \Rightarrow \sigma \to \infty \qquad (5.44)$$

die verformende Kraft, unendlich werden müsste.

Alle dargestellten Modelle beziehen sich auf eindimensionale und kleine Verformungen. Erweiterungen auf den dreidimensionalen Fall sowie weitere Modelle, die auch große Verformungen berücksichtigen (nichtlineare Modelle) finden sich in der weiterführenden Literatur.

### 5.1.2.2   Die Deborah-Zahl

Deborah-Zahl

Um abschätzen zu können, ob für einen konkreten Verarbeitungsprozess bei einem gegebenen Material elastische Effekte eine Rolle spielen, kann die sog. *Deborah-Zahl* verwendet werden. Sie ist definiert als

$$De = \frac{\lambda}{t_p} \qquad (5.45)$$

Dabei ist $\lambda$ die Relaxationszeit des Materials und $t_p$ eine charakteristische Prozesszeit, also zum Beispiel die mittlere Verweilzeit eines Teilchens in einem Fließkanal bestimmt durch den Quotient aus Volumenstrom und Volumen des Fließkanals. Ist die *De*-Zahl nahe Null, so kann man von rein viskosem Verhalten ausgehen; wird sie hingegen sehr groß, verhält sich die Substanz wie ein Festkörper. Je größer die *De*-Zahl wird, desto weniger Zeit hat das Polymer für die Relaxation und desto ausgeprägter treten elastische Effekte auf.

### 5.1.2.3   Bedeutung für die Verarbeitung

Wie schon erwähnt, können die viskoelastischen Eigenschaften Effekte bei der Verarbeitung eines Polymeren hervorrufen, die bei der Auslegung eines Verarbeitungsprozesses berücksichtigt werden müssen. Auf die beiden wichtigsten soll hier kurz eingegangen werden.

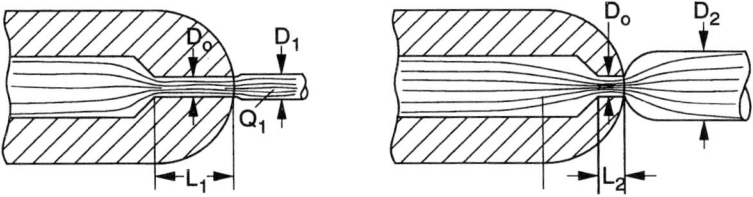

Bild 5.23 Schematische Darstellung des Extrudatschwellens (nach *Menges*)

*Extrudatschwellen*

Obwohl mehrere Faktoren für das Aufschwellen eines Schmelzestrangs nach dem Austritt aus einem Extrusionswerkzeug verantworlich sind, muss den elastischen Eigenschaften der größte Anteil zugeordnet werden. In der Praxis kann das Aufschwellen minimiert werden, indem die Parallelzone eines Werkzeugs, also der Teil des Fließkanals vor dem Austritt, in dem sich der Kanalquerschnitt nicht mehr ändert, verlängert wird. Die Schmelze kann dementsprechend relaxieren. Man kann diese so genannte „Bügelzone" aber nicht beliebig lang auslegen, da der Druckverlust damit ansteigt. Dies ist schematisch in Bild 5.23 dargestellt. Dabei wird dem Polymeren mit einer langen Parallelzone genügend Zeit gegeben, die starken Deformationen im konvergenten Kanalbereich zu „vergessen". Die nötige Länge kann über die Deborah-Zahl mit der mittleren Verweilzeit der Schmelze in der Parallelzone abgeschätzt werden.

Parallelzone

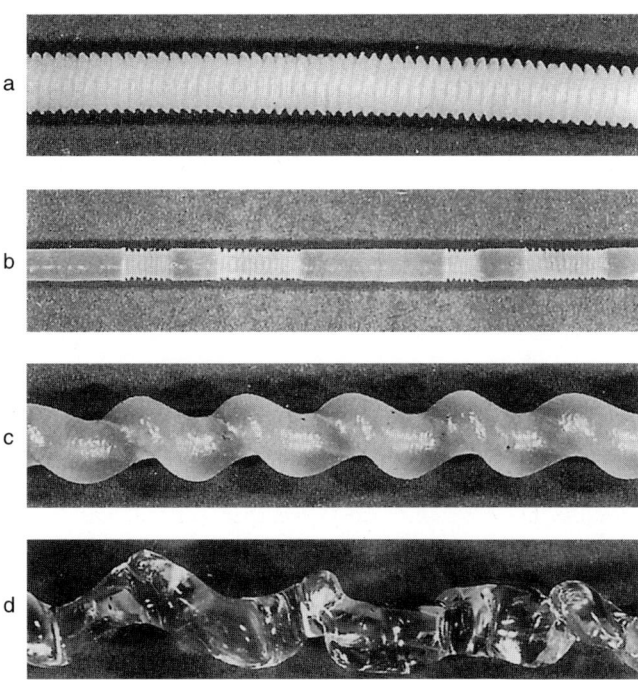

Bild 5.24 Verschiedene Oberflächendefekte von Extrudaten (nach *Osswald*), Erläuterung s. Text

*Oberflächendefekte*

Shark skin

Ein wesentlicher, den maximalen Durchsatz durch ein Extrusionswerkzeug beschränkender Faktor ist das Auftreten von Oberflächendefekten. Damit sind wellenartige Verwerfungen an der Oberfäche des Extrudats gemeint, welche beispielhaft für PE-HD in Bild 5.24 a dargestellt sind. Dieser Effekt wird einer hohen Extrusionsgeschwindigkeit und damit einer unzureichenden Zeit, die dem Polymer zum Relaxieren zur Verfügung steht, zugeschrieben. Die so enstandene Oberflächenstruktur wird als „Haifischhaut" („shark skin") bezeichnet.

Stick-slip-Effekt

Wird die Austrittsgeschwindigkeit weiter erhöht, so kann es passieren, dass es zeitweise zum Ablösen der Schmelze von der Fließkanalwandung kommt, wie in Bild 5.24 b zu sehen ist. Dieses Phänomen wird häufig als „stick-slip"-Effekt bezeichnet und darauf zurückgeführt, dass die Schubspannungen an der Wand so hoch sind, dass die Schmelze dort nicht mehr haften kann. Untersuchungen von *Vinogradov, Vlachopoulos* und anderen haben eine kritische Wandschubspannung von etwa 0,1 MPa ergeben. Wenn die Geschwindigkeit noch weiter erhöht wird, entstehen helixförmige Strukturen, wie sie in Bild 5.24 c für PP darstellt sind. Schließlich können die in Bild 5.24 d dargestellten unregelmäßigen Strukturen ent-

Schmelzebruch

stehen, bei denen man von Schmelzebruch spricht. Oftmals kann der Effekt der Haifischhaut als erstes Stadium der Oberflächendefekte nicht beobachtet werden. Der stick-slip-Effekt ist nur bei linearen Polymeren zu beobachten.

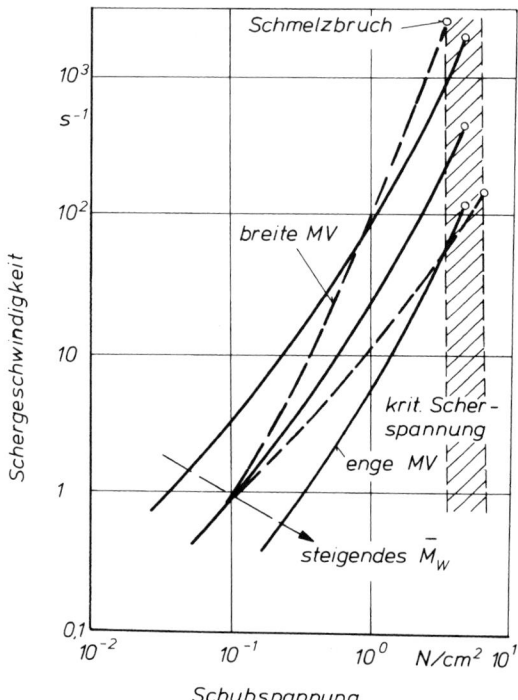

Bild 5.25 Einfluss der mittleren Molekülmasse und der Molekülmassenverteilung auf die Schubspannung, das Schergefälle und den Schmelzbruch (nach *van der Regt*)

Eine niedrige Massetemperatur bewirkt, dass schon bei geringen Durchsätzen Schmelzbruch auftritt, da hier größere Schubspannungen in der Schmelze wirken, als bei höheren Temperaturen. Das Auftreten des Schmelzebruchs ist zudem von der Molmasse und der Molmassenverteilung abhängig (vgl. Bild 5.25). Es gibt Sonderfälle, bei denen Schmelzbruch erwünscht ist, z. B. bei Sackfolien, wo eine hierdurch bewirkte raue Oberfläche die Stapelfähigkeit verbessert. Detailliertere Untersuchungen zu Oberflächendefekten finden sich bei *Dealy* und *Denn*.

## 5.1.3  Polymere mit zeitlich veränderlichen Fließeigenschaften

Bestimmte Polymere verändern während der Verarbeitung ihre rheologischen Eigenschaften dauerhaft. Dies trifft insbesondere auf Stoffe zu, bei denen sich der molekulare Aufbau durch chemische Reaktionen ändert. Dabei kann es sich sowohl um Vernetzungsreaktionen als auch um Abbauerscheinungen handeln. Durch die veränderte Molekülstruktur ändern sich auch die rheologischen Eigenschaften.

*Vernetzung, Abbau*

### 5.1.3.1  Vernetzende Systeme

Zu den bekanntesten vernetzenden Polymeren gehören die Kautschuke, die Duroplaste und das Polyurethan. Dabei werden die Vernetzungsreaktionen entweder durch Aufheizen oder durch Hinzufügen einer Komponente gestartet (thermisch induziert/mischungsinduziert). Das dabei steigende Molekulargewicht hat eine Zunahme der Viskosität zur Folge. Zur Verdeutlichung sei in Bild 5.26 der zeitliche Verlauf des Vernetzungsgrades eines Vinylesters aufgezeigt und in Bild 5.27 die Abhängigkeit der Viskosität vom Vernetzungsgrad.

*Vernetzungsgrad*

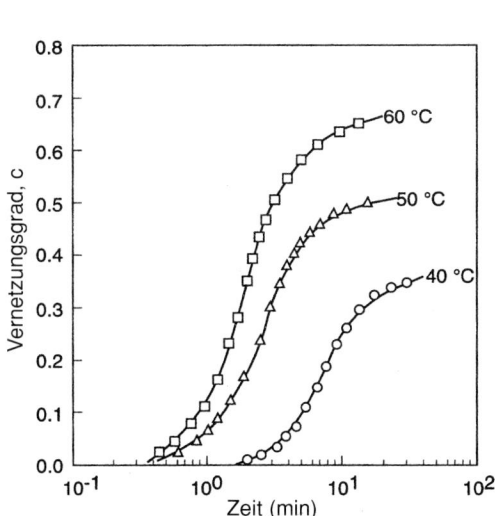

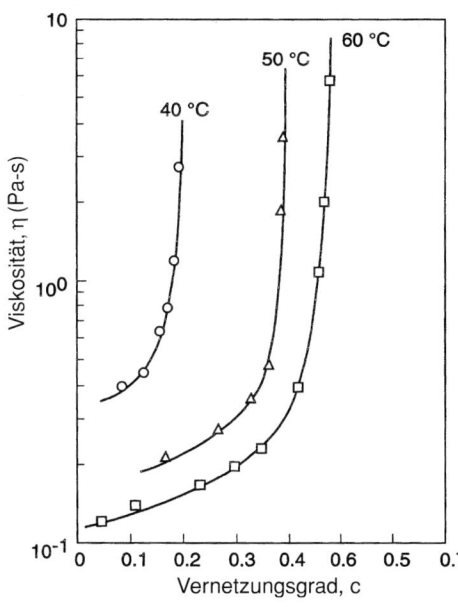

Bild 5.26 Vernetzungsgrad eines Vinylesters als Funktion der Zeit (nach *Osswald*)

Bild 5.27 Viskosität eines Vinylesters als Funktion des Vernetzungsgrads (nach *Osswald*)

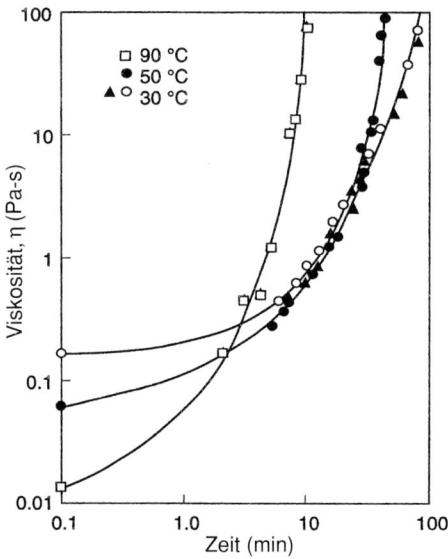

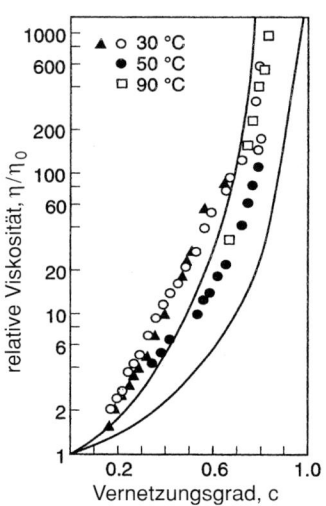

Bild 5.28  Viskosität eines 47% MDI-BDO P(PO-EO) Polyurethans als Funktion der Zeit (nach *Osswald*)

Bild 5.29  Viskosität eines 47% MDI-BDO P(PO-EO) Polyurethans als Funktion des Vernetzungsgrads (nach *Osswald*)

Ein vollständiges Viskositätsmodell muss also neben der Schergeschwindigkeit und der Temperatur auch den Vernetzungsgrad $c$ berücksichtigen:

$$\eta = \eta(\dot{\gamma}, T, c) \tag{5.46}$$

**Viskositäts-modell**  Bisher existieren keine auf alle chemisch reagierenden Polymere anwendbaren Viskositätsmodelle, die den Vernetzungsgrad berücksichtigen. In der Praxis ist die Berücksichtigung des Vernetzungsgrades bei der Berechnung von Fließvorgängen hauptsächlich für sehr schnell reagierende Systeme relevant. Dazu wurde auf dem Gebiet der Viskositätsmodellierung von Polyurethanen ein empirisches Modell entwickelt, welches die Temperatur und den Vernetzungsgrad mit der Viskosität verknüpft:

$$\eta = \eta_0\, e^{\frac{E}{RT}} \left( \frac{c_g}{c_g - c} \right)^{C_1 + C_2 \cdot c} \tag{5.47}$$

Dabei ist $E$ die Aktivierungsenergie, R die ideale Gaskonstante, $T$ die Temperatur, $c_g$ der Gelpunkt, $c$ der Vernetzungsgrad und $C_1$ und $C_2$ Konstanten. In Bild 5.28 und 5.29 ist die Viskosität als Funktion der Zeit und des Vernetzungsgrades eines Polyurethans dargestellt. Die Symbole geben dabei Messwerte und die durchgezogenen Linien die Beschreibung durch das Modell wieder.

### 5.1.3.2  Chemischer Abbau

Alle Kettenmoleküle sind mehr oder weniger empfindlich gegen langzeitige Temperatureinwirkung, insbesondere, wenn die Anwesenheit von Sauerstoff nicht ausgeschlossen werden kann, was im praktischen Betrieb stets der Fall ist. Zur Vermeidung des Abbaus bei der Verarbeitung muss die thermische Belastung der Schmelze berücksichtigt werden.

Um Kunststoffe zu plastifizieren, müssen sie auf entsprechend hohe Temperaturen gebracht werden. Das bedeutet für eine Reihe von Thermoplasten thermische Beanspruchung, unter der sie in mehr oder weniger kurzer Zeit ihre Struktur und ihre Molekülmasse verändern. Zum Beispiel ist PVC thermisch instabil; es spaltet HCl ab (thermischer Abbau). Damit ändern sich die Fließeigenschaften und auch eine Reihe anderer Eigenschaften, wie mechanische Zähigkeit; die Farbe wird dunkler; manchmal entsteht die Notwendigkeit, für bestimmte Temperaturen und Beanspruchungsfälle in geeigneten Messgeräten die bis zur Zersetzung ertragbare Belastungszeit zu ermitteln.

Die komplexen Zusammenhänge des Molekulargewichtsabbaus und die Auswirkung auf das Fließverhalten werden ausführlich in Kapitel 15 dargestellt.

## 5.1.4 Messtechnik

Kunststoffschmelzen werden in den meisten Verarbeitungsprozessen hauptsächlich geschert. Daher ist die Messung scherrheologischer Eigenschaften besonders wichtig und heute sehr ausgereift. Die wichtigsten Aufgaben sind dabei die Messung von Fließ- bzw. Viskositätskurven. Die Messung viskoelastischer Eigenschaften ist zwar mit allen heutigen Rotationsrheometern möglich, wird aber hauptsächlich zu wissenschaftlichen Zwecken eingesetzt, da kaum leistungsfähige und handhabbare Berechnungsverfahren existieren, bei denen diese Eigenschaften berücksichtigt werden. Dennoch gibt es Entwicklungen, diese Geräte auch im Bereich der Qualitätskontrolle einzusetzen, da sich oftmals elastische Eigenschaften wesentlich deutlicher ändern als viskose, wenn es Änderungen im molekuaren Aufbau des Polymers gibt.

Alle Geräte, mit denen sich aus den Meßwerten Fließ- bzw. Viskositätskurven bestimmen lassen, werden absolute Rheometer genannt, da die Ergebnisse stoffspezifisch und geometrieunabhängig sind. Absolut bedeutet hier, dass Messungen unterschiedlicher Geräte miteinander vergleichbar sind und für den gleichen gemessenen Stoff gleiche Ergebnisse erzielt werden. Nachteil dieser Geräte ist oft der relativ große Versuchsaufwand. Das zunächst im folgenden Kapitel vorgestellte MFI-Gerät ist kein absolutes Rheometer, es ist aber wegen der einfachen Versuchsführung und der schnellen Vergleichbarkeit der Ergebnisse sehr weit verbreitet.

*absolute Rheometer*

### 5.1.4.1 Das Schmelzeindexmessgerät

Die verbreitetste Kenngröße zur Charakterisierung des Fließverhaltens von Kunststoffschmelzen ist der Schmelzeindex MFI (Melt Flow Index). Die Messapparatur, das Messverfahren und die Kennzeichnung sind seit 1965 weltweit standardisiert (DIN 53735, ISO 1133, ASTM D-1238). In fast allen Werkstoffblättern von Kunststoffproduzenten wird der Schmelzeindex als typische Maßzahl für das Fließverhalten angegeben.

*Schmelzeindex MFI*

Der Schmelzeindex dient zur schnellen und einfachen Charakterisierung des Fließverhaltens von Kunststoffschmelzen mit einem einzigen Zahlenwert. Er gibt die Menge einer Schmelze in Gramm pro 10 Minuten an, die mittels eines mit Gewichtsstücken belasteten Kolbens aus einem Vorratszylinder durch eine Düse gepresst wird. Die Abmessungen von Düse, Kolben, Vorratszylinder und Gewichtsstücken sind genormt. Der schematische Aufbau des Prüfgerätes ist in Bild 5.30 dargestellt.

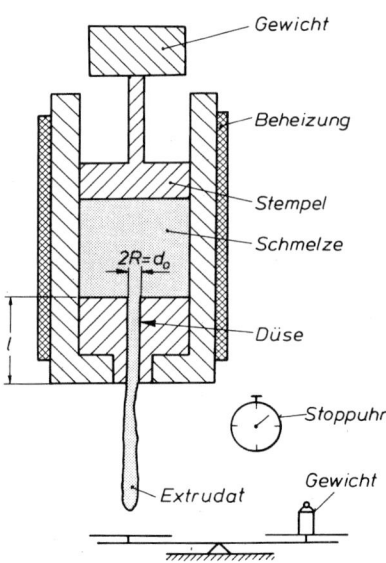

Bild 5.30 Das Schmelzeindexmess-
gerät

MVI

Die ausgeflossene Schmelzemasse wird durch Abschneiden des Flüssigkeitsstranges in vorgegebenen Zeitabständen und Wiegen bestimmt. Als modifizierten Schmelzeindex benutzt man verstärkt den Volumenfließindex MVI, der das in 10 Minuten extrudierte Schmelzevolumen angibt. Dieser lässt sich allein aus dem Weg des Kolbens ermitteln, sodass bei diesem Index das Wiegen entfällt. Um MFI-Werte untereinander vergleichen zu können, muss dessen Wert immer zusätzlich mit dem verwendeten Gewicht und der jeweiligen Prüftemperatur angegeben werden. Die Angabe MFI 190/2,16 bedeutet beispielsweise, dass der Schmelzeindex bei 190 °C und einer Kolbenmasse von 2,16 kg ermittelt wurde.

Vergleichbarkeit

> **Um MFI/MVI-Werte vergleichen zu können, ist immer die Angabe von Prüftemperatur und -gewicht nötig.**

Der wesentliche Nachteil dieses Messverfahrens ist, dass es sich bei dem Messergebnis um einen einzelnen Wert handelt, der im Prinzip nur einen einzigen Punkt der Viskositätskurve repräsentiert. Da sich das Fließverhalten der meisten Kunststoffschmelzen aber aufgrund der Strukturviskosität stark nichtlinear mit der Belastung verändert, ist der MFI oder MVI nur für eine sehr grobe Abschätzung der Fließeigenschaften geeignet, oder er wird lediglich für vergleichende Messungen z. B. in der Qualitätskontrolle verwendet. Ein anderes Problem ist, dass der MFI bzw. MVI stark durch den Druckverlust, der beim Einlauf vom Vorratsbehälter in die Düse entsteht, beeinflusst wird. Dieser Druckverlust entsteht hauptsächlich durch die elastischen Eigenschaften der Schmelze, sodass für Schmelzen mit gleichen viskosen, aber unterschiedlichen elastischen Eigenschaften verschiedene Schmelzeindices ermittelt werden.

Die elastischen Effekte werden bei Kapillarrheometern entweder durch ein Korrekturverfahren berücksichtigt oder durch eine entsprechende Messanordnung ganz vermieden.

## 5.1.4.2 Kapillarrheometer

Ein Kapillarrheometer ist im Prinzip ähnlich aufgebaut wie das Schmelzeindexprüfgerät. Der wesentliche Unterschied besteht darin, dass der Kolben mit einer definierten Geschwindigkeit verfahren wird, sodass von einem bekannten und konstanten Volumenstrom in der Kapillare ausgegangen werden kann. Zudem wird der Druckverlust in der Kapillare bestimmt. Mit diesen beiden Informationen kann ein Punkt der Viskositäts- bzw. Fließkurve bestimmt werden – durch Variation des Volumenstroms können so die Kurven punktweise abgebildet werden. Die Berechnung erfolgt mit den in Abschnitt 5.1.1.5 vorgestellten Beziehungen.

*Kapillarrheometer*

*Volumenstromvorgabe*

Das Prinzip eines Hochdruck-Kapillarrheometers ist in Bild 5.31 abgebildet. Das zu prüfende Material wird in der Regel granulatförmig in den zylindrischen Vorraum gegeben wo es durch die Beheizung aufschmilzt. Kurz vor dem Eintritt in die Kapillare befindet sich ein Druckaufnehmer. Dieser misst den Druckverlust vom Messpunkt zur Umgebung. Der Sensor ist über eine kleine Öffnung – dem sog. „pressure hole" – mit dem Probenraum verbunden, damit eventuell noch nicht aufgeschmolzenes Granulat den Sensor nicht zerstören kann.

*Druckmessung*

Im Bereich der Querschnittsabnahme des Fließkanals werden die Schmelzeteilchen stark in Fließrichtung gedehnt. Diese Deformation wird teilweise in Form von elastisch gespeicherter Energie durch die Kapillare transportiert und am Austritt in Form einer Aufweitung des Schmelzestrangs zurückgewonnen. Diese elastisch gespeicherte Energie muss zunächst in Form eines zusätzlichen Druckbedarfs aufgebracht werden. Dieser Einlaufdruckverlust wird von dem Druckaufnehmer mit erfasst und muss daher zunächst aus dem Ergebnis herausgerechnet werden, was mittels der sogenannten „Bagley-Korrektur" geschieht. Bei der Bagley-Korrektur geht man von zwei Annahmen aus:

*Bagley-Korrektur*

1. Der Einlaufdruckverlust ist unabhängig von der Kapillarlänge.
2. In der Kapillaren fällt der Druck aufgrund viskosen Fließens mit konstantem Druckgradienten ab.

Nimmt man nun den Druckabfall über Kapillaren unterschiedlichen $L/D$-Verhältnisses (meist hält man den Durchmesser $D$ konstant und variiert die Länge $L$) bei

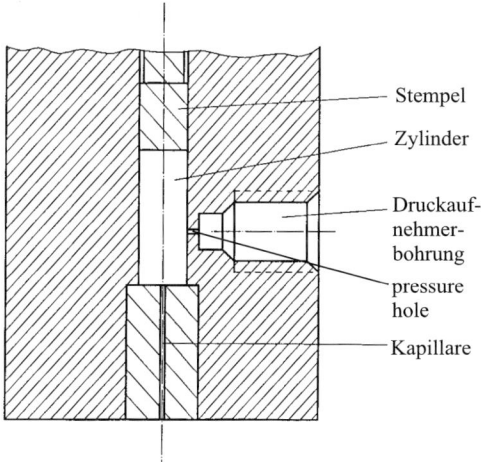

Stempel

Zylinder

Druckaufnehmerbohrung

pressure hole

Kapillare

Bild 5.31 Hochdruckkapillarrheometer

Druckaufnehmer:
$$\Delta p_{gem} = \Delta p_e + \Delta p_v$$

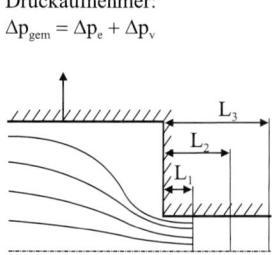
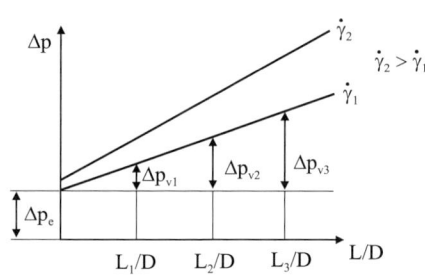

Bild 5.32 Bagley-Korrektur

konstanter Schergeschwindigkeit auf, so erhält man in einem $\Delta p$-$L/D$-Diagramm (Bild 5.32) Punkte, die auf einer Geraden liegen. Die Steigung dieser Geraden entspricht dem Druckgradienten in der Kapillare. Bei Variation der Schergeschwindigkeit erhält man eine Geradenschar mit der Schergeschwindigkeit als Parameter.

Extrapoliert man nun mittels dieser Geraden auf die Düsenlänge Null ($L/D = 0$), so schneidet die Gerade die Ordinate gerade bei dem längenunabhängigen Einlaufdruckverlust. Dieser Einlaufdruckverlust steigt wie der Druckgradient über der Kapillare mit zunehmender Schergeschwindigkeit. Für die Berechnung der Viskositätskurve muss nun die Differenz aus gemessenem Druck $\Delta p_{gem}$ und dem Einlaufdruckverlust $\Delta p_e$ gebildet werden:

$$\Delta p_v = \Delta p_{gem} - \Delta p_e \tag{5.48}$$

Neben der Schergeschwindigkeit ist $\Delta p_e$ noch vom Stoffverhalten abhängig: je höher die Elastizität der Schmelze ist, umso höher ist auch der Einlaufdruckverlust.

**rechteckiger Kanalquerschnitt**

Alternativ kann auch eine Kapillare mit rechteckförmigem Querschnitt verwendet werden. Dabei ist es im Gegensatz zu den kreisförmigen Kapillaren möglich, zwei Druckaufnehmer direkt in der Kapillare zu platzieren. Eine Bagley-Korrektur ist in diesem Fall nicht nötig; nachteilig ist aber der erhöhte Aufwand durch zwei Druckaufnehmer und der in der Regel kleinere Schergeschwindigkeitsbereich, in dem gemessen werden kann.

Der wesentliche Vorteil des Hochdruckkapillarrheometers besteht darin, dass in sehr hohen Schergeschwindigkeitsbereichen gemessen werden kann. Weiterhin ist es vorteilhaft, dass die Verfälschung der Messung durch dissipative Erwärmung der Probe relativ gering ist, da die Probe im Gegensatz zum Rotationsrheometer aus dem Messraum hinaus befördert wird, und sich somit durch die geringe Verweilzeit nicht so stark erwärmt.

Nachteilig ist die relativ aufwendige Versuchführung, da es durch den Einlaufdruckverlust nötig ist, die Versuche mit mindestens zwei verschiedenen Düsen durchzuführen. Zudem können keine viskoelastischen Eigenschaften gemessen werden.

### 5.1.4.3   Rotationsrheometer

**Rotations-rheometer**

Bei Rotationsrheometern werden im Gegensatz zu den Kapillarrheometern keine Druck-, sondern reine Schleppströmungen erzeugt. Im Prinzip entspricht dies der Strömungsform, die in Bild 5.1 als Zwei-Platten-Strömung bezeichnet ist. Da eine translatorisch bewegte Platte aber zu sehr großen Abmessungen der Messgeräte führen würde, wird die Schleppströmung durch einen rotierenden Messkörper erzeugt.

Ähnlich wie bei den Kapillarrheometern der Druckverlust und der Volumenstrom zur Bestimmung der Viskosität nötig sind, werden für die Rotationsversuche neben den geometrischen Verhältnissen zwei Informationen zur Auswertung benötigt: Zur Bestimmung der Schubspannungen werden bei den Rotationsrheometern das an den Messkörpern anliegende Drehmoment und zur Bestimmung der Schergeschwindigkeiten die Drehzahl des Messkörpers verwendet, wobei eine der beiden Größen vorgegeben und die andere gemessen wird. Mit heute erhältlichen Rheometern ist es in der Regel möglich, wahlweise eine der Größen vorzugeben.

Drehmoment, Drehzahl

Der wesentliche Vorteil von Rotationsrheometern liegt in der Vielfalt der Messmöglichkeiten. Neben der Messung des rein viskosen Fließverhaltens ist es durch dynamische Versuche möglich, elastische Eigenschaften der Schmelze zu bestimmen. Ein weiterer Vorteil ist die hohe Empfindlichkeit moderner Geräte. Drehmomente können unter 1 μNm gemessen werden; die Winkelauflösung ist bei guten Geräten $< 10^{-6}$ rad. Hieraus resultiert, dass z. B. oszillatorische Messungen (siehe unten) mit sehr kleinen Amplituden durchgeführt werden können. Dies ermöglicht die Messung an Materialien, die nahezu Festkörperverhalten besitzen und bietet zudem den Vorteil, dass die Struktur der Prüfsubstanzen so gut wie nicht beeinflusst wird.

Nachteilig ist, dass Messungen bei großen Schergeschwindigkeiten problematisch sind, da prinzipbedingt die Probe während der gesamten Messung zwischen den Messkörpern bleibt. Bei großen Scherraten würde sich das Material stark durch Dissipation aufheizen, sodass die Messergebnisse signifikant verfälscht werden. Ein weiteres Problem ist die Probenvorbereitung, die mit großer Sorgfalt durchgeführt werden muss.

*Messkörper*

Es existieren eine Vielzahl von unterschiedlichen Messkörpern, die in Rotationsrheometern eingesetzt werden. Die bekanntesten sind in Bild 5.33 dargestellt. Auf die spezifischen Vor- und Nachteile soll im Folgenden kurz eingegangen werden. Die Gleichungen zur Bestimmung der Schergeschwindigkeit aus der Drehzahl und der Schubspannung aus dem Drehmoment finden sich z. B. bei *Pahl* (s. weiterführende Literatur am Ende von Kapitel 5).

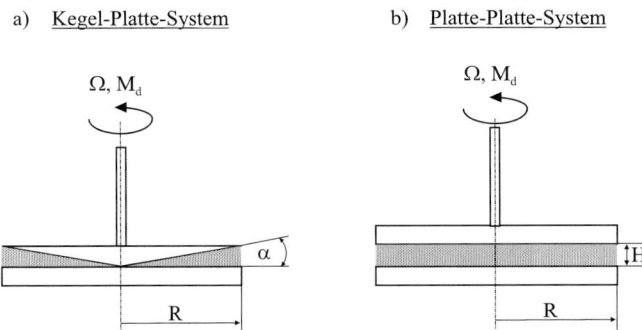

Bild 5.33 Messkörper für Rotationsrheometer

**Kegel-Platte-System** Das Kegel-Platte-System ist das am meisten verbreitete Messkörpersystem. Es besteht aus einer ebenen Platte mit dem Radius $R$ und einem sehr stumpfen Kegel, die koaxial zueinander angeordnet sind. Wesentlicher Vorteil dieser Anordnung ist eine homogene, nicht vom Materialverhalten abhängige Schergeschwindigkeit im gesamten Scherspalt.

Problematisch ist die Messung von Suspensionen oder Emulsionen. Bei solchen Fluiden sollte die Höhe des Scherspaltes wenigstens um ein bis zwei Größenordnungen größer sein als der Partikel- bzw. Tropfendurchmesser der dispersen Phase, damit von homogenen Materialeigenschaften ausgegangen werden kann. Da die Höhe des Scherspalts bei der Kegel-Platte-Anordnung aber zur Drehachse hin fast bis auf den Wert 0 abnimmt (in der Realität wird ein Abstand von Kegelspitze zu Platte von etwa 40 μm erreicht), kann es bei diesen Fluiden zu Effekten kommen, die die Messung verfälschen. Suspensionen und Emulsionen sollten daher mit der folgenden Anordnung gemessen werden.

**Platte-Platte-System** Das Platte-Platte-System ist dem Kegel-Platte-System sehr eng verwandt. Das Fluid wird zwischen zwei parallelen, konzentrisch angeordneten, kreisförmigen Platten geschert. Nachteilig bei dieser Anordnung ist, dass die Schergeschwindigkeit in der Probe vom Abstand zur Drehachse abhängt, was eine mathematische Korrektur erforderlich macht. Vorteilhaft ist jedoch, dass die Probenbefüllung einfacher ist und der Abstand der Platten in gewissen Grenzen frei gewählt werden kann, was den Messbereich erweitert.

*Versuchsarten*

**rheologische Grundversuche** Der größte Vorteil der Rotationsrheometer besteht in der Vielfalt der Untersuchungsmöglichkeiten. Grund hierfür ist, dass die Antriebe und Steuerungen heutiger Rotationsrheometer fast beliebige zeitliche Verläufe von Drehmoment oder Drehzahl zulassen. Deswegen können alle wichtigen rheologischen Grundversuche realisiert werden, die in Bild 5.34 dargestellt sind.

**Spannversuch** Beim *Spannversuch* wird der Prüfkörper im Idealfall sprungförmig aus dem Ruhezustand auf eine konstante Winkelgeschwindigkeit gebracht und das resultierende Moment gemessen. Diese Versuchsart wird in der Regel zur Ermittlung der

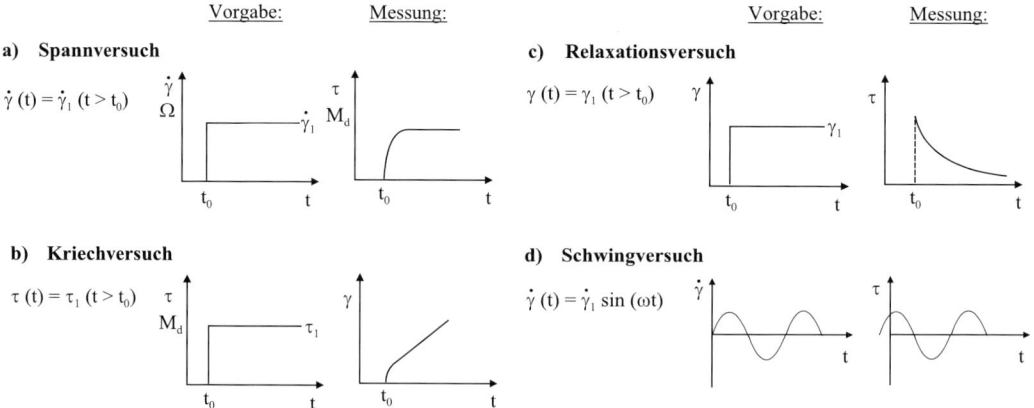

Bild 5.34 Rheometrische Grundversuche am Rotationsrheometer nach *Pahl*

stationären Viskositätsfunktionen verwendet. Dazu wird die Winkelgeschwindigkeit oft in Form einer Treppenfunktion vorgegeben.

Der *Kriechversuch* untersucht das Verhalten der Substanz bei sprunghafter Belastung auf eine konstante Schubspannung. Wenn die Schubspannung nach Erreichen der stationären Schergeschwindigkeit wieder auf null zurückgenommen wird, wird sich der Prüfkörper bei einer viskoelastischen Flüssigkeit wieder ein Stück zurückdrehen – man nennt diesen Vorgang Retardation.

*Kriechversuch*

Im Gegensatz dazu wird beim *Relaxationsversuch* der Verlauf der Spannung bei einem vorgegebenen Deformationssprung betrachtet. Die Ergebnisse dienen beispielsweise der Kalibrierung viskoelastischer Modelle (siehe Kapitel 5.1.2.1).

*Relaxations-versuch*

Besonders interessant ist der *Schwingversuch*. Hierbei wird in der Regel ein zeitlich sinusförmiger Verlauf des Scherwinkels vorgegeben. Dies entspricht einem um 90° voreilenden Verlauf der Schergeschwindigkeit. Der gemessene Drehmoment- bzw. Schubspannungsverlauf ist ebenfalls sinusförmig, solange die Amplitude des Scherwinkelverlaufs hinreichend klein ist. In diesem Fall befindet man sich im linearviskoelastischen Bereich, in dem die Fluideigenschaften über die in Abschnitt 5.1.2.1 beschriebenen mechanischen Ersatzmodelle beschrieben werden können.

*Schwingversuch*

Der Verlauf von Schergeschwindigkeit und Schubspannung ist bei einer viskoelastischen Flüssigkeit phasenversetzt. Der Phasenversatz liegt zwischen dem eines idealen elastischen Festkörpers, bei dem die Schubspannung der Schergeschwindigkeit um 90° nacheilt, und dem einer rein viskosen Flüssigkeit, bei der die Schubspannung mit der Schergeschwindigkeit in Phase schwingt. Die Phasenverschiebung ist zudem frequenzabhängig. Mit diesen Informationen lässt sich das viskoelastische Materialverhalten sehr gut charakterisieren. Auf die Vielzahl an Auswertungsmöglichkeiten soll hier nicht weiter eingegangen werden, sie sind beispielsweise bei *Pahl* umfassend dargestellt.

*Phasenversatz*

Ein wesentlicher Vorteil des Schwingungsversuchs im Vergleich zu den Versuchen mit stationärer Scherung ist, dass mit sehr kleinen Amplituden gearbeitet werden kann und somit die Ruhestruktur des gemessenen Stoffes nicht zerstört wird. Zudem sind aus einigen Ergebnissen der Schwingungsmessungen Rückschlüsse auf die Stoffstruktur möglich.

## 5.2    Dehnrheologische Eigenschaften

Neben der Scherung erfahren Kunststoffschmelzen während ihrer Verarbeitung i. d. R. auch Dehndeformationen. Dies ist beispielsweise immer bei Fließkanälen mit sich ändernden Querschnittsflächen der Fall, also an Stellen wo die Schmelze in Fließrichtung beschleunigt oder verzögert wird. Zudem existieren Verarbeitungsverfahren, bei denen die Schmelze gezielt gedehnt wird, um das Produkt durch das Einbringen von Orientierungen zu verstärken. Als Beispiele seien das Thermoformen, das Extrusionsblasformen, das Streckblasen und das Faserspinnen genannt. Man unterteilt dabei in uniaxiale (Abschnitt 5.2.1) und biaxiale (Abschnitt 5.2.2) Dehnungen.

*Dehnung*

### 5.2.1    Uniaxiale Dehnung

Uniaxial werden Schmelzen hauptsächlich in Fließkanälen und beim Schmelzespinnprozess gedehnt. Analog zur Scherviskosität definiert sich die Dehnviskosi-

*Dehnviskosität*

tät $\mu$ mit der Dehngeschwindigkeit $\dot{\varepsilon}$ und der Normalspannung $\sigma$ zu

$$\mu = \frac{\sigma}{\dot{\varepsilon}}$$                                                                          (5.49)

Die Dehn- oder Troutonviskosität ist bei *niedrigen* Schergeschwindigkeiten mit der Scherviskosität über folgende Gleichung verknüpft:

$$\mu = 3\eta$$                                                                              (5.50)

Nimmt man für die Schmelze Inkompressibilität und Newtonsches Verhalten an, so ist diese Beziehung direkt analytisch herzuleiten. Im Bereich höherer Schergeschwindigkeiten kann die Kurve der Dehnviskosität bei Polymerschmelzen allerdings einen deutlich anderen Verlauf annehmen und sogar abschnittsweise dilatanates Verhalten aufweisen. Als Beispiel sei der der Verlauf der Scher- und Dehnviskosität eines PE-LD in Bild 5.35 gezeigt.

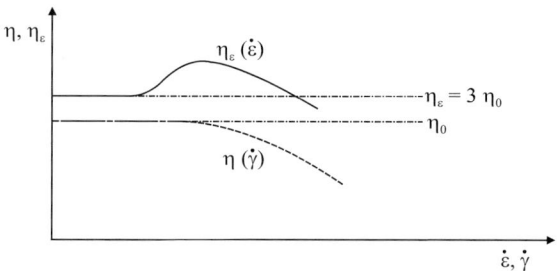

Bild 5.35  Scher- und Dehnviskosität eines PE-LD nach *Pahl*

Dehnmaße    Es sei an dieser Stelle noch darauf hingewiesen, dass für das Deformationsmaß $\varepsilon$ verschiedene Definitionen existieren. Die wichtigsten sind die technische Dehnung

$$\varepsilon = \frac{l}{l_0} - 1$$                                                                   (5.51)

und die natürliche oder Hencky-Dehnung

$$\varepsilon = ln\left(\frac{l}{l_0}\right)$$                                                                (5.52)

Dabei ist $l$ die aktuelle Länge des Schmelzeteilchens und $l_0$ die Anfangslänge. Beide Deformationsmaße liefern für kleine Dehnungen den gleichen Wert; für große Dehnungen wird häufig die natürliche Dehnung verwendet.

Wie bei der Scherviskosität beziehen sich die oben genannten Gleichungen auf eine *stationäre Dehngeschwindigkeit*. Diese ist aber in der Realität praktisch nicht zu finden, da hierfür beispielsweise ein kreisrunder Schmelzestrang bei Verwendung der natürlichen Dehnung mit einem exponentiellen Geschwindigkeitsverlauf gedehnt werden müsste. Zudem ändert sich beim Schmelzespinnen aufgrund von Schmelzeschwellen und Geschwindigkeitsumlagerungen am Austritt die Querschnittsfläche des Schmelzestrangs in Fließrichtung, sodass keine konstante Dehngeschwindigkeit zu erwarten ist.

Dehn-       Aus diesem Grund ist die Betrachtung des instationären Spannungs-/Dehnungs-
verfestigung  verhaltens von großer Bedeutung. Dabei beobachtet man oft eine Zunahme der

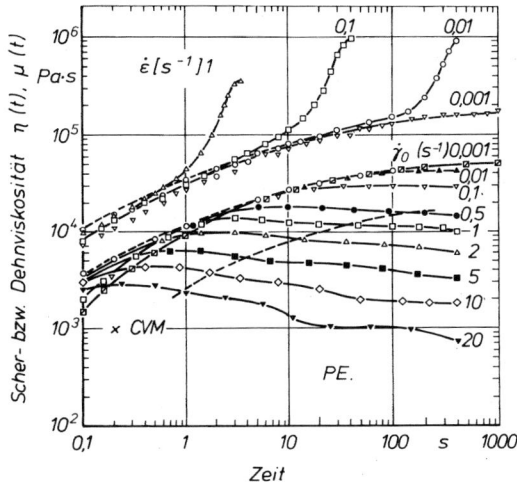

Bild 5.36  Anlaufen von Scher- und Dehnströmungen (nach *Meissner*)

Dehnviskosität. Man spricht bei dieser Versteifung auch von *Dehnverfestigung*. Als Beispiel diene dabei das in Bild 5.36 dargestellte Verhalten einer PE-Schmelze.

### 5.2.1.1  Messtechnik

Vor allem der Faserspinnprozess ist ein Verarbeitungsverfahren, bei dem die Schmelze nach dem Verlassen des Werkzeugs in erheblichem Maße in Abzugsrichtung gedehnt wird. Speziell zur Auslegung dieses Prozesses ist es daher wichtig, das Verhalten der Schmelze bei uniaxialer Dehnung zu kennen. Ein Messverfahren, das diese Eigenschaften qualitativ erfasst – es handelt sich also nicht um ein absolutes Rheometer – ist der Rheotensversuch (Bild 5.37). Rheotensversuch

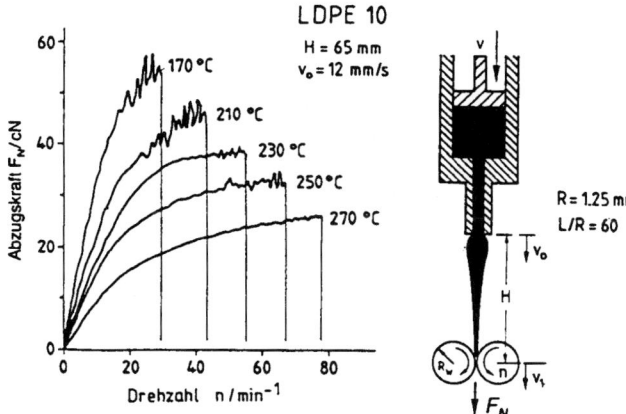

Bild 5.37  Der Rheotensversuch

Die Versuchsanordnung stellt sich wie folgt dar: Ähnlich einem Kapillarrheometer wird die Schmelze mit einem definierten Volumenstrom durch eine Kapillare mit großem $L/D$-Verhältnis extrudiert. Der Schmelzestrang wird nach dem Verlassen der Düse von einem im Abstand $H$ angeordneten Paar Walzen oder Zahnräder abgezogen. Die Abzugsgeschwindigkeit $v_1$ ist höher als die Austrittsgeschwindigkeit $v_0$ aus der Düse, sodass sich eine Verstreckung der Schmelze ergibt. An den Walzen kann die Abzugskraft gemessen werden.

Im Versuch wird die Abzugsgeschwindigkeit linear so lange gesteigert, bis der Schmelzestrang reißt. Dabei wird gleichzeitig die Abzugskraft gemessen. Der Versuch wird bei unterschiedlichen Schmelzetemperaturen durchgeführt. Die so erhaltenen Diagramme (Bild 5.37) geben einen Anhaltswert für die Auslegung.

Vorteil dieses Messverfahrens ist die sehr prozessnahe Materialcharakterisierung für die Auslegung von Spinnprozessen. Der wesentliche Nachteil besteht darin, dass das gemessene Dehnverhalten nicht direkt auf Dehnvorgänge im Werkzeug übertragen werden kann, da sich beispielsweise die Schmelze nach dem Werkzeugaustritt undefiniert abkühlt und aufschwillt und somit die Stranggeometrie nur abgeschätzt werden kann.

**Dehnrheometer nach *Münstedt*** Das Problem der Temperierung vermeidet das Dehnrheometer nach *Münstedt* (Bild 5.38). In diesem Rheometer schwebt die zylindrische Probe in einem temperierten Ölbad, das die gleiche Dichte wie die Probe besitzt. Über geklebte Enden ist die Probe auf der einen Seite mit einer Kraftmessdose und auf der anderen Seite mit einem Abzugsband befestigt, mit dem die Probe auseinander gezogen werden kann.

Nachteil dieser Versuchsanordnung ist, dass sich der Querschnitt der Probe an den geklebten Einspannungen nicht verändern kann. Da die Probe aber aufgrund der Volumenkonstanz – von der man mit guter Näherung bei den meisten Kunststoffschmelzen bei konstanter Temperatur ausgehen kann – dünner wird, entsteht eine Einschnürung in der Probenmitte. Die Probe besitzt also keinen konstanten Querschnitt und somit auch keine konstante Spannung, weswegen eine Bestimmung der wahren Spannungs- und Dehnungsverhältnisse nur ungenau möglich ist. Aus diesem Grund existieren andere Konzepte bei denen die Probe z. B. durch Zahnradpaare auseinander gezogen werden.

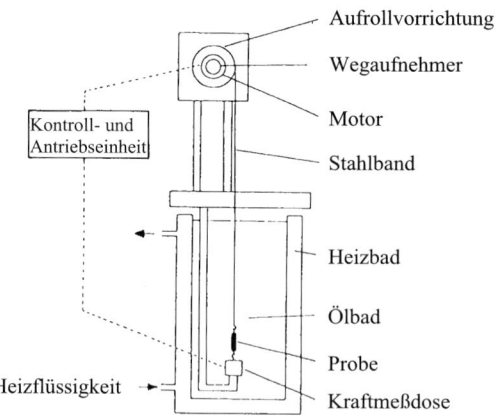

Bild 5.38 Dehnrheometer nach *Münstedt*

## 5.2.2  Biaxiale Dehnung

Das Verhalten von Kunststoffschmelzen bei biaxialer Dehnung unterscheidet sich erheblich von dem bei uniaxialer Dehnung. Daher wurden speziell für diesen Belastungsfall eigene Rheometertypen entwickelt. Kunststoffschmelzen werden z. B. bei den Verarbeitungsverfahren Blasformen, Streckblasen, Thermoformen, Schäumen und Schlauchfolienextrusion biaxial gedehnt.

Biaxiale Dehnung

### 5.2.2.1  Messtechnik

Ein von *Meißner* vorgestelltes Rheometer (Bild 5.39) verwendet das Prinzip der „rotierenden Klemmen". Dabei werden acht dieser Klemmen, die mit Kraftmessern verbunden sind, auf einem Kreis angeordnet. Die folienförmige Probe wird in diese Klemmen eingespannt, mit temperiertem Silikonöl auf die Versuchstemperatur aufgeheizt und anschließend gedehnt.

Rheometer nach *Meißner*

Da das Probenmaterial aus dem Messgebiet herausgefördert wird, können sehr große Dehnungen realisiert werden. Nachteilig ist allerdings, dass durch die Klemmen die Spannung in der Probe nicht homogen verteilt ist. Weiterhin liegt nur in der Mitte eine rein äquibiaxiale Dehnung vor, während an den Klemmen fast uniaxial gedehnt wird. Durch diese Mischform fällt es schwer, das Verhalten des Materials bei rein biaxialer Dehnung zu ermitteln. Zudem lassen sich nur relativ kleine Dehngeschwindigkeiten realisieren.

Ein weiteres Rheometer, das von *Hartwig* entwickelt wurde, ist das so genannte „Membrane-Inflation-Rheometer". Das Messprinzip ist in Bild 5.40 dargestellt. Bei diesem Messprinzip wird die ebene, kreisrunde folienartige Probe zwischen einen Zylinder und eine Kammer gespannt. Zylinder und Kammer sind mit temperiertem Silikonöl gefüllt, welches die gleiche Dichte wie die Probe besitzt, sodass Gravitationskräfte kompensiert werden. Die Probe wird deformiert, indem ein Kolben das Öl aus dem Zylinder herausdrückt und die Probe in eine zylindrische Leitvorrichtung in der Kammer deformiert. Während der Deformation wird die Druckdifferenz zwischen Kolben und Kammer gemessen. Durch die Leitvorrichtung wird die Probe definiert verformt. Am Pol der halbkugelförmigen Probe

Membrane-Inflation-Rheometer

Leitvorrichtung

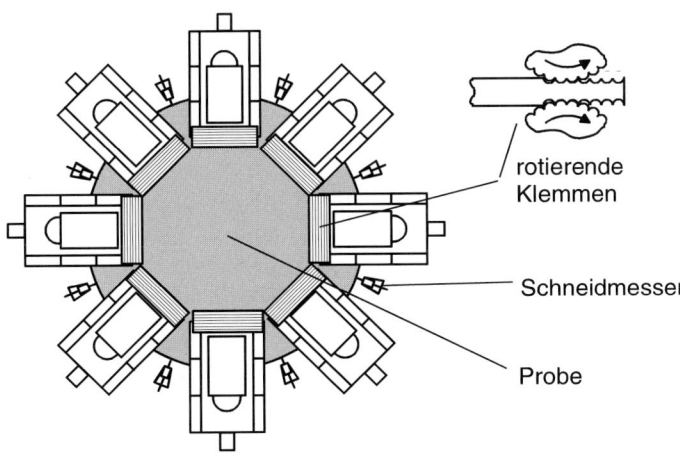

rotierende Klemmen

Schneidmesser

Probe

Bild 5.39  Dehnrheometer nach *Meißner*

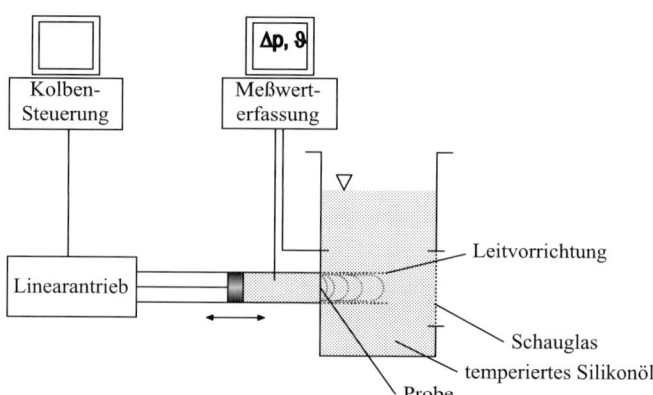

Bild 5.40  Membrane-Inflation-Rheometer

wird so eine äquibiaxiale Dehnung realisiert. Durch die Messung der Druckdifferenz können über Kräftebilanzen Spannungs-/Dehnungkurven aufgenommen werden.

Mit dieser Messvorrichtung können sehr hohe Dehngeschwindigkeiten erreicht werden, die im Bereich der im Produktionsprozess vorkommenden Geschwindigkeiten liegen. Nachteilig wirken sich allerdings die bei hohen Deformationsgeschwindigkeiten auftretenden Trägheitskräfte des verdrängten Öls aus, die die Messungen der Druckdifferenz beeinflussen können. Weiterhin ist nicht geklärt, inwieweit das Öl in die Probe eindiffundieren und dann die rheologischen Eigenschaften beeinflussen kann.

## 5.3    Molekülorientierungen und Relaxation

Der molekulare Aufbau der polymeren Werkstoffe führt zu dem in den Kapiteln 5.1 und 5.2 beschriebenen Verhalten im schmelzeförmigen Zustand. Durch die Fließvorgänge werden die Makromoleküle deformiert und in Strömungsrichtung orientiert. Orientierungen können durch genügend schnelle Abkühlung eingefroren werden und beeinflussen entscheidend die späteren Werkstoffeigenschaften im festen Zustand. Das Entstehen von Orientierungen und deren Abbau durch Relaxation soll daher im Folgenden detaillierter betrachtet werden.

### 5.3.1    Die Relaxation als thermodynamische Reaktion

Relaxation

Die Relaxation, d. h., das Abklingen der Spannung, die sich als Antwort auf eine vorausgegangene, konstant gehaltene Verformung einstellt, ist eine Folge der Wärmebewegung von Molekülen und Molekülsegmenten. Diese trachten, sich in einen Zustand der niedrigsten Ordnung und des geringsten Zwanges einzustellen. Derartige Einstellungen von neuen Gleichgewichtszuständen lassen sich meist mit der Gibbschen Zustandsgleichung (Gibbs-Helmholtzsche Gleichung) abschätzen (Gibbsches Potential)

$$\Delta G = \Delta H - T \cdot \Delta S \,. \tag{5.53}$$

$\Delta G$  freie äußere Enthalpie; sie nimmt einen Minimalwert ein $\Delta G \leq 0$, wenn die Einstellung zu einem neuen Gleichgewicht führt

$H$  innere Enthalpie

$T$  absolute Temperatur

$S$  Entropie

Bei völlig elastischem Verhalten würde durch Zufuhr äußerer Energie keine Energie in Wärme umgesetzt; dann wäre $T \cdot \Delta S = 0$. Man kann sich energieelastisches Verhalten, das durch den Modul ausgedrückt wird, vorstellen, als sei es durch Verbiegen der kovalenten Molekülachsen bewirkt.

Wir erkennen in der Zustandsgleichung, dass mit zunehmender Temperatur $T$ das Glied $-T \cdot \Delta S$ groß wird, was eine starke rücktreibende Energie darstellt. Wie in einem gespannten Gas steigt auch in einem gespannten Gummi-(Elastomer-)Band die rücktreibende Kraft mit zunehmender Temperatur. Man spricht von Entropieelastizität, weil die Moleküle aus einem aufgezwungenen Ordnungszustand in den ungeordneten Zustand zurückkehren wollen. Wir beobachten daher bei Kunststoffen stets entropieelastische Erscheinungen. Sie spielen eine sehr große Rolle bei an Schmelzen geleisteten Verformungsarbeiten, z. B. bei der Urformung wie Spritzgießen, Pressen usw.

## 5.3.2  Orientierung

Beim Durchströmen oder beim Pressen werden die Molekülknäuel ausgerichtet, wie das schematisch in Bild 5.41 beim Übergang von Zustand I und II angedeutet ist. Sie kommen somit in einen Zwangszustand. Auch eine Schmelze, die unter Druck gesetzt wird, verformt sich durch Deformation der Molekülknäuel (Zustand II). Wirkt der Druck nur sehr kurz oder ist die Schmelze sehr hochviskos, dann zeigt sie kautschukelastisches Verhalten, d. h., nach Entlastung formt sie sich wieder in die Ausgangslage zurück (Zustand I). Unter langzeitig einwirkendem Druck bei gleichzeitig hoher Temperatur – das bedeutet Molekülbeweglichkeit – relaxiert die Schmelze, sie nimmt ohne verbleibende Orientierung die neue Gestalt (III) an. Unter Orientierung versteht man also eine Molekülgestalt, die einen Zwangszustand darstellt. Bei einigen Verarbeitungsverfahren, wie z. B. beim Spritzgießen (oder auch beim Vakuumtiefziehen), läßt man im allgemeinen der Schmelze nicht ausreichend Zeit zum Relaxieren, sondern man friert sie – durch Einspritzen ins gekühlte Werkzeug – im Zustand II ein. Eine spätere Wie-

Orientierung

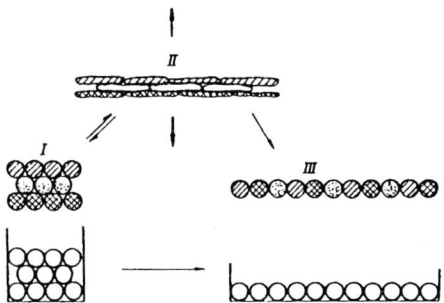

Bild 5.41 Schema zur Veranschaulichung der Deformation und Relaxation von Polymeren in der Schmelze und im kautschukelastischen Zustand (nach *Vollmert*)

dererwärmung führt dann zum Rückstellen in den Zustand I, dies ist ein entro-
pieelastischer Effekt. Man spricht daher auch vom Erinnerungsvermögen der
Thermoplaste oder dem „memory effect".

Hierbei muss auch erwähnt werden, dass die Eigenschaften solcher Teile im kalten Zustand stark durch die Orientierung beeinflusst werden, wie dies in
Bild 5.42 für das Bruchverhalten bei Biegung für gespritzte und wie üblich
schnell gekühlte Plättchen, z. B. aus Polystyrol, dargestellt ist. Auch die Zugfestigkeit kann in Orientierungsrichtung mehr als doppelt so hoch sein wie senkrecht dazu.

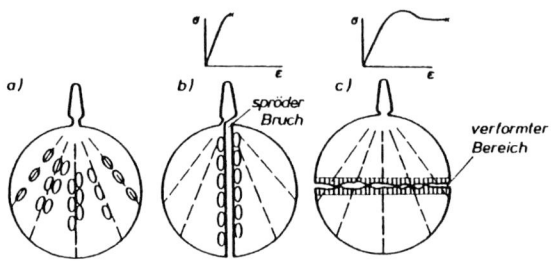

Bild 5.42 Zur Orientierung von Spritzgussteilen (nach *Vollmert*)
a) Fließrichtung bei einem gespritzten Kunststoffscheibchen – Orientierung von Partikeln
b) Bruch längs der Fließlinien bei geringer Deformation – sprödes Bruchverhalten
c) Bruch quer zu den Fließlinien bei größerer Deformation mit wesentlich größerem Kraftaufwand – zähes Bruchverhalten

**Ketten-**
**beweglichkeit**

Es versteht sich nach dem Vorstehenden, dass eine Rückstellung der Moleküle in
den statistisch wahrscheinlichsten Zustand um so schneller erfolgt, je höher die
allgemeine Kettenbeweglichkeit, d. h. die Temperatur des Polymers bzw. je niedriger die Molekülmasse ist. Kettenbeweglichkeit ist sogar bei Raumtemperatur in
einem allerdings sehr geringen Maße vorhanden. Die Relaxationszeit in Thermoplast-Schmelzen ist bereits so kurz, dass beim Extrudieren von Rohren (z. B. aus
Hart-PVC) keine Orientierung zustande kommt. Andererseits macht man z. B. bei
Schrumpfschläuchen (meist hochmolekulares PE, Verpackung) von einer eingefrorenen Orientierung praktischen Gebrauch. Sie ziehen sich nach Wiedererwärmung
infolge Retardation auf den zu verpackenden Gegenstand.

**Orientierungs-**
**grad-**
**bestimmung,**
**Schrumpf**

Man kann diese Eigenschaften (Orientierungsgrad, Relaxationsverhalten) bei
amorphen Thermoplasten bestimmen, wenn man verstreckte Formteile schrumpfen läßt bzw. im gestreckten Zustand wiedererwärmt und dabei retardieren lässt.
Eine andere Methode benutzt die Änderung der optischen Anisotropie bei transparenten Kunststoffen, um die Relaxation bzw. Retardation zu messen (vgl. Abschnitt 10.9). Bei teilkristallinen Kunststoffen ist die Molekülorientierung von
derjenigen der Kristallite überlagert und daher die Bestimmung schwierig. Bei
thermo-rheologisch einfachen Stoffen, zu denen die Thermoplast-Schmelzen
ebenso wie Elastomere (solange sie nicht vernetzt sind) gehören, haben alle Re-
laxations- und Retardations-Zeitverläufe die gleiche Temperaturabhängigkeit. Es
ist daher möglich, diese Kurven entlang der Zeitachse so zu verschieben, dass
sie zur Deckung gebracht werden können, so dass die Zusammenhänge sich verhältnismäßig einfach ermitteln lassen. Dies soll an einem Beispiel erläutert
werden.

Als Beispiel mögen die Schrumpfmessungen an gespritzten Formteilen aus einem Polystyrol dienen (Bild 5.43) (Dissertation *Wübken*). Hierbei drücken wir die jeweiligen Verformungszustände in Form der (eingefrorenen) Dehnung $\varepsilon$ aus. Wir bezeichnen somit den Zustand nach der Herstellung mit den eingefrorenen Orientierungen als Dehnung im Ausgangszustand $\varepsilon_a$

$$\varepsilon_a = \frac{l_a - l_0}{l_0} \, , \tag{5.54}$$

$$\varepsilon = \frac{l - l_0}{l_0} = \frac{\Delta l}{l_0} \, , \tag{5.55}$$

$l_a$ Länge im Ausgangszustand, $l_0$ Länge im ausgeschrumpften Zustand (gleichbedeutend mit vor der Orientierung)

Demnach kann die sich infolge von Relaxations- oder Retardationsvorgängen einstellende Verformung $\varepsilon$ auf die Ausgangsverformung $\varepsilon_a$ bezogen werden. Der Praktiker arbeitet allerdings nicht mit dieser für wissenschaftliches Aufklären besonders geeigneten Darstellung, sondern mit dem Schrumpf. Darunter versteht

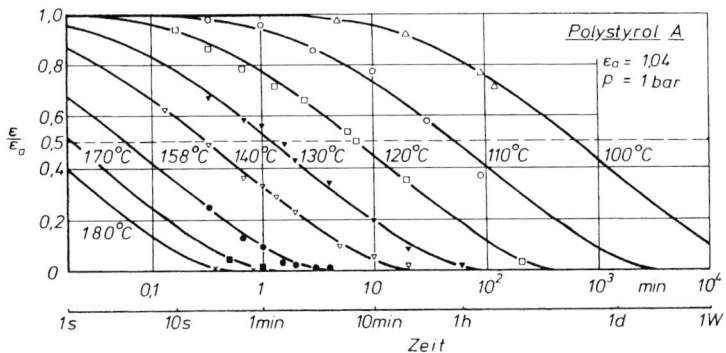

Bild 5.43 a) Relaxationsvorgang im Spritzgießwerkzeug bei unterschiedlichen Temperaturen (nach *Wübken*)

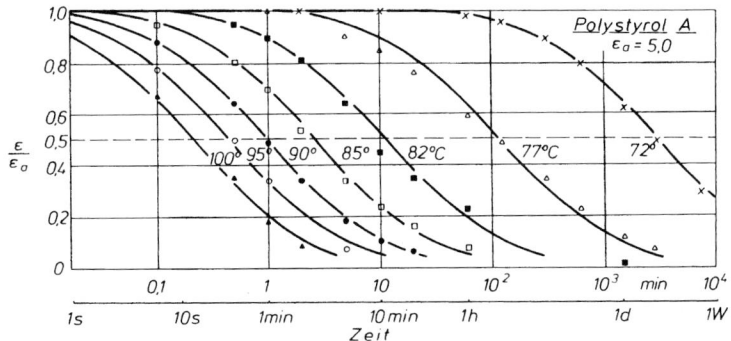

Bild 5.43 b) Retardationsvorgang (freier Schrumpf) bei unterschiedlichen Temperaturen (nach *Wübken*)

man

$$S = \frac{l_a - l}{l_a} = \frac{\Delta l}{l_a} \qquad (5.56)$$

und völlig ausgeschrumpft, also der Endschrumpf (maximaler Schrumpf)

$$S_0 = \frac{l_a - l_0}{l_a} . \qquad (5.57)$$

Für die maximale Deformation (Dehnung im Ausgangszustand) folgt daraus

$$\varepsilon_a = \frac{S_0}{1 - S_0} . \qquad (5.58)$$

**Temperung** Läßt man in Spritzgussteilen durch Tempern bei unterschiedlichen Temperaturen oder durch langen Aufenthalt im beheizten Werkzeug – also bei Erhalt der Geometrie – die Moleküle relaxieren, dann kann man die Ergebnisse wie folgt darstellen: Es ergeben sich, wie in Bild 5.43 gezeigt, Kurven der auf den Anfangswert bezogenen Dehnung über dem Logarithmus der Zeit, die – unabhängig davon, ob Relaxation oder Retardation – ähnlich sind. Die Mechanismen stofflicher Art scheinen somit gleich zu sein. Wir können beide Vorgänge mit dem gleichen Modell beschreiben (vgl. Bild 5.21).

**Masterkurve** In beiden Fällen sind die Kurven um so mehr zu langen Zeiten verschoben, je niedriger die Temperatur ist. Darüber hinaus laufen Retardationsvorgänge schneller ab. Da die Kurven jeweils für Relaxation oder Retardation ähnlich sind, kann man sie durch Verschieben zur Deckung bringen. Man erhält eine einzige Kurve, die sogenannte Masterkurve (Bild 5.44).

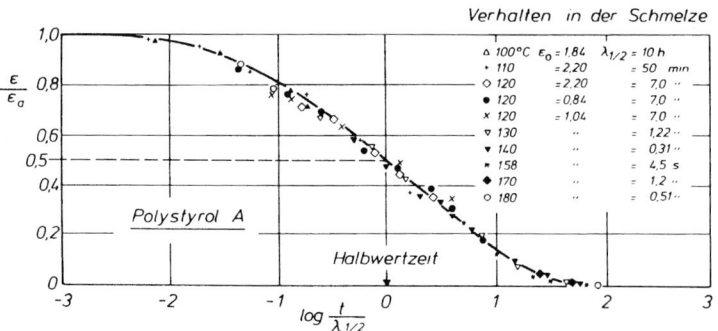

Bild 5.44 Hauptkurve (normierte Darstellung) der Relaxationsvorgänge im Spritzgießwerkzeug (nach *Wübken*)

Als Bezugsgröße für das Maß, um das die Funktionen jeweils zu verschieben sind, nehmen wir zweckmäßigerweise die Dehnung, die gerade halb so groß ist wie der Ausgangswert.

$$\frac{\varepsilon}{\varepsilon_a} = 0,5 .$$

Als Bezugskurve, auf die wir unsere Kurven verschieben, benutzen wir die Kurve, die den Wert

$$\frac{\varepsilon}{\varepsilon_a} = 0,5 \quad \text{zur Zeit } t = 1 \text{ min}$$

durchläuft. Zudem machen wir die Zeit dimensionslos, indem wir sie durch die Halbwert-Relaxationszeit $\lambda_{1/2}$ teilen (vgl. Bild 5.44).

Den jeweiligen Halbwert-Relaxationszeitwert in einer Kurve für eine bestimmte Temperatur erhält man aus der sogenannten WLF-Kurve (Bild 5.45). Die Ergebnisse der Untersuchungen von *Wübken* sind hier zusammengestellt. Wie bereits festgestellt, sind die Retardationen sehr viel schneller als die Relaxationen und das Schrumpfen der Spritzgussteile, bei dem offensichtlich eine Mischung beider Mechanismen vorliegt. Dass die Relaxation etwa $10^4$fach länger braucht, ist leicht erklärbar, denn – wie man in Bild 5.41 entnimmt – bei der Relaxation müssen sich die Moleküle gegeneinander verschieben, während sich bei der Retardation ganze Querschnitte gemeinsam bewegen können.

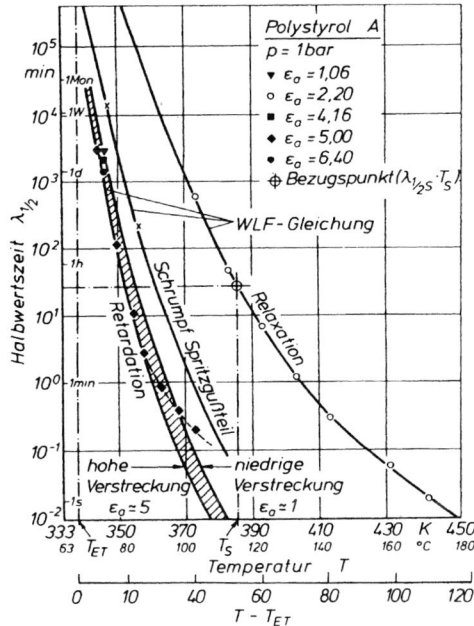

Bild 5.45 Temperaturabhängigkeit der Halbwertszeiten von Retardation und Relaxation (nach *Wübken*)

## 5.3.3  Halbwertzeiten der Relaxation

In Bild 5.45 sind die Halbwertzeiten der Relaxation und der Retardation, die durch langsame Verformungsgeschwindigkeit aufgebracht worden waren, in Abhängigkeit von der Temperatur dargestellt. Sie wurden aus Bild 5.43a und b übertragen. Die Kurven gelten für den Werkstoff Polystyrol. Obschon die Halbwertzeiten der Retardation je nach Verstreckungsgrad unterschiedlich sind (s. Bild 5.43), fallen sie – in Bild 5.45 über der Temperatur aufgetragen – in einem engen Band recht dicht zusammen.

Der steile Abfall der Kurven zeigt, dass das Relaxationsverhalten sehr stark temperaturabhängig ist. Eine Temperaturerhöhung von nur 20 K setzt die Halbwertzeit im Versuchsbereich um das Zehn- bis Tausendfache (!) herab. Die Kurven

*Temperaturabhängigkeit*

werden um so steiler, je niedriger die Temperatur ist; sie nähern sich scheinbar (!) asymptotisch der Erweichungstemperatur $T_{ET}$. Diese entspricht der vom Rohstoffhersteller angegebenen Temperatur für die Formbeständigkeit in der Wärme, gemessen nach DIN 53461, Verfahren A (ISO/R 75). Diese Temperatur hat für Relaxationsvorgänge offenbar eine besondere Bedeutung. Es ist die Temperatur, bei der sich der Kunststoff unter Biegebeanspruchung deutlich zu verformen beginnt. Unterhalb dieser Temperatur findet praktisch keine Orientierungsrelaxation statt, es sei denn, man verfolgt sie über Jahre oder Jahrzehnte.

Auffällig ist, dass auch die Messpunkte für die Relaxation bei unterschiedlichem hydrostatischen Druck in Bild 5.46 einer von *Williams, Landel* und *Ferry* angegebenen theoretischen Beziehung gehorchen. Die Autoren fanden empirisch, dass Relaxationsprozesse der mechanischen oder elektrischen Eigenschaften für verschiedene Stoffe in ihrer Temperaturabhängigkeit einer einzigen einfachen Funktion entsprechen (vgl. Gleichung (5.16)).

Das Verhältnis der Relaxationszeit $\lambda$ zur Relaxationszeit $\lambda_s$ bei einer bestimmten Bezugstemperatur $T_s$ gehorcht nach ihren Angaben folgender Gleichung:

$$\lg a_s = \lg \frac{\lambda}{\lambda_s} = -\frac{8{,}86 \cdot (T - T_s)}{101{,}6 + (T - T_s)} \, . \tag{5.59}$$

**WLF-Gleichung**   Diese Beziehung ist in der Literatur als „WLF"-Gleichung bekannt. Das Verhältnis der Relaxationszeiten $\lambda/\lambda_s = a_s$ wird als Verschiebungsfaktor bezeichnet. Die Autoren fanden, dass die obige Gleichung weitgehend unabhängig von der Art des Relaxationszeitspektrums (z. B. breit oder schmal) und der Zeitabhängigkeit ist, gleichgültig, ob es sich um mechanische oder elektrische Messungen handelt. Sie konnten den analytischen Zusammenhang für amorphe Polymere sowie für organische und anorganische Gläser im Bereich $T_{ET} < T < (T_{ET} + 100\ \mathrm{K})$ mit großer Genauigkeit verifizieren. Bei Temperaturen von mehr als 100 K oberhalb der Erweichungstemperatur muss allerdings unter Umständen mit Abweichungen gerechnet werden. Dies ist auch der Grund, weshalb entsprechende Messungen bei teilkristallinen Thermoplasten weniger gut reproduzierbare Ergebnisse bringen, liegt doch hier die Schmelztemperatur $T_m \gg T_{ET}$. Die WLF-Gleichung läßt sich nicht nur auf Thermoplaste, sondern auch auf Elastomere anwenden.

Die in der WLF-Gleichung enthaltene Bezugstemperatur $T_s$ ist nicht frei wählbar. Um eine möglichst exakte Übereinstimmung zwischen experimentellen und WLF-Werten zu erhalten, muss die WLF-Kurve so lange verschoben werden, bis sie die Versuchsdaten am besten beschreibt, d. h., $\lambda_{1/2}$ und $T_s$ sind zu bestimmen. Die Bezugstemperatur ist jedoch nicht von der Art des Relaxationsversuchs abhängig, sondern typisch für den Werkstoff. Sie wurde einheitlich für alle bisher untersuchten Stoffe ungefähr 50 K über der Erweichungstemperatur mit einer Standardabweichung von nur $\pm 5$ K festgestellt. Für Polystyrol A (Bild 5.45) fanden wir eine Bezugstemperatur von $T_S = 113\ {}^\circ\mathrm{C}$ (386 K). Sie liegt um 48 K über der vom Hersteller angegebenen Formbeständigkeitstemperatur von 65 °C.

Die Beziehungen für die Halbwertzeiten von Bild 5.45 lauten für Polystyrol A mit $T_s = 113\ {}^\circ\mathrm{C}$:

Relaxation

$$\lg \frac{\lambda_{1/2}}{\min} = \lg 27 - \frac{8{,}86(T - T_s)}{101{,}6 + (T - T_s)} \, , \tag{5.60}$$

Retardation

$$\lg \frac{\lambda_{1/2}}{\min} = \lg 0{,}0018 \frac{8{,}86(T - T_s)}{101{,}6 + (T - T_s)} \,. \qquad (5.61)$$

Die Konstanten 27 und 0,0018 sind identisch mit der Halbwertzeit $\lambda_{1/2\,s}$ in Minuten bei der zugrunde gelegten Bezugstemperatur von $T_s = 113\,°C$.

Bild 5.46 zeigt den Einfluss des Druckes auf das Relaxationsverhalten; mit zunehmendem hydrostatischem Druck wird die Beweglichkeit kleiner. Auch hier verhalten sich die Zeitveränderungen

$$a_1(p) : a_2(p) : a_3(p) \quad \text{wie} \quad b_1(p) : b_2(p) : b_3(p) \,. \qquad (5.62)$$

Diese Druckabhängigkeit lässt sich leicht in die WLF-Funktion einbauen, wenn wir uns an Bild 5.11 erinnern, wonach die Einfriertemperatur und somit auch die Bezugstemperatur $T_s$ durch den hydrostatischen Druck verschoben wird. Es gilt schließlich, da $\lambda = \eta/E$ die gleiche Gesetzmäßigkeit für $\eta$ und $E$, so dass wir die wichtige Beziehung erhalten:

Druckabhängig-keit

$$\log \eta^*_{\mathrm{CT,P}} = \log \eta_0 + \frac{8{,}86(T^* - T_s)}{101{,}6 + (T^* - T_s)} - \frac{8{,}86\left(T - T_s + \dfrac{2}{100}\,\dfrac{°C}{bar}\cdot p\right)}{101{,}6 + \left(T - T_s + \dfrac{2}{100}\,\dfrac{°C}{bar}\cdot p\right)} \,.$$

$$(5.63)$$

Das Zeit-Temperatur-Verschiebungsprinzip gilt somit nicht für Deformationen und Spannungen bei Retardation und Relaxation, sondern auch für die Moduln und für die Nullviskosität (vgl. Gleichung (5.16)).

Wenn Deformationen unter hohen Geschwindigkeiten erfolgen, dann beobachtet man eine deutliche – nicht mehr vernachlässigbare – Abhängigkeit des Relaxa-

Deformations-geschwindigkeit

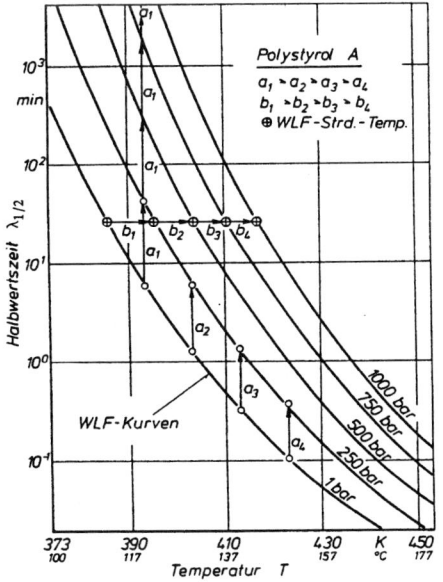

Bild 5.46 Temperaturabhängigkeit der Relaxationszeiten bei unterschiedlichen Drücken (nach *Wübken*)

tionsverhaltens von der Geschwindigkeit; bei hohen Verformungsgeschwindigkeiten werden die Relaxationszeiten kürzer. Auch für diesen Fall wurde eine Berechnungsmethode vorgeschlagen. Sie erfasst zudem denjenigen Teil der Verformung, der bereits während des Aufbringens relaxiert, sich also später nach der Entlastung nicht mehr zeigt. Die Vorgehensweise ist in Bild 5.47a verdeutlicht (*Wortberg*).

Die in einem Zeitschritt $\Delta t$ sich einstellende Änderung der reversiblen Deformation ergibt sich aus der Superposition von eingebrachter Deformation ($\dot{\varepsilon} \cdot \Delta t$) und im gleichen Zeitintervall relaxierter, reversibler Deformation ($\varepsilon_R \Delta t / \tau(\varepsilon_R)$ zu

$$\Delta\varepsilon_R = \underbrace{\dot{\varepsilon} \cdot \Delta t}_{\text{äußere Deformation}} - \underbrace{\frac{\varepsilon_R}{\tau(\varepsilon_R)} \cdot \Delta t}_{\text{Relaxation}} , \tag{5.64}$$

$$\tau(\varepsilon_R) = C_1 \cdot e^{-C_2 \cdot \varepsilon_R} . \tag{5.65}$$

Das materialspezifische Relaxationsverhalten (zeitlicher Abbau reversibler Deformationen bei äußerer Behinderung) ist hier mit einem Ansatz für ein Maxwell-

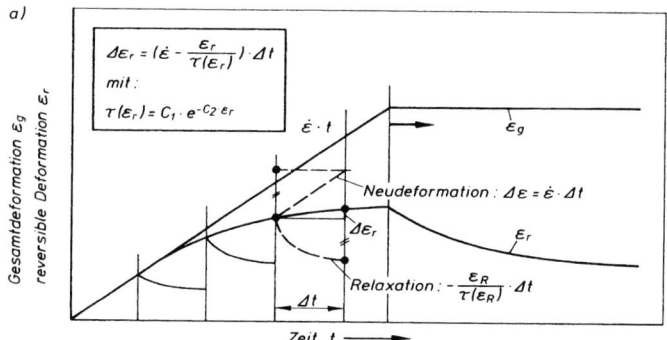

Bild 5.47 a) Bestimmung des elastischen Verhaltens von Schmelzen durch schrittweises Berechnen von Deformation und Relaxation, Schema des Rechenganges

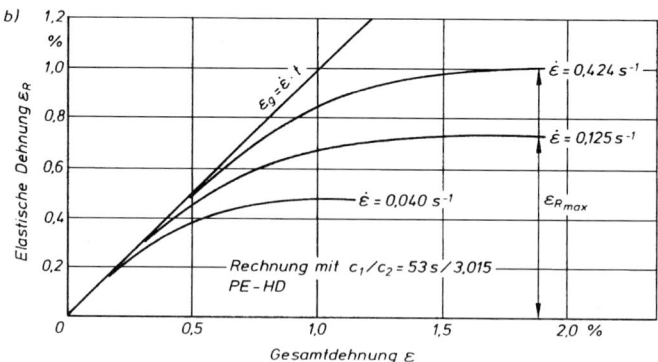

Bild 5.47 b) Elastische Anteile bei der Dehnung einer PE-Schmelze bei verschiedenen Dehngeschwindigkeiten (nach *Junk, Wortberg, Vogt*)

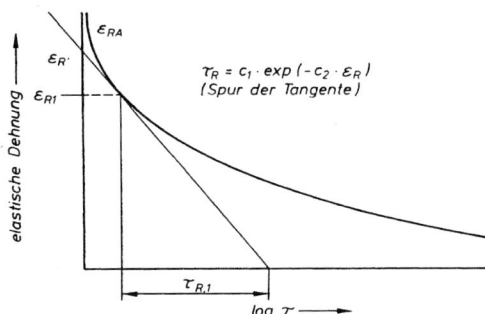

Bild 5.48 Funktion für die Änderung der Relaxationszeit $\tau$ in Abhängigkeit von der jeweils vorhandenen reversiblen (elastischen) Deformation

Modell mit von der Höhe der reversiblen Deformation abhängiger Relaxationszeit $\tau(\varepsilon_R)$ beschrieben (vgl. Bild 5.48).

In dieser Weise lassen sich der Aufbau reversibler Deformationen für konstante Deformationsgeschwindigkeit $\dot{\varepsilon}$, die stationären Endwerte $\varepsilon_{R\,max}$ als Funktion der Deformationsgeschwindigkeit und die Relaxationskurve, ausgehend von einem Anfangswert $\varepsilon_{Ra}$, numerisch berechnen.

Die charakterisierenden Konstanten $C_1$ und $C_2$ für das jeweils interessierende Material müssen aus Messungen ermittelt werden. Dies geschieht am günstigsten aus einigen Relaxationsmessungen oder durch die Ermittlung der stationären Endwerte reversibler Deformationen $\varepsilon_{R\,max}$ bei zwei verschiedenen Deformationsgeschwindigkeiten $\dot{\varepsilon}$. Die Größe $C_1$ beinhaltet den Temperatureinfluss und ist – eine Temperatur-Verschiebungs-Beziehung – auf jede beliebige Temperatur umrechenbar.

Bild 5.33b zeigt die maximal erreichbare reversible Scherdeformation als Funktion der Schergeschwindigkeit bei PE-HD.

## Literatur zu Kapitel 5

Carreau, P. J.; De Klee, D. C. R.; Chhabra, R. P.: Rheology of Polymeric Systems. Hanser, München 1997

Ferry, J. D.: Viscoelastic Properties of Polymers. John Wiley & Sons, New York, London 1961

Dealy, J. M.; Saucier, P. C.: Rheology in Plastics Quality Control. München: Carl Hanser Verlag, 2000

Matsuoka, S.: Relaxation Phenomena in Polymers. München: Carl Hanser Verlag, 1992

Meissner, J.: Rheologisches Verhalten von Schmelzen. In: G. Schreyer (Hrsg.) Konstruieren mit Kunststoffen, Teil 2. München: Carl Hanser Verlag, 1972

Pahl, M.; Gleisle, W.; Laun, H.-M.: Praktische Rheologie der Kunststoffe und Elastomere. VDI Verlag, Düsseldorf 1995.

Schümmer, P.: Rheologie I. Umdruck zur Vorlesung, Institut für mechanische Verfahrenstechnik, RWTH Aachen, 1992 >> Modigell

VDI (Hrsg.): Praktische Rheologie für Kunststoffschmelzen und Lösungen. VDI-Verlag, Düsseldorf 1981, 1983

VDMA (Hrsg.): Kenndaten für die Verarbeitung thermoplastischer Kunststoffe. Teil 1: Thermodynamik. 1979; Teil 2: Rheologie. 1986; Teil 3: Tribologie. 1983; Teil 4: Rheologie Band 2. Hanser, München 1986

# 6 Abkühlen aus der Schmelze und Entstehung von innerer Struktur

## 6.1 Struktur und innere Eigenschaften

### 6.1.1 Thermodynamischer Zustand

**Einfrieren**

Wenn einer Polymerschmelze Wärme entzogen wird, dann verlieren die Ketten ihre Beweglichkeit, und Segment um Segment wird von den Nebenvalenzfeldern der Nachbarn eingefangen. Die Schmelze wird hochviskos. Handelt es sich um ein Polymer mit unregelmäßigen, nicht kristallisationsfähigen Kettenmolekülen, so kann die mit der Abkühlung einhergehende, zunehmend dichtere Packung aber nicht zur Kristallisation führen. Die Schmelze friert segmentweise weiter ein, d. h. sie versteift zunehmend, bis sie bei der Einfriertemperatur völlig erstarrt. Dieses Verhalten kommt vielen Verarbeitungsverfahren sehr entgegen.

Im Verlauf der Enthalpie und des spezifischen Volumens registrieren wir eine schwache Steigungsänderung (vgl. Bild 6.1). Wurde der Stoff vorher mit zunehmender Abkühlung mehr und mehr einem Kautschuk in seinem mechanischen Verhalten ähnlicher, so wird er nun zum harten, spröden Körper. Man nennt daher diese Temperatur die Einfriertemperatur $T_{ET}$ bzw. Glastemperatur $T_G$. Richtiger ist für Polymere, von einem Einfriertemperaturbereich zu sprechen, da sich dieser Vorgang über einige Temperaturgrade hinzieht. Das Volumen eines so einfrierenden Stoffes ändert sich bis zur Einfriertemperatur und darunter jeweils, aber mit unterschiedlicher Steigung linear. Die Einfriertemperatur kann aus dem Schnittpunkt beider Geraden bestimmt werden. Die lineare Volumenänderung ist für eine Reihe von Fertigungsmethoden vorteilhaft.

**Volumenänderung bei der Kristallisation**

Kühlt man eine Schmelze ab, die aus Molekülknäueln aufgebaut ist, deren Ketten – zumindest zum Teil – einen regelmäßigen Bau aufweisen (vgl. Bild 6.6), dann kommen Segmente der Ketten bereits weit oberhalb der Einfriertemperatur in Nebenvalenzfelder ihrer Nachbarn, wo sie aber nun eine engste Packungsdichte

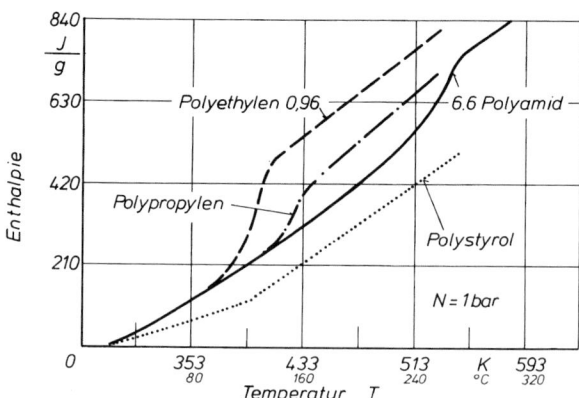

Bild 6.1 Wärmeinhalt als Funktion der Temperatur bei verschiedenen Thermoplasten

einnehmen, d. h. sie kristallisieren. Da hierbei Kristallisationswärme frei wird (vgl. Bild 6.1: Abknicken der Enthalpiekurven für Polyamid, Polyethylen, Polypropylen), muss diese erst abgeführt werden, bevor die Abkühlung weiter voranschreiten kann. Man beobachtet daher, dass die Schmelze, die je nach Größe ihrer Moleküle noch mehr oder weniger viskos ist, bei Erreichen der Kristallisationstemperatur $T_{KT}$ einen Temperaturhaltebereich aufweist. Je kürzer die Moleküle sind – geringe Molmasse –, umso leichter kristallisieren die Moleküle, der Kristallisationsgrad wächst. Die Kristallisationstemperatur $T_{KT}$ ist nur in seltenen Fällen mit der Kristallitschmelztemperatur $T_m$ identisch; beide sind in starkem Maße von der Abkühl- bzw. Aufheizgeschwindigkeit abhängig. Teilkristalline Thermoplaste haben einen Kristallisationsgrad von 30 % bis 70 %. Bei derartigen Anteilen liegt unterhalb der Kristallitschmelztemperatur ein fester, aber, dank der noch nicht eingefrorenen amorph erstarrenden Anteile, zäher Körper vor.

Bild 6.2 zeigt schematisch, wie sich das Volumen von Polymeren mit der Temperatur ändert. In der Schmelze haben sie ein gewisses freies Volumen (Leerstellen), welches die Molekülbeweglichkeit erlaubt.

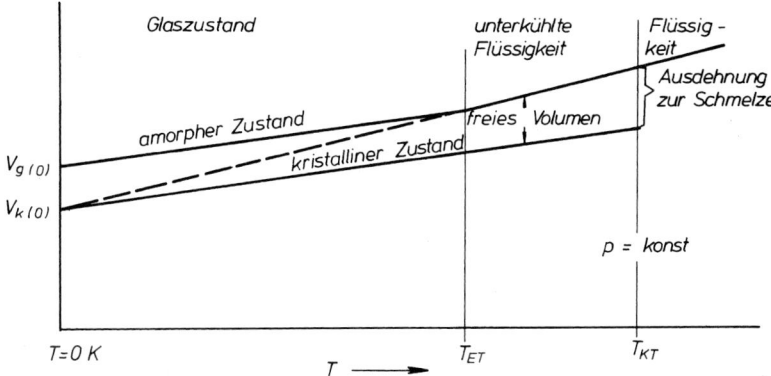

Bild 6.2 Wärme-Volumen-Ausdehnungsmodell für Thermoplaste (nach *Simha* und *Boyer*)

Eine unterkühlte Flüssigkeit besteht jedoch auch nur solange, wie dank des noch vorhandenen freien Volumens eine gewisse molekulare Beweglichkeit besteht. Wenn für ganze Moleküle oder Segmente von Ketten jedoch die Bewegungsmöglichkeit aufhört, ist der Glaszustand erreicht. Der Stoff ist eingefroren. Man nennt die Temperatur, bei der dies auftritt, daher auch Glas- oder Einfriertemperatur ($T_G$ bzw. $T_{ET}$). Wie man Bild 6.2 weiter entnimmt, wird damit auch das freie Volumen eingefroren, das bei der Einfriertemperatur vorliegt.

Im Falle der Kristallisation ändert sich das Volumen im Idealfall sprunghaft auf ein niedrigeres spezifisches Volumen, jedoch bleiben auch in den amorphen Anteilen Leerstellen übrig, die weiterhin langsames Fließen (Kriechen) erlauben. Experimentell findet man jedoch bei Polymeren meist Kristallisations- und Schmelzebereiche, was auf die unterschiedliche Stabilität der einzelnen Kristallite zurückzuführen ist (s. Bild 6.6).

Die Flüssigkeit hat gegenüber dem festen Körper ein großes freies Volumen und dank dessen eine hohe Molekülbeweglichkeit. Am absoluten Nullpunkt hat ein kristallisierender Stoff sein kleinstes Volumen, da hier keine Wärmebewegung

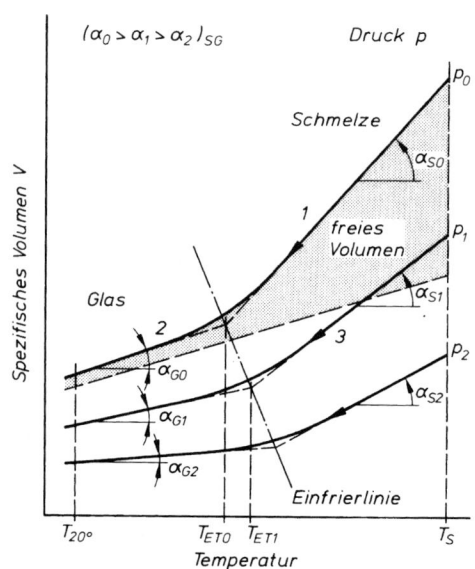

Bild 6.3  p-v-T-Diagramm eines amorphen Thermoplasten

mehr vorliegt. Es ist durch die Bauform der die Moleküle darstellenden Atomgruppen gegeben.

**Einfluss des Druckes**

Aufgrund der Kompressibilität von Polymeren ist das spezifische Volumen bei
amorphen und teilkristallinen Thermoplasten abhängig vom Umgebungsdruck.
Durch zunehmendem Druck verringert sich das spezifische Volumen und die Ein-
frier-/Kristallisationstemperatur nimmt linear zu (Bild 6.3).

**Einfluss der Abkühlgeschwindigkeit**

Aufgrund der Kristallisation hängt die Größe des eingefrorenen Volumens sehr
stark von der Abkühlgeschwindigkeit ab. Hohe Abkühlgeschwindigkeit bedeutet
größeres freies Volumen. Diese Zusammenhänge haben große praktische Bedeutung. Eingefrorenes freies Volumen bewirkt, dass auch im festen Zustand noch
Molekülbewegung möglich ist. Der Werkstoff erweist sich damit als weniger
spröde. Dies bedingt auch ein stärkeres Eindringen und eine höhere Durchlässigkeit von angrenzenden Fremdstoffmolekülen, wenn das freie Volumen größer ist
(Diffusion von Gasen und Flüssigkeiten). Desgleichen wird mit Maßänderungen
zu rechnen sein. Wenn z. B. dem Stoff durch erhöhte Temperatur mehr molekulare Beweglichkeit gegeben wird, dann wird er schneller das eingefrorene freie
Volumen abbauen als bei einer niedrigen Temperatur. Man macht davon Gebrauch, indem man Formteile u. a. einer Wärmebehandlung an der Grenze der
Formsteifigkeit unterwirft. Dies nennt man „Tempern". Im Allgemeinen bedeutet
dies eine qualitative Verbesserung.

**Abkühlung bei der Extrusion**

Für die Fertigung haben diese Zusammenhänge erhebliche Konsequenzen. So ist
das Herstellen von Profilen auf Extrudern aus der Schmelze bei amorph erstarrenden Thermoplasten gut möglich, da die Schmelze so weit im formgebenden Extruderwerkzeug abgekühlt werden kann, dass sie beim Austritt eine ausreichende
Festigkeit hat, um abgezogen werden zu können bzw. nicht in sich zusammenzufallen. Bei amorphen Thermoplasten ist zudem die Volumenänderung bei der Einfriertemperatur gering (vgl. Bild 6.3). Teilkristallin erstarrende Thermoplaste sind

– wenn sie nicht eine sehr hohe Molmasse besitzen – oberhalb der Kristallisationstemperatur noch so niedrigviskos, dass sie beim Austritt aus dem Werkzeug
eine nicht ausreichende Schmelzesteifigkeit zeigen. Tiefere Temperaturen sind jedoch wegen des Einfrierens im Werkzeug nicht möglich. Hier muss somit die
Formgebung bis nach dem Einfrieren unter Formzwang erfolgen, was ungleich
schwieriger ist.

Auch beim Spritzgießen verhalten sich die teilkristallinen Thermoplaste ungünsti-
ger, da einmal mehr Wärme abgeführt werden muss und zum anderen die größere
Volumenänderung längere Nachdruckzeiten bedingt, d. h. längere Herstellzeiten
und größere Schwindung. Durch den Abkühlvorgang wird der Kristallisationsgrad nachhaltig beeinflusst. Sehr schnelles Abkühlen gestattet, die Kristallisation
weitgehend zu unterdrücken und eine nahezu amorphe Erstarrung zu erzwingen.
Im Falle erzwungener amorpher Erstarrung kommt es aber mit der Zeit zur Nachkristallisation, was weiteren Schwund und Verzug bedingt.

Abkühlung beim
Spritzgießen

Man kann den Füll- und Nachdruckverlauf beim Spritzgießen (vgl. Bild 6.4) in
einem p-v-T-Diagramm (spezifisches Volumen über Druck und Temperatur) verfolgen und daraus wichtige Eigenschaften voraussagen, wenn man den Zustandsverlauf (Verlauf von Druck und Temperatur) des Werkstoffs von der Schmelze bis
zum festen, kalten Formteil in dieses Diagramm überträgt. Über der volumetrischen Füllung (0 bis 1), der Kompressionsphase (1 bis 2) und der Nachdruckphase (2 bis 3) wird Polymermasse in die Werkzeugkavität gedrückt. Bei Punkt 3

Schwindung

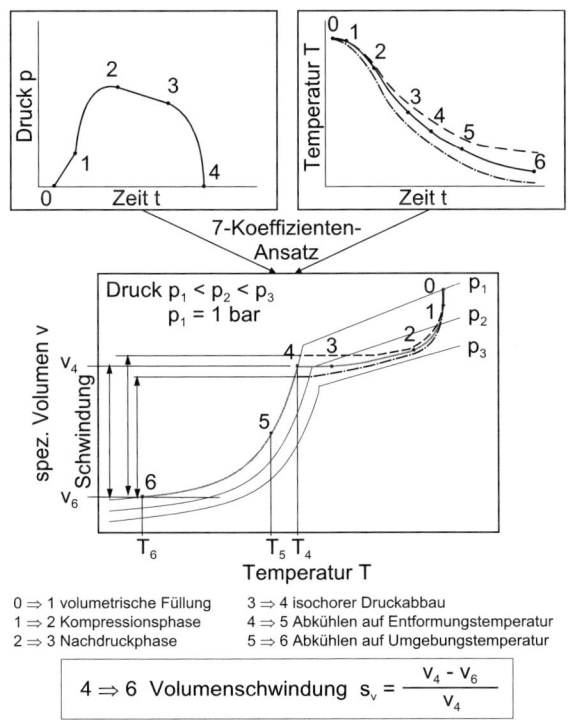

0 ⇒ 1 volumetrische Füllung
1 ⇒ 2 Kompressionsphase
2 ⇒ 3 Nachdruckphase
3 ⇒ 4 isochorer Druckabbau
4 ⇒ 5 Abkühlen auf Entformungstemperatur
5 ⇒ 6 Abkühlen auf Umgebungstemperatur

$$4 \Rightarrow 6 \text{ Volumenschwindung } s_v = \frac{v_4 - v_6}{v_4}$$

Bild 6.4 Zustandsverlauf im p-v-T-Diagramm bei einem teilkristallinen Thermoplasten

kommt es durch den Abkühlprozess zur Versiegelung des Formteils. Von diesem Zeitpunkt aus kann kein weiteres Material zur Schwindungskompensation nachgeführt werden. Innerhalb des weiteren Abkühlens des Polymers über den isochoren Druckabbau (3 bis 4), der Abkühlung auf Entformungstemperatur (4 bis 5) und der Abkühlung auf Umgebungstemperatur (5 bis 6) kommt es zu einer Abnahme des spezifischen Volumens. Die Schwindung, d. h. die Abmessungsdifferenz des fertigen kalten Formteils gegenüber dem formenden Werkzeug, kann man aus dem Volumenunterschied zwischen dem spezifischen Volumen zum Zeitpunkt 3 und dem spezifischen Volumen bei Raumtemperatur abschätzen. Da sich bei nahezu gleichem Druck über dem Formteilquerschnitt aufgrund der schlechten Wärmeleitfähigkeit von Polymeren Temperaturprofile einstellen, kommt es über den Formteilquerschnitt zu einer unterschiedlichen Volumenschwindung. Unterschiedliche Schwindungen, hervorgerufen auch durch unterschiedliche Druck- und Temperaturverhältnisse im Formteil, führen zum Verzug.

> **Die Differenz zwischen dem spezifischen Volumen zum Siegelzeitpunkt zum spezifischen Volumen bei Raumtemperatur gibt im p-v-T-Diagramm die Volumenschwindung wieder.**

Bei teilkristallinen Thermoplasten tritt aufgrund der stärkeren Abnahme des spezifischen Volumens unterhalb der Einfriertemperatur gegenüber amorphen Thermoplasten eine höhere Schwindung und eine höhere Schwindungsspannbreite auf.

> **Teilkristalline Thermoplaste haben eine größere Schwindung als amorphe Thermoplaste.**

## 6.1.2  Morphologische Struktur

Von morphologischer Struktur spricht man, wenn man die Ordnungszustände bzw. das Gefüge beschreiben will. Diese sollen zunächst nach der Größe der Bereiche, in denen sie vorliegen, eingeteilt werden.

Nahordnung
Auf molekularer Ebene können die Ordnungsmöglichkeiten zwischen einzelnen benachbarten Polymermolekülen oder ihren Kettensegmenten (Nahordnung) vom hochkristallinen Zustand bis zu völliger Unordnung bei einer ideal amorphen Struktur reichen (Bild 6.5, Schema links in vertikaler Anordnung). Dieser Nahordnung können sich weitere übermolekulare Ordnungen größerer Dimensionen überlagern, die als Überstruktur oder Textur bezeichnet werden (Bild 6.5, rechts).

Elektronenmikroskopisch erfassbare übermolekulare Ordnungen lassen sich durch Zusammensetzung, Größe, Form und Verteilung der molekularen Nahordnungsbereiche (Domänen) charakterisieren und sind daher chemisch und/oder bezüglich des Nahordnungsgrades ihrer Strukturelemente inhomogen. Beim Übergang zu noch größeren, bereits lichtmikroskopisch erkennbaren Dimensionen lassen sich auch gröbere, makromorphologische Strukturen erkennen, wie sie z. B. bei teilkristallinen Kunststoffen in Form von Einschlüssen einer zweiten Phase (vgl. Blends in Abschnitt 4.4.4.2) oder bei Gemischen verschiedener Polymere und in teilkristallinen Thermoplasten als sphärolithische Überstruktur anzutreffen sind.

amorphe Struktur
Unter einem amorphen Zustand versteht man streng genommen eine völlig ungeordnete, regellose Struktur; es erhebt sich allerdings die Frage, ob Polymere über-

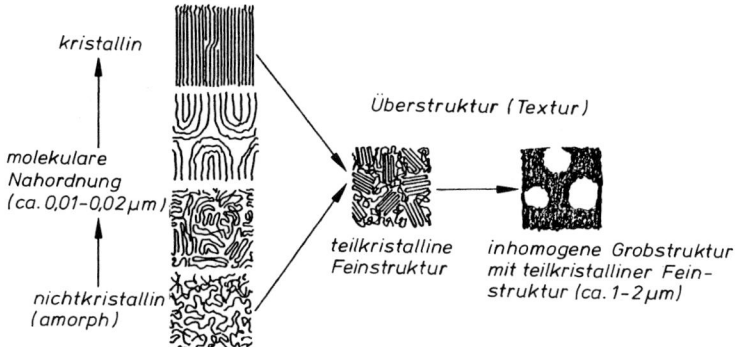

Bild 6.5 Schematische Darstellung von Beispielen der molekularen Nahordnung und übermolekularer Ordnungen (nach *Funke*)

haupt eine ideal amorphe Struktur besitzen können. So sind die hohen Dichten von so genannten amorphen Polymeren mit der Vorstellung eines völlig wirren Durcheinanders von Molekülketten mit einer hierzu erforderlichen sehr lockeren Packung unvereinbar. Vor allem elektronenmikroskopische Untersuchungen zeigen, dass solche amorphen Polymere, die aus relativ starren Ketten bestehen, deutliche übermolekulare Strukturen und Ordnungszustände besitzen. Dies sind beispielsweise globuläre Bereiche mit überwiegend geknäulten Makromolekülen oder bündel-, bzw. fibrilläre Bereiche aus überwiegend gestreckten Makromolekülen. Trotz dieser Strukturen zeigen die Polymere keinerlei Beugungseffekte bei der Röntgenstreuung und sind optisch isotrop.

Auch Polymere aus weichen, flexiblen Makromolekülen, wie Polyisopren, bei denen zunächst eine Struktur aus völlig ungeordneten, verschlungenen Makromolekülen angenommen wurde, zeigen bänderartige oder globuläre Bereiche. Diese Bündelstrukturen aus parallelisierten Kettenmolekülen sind relativ labil und kurzlebig. Ihre räumliche Lage fluktuiert, und sie zerfallen leicht bei Einwirkung von Spannungen. Die starke Viskositätsabnahme bei zunehmender Schubspannung wird z. B. auf die Zerstörung solcher übermolekularer Nahordnungsbereiche zurückgeführt.

> **Die morphologische Struktur beinhaltet die Beschreibung des Ordnungszustandes bzw. Gefüges. Eine völlig ungeordnete regellose Struktur wird als amorph bezeichnet.**

## 6.1.3   Kristallisation

### 6.1.3.1   Grundlagen der Kristallentstehung

Wenn eine Molekülkette einen völlig regelmäßigen Aufbau besitzt, dann ist eine extrem hohe Packungsdichte durch geordnetes Aneinanderlegen möglich. Als anschauliches Beispiel mag ein Reißverschluss dienen. Bereits ein nicht an seinem Platz sitzender Reißverschlusshaken verhindert auf einem gewissen Bereich das Schließen des Reißverschlusses. Ebenso haben wir uns das Aneinanderpassen der Kettenmoleküle vorzustellen. Man spricht bei den zu solcher Packung fähigen

kristalliner
Aufbau

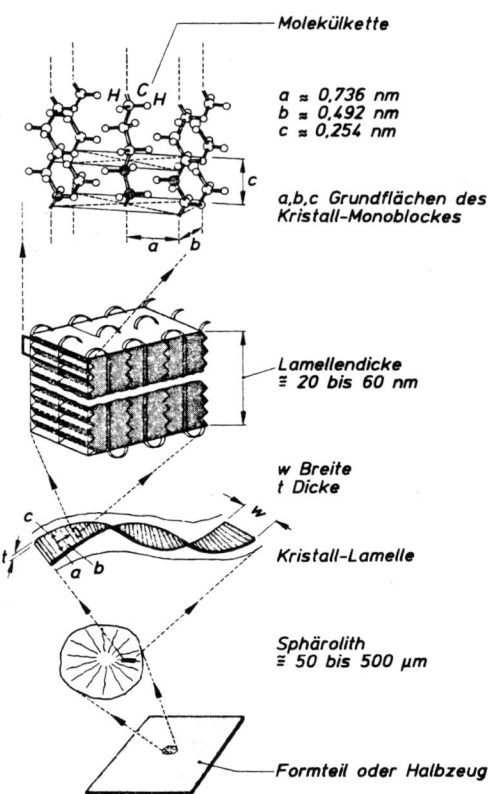

Bild 6.6 Struktureller Aufbau von teilkristallinen Polymeren am Beispiel von Polyethylen und von Überstrukturen (Sphärolithen)

Kunststoffen von teilkristallinen Polymeren; teilkristallin deswegen, weil die langen Ketten in praktischen Fällen beim Abkühlen aus der Schmelze niemals fähig sind, vollständig zu kristallisieren. Beispiele sind das Polyethylen hoher Dichte (PE-HD) und das Polyoxymethylen (POM), die zu etwa 70 % kristallisieren.

Durch unregelmäßigen Aufbau der Makromoleküle wird die Kristallisation eingeschränkt bzw. ganz unterdrückt. Bereits das im Hochdruckverfahren hergestellte Polyethylen (PE-LD) hat infolge seiner Verzweigungen einen geringeren Kristallisationsgrad (ca. 35 %) als Niederdruck-Polyethylen (PE-HD). In anderen Fällen verhindert man die Kristallisation durch Copolymerisation mit anderen Monomeren, die statistisch in die Hauptkette eingebaut werden. So kann durch den unregelmäßigen Aufbau des aus Ethylen und Propylen aufgebauten Copolymerisats EPM und einem Polypropylengehalt von 30 % eine Kristallisation ausgeschlossen werden.

Die räumliche Anordnung und morphologische (Gefüge-)Struktur, die sich nach der Erstarrung bei Polymeren einstellt, wenn sie durch regelmäßigen Aufbau kristallisieren können, zeigt Bild 6.6 schematisch am Beispiel von Polyethylen. Ausgehend von einem Kern bzw. Keim wachsen Lamellen nach außen. Das Ende der Lamellen ist dabei gleichzeitig die Grenze des Sphärolithen. Die Lamellen selber bestehen aus gefalteten Molekülketten. Wenn man die Ketten wiederum vergrößert, sieht man schließlich die atomare Gitterstruktur.

### 6.1.3.2 Kristallstrukturen

Schon ehe die Existenz von Makromolekülen allgemein erkannt wurde, gab es vor allem aus röntgenographischen Untersuchungen zwingende Hinweise, dass in bestimmten Naturstoffen, wie Zellulose oder Kautschuk, bei tiefer Temperatur oder in gestrecktem Zustand hoch geordnete, kristalline Bereiche vorliegen müssen. Später wurde eine kristalline Ordnung auch bei vielen synthetischen makromolekularen Stoffen, wie z. B. Polyamiden, Polyethylenen und stereospezifischen Vinylpolymeren, gefunden. Man unterschied daher zwischen kristallinen und amorphen Polymeren. Polymere kristallisieren aufgrund ihrer Struktur nie vollständig. Da der Kristallisationsgrad häufig nur zwischen 40 % und 60 % liegt, spricht man besser von teilkristallinen Polymeren.

Das Vorhandensein von kristallartig geordneten Bereichen führte zunächst zu der Vorstellung, dass teilkristalline Polymere als Systeme aufzufassen seien, bei denen Bereiche hoher Ordnung (Kristalle) in einer Matrix aus ungeordneten (amorphen) Molekülketten eingebettet sind (Fransenmizellen-Modell, Bild 6.7). Diese Modellvorstellung entspricht jedoch nicht der zu beobachtenden Realität. Trotzdem kann die Vorstellung, es lägen zwei getrennte Phasen nebeneinander vor, hilfreich sein. — teilkristalline Polymere

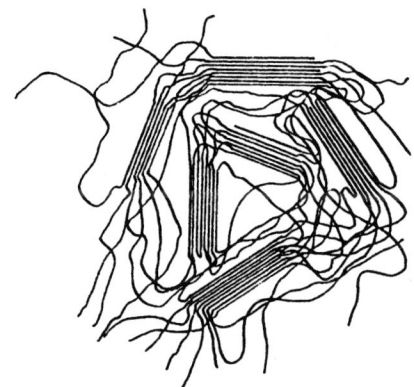

Bild 6.7  Kristallisation, dargestellt in Form von Fransenmizellen

Man beobachtet unterschiedliche Formen der Kristallisation:

Einkristalle werden aus Lösungen gezogen und dienen dem Studium der Kristallisation. Hierbei entstehen plättchenartige Kristalle einer ganz bestimmten Stufenhöhe. Unter bestimmten Bedingungen können auch Stäbchen, so genannte Whisker, erzeugt werden. — Einkristall

Wenn Schmelzen erstarren, dann entstehen kristalline Überstrukturpartikel in Größen bis zu 100 µm Durchmesser, die aus Lamellen bestehen (vgl. Bild 6.6). Bei den entstandenen Überstrukturen handelt es sich um Sphärolithe, die ein typisches und häufig vorkommendes Gussgefüge darstellen, das im Polarisationsmikroskop gut sichtbar ist (Bild 6.8). Bei schneller Abkühlung an kalten Metalloberflächen beobachtet man eine stark gerichtete Erstarrung in Form entarteter Sphärolithe. — Sphärolith

Bild 6.8 Polarisationsmikroskopische Aufnahme von Sphärolithen im Polypropylen
(nach *Wagner*)

verstreckte
Gefüge

Werden teilkristalline Kunststoffe im Bereich der Kristallisationstemperaturen verstreckt, dann wird die Sphärolithbildung verhindert bzw. gebildete Sphärolithe
werden zerstört. Es entsteht ein verstrecktes Gefüge ohne Überstruktur, das einen
höheren Kristallisationsgrad aufweist. Je nach Abkühlbedingungen können die
Überstrukturen in verschiedenen Modifikationen vorkommen.

### 6.1.3.3    Energetische Bedingung der Keimbildung

Die Kristallisation erfolgt in den drei Stufen Keimbildung, Kristallwachstum und
Nachkristallisation. Die Entwicklung eines Sphärolithen beginnt mit der Bildung
von Kristallkeimen. Damit Kristallisationskeime entstehen können, müssen bestimmte Bedingungen erfüllt sein.

Regelmäßig aufgebaute Moleküle, wie das lineare Polyethylen (PE-HD), können
sich in einer durch ihre Gestalt bedingten, engsten Packung aneinander legen.
Moleküle mit Substituenten an der Kette kristallisieren nur dann leicht, wenn sie
ganz regelmäßig aufgebaut sind. Bekannt sind hierfür die dank spezieller Ziegler-
Natta-Katalysatoren regelmäßig aufgebauten stereoregulären Vinylpolymere. Auch
gewendelte Ketten, wie sie das isotaktische Polypropylen aufweist, können sich
eng aneinander legen und so eine energetisch günstige Position einnehmen.

Embryo

Die ersten Kristallite bilden sich z. B. infolge der Wärmebewegungen der Moleküle, wobei Ketten oder Kettenabschnitte in günstige Positionen zueinander kommen und sich zusammenlegen. Dies nennt man dann einen „Embryo". Seine Bildung und Existenz sind vom energetischen Zustand abhängig.

Grenzflächen-
energie

Die treibende Kraft jeder Phasenumwandlung ist die Differenz der freien Enthalpie zwischen der Ausgangsphase und der oder den Endphasen. Sobald eine Umwandlung begonnen hat, werden die Moleküle der Ausgangsphase (u. a. durch
Diffusion) Plätze einnehmen, die der Phase mit der niedrigeren freien Energie

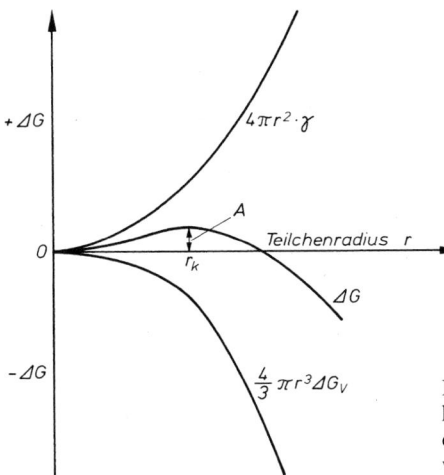

Bild 6.9 Änderung der freien Enthalpie in Abhängigkeit vom Teilchenradius bei einer Phasenumwandlung (nach *Böhm*)

entsprechen. Nun ist aber eine sich neu bildende Phase von der Ausgangsphase durch eine Grenzfläche getrennt, deren Bildungsenergie durch die Umwandlung aufgebracht werden muss. Diese Energie muss also ebenfalls ins Kalkül gezogen werden.

Wir betrachten nun die beiden Phasen $\alpha$ und $\beta$ anhand von Bild 6.9. In der Ausgangsphase $\alpha$ möge sich ein kugelförmiges Teilchen der Phase $\beta$ mit dem Radius $r$ gebildet haben. Die Phasen $\alpha$ und $\beta$ mögen die auf das Volumen bezogene Enthalpiedifferenz $\Delta G_V$ besitzen. Der Gewinn an freier Enthalpie ist dann

$$\frac{4}{3} \pi \cdot r^3 \cdot \Delta G_V \tag{6.1}$$

Ist $\gamma$ die spezifische Grenzflächenenergie zwischen den beiden Phasen $\alpha$ und $\beta$, so muss eine Energie der Größe

$$4\pi \cdot r^2 \cdot \gamma \tag{6.2}$$

zur Bildung der Grenzfläche aufgebracht werden. Für den Phasenübergang von amorph zu kristallin ist somit eine Grenzflächenenergie notwendig, die proportional zur Oberfläche ist ($\sim r^2$). Gegenläufig dazu wird eine Kristallisationswärme frei, die proportional zum Volumen des Keimes ist ($\sim r^3$). Die gesamte Änderung der freien Enthalpie ist damit

$$\Delta G - \frac{4}{3} \pi \cdot r^3 \cdot \Delta G_v + 4\pi \cdot r^2 \cdot \gamma \tag{6.3}$$

Wie man Bild 6.9 entnimmt, steigt die freie Enthalpie bis zum Erreichen eines kritischen Radius $r_k$ zunächst an. Teilchen, die größer sind als $r_k$ wachsen dann aber – ohne Energiezufuhr von außen – selbsttätig weiter. Man bezeichnet sie nun als Keime und $r_k$ als kritische Keimgröße.

**Kristallisation erfolgt erst dann, wenn Keime entstehen, die eine kritische minimale Größe überschreiten. Ansonsten zerfallen sie aufgrund thermodynamischer Instabilität wieder.**

Man kann nun leicht durch Differentiation von Gleichung (6.3) nach $r$ den kritischen Keimradius $r_k$ berechnen.

$$r_k = \frac{2\gamma}{\Delta G_V} \tag{6.4}$$

Die volumenbezogene Enthalpie ergibt sich zu:

$$\Delta G_V = \frac{\Delta H \cdot \Delta T}{T_G} \tag{6.5}$$

Darin steht $\Delta T = T_G - T$ für die Unterkühlung, wobei $T_G$ die Gleichgewichtstemperatur und $\Delta H$ die Enthalpiedifferenz zwischen den Phasen $\alpha$ und $\beta$ ist. Für den kritischen Radius, bei dem sich stabile Keime bilden, erhält man somit

$$r_k = \frac{2\gamma \cdot T_G}{\Delta H \cdot \Delta T} \tag{6.6}$$

Aus der Gleichung für $r_k$ (6.6) ist zu ersehen, dass der Keimradius umso kleiner wird, je größer die Unterkühlung $\Delta T$ ist, d. h. bei abnehmender Schmelzetemperatur muss die Keimbildungsgeschwindigkeit zunehmen, da nun auch kleinere Keime aktiv werden. Dies ist tatsächlich der Fall, wie Bild 6.10 zeigt.

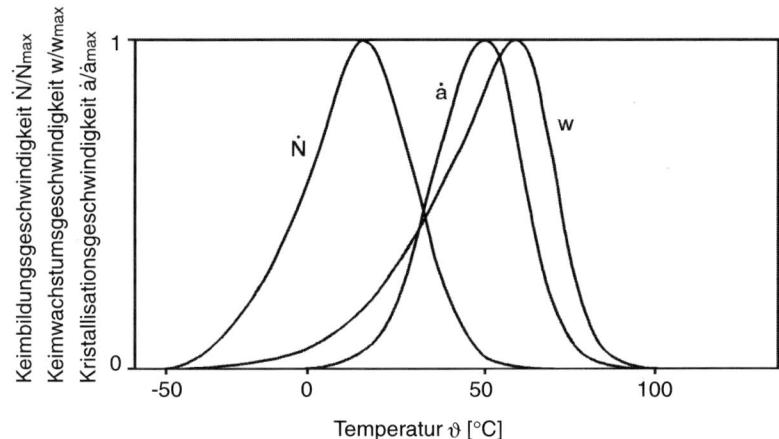

Bild 6.10 Keimbildungs-, Keimwachstums- und Kristallisationsgeschwindigkeit von Polyethylen

### 6.1.3.4    Thermische und athermische Keimbildung

athermische
Keimbildung

Dieser eben geschilderte Fall der so genannten homogenen Keimbildung oder Bildung thermischer Keime ist jedoch in der Realität seltener. Vielmehr finden sich in realen Schmelzen genügend Verunreinigungen oder nicht aufgeschmolzene Kristalle, die die Grenzflächenenergie herabsetzen und dafür sorgen, dass die Keimbildung mit einem geringeren Aufwand an freier Energie erfolgen kann.

thermische
Keimbildung

Von thermischer Keimbildung spricht man, wenn unmittelbar nach dem Abkühlen keine wachstumsfähigen Keime vorliegen und diese erst nach und nach durch Wärmebewegungen gebildet werden. Man spricht hierbei von Embryonen. Unterhalb der Kristallisationstemperatur $T_K$ entstehen aus den Embryonen stabile

Keime mit dem Radius $r_k$. Die Zahl der gebildeten Keime ist temperaturabhängig. Für die Ausbildung des Gefüges ist aber auch das Verhältnis zwischen Keimbildungs- und Keimwachstumsgeschwindigkeit entscheidend. Die Kombination beider Komponenten ergibt die Kristallisationsgeschwindigkeit (Bild 6.10).

### 6.1.3.5 Homogene und heterogene Keimbildung

Als homogen bezeichnet man die Keimbildung, die sowohl thermisch als auch athermisch in einer reinen Polymerschmelze abläuft. Da in handelsüblichen Polymeren jedoch unterschiedlichste Verunreinigungen, wie z. B. Verarbeitungshilfsmittel, Farbstoffe und Füllstoffe, vorliegen, konnte eine homogene Keimbildung bisher nur in relativ wenigen Fällen und mit speziellen Methoden eindeutig nachgewiesen werden.

*homogene Keimbildung*

Der Aufwand an freier Enthalpie zur Bildung eines Keimes aus der Schmelze wird geringer, wenn eine oder mehrere seiner Begrenzungsflächen an der Gefäßwand oder an irgendwelchen Verunreinigungen anliegen. Daraus ergibt sich, dass die Keimbildungsarbeit geringer wird und die in der Schmelze auftretenden Embryonen im Mittel größer sind, wenn die Keimbildung heterogen statt homogen vor sich geht. Außerdem können sich in Spalten von Verunreinigungen Kristallite bilden, die auch oberhalb des Schmelzpunkts stabil bleiben.

Auch bei der heterogenen Keimbildung kann man, je nach dem Verhältnis zwischen der Größe des kritischen Keimes und derjenigen der Embryonen bzw. der eventuell in den Spalten von Verunreinigungen vorhandenen Kristallite, zwischen einer athermischen und einer thermischen Keimbildung unterscheiden. Letztere kann auf zwei verschiedene Arten ablaufen. Wenn die Zahl der Verunreinigungen im Vergleich zur Geschwindigkeit, mit der diese durch die Keimbildung verbraucht werden, genügend groß ist, so bildet sich ein stationärer Zustand mit konstanter Keimbildungsgeschwindigkeit aus. Bei einer geringeren Zahl von Verunreinigungen dagegen wird deren Vorrat noch vor Abschluss der Kristallisation verbraucht, und die Keimbildungsgeschwindigkeit sinkt nach Erreichen des Maximums wieder ab.

*heterogene Keimbildung*

In diesem Zusammenhang sind auch so genannte Eigenkeime zu nennen. Darunter versteht man Kristallite, die wegen relativ geringer Verweilzeit in einer Verarbeitungsmaschine nicht vollständig aufgeschmolzen sind. Wenn die Schmelze abkühlt, werden sie bei Erreichen der kritischen Keimgröße sofort wachstumsfähig.

*Eigenkeim*

### 6.1.3.6 Primär-, Sekundär- und Tertiärkeimbildung

Neben den bisher vorgestellten Bezeichnungen homogene/heterogene, thermische/athermische Keimbildung findet man auch die Unterscheidung zwischen Primär-, Sekundär- und Tertiärkeim. Eine schematische Darstellung dieser drei Keimtypen zeigt Bild 6.11.

Der Primärkeim ist dem homogenen Keim gleichzusetzen. Sekundär- und Tertiärkeim sind typische Beispiele für einen heterogenen Keim. Die Letzteren wachsen auf einem in der Schmelze vorhandenen Partikel auf, wobei eine wesentlich geringere Keimbildungsarbeit erforderlich ist als beim Primärkeim. Daraus folgt, dass die Sekundärkeimbildung bereits bei geringerer Unterkühlung einsetzt als die Primärkeimbildung. So können kleine Mengen von Verunreinigungen bereits bei geringen Unterkühlungen eine derart starke Kristallisation durch heterogene Keimbildung hervorrufen, dass die Primärkeimbildung bedeutungslos wird.

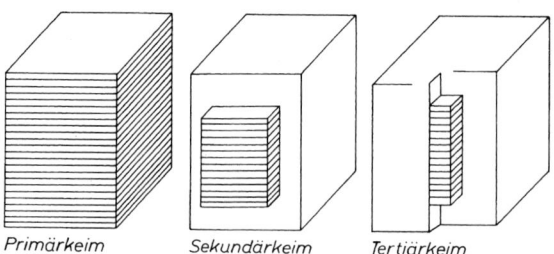

Bild 6.11  Arten von Kristallkeimen

Die Kristallisationsneigung der verschiedenen Polymere wird stark durch den molekularen Aufbau des jeweiligen Makromoleküls beeinflusst. So kristallisiert das vom Aufbau her einfachste Polymer Polyethylen z. B. um den Faktor 100 schneller als isotaktisches Polypropylen. Daher ist der Verarbeiter bei vielen teilkristallinen Polymeren, die eine langsame Wachstumsgeschwindigkeit besitzen, gezwungen, die Zahl der heterogenen Keime zu erhöhen, um ein feineres Gefüge zu erhalten. Man spricht in diesem Fall von Nukleierung.

### 6.1.3.7    Keimbildung durch Nukleierung

Nukleierung    Als Nukleierungsmittel kommen sehr unterschiedliche Stoffe in Frage: Verarbeitungshilfsmittel, Farbstoffe, Füllstoffe, Verstärkungsstoffe und sogar Flüssigkeiten und Gase. Obwohl eine Reihe von Arbeiten über den Einfluss von Nukleierungsmitteln auf die Kristallisation – insbesondere auch bei Polypropylen – vorliegt, sind die chemische und physikalische Struktur des Nukleierungsmittels und die Effektivität der Nukleierung bisher noch nicht vollständig geklärt. So kann z. B. ein Zusatzstoff in einem bestimmten Polymeren ein ausgezeichnetes Nukleierungsmittel darstellen (so etwa Silikonöl in Polyamid 6), während er in einem anderen Polymeren ohne Wirkung bleibt. Die meisten bisher bekannten guten Nukleierungsmittel sind Metallsalze organischer Säuren, die im Kristallisationsbereich des Polymeren selbst bereits kristallin vorliegen.

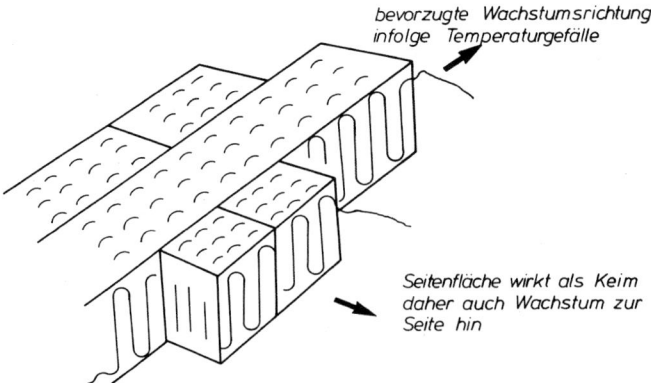

Bild 6.12  Mechanismus der Lamellenbildung bei der Kristallisation

### 6.1.3.8 Kristallit und Sphärolithbildung

Bei normaler Erstarrung wächst bei Polypropylen, wie bei vielen anderen teilkristallinen Thermoplasten um jeden Kristallkeim ein aus kristallinen und nicht kristallinen Bereichen bestehender Sphärolith. Dabei wandelt sich die Schmelze an der Keimoberfläche analog dem Sekundärkeimbildungsmechanis-

Sphärolith-
wachstum

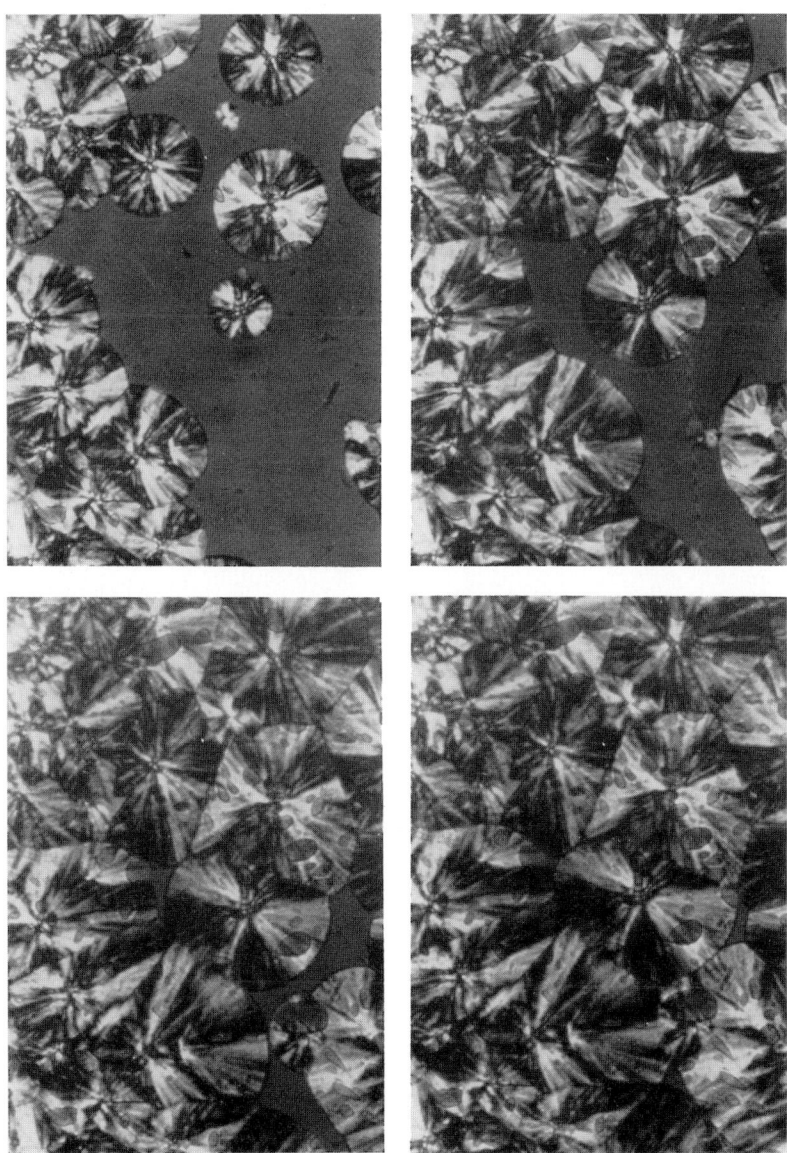

Bild 6.13 Sphärolithwachstum in einer PP-Schmelze, aufgenommen je nach 30 s Abstand (nach *Menges* und *Winkel*)

mus in kristallines Material um (vgl. Bild 6.12). Das Sphärolithwachstum lässt sich als Lamellenwachstum mit vereinzelter dendritischer Verzweigung der Lamellen auffassen. Die Richtung der Molekülketten in den Lamellen ist senkrecht zur Wachstumsrichtung der Sphärolithe, d. h. senkrecht zum Sphärolithradius, angeordnet. Die Wachstumsrichtung wird durch das Temperaturgefälle bestimmt (vgl. Bild 6.12).

**Lamellen-wachstum**

Die Dicke der Lamellen beträgt etwa 10 nm. Je nach Höhe der Kristallisationstemperatur lagern sich unterschiedlich viele solcher Lamellen zu Lamellenpaketen zusammen, die dann bis zu 100 nm dick sein können. Mit fortschreitendem Wachstum der Lamellenpakete in radialer Richtung fächern sich diese auf; der Sphärolith wächst kugelförmig in die amorphe Umgebung hinein. Erst wenn der Sphärolith mit anderen Sphärolithen zusammenstößt, entsteht die bekannte polyedrische Struktur (vgl. Bild 6.8 und 6.13, letzteres zeigt Sphärolithe in vier je 30 s nacheinander aufgenommenen Zeitpunkten, wie sie aus einer Schmelze aus Polypropylen wachsen). In diesem Augenblick ist die so genannte Primär- oder Hauptkristallisation abgeschlossen; nur die Sekundär- oder Nachkristallisation kann noch weiterlaufen. Unter Letzterer versteht man die Zunahme der Lamellendicke im Sphärolithen auf Kosten des amorphen Materials zwischen den Lamellenpaketen. Die Sekundärkristallisation beginnt gleichzeitig mit der Hauptkristallisation; sie kann jedoch, solange sich der Werkstoff oberhalb der Glastemperatur befindet, über Jahre hinweg andauern. Die Sekundär- oder Nachkristallisation hat eine geringfügige Dichtezunahme der Probe zur Folge. Die Geschwindigkeit des Sphärolithwachstums ist stark temperaturabhängig.

**Nach-kristallisation**

Je nach dem Zeitpunkt, zu dem zwei Sphärolithe zusammenstoßen, entstehen sehr feste oder auch gar keine Verbindungen (vgl. Bild 6.13), so dass die Trennflächen zwischen den Sphärolithen ausgeprägte Strukturschwachstellen bilden können (vgl. Abschnitt 7, Bild 7.1). Große Sphärolithe sind also nicht wünschenswert. Man vermeidet sie durch Nukleierung und/oder Unterkühlung, so dass viele Sphärolithe gleichzeitig wachsen. Bei längerem Tempern können die Sphärolithe weiterwachsen, indem sie die kleinen Nachbarn aufzehren.

### 6.1.3.9   Berechnung des Kristallisationsgrads

**Kristalli-sationsgrad**

Die Berechnung des Anteils einer Schmelze, der in der Zeit $t$ in die kristalline Phase umgewandelt worden ist (Kristallisationsgrad), basiert im Allgemeinen auf der Kolmogoroff-Gleichung, die den Kristallisationsprozess in Abhängigkeit von Nukleierungs- und Wachstumsrate beschreibt.

$$\xi(t) = 1 - \exp\left\{ -\frac{4\pi}{3} \int\limits_{t'}^{t} dt'\, \alpha(t') \left( \int\limits_{t'}^{t} du\, G(u) \right)^3 \right\} \tag{6.7}$$

mit   $\alpha(t)$: Nukleierungsrate
      $G(t)$: Wachstumsrate

Ausgehend von dieser Gleichung sind verschiedene Modelle entwickelt worden, die teilweise nur für bestimmte Anwendungsbereiche Gültigkeit besitzen. Zu den heutzutage meist verwendeten Modellen zur Beschreibung des Kristallisationsverhaltens von Polymeren zählen die Avrami-Gleichung (Gl. 6.8: Formulierung für den nicht-isothermen Fall) und das Modell nach Schneider (Gl. 6.9).

$$\xi(t) = \xi_\infty \cdot \left(1 - \exp\left(-\int_0^t k(T(t))\,\mathrm{d}t\right)^n\right) \tag{6.8}$$

mit  $\xi_\infty$  maximaler Kristallisationsgrad,
  $k$  Kristallisationskonstante,
  $n$  Avrami-Exponent (ca. 1,5 bis 3,5 für Kunststoffe).

$$\dot{\xi}_g(t) = G(t) \cdot \varphi_1(t) \cdot e^{-\varphi_0(t)} \tag{6.9}$$

$$\varphi_i(t) = \frac{1}{G(t)} \cdot \dot{\varphi}_{i-1}(t)$$

mit  $\varphi_i$  Hilfsfunktionen.

Da die oben beschriebenen Modelle in der dargestellten Form nur für ruhende Schmelze gelten, müssen für eine Beschreibung der Kristallistionsvorgänge in bewegter Schmelze geeignete Modelle entwickelt werden, die teilweise noch Gegenstand aktueller Forschungsarbeiten sind.

Unter Spannungseinfluss bilden sich bei der Kristallisation keine Sphärolithstrukturen aus. Stattdessen findet man in den Polymeren Reihenstrukturen – so genannte Shish-Kebab-Strukturen –, die aus einem Stab, auch Whisker genannt, und runden Plättchen bestehen (Bild 6.14). Diese Whisker und Shish-Kebab sind in Scherzonen, z. B. im Randschichtbereich von Spritzgussformteilen, zu finden.

*Reihenstruktur*

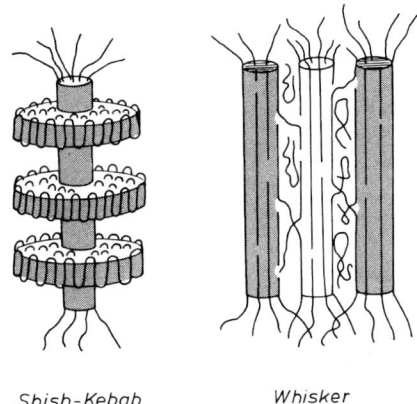

Shish-Kebab                    Whisker
        Struktur

Bild 6.14 Überstrukturen bei der Kristallisation gescherter Schmelzen

### 6.1.3.10 Gefügebeobachtungen

Sphärolithe haben Größen bis zu 0,1 mm. Die Bildung solcher grober Überstrukturen ist stets mit dem Verlust der Transparenz verbunden. Teilkristalline Thermoplaste sind daher nur durchscheinend und von opaker Eigenfarbe. Verstreckte teilkristalline Thermoplaste hingegen sind transparent, da die übrig gebliebenen Blöcke und Lamellen kleiner sind als die Lichtwellenlänge ($\leq 0,1\ \mu$m). Füllstoffhaltige Proben, die nicht mehr transparent sind, können geätzt werden, so dass auf diese Weise Sphärolithe sichtbar gemacht werden können. Hier empfiehlt sich dann aber meist die Beobachtung unter einem Rasterelektronenmikroskop.

*Gefügeuntersuchungen*

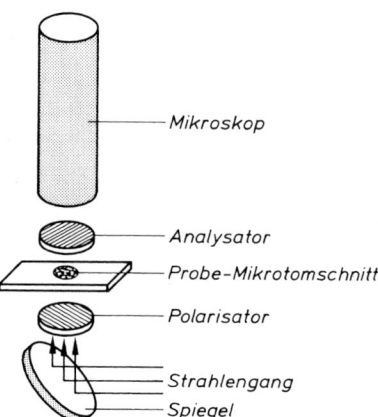

Bild 6.15 Schema eines Polarisations-
mikroskops

Die traditionelle Gefügebeurteilung erfolgt bei ungefüllten Kunststoffen an Dünn-
schnitten, die mit so genannten Mikrotomen vom zu untersuchenden Kunststoff
abgeschält werden. Sie sind normalerweise einige 10 µm dick. Proben aus füll-
stoffhaltigen Kunststoffen werden besser durch Schleifen präpariert. Entsprechend
Bild 6.15 werden sie unter dem Mikroskop meist in einem Strahlengang mit polarisiertem Licht betrachtet. Die durchgeschnittenen Sphärolithe nehmen dabei charakteristische Färbungen an, da das Licht unterschiedlich – je nach Lage der Lamellen
– gebrochen wird. Typisch ist das viele Sphärolithe überspannende Malteserkreuz
(Bild 6.8).

zerstörungsfreie   Weitere Möglichkeiten zur Gefügeanalyse bieten zerstörungsfreie Prüfverfahren,
Prüfverfahren      wie die Infrarot-Mikrospektroskopie oder die Röntgenstreuung. Da hierbei keine
Probenentnahme in Form von Mikroschnitten oder -schliffen erfolgt, sind Gefüge-
veränderungen durch die Probenpräparation ausgeschlossen. Allerdings erfordern
die genannten Prüfverfahren vor Beginn einer Messreihe eine Kalibrierung, für
die gut reproduzierbare Daten benötigt werden. Trotz dieser teilweise aufwendigen Kalibrierung bieten die Infrarot-Mikrospektroskopie und die Röntgenstreuung
eine gute Ortsauflösung bei einer schnellen Probenpräparation.

## 6.1.4 Verbindungen an Struktur- und Phasengrenzen im Innern von Polymeren

Eine sehr wichtige Frage, deren Klärung noch in den Ansätzen steckt, ist die,
auf welche Weise einzelne mikromorphologische Strukturelemente untereinander
verbunden sind. Es ist allgemein bekannt, dass vernetzte Polymere aus einem
räumlichen System kovalent verbundener Netzketten bestehen (Bild 6.16a), doch
werden die Eigenschaften solcher Netzwerke keinesfalls allein durch die Konzentration an kovalenten Vernetzungsbindungen bestimmt. So zeigen beispielsweise auch unvernetzte Polymere mit linearem Aufbau, wie Polyisobutylen, bei
genügend hoher Molmasse gummi-elastische Eigenschaften. Die Gummielastizi-
tät wird hier durch so genannte Verschlingungsnetzwerke erklärt, die sich durch
Verhakung von Makromolekülen oberhalb einer bestimmten Mindestlänge ausbilden können (Bild 6.16b). Bei relativ kurzzeitiger Belastung sind die für eine
Entschlingung unter der angelegten Spannung notwendigen Segmentdiffusions-

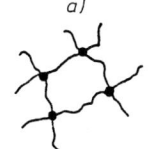

a)

b)

permanente Netzwerke,
kovalente Bindungen,
nebenvalente Bindungen

Verschlingungsnetzwerke,
offene (geschlossene)
Kettenverschlingungen

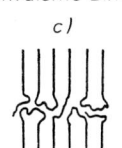

c)

d)

zwischenkristalline
Molekülbrücken
(tie-Moleküle)

Kontaktnetzwerke

Bild 6.16 Zwischenmolekulare Verbindungen an Struktur- und Phasengrenzen (nach *Funke*)

bewegungen zu langsam, sodass sich das Material nach Entlastung weitgehend elastisch erholen und seine ursprüngliche Form wieder nahezu erreichen kann.

Der Zusammenhalt zwischen den einzelnen Strukturbereichen lässt sich durch ungeordnete Molekülbrücken („tie-Moleküle") erklären, die z. B. geordnete oder kristalline Bereiche miteinander verbinden. Diese Molekülbrücken reichen mit längeren Kettenstücken oder -enden in die benachbarten Nahordnungsbereiche hinein und sind dort durch kooperativ wirkende Nebenvalenzkräfte gebunden (Bild 6.16c).

tie-Moleküle

Die gummielastischen Eigenschaften von Schmelzen linearer Polymere können auch durch so genannte Kontaktnetzwerke zustande kommen, bei denen aus ursprünglich kristallinen Bereichen beim Schmelzen erhalten gebliebene Nahordnungsbereiche, etwa in der Art von Waben- oder Mäanderstrukturen über nichtkristalline Randbereiche durch fluktuierende, kooperativ wirkende Nebenvalenzkräfte verbunden sind (Bild 6.16d).

Kontaktnetzwerk

Die thermoreversible Gelierung konzentrierter Polymerlösungen, wie z. B. des Polyvinylchlorids (Weich-PVC), wird ebenfalls durch eine kooperative, nebenvalente Wechselwirkung zwischen den Kettensegmenten benachbarter Polymermoleküle erklärt. Diese Wechselwirkungsbereiche übernehmen gewissermaßen die Funktion von mehrfunktionellen Vernetzungsstellen. Solche nebenvalenten Wechselwirkungen über wenig geordnete Kontaktzonen und die Phasengrenzen überquerenden Molekülketten spielen bei mehrphasigen und strukturell inhomogenen Polymeren eine wichtige Rolle.

Die „tie-Moleküle" erklären insbesondere das Phänomen der Rückerinnerung, auch Memory-Effekt genannt. So wird beispielsweise ein kalt, d. h. unterhalb seiner Kristallitschmelztemperatur, verstrecktes Material bei Erwärmung in den Bereich knapp unter der Kristallitschmelztemperatur seine ursprüngliche Gestalt vor der Verstreckung wieder einnehmen. Bei amorphen Thermoplasten finden wir den gleichen Effekt in Form der Rückstellung (Relaxation) einer Orientierung (vgl. Abschnitt 5.2.3). Dieses besondere Phänomen der Thermoplaste lässt sich durch diese, die Kristallit- und andere Phasengrenzen überspringenden Moleküle, verständlich machen. Nach Hosemann findet bei solchen Verstreckungen lediglich eine affine Verzerrung der Kristallitbereiche statt.

## 6.2    Das Verformungsverhalten fester Kunststoffe

Im Gegensatz zu vielen anderen Werkstoffen, wie etwa den meisten Metallen oder Keramiken liegt die Gebrauchstemperatur der Kunststoffe relativ nahe an der Erweichungs- bzw. Schmelztemperatur. Daher zeigen die Kunststoffe – auch die als Matrix dienenden, gefüllten und mit Fasern verstärkten Kunststoffe – ein Verhalten, das als eine Mischform aus festem und flüssigem oder präziser aus elastischem und viskosem Verhalten verstanden werden kann. Diese Werkstoffeigenschaft wird als Viskoelastizität definiert.

Erst bei sehr tiefen Temperaturen werden die Fließvorgänge in den Kunststoffen vollständig unterdrückt. Die Werkstoffe verhalten sich dann idealelastisch, zugleich nimmt die Bruchdehnung stark ab und das Material bricht spröde.

Kriechen Anschaulich erläutern lässt sich das viskoelastische Werkstoffverhalten der Kunststoffe durch den Kriechversuch (Bild 6.17). Zum Zeitpunkt $t_0$ wird ein Probekörper mit einer konstanten Kraft beaufschlagt. Zunächst stellt sich eine spontane Dehnung ein. Bei elastischen Werkstoffen bleibt diese Dehnung konstant. Bei viskoelastischen Werkstoffen wie Kunststoffen wächst die Dehnung mit der Belastungszeit. Die Kunststoffe geben somit in einem gewissen Maß der auferlegten

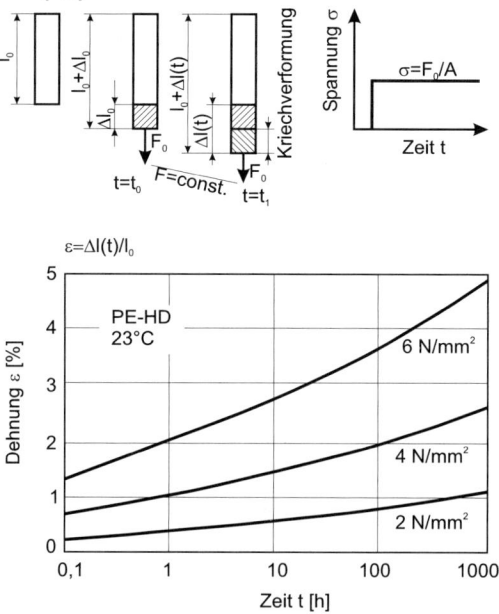

Bild 6.17 Viskoelastisches Werkstoffverhalten am Beispiel des Kriechversuchs bei PE-HD

Beanspruchung durch Kriechen nach. Die Dehnungszunahme erklärt sich durch innere Fließvorgänge im Werkstoff.

Ausgangspunkt für die Betrachtung der Viskoelastizität soll der Kurzzeitzugversuch sein, denn bereits hier beobachtet man den Zeiteinfluss. Besonders anschaulich wurde dies durch Experimente von *Knausenberger* nachgewiesen. Kern seiner Überlegung war es, dass bei einem Kurzzeitzugversuch unter idealen Bedingungen die Dehnung linear mit der Zeit ansteigt. Allerdings wird dies in der Versuchspraxis häufig etwa durch Rutschen der Einspannvorrichtungen oder durch lokales Verstrecken der Probe gestört. Er modifizierte den Kurzzeitzugversuch deshalb zum „dehnungsgeregelten Kurzzeitzugversuch". Hier wird die Dehnung zur „Leitgröße": Die am Probekörper gemessene Dehnung wird mit einer rampenförmigen Sollvorgabe verglichen und die Abweichung dieser beiden Signale zur Regelung der Traversengeschwindigkeit der Zugprüfmaschine verwendet.

*dehngeregelter Kurzzeitzugversuch*

Längere Versuche erfordern die Absenkung der Dehngeschwindigkeit. Entsprechend stellte er die Anstiegsgeschwindigkeit der rampenförmigen Sollvorgabe niedriger ein. Bild 6.18 zeigt das Ergebnis einer solchen Versuchsreihe. Ähnliche Ergebnisse erhält man, wenn man im Kurzzeitzugversuch die Traversengeschwindigkeit variiert. Allerdings beeinflussen hier auch die Probekörpergeometrie und die Einspannverhältnisse das Ergebnis, so dass die hierbei gewonnenen Messergebnisse umso weniger präzise sind, je weiter die Eigenschaften von der idealen Elastizität abweichen.

Eine genaue Betrachtung von Bild 6.18 ergibt: Jedem Kurvenzug ist eine konstante Dehngeschwindigkeit zugeordnet:

$$\dot\varepsilon = \text{konst.} \tag{6.9}$$

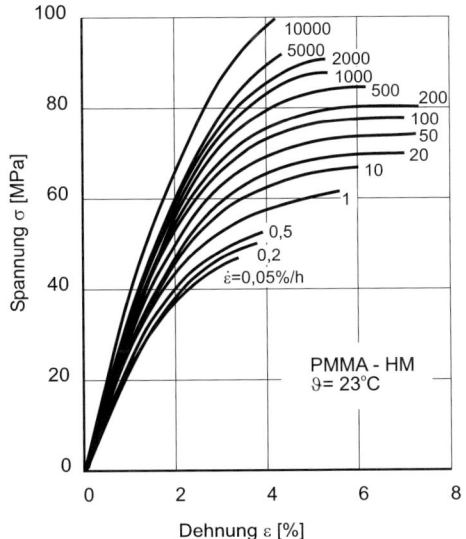

Bild 6.18 Dehnungsgeregelte Zugversuche bei verschiedenen Dehngeschwindigkeiten am Beispiel des hochmolekularen Polymethyletacrylates (PMMA-HM) (nach *Knausenberger*)

Die Zeit zum Erreichen einer bestimmten Dehnung berechnet sich also bei jeder dieser Kurven zu:

$$t = \frac{\varepsilon}{\dot{\varepsilon}} \, . \tag{6.10}$$

**Zeiteinfluss**  Der Zeiteinfluss auf das viskoelastische Verhalten lässt sich also gut interpretieren als die Abnahme der Spannung bei gleicher Dehnung mit geringerer Dehngeschwindigkeit. Auch kann die Krümmung der Spannungs-Dehnungs-Kurven, also der jeweils degressive Verlauf dieser Kurven mit dem Zeiteinfluss in Zusammenhang gebracht werden. Wie wir später jedoch noch genauer analysieren werden, sind auch andere Effekte für das Maß der Krümmung verantwortlich.

Wesentlich für das Verständnis viskoelastischer Werkstoffe ist ein weiterer Aspekt, der Einfluss der Temperatur. Dazu betrachten wir Bild 6.19. Auch hier gilt Gleichung (6.10). Da aber die einzelnen Kurven mit der gleichen Dehngeschwindigkeit ermittelt wurden, kann festgestellt werden, dass höhere Temperaturen auf den Werkstoff einen gleichsinnigen Einfluss nehmen wie niedrigere Dehngeschwindigkeiten (bzw. längere Versuchszeiten).

Es ist von besonderem Interesse, zu klären, ob hierbei gleiche Mechanismen im Werkstoff wirksam sind. Den Zeiteinfluss haben wir uns durch die Fließvorgänge im Werkstoff erklärt. Je länger der Werkstoff einer Belastung ausgesetzt ist, umso länger sind auch die Fließvorgänge wirksam. Entsprechend haben wir etwa die Dehnungszunahme beim Kriechversuch erläutert. Übertragen auf den Temperatur-**Temperatur-einfluss** einfluss kann beobachtet werden: Mit höherer Temperatur dehnt sich der Werkstoff aus. Dadurch werden die Molekülsegmente im Werkstoff beweglicher. Da die Versuche alle etwa die gleiche Zeit dauern, kann man folgern, dass bei gleicher Spannung eine erhöhte Temperatur eine stärkere Fließbewegung und also eine erhöhte Dehnung verursacht.

Im dehnungsgeregelten Zugversuch wird die Dehnungszunahme als Funktion der Zeit durch die Prüfmaschine erzwungen. Deshalb ist die folgende Argumentation präziser: Bei gleichen Dehnungszuständen kann in derjenigen Probe, die einer höheren Versuchstemperatur ausgesetzt ist, die Spannung durch Fließvorgänge

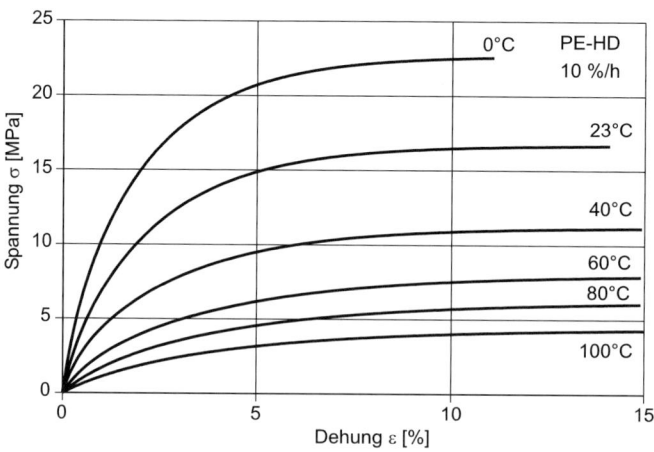

Bild 6.19 Dehnungsgeregelte Zugversuche an PE-HD bei verschiedenen Temperaturen

stärker relaxieren. Im dehnungsgeregelten Zugversuch (Bild 6.19) zeigt sich diese erhöhte Spannungsrelaxation zum Beispiel, wenn man etwa die Spannungswerte der verschiedenen Kurvenzüge bei 5% Dehnung vergleicht. Für alle Versuche wurde hier die gleiche Dehnung in gleicher Zeit rampenförmig aufgebracht. Dennoch unterscheiden sich die hierbei entstandenen Spannungen gravierend.

Allerdings wird bis heute in der umfangreichen Literatur zum viskoelastischen Werkstoffverhalten nicht klar herausgestellt, ob es sich bei der Temperaturabhängigkeit der Eigenschaften ausschließlich um Fließeinflüsse handelt oder aber ob auch die elastischen Anteile der Werkstoffeigenschaften durch die Temperatur verändert werden.

Erst *Schöche* hat 1996 den eindeutigen Beweis liefern können, dass die Fließvorgänge und nicht die elastischen Eigenschaften die Änderung der mechanischen Eigenschaften in Abhängigkeit von der Temperatur bestimmen.

Der Nachweis gelingt durch eine indirekte Beweisführung: Wenn die elastischen Eigenschaften im viskoelastischen Werkstoff durch die Temperatur beeinflusst würden, dann müsste mit steigender Temperatur die Elastizität abnehmen, mit fallender Temperatur ansteigen. Entsprechend müsste bei einer verformten und dadurch vorgespannten Probe durch Abkühlung eine Spannungserhöhung zu beobachten sein.

Beweis für das Zeit-Temperatur-Verschiebungs-prinzip

Bei der Durchführung von Versuchen zum Nachweis dieser Eigenschaft muss allerdings auch beachtet werden, dass sich der Werkstoff durch eine Temperaturabsenkung kontrahiert. Somit wäre in einem auf Zug beanspruchten Probekörper

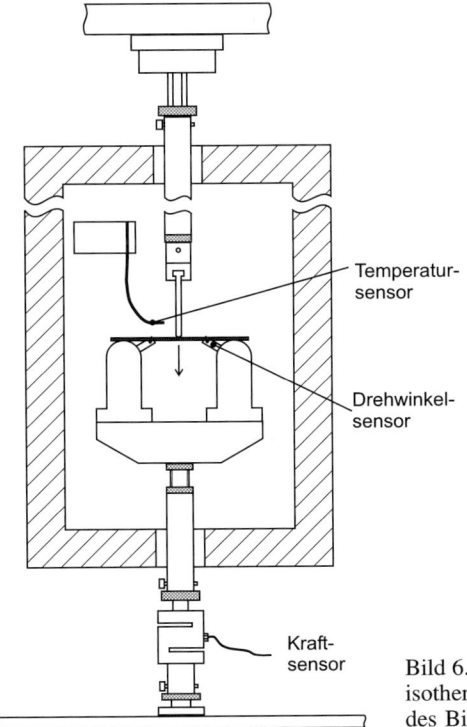

Bild 6.20 Versuchsanordnung nichtisothermer Biegeversuch; Messung des Biegekräfteverlaufs

nicht eindeutig zu unterscheiden, ob die Spannungserhöhung durch die Zunahme der elastischen Eigenschaften im Werkstoff oder durch die Volumenänderung bei Abkühlung verursacht wird. Daher ist der in Bild 6.20 dargestellte Biegeversuch aussagefähiger.

Hierbei wird eine Streifenprobe auf Biegung beansprucht. Um Einflüsse der thermischen Ausdehnung der Prüfmittel zu eliminieren, wird die Probenkrümmung durch zwei Drehgeber gemessen und die Traversenposition der Prüfmaschine so geregelt, dass die Probenkrümmung und damit der für die Prüfkräfte bestimmende Verformungszustand im Werkstoff über die ganze Versuchszeit konstant bleiben. Der Versuch findet in einer Temperierkammer statt. Zunächst wird die Probe in die Prüfvorrichtung eingebracht, der Temperaturausgleich zwischen Probe und Kammer abgewartet und schließlich die Probe auf eine konstante Biegeverformung gebracht. Danach wird die Temperatur der Kammer abgesenkt. Biegekräfte und Temperatur werden gemessen.

Das Ergebnis eines solchen Abkühlversuchs zeigt Bild 6.21. Man erkennt zunächst den abfallenden Verlauf der Biegekraft, wie er durch die Fließvorgänge in viskoelastischen Werkstoffen typisch ist. In dem Zeitraum zwischen 5 und 25 Minuten wird dann die Temperatur von ca. 50 °C auf 0 °C heruntergekühlt. Ein Anstieg der Kraft und damit der Spannung in der gebogenen Probe ist hierbei nicht zu erkennen. Im Gegenteil zeigt das weitere, stark verlangsamte Abfallen der Kraft, dass die Temperatur ausschließlich Einfluss auf die Fließeigenschaften, nicht aber auf die elastischen Eigenschaften des viskoelastischen Werkstoffes nimmt.

Zeit-Temperatur-Verschiebung Für das grundsätzliche Verständnis viskoelastischer Werkstoffe ist also festzuhalten, dass die erkennbare Temperaturabhängigkeit auf die gleichen inneren Mechanismen zurückzuführen ist, wie die Zeitabhängigkeit. Dabei gilt allgemein, dass die Erhöhung der Temperatur einem zeitraffenden Effekt bewirkt. Dieser Zusammenhang bekommt eine große Wichtigkeit, wenn etwa zur Abschätzung der Lebensdauer von Bauteilen aus Kunststoffen zeitraffende Prüfungen ausgeführt werden sollen. Auch erlaubt uns das Verständnis dieser Zusammenhänge eine Einschränkung von Versuchen, da wir durch „Zeit-Temperatur-Verschiebung" auf andere Zustände schließen können.

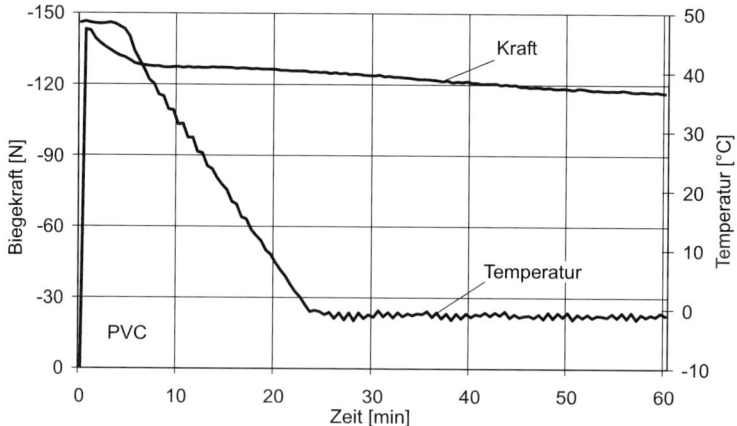

Bild 6.21 Verlauf der Biegekraft bei Abkühlung

Zur Quantifizierung kann allgemein die Arrhenius-Gleichung verwendet werden:

$$\frac{t}{t_0} = e^{-\frac{A}{RT}} \qquad (6.11)$$

Dabei bedeuten $t/t_0$ die Zeitraffung einer Reaktion durch Änderung der absoluten Temperatur $T$. In der ursprünglichen Interpretation des Arrhenius wird $A$ der Wert der Aktivierungsenergie für die betrachtete Reaktion, R der Wert der allgemeinen Gaskonstanten zugewiesen. Zur Betrachtung der Zeit-Temperatur-Verschiebung hat sich in der Werkstofftechnik folgende Schreibweise der Arrhenius-Funktion durchgesetzt: Arrhenius-Funktion

$$\log\left(\frac{t}{t_{ref}}\right) = k\left(\frac{1}{T} - \frac{1}{T_{ref}}\right) \qquad (6.12)$$

Dabei beschreibt wiederum der Quotient $t/t_{ref}$ die Zeitraffung einer Reaktion durch die Änderung der absoluten Bezugstemperatur $T_{ref}$ auf die absolute Temperatur $T$. Formal kann Gleichung (6.11) in Gleichung (6.12) überführt werden, indem Gleichung (6.11) jeweils für die absolute Temperatur $T$ und die absolute Bezugstemperatur $T_{ref}$ angeschrieben wird und anschließend so aufgelöst wird, dass die Unbekannte $t_0$ eliminiert wird. Die „Arrhenius-Konstante" $k$ hat die Dimension einer Temperatur (in K); repräsentiert einen Werkstoffkennwert, der sich aus der allgemeinen Gaskonstanten, der Aktivierungsenergie für den betrachteten Prozess und einem Faktor aus der Umrechnung vom natürlichen auf den Zehnerlogarithmus zusammensetzt.

Der Vorteil dieser Schreibweise zeigt sich bei der experimentellen Ermittlung der „Arrhenius-Konstanten" $k$. Dazu führt man Versuche bei zwei unterschiedlichen Temperaturen aus und ermittelt die Zeit, die zum Erreichen des gleichen Verhaltens notwendig ist. Im dehnungsgeregelten Zugversuch etwa erhält man bei unterschiedlichen Versuchstemperaturen dann zwei identische Spannungs-Dehnungs-Diagramme, wenn die Dehngeschwindigkeit entsprechend angepasst wird (aus der Dehngeschwindigkeit bestimmt sich die Versuchszeit).

Das Zeit-Temperatur-Verschiebungsprinzip ist ein elementares Prinzip zur Vorhersage des Langzeitverhaltens von Bauteilen aus Kunststoffen, da es eine zeitraffende Produkterprobung vor der Markteinführung erlaubt. Problematisch ist, dass neben den Fließvorgängen im viskoelastischen Werkstoff, die der Zeit-Temperatur-Verschiebung unterliegen, auch andere temperaturaktivierte Mechanismen wie etwa Diffusion, Oxidation oder Hydrolyse auftreten können, die wiederum auf die Fließvorgänge im Werkstoff einwirken können. Daher ergeben sich stets experimentelle Ungenauigkeiten, die es notwendig machen, das Zeit-Temperatur-Verschiebungsprinzip in Grenzen anzuwenden. Dabei hat sich folgende Vorgehensweise als zweckmäßig herausgestellt: Grenzen der Zeit-Temperatur-Verschiebung

- Dominiert werden die mechanischen Eigenschaften durch den Temperatureinfluss. Daher sollte zunächst immer eine Aufzeichnung der Eigenschaft temperaturabhängig bei Referenzzeit erfolgen. zweckmäßige Vorgehensweise
- Der Zeiteinfluss wird als nachgeordnete Eigenschaft durch die Verschiebung der temperaturabhängigen Eigenschaft dargestellt.
- Je näher die betrachtete Zeit an der Referenzzeit liegt, umso sicherer sind die Aussagen zur Lebensdauervorhersage.

Werden die mechanischen Eigenschaften nicht zeit- sondern dehngeschwindigkeitsabhängig ermittelt, so kann Gleichung 6.12 unter Verwendung von Gleichung (6.10) wie folgt umgewandelt werden:

$$\log\left(\frac{\dot{\varepsilon}}{\dot{\varepsilon}_{ref}}\right) = k\left(\frac{1}{T} - \frac{1}{T_{ref}}\right) \tag{6.13}$$

In Abschnitt 6.2.2 werden wir die Anwendung des Zeit-Temperatur-Verschiebungsprinzips bei der Ermittlung der mechanischen Eigenschaften an einem praktischen Beispiel näher erläutern.

## 6.2.1  Theorie der Viskoelastizität

Modellierung der Viskoelastizität

Um den Konstrukteur in die Lage zu versetzen, auch bei dieser Gruppe von Werkstoffen die Berechnung der Tragfähigkeit auszuführen, wurde die Theorie der Viskoelastizität entwickelt. Hierbei wird angestrebt, durch geeignete Modellierung den Zusammenhang zwischen den einwirkenden Spannungen und den hieraus resultierenden Dehnungen berechenbar zu machen. Betrachtungen über einsetzende Rissbildung kann die Theorie der Viskoelastizität bis heute nicht liefern.

Wie auch bei Kunststoffschmelzen, bedient man sich allgemein der Anschauung von Feder-Dämpfer-Elementen, um das Verhalten viskoelastischer Werkstoffe möglichst genau zu beschreiben. Die grundsätzliche Arbeitsweise solcher Feder-Dämpfer-Elemente hatten wir bereits in Abschnitt 5.1.2 kennen gelernt. Nachfolgend wollen wir uns schrittweise von einfachen qualitativen Modellen, die für das Verständnis der Arbeitsweise solcher Modelle hilfreich sind, bis hin zu komplexen Modellvorstellungen vorarbeiten, wie sie heute für quantitative, numerische Simulationen des Werkstoffverhaltens angewendet werden. Entsprechend ihrer Anwendung auf die Thermoplaste bleiben die Modelle auf Bereiche kleiner Dehnungen beschränkt. (Soll auch der Bereich großer Dehnungen in Modellen beschrieben werden, müssen neben den mechanischen Eigenschaften auch die geometrischen Eigenschaften betrachtet werden, da sich durch die große Verformung die Veränderung der Querschnitte erheblich auswirkt.)

### 6.2.1.1  Lineare Viskoelastizität

Theorie der linearen Viskoelastizität

Die Theorie der linearen Viskoelastizität greift die Modellvorstellungen auf, die wir bereits in Kapitel 5 für die Kunststoffschmelze kennen gelernt haben. Grundsätzlich genügt zur qualitativen Beschreibung der Effekte Zeit- und Temperaturabhängigkeit die Modellierung des Werkstoffverhaltens durch ein Feder-Dämpfer-Modell nach Maxwell (siehe auch Bild 5.18, Fall 3). Allerdings hat ein solches Modell bei der quantitativen Beschreibung des Werkstoffverhaltens den Mangel, sich nur in einem kleinen Bereich durch die Wahl von geeigneten Parametern $E$ für den Federmodul und $\eta$ für die Viskosität anpassen zu lassen. Dies wird im Folgenden anhand Bild 6.22 erläutert.

Ausgehend von Gleichung 5.37 ergibt sich für den Fall konstanter Dehngeschwindigkeit:

$$\frac{d\sigma}{dt} + \frac{E}{\eta}\cdot\sigma = E\cdot\dot{\varepsilon}_0 \tag{6.14}$$

und durch Umstellung

$$\mathrm{d}t = -\frac{\eta}{E} \cdot \frac{1}{\sigma - \eta \cdot \dot\varepsilon_0} \cdot \mathrm{d}\sigma \qquad (6.15)$$

nach Integration

$$t = -\frac{\eta}{E} \int \frac{1}{\sigma - \eta \cdot \dot\varepsilon_0} \, \mathrm{d}\sigma \qquad (6.16)$$

und weiter:

$$t = -\frac{\eta}{E} \ln (\sigma - \eta \cdot \dot\varepsilon_0) + c_1 \qquad (6.17)$$

Aufgelöst nach der Spannung als Funktion der Zeit schreibt man

$$\sigma = \eta \cdot \dot\varepsilon_0 + \mathrm{e}^{\frac{E}{\eta}(c_1 - t)} \qquad (6.18)$$

und mit der Randbedingung $t = 0 \Rightarrow \sigma = 0$ bestimmt sich die Integrationkonstante $c_1$ aus Gl. 6.18 zu

$$c_1 = \frac{\eta}{E} \cdot \ln (-\eta \cdot \dot\varepsilon_0) \qquad (6.19)$$

Nachdem $c_1$ in Gl. 6.18 eingesetzt ist, ergibt die Spannungs-Zeit-Funktion für konstante Dehngeschwindigkeit:

$$\sigma = \eta \cdot \dot\varepsilon_0 \left(1 - \mathrm{e}^{-\frac{E}{\eta}t}\right) \qquad (6.20)$$

Da die Dehngeschwindigkeit konstant ist, kann die Zeitachse auch in die Dehnungsachse nach Gleichung 6.10 umgerechnet und so die Spannungs-Dehnungs-Funktion des Maxwell-Elementes analytisch bestimmt werden zu:

$$\sigma = \eta \cdot \dot\varepsilon_0 \left(1 - \mathrm{e}^{-\frac{E}{\eta\dot\varepsilon_0}E}\right) \qquad (6.21)$$

Zur Diskussion dieser Beschreibungsform ist die Spannungs-Dehnungs-Kurve mit fiktiven Werten für die Viskosität und den Federmodul für verschiedene konstante Dehngeschwindigkeiten in Bild 6.22 eingetragen.

Hieran lassen sich einige wichtige Merkmale der Modellierung mit Feder-Dämpfer-Elementen erläutern. Auch hier, wie bereits in Gleichung 5.40 definiert, ergibt sich die Relaxationszeit als der Quotient von Viskosität zu Federmodul. Bei schnellen Einwirkungen, bei denen die Dehngeschwindigkeit größer als der Kehrwert der Relaxationszeit ist, verhält sich das Maxwell-Element wie eine Feder. Die Spannung steigt nahezu linear mit der Dehnung an. Bei einer langsamen Dehngeschwindigkeit, also bei einem Wert, der wesentlich kleiner als der Kehrwert der Relaxationszeit ist, zeigt das Modell ein starkes Fließen. Es ergibt sich eine maximale Grenzspannung der Kurven. Diese Fließspannung bestimmt sich immer direkt aus dem Produkt von Viskosität $\eta$ und der Dehngeschwindigkeit (z. B. bei einer Dehngeschwindigkeit von 1 %/s und einer Viskosität von 100 MPa $\cdot$ s berechnet sich die Fließspannung $\sigma_S$ zu 1 MPa; beachte: Dehnungen und Dehngeschwindigkeiten stets als Absolutwerte in die Gleichungen einsetzen).

Vergleicht man das Ergebnis einer solchen Modellrechnung mit der gemessenen Realität (etwa Bild 6.18), so zeigt sich, dass ein solch einfaches Modell lediglich

*Merkmale von Feder-Dämpfer-Modellen*

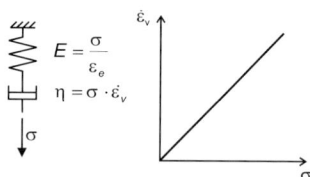

Zwischen der plastischen Dehngeschwindigkeit und der Spannung gilt eine lineare Abhängigkeit.

$$\sigma\,(t) = \eta \cdot \dot{\varepsilon} \cdot \left(1 - e^{-\frac{E}{\eta}t}\right) \text{ mit } t = \frac{\varepsilon}{\dot{\varepsilon}}$$

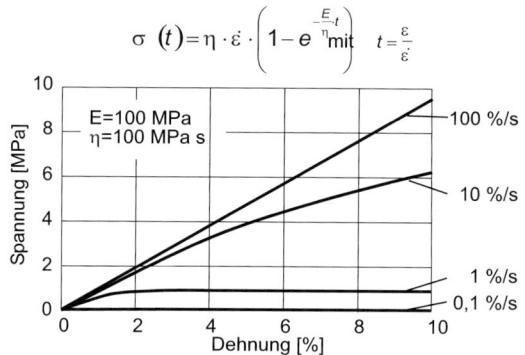

Bild 6.22 Maxwell-Modell

das Funktionsprinzip richtig wiedergibt. Insbesondere zeigt ein solches einfaches Modell die Kombination von elastischen und viskosen Eigenschaften nur, wenn die Zeitspektren der Beanspruchungsfunktion im Bereich der Relaxationszeit des Feder-Dämpfer-Elements liegt.

**Vergleich von Burgers- und Maxwell-Modell**

Genau wie bei der Beschreibung der Eigenschaften elastischer Schmelzen kann die Beschreibungsgüte des Modells dadurch verbessert werden, dass mehrere Feder-Dämpfer-Elemente verwendet werden. In der Literatur wird dazu oft das Burgers-Modell zur Beschreibung der Kunststoffe zitiert (Bild 6.23, links). Jedoch zeigt die Analyse der hieraus abgeleiteten Differentialgleichung, dass formal gleiche Beschreibungsfunktionen erreicht werden, wie bei der Parallelschaltung einer gleichen Zahl von Federn und Dämpfern (erweitertes Maxwell-Modell, Bild 6.23, rechts). Somit ergibt sich bei entsprechender Wahl der Kennzahlen für die Federsteifigkeiten und die Viskositäten der Dämpfer für beide Modelle das gleiche Verhalten (Bild 6.23).

**erweitertes Maxwell-Modell**

Der besondere Vorteil des erweiterten Maxwell-Modells, also der Parallelschaltung mehrerer Maxwell-Elemente, ergibt sich bei der Berechnung: Die Spannung des Gesamtsystems ist stets die Summe der Einzelspannungen aus jedem Maxwell-Element.

$$\sigma(t) = \sum_{i=1}^{n} \sigma_i \tag{6.22}$$

Weiterhin gilt, dass jedes Element mit der gleichen Deformation und Deformationsgeschwindigkeit beaufschlagt wird.

$$\varepsilon_i(t) = \varepsilon(t) \tag{6.23}$$

$$\dot{\varepsilon}_i(t) = \dot{\varepsilon}(t) \tag{6.24}$$

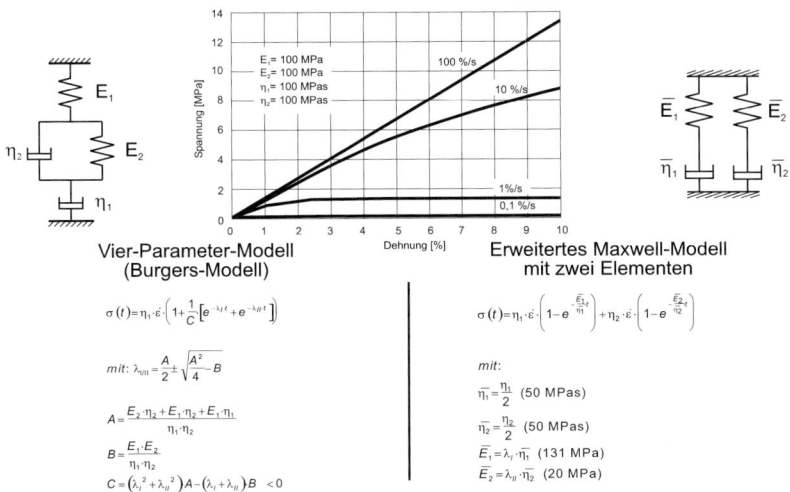

**Vier-Parameter-Modell**
**(Burgers-Modell)**

$$\sigma(t) = \eta_1 \cdot \dot{\varepsilon} \cdot \left(1 + \frac{1}{C}\left[e^{-\lambda_l t} + e^{-\lambda_{ll} t}\right]\right)$$

$$mit: \; \lambda_{l/ll} = \frac{A}{2} \pm \sqrt{\frac{A^2}{4} - B}$$

$$A = \frac{E_2 \cdot \eta_2 + E_1 \cdot \eta_2 + E_1 \cdot \eta_1}{\eta_1 \cdot \eta_2}$$

$$B = \frac{E_1 \cdot E_2}{\eta_1 \cdot \eta_2}$$

$$C = \left(\lambda_l^2 + \lambda_{ll}^2\right)A - \left(\lambda_l + \lambda_{ll}\right)B \;\; < 0$$

**Erweitertes Maxwell-Modell**
**mit zwei Elementen**

$$\sigma(t) = \eta_1 \cdot \dot{\varepsilon} \cdot \left(1 - e^{-\frac{E_1}{\eta_1} t}\right) + \eta_2 \cdot \dot{\varepsilon} \cdot \left(1 - e^{-\frac{E_2}{\eta_2} t}\right)$$

*mit:*

$$\overline{\eta}_1 = \frac{\eta_1}{2} \;\; (50 \text{ MPas})$$

$$\overline{\eta}_2 = \frac{\eta_2}{2} \;\; (50 \text{ MPas})$$

$$\overline{E}_1 = \lambda_l \cdot \overline{\eta}_1 \;\; (131 \text{ MPa})$$

$$\overline{E}_2 = \lambda_{ll} \cdot \overline{\eta}_2 \;\; (20 \text{ MPa})$$

Bild 6.23 Simulation gleichen Werkstoffverhaltens mit erweitertem Maxwell- und Burgers-Modell (Vergleich)

Die Beschreibungsgleichung eines solchen Modells erhält man also einfach durch die Summation von Gleichungen für die einzelnen Maxwell-Elemente. Also kann für den Fall der Beanspruchungsform „konstante Dehngeschwindigkeit" bei einem 4-fach Maxwell-Element geschrieben werden:

$$\sigma = \dot{\varepsilon} \cdot \sum_{i=1}^{4} \eta_i \left(1 - e^{-\frac{E_i}{\eta_i} t}\right) \tag{6.25}$$

Die berechnete Spannungs-Dehnungs-Funktion zeigt Bild 6.24. Um die Wirkung der Modellerweiterung darstellen zu können, wurden die Federmodulen und die Dämpferviskositäten so gewählt, dass sich eine gleiche Ausgangssteifigkeit wie in

Analyse eines<br>4-fach Maxwell-<br>Modells

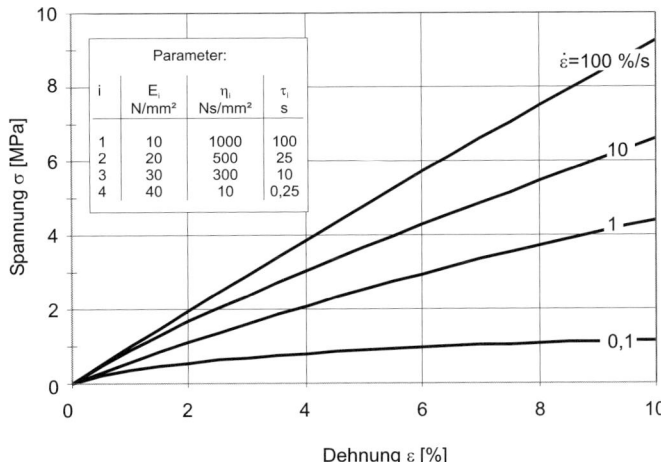

Bild 6.24 Modellierung des Zugversuches mit 4-fach Maxwell-Element

dem einfachen Maxwell-Modell aus Bild 6.22 ergibt. Zugleich sind aber die Relaxationszeiten über das Zeitspektrum der hier auftretenden Beanspruchungsfunktionen gespreizt.

Zusammenfassend werden nachfolgend die weiteren Eigenschaften der Beschreibungsfunktionen erörtert, wie sie aus den hier gezeigten Feder-Dämpfer-Elementen abgeleitet werden. Grundsätzlich ergibt sich eine lineare Abhängigkeit zwischen Spannung und Dehnung unter der Randbedingung „gleiche Beanspruchungsform und Beanspruchungszeit". Also berechnet ein Modell, das auf der Grundlage der linearen Viskoelastizität aufbaut, stets ein konstantes Verhältnis der Spannungen und Dehnungen bei gleichen Zeiten und Beanspruchungsverläufen.

**Boltzmannsches Superpositionsprinzip** Hieraus abgeleitet ist das Boltzmannsche Superpositionsprinzip: Ein komplexer Beanspruchungsverlauf, wie etwa eine stufenweise Lastaufbringung in Bild 6.25, kann in Teilfunktionen zerlegt werden. Diese Teilfunktionen stellen einfach beschreibbare Beanspruchungszustände dar, etwa wie in diesem Beispiel drei Kriechbeanspruchungen, die lediglich jeweils um einen Zeitraum verzögert auf den Probekörper einwirken. Die Dehnungsantwort des Werkstoffs bestimmt sich dann aus der Summe der Dehnungsantworten der einzelnen Teilfunktionen. Diese Theorie erlaubt eine einfache grafische Näherungslösung für linear viskoelastisches Werkstoffverhalten.

Auch leitet man aus diesem Prinzip die Vorgehensweise bei der Berechnung mehrachsiger Spannungszustände ab. Dabei betrachtet man den Normalspannungszustand im Werkstoff (bei dem durch Drehung des Koordinatensystems keine Schubspannungen mehr auftreten). Jeder beliebige Spannungszustand lässt sich auf einen solchen Normalspannungszustand reduzieren. Die Zeitabhängigkeit des Verformungsverhalten erhält man nun, indem die Einwirkung jeder Normalspannung einzeln bestimmt wird und schließlich durch Summation der Werkstoffantworten das Gesamtverhalten bestimmt wird.

**Korrespondenzprinzip** Für näherungsweise Berechnungen im Bereich der linearen Viskoelastizität bedient man sich schließlich des Korrespondenzprinzips. Es besagt, dass zur Lösung mechanischer Aufgabenstellungen die aus der Elastizitätslehre abgeleiteten

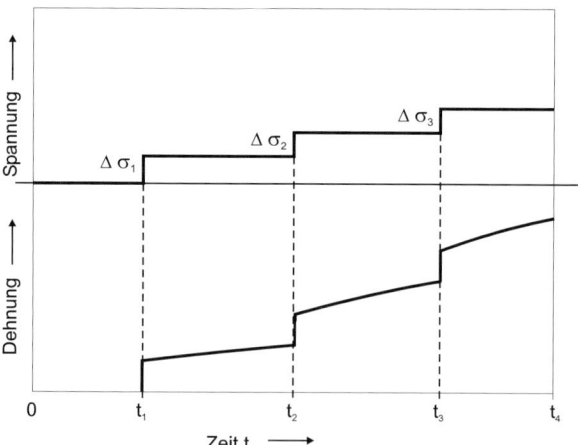

Bild 6.25  Das Boltzmannsche Superpositionsprinzip

Gleichungen allgemein verwendbar sind. Man hat hierzu lediglich anstelle der Spannungen die zeitabhängige Spannungsfunktion $\sigma(t)$, anstelle der Dehnung die zeitabhängige Dehnungsfunktion $\varepsilon(t)$ und die zeitabhängige Kennwertfunktion des E-Moduls $E(t)$ einzusetzen (bei mehrachsigen Beanspruchungen wird auch die zeitabhängige Kennwertfunktion der Querkontraktionszahl $\nu(t)$ benötigt).

Da bei der Berechnung des Verformungsverhaltens neben dem Zeiteinfluss auch die Beanspruchungsform berücksichtigt werden muss, definiert man die Kennwertfunktion des E-Moduls in Abhängigkeit vom jeweiligen Beanspruchungszustand. Dazu sei zunächst noch einmal auf Bild 6.17 verwiesen. Hier wurde der Zustand konstante Last beschrieben. Um die mechanische Auslegung eines Bauteils bei konstanter Last auszuführen, wird entsprechend die zeitabhängige Kennwertfunktion des E-Moduls als Kriechmodul definiert:

*Einfluss der Beanspruchungsform*

$$E_C(t) = \frac{\sigma_0}{\varepsilon(t)} \tag{6.26}$$

*Kriechen*

Da beim Kriechversuch die Spannung konstant und die Dehnung monoton steigend verläuft, hat der Kriechmodul einen monoton fallenden Funktionsverlauf.

*Memory-Effekt*

Das in Bild 6.26 dargestellte Beispiel ist gut geeignet, den Einfluss der Beanspruchungsform auf das Verformungsverhalten des viskoelastischen Werkstoffs zu erkennen. Für die drei hier gezeigten Versuchsbelastungen ergibt sich einheitlich nach 45 min eine konstante Spannung von 5 N/mm$^2$. Jedoch ist auf Grund der wesentlich höheren Vorbelastung Probe 3 stärker gedehnt, als etwa Probe 2. Allein durch Verwendung eines zeitabhängigen Kriechmoduls kann dieser Effekt in einer Berechnung nicht erfasst werden.

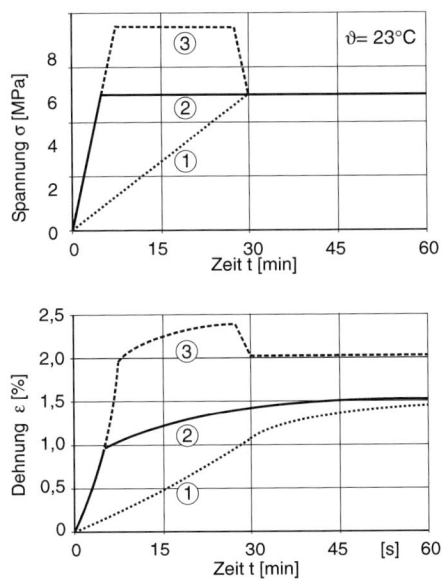

Bild 6.26 Einfluss der Beanspruchungsgeschichte auf das Kriechverhalten von PE-HD

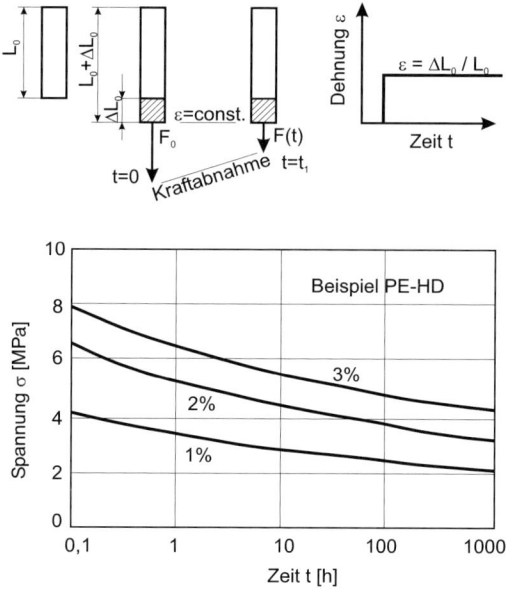

Bild 6.27  Relaxationsversuch PE-HD

Wesentlich für die Höhe der sich einstellenden Dehnung ist also nicht nur die Dauer der einwirkenden Spannung sondern auch deren zeitlicher Verlauf (Memory-Effekt, Einfluss der Beanspruchungsgeschichte).

**Relaxieren** Oft unterliegen Bauteile dem Zustand „konstante Verformung". Beispiele hierfür sind Schraub- oder Pressverbindungen. Dieser Beanspruchungsform entspricht der Relaxationsversuch (Bild 6.27). Zum Zeitpunkt $t_0$ wird der Probekörper auf ein konstantes Dehnungsmaß deformiert. Die Spannung nimmt mit der Zeit ab, der Werkstoff relaxiert. Hier definiert man entsprechend den Relaxationsmodul:

$$E_R(t) = \frac{\sigma(t)}{\varepsilon_0} \tag{6.27}$$

Hier gilt, dass die Spannung bei konstanter Dehnung monoton fallend verläuft. Also zeigt der Relaxationsmodul ähnlich wie der Kriechmodul einen monoton fallenden Funktionsverlauf. Da häufig die Funktion des Relaxationsmoduls nicht verfügbar ist, stellt sich für den Konstrukteur die Frage, ob nicht auch die Relaxation mit der Funktion des Kriechmoduls gerechnet werden darf. Bild 6.28 zeigt die jeweiligen Beanspruchungszustände im Vergleich. Bei gleicher Zeit und Spannung zeigt der Relaxationsversuch eine größere Dehnung (da im zurückliegenden Zeitraum die Spannung stets größer war, hat sich im Werkstoff eine höhere Dehnung eingestellt). Entsprechend gilt:

**Vergleich Kriechmoldul zu Relaxationsmodul** $$E_R(t) < E_C(t) \tag{6.28}$$

> **Da die Unterschiede durch die unterschiedliche Beanspruchungsform „Kriechen" oder „Relaxieren" klein bleiben, können statische Beanspruchungszustände für linear viskoelastische Werkstoffe in erster Näherung mit dem Kriechmodul gerechnet werden.**

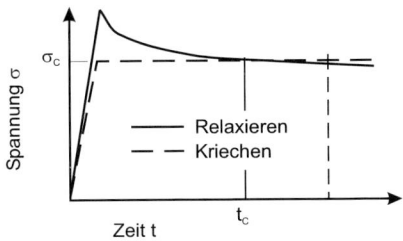

$t_C$: für gleiche Spannung und Zeit weist der Kriechversuch geringere Dehnungswerte auf: $E_R < E_C$

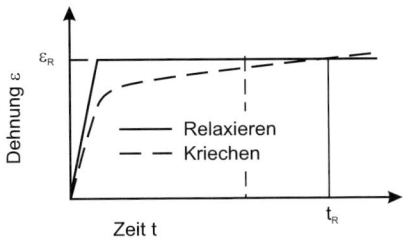

$t_R$: für gleiche Dehnung und Zeit weist der Relaxationsversuch geringere Spannungswerte auf: $E_R < E_C$

Bild 6.28  Vergleich Kriechen–Relaxieren

## 6.2.1.2  Grenzen der linearen Viskoelastizität

Analysiert man das mechanische Verhalten der Kunststoffe, so stellt man eine
über den Zeiteinfluss hinausgehende Nichtlinearität des Spannungs-Dehnungs-
Verlaufes fest. Besonders anschaulich zeigt sich dieser Einfluss im „isochronen
Spannungs-Dehnungs-Diagramm" (hier z. B. für den Konstruktionswerkstoff
Polybutylenterephthalat (PBT), Bild 6.29).

Dazu sei zunächst hier erläutert, wie das isochrone Spannungs-Dehnungs-Diagramm aus den Ergebnissen von Kriechversuchen entwickelt wird (siehe auch
Bild 6.17). Zu gleichen Zeiten werden die Dehnungen verschiedener Probekörper,
die unterschiedlich hohen Kriechspannungen ausgesetzt sind, abgelesen. In einem
Spannungs-Dehnungs-Diagramm werden die Wertepaare von Spannung und Dehnung jedes Probekörpers für den betrachteten Zeitpunkt eingetragen und durch
einen interpolierenden Kurvenzug miteinander verbunden. Die so erzeugte „Isochrone" verbindet also die Spannungs-Dehnungs-Punkte bei gleicher Zeit für verschiedene Kriechbeanspruchungen. Es gilt also für jeden Zustand auf einer
Isochronen identische Belastungszeit und Beanspruchungsform. Typischer Weise
werden die Isochronen in logarithmisch wachsenden Zeitabständen ermittelt.

*(Randnotiz: isochrones Spannungs-Dehnungs-Diagramm)*

Nun können die Grenzen der linearen Viskoelastizität einfach aufgezeigt werden.
Liegt lineare Viskoelastizität vor, dann ergibt sich die Isochrone als eine Gerade
im isochronen Spannungs-Dehnungs-Diagramm. Mit Hilfe des Bolzmannschen
Superpositionsprinzips lässt sich dieser Beweis auch formal einfach führen: Betrachtet man zwei Spannungswerte $\sigma_1$ und $\sigma_2$ einer Isochronen, wobei $\sigma_2 = 2\sigma_1$
gelte, so kann die Beanspruchung Kriechen mit der Spannung $\sigma_2$ bis zum Zeitpunkt $t$ ersetzt werden durch die zweifache Überlagerung der Beanspruchung $\sigma_1$

*(Randnotiz: Grenzen der linearen Viskoelastizität)*

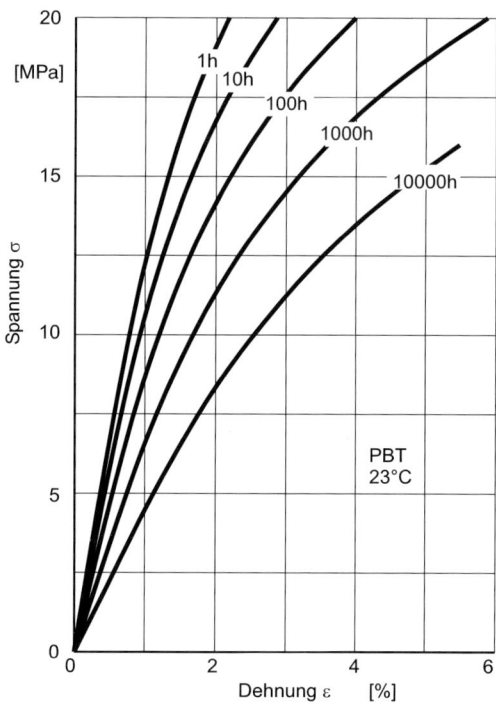

Bild 6.29 Isochrones Spannungs-Dehnungs-Diagramm von Polybutylenterephthalat (PBT)

bis zum Zeitpunkt *t*. Damit gilt auch $\varepsilon_2(t) = 2 \cdot \varepsilon_1(t)$. Bei linearer Viskoelastizität besteht also Proportionalität zwischen den Spannungen und Dehnungen zu gleichen Zeiten unter gleicher Beanspruchungsform.

Somit ist die Modellvorstellung der linearen Viskoelastizität nur als eine idealisierte Lösung zu verstehen. Das Maß der Abweichung von der linearen Viskoelastizität für jeden viskoelastischen Werkstoff zeigt sich durch Betrachtung des isochronen Spannungs-Dehnungs-Diagramms.

### 6.2.1.3   Modellierung der nichtlinearen Viskoelastizität

**Modellbildung der nichtlinearen Viskoelastizität**

Nachfolgend wird aufgezeigt, in welcher Weise die Modellierung der linearen Viskoelastizität mit Hilfe von Feder-Dämpfer-Modellen erweitert werden muss, um das Verhalten der Kunststoffe besser beschreiben zu können.

Zur Modellierung der nichtlinearen Viskoelastizität sind zunächst zwei Ansätze denkbar:

- *Die Elastizität sei nichtlinear.* Hierzu wurde die in Bild 6.30 dargestellte Modellrechnung durchgeführt. Dazu wurde vorgegeben, dass mit steigender Federspannung die Federdehnung überproportional anwächst (siehe Federkennlinie in Bild 6.30 oben). Das mittlere Diagramm zeigt die Dehnungs-Zeit-Funktion als vorgegebene Beanspruchung, das untere Diagramm die berechnete Spannungs-Zeit-Funktion, die Antwort des Modells. Zwar zeigt dieses

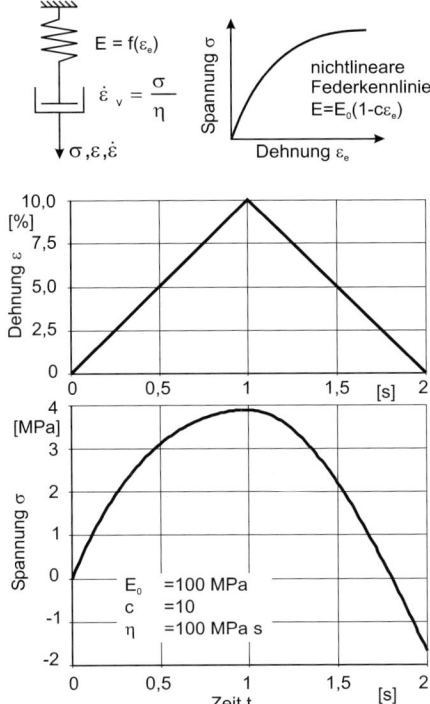

Bild 6.30 Maxwell-Element mit nichtlinearer Feder

Modell in der Phase der Dehnungszunahme grundsätzlich richtiges Verhalten, jedoch ist nach Überschreiten des Dehnungsmaximums der Kurvenverlauf grundsätzlich falsch. Somit führt diese Vorstellung bei Kunststoffen nicht zur richtigen Modellierung.

- *Die Viskosität des Dämpfers sei nichtlinear.* Die entsprechende Modellrechnung zeigt Bild 6.31. Hier wurde angenommen, dass die Fließgeschwindigkeit des Dämpfers mit steigender Spannung überproportional anwächst (Bild 6.31 oben). Das mittlere Diagramm zeigt wiederum die identische Dehnungs-Zeit-Funktion als vorgegebene Beanspruchung, das untere Diagramm die berechnete Spannungs-Zeit-Funktion. Mit dieser Modellvorstellung kann das Spannungs-Dehnungs-Verhalten sowohl bei Probenbelastung wie auch bei Probenentlastung grundsätzlich richtig beschrieben werden.

Der große Nachteil solcher nichtlinearen Modelle liegt darin, dass die mathematische geschlossene Lösung der nichtlinearen Differentialgleichungen höherer Ordnung nur unter hohem Aufwand möglich ist, wenn die Funktion der Viskosität im Voraus und explizit bekannt ist. Tatsächlich ergibt sich dieser funktionale Zusammenhang jedoch in Abhängigkeit von den Werkstoffeigenschaften, weshalb eine allgemein gültige geschlossene mathematische Lösung nicht abgeleitet werden kann.

Stattdessen hat sich eine Modellierung der nichtlinearen Viskoelastizität etabliert, die auf numerischen Algorithmen aufbaut und deshalb für die Werkstoffeigenschaften nicht schon zu Beginn der Modellbildung funktionale Zusammenhänge

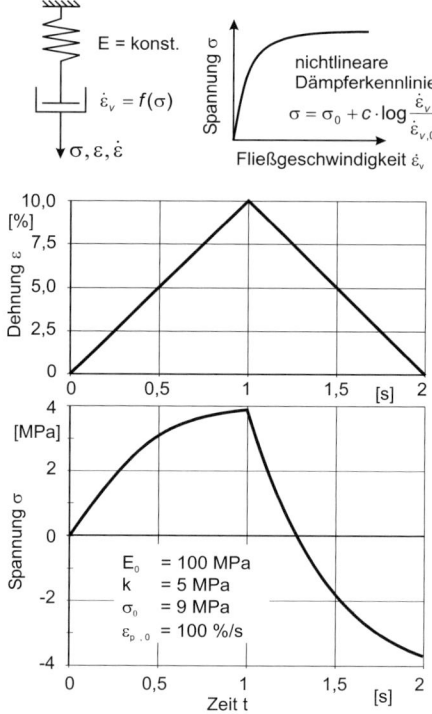

Bild 6.31 Maxwell-Element mit nichtlinearem Dämpfer

herstellen muss. Dieser Lösungsalgorithmus wird in verschiedenen einschlägigen Arbeiten unter dem Namen „Deformationsmodell" beschrieben.

### 6.2.1.4 Arbeitsweise des Deformationsmodells

Das nichtlinear-viskoelastische Werkstoffverhalten wird durch Parallelschaltung mehrerer Maxwell-Elemente mit nichtlinearer Viskosität abgebildet (Bild 6.32). Die Nichtlinearität des Werkstoffverhaltens wird durch die Fließfunktionen der Dämpfer abgebildet. Zur Darstellung der Zeit- und Temperaturabhängigkeit der Eigenschaften ist die Parallelschaltung mehrerer nichtlinearer Maxwell-Elemente erforderlich. Bei der Simulation wird in Zeitschritten gerechnet. Nachfolgend sei der „Relaxationsalgorithmus" erläutert, mit dem grundsätzlich alle Operationen des Modells beschrieben werden können.

Relaxations-
algorithmus

1  Zu Beginn des Zeitschritts $\Delta t$ sind die inneren Spannungen $\sigma_i(t)$, die aktuelle Temperatur $\vartheta$ und die Änderung der äußeren Dehnung $\Delta\varepsilon$ bekannt. Gesucht werden die inneren Spannungen $\sigma_i(t + \Delta t)$, bzw. durch deren Summation die äußere Spannung $\sigma(t + \Delta t)$

2  Im Zeitschritt $\Delta t$ führen die inneren Spannungen $\sigma_i(t)$ bei gegebener Temperatur zu einer viskosen Fließgeschwindigkeit. Der Zusammenhang ist in den Fließlinien dargestellt (Bild 6.33 qualitativ). Da Temperatur und Fließgeschwindigkeit über das Zeit-Temperatur-Verschiebungsprinzip nach Arrhenius ineinander umgerechnet werden können, wird meist nur eine zweidimensio-

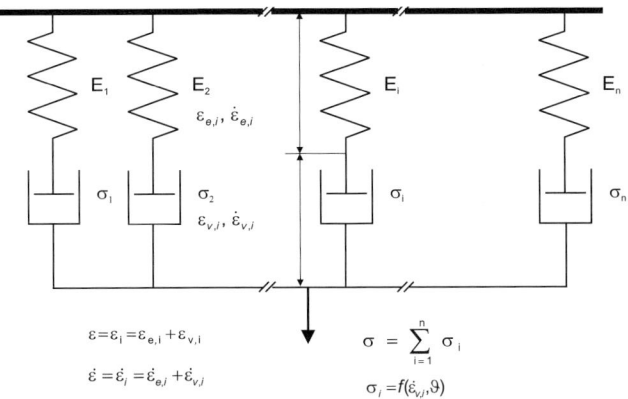

Bild 6.32 Deformationsmodell

nale Darstellung verwendet. (Entweder die Temperatur oder die Fließgeschwindigkeit als dritter Parameter wird nach Arrhenius berechnet.)

3  Multipliziert mit der Zeitschrittweite $\Delta t$ ergibt sich aus der viskosen Fließgeschwindigkeit die viskose Dehnungszunahme $\Delta\varepsilon_{p,i}$ in jedem Dämpfer.

4  Diese Dehnungszunahme $\Delta\varepsilon_{p,i}$ sowie bei Temperaturänderung die thermische Dehnung werden von der äußeren Dehnungszunahme $\Delta\varepsilon$ abgezogen. Man erhält so die Änderung der elastischen Dehnung $\Delta\varepsilon_{e,i}$ jedes Elements.

5  Diese Änderung der elastischen Dehnung $\Delta\varepsilon_{e,i}$ multipliziert mit dem Federmodul des jeweiligen Elementes bewirkt die Spannungsänderung $\Delta\sigma_i$ im Zeitschritt $\Delta t$, Durch Addition von $\sigma_i(t)$ und $\Delta\sigma_i$ erhält man schließlich $\sigma_i(t + \Delta t)$.

Bei der Programmierung dieses Algorithmus muss schließlich noch auf die Vorzeichen geachtet werden, damit negative Spannungen auch zu negativen Fließgeschwindigkeiten führen. Daneben ist eine genügend kleine Zeitschrittweite zu wählen, um die Fehler bei der Ermittlung der Fließgeschwindigkeiten im Dämpfer genügend klein zu halten.

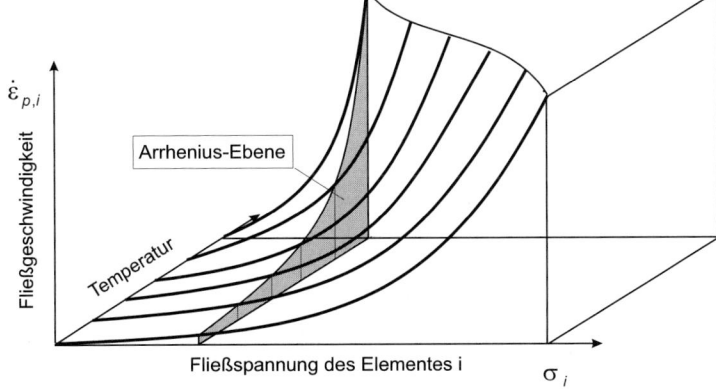

Bild 6.33 Fließlinien des Deformationsmodells (qualitativ für das Element $i$)

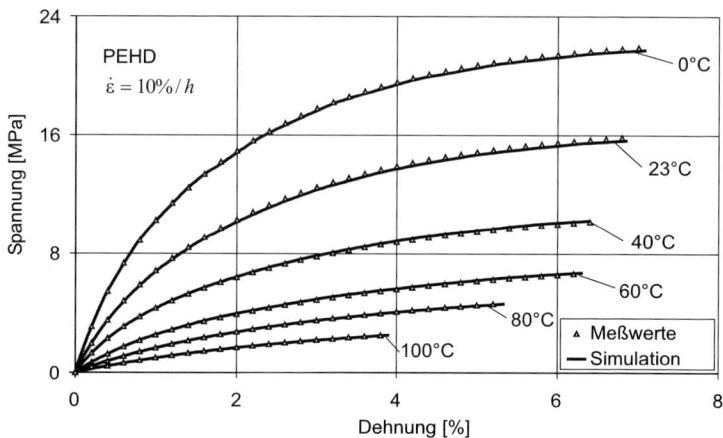

Bild 6.34 Simulation des dehnungsgeregelten Zugversuchs mit dem Deformationsmodell, Vergleich mit Messwerten für PE-HD

**Modell- parameter des Deformations- modells**

Zur Abbildung des Werkstoffverhaltens im Deformationsmodell müssen also folgende Modellparameter ermittelt werden:

• Anzahl der nichtlinearen Feder-Dämpfer-Elemente,
• die Federmodule der Elementfedern $E_i$,
• die Fließlinien $\sigma_i = f(\dot{\varepsilon}, \vartheta)$. Beschreibung der Fließspannung der Dämpfer in Abhängigkeit von Fließgeschwindigkeit und Temperatur.

Diese Modellparameter bilden das spezifische Verhalten des jeweiligen Werkstoffs ab. Zur „Kalibrierung", also zur Festlegung der Modellparameter wendet man den oben angeführten Simulationsalgorithmus mit angenommenen Modellparametern an, um Ergebnisse von Zug- oder Kriechversuchen zu simulieren. Aus der Differenz von Simulation und Versuchsergebnis lassen sich dann leicht Korrekturen an den angenommenen Modellparametern einführen. Dieses iterative Vorgehen wiederholt man so lange, bis die Simulation mit dem Deformationsmodell unter optimierten Modellparametern zu einer befriedigenden Übereinstimmung mit den Versuchsergebnissen führt.

Bis zu welcher Übereinstimmung die Kalibrierungsrechnung geführt werden kann, zeigt beispielhaft für den Werkstoff PE-HD Bild 6.34. Hierbei wurden 10 nichtlineare Feder-Dämpfer-Elemente benötigt. Der Modul der Federn ist in Tabelle 6.1 angegeben, die Fließlinien der ersten neun Dämpfer zeigt Bild 6.35. Das 10. Element wurde als reine Feder angenommen.

**Simulations- rechnungen mit dem Deforma- tionsmodell**

Die Arrhenius-Konstante bestimmte sich hier zu 9000 K. Mit diesen Daten ist es bereits möglich, beliebige einachsige Spannungs-Dehnungs-Verläufe nachzurechnen. Ergänzt man diese Daten noch um den Verlauf des Wärmeausdehnungskoef-

Tabelle 6.1 Federmodul des Deformationsmodells zur Simulation des Werkstoffverhaltens von PE-HD

| Element Nr. | 1 | 2 | 3 | 4 | 5 | 6 | 7 | 8 | 9 | 10 |
|---|---|---|---|---|---|---|---|---|---|---|
| Modul [MPa] | 445 | 461 | 308 | 205 | 137 | 91 | 61 | 41 | 27 | 18 |

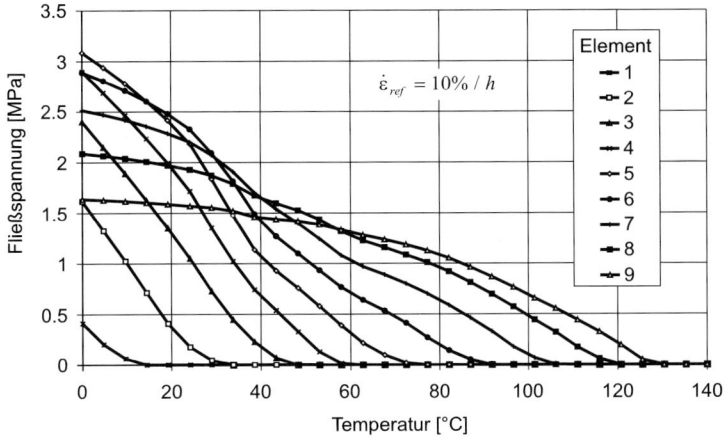

Bild 6.35 Fließlinien von PE-HD

fizienten (Bild 6.36), so können auch nichtisotherme Beanspruchungsverläufe mit hoher Genauigkeit simuliert werden. So zeigt Bild 6.37 den Spannungszustand, der sich bei einer fest eingespannten Probe bei Abkühlung einstellt (thermische Abkühlspannungen). Dieser Lastfall tritt häufig bei dehnungsbehinderter Montage von Kunststoffteilen etwa bei Kunststoff-Metall-Verbunden oder bei der Abkühlung formgebundener Bauteile im Spritzgießwerkzeug auf.

Einen anderen technisch interessanten Fall stellt der Temperaturwechsel unter Dehnungsbehinderung dar (Bild 6.38). Die zyklische Temperaturbeanspruchung führt zu Zugspannungen im viskoelastischen Werkstoff. Auch hier zeigen die gute Übereinstimmung von Messung und Simulation die hohe Beschreibungsgüte des Deformationsmodells.

Temperatur-
wechsel

Aber auch trotz des hohen Modellierungsaufwands des Deformationsmodells sind einige Effekte von nichtlinear viskoelastischen Werkstoffen noch nicht berücksichtigt.

Grenzen des
Deforma-
tionsmodells

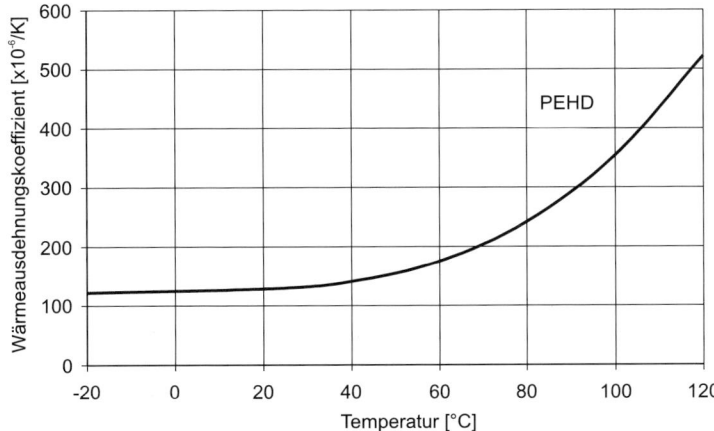

Bild 6.36 Wärmeausdehnungskoeffizient von PE-HD

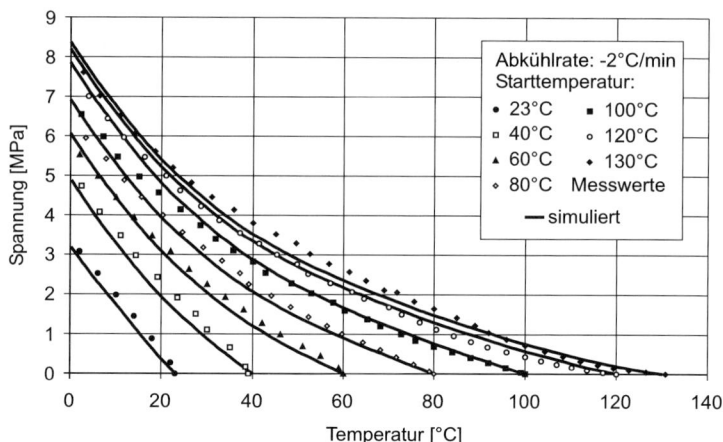

Bild 6.37 Abkühleigenspannungen bei PE-HD, Vergleich von Simulationsrechnung und Messwerten

- Der Einfluss mehrachsiger Spannungszustände kann in der derzeitigen Formulierung des Deformationsmodells nicht abgebildet werden.
- Verarbeitungsbedingt liegen die Polymerwerkstoffe oft orientiert vor. Die hieraus resultierenden Anisotropien werden in diesem Modell nicht berücksichtigt.

**Derzeit führt man die Modellierung des nichtlinear viskoelastischen Werkstoffverhaltens vor allem durch, um grundsätzlich das Verhalten dieser Werkstoffklasse zu verstehen. Erst mit der Kopplung solcher Modelle mit mechanischen Berechnungsprogrammen, die etwa auf der Methode der Finiten Elemente aufbauen, ist die Anwendung solcher Werkstoffmodelle zur Bauteilauslegung zielführend.**

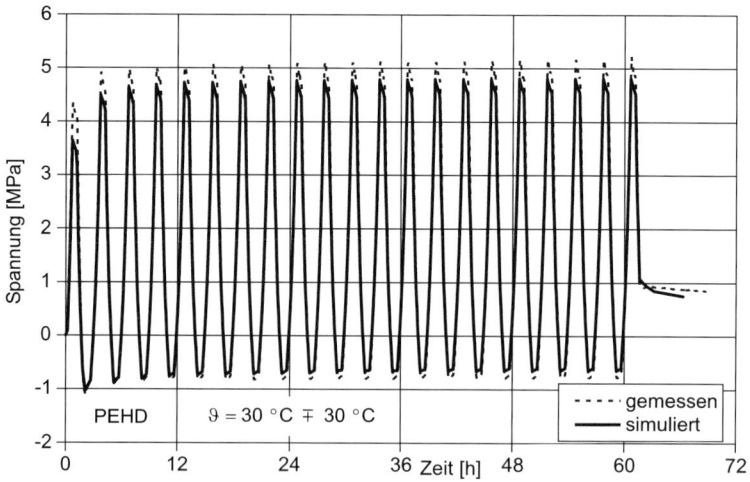

Bild 6.38 Simulation von Wärmespannungen bei zyklischer Temperatureinwirkung

Im nachfolgenden Abschnitt wollen wir uns der Frage zuwenden, wie wir die Eigenschaften des Kunststoffs, den „mechanischen Fingerabdruck", messen können.

## 6.2.2 Bestimmung der mechanischen Eigenschaften viskoelastischer Kunststoffe

Zur Kalibrierung von Werkstoffmodellen, wie etwa dem oben dargelegten Deformationsmodell, aber auch zur Anwendung einfacherer Regeln zur Bauteilauslegung werden Werkstoffkennwerte benötigt. Dabei lassen sich grundsätzlich zwei Zielrichtungen unterscheiden: *Kennwertermittlung*

- Ermittlung des zeit- und temperaturabhängigen Spannungs-Dehnungs-Verhaltens,
- Ermittlung der Versagensgrenzen durch Rissbildung.

Letztendlich bedingt das komplexe Verhalten der Kunststoffe sehr spezifische Methoden der Werkstoffprüfung. Oft liefern die dabei gewonnenen Kennwerte jedoch nur eine vergleichende Aussage, etwa beim Schlagbiegeversuch über die Schlagzähigkeit, wobei eine Übertragung auf andere Geometrien oder Werkstoffe bereits problematisch ist. Zur Dimensionierung eignen sich viele der in der Kunststoffprüfung ermittelten Kennwerte nicht. In der nachfolgenden Übersicht über die Prüfmethoden wird daher verstärkt auf solche Verfahren eingegangen, die Kennwerte für den Konstrukteur erbringen.

### 6.2.2.1   Die dynamisch-mechanische Analyse

Wie aus den Überlegungen zur Modellbildung der Viskoelastizität bereits deutlich wurde, ist der dominante Einfluss auf die mechanischen Eigenschaften der Temperatureinfluss. Deshalb werden wir auch in Abschnitt 6.3 die unterschiedlichen Thermoplaste durch den Verlauf der mechanischen Eigenschaften in Abhängigkeit von der Temperatur betrachten. Entsprechend aussagekräftig sind Prüfverfahren zur Erfassung der Temperaturabhängigkeit der mechanischen Eigenschaften. Allerdings ergibt sich ein grundsätzliches Problem: *Temperatureinfluß*

Will man etwa das Verhalten bei hohen Spannungen messen, um so Aussagen zur Nichtlinearität des Werkstoffs zu erhalten, so bewirken diese Beanspruchungen eine starke viskoelastische Deformation oder sogar eine Schädigung des Probekörpers. Deshalb ist es nicht denkbar, diesen selben Probekörper anschließend zu erwärmen, um dann das mechanische Verhalten bei erhöhter Temperatur zu messen (siehe auch „Memory-Effekt", Abschnitt 6.2.1.1).

Beschränkt man sich jedoch auf kleine Deformationen, so kann etwa der Elastizitätsmodul bei kleinen dynamischen Beanspruchungen bestimmt werden. Er entspricht etwa dem Ursprungselastizitätsmodul aus dem Zugversuch, wenn dieser bei einer vergleichbaren Dehngeschwindigkeit durchgeführt wird. Daneben erhält man aus der Verschiebung des Nulldurchgangs von Spannung und Dehnung bei sinusförmiger Beanspruchung den mechanischen Verlustfaktor $\tan \delta$, ein Maß für die Werkstoffdämpfung. Als Beispiel für eine solche Bestimmung der temperaturabhängigen Eigenschaften sei auf den Torsionsschwingversuch nach DIN 53545 verwiesen. Da bei diesem Versuch die mechanische Beanspruchung durch Tor-

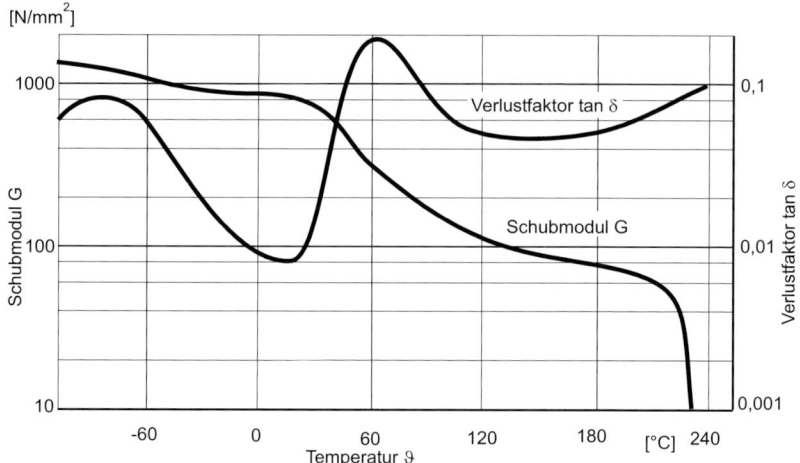

Bild 6.39 Schubmodul und Verlustfaktor für Polybutylenterephthalat (PBT)

sion des Probekörpers erzeugt wird, bestimmt sich als Maß für die elastischen Eigenschaften des geprüften Probekörper der Schubmodul $G$ (siehe Bild 6.39).

„thermisch-mechanischer Fingerprint"

Aus dem Verlauf dieser Kurven lassen sich etwa die Glastemperatur $T_G$ und die Kristallitschmelztemperatur $T_S$ ableiten. Damit wird die mechanisch-dynamische Analyse zu einer interessanten Messmethode, um den „thermisch-mechanischen Fingerprint" eines Werkstoffs zu ermitteln. Allerdings können aus diesem Versuch keine Angaben zur Nichtlinearität, zur Zeitabhängigkeit und zur Belastungsgrenze des Werkstoffs abgeleitet werden.

### 6.2.2.2    Der Zugversuch

Die üblichste Methode zur Bestimmung mechanischer Eigenschaften von Kunststoffen ist der Zugversuch entsprechend ISO 527. Das dabei ermittelte Span-

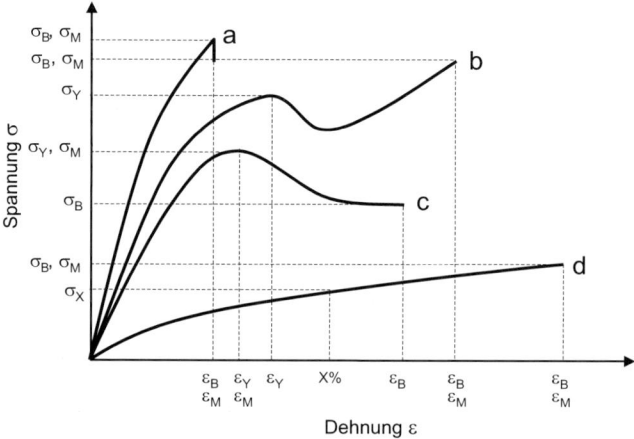

Bild 6.40 Kurzzeitzugversuch nach ISO 527

nungs-Dehnungs-Diagramm und die Ableitung von mechanischen Kennwerten zeigt Bild 6.40.

Entsteht der Probenbruch erst nach Verstreckung der Probe durch starkes Fließen, so unterscheidet man als Kennwerte die Streckspannung und Streckdehnung (indiziert mit Y für Yield) von der Bruchspannung und Bruchdehnung (indiziert mit B). Je nach Werkstoff kann die Maximalspannung (indiziert mit M) die Streck- oder die Bruchspannung sein. Zur Messung der Probensteifigkeit sieht die Norm vor, dass die Probe einer Dehnung ausgesetzt wird, deren Dehnungsrate so nah wie möglich bei 1 % der Messlänge je Minute liegt. Bei gängigen Probengeometrien entspricht dies einer niedrigen Traversengeschwindigkeit von 1 mm/min.

Die Steigung der Spannungs-Dehnungs-Kurve zwischen 0,05 % und 0,25 % Dehnung wird als Maß für den E-Modul bestimmt. Zur Bestimmung der Streckgrenze und des Bruchverhaltens ist es sinnvoll, die Abzugsgeschwindigkeit der Prüfmaschine auf 50 mm/min einzustellen, um in genügend kurzer Zeit den Versuch abschließen zu können. Jedoch müssen auf Grund der unterschiedlichen Prüfgeschwindigkeiten verschiedene Prüfkörper untersucht werden.

Da die Kennwerte üblicherweise an Schulterproben mit einer Probenlänge von 100 mm (zwischen den Schultern) ermittelt werden, kann in erster Näherung für den E-Modul eine Dehngeschwindigkeit von 1 %/min, für die Streckspannung und Streckdehnung eine Dehngeschwindigkeit von ca. 10 bis 100 %/min zugeordnet werden. Dies ist zu beachten, da bei viskoelastischen Werkstoffen alle Eigenschaften von Temperatur und Dehngeschwindigkeit abhängen.

*Kennwerte des Kurzzeitzugversuches*

> **Daher verwendet der Konstrukteur die hierbei ermittelten Daten auch lediglich als Vergleichskennwerte, jedoch nicht als Bemessungskennwerte!**

### 6.2.2.3 Der Zeitstandzugversuch (Kriechversuch)

Nach wie vor stellt der Zeitstandzugversuch nach DIN 53444 die einzig derzeit genormte Methode zur Ermittlung der mechanischen Eigenschaften von Kunststoffen in Abhängigkeit von der Temperatur, Zeit und Beanspruchungshöhe dar. Die grundsätzliche Vorgehensweise beim Zeitstandzugversuch ist in Bild 6.17 dargestellt. Für jede gewählte Probenspannung sind zur statistischen Absicherung wenigstens 7 Probekörper zu wählen. Üblicherweise werden die Versuche nach 1000 h oder nach 10000 h (etwa 14 Monate) abgebrochen. Die Temperatur wird üblicherweise in Schritten von 20 °C gewählt. Die Ergebnisse werden in isochronen Spannungs-Dehnungs-Diagrammen dokumentiert (siehe z. B. Bild 6.29)

Die Vermessung eines Werkstoffs im Zeitstandzugversuch belegt also mehrere dutzende Prüfplätze und dauert länger als ein Jahr. Der hohe Kostenaufwand für diese Prüfung ist die Ursache dafür, dass in Werkstoffdokumentationen, etwa in der Datenbank CAMPUS, nur für einige Werkstoffe die entsprechenden Informationen verfügbar sind.

*isochrones Spannungs-Dehnungs-Diagramm*

### 6.2.2.4 Der dehnungsgeregelte Zugversuch

Einen Weg, den großen Aufwand des Zeitstandzugversuches zu meiden, bietet der dehnungsgeregelte Zugversuch, wie er bereits weiter oben zu Beginn von Abschnitt 6.2 beschrieben wurde. Nur dieser Versuch erlaubt die exakte Zuord-

*zeitraffende Ermittlung des Werkstoffverhaltens*

nung der Beanspruchungsparameter Temperatur und Dehngeschwindigkeit zu dem jeweils gemessenen Spannungs-Dehnungs-Diagramm.

Die hier gemessenen Spannungs-Dehnungs-Kurven werden durch geeignete mathematische Funktionsansätze approximiert. Für homogene, amorphe Thermoplaste, wie etwa das PMMA in Bild 6.18 kann bereits mit dem einfachen Ansatz nach Gleichung (6.29) approximiert werden:

$$\sigma = E_0 \cdot \varepsilon (1 - D_1 \varepsilon) \tag{6.29}$$

**Werkstoff-kennwerte**
Dabei werden durch die Approximation die Kennwerte $E_0$ und $D_1$ in Abhängigkeit von der jeweils im Versuch verwendenden Dehngeschwindigkeit und Temperatur bestimmt. Dieser Ansatz hat große Ähnlichkeit mit dem Hook'schen Gesetz, lediglich der Kennwert $D_1$ beschreibt die Nichtlinearität. Die Zeit- und Temperatureinflüsse zeigen sich in der Abhängigkeit der Kennwerte $E_0$ und $D_1$ von der Dehngeschwindigkeit und der Temperatur.

Teilkristalline Kunststoffe zeigen eine anders ausgeprägte Nichtlinearität, die sich mit der Gleichung (6.29) nur unzureichend approximieren lässt. Daher wird für diese Werkstoffgruppe die Approximationsgleichung auf

$$\sigma = E_0 \cdot \varepsilon \, \frac{1 - D_1 \cdot \varepsilon}{1 - D_2 \cdot \varepsilon} \tag{6.30}$$

erweitert. Mit dieser allgemeinen Approximationsfunktion lässt sich das Verhalten – vom weichen, viskosen bis zum hart elastischen Zustand – gut beschreiben.

**Kennwert-funktion**
Aus dehnungsgeregelten Kurzzeitzugversuchen können die Kennwerte $E_0$, $D_1$ und $D_2$ in ihrer Abhängigkeit von der Dehngeschwindigkeit und Temperatur ermittelt

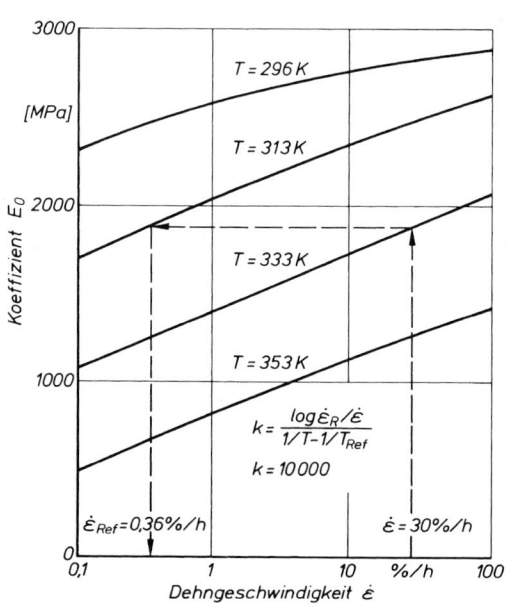

Bild 6.41 Kennwert $E_0$ als Funktion von Dehngeschwindigkeit und Temperatur für den Werkstoff PVC-U

werden. Bild 6.41 zeigt beispielhaft den Verlauf des Kennwertfunktion $E_0$ für den Werkstoff PVC-hart (PVC-U).

Es liegt nahe, das Zeit-Temperatur-Verschiebungsprinzip anzuwenden: Wir erkennen aus Bild 6.41, dass etwa ein dehnungsgeregelter Zugversuch bei 60 °C und einer Dehngeschwindigkeit von 30 %/h den gleichen Kennwert $E_0$ aufweist wie ein Versuch bei 0,36 %/h und 40 °C. Die Verschiebung der Kurvenzüge in Bild 6.41 ist ein unmittelbares Maß für den Aktivierungsfaktor (*k*-Wert) der Arrhenius-Funktion. *Zeit-Temperatur-Verschiebungsprinzip*

Durch Umstellung der Gleichung (6.13) lässt sich der *k*-Wert unmittelbar aus den abgelesenen Werten bestimmen:

$$k = \frac{\log\left(\dfrac{\dot{\varepsilon}_{ref}}{\dot{\varepsilon}}\right)}{\dfrac{1}{T} - \dfrac{1}{T_{ref}}} \tag{6.31}$$

Für das vorliegende Beispiel bestimmte sich der *k*-Wert zu 10000 K. Es sei darauf hingewiesen, dass dieser Wert nicht als Werkstoffkonstante angesehen werden darf. Insbesondere im Bereich der Übergangstemperaturen, also etwa im Bereich der Glastemperatur, muss mit einer Änderung der Verschiebungskorrelation gerechnet werden. Daher sollte die Extrapolation von Kennwerten mit Hilfe des Zeit-Temperatur-Verschiebungsprinzips auf zwei Dekaden beschränkt bleiben.

Durch die Verschiebung der Kurven bei erhöhter Temperatur in Richtung niedriger Dehngeschwindigkeiten erhält man eine so genannte Masterkurve für die Kennwertfunktionen $E_0$, $D_1$ und $D_2$. In Bild 6.42 ist die Abhängigkeit der Kennwerte $E_0$, $D_1$ und $D_2$ über einen großen Dehngeschwindigkeitsbereich bei Referenztemperatur eingetragen. *Masterkurve für die Kennwertfunktionen*

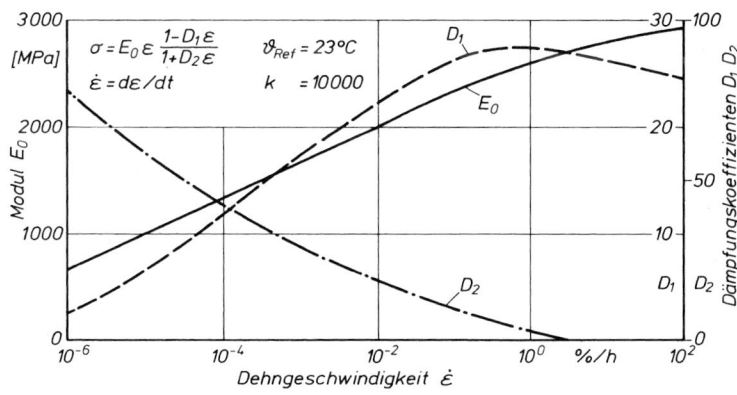

Bild 6.42 Masterkurve mit den Kennwerten $E_0$, $D_1$ und $D_2$ für den Werkstoff PVC-U

Der große Vorteil dieser Vorgehensweise liegt darin, dass nun unter Kenntnis dieser Masterkurve und dem *k*-Wert der Arrhenius-Funktion das Spannungs-Dehnungs-Diagramm für beliebige Zeiten und Temperaturen berechenbar wird. So lassen sich etwa einfach nach folgendem Algorithmus isochrone Spannungs-Dehnungs-Diagramme erzeugen: *Rechnen mit Kennwertfunktionen*

1 In einer äußeren Schleife wähle man die Zeitschritte der Isochronen, etwa in logarithmischen Schritten von 0,1 h bis 1000 h.

2 In einer inneren Schleife wähle man die Dehnung, etwa von 0,1 % bis 2 % in Schritten von etwa 0,1 % (Der Startwert der Dehnung muss größer als $\varepsilon = 0\%$ sein, da für $\varepsilon = 0\%$ die Dehngeschwindigkeit nicht bestimmt werden kann. Hier gilt als Anfangsbedingung: Wenn $\varepsilon = 0\%$ dann $\sigma = 0$ N/mm).

3 Nach Gleichung (6.10) bestimmt sich die Dehngeschwindigkeit.

4 Aus Bild 6.42 bestimmen sich die Koeffizienten $E_0$, $D_1$ und $D_2$.

5 Aus Gleichung 6.30 berechnet sich die zugehörige Spannung.

6 Ende der inneren Schleife.

7 Ende der äußeren Schleife.

berechnetes isochrones Spannungs-Dehnungs-Diagramm

Ein solcherart berechnetes isochrones Spannungs-Dehnungs-Diagramm zeigt Bild 6.43. Einschränkend muss bemerkt werden, dass die hierbei zugrunde liegende Beanspruchungsform konstante Dehngeschwindigkeit ist, und nicht wie üblich konstante Spannung. Da jedoch nach dem Einfluss von Temperatur, Zeit und Nichtlinearität dem Einfluss der Belastungsgeschichte eine nachrangige Bedeutung zukommt, ist der hierbei entstehende Fehler der unterschiedlichen Belastungsgeschichte gering.

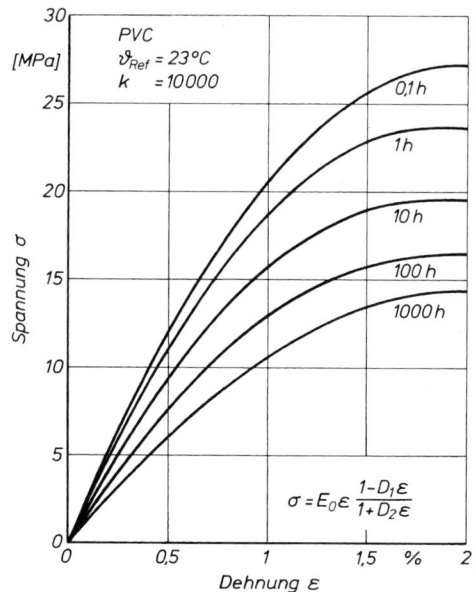

Bild 6.43 Berechnetes isochrones Spannungs-Dehnungs-Diagramm für den Werkstoff PVC-U

## 6.3  Die Zustandsbereiche im mechanischen (elastischen) Verhalten von Kunststoffen

### 6.3.1  Amorphe Thermoplaste

Temperatur-abhängigkeit

In Bild 6.44 wird das Verhalten von amorphen Thermoplasten durch die Temperaturabhängigkeit des Elastizitätsmoduls (Schubmoduls) gedeutet. Bei hohen Temperaturen gleiten die Ketten bei geringer Belastung aneinander ab. Der Werkstoff hat pastösen Schmelzecharakter. Mit abnehmender Temperatur geht er in den entropieelastischen – auch als kautschukelastisch bezeichneten – Zustand über. In beiden Zuständen ist der mechanische Widerstand gegen eine Verformung besonders stark von der Länge der Moleküle, wohl infolge von deren Verhakung, abhängig. Der Stoff friert bei weiterer Abkühlung ein und liegt nun als harter spröd-elastischer Körper vor, dessen Modul (Realmodul) stetig mit abnehmender Temperatur weiter zunimmt. Stufenweise Erhöhungen des Moduls werden dann beobachtet, wenn Seitengruppen in den Molekülen einfrieren oder im Falle von Polymergemischen in einem der Partner entsprechende Vorgänge ablaufen. Der Verlustmodul bzw. die repräsentativen Messgrößen, wie das logarithmisch Dekrement der mechanischen Dämpfung $\Lambda$ oder der mechanische Verlustfaktor tan $\delta$ zeigen an solchen Stellen jeweils Maxima, so genannte Relaxationsmaxima.

Elastomere sind polymere Werkstoffe, deren Glastemperatur $T_G$ unter Raumtemperatur liegt und die ein breites „kautschukelastisches Plateau" in ihrer Schubmodulkurve besitzen. Durch die Vernetzung wird das Abgleiten der Ketten und somit ein Fließen des Werkstoffs verhindert. Außer dem Naturkautschuk gehören hierzu viele synthetische Kautschuke. Kautschuk-<br>elastisches<br>Plateau

Amorphe Thermoplaste werden im Bereich des festen Zustandes, d. h. unterhalb von $T_G$ eingesetzt. Als praktisches Beispiel wird in Bild 6.45 die Schubmodulkurve von Polyvinylchlorid vorgestellt. Es hat seine Glastemperatur $T_G$ bei etwa 80 °C bis 90 °C. Der Einsatzbereich von Polyvinylchlorid hart (PVC-U) liegt zwischen etwa −10 °C und +60 °C. Über 60 °C setzt starke Erweichung ein, sodass langzeitige Belastung zu starken Kriechdehnungen führt. Unterhalb von −10 °C wird der Kunststoff sehr spröde, d. h. schlagempfindlich.

In Bild 6.46 ist in einem Zustandsdiagramm der prinzipielle Verlauf von Zugfestigkeit und Bruchdehnung in Abhängigkeit von der Temperatur am Beispiel eines amorphen Thermoplasten eingetragen. Bei hohen Temperaturen in der Schmelze Fließtemperatur-<br>bereich

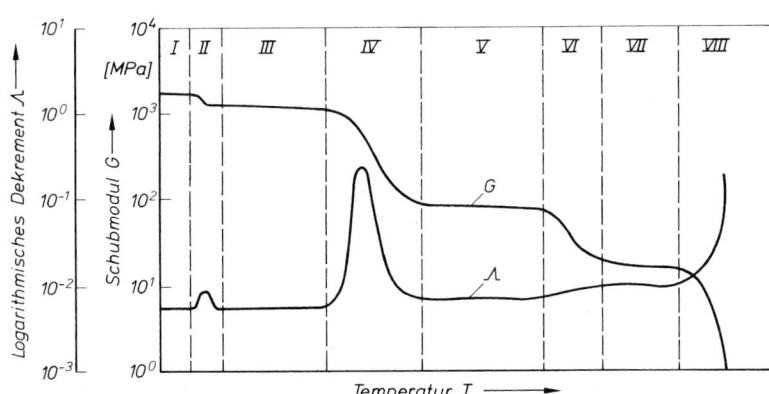

Bild 6.44 Schematisierte Darstellung der Zustands- und Übergangsbereiche polymerer Werkstoffe im Schubmoduldiagramm
I und III: energieelastisches Verhalten, II: sekundärer Übergangsbereich, IV: Glasübergangsbereich, V: entropieelastisches Verhalten bei weitgehend amorphen, energieelastisches Verhalten bei weitgehend kristallinen polymeren Werkstoffen, VI: Schmelzbereich, VII: Schmelze mit entropieelastischen Eigenschaften, VIII: Zersetzung

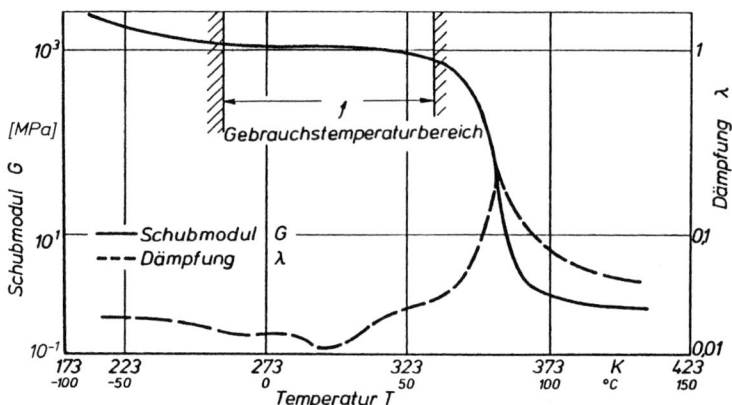

Bild 6.45 Schubmodul und mechanische Dämpfung von PVC-U

tritt Zersetzung ein ($T_Z$). Sobald bei niedrigen Temperaturen das Abgleiten nur noch unter zunehmendem Kraftaufwand erfolgt, wird die Urformung durch Spritzgießen oder Extrudieren unmöglich, man kann sich eine Grenze als „Fließtemperaturbereich" ($T_F$) setzen. Es folgt mit weiter abnehmender Temperatur im Gebiet hoher Elastizität eine große Formänderungsfähigkeit unter geringem Kraftaufwand (thermoplastische Verarbeitung). Sobald jedoch bei Unterschreiten der Einfriertemperatur ($T_G$) die Beweglichkeit der Hauptkette weitgehend einfriert, nimmt die Möglichkeit einer Formänderung rasch ab, der Werkstoff wird zunehmend spröder, der erforderliche Kraftaufwand steigt drastisch. Der Stoff ist hart und spröde. Dies ist der normale Einsatzbereich.

Schlagzäh-
modifizierung
Beispiele für den Einfluss der Bewegungsfähigkeit von Seitenketten in erstarrten Polymeren liefern die schlagzäh modifizierten amorphen Thermoplaste vgl. Bild 6.47. Hier werden durch Copolymerisation oder Pfropfung solche Seitenketten in das Polymergerüst eingebracht, deren Glastemperatur $T_G$ weit unter Raumtemperatur liegen (z. B. Acrylnitril/Butadien/Styrol-Copolymerisat, ABS). Da die Butadienketten erst bei Temperaturen unterhalb $-50\,°C$ einfrieren, ist das Polymere

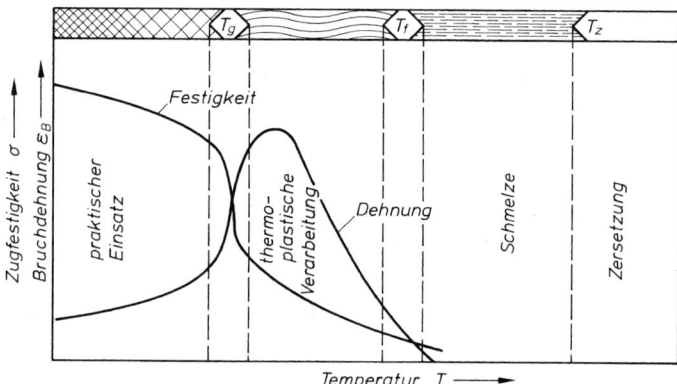

Bild 6.46 Zugfestigkeit und Bruchdehnung eines amorphen Thermoplasten (PVC-U)

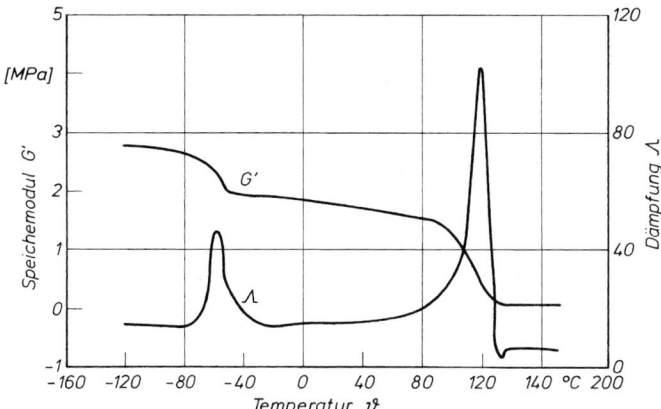

Bild 6.47 Schubmodul und Dämpfung von schlagzäh modifiziertem Polystyrol (ABS)

oberhalb dieser Temperatur wenig schlagempfindlich und zäh. Normales Polystyrol oder Styrol/Acrylnitril-Copolymerisat sind dagegen bis weit oberhalb der Raumtemperatur spröde.

## 6.3.2 Teilkristalline Thermoplaste

Auch hier liefert die Schubmodulkurve die anschaulichste Darstellung. Bild 6.48 zeigt diese Kurven für ein Polymeres (Polystyrol), das durch normale und stereospezifische Polymerisation in unterschiedlicher Kettenstruktur hergestellt werden kann. Bei den Kurven A und B handelt es sich um ein ataktisches Polystyrol (Standard-Polystyrol), das durch unregelmäßigen Aufbau seiner molekularen Kettenbausteine amorph erstarrt (Kurve A niedrige Molekülmasse, d. h. niedrigvis-

ataktisches und isotaktisches Polystyrol

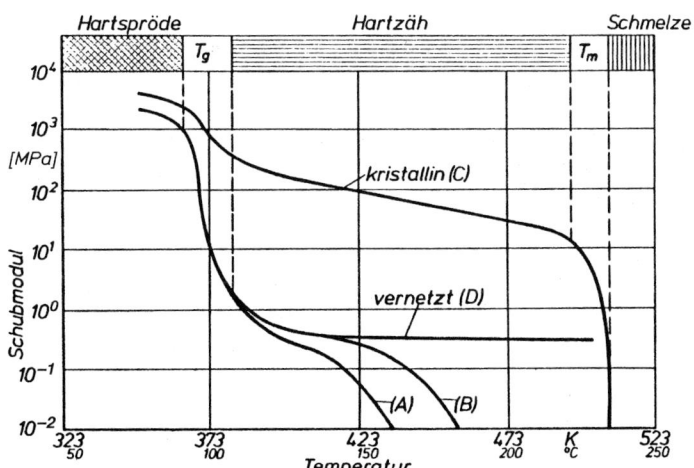

Bild 6.48 Schubmodulkurven von Polystyrol in amorpher, teilkristalliner und in vernetzter Form

kos, Kurve B hohe Molekülmasse, d. h. hochviskos). Das gleiche Polymere kann, wenn es einen regelmäßigen Kettenaufbau besitzt, auch teilkristallin erstarren. Bei Abkühlung einer Schmelze, die regelmäßig gebaute Polymerketten enthält (Kurve C), kommt es – wie hier bei isotaktisch aufgebautem Polystyrol bei 235 °C – zur Bildung von Kristalliten und sofortiger Erstarrung. Das Gerüst aus kristallinem Werkstoff verleiht dem Werkstoff von etwa 230 °C ab eine beachtliche Steifigkeit. Die unregelmäßig gebauten, ebenfalls vorhandenen ataktischen Ketten und amorphen Anteile verleihen dem Polymeren dabei gleichzeitig eine hohe Zähigkeit. Sobald jedoch bei Erreichen der Glastemperatur ($T_G$) der ataktische Anteil amorph einfriert, verliert der Werkstoff seine Zähigkeit und geht vom hartzähen Zustand zum hartspröden über. Durch Vernetzung des ataktischen Polystyrols (Kurve D) wird der Werkstoff unschmelzbar.

spröde – zäh    Teilkristallines Polystyrol hat allerdings bisher deswegen keine praktische Bedeutung erlangt, weil es bei Raumtemperatur infolge der bei 100 °C liegenden Glastemperatur schon sehr spröde ist. Die wichtigen teilkristallinen Thermoplaste haben bei Raumtemperatur und darüber – also im praktischen Einsatzbereich – hartzähen Werkstoffcharakter, da ihre amorphen Anteile erst bei tieferen Temperaturen einfrieren. Als Beispiel diene das Polypropylen (Bild 6.49).

Die ataktischen und amorphen Anteile erstarren bei ca. 0 °C, d. h. für T > 0 °C ist der Werkstoff zäh. Die Schubmodulkurven für Polypropylen mit verschiedenem Kristallisationsgrad zeigen dessen Einfluss auf die Steifigkeit. Der effektive Einsatzbereich gebräuchlicher Polypropylene mit ca. 50 % kristallinem Gefügeanteil erstreckt sich daher von Raumtemperatur bis über 100 °C; der Schmelzbereich beginnt bei ca. 120 °C.

Kaltversprödung    Da die bei Gebrauchstemperaturen unterhalb von 0 °C auftretende Versprödung bei Polypropylen von Nachteil ist, wird die Glastemperatur durch Copolymerisieren mit Ethylen in niedrigen Anteilen weiter abgesenkt (vgl. Abschnitt 4.4.1.2). Da bei geringen Comonomeranteilen die Fähigkeit zur Kristallisation nicht eingeschränkt wird, ändert sich die obere Dauergebrauchstemperatur nicht; die zulässigen Spannungen bei Raumtemperatur sind nur unwesentlich niedriger. Das Verhalten von Zugfestigkeit und Bruchdehnung von teilkristallinen Thermoplasten in Abhängigkeit von der Temperatur entnimmt man Bild 6.50. Der Anstieg der

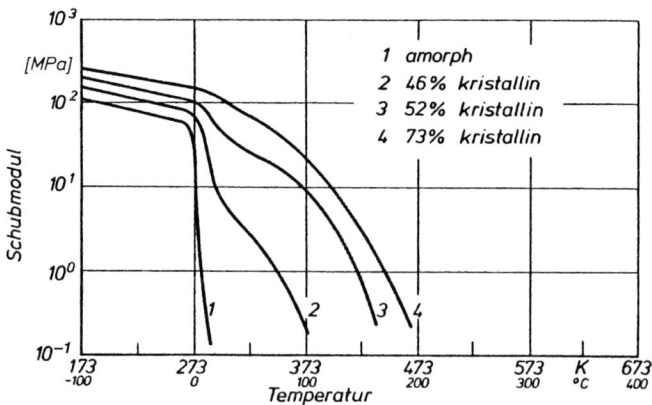

Bild 6.49 Schubmodulkurven von Polypropylen mit verschiedenem Kristallisationsgrad

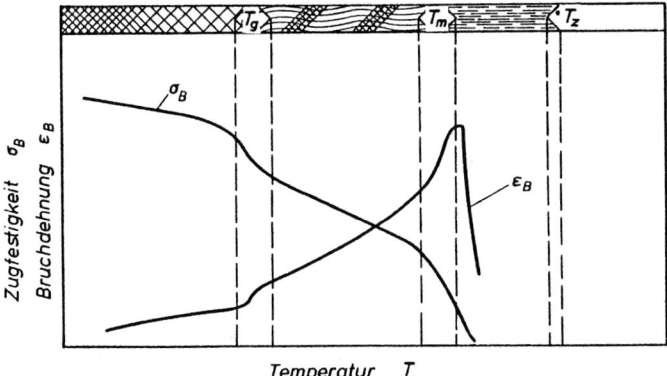

**Bild 6.50** Temperaturabhängigkeit mechanischer Kenngrößen bei teilkristallinen Thermoplasten

Bruchdehnung oberhalb von $T_G$ kennzeichnet die hohe Schlagzähigkeit dieser Gruppe von Werkstoffen.

## 6.3.3 Verstreckte Thermoplaste

Werden Thermoplaste bei Temperaturen verstreckt, bei denen die Moleküle noch aneinander abgleiten können, jedoch die Relaxationszeiten bereits sehr viel größer sind als die Zeit, während der sie für den Verstreckprozess auf höherer Temperatur gehalten werden, dann bleibt diese Orientierung der Moleküle erhalten. Dies hat bedeutende Eigenschaftsveränderungen zur Folge, sowohl bei amorphen als auch bei teilkristallinen Thermoplasten. Am stärksten sind erwartungsgemäß die Wirkungen bei teilkristallinen Thermoplasten dann, wenn es durch die Prozessführung gelingt, die Kristallite in Orientierungsrichtung ausgerichtet zu erhalten.

Orientierung

Verstreckt wird bei amorphen Thermoplasten bei Temperaturen von

$$T_G + (20 \text{ K bis } 40 \text{ K})$$

bei teilkristallinen Thermoplasten bei

$$T_{KT} - (10 \text{ K bis } 20 \text{ K})$$

mit anschließendem Fixieren, d. h. Tempern unter Festhalten der erhaltenen Verstreckung, sodass die amorphen Anteile relaxieren, die Kristallite jedoch ihre Ausrichtung beibehalten. Beim Verstrecken werden die Sphärolithe zerstört. Man muss sich vorstellen, dass ganze Blöcke der Lamellen abrutschen (vgl. Bild 6.51). Ganze Lamellen können auch gedreht werden, sodass bei genügend hoher Verstreckung alle Ketten vorzugsweise in Verstreckrichtung orientiert sind. Die Blöcke sind nun durch eine hohe Zahl von „tie-Molekülen" miteinander verbunden. Wenn man dieses verstreckte Material dann tempert – industriell nennt man diese Prozessstufe „Fixieren", d. h. in der Länge festhalten –, entsteht eine sehr gleichmäßige Lamellenstruktur. Dabei sind die Lamellen senkrecht zur Fixierrichtung ausgerichtet und da die rückstellenden Kräfte aus dem amorphen Anteil nach dessen Relaxation beim Fixieren fehlen, ist ein solches Produkt auch bei

Tempern

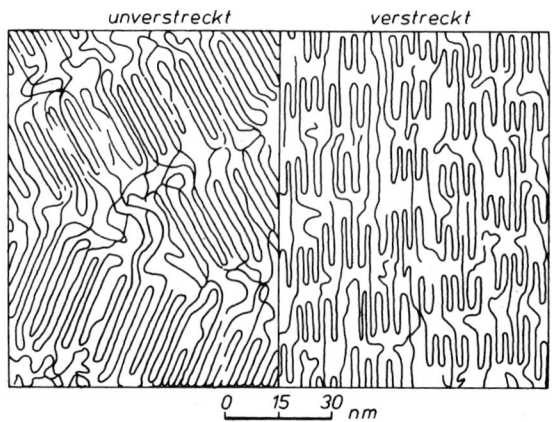

unverstreckt        verstreckt

0    15    30 nm

Bild 6.51 Abrutschen und Umlagern von Kristallitblöcken beim Verstrecken von teilkristallinen Thermoplasten (nach *Petermann*)

höheren Temperaturen bis unter Fixiertemperatur dimensionsstabil. Würde man aber stattdessen das verstreckte Material ohne Festhalten (Fixieren) tempern, dann würde sich wieder das alte ungeordnete Gefüge vor der Verstreckung zurückbilden. Die Ursache sind die „tie-Moleküle". Hosemann hat darauf die anschauliche Theorie der affinen Verzerrung entwickelt. Bild 6.52 erklärt dies anschaulich.

**Verstreckgrad**     Man kann beim Verstrecken einer abkühlenden Schmelze knapp unter der Kristallitschmelztemperatur bei nicht zu hohen Polymerisationsgraden, z. B. bei Polyethylen, beachtliche Verstreckgrade erreichen (vgl. Bild 6.53), wenn man ausreichend langsam – bei niedrigen Temperaturen und allseitigem hydrostatischem Druck – die Verstreckung vornimmt.

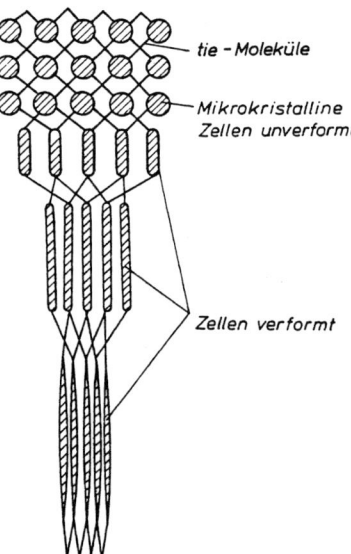

tie-Moleküle

Mikrokristalline
Zellen unverformt

Zellen verformt

Bild 6.52 Affine Verzerrung als Modell für das „„Memory"-Phänomen (nach *Hosemann*)

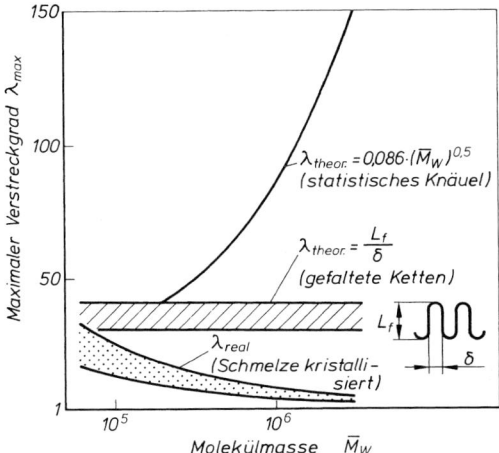

Bild 6.53 Maximaler Verstreckgrad in Abhängigkeit von der Molmasse

Bei höherer Molmasse von PE beträgt der maximal erreichbare Verstreckgrad nur das 5- bis 10-fache der Ausgangslänge. Die experimentellen Ergebnisse stehen somit im Widerspruch zu den theoretisch zu erwartenden Werten für $\lambda_{max}$, wofür gilt:

$$\lambda_{max} \sim \bar{M}^{0,5} \tag{6.32}$$

Man kann diesen Unterschied zwischen theoretisch erwarteten und praktisch gefundenen Dehnungsgraden mit den während des Kristallisationsprozesses eingefangenen Verschlaufungen (trapped entanglements) erklären. Sie wirken beim Verstrecken wie Vernetzungen.

Verschlaufungen

Langsames Kristallisieren ergibt bei relativ niedermolekularem PE Kristallite mit gefalteten Molekülen. Der Faltungsprozess reduziert die Anzahl der eingefangenen Verschlaufungen. Bei hoher Molmasse von PE kann man die Verschlaufungs-

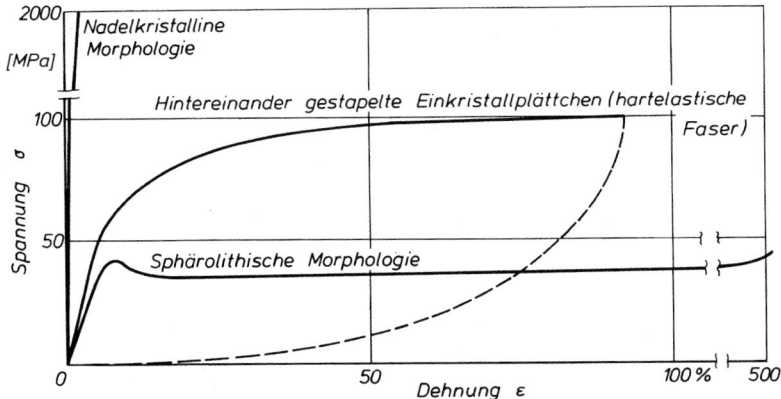

Bild 6.54 Festigkeiten von Polyethylen verschiedener Morphologie (nach *Petermann*)

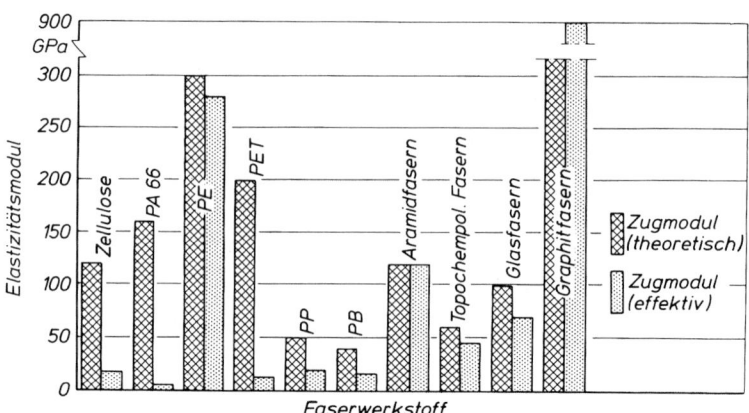

Bild 6.55  Modul von synthetischen Fasern

dichte pro Molekül nur erniedrigen, wenn man aus der Lösung kristallisiert. Auch bei sehr hochmolekularem PE ($M_w > 10^6$) können dann Dehnungsgrade über 100 erreicht werden.

**Verstreckungs-gefüge**

Die Eigenschaften derartig entstandener Werkstoffmodifikationen sind somit stark von der Art der eingelagerten Kristallite abhängig. Das übliche beim Erstarren aus der Schmelze vorhandene Gussgefüge ist durch die Sphärolithe geprägt. Es bestimmt auch die Eigenschaften (Bild 6.54). Gelingt es durch besondere Behandlungen, wie oben besprochen, ein Verstreckungsgefüge – gestapelte Einkristallplättchen oder gar Nadelkristalle – zu erhalten, dann erhält man sehr steife Werkstoffe, wie dies Bild 6.55 für einige Fasern – unter anderem aus einigen thermoplastischen Kunststoffen – zeigt. Allerdings liegt der praktisch erreichte E-Modul zumeist noch weit unter den theoretisch möglichen Werten.

**anisotrope Eigenschaften**

Eine solch große Orientierung der Molekülketten hat auch bei nicht zur Kristallisation befähigten Thermoplasten, also solchen mit amorphen Gefüge, erhebliche Auswirkungen auf die Eigenschaften zur Folge. In Verstreckrichtung steigen Festigkeit und E-Modul, senkrecht dazu vermindern sie sich. Solche Materialien neigen zum Spleißen, wenn sie senkrecht zur Verstreckrichtung beansprucht werden. Aber auch andere Eigenschaften, wie die thermische Ausdehnung, die Wärmeleitfähigkeit solch anisotroper Werkstoffe, sind in Verstreckrichtung und senkrecht dazu unterschiedlich (vgl. Bild 6.56).

Die erheblichen Unterschiede in den erhaltenen Eigenschaften bei jeweils gleichem Streckverhältnis – das von der Maschine vorgegeben ist – hängt mit der jeweils erfolgten Relaxation zusammen. Gleiche Eigenschaften erhält man nur, wenn gleiche Molekülorientierung vorliegt. Somit ist die Orientierung eine wichtige qualitätsbestimmende Eigenschaft eines Produkts aus Kunststoffen. Durch Schrumpfmessungen oder bei transparenten Kunststoffen durch die Messung der Doppelbrechung (vgl. Abschnitt 10.9) kann der Orientierungsgrad überprüft werden.

**Hermannsche Regel**

Die Anisotropie der Eigenschaften kann man theoretisch abschätzen, wenn man sich vorstellt, dass ein völlig verstreckter Werkstoff in Streckrichtung nur aus Molekülen mit kovalenten Bindungen besteht und senkrecht dazu reine van der Waals-Bindung herrschen würde. Aus dem Drehungswinkel $\Theta$ eines aus geraden

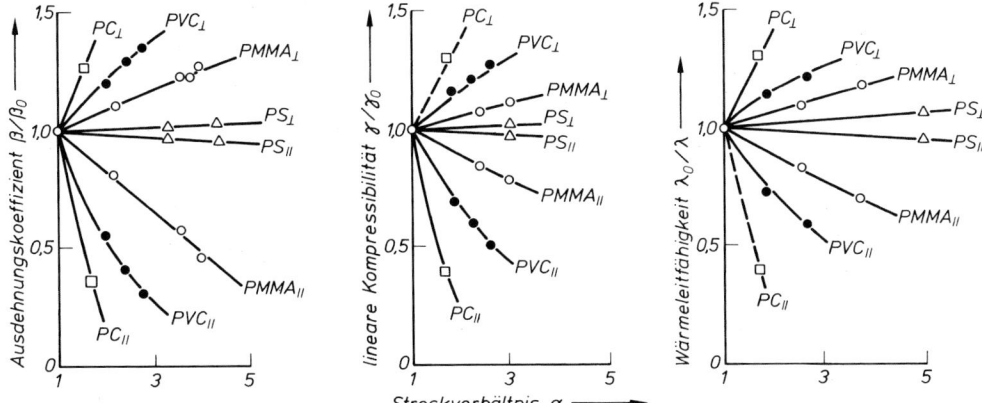

Bild 6.56 Einfluss der Verstreckung auf verschiedene Eigenschaften amorpher Thermoplaste (nach *Hennig*)

Segmentstücken bestehenden Molekülknäuels durch Verstrecken ergibt sich für eine physikalische Eigenschaft, die mit *a* bezeichnet sei (Hermannsche Regel),

$$\frac{a_s - a_p}{a_2 - a_1} = \frac{1}{2} \left(3 \cos^2 \Theta - 1\right) \tag{6.33}$$

Nach der so genannten 1:2-Regel (eine Richtung mit kovalenter Bindung, zwei Richtungen mit van der Waals-Bindung) gilt dabei

$$a_p + 2a_s = 3a_0 \quad \text{und} \quad a_1 + 2a_2 = 3a_0 \tag{6.34}$$

Dabei bedeuten $a_0$ Wert des isotropen Materials, $a_{1,2}$ Werte für das völlig orientierte Material (Grundanisotropie) und $a_{s,p}$ Messwerte parallel zur Streckrichtung (*p*) oder senkrecht dazu (*s*) bei einem Material mit nicht bekanntem Verstreckgrad. $\cos^2 \Theta$ nimmt Werte an von 0 für planare Orientierung, 1/3 für den isotropen Werkstoff und 1 bei völliger Orientierung (nicht realisierbar).

Das Streckverhältnis $\alpha = L/L_0$ ist mit dem tatsächlich im Werkstoff vorhandenen Orientierungsgrad keinesfalls gleichzusetzen, da je nach Temperatur Relaxationsvorgänge bereits während des Verstreckens wirksam sind und weiterhin der Grad der sterischen Behinderung einen erheblichen Einfluss sowohl auf das Maß der Verstreckung als auch für die Relaxation hat. Die Drehung der Molekülsegmente (Orientierung) hängt daher sowohl vom Aufbau der Ketten und des Polymeren als auch von der Verstrecktemperatur ab.

Weitere wichtige mechanische Größen, die beim Verstrecken beeinflusst werden, sind erwartungsgemäß alle mit Richtung der kovalenten Molekülachse korrelierenden Eigenschaften, wie die elastischen Eigenschaften Elastizitätsmodul, Kompressibilität und Querkontraktion sowie der lineare thermische Ausdehnungskoeffizient und die Wärmeleitfähigkeit. Für verstreckte amorphe Hochpolymere beträgt der E-Modul entsprechend anderen physikalischen Eigenschaften (Abschätzung von Henning)

$$\frac{1}{E_1} + \frac{2}{E_s} = \frac{3}{E_0} \tag{6.35}$$

Spleißneigung       Die einachsige Verstreckung wird vor allem bei Fasern angewendet. Die hohen
Festigkeiten aller synthetischen Fasern beruhen auf den bei vor allem teilkristallinen Thermoplasten erreichbaren hohen Verstreckgraden. So ergibt sich z. B. bei
Polypropylenfasern eine Steigerung der Zugfestigkeit von 30 N/mm$^2$ (isotropes
Material) auf 700 N/mm$^2$ (verstreckte Faser). Einachsige Verstreckung führt allerdings zu einer entsprechenden Minderung der Querfestigkeit, die sich bei Folien
in verstärkter Neigung zum Spleißen äußert. Da dies in der Regel unerwünscht
ist, werden Folien – für Tonträger u. a. – biaxial verstreckt, sodass die Spleißneigung trotz erheblicher Verbesserung der Zugfestigkeit vermieden wird.

Liquid Cristal      Das mechanische Ausrecken mit sehr hohen Verstreckgraden ($\alpha = 10$ bis $30$) macht
Polymere        erhebliche technische Schwierigkeiten. Eine neue Methode, nämlich der Einbau
von Flüssigkristallmolekülen in die Polymerkette (vgl. Abschnitt 4.4.1.3, Tabelle 4.6 und Bild 6.57 PET/PHB), eröffnet hier völlig neue Aspekte (Liquid Crystal Polymere). Solche Moleküle relaxieren nicht, sie bleiben auch in der Schmelze
orientiert, behalten also die Ausrichtung, die sie z. B. beim Spinnen einer Faser
erhalten, bei. Seit Jahren ist ein Faserprodukt dieser Art auf dem Markt in Form von
Aramidfasern (Kevlar®) mit Zugfestigkeiten von $\sigma_B \approx 1500$ N/mm$^2$ und Elastizitätsmodulen von $E \approx 1{,}4 \cdot 10^5$ N/mm$^2$. Es sind bereits weitere Polymere dieser
Art für das Spritzgießen und Extrudieren auf dem Markt.

Bild 6.57 zeigt die Struktur derartiger Materialien schematisch. In Spritzgussteilen
bilden sich typische Sperrholzstrukturen (Bild 6.58), die durch die über der Dicke
verschieden hohe Orientierung beim Fließen in den engen Spalten eines Spritz-
gießwerkzeugs bewirkt werden.

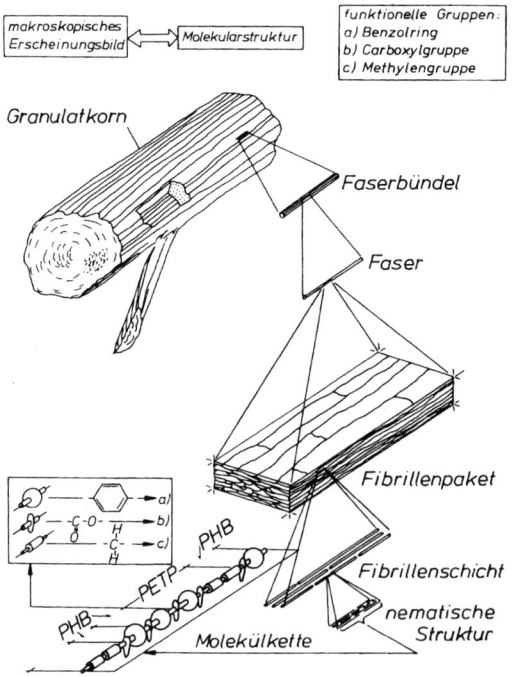

Bild 6.57 Modellvorstellung zum Erscheinungsbild des LC-PET (nach *Becker*)

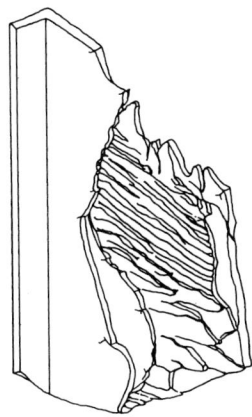

Bild 6.58 Schichtstruktur von LC-PET in der Bruchfläche eines spritzgegossenen Kästchens (nach *Becker*)

## 6.3.4   Vernetzte Polymere (Duroplaste und Elastomere)

Das Vernetzen erfolgt im Allgemeinen im geschmolzenen oder gelösten Zustand.          Oligomere
Vielfach sind die Ausgangsstoffe niedermolekular (Oligomere), oder es handelt sich um Monomere, die bei Raumtemperatur in flüssigem Zustand vorliegen. Die Epoxidharze und ungesättigten Polyesterharze sind z. B. durch Kondensation vorpolymerisiert. Leicht verarbeitbare Standardharze sind niedermolekular und bei Raumtemperatur flüssig. Die Novolake als thermoplastisches Vorkondensat der Phenoplaste sind ab ca. 100 °C plastisch.

Man kann sich in allen Fällen den Ablauf so vorstellen, dass stets zunächst die Bildung der linearen Ketten stattfindet, bevor die Vernetzung beginnt. In diesem Zustand erfolgt daher die Formgebung. Sie muss abgeschlossen sein, wenn die Vernetzung beginnt. Es gelten somit für die Formgebung noch alle bisherigen Überlegungen hinsichtlich des Fließverhaltens u. a., denn in der Schmelze muss man sich diese Materialien ebenso wie Thermoplaste als aus Molekülen mit Knäuelstruktur bestehend vorstellen. Schematisch zeigt Bild 6.59, wie man sich

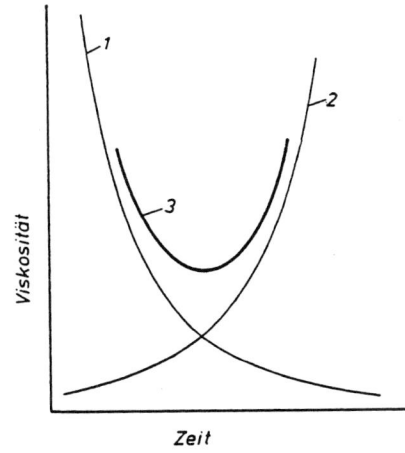

Bild 6.59 Schematischer Viskositätsverlauf vernetzbarer Formmassen (nach *Bauer*)

den zeitlichen Verlauf eines Prozesses hinsichtlich der Viskosität vorzustellen hat.

**Vernetzungs-reaktion**

Das unvernetzte Harz wird zunächst im Kontakt mit dem heißen Metall der form-gebenden Anlage flüssig (vgl. Kurve 1). Die Viskosität nimmt bei den gegebenen Temperaturen exponentiell ab. Andererseits beginnt aber bereits die Kettenverlän-gerung und dann die Vernetzung (Kurve 2), die ebenfalls exponentiell verlaufen. Die tatsächliche Viskosität (Kurve 3) ergibt sich somit als Summe beider neben-einander ablaufender Vorgänge. Tatsächlich ist die Verarbeitungszeit daher in all den Fällen beschränkt, in denen die Vernetzung thermisch ausgelöst wird, wes-halb moderne Technologien versuchen, andere Aktivierungsmöglichkeiten zu fin-den, wie z. B. Licht oder andere Strahlung.

Bevor die Vernetzung einsetzt, liegen die Moleküle somit in Knäuelstruktur vor. Mit zunehmendem Vernetzungsgrad erstarrt die Schmelze, da die Kettensegmente einen Teil ihrer Beweglichkeit verlieren. Sie geht in einen formstabilen kautschuk-elastischen Zustand über; die Struktur ist amorph. Bei thermisch aktivierter Ver-netzung wird erst dann abgekühlt, wenn die Vernetzung abgeschlossen ist.

**Temperatur-einfluß**

Auch im Fall vernetzter Polymerer lässt sich der Stoffzustand am besten durch die Schubmodulkurve über der Temperatur beschreiben. Als Beispiel wurde ein Polymeres gewählt, das unterschiedlich stark vernetzt ist (Bild 6.60). Man er-kennt, dass bei schwacher Vernetzung oberhalb der Glastemperatur nur eine ge-ringe Steifigkeit vorliegt, wie wir sie bei Elastomeren kennen. Die Vernetzung verhindert ein Abgleiten, wie es bei langen Belastungszeiten bei Thermoplasten – besonders im kautschukelastischen Bereich – eintritt. Mit zunehmender Vernet-zungsdichte steigt die Steifigkeit an, jedoch bleibt der Glaspunkt insbesondere bei Bestimmung des Dämpfungsmaximums stets kenntlich. Oberhalb der Glastempe-ratur muss man mit stärkerem Kriechen unter langzeitigen hohen Belastungen rechnen. Temperaturbeständige Harze, z. B. auf Epoxidbasis, verdanken ihre Wär-meformbeständigkeit der hohen Vernetzungsdichte.

Die Höhe der Glastemperatur ist ebenso wie bei anderen Polymeren vom Aufbau der Kettenmoleküle abhängig, d. h. von den Nebenvalenzkräften und der steri-

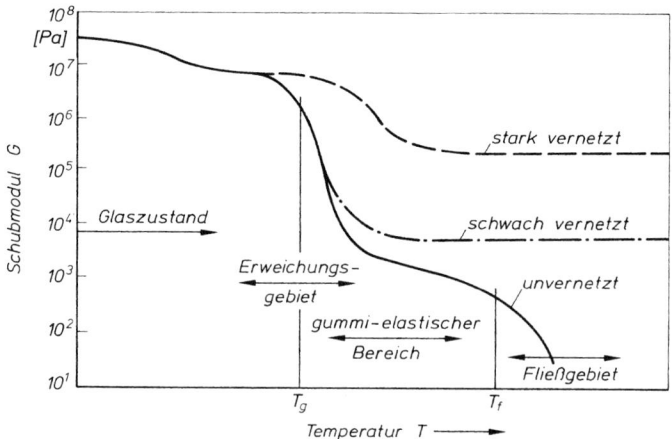

Bild 6.60 Schubmodulkurven und Deutung der Aggregatzustände von vernetzten und un-vernetzten Polymeren

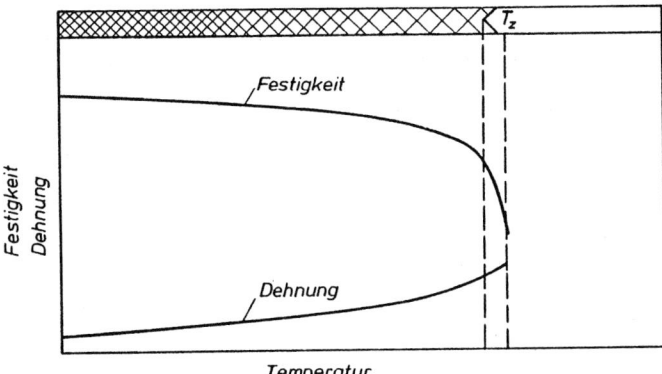

Bild 6.61 Temperaturabhängigkeit mechanischer Kenngrößen bei Duroplasten

schen Behinderung der Ketten. Wenn jedoch ein Polymeres erst einmal vernetzt ist, dann ist dies nicht mehr rückgängig zu machen. Dies zeigt Bild 6.61. Der Werkstoff wird mit zunehmender Wiedererwärmung nach der Vernetzung zwar etwas weicher und zäher, aber nicht mehr verformbar. Er wird durch Zersetzung zerstört, wenn man die Temperatur weiter steigert.

## 6.3.5    Nebenvalenzgele

In einigen Fällen, besonders bei PVC, enthalten Kunststoffe niedermolekulare        Weichmacher
Anteile, die jedoch infolge hoher Nebenvalenzkräfte polarer Art mit dem Polymeren verträglich sind und in Form von so genannten Nebenvalenzgelen ausreichend feste Körper bilden. Allerdings werden die Nebenvalenzkräfte des Polymeren durch die Einlagerung der Fremdmoleküle so weit erniedrigt, dass die Einfriertemperatur unter Raumtemperatur abgesenkt ist (vgl. auch Bild 12.3). Der Werkstoff verhält sich dann kautschukelastisch bei und über Raumtemperatur. Infolge der nicht vorhandenen Vernetzung ist er aber unter Belastung verstärktem Kriechen unterworfen. Bild 6.62 zeigt am Verlauf des Schubmoduls von PVC die Absenkung infolge der Weichmachung.

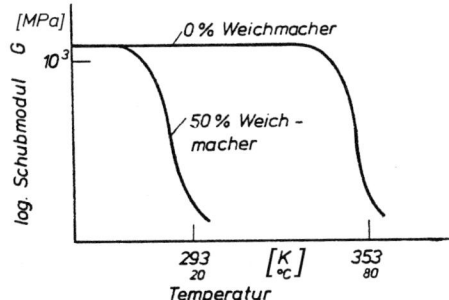

Bild 6.62 Schubmodul von Polyvinylchlorid mit und ohne Weichmacher

## 6.3.6    Gefüllte und verstärkte Kunststoffe

### 6.3.6.1    Rohstoffe und Herstellung

Füll- und
Zusatzstoffe

Die mechanischen Eigenschaften von Kunststoffen werden seit sehr langer Zeit durch Zusätze von z. B. Mineralpulver, Ruß, Holzmehl und Faserschnitzeln sowie durch Tränken und Herstellen von Laminaten aus Papier oder Geweben der verschiedensten Fasern an die Anwendungserfordernisse angepasst. Die hohe und gute Adhäsion der meisten Kunststoffe und die Möglichkeit, diese Zusatzstoffe relativ leicht in flüssige Monomere vor der Polymerisation oder in dünnflüssige Schmelzen bei niedrigen Temperaturen einzuarbeiten, ermöglichten diese Werkstoffkombinationen.

Die Eigenschaften solcher Verbundwerkstoffe ändern sich gegenüber den ungefüllten Kunststoffen in bemerkenswerter Weise. Insbesondere gilt dies für die mechanischen Eigenschaften. Je nach Art des Füllstoffs dominieren dessen Eigenschaften. Einen generellen Überblick über Füllstoffe bzw. Zuschläge, die Kunststoffen zugesetzt werden, liefert Tabelle 6.2. Hier interessieren vor allem die unlöslichen Feststoffe, die eine verstärkende, d. h. Zugfestigkeit erhöhende, oder eine versteifende, d. h. den Elastizitätsmodul erhöhende Wirkung besitzen. Die schlagzähmachenden Zusätze von Elastomerpartikeln werden in Abschnitt 7.2.3 beschrieben.

Faserverstärkung

Kurzfaserverstärkung mit Glasfaserlängen von $< 3$ mm wird bei Thermoplasten vor allem für das Spritzgießen und in geringem Maße bei gewissen Pressmassen, angewandt. Bei Pressmassen, etwa für Reibbeläge, hatten Asbestfasern große Bedeutung, treten aber zunehmend in den Hintergrund, da sie als krebsauslösend gelten. An ihre Stelle treten Aramidfasern. Gelegentlich werden Kohlenstoffkurzfasern verwendet.

Beim Spritzgießen leiden alle Faserverstärkungen darunter, dass die Faserlänge – bedingt durch die Verarbeitungsbeanspruchung – verkleinert wird, sodass im Spritzgussteil in der Regel nur noch Faserlängen von 0,3 mm effektiv vorhanden sind. Der Vorteil der Glasfaserverstärkung ist der größere Widerstand bei Biegebeanspruchung dank des höheren Moduls und die Verminderung der Schwindung von Spritzgussteilen, der Wärmedehnung und Dehnung durch Aufnahme von Feuchte. Die Teiletoleranzen werden enger, zudem nimmt die Kühlzeit ab. Die letztgenannten Gründe sind für die Verstärkung mit Kurzfasern, insbesondere bei Spritzgieß-Formmassen, ausschlaggebend.

Tabelle 6.2 Einteilung der Füll- und Zusatzstoffe für Kunststoffe

| Zusatzstoff | Funktion |
|---|---|
| lösliche Zusatzstoffe | – chemisch wirkende Verarbeitungs- und Anwendungshilfen (Stabilisatoren u. dgl.)<br>– physikalisch wirkende Verarbeitungshilfen (Gleitmittel u. dgl.)<br>– weich machende Zusatzstoffe |
| unlösliche Feststoffe | – färbende Zusatzstoffe (Pigmente u. dgl.)<br>– verstärkende Zusatzstoffe (Zugfestigkeit)<br>– versteifende und verhärtende Zusatzstoffe (Elastizitätsmodul)<br>– schlagzähmachende Zusatzstoffe |
| unlösliche Gase | – volumenerhöhende Treibmittel |

Man muss aber auch hier besonders auf die richtige Lage des Angusses achten, Faser-orientierung damit die Orientierung der Fasern nicht in entscheidenden Querschnitten senkrecht zu einer Zugspannung zu liegen kommt, in der die Teile dann spröde versagen. Auch zeigt sich die Schwindung bei solchen Werkstoffen als stark anisotrop. Oftmals sind die Schwindungswerte in Fließrichtung um den Faktor 3 kleiner als senkrecht zur Fließrichtung.

Man hat deutlich zwischen den Partikeln und Kurzfasern einerseits und der Langfaserverstärkung andererseits zu unterscheiden. Bei Langfaserverstärkung bestimmt die Faser die mechanischen Eigenschaften weitgehend, weshalb dieser Art Verbundwerkstoff ein besonderer Abschnitt (Abschnitt 7.6) gewidmet ist.

### 6.3.6.2 Die mechanischen Eigenschaften von gefüllten Kunststoffen

Hiermit ist die Steifigkeit, ausgedrückt durch den Elastizitätsmodul, im Ursprung der Spannungs-Dehnungs-Kurve gemeint. Dieser Hinweis ist enorm wichtig, da nämlich bei höheren Dehnungen sehr schnell durch innere Zerstörung, durch Abplatzen des Harzes von den Füllstoffpartikeln (vgl. Abschnitt 7.2.1, Bild 7.2), der Modul schnell auf den eines Schaumstoffs absinkt und schließlich alle Füllstoffe locker in um sie entstandenen Hohlräumen liegen. Dementsprechend sind auch Zugfestigkeit und Bruchdehnung auf geringere Werte vermindert.

Hier soll noch auf die praktisch besonders wichtige Frage der Steifigkeitserhöhung des Werkstoffs durch Partikelfüllungen besonders eingegangen werden. Steifigkeits-erhöhung Einen zusammenfassenden Überblick der Wirkung von Füllstoffen in Kunststoffmatrizen zeigt Bild 6.63 in schematischer Form. Die Nummern an den Kurven indizieren die verschiedenen denkbaren Arten und Anordnungen von Füllstof-

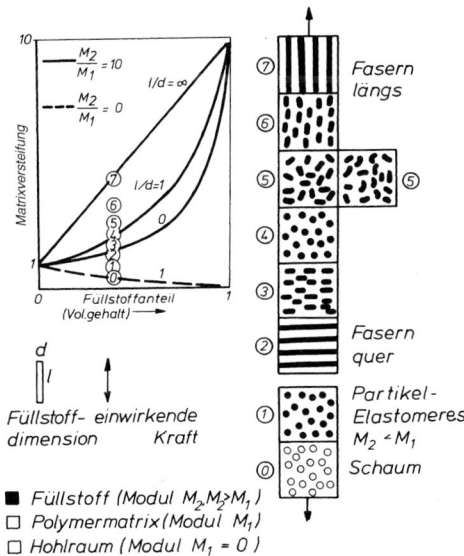

Bild 6.63 Beziehung zwischen der Morphologie und der Steifigkeit eines Werkstoffs bei gleicher Füllung mit verschiedenen Füllstoffgeometrien, Stoffen, Modulen und Ausrichtungen von faserigen Füllstoffen (nach *Ätzbauer*)

fen, z. B.

0 Gas im Produkt, also Schaumstoff

1 Partikel mit einem Modul, der niedriger ist, als derjenige der Matrix usw.

Bei Verstärkung mit faser- oder blättchenartiger Gestalt besteht natürlich eine Richtungsabhängigkeit, die in den Beispielen 2 bis 7 im Hinblick auf ihre Wirkung dargestellt ist. Dabei ist das Verhältnis der Faserlänge zum Durchmesser von entscheidender Bedeutung. Den Einfluss des Glasgehaltes auf die Steifigkeit des Werkstoffes zeigt besonders deutlich Bild 6.64. Die praktisch erreichbaren Modulerhöhungen liegen dabei zwischen dem Zwei- bis Vierfachen des Moduls der Matrix. Senkrecht zur Faserrichtung ist ebenso wie bei Füllung mit Partikeln diese Wirkung nur auf sehr kleine Dehnungen beschränkt, dann reißt die Matrix von den Partikeln ab.

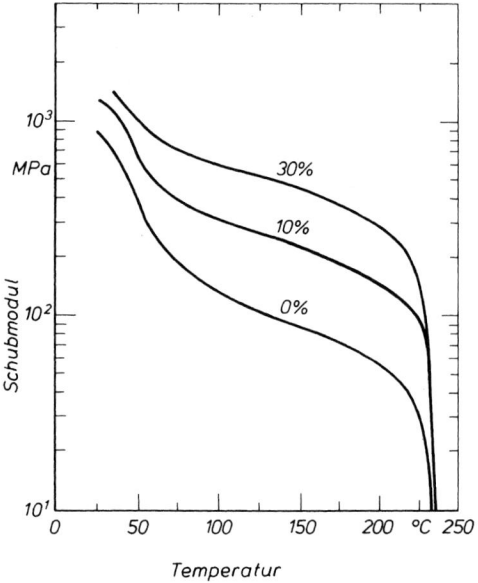

Bild 6.64 Schubmodul als Funktion der Temperatur bei verschiedenen Glasgewichtsgehalten für Polybutylenterephthalat-Spritzgießformmassen

aktive Füllstoffe    Für die versteifende Wirkung sind nicht nur die Form der Partikel oder Fasern, sondern auch ihr Modul und die Einlagerungsrichtung von entscheidender Bedeutung (Bild 6.63). Pulverpartikel setzen im Allgemeinen nur die Steifigkeit herauf. Die Zugfestigkeit wird herabgesetzt (Bild 6.65). Nur dann haben Pulverpartikel eine verstärkende Wirkung, wenn es sich um sehr feingemahlene und gut dispergierte Partikel mit Durchmessern von 20 bis 80 nm, wie Aktivkohlepartikel oder Kieselsäure, handelt (Bild 6.66). Dies hat seine Ursache nicht nur in der chemischen Affinität des Rußes, z. B. zum Kautschuk, sondern vor allem in der Partikelgröße. Wenn die Füllstoffteilchen kleiner sind als die Stoffpartikel selbst, bestimmen sie nicht mehr die kritische Fehlergröße. Im Falle, dass die Füllstoff-

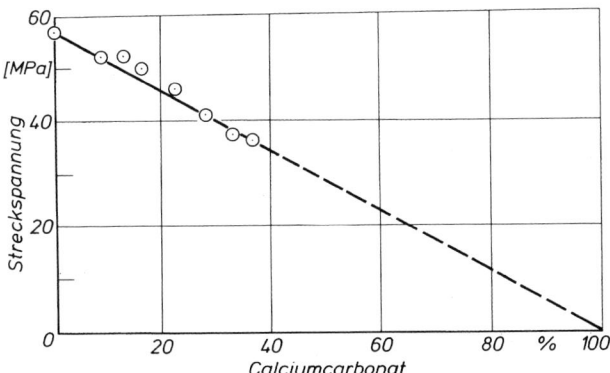

Bild 6.65 Streckspannung bei Raumtemperatur von PVC mit verschiedenen Volumengehalten an Calciumcarbonat-Pulver (nach *Vincent*)

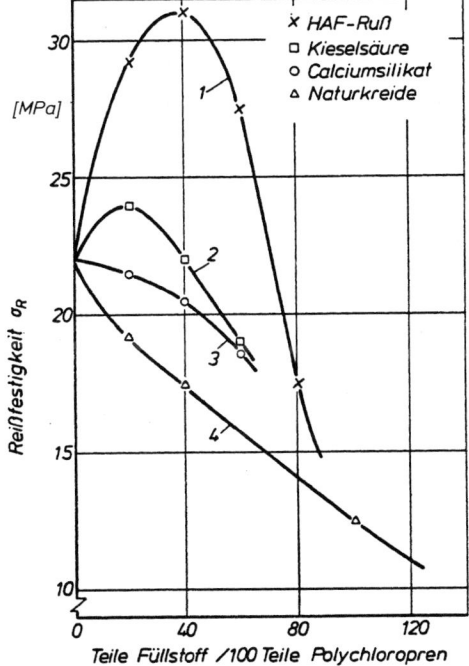

Bild 6.66 Einfluss verschiedener Füllstoffe auf die Reißfestigkeit von Polychloropren-Elastomeren (nach *Catton*)

partikel einen Modul von

$$\frac{M_{Füllstoff}}{M_{Kunststoff}} > 100 \tag{6.36}$$

besitzen, kann man die Modulerhöhung des gefüllten Kunststoffs gegenüber dem ungefüllten Polymer mit der Einstein-Guth-Gold-Formel angeben, wenn der Füllstoffanteil kleiner 30 Vol.-% ist. Es gilt dann

$$\frac{M}{M_0} = 1 + 2{,}5 \cdot C + 14{,}1 \cdot C^2 \tag{6.37}$$

Mit $M_0$ Modul des ungefüllten Polymeren, $M$ Modul des gefüllten Polymeren, $C$ Volumenanteil des Füllstoffs.

## 6.4 Zusammenfassende Darstellung der Werkstoffzustände bei Hochpolymeren

reduzierte
Glastemperatur

Das Schubmodul-Temperaturdiagramm gibt, wie wir gesehen haben, eine brauchbare Übersicht über das mechanische Verhalten von polymeren Werkstoffen. Man

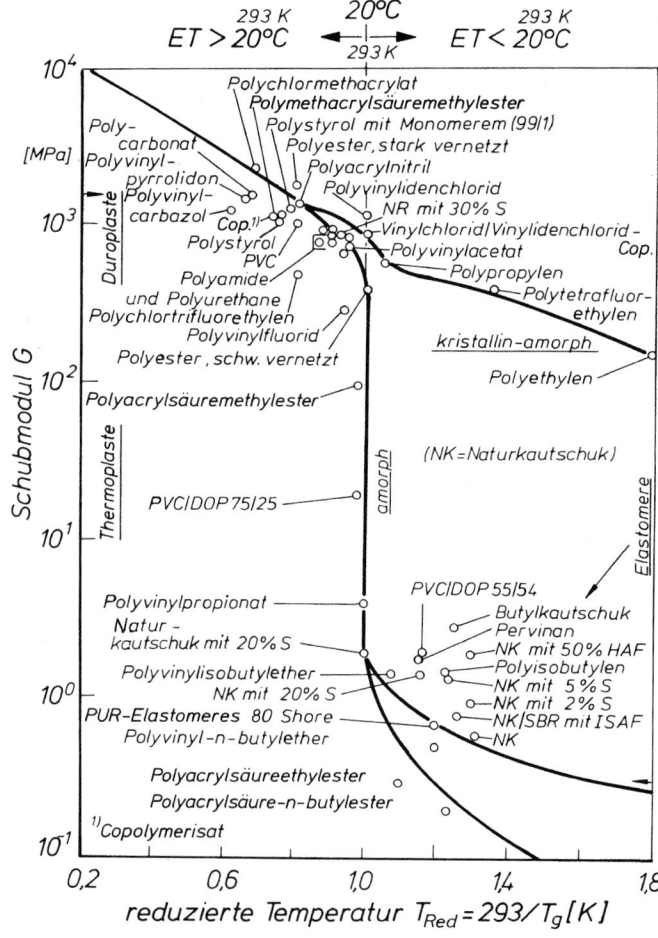

Bild 6.67 Schubmodul verschiedener Hochpolymerer als Funktion der reduzierten Temperatur $293/T_G$ (nach *Timm*)

kann durch Reduktion der Glastemperatur auf Raumtemperatur

$$T_{red} = \frac{293\ K}{T_G} \tag{6.38}$$

wie in Bild 6.67 das mechanische Verhalten aller Polymerwerkstoffe mit Hilfe einer einzigen Schubmodulkurve, die auf die Temperatur 293 K = 20 °C reduziert ist, abschätzen.

Im linken oberen Bereich ordnen sich die hartspröden Thermoplaste und die hochvernetzten Duroplaste mit hoher Glastemperatur an. Rechts oben ordnen sich die teilkristallinen Thermoplaste an, deren Glastemperatur der amorphen Phase unter Raumtemperatur liegt. Rechts unten ordnen sich – je nach Vernetzungsgrad mit unterschiedlichem Schubmodul – die Elastomere an.

## Literatur zu Kapitel 6

Eder, G.; Janeschitz-Kriegl, H.: Crystallization (Chapter 5). Material Science and Technology, Vol. 18, Processing of Polymers. Meijer, H. E. H. (Hrsg.). Weinheim: VCH Verlagsgesellschaft, 1997

Knausenberger, R.: Das mechanische Verhalten isotroper und anisotroper Werkstoffe mit nicht linearelastischen Eigenschaften. Diss. RWTH Aachen, 1982.

Krämer, S.: Ein Beitrag zur rechnerischen Beschreibung des feuchteabhängigen Werkstoffverhaltens. Diss. RWTH-Aachen, 1987

Kämpf, G.: Elektronenmikroskopische Untersuchungen zum Zusammenhang zwischen der morphologischen Struktur und den technologischen Eigenschaften bei mehrphasigen Polymersystemen. Habilitationsschrift RWTH Aachen, 1976

van Krevelen, D. W.: Properties of Polymers. Amsterdam: Elsevier Science Publishers, 1990

Lewen, B.: Das nicht linear viskoelastische Verhalten von Kunststoffen am Beispiel der Zeit-Temperatur-Verschiebung und der Querkontraktionszahl. Diss. RWTH Aachen, 1991

Matsuoka S.: Relaxation Phenomena in Polymers. München: Carl Hanser Verlag, 1992

Menges, G.; Knausenberger, R.; Schmachtenberg, E.: Estimation of Long-Term Behaviour from Short-Term Tests in Failure of Plastics. ed. by Brostow, W. and Corneliussen, K.: München: Carl Hanser Verlag, 1986, (S. 256–272)

Michler, G. H.: Kunststoff-Mikromechanik. München: Carl Hanser Verlag, 1992

Schmachtenberg, E.: Die mechanischen Eigenschaften nicht linearerviskoelastischer Werkstoffe. Diss. RWTH Aachen, 1985

Schmachtenberg, E.; Schöche, N.: Advances in Calculating Thermally Induced Stresses in Nonlinear Viscoelastic Materials. Polymer Engineering & Science, April 1999

Schöche, N.: Wärmespannungen in Bauteilen aus Thermoplasten. Aachen: Shaker Verlag, 1987

Wanders, M.: Beitrag zur Entwicklung eines Modells zur Beschreibung des mechanischen Verhaltens nichtlinear viskoelastischer Werkstoffe unter mehrachsiger Beanspruchung. Aachen: Shaker Verlag, 1999

Weng, M.: Werkstoffgerechte Bestimmung und Beschreibung des mechanischen Verhaltens von Thermoplasten. Diss. RWTH Aachen, 1988

Zoller, P.; Walsh, D. J.: Standard Pressure-Volume-Temperature Data for Polymers. Basel: Technomic Publishing AG, 1995

# 7 Die mechanische Tragfähigkeit von Kunststoffteilen (Kunststoffteile unter mechanischer Belastung, Verhalten und Dimensionieren)

## 7.1 Allgemeines

*Bauteilgestaltung*

Verglichen mit konventionellen Konstruktionswerkstoffen, wie Stahl und Aluminium, haben Kunststoffe in der Regel nur mäßige mechanische Eigenschaften, wie ein Vergleich der Bruchspannung oder des Elastizitätsmoduls zeigt. Erst die guten Verarbeitungseigenschaften machen diese Werkstoffgruppe attraktiv.

> **Die Kunst des Ingenieurs besteht darin, durch eine geeignete Bauteilgestaltung trotz der schlechten mechanischen Eigenschaften des Werkstoffs dennoch gute Gebrauchseigenschaften des Bauteils zu erreichen.**

*Versagensformen*

Bei der Bauteilauslegung muss abgeschätzt werden, inwieweit die einwirkenden Beanspruchungen zu einem Versagen führen können. Dazu ist eine differenziertere Betrachtungsweise erforderlich. Dies betrifft in erster Linie das Tragverhalten der Kunststoffe unter langzeitig einwirkenden Lasten. Um sinnvolle Prüfmethoden auswählen und die Belastbarkeit realistisch abschätzen zu können, wollen wir zunächst das Verformungsverhalten bei der Einwirkung von rein mechanischen Belastungen ansehen. Grundsätzlich zeigen Kunststoffe neben einer quasielastischen Verformung Kriechen. Bauteilversagen kann durch unzulässige Verformung oder durch Rissbildung und Bruch auftreten. Beide Versagensmechanismen sind bei Kunststoffen zeitabhängig.

*Zug- und Druckspannungen*

Streng zu unterscheiden haben wir zwischen Zugspannungen und Druckspannungen, denn nur unter Zugspannungen entstehen Risse, die schließlich zum Bruchversagen führen. Unter Druckspannungen versagen dünnwandige Baukörper durch Instabilität, d. h. Knicken oder Beulen. Dickwandige Bauteile können unter Druckspannungen kriechen, wobei die Kriechverformungen unter Zug stets höher als unter Druckspannung ausfallen. Hier ist also unzulässige Verformung als Versagenskriterium zu betrachten.

## 7.2 Das Verhalten von (unverstärkten) Kunststoffen unter Zugbeanspruchung

### 7.2.1 Homogene, isotrope und mit harten Füllstoffpartikeln gefüllte Kunststoffe unterhalb der kritischen Dehnung

*innere Grenzflächen*

Wie wir bereits bei den teilkristallinen Kunststoffen gesehen haben, ist unter mikroskopischer Betrachtung das Werkstoffgefüge strukturiert (vgl. Bild 6.6). Im Falle von Strukturen mit Sphärolithen stellen deren Ränder oft ausgesprochene Schwachstellen dar. Dies ist deutlich in Bild 7.1 zu erkennen, wo an einer solchen Schwachstelle – Grenze zwischen zwei Sphärolithen – der Werkstoff unter Belastung aufgebrochen ist. Dabei sind auch die Lamellen der benachbarten

aufgebrochene
Sphärolithgrenze

aufgespannte Lamellengrenzen
mit eingedrungenem Medium

Bild 7.1 Mechanismus der Mikrorissbildung im Sphärolithgefüge; Beginn der Mikrorissbildung im Sphärolithgefüge von Polypropylen; Nachweis durch Farbeindringmittel; Dünnschnitt nach Langzeitbeanspruchung (nach *Menges* und *Alf*)

Sphärolithe senkrecht zur Dehnungsrichtung aufgebrochen, wie in Bild 7.1 unten schematisch gezeigt wird.

Es ist bekannt, dass sich die Füllstoff-Grenzschichten bei gefüllten Kunststoffen in ähnlicher Weise von einander trennen wie Sphärolith-Grenzschichten. Dies zeigt auch Bild 7.2. Weniger bekannt ist, dass auch reine amorphe Thermoplaste keineswegs so homogen sind, wie sie makroskopisch erscheinen. Auch sie sind strukturiert, jedoch sind die als Domänen bezeichneten „Partikel" kleiner als die Lichtwellen, sodass keine Lichtbrechung sie sichtbar werden lässt.

Alle diese Strukturgrenzen stellen mehr oder weniger starke potentielle Schwachstellen dar, die vor allem bei langzeitiger Einwirkung von Zugspannungen durch Aufbrechen nachgeben. Infolge des Fugencharakters der sich kreuzenden Schwachzonen laufen sich die Risse jedoch sofort tot. Dies ist umso ausgeprägter, je „feinkörniger" der Gefügeaufbau ist. Infolgedessen entstehen bei feiner Strukturierung sehr viel mehr solcher Mikrorisse, wozu eine höhere Bruchenergie zur Bildung dieser Grenzflächen notwendig ist. Feinkörniges Gefüge erweist sich

Gefügeeinfluss

Bild 7.2 Rasterelektronenmikroskopische Aufnahme eines Adhäsionsbruchs zwischen Poly-
esterharz-Matrix und den Oberflächen von eingelagerten Glasfasern sowie des Bruchs einer
dazwischenliegenden Harzbrücke, im gespannten Zustand aufgenommen (nach *Menges* und
*Roskothen*)

somit als zäher. Es kommt schließlich noch hinzu, dass man annehmen muss,
dass benachbarte „Partikel", d. h. Sphärolithe oder andere Strukturen, unterschiedliche Eigenschaften, so z. B. auch Steifigkeit, besitzen, sodass sie sich unter der
Wirkung auf sie zustoßender Mikrorisse plastisch verformen, so wie dies schematisch Bild 7.3 zeigt. So kann man sich die Entstehung derartiger Mikrorisse –
Fließzonen (englisch: Crazes) – mit sie überspannenden Molekülbündeln in
amorphen Thermoplasten vorstellen (Bild 7.4).

Mikrorisse      Mit dem bloßen Auge sind die Mikrorisse bei transparenten, amorphen Kunststoffen als solche gut zu erkennen, wenn sie unter niedriger Belastung – mit geringer Kriechgeschwindigkeit – (vgl. Bild 7.5) gewachsen sind. Mit höherer Spannung ergibt sich eine größere Kriechdehngeschwindigkeit. Hier beobachtet man
kleinere Mikrorisse, erst bei größeren Dehnungen werden sie auch visuell erkennbar. Anders bei teilkristallinen oder gefüllten Kunststoffen. Hier entstehen stets,

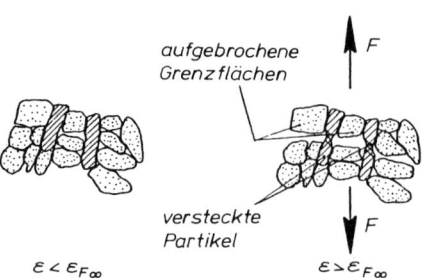

Bild 7.3 Entstehung von Craze-
Materie aus einem Partikelhauf-
werk (*Menges*)

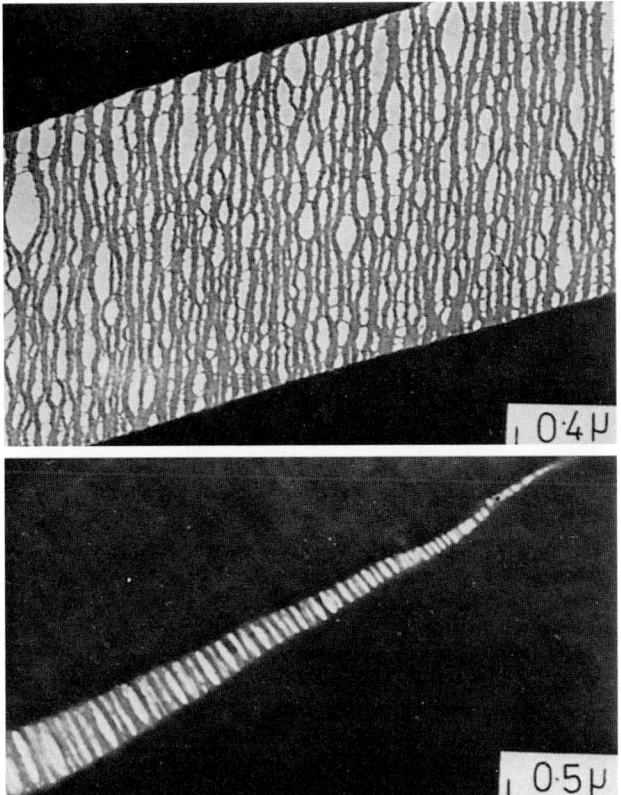

Bild 7.4 Elektronenmikroskopische Aufnahme von Fließzonen in Polystyrol (nach *Hull* u. a.)

wenn gewisse Dehngrenzen überschritten werden, etwa gleiche Risse, die aber als solche in der Regel mit bloßem Auge nicht erkennbar sind. Das Auge vermerkt eine Weißfärbung – daher „Weißbruch" genannt. Eine Erscheinung, die auch für gefüllte amorphe Kunststoffe (z. B. PVC) bekannt ist.

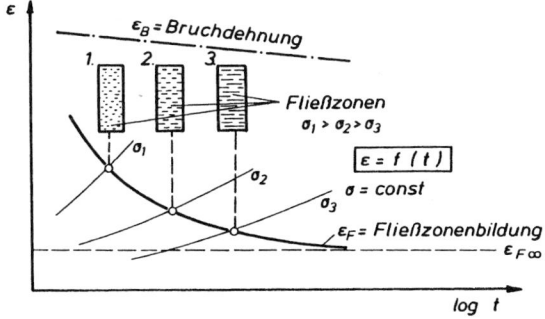

Bild 7.5 Fließzonenentstehung bei unterschiedlichen Kriechspannungen (nach *Menges* und *Schmidt*)

**Belastungs-**
**grenze**
Die Bildung solcher Mikrorisse führt in der Regel, d. h. bei statisch einwirkender Last in Luft, nicht zum Bruchversagen und ist meist nur bei sehr genauer Beobachtung erkennbar. Trotzdem hat sie insofern Bedeutung, als sie eine erste irreversible Veränderung des Werkstoffs darstellt – er ist fortan kein Kontinuum mehr und weicht daher vom ursprünglichen viskoelastischen Verhalten ab. Es erscheint daher wesentlich, auch bei rein statischer Belastung diese Grenze zu kennen.

**kritische**
**Dehnung**
Bei genügend kleinen Spannungen kann auch für sehr lange Zeiten keine Fließzonenbildung mehr beobachtet werden. Die Dehngrenze bei Fließzonenbildung $\varepsilon_F$ strebt dem Grenzwert $\varepsilon_{F\infty}$ zu. Hieraus leitet sich der Begriff der kritischen Dehnung $\varepsilon_{F\infty}$ ab.

> **Diese Grenzdehnung ist bei harten Thermoplasten in weiten Bereichen des praktischen Gebrauchs von der Zeit und der Temperatur weitgehend unabhängig, sodass man für Abschätzungen mit einem konstanten Wert der Dehnung (nicht der Spannung) – von uns auch als kritische Dehnung $\varepsilon_{F\infty}$ bezeichnet – rechnen kann.**

Man kann sich das spontane Entstehen vieler Mikrorisse beim Überschreiten einer Dehnungsschwelle – richtiger einer Energieschwelle – auch wie folgt erklären:

**Partikeltheorie**
Wir wollen als Modellvorstellung annehmen, der Werkstoff bestehe – wie ein Beton, nur um Größenordnungen kleiner – aus Partikeln (Bild 7.3). Diese haften über Adhäsionskräfte aneinander, deren Stärke ihrer Grenzflächenspannung entspricht. Wenn dieser Werkstoff gedehnt wird, dann werden solche Grenzflächen aufbrechen, die zu den im Werkstoff verlaufenden Zugspannungen genau senkrecht liegen und etwas schwächer sind als ihre Nachbarn. Eine solche Mikrorissstelle bedeutet aber eine Entlastung der davor und dahinter liegenden Partikel, jedoch eine Mehrbelastung für die neben den Rissspitzen liegenden Partikel. Je nachdem wie diese in den Partikelverbund eingebettet sind, werden sie entweder auch von ihren Nachbarn wegbrechen oder sich über Einschnürung verstrecken. Da nun einmal eine solche Ebene bereits geschwächt ist, wird sich der Mikroriss auch auf der anderen Seite des verstreckten Partikels weiter fortsetzen, sobald dessen Verstreckung ein größeres Maß erreicht hat. Der Riss – besser sollten wir ihn wegen der Brücken, die ihn aus verstreckten Partikeln überspannen, „Fließzone" nennen – wird aufhören weiter zu wachsen, wenn er in weniger hoch gedehnte oder bereits durch benachbarte Fließzonen entlastete Bereiche kommt. Tatsächlich wachsen selten Fließzonen zusammen. Wenn man Bild 7.4 betrachtet, dann könnte man diese Modellvorstellung akzeptieren.

**Crazes**
Auch die Beobachtung, dass umso mehr und kleinere Fließzonen (Crazes) entstehen (Bild 7.5), je größer die Spannung bzw. je höher die Dehngeschwindigkeit ist, spricht für diese Modellvorstellung. Denn bei niedrigen Spannungen werden nur die besonders kritischen Fehlstellen aktiviert. Daher wachsen unter diesen Bedingungen wenige Fließzonen besonders lange. Ebenso konnte beobachtet werden, dass bei extrem kleinen Dehngeschwindigkeiten nur noch eine einzige Fließzone in dem so beanspruchten Zugstab wuchs. Es wurde folgerichtig nur diese eine, wohl geschwächte, Fehlstelle aktiviert.

**Einfluss der**
**Partikelgröße**
Man kann die „kritische Dehnung" abschätzen, bei der in einem Werkstoff die ersten derartigen Mikrorisse entstehen werden, wenn die zur Bildung einer sol-

chen neuen Oberfläche erforderliche Arbeit kleiner ist als die dabei frei werdende elastische Energie. Es gilt näherungsweise nach *Nicolay* und *Menges*:

$$\varepsilon_{F\infty} - \frac{1}{\sqrt{L}} - \frac{\gamma}{E_0} \tag{7.1}$$

mit $L =$ Länge der Schwächezonen $\equiv$ Durchmesser der Partikel $\equiv$ maximale Schwachstellenlänge, $\gamma =$ Grenzflächenenergie, $E_0 =$ Kurzzeitmodul der spröden Partikel, Kurzzeitmodul des Werkstoffs.

Aus Gleichung (7.1) erkennt man den Einfluss der Partikelgröße $L$. In der Tat beobachtet man, dass bei dickwandigen Proben aus teilkristallinen Stoffen, die aus Gründen unterschiedlicher Abkühlung in der Mitte oft sehr grobe Sphärolithe besitzen, stets dort die ersten Risse entstehen. Bekannt ist auch die Quersprödigkeit stark orientierter Teile. Man kann diese lange bekannte Erscheinung durch die parallel zur Orientierung durch Streckung der Partikel entstandenen großen Grenzflächen und das Fehlen von „Verknüpfungspartikeln" erklären, sodass entstehende Mikrorisse nicht gestoppt werden. Andererseits erklärt sich so die große elastische Dehnbarkeit in Streckrichtung, denn hier sind die kritischen Grenzflächen sehr klein (vgl. Bild 7.6).

Den Einfluss der Grenzflächenenergie $\gamma$ kennt man ebenfalls empirisch. So ist bei Zusatz von Gleitmitteln, z. B. bei Polystyrol, bekannt, dass die Fließzonen bei kleineren Dehnungen auftreten. Für den Einfluss des Moduls spricht Bild 7.6. Bei Erweichungsvorgängen etwa bei Überschreiten der Glastemperatur entsteht infolge der Änderungen des Elastizitätsmoduls jeweils sprungartig ein verändertes Niveau für die „kritische Dehnung".

Grenzflächen-energie

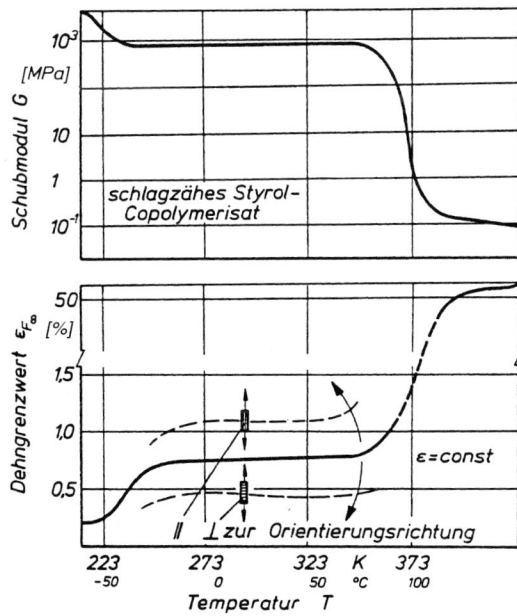

Bild 7.6 Einfluss der Temperatur und der Orientierung auf die Dehnung $\varepsilon_{F\infty}$ (nach *Menges* und *Riess*)

### 7.2.2 Homogene, isotrope oder mit harten Füllstoffpartikeln gefüllte Kunststoffe im Dehnbereich oberhalb der kritischen Dehnung bis zum Bruch

Kaltversprödung

Im Allgemeinen ist die Entstehung von Mikrorissen keineswegs negativ zu sehen. Im Gegenteil: Ihr Entstehen ist mit dem Verbrauch von Energie verknüpft, was z. B. bei schlagzähen Kunststoffen notwendig ist, sonst würden sie bei jedem Stoß spröde zersplittern. Wenn man allerdings die Temperatur weit genug erniedrigt oder die Geschwindigkeit steigert, verspröden alle Kunststoffe früher oder später. Dies zeigen Bild 7.7 und 7.8 in zwei Beispielen; einem PMMA (Bild 7.7) und einem kurzglasfasergefüllten Polyamid 6 (Bild 7.8) bei Kriechversuchen mit ultraschneller Lastaufgabe (10 ms) und verschiedenen Temperaturen. Je tiefer die Temperatur, umso niedriger ist die Bruchdehnung. Sie läuft asymptotisch in allen Fällen bei hohen Geschwindigkeiten bzw. kurzen Zeiten einem Grenzwert von ca.

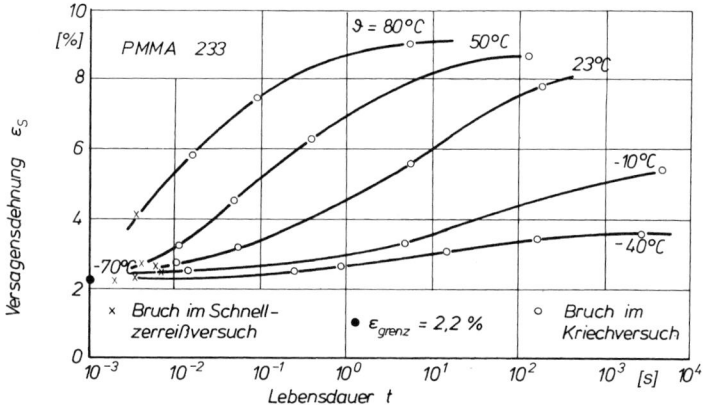

Bild 7.7  Versagensdehnung als Funktion der Lebensdauer im Kriechversuch

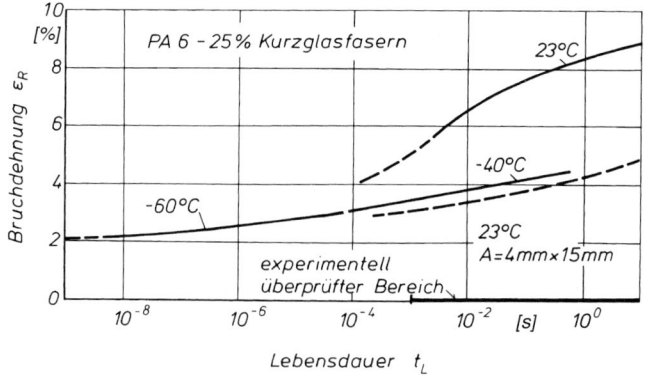

Bild 7.8 Bruchverhalten von PA 6 mit 25 % Kurzglasfasern bei Stoßbelastungen und verschiedenen Temperaturen

2 % zu. Allerdings ist das Polyamid trotz der Glasfaserfüllung zäher; es erreicht den Grenzwert erst, wenn die Geschwindigkeit um mehrere Dekaden gesteigert wird.

Bei kürzeren Zeiten (= hohen Geschwindigkeiten bzw. tiefen Temperaturen) verhält sich der Kunststoff zunehmend idealelastisch. Linearitätsgrenze und Bruchdehnung fallen praktisch zusammen. Der erste entstehende Mikroriss führt sofort zum totalen Versagen! Bei diesen kurzen Zeiten sind alle Struktureinheiten (Partikel) noch eingefroren. Der Riss kann nicht durch innere Fließvorgänge gestoppt werden (vgl. Modell von Bild 7.3; es fehlen die weichen Partikel!).

Rissstoppung

Wird die Zeit größer (oder auch die Geschwindigkeit niedriger, die Temperatur höher), dann liegen im Gefüge bereits weichgewordene Partikel vor, deren Relaxationszeit kürzer ist als die Beanspruchungszeit. Diese weichen Partikel stoppen die Mikrorisse und zehren die eingeleitete Energie durch ihre Verstreckung auf. Damit sind die ersten Fließzonen entstanden, die aber im Allgemeinen noch so klein sind, dass sie sich einer visuellen Beobachtung entziehen. Die Bruchdehnung jedoch steigt auf ein Maximum. In diesem Bereich können dünne Proben aus zähen Werkstoffen sich einschnüren und zu sehr hohen Bruchdehnungen verstreckt werden. Man nennt diese Deformationen auch „Shear Yielding", da diese Verformungsart mit so genannten „Lüdersbändern", die unter 45° die Oberfläche überziehen, beginnt. Nach Beobachtungen von *Menges und Mitarbeitern* entstehen die Lüdersbänder an den Enden sehr kleiner Fließzonen. In diesen Bereichen stellt sich der Spannungszustand um – der Spannungsfluss verläuft um die Fließzone herum! Dies führt partiell zu Schubspannungen und Abrutschen ganzer Streifen, wenn der Werkstoffzustand und die Dehngeschwindigkeit günstig und die Proben dünn sind.

Shear Yielding

Übrigens sind viele schlagzähe Kunststoffe heute speziell so maßgeschneidert, dass sie derartiges Verhalten in ihrem vorgesehenen Temperatureinsatzgebiet zeigen. Auch der Mechanismus, mit dem die Schlagzähigkeit erreicht wird, ist ähnlich. Man lagert weiche Partikel in die spröde Matrix ein (vgl. Abschnitt 4.4.2.3 und 7.2.3).

Mit längeren Belastungszeiten fallen die Bruchdehnungen wieder ab. Die wichtigste Ursache ist wohl die enorme Vergrößerung der Fließzonen, die zu starken Kerben werden. Hinzu kommt wohl die Alterung in Form von Angriff der Umgebung (Luft, Feuchte) auf die verstreckten Molekülbündel in den Mikrorissen mit ihrem sehr großen Oberflächen/Volumenverhältnis. Die Risse wachsen daher auch je nach Medium mehr oder weniger schnell (vgl. Spannungsrissbildung, Abschnitt 14.9). Man beobachtet auch, wie die verstreckten Molekülbündel brechen und direkt nach dem Bruch noch Reste auf der Bruchfläche erkennbar sind. Bei schnellem Brechen der verstreckten Moleküle wächst nur die erste entstandene Fließzone, bis schließlich hierdurch auch der endgültige Bruch als Sprödbruch ohne plastische Verformungen ausgelöst wird (typisch bei Spannungsrissen unter Medieneinwirkung).

Bruchversagen

Mehrachsige Zugspannung verursacht bei gleicher Verformung ein höheres Maß an gespeicherter Dehnungsenergie, sodass dank dieser ein erster Anriss sich mit höherer Geschwindigkeit fortpflanzt, was einer höheren Deformationsgeschwindigkeit gleichzusetzen ist. Makroskopisch beobachten wir ein Absinken der Bruchdehnung und Verschiebung des Versprödungsbereichs (Steilabfall der Bruchdehnung) zu höheren Temperaturen bzw. geringeren Geschwindigkeiten.

*Oberfläche*

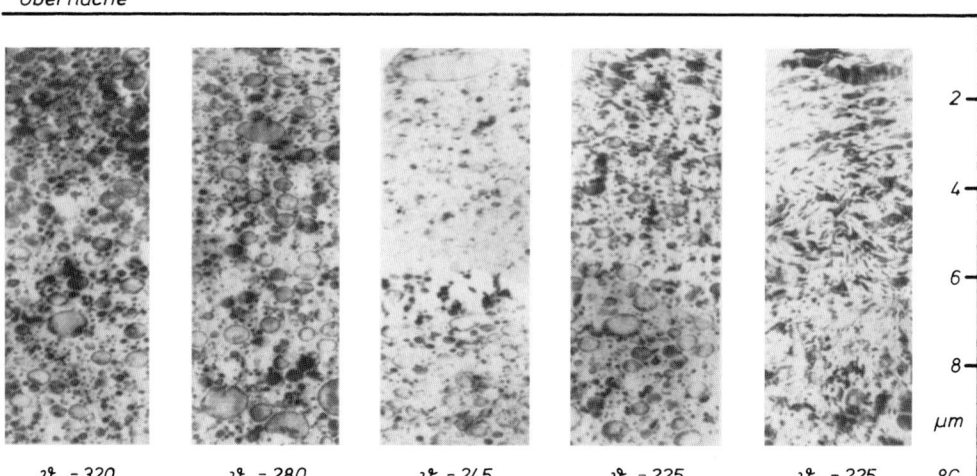

$\vartheta_m = 320$         $\vartheta_m = 280$         $\vartheta_m = 245$         $\vartheta_m = 225$         $\vartheta_m = 225$      °C

Bild 7.9  Einfluss der Massetemperaturen auf die Kautschukmorphologie von ABS

## 7.2.3    Der Wirkungsmechanismus der Schlagzähweichmacher

innere
Spannungen

Man hatte schon vor vielen Jahren bei Styrol/Acrylnitril/Butadien-Copolymerisaten (ABS) entdeckt, dass dieser Werkstoff, der eine Mehrphasenstruktur besitzt (Bild 7.9), sich als besonders schlagzäh erweist, obwohl die Matrix Acrylnitril/Styrol reichlich spröde ist (vgl. Kapitel 4).

Umfangreiche Untersuchungen konnten den Mechanismus weitgehend aufklären. Es ist im Wesentlichen der gleiche Mechanismus, wie er für die Fließzonenbildung oben an Bild 7.3 und Gleichung (7.1) erläutert wurde. Die bessere Wirksamkeit und das gleichmäßig frühe Einsetzen der Verstreckungen erreicht man durch einen hohen Gehalt von 15 bis 25 Vol.-% gleichmäßig verteilter feiner Kautschukpartikel, wie dies in Bild 4.26 im Hinblick auf die Crazebildung dargestellt wird. Es kommt weiter hinzu, dass dank Pfropfung der Matrix auf die Partikel (vgl. Bild 4.24) diese selbst infolge ihrer weiteren Volumenkontraktion nach dem Ein-

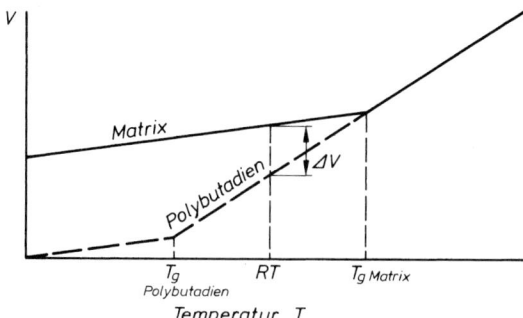

Bild 7.10 Schlagzähverhalten von ABS, $\Delta V$ ist ein Maß für Druck-Vorspannung in der Umgebung der Polybutadienpartikel

frieren der Matrix gemäß Bild 7.10 unter mehrachsige Zugspannung geraten, wohingegen in der ungebundenen Matrix hierdurch zum Ausgleich Druckspannungen entstehen. Es entsteht nun unter dem Einfluss einer äußeren Zugspannung eine mikroskopisch äußerst günstige Spannungsverteilung, wie sie Bild 4.26 unten rechts zeigt. Diese führt in mikroskopischen Bereichen in den Randschichten der Matrix zu den Partikeln hin zu einem Spannungszustand der plastische Verformung begünstigt. Die Partikel und ihre Schale werden somit verstreckt. Infolge der hohen Anzahl solcher verformungsfreudigen Stellen wird eine große Oberfläche neu erzeugt, sobald der kritische Schwellwert der Dehnung überschritten ist, was große Energiemengen braucht und damit den Werkstoff schlagzäh macht.

## 7.3 Festigkeitsrechnung gegen ruhende und schwingende Zugbelastung bei homogenen und gefüllten Kunststoffen

Man kann derartige Berechnungen mehr oder weniger aufwendig ausführen, beginnend mit der Abschätzung bis hin zu einer genauen Spannungs- und Verformungsanalyse mit der „Finite Elemente Methode" (FEM). Da der Aufwand bei den letztgenannten entsprechend groß ist, wird man auch die Anforderungen an die Genauigkeit der Kennwerte sehr hoch einstufen, um ein dem Aufwand gerecht werdendes Ergebnis zu erhalten. Es sollen daher nacheinander die Möglichkeiten – beginnend mit der unaufwendigsten Methode kurz erläutert werden. Beim Wunsch nach einer detaillierteren Information muss auf Spezialliteratur (z. Teil in Klammer angegeben) zurückgegriffen werden.

### 7.3.1 Abschätzende Festigkeitsberechnung (Menges)

Die hier vorgeschlagene Methode einer ausreichend sicheren Dimensionierungsrechnung beruht auf der Beobachtung – vgl. Abschnitt 7.2 –, dass alle Kunststoffe beim Erreichen gewisser Schwellwerte der Dehnung Fließzonen bilden. Obwohl diese bei rein statischer Belastung noch ungefährlich sind, beginnt hier die

*kritische Dehnung*

- grössere, irreversible plastische Verformung,
- einsetzende Zerstörung bei Zugspannungen infolge Fließzonenbildung (vgl. Abschnitt 7.2),
- schnellere Alterung bis hin zur spontanen Spannungsrissbildung (vgl. Abschnitt 14.9).

Es sind somit genug Gründe vorhanden, den Werkstoff nicht über diese Grenze hinaus anzustrengen.

#### 7.3.1.1 Kennwerte

Im einachsigen zugbeanspruchten Belastungsfall sind unter langzeitiger Belastung die Dehnungen, bei welchen die ersten Risse auftreten, an relativ feste Werte gebunden, die sich auch nicht nennenswert mit der Fertigung verändern, solange diese ordnungsgemäß ausgeführt wird. Sie betragen für

*einachsige Zugbeanspruchung*

- amorphe ungefüllte Thermoplaste (mit Ausnahme Polystyrol)     $< 0,9\,\%$
- Polystyrol                                                     $< 0,2\,\%$

- teilkristalline ungefüllte harte Thermoplaste $< 0{,}5\%$
- teilkristalline ungefüllte weiche Thermoplaste $< 2{,}0\%$

Für Partikel- oder kurzglasfasergefüllte Thermoplaste ist dieser Grenzwert mit steigendem Füllgrad weiter abzumindern. Für lang- oder endlosfaserverstärkte Kunststoffe ist wegen der hohen Anisotropie der mechanischen Eigenschaften die kritische Dehnung als Dimensionierungsgrenze nicht anwendbar.

Um von den zulässigen Dehnungen auf die Spannungen schließen zu können, benutzt man isochrone Spannungs-Dehnungs-Diagramme (z. B. Bild 6.29) oder entsprechende Kennwertfunktionen.

### 7.3.1.2  Sicherheiten

Die Sicherheitskoeffizienten können mit sehr geringen Werten zwischen

$$S = 1 \text{ bis } S = 1{,}5$$

**Umgebungs- und Fertigungs- einflüsse**

angesetzt werden. Bei statischer Belastung in Luft ist große inhärente Sicherheit vorhanden, sodass $S = 1$ ausreicht. Bei Zugschwellbelastung oder Spannungsriss- gefahr wird man $S = 1{,}5$ wählen. Soll der Werkstoff in aggressiver Umgebung eingesetzt werden, so sind gegebenenfalls zusätzliche Abminderungen für den Medien- und Alterungseinfluss zu bestimmen. Fertigungseinflüsse, wie etwa Bin- denähte können zu einer weiteren Abminderung führen.

### 7.3.1.3  Festigkeitsrechnung

Es werden die Verformungen des Baukörpers unter den äußeren Lasten errechnet und diese – soweit es sich um Dehnungen handelt – mit den zulässigen Grenz- dehnungen

$$\varepsilon \leq \frac{\varepsilon_{F\infty}}{S} \tag{7.2}$$

verglichen.

**zyklische Beanspruchung**

Bei zyklischer Belastung wird die Erhöhung zwischen den Belastungen vernach- lässigt. Bei schwingender Belastung (vgl. Abschnitt 7.4.1) muss genauso, wie dies im Abschnitt 6 für statisches Kriechen gezeigt ist, gerechnet werden, d. h., man rechnet einerseits

- gegen Zerrüttung mit der kritischen Dehnung unter der Kriechwirkung der Oberspannung,

andererseits

- gegen Erwärmen mit der durch die Wechselbeanspruchung dissipierten Ener- gie und prüft,
  - ob die Temperatur im Prüfkörper einen endlichen Wert erreicht oder
  - ob mit der errechneten Gleichgewichtstemperatur das Kriechen nicht zu frühzeitig die Grenzdehnung $\varepsilon_{F\infty}$ erreicht.

Der Werkstoffzustand darf sich dabei weder von einem homogenen Kunststoff zu einem solchen mit Mikrorissen wandeln, noch darf er sich chemisch ändern, z. B. durch fortschreitende Vernetzung.

Die Einsatztemperatur hat einen sehr großen Einfluss, und es muss daher entweder sehr präzise für jede Temperatur und Zeit gerechnet werden (siehe Bild 6.19), oder man rechnet bei statischer Beanspruchung überschlagsmäßig mit der maximalen Temperatur über den gesamten Beanspruchungszeitraum. Bei dieser Vorgehensweise werden allerdings Überdimensionierungen in Kauf genommen.

Einsatz-
temperatur

Bauteile sind in der Regel mehrachsig beansprucht. Soll ein Zusammenhang zwischen den wirkenden Spannungen und den hieraus resultierenden Verformungen hergestellt werden, so rechnet man im schubspannungsfreien Normalspannungssystem mit dem erweiterten Hookschen Gesetz:

Mehrachsigkeit

$$\varepsilon_1 = \frac{1}{E}\left(\sigma_1 - \nu(\sigma_2 + \sigma_3)\right)$$

$$\varepsilon_2 = \frac{1}{E}\left(\sigma_2 - \nu(\sigma_1 + \sigma_3)\right) \qquad (7.3)$$

$$\varepsilon_3 = \frac{1}{E}\left(\sigma_3 - \nu(\sigma_1 + \sigma_2)\right)$$

Dabei wird Isotropie angenommen, die Zeit- und Temperaturabhängigkeit der Kennwerte Elastizitätsmodul $E$ und Querkontraktionszahl $\nu$ wird durch Linearisierung angenähert. Diese so genannten quasielastischen Ersatzkennwerte erlauben näherungsweise die Berechnung statischer Beanspruchungszustände. Die Abhängigkeit des E-Moduls von der Temperatur kann überschlägig aus der Schubmodulkurve abgeleitet werden, genauer sind Ableitungen aus dem isochronen Spannungs-Dehnungs-Diagramm, in denen sich der E-Modul als Steigung der Sekanten zu dem betrachteten Spannungs-, Zeit- und Temperaturwert ergibt. Für die Anwendung in Berechnungsprogrammen empfiehlt sich die Verwendung von Kennwertfunktionen (z. B. Bild 6.42). Hier lassen sich die verschiedenen Einflüsse auf das nichtlinear viskoelastische Werkstoffverhalten am besten in Rechenalgorithmen umsetzen.

quasielastische
Ersatzkennwerte

Schwierig ist die Berücksichtigung der Mehrachsigkeit auf das nichtlinear viskoelastische Werkstoffverhalten, etwa durch entsprechende Abminderung des quasielastischen Ersatz-E-Moduls. In Abschnitt 6.2.2.4 haben wir eine Beschreibung kennen gelernt, in der die Nichtlinearität als Abhängigkeit von der Dehnung aufgefasst wurde. Bei mehrachsigen Beanspruchungszuständen ist der Parameter Dehnung nicht ohne weiteres zu verwenden, da er durch die Spannungen in den anderen Hauptrichtungen maßgeblich beeinflusst wird. Eine einfache Näherungslösung erhält man, wenn man die größte Zugspannung oder Zugdehnung als Maß für die Nichtlinearität bei der Ermittlung des quasielastischen Ersatz-E-Moduls verwendet. Exakter ist die Umrechnung über eine Vergleichshypothese, wie sie etwa durch das Kegelkriterium gegeben ist (Bild 7.11, siehe auch [1]). Nach der Gleichung

Einfluss der
Mehrachsigkeit

$$\sigma_v = \frac{m-1}{2m} - (\sigma_1 + \sigma_2 + \sigma_3) + \frac{m+1}{2m\sqrt{2}}$$

$$\times \sqrt{(\sigma_1 - \sigma_2)^2 + (\sigma_2 - \sigma_3)^2 + (\sigma_3 - \sigma_1)^2} \qquad (7.4)$$

mit

$$m = \frac{\sigma_{Druck}}{\sigma_{Zug}} \qquad (7.5)$$

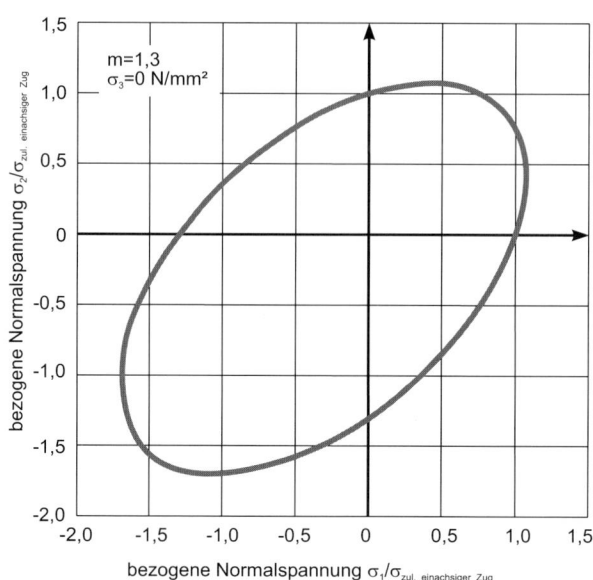

Bild 7.11  Vergleichsspannung nach dem Kegelkriterium

wird der mehrachsige Spannungszustand, beschrieben durch die Hauptnormalspannungen $\sigma_1$, $\sigma_2$ und $\sigma_3$ auf einen vergleichbaren einachsigen Spannungszustand $\sigma_v$ abgebildet. Der Faktor $m$ gibt dabei das Verhältnis von einer Zug- und einer Druckspannung an, die zu gleichen Abminderungen im Werkstoff führen (etwa gleicher Kriechmodul). In erster Näherung kann dieser Faktor mit 1,3 angenommen werden (Werte aus Versuchen von *Schmachtenberg* und *Schöche* an PE-HD) Sinngemäß könnte man sagen: Unter einer um den Faktor 1,3 höheren Druckspannung ergibt sich die gleiche Kriechgeschwindigkeit wie bei einachsiger Zugspannung). Aus dem einachsigen Vergleichsspannungszustand lassen sich dann Belastungsgrenzen, wie die kritische Dehnung oder auch der Nichtlinearitätsparameter für den quasielastischen Ersatz-E-Modul ableiten.

Querkontraktionszahl    Neben dem quasielastischen Ersatz-E-Modul benötigt man für mehrachsige Berechnungen auch die quasielastische Ersatz-Querkontraktionszahl. Da die Abhängigkeiten der Querkontraktionszahl von Zeit, Temperatur und Beanspruchungshöhe allgemein nicht dokumentiert ist, kann hilfsweise folgende Mischungsregel angewendet werden:

$$\nu(\vartheta, t, \varepsilon) = 0{,}5 - 0{,}2\,\frac{E(\vartheta, t, \varepsilon)}{E_{el}} \tag{7.6}$$

Dabei liegt dieser Mischungsregel die Auffassung zugrunde, dass idealelastisches Verhalten mit der Querzahl 0,3 und plastisches Verhalten mit der Querzahl 0,5 korreliert. Das zeit- und temperaturabhängige Kriechverhalten der Thermoplaste ist stets als eine Mischform dieser beiden Grundformen anzusehen. Damit beinhaltet die Abnahme des E-Moduls vom Extremwert bei idealelastischem Verhalten bereits die Information über die Änderung der Querkontraktionszahl.

Beanspruchungsgrenze bei mehrachsigen Spannungen    Als kritisch sind mehrachsige Beanspruchungszustände dann einzustufen, wenn die nach dem Kegelkriterium berechnete Vergleichsspannung bezogen auf den hierfür maßgeblichen quasielastischen Ersatz-E-Modul die kritische Dehnung bezogen auf den Sicherheitsfaktor überschreitet:

$$\frac{\sigma_v}{E(\vartheta, t, \varepsilon)} \leq \frac{\varepsilon_{F\infty}}{S} \tag{7.7}$$

Kunststoffe erweisen sich als ebenso empfindlich gegen Kerben wie andere Werkstoffe. Am kritischsten sind die amorphen Thermoplaste, weshalb diese Werkstoffe für dynamisch belastete Bauteile in der Regel nicht eingesetzt werden. Man kann erfolgreich mit den Kerbwirkungszahlen (nach *Neuber*) rechnen.

Bauteile mit Kerben

## 7.3.2 Festigkeitsrechnung nach der für Metalle üblichen Weise

In technischen Handbüchern, z. B. Dubbel, Vorschriften, z. B. AD-Merkblätter für den Behälter- und Rohrleitungsbau, Zulassungsvorschriften, z. B. des Instituts für Bautechnik, werden Formeln zur Auslegung gegen mechanische Belastung auf der Basis der Elastizitätstheorie benutzt. Gesucht wird in der Regel eine zulässige Spannung für die kritischen Bereiche des Bauteils.

### 7.3.2.1 Kennwerte

Da die zulässigen Spannungen je nach Art des Belastungsfalls weit variieren (vgl. Bild 7.12), sind für jeden Belastungsfall für die von der Zeit und von der Temperatur abhängigen Kennwerte erforderlich, die man sich aus speziellen Quellen, durch eigene Messungen oder eventuell vom Rohstoffhersteller besorgen muss. Dabei liefert die von den Rohstoffherstellern herausgegebene Datenbank „CAMPUS" zwar die Abhängigkeiten des Verformungsverhaltens von Zeit und Temperatur etwa in Form von isochronen Spannungs-Dehnungs-Diagrammen, sie enthält jedoch keine Angaben über die jeweils erforderliche Abminderung.

Datenbanken

Zur Bestimmung der zulässigen Festigkeit wird die im Kurzzeitzugversuch gemessene Kurzzeitzugfestigkeit als Eckwert betrachtet. Einflüsse durch die Zeit, die Temperatur, dynamische Beanspruchungszustände oder festigkeitsmindernde

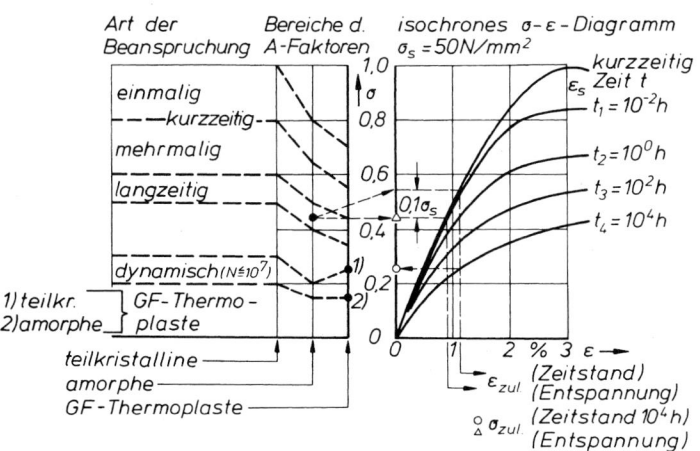

Bild 7.12 Abschätzung $\sigma_{zul} = f(\varepsilon_{zul})$ bei Langzeitbeanspruchung von ABS (nach *Oberbach*)

Medieneinflüsse werden durch Abminderungsfaktoren abgeschätzt:

$$\sigma_{zul} = \frac{\sigma_b}{A_1 \cdot A_2 \cdot A_3} \tag{7.8}$$

Die Bestimmung der *A*-Faktoren erfolgt in geeigneten Experimenten. Durch die Multiplikation der Abminderungsfaktoren kommt es in der Regel zur erheblichen Überdimensionierung.

### 7.3.2.2  Sicherheiten

erprobte
Bauweisen

Die Sicherheitskoeffizienten sind teilweise – z. B. beim Institut für Bautechnik – aufgespalten. Es sind einmal die konventionellen Sicherheitskoeffizienten, wie sie für die entsprechenden Bauweisen aus Metallen vorgeschrieben sind, die auf jeden Fall benutzt werden müssen. Zusätzliche Sicherheitskoeffizienten werden bei nicht erprobten Bauweisen eingeführt. Üblicherweise erfolgt die Festlegung der Sicherheitskoeffizienten in so genannten Sachverständigenausschüssen.

### 7.3.2.3  Festigkeitsberechnung

Vergleichs-
spannung

Aus den äußeren Lasten werden mit den klassischen Formeln der Festigkeitslehre oder entsprechend der jeweiligen Vorschriften die Anstrengungen des Werkstoffs ermittelt. Mehrachsige Spannungszustände werden mit einer Hypothese (*von Mises*- oder Schubspannungshypothese) zu einer Vergleichspannung verdichtet und diese mit der jeweils zulässigen Spannung verglichen.

## 7.3.3  Rechnung mit Zeitstandfestigkeiten

Rohre unter
Innendruck

Diese Methode stammt aus dem Kunststoff-Rohrleitungsbau und lehnt sich an die Methoden an, die man bei Dampfkesselrohren aus warmfesten Stählen benutzt. Die Rechnung ist sehr einfach, da man mit Kennwerten rechnet, die an einem mehrachsig belasteten Baukörper — einem Rohr unter Innendruck — also praxisähnlich ermittelt wurden.

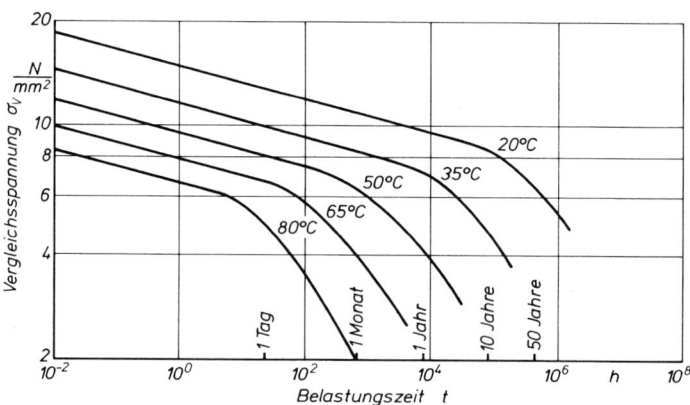

Bild 7.13 Zeitbruchlinien von Rohren aus Polyethylen hoher Dichte (PE-HD)

### 7.3.3.1 Kennwerte

Die Kennwerte werden in so genannten Zeitstanduntersuchungen an Rohren unter Innendruck in temperiertem Wasser oder Ähnlichem (z. B. nach DIN 8061, 8062, 8072, 8074) ermittelt. Bild 7.13 zeigt ein typisches Zeitstanddiagramm. Der besondere Vorteil dieser Vorgehensweise liegt darin, dass bereits auch der festigkeitsmindernde Einfluss einwirkender Medien im Versuch berücksichtigt werden kann.

Medieneinfluss

### 7.3.3.2 Sicherheiten

Es werden die für die jeweilige Bauweise vorgeschriebenen Sicherheitswerte zur Bestimmung der zulässigen Vergleichsspannung herangezogen.

### 7.3.3.3 Festigkeitsrechnung

Die mit den klassischen Formeln der Festigkeitslehre ermittelten maximalen Zugspannungen im Bauteil werden mit den zulässigen Spannungen – den Zeitstandfestigkeiten – für die extremsten Bedingungen, denen das Bauteil ausgesetzt ist, verglichen.

Anmerkung: Die Methode ist einfach und recht sicher, ohne die Gefahr zu großer Überdimensionierung.

## 7.3.4 Genaue Berechnungen und Belastungssimulation mit FEM oder ähnlichen Methoden

Mit der Methode der Finiten Elemente ist eine kunststoffgerechte Auslegung von Bauteilen möglich. Dazu unterscheiden wir die Schritte „Gestaltoptimierung", „Fertigungssimulation" und „Lebensdauer-FEM".

- *Gestaltoptimierung:* Üblich ist die Berechnung des mechanischen Tragprinzips einer Bauteilstruktur mit angenommenen idealelastischen Kennwerten (die gegebenenfalls die Einflüsse von Temperatur und Zeit durch eine Anpassung des E-Moduls und der Querkontraktionszahl bereits grob berücksichtigen). Das Ergebnis solcher Rechnungen zeigt die Bauteilbereiche, die hoch belastet oder unzulässig verformt sind. Durch Änderung der Gestalt, etwa durch Anfügen einer Verrippung, durch Erhöhung der Wanddicke oder durch vergleichbare Maßnahmen wird die Form des Bauteils solange optimiert, bis keine kritischen Bereiche mehr erkennbar sind.

Gestalt-<br>optimierung

- *Fertigungssimulation:* Liegt die Gestalt des Bauteils fest, so schließt sich die Simulation der Fertigung an. In dieser Rechnung wird z. B. der Füllvorgang beim Spritzgießen berechnet. Hieraus lassen sich dann etwa die Lage von Bindenähten oder die Faserorientierung berechnen.

Fertigungs-<br>simulation

- *Lebensdauer-FEM:* Erst unter Berücksichtigung der Fertigungseinflüsse der lassen sich schließlich weiterführende mechanische Analysen des Bauteils etwa im Sinne der Lebensdauervorhersage durchführen. Dazu sind allerdings dann entsprechende Kennwerte erforderlich, die etwa die Abminderung der Bindenahtfestigkeit oder die mechanischen Eigenschaften in Abhängigkeit von der Orientierung beschreiben. Die Berechnungsmethode der Lebensdauer-FEM

Lebensdauer-<br>FEM

befindet sich derzeit noch in der Entwicklung, weshalb heute in der Regel Bauteilversuche eine letztendliche Sicherheit gegen das Bauteilversagen liefern.

Soll bei Elastomerbauteilen das Verhalten unter großen Verformungen berechnet werden, so sind geometrisch nichtlineare Lösungsansätze im FE-Programm vorzusehen.

### 7.3.4.1  Kennwerte

quasielastische Ersatzkennwerte

Zur Berechnung des zeit- und temperaturabhängigen Verformungsverhaltens werden bei FE-Rechnungen zur Gestaltoptimierung die quasielastischen Ersatzkennwerte E-Modul und Querkontraktionszahl in Abhängigkeit von Temperatur, Zeit und zulässiger Beanspruchungshöhe verwendet (siehe hierzu auch Abschnitt 7.3.1.3). Die zulässige Beanspruchungsgrenze berechnet sich nach Gleichung (7.7) durch Anwendung des Kegel-Kriteriums. Da dies häufig nicht in den Post-Prozessoren als Ergebnisdarstellung vorhanden ist, kann ersatzweise auch mit den maximalen Hauptnormaldehnungen gearbeitet werden. Dabei sollen nur die Zugdehnungen, nicht aber die Druckdehnungen betrachtet werden. Die Gestaltung des Bauteils wird so weit optimiert, dass kritische Beanspruchungszustände nicht mehr auftreten.

Werkstoffmodelle für FEM

Für die Lebensdauer-FEM sind derzeit keine allgemein gültigen Werkstoffmodelle verfügbar. Daher werden diese je nach Aufgabenstellung gesondert formuliert. Dazu werden die wichtige Einflüsse, wie etwa Zeit, Temperatur, Nichtlinearität, Mehrachsigkeit, Orientierung, Eigenspannungen, Medieneinfluss und Bindenahtfestigkeit, je nach gewähltem Werkstoff und vorliegender Beanspruchung in ihrer Signifikanz bewertet und dann in dem jeweils verwendeten Werkstoffmodell berücksichtigt. Dazu werden die in Kapitel 6 erörterten Modellvorstellungen in Form angepasster Stoffgesetze in die Lebensdauer-FEM eingearbeitet. Bei Berücksichtigung fertigungsbedingter Einflüsse, wie etwa der lokalen Faserorientierung, ist eine Kopplung der Fertigungssimulation mit der Lebensdauer-FEM notwendig. Spezielle Fälle stellen Schwingungsbeanspruchungen und Stoß dar, worauf in Abschnitt 7.4 eingegangen wird. Dort wird gezeigt, wie die hierfür erforderlichen Kennwerte ermittelt werden.

### 7.3.4.2  Sicherheiten

Berechnung der Verformung

Wenn es sich um Festigkeitsrechnungen handelt, die Zulassungszwecken dienen, müssen die vorgeschriebenen Sicherheitskoeffizienten eingesetzt werden. Bei Simulationen des Bauteilverhaltens und den zu erwartenden Lasten wird man jedoch mit den originären Kennwerten (also ohne Abminderung durch Sicherheitskoeffizienten) rechnen, um ein unverfälschtes Bild des Verformungsverhaltens des Bauteils zu erhalten und die Schwachstellen finden zu können.

### 7.3.4.3  Rechnung

Bei der Gestaltoptimierung wird eine statische Lastannahme getroffen. Für die Lebensdauer-FEM ist es möglich, beliebige Lastverläufe anzunehmen

–  isotherm,
–  mit Aufheizung,

- wechselnde Temperaturen,
- statisch,
- zyklisch, periodisch oder nicht periodisch,
- dynamisch mit und ohne Aufheizung,
- stoßartig,
- Medienbelastung,
- Feuchteauf- oder -abnahme.

Anmerkung: Dieser Aufwand lohnt sich immer für die Optimierung von Serienteilen, wenn deren Optimierung ansonsten empirisch in Bauteilversuchen vorgenommen werden müsste. Dies gilt insbesondere wegen der großen Zeitersparnis und der vermiedenen Änderungskosten für die Spritzgießwerkzeuge.

## 7.4 Tragfähigkeitsberechnung unter dynamischer Belastung

### 7.4.1 Versagen unter dynamischer (Schwing-)Beanspruchung im Dehnbereich

Belastungen, die den Werkstoff schwingend beanspruchen, haben stets eine zweifache Wirkung. Zum einen wirkt die mittlere Last genau wie eine statische Belastung. Unter ihrer Einwirkung kriecht der Werkstoff. Sobald die Amplitude der

Zerrüttung

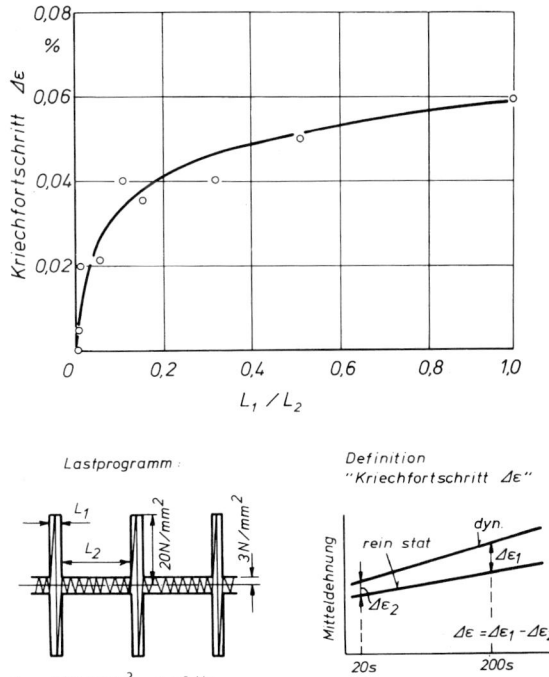

Bild 7.14 Kriechfortschritt durch Lastspitzen im nichtlinearen Bereich an POM (*Kleinemeier*)

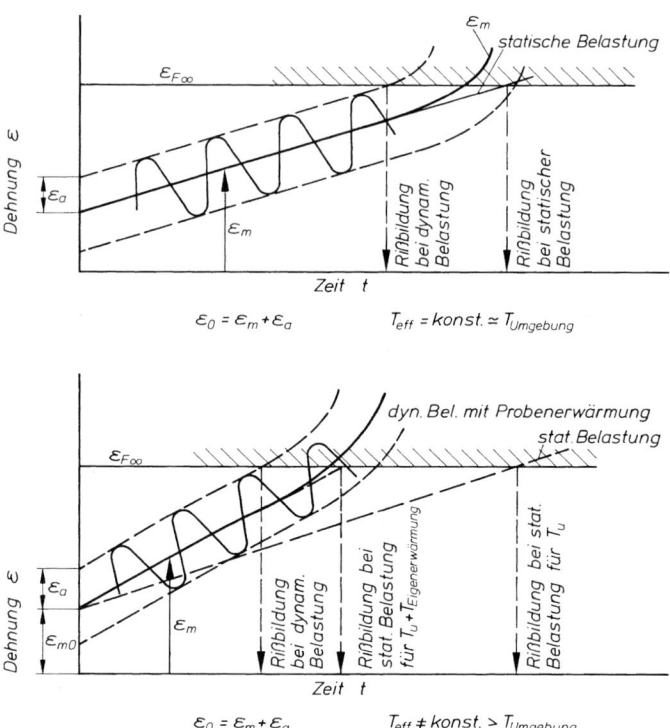

Bild 7.15 Schematische Darstellung des Kriechens des Werkstoffs unter dynamischer Zug-
wechselbeanspruchung; Beginn der Fließzonenbildung ($\varepsilon_{F\infty}$)
Oben: ohne Erwärmung, unten: mit Erwärmung durch die innere Dämpfung

erzeugten Dehnung die Grenze der linearen Viskoelastizität überschreitet, werden
erste Mikrorisse erzeugt. Jede weitere Amplitude gleicher oder größerer Stärke
treibt den Mikroriss weiter und führt schließlich zum Bruch. Dies kann man
nachweisen mit schwingender Beanspruchung, die wechselweise aus Amplituden
besteht, die eindeutig unter der Schädigungsgrenze, und wenigen, die eindeutig
über dieser liegen (vgl. Bild 7.14). Man sieht, dass jede dieser Überschreitungen
einen eindeutigen überkritischen Kriechfortschritt zur Folge hat, d. h., dass die
Schädigung progressiv fortschreitet.

Eigenerwärmung     Zusätzlich wird jedoch der Werkstoff durch die dynamische Lastamplitude erwärmt. Diese kann oft so hoch sein, dass es zum Erweichen und Ausfließen
unter dieser Last kommen kann (vgl. Bild 7.15). Die Festigkeitsrechnung muss
daher stets beide Erscheinungen beachten. Besondere Werkstoffkennwerte sind
nicht erforderlich, es gibt keine brauchbaren Kennlinien in Form von „Wöhler-
kurven", die auf beliebige Geometrien übertragbar wären, obwohl solche in vielen Werkstoffbeschreibungen zu finden sind.

### 7.4.1.1 Festigkeitsrechnung gegen schwingende Belastung mit Dehndeformationen

Es gilt die Wärmebilanz, bestehend aus dissipierter und an die Umgebung abgeführter Wärme:

$$\Delta T = \frac{\sigma_a^2}{E_{(T)}} \cdot d_{(T)} \cdot \pi \cdot f \cdot \frac{s}{\alpha} \tag{7.9a}$$

bzw.

$$\Delta T = \sigma_a \cdot \varepsilon_a \cdot d_{(T)} \cdot \pi \cdot f \cdot \frac{s}{\alpha} \tag{7.9b}$$

bzw.

$$\Delta T = E_{(T)} \cdot \varepsilon_a^2 \cdot d_{(T)} \cdot \pi \cdot f \cdot \frac{s}{\alpha} \tag{7.9c}$$

mit $\Delta T$ = Temperaturerhöhung im Werkstoff, $\sigma_a$, $\varepsilon_a$ = Schwingungsamplitude, $E_{(T)}$ = Modul für die wirkende Werkstofftemperatur, $d_{(T)}$ = Dämpfung für die wirkende Werkstofftemperatur, $f$ = Frequenz, mit der die Lastschwingung einwirkt, $s$ = Wanddicke, $\alpha$ = Wärmeübergangskoeffizient für den Wärmeaustausch, mit dem das beanspruchte Bauteil seine Wärme abgibt, $b$ = Breite.

Man erkennt, dass man sofort abschätzen kann, ob mit Erwärmung zu rechnen ist, denn

$$\Delta T \sim \frac{\alpha_{(T)}}{E_{(T)}} \tag{7.10}$$

Die Gleichungen (7.9) gelten für dünnwandige Platten und Schalen $s \ll b < 10$ mm. Im Falle von dickwandigen Formteilen sind genaue Rechnungen, z. B. mit FEM oder BEM, notwendig. Man prüft durch iterative Rechnung, ob sich eine Gleichgewichtstemperatur einstellt oder ob die Erwärmung ständig fortschreitet. Ist Letzteres der Fall, bedeutet dies Versagen durch Erweichen. Der Werkstoff wird überbeansprucht.

Der Werkstoff darf an keiner Stelle über die kritische Dehnung hinaus beansprucht werden, denn hierdurch entstehen sofort Mikrorisse, die von jeder Amplitude, die diese Grenze überschreitet, weitergetrieben werden (vgl. Bild 7.15). Diese Rechnung erfolgt daher unter der Annahme einer statischen Kriechbelastung durch die Oberspannung. Der Grenzwert, gegen den zu rechnen ist, ist die kritische Dehnung.

## 7.4.2 Versagen unter Stoß und klassische Kennwerte

Es gibt keine brauchbaren Festigkeitsrechnungen gegen Stoß. Auch die Bruchmechanik liefert zumindest für zähe Kunststoffe keine Voraussagemöglichkeit. Man ermittelt jedoch Werkstoffkennwerte in Form von Schlagzähigkeitswerten, gemessen im Schlagbiegeversuch (Charpy) nach DIN 53453 an mit hoher Hammergeschwindigkeit belasteten Biegestäben oder mittels Kerbschlagbiegeprüfung (Izod) (ASTM D 256). Hier hat der Probekörper eine V-förmige Kerbe und ist einseitig eingespannt. Die Probe wird so beansprucht, dass die Kerbe zu Zugspannungen im Rissgrund führt. Diese Prüfung wird in der Regel dann benutzt, wenn der

*Margin notes:*
Berechnung der Eigenerwärmung

Kontrolle gegen Zerrüttung

Grenzen der Bruchmechanik

Werkstoff in der Schlagbiegeprüfung so zäh ist, dass er nicht bricht und somit keine quantitative Aussage möglich ist.

**Kerbschlag-prüfung**

Die Kerbschlagprüfung ist schärfer als die Schlagbiegeprüfung, infolgedessen beobachtet man, dass der Werkstoff im Kerbschlagversuch bereits bei höheren Temperaturen spröde versagt. Diese Prüfmethoden sind aber nur dazu geeignet, den Werkstoff in Bezug auf sein Zähigkeitsverhalten einzustufen und allenfalls nach dieser Einstufung im Vergleich mit anderen Werkstoffen auszuwählen. Dies hat seine Ursache darin, dass die Stoßzähigkeit eines Bauteils von vielen Einflüssen abhängt, wie z. B. die Geometrie, die Verarbeitung, die Einsatztemperatur und die Stoßgeschwindigkeit. Als Kennwert für die Dimensionierungsrechnung ist die Schlagzähigkeit nicht geeignet.

## 7.4.3 Festigkeitsrechnung gegen Stoß

**Dimensionierung gegen Bruch**

Möglichkeiten zu einer Festigkeitsrechnung gegen Stoß ergeben sich jedoch, wenn man das Verhalten unter hohen Dehngeschwindigkeiten zugrunde legt. Es hat sich in vielen Versuchen gezeigt (z. B. Dissertationen *Boden* und *Rest*), dass alle Kunststoffe unter Stoßbelastung, auch wenn sie ungekerbt sind, bei mehr oder weniger großer Belastungsgeschwindigkeit oder mehr oder weniger tiefer Temperatur, in einen linear-elastischen Verformungszustand übergehen und durch glatten Trennbruch bzw. öfter spröden, glasartigen Splitterbruch verformungslos versagen. Die Dehnungen, bei denen der Bruch auftritt, liegt bei den meisten

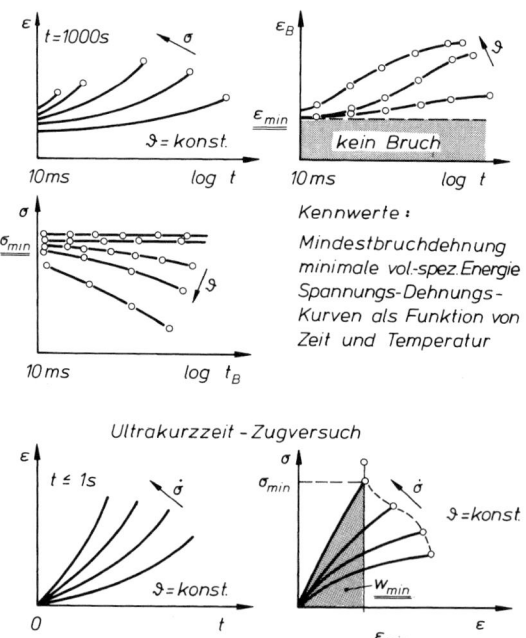

Bild 7.16 Verformung und Versagen von Thermoplasten bei Stoßbelastung (nach *Menges* und *Boden*)

Kunststoffen um und über $\varepsilon_B = 2\%$. Bild 7.16 zeigt das prinzipielle Verhalten und zwei Vorschläge zur Ermittlung von Dimensionierungskennwerten.

Spannungswerte sind ungeeignet, da dies zur Überdimensionierung führen würde. Die Dehnungswerte, die sich für kürzer werdende Belastungszeiten einer Mindestdehngrenze $\varepsilon_{min}$ asymptotisch nähern (Bild 7.16 oben rechts), sind ebenfalls wenig geeignet, da z. B. an Kerben eine Dehnung kaum definierbar ist.

### 7.4.3.1 Kennwerte

Außer der kritischen Energie ist für die Verformungsrechnung der Modul erforderlich. Er wird für den energieelastischen Zustand dem Schubmoduldiagramm für den Werkstoff bei der entsprechenden Temperatur (verschoben zu tieferen Werten) entsprechend der mit Zeit-Temperatur-Verschiebung umgerechneten Beanspruchungsgeschwindigkeit bestimmt.

*Anwendung des Zeit-Temperatur-Verschiebungsprinzips*

### 7.4.3.2 Sicherheitskoeffizienten

Es dürfen keine Sicherheitskoeffizienten benutzt werden, da dies zu − manchmal gefährlicheren − Überdimensionierungen führen könnte.

### 7.4.3.3 Festigkeitsrechnung

Die Berechnung der Verformung unter stoßartiger Belastung mit FEM ist anzuraten. Das heißt, da es sich meist um Biegebeanspruchung handelt, rechnet man für die Randfaserelemente, die den höchsten Zugspannungen unterworfen sind, die dabei entstehende Dehnenergie. Diese muss unter der kritischen Dehnenergie des Werkstoffs bleiben. Versuche an mehreren praktischen Bauteilen zeigten, dass die Rechnung mit etwa 25 % auf der sicheren Seite liegen (Dissertation *Schleede*).

*kritische Bruchenergie*

Besser und praktikabler wird die dabei verbrauchte Energie als Kriterium herangezogen. Wie Bild 7.16 unten rechts zeigt, ist dies die Minimal-Bruchenergie $W_{min}$, die der Werkstoff zum Reißen mindestens verbraucht, da alle Brüche mit langsamerer Beanspruchungsgeschwindigkeit mehr Energie benötigen. Die Minimalenergie, die somit bei Stoßbeanspruchung nicht überschritten werden darf, beträgt z. B. bei (nach *Boden*):

- PVC-U                 $2,1 \text{ N mm/mm}^3$
- POM                $1,4 \text{ N mm/mm}^3$
- PMMA            $1,5 \text{ N mm/mm}^3$
- PA 6 mit 25 % Glasfasern    $1,6 \text{ N mm/mm}^3$
- PC                 $5,7 \text{ N mm/mm}^3$
- PC mit 20 % Glasfasern     $3,2 \text{ N mm/mm}^3$

### 7.4.3.4 Praktische Stoßprüfung

Infolge Fehlens erprobter Dimensionierungsmethoden bzw. des Aufwands bei FEM hat die praktische Prüfung am Bauteil eine außerordentlich große Bedeutung. So prüft man wegen des gleichzeitig großen Gestalteinflusses meist die Schlagzähigkeit nicht an genormten Werkstoffproben, sondern am Bauteil, vor allem bei Spritzgussteilen und geblasenen Hohlkörpern durch Fallversuche (Bild 7.17). Man entnimmt hierzu einige Stichproben den in größeren Stückzah-

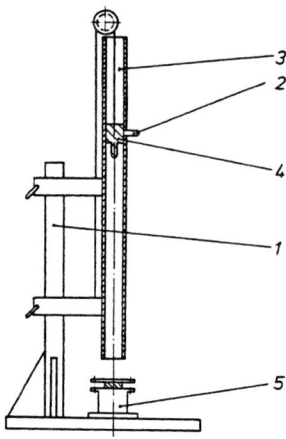

Bild 7.17 Ausführungsbeispiel einer Prüfeinrichtung nach DIN 53443, Fallbolzenversuch (nach *Binder*)
*1* Grundplatte mit Stellsäule, *2* Arretier- und Auslösevorrichtung, *3* Führungsrohr für Fallgewichte, *4* Fallgewicht, *5* Auflage- bzw. Einspannvorrichtung

len gefertigten Teilen, die zerstörend geprüft werden. Da es sehr schwer ist, die Verformungszustände solcher Bauteile unter Berücksichtigung der bei der Fertigung eingefrorenen Deformationen und Orientierungen vorauszusagen, ist die Fallprüfung eine der wichtigsten Prüfungen für die Produktionskontrolle.

## 7.5 Verhalten von Kunststoffbauteilen bei Druckspannungen (Schalen, Platten, Stäbe)

instabiles Verhalten

Bei Formteilen, in denen Querschnitte durch Druckspannungen beansprucht werden, die zur Mittelachse des Querschnitts symmetrisch einwirken, muss man mit zwei möglichen Versagensformen rechnen:

- überelastische Verformung
- Instabilität.

Das Kriterium für den Eintritt der einen oder anderen Versagensform ist die Schlankheit $\lambda$ des beanspruchten Querschnitts. Schlankheit bedeutet, dass eine zur Richtung der Beanspruchung senkrecht liegende Ausdehnung dünn (schlank) ist, gegenüber der Länge, in welcher die Kraft wirkt.

Überelastische Verformung tritt nur bei nicht schlanken Bauteilen ein, das bedeutet, dass solche Bauteile eine gedrungene Gestalt besitzen. Sie kann zum Versagen führen durch:

- Fließen (Stauchen genannt) bei zähen Kunststoffen oder
- Schubbruch bei spröden Kunststoffen.

Da Kunststoffe jedoch oft zu schalenartigen Bauteilen verarbeitet werden, ist die instabile Versagensform eher zu erwarten. (Kunststoffbauteile haben bekanntlich in der Regel dünne Wände.)

Solche Teile versagen dabei unter Druckspannungen instabil, d. h.:

- in der Achse eines Stabes durch Knicken,
- in einer Schale (in Rohren, die radial oder achsial gedrückt werden) durch Beulen,

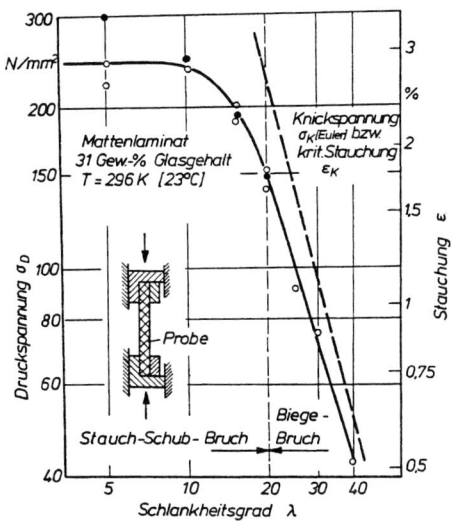

Bild 7.18 Stäbe aus GFK-Mattenlaminat unter axialen Druckspannungen (*Menges* und *Dolfen*)

- einer Längsrichtung eines Sandwiches gedrückt durch Knittern der Deckschichten.

Bild 7.18 zeigt das Versagensverhalten von Stäben mit unterschiedlicher Länge, jedoch identischem Aufbau und gleicher Gestalt. Sie sind aus einem Mattenlaminat mit ungesättigtem Polyesterharz hergestellt worden und wurden in Richtung der Stabachse gedrückt. *(margin: Knicken von Stäben)*

Man entnimmt dem Bild, bei welchem die Versagensgrenze über dem Schlankheitsgrad aufgetragen ist, dass bei niedrigen Schlankheitsgraden ($\lambda < 20$) die Stäbe durch Delaminieren, d. h. Schubbruch versagen. Unter $\lambda < 10$ sind die Spannungen, die zum Versagen führen, stets gleich.

Stäbe mit Schlankheitsgraden $\lambda > 20$ knicken nach einer elastischen Stauchung (negative Dehnung) aus und versagen durch Biegebruch. Dabei folgt die Versagensgrenze der „Euler-Hyperbel", wie dies bei schlanken Teilen aus anderen Werkstoffen in identischer Weise geschieht.

Das bedeutet, dass Kunststoffe gegen instabiles Versagen mit den klassischen, hierfür geltenden Formeln berechnet werden müssen. Berücksichtigt werden muss allerdings das spezifische Verhalten der sich viskoelastisch verhaltenden Kunststoffe, das heißt die Veränderung der Eigenschaften vor allem unter Langzeitbelastung muss durch die Wahl des passenden Elastizitätsmodules (Kriechmodul) berücksichtigt werden, worauf in der Folge noch eingegangen wird.

Bild 7.19 zeigt die Zusammenstellung einer größeren Anzahl von Ergebnissen aus Prüfungen mit verschiedensten Stäben und Schalen aus verschiedenen Werkstoffen.* Abweichend von dem üblichen Vorgehen wurde hier für die Ordinate jedoch anstelle der Spannungen die Stauchung aufgetragen, bei der das erste Aus- *(margin: Knicken und Beulen)*

---

* Die Streuung ist nicht weiter überraschend, denn diese kleinen Stauchungen sind nur schwierig genau zu messen und es ist bekannt, dass axial gedrückte Zylinder generell nicht der Euler-Hyperbel folgen, sondern bei etwa einem Fünftel des nach Euler errechneten Wertes durch Beulen versagen [WOLMIR]).

beulen oder Knicken zu beobachten ist. Wir nennen sie „kritische Stauchung".
Man entnimmt aus dem Bild:

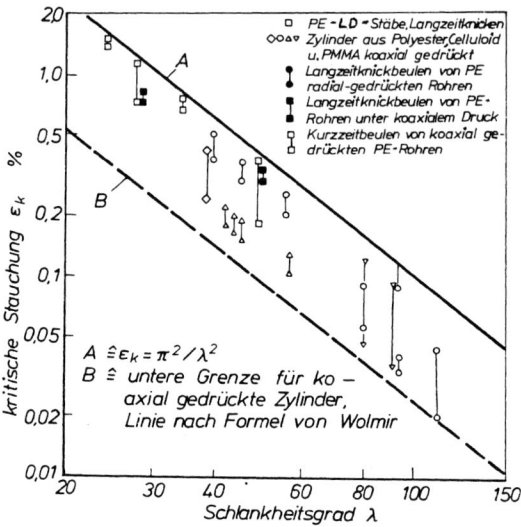

Bild 7.19 Beulen von Schalen (nach *Gaube* und *Menges*)

---

**Die *kritische Stauchung* hängt nur vom Schlankheitsgrad, d. h. nur von
der Geometrie des beanspruchten Bauteils ab.**

---

„kritische
Stauchung"

Man kann aus diesem Diagramm sofort ersehen, wann man bei einer gegebenen
Geometrie instabiles Verhalten zu erwarten hat; hierzu muss man nur die unter
der Belastung eintretende Verformung, d. h. die Stauchung berechnen. Dies soll
nun am in seiner Achse gedrückten Stab mit der kritischen Länge $l_k$, dem Querschnitt $A$ und dem Flächenträgheitsmoment $J$ abgeleitet werden. Dieser versagt
unter der kritischen Knickspannung:

$$\sigma_k = \frac{F_k}{A} = \frac{\pi^2 \cdot E \cdot J}{l_k^2 \cdot A} = \frac{\Pi^2 \cdot E}{\lambda^2} \tag{7.11}$$

worin

$$\lambda = \frac{l_k}{\sqrt{\dfrac{J}{A}}} = \frac{l_k}{i} \tag{7.12}$$

worin $i$ der Trägheitsradius ist.

Da instabiles Versagen bereits bei sehr kleinen Stauchungen eintritt, erwartet man
nach der gängigen Lehre Hooksches Verhalten und kann daher die Gleichung
(7.11) umformen in

$$\frac{\sigma_K}{E} = \varepsilon_k = \left(\frac{\pi}{\lambda}\right)^2 \tag{7.13a}$$

Man erkennt durch diese einfache Umformung aber nun sofort, dass die „kritische Stauchung ($\varepsilon_k$)" nur von der Geometrie abhängt. Das bedeutet somit auch, dass bei langzeitiger Belastung durch eine Druckspannung $\sigma_t$ infolge des kleineren Kriechmodules

$$E_t < E$$

die kritische Spannung

$$\sigma_{kt} < \sigma_k$$

„einfache"
Berechnung

werden muss, weil sonst die kritische Dehnung $\varepsilon_k$ überschritten wird, denn es gilt ebenso wie bei kurzzeitiger Belastung:

$$\varepsilon_k = \left(\frac{\pi}{\lambda}\right)^2 = \frac{\sigma_{kt}}{E_t} \tag{7.13b}$$

> **Die kritische Stauchung $\varepsilon_k$, bei der das instabile Verhalten eintritt, ist unabhängig**
>
> - **vom Werkstoff,**
> - **von der Belastungszeit,**
> - **von der Temperatur.**
>
> **Instabilität hängt nur von der Geometrie – ausgedrückt durch den Schlankheitsgrad – ab. Mit welcher Kraft gedrückt werden muss, bis Instabilität eintritt, ist eine Frage des Elastizitätsmodules bzw. bei langzeitiger Belastung des Kriechmodules des gewählten Werkstoffes.**

Die praktische Konsequenz ist, dass ein derart beanspruchtes Bauteil somit kurzzeitig eine Belastung gut aushalten wird, jedoch unter langzeitiger Belastung der gleichen Art und Höhe hingegen instabil versagen kann.

Hierfür gibt es ein bekanntes Beispiel mit teueren Folgen aus der jüngeren Zeit. Eingeerdete Kanalrohre aus Kunststoffen versagten nach längeren Betriebszeiten durch Einbeulen katastrophal. Dabei hatte man diese Lastfälle mittels Kurzzeit-Prüfungen vorher gewissenhaft untersucht und für ungefährlich befunden. Derartige Rohre stehen bekanntlich unter radialem Druck durch das umgebende Erdreich, dem sie dann nach längerem Betrieb durch Einbeulen nachgaben.

Für die schnelle Berechnung kann man eine Abszisse mit dem Schlankheitsgrad $\lambda$ in das isochrone Spannungs-Dehnungsdiagramm für einen gegebenen Werkstoff einzeichnen und so die kritische Spannung direkt auf der Ordinate für die zu berücksichtigende Zeit ablesen.

Beulen

> **Man muss somit lediglich den Schlankheitsgrad des zu betrachtenden Bauteiles kennen, um die zu der anzunehmenden längsten Belastungszeit gehörende kritische Druckbelastung zu bestimmen.**

Die Schlankheitsgrade wichtiger Schalen sind in Bild 7.20 zusammengestellt. Sie gelten für alle Werkstoffe, wenn diese homogen und orthotrop sind.

Man kann diese einfache Abschätzmethode für den Beginn des „Instabilwerdens einer Konstruktion" daher auch für anisotrop aufgebaute Faserverbundwerkstoffe

Beulen von
Schichtlaminaten
aus Faserver-
bundwerkstoffen

| Lastfall | Bild | Klassische Beulformel | Kritische Beulspannung | Vergleichs-schlankheitsgrad | Autor |
|---|---|---|---|---|---|
| Knicken eines Stabes | 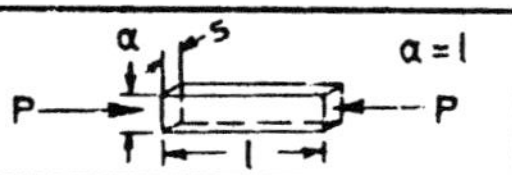 | $p_{kl} = \dfrac{\pi^2 EI}{l_e^2}$ | $\sigma_{kr} = \dfrac{E\pi^2}{12}\dfrac{s^2}{l_e^2}$ | $\lambda = \dfrac{l_e}{s}\sqrt{12}$ | Euler |
| Beulen einer Platte | 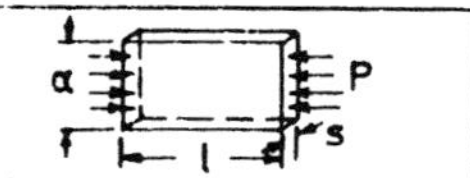 | — | $\sigma_{kr} = \dfrac{E\pi^2}{12(1-\mu^2)}\dfrac{s^2}{l^2}k_i$ | $\lambda_v = \dfrac{l}{s}\sqrt{\dfrac{12(1-\mu^2)}{k_i}}$ | Pflüger |
| Beulen einer Kugelschale unter. radialem Druck |  | $p_{kl} = \dfrac{2}{\sqrt{3(1-\mu^2)}}E\left(\dfrac{s}{r}\right)^2$ | $\sigma_{kr} = \dfrac{E}{\sqrt{3(1-\mu^2)}}\left(\dfrac{s}{r}\right)$ | $\lambda_v = \pi\sqrt{\dfrac{r}{s}}\sqrt[4]{3(1-\mu^2)}$ | Zoelly und Karman |
| Beulen kurzer Zylinderschalen unter radialem Druck | 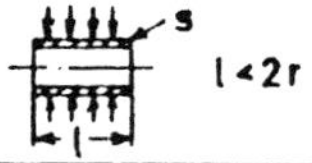 | $p_{kl} = 0{,}92\, E\,\dfrac{r}{l}\left(\dfrac{s}{r}\right)^{5/2}$ | $\sigma_{kr} = 0{,}92\, E\,\dfrac{r}{l}\sqrt{\left(\dfrac{s}{r}\right)^3}$ | $\lambda_v = \dfrac{\pi}{0{,}92}\sqrt{\dfrac{l}{r}}\sqrt[4]{\left(\dfrac{r}{s}\right)^3}$ | Ebner |
| Beulen von Kegelschalen unter axialem Druck | 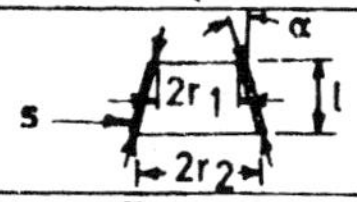 | $p_{kl} = (0{,}8)(0{,}92)E\,\dfrac{\varrho}{l}\,\dfrac{s^{5/2}}{\varrho}$ | $\sigma_{kr}=(0{,}8)(0{,}92)E\,\dfrac{s}{l}\sqrt{\left(\dfrac{s}{\varrho}\right)^3}$ | $\lambda_v = \dfrac{\pi}{(0{,}8)(0{,}92)}\sqrt{\dfrac{l}{\varrho}}\sqrt[4]{\left(\dfrac{\varrho}{s}\right)^3}$<br>$\varrho=\dfrac{r_1+r_2}{2\cos\alpha}$ | Pflüger |
| Beulen eines Ringzylinders unter radialem Druck | 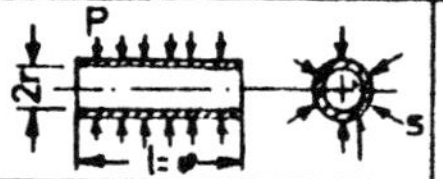 | $p_{kl} = \dfrac{E}{4(1-\mu^2)}\left(\dfrac{s}{r}\right)^3$ | $\sigma_{kr} = \dfrac{E}{4(1-\mu^2)}\left(\dfrac{s}{r}\right)^2$ | $\lambda_v = 2\pi\dfrac{r}{s}\sqrt{1-\mu^2}$ | v. Mises |
| Beulen eines Ringzylinders unter axialem Druck |  | — | $\sigma_{kr} = \dfrac{sE}{r\sqrt{3(1-\mu^2)}}$ | $\lambda_v = \pi\sqrt{\dfrac{r}{s}}\sqrt[4]{3(1-\mu^2)}$ | Bresse |
| Beulen eines versteiften Ringzylinders unter radialem Druck |  | $p_{kl} = 0{,}92\, E\,\dfrac{r}{l}\left(\dfrac{s}{r}\right)^{5/2}$ | — | $\lambda_v = \dfrac{\pi}{0{,}92}\sqrt[4]{\dfrac{l}{r}}\sqrt{\left(\dfrac{r}{s}\right)^3}$ | v. Windenburg |

Bild 7.20 Beulformen und Schlankheitsgrad bekannter Schalen (nach *Gaube* und *Menges*)

| Schale + Belastungsform | Wickel- muster | Anisotropie- verhältnis + Harz | gemittelter Schalenmodul $M$ | Quelle |
|---|---|---|---|---|
| 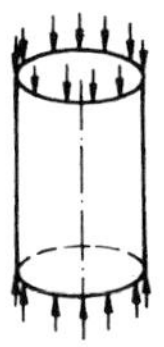 | $t_1=t_2=1/2$ | 0° 90° weiches Harz T > ET | $\sqrt{\dfrac{2\hat{G}_{xy}\sqrt{\hat{E}_x\cdot\hat{E}_y}}{1-\sqrt{\hat{V}_{xy}\cdot\hat{V}_{yx}}}}$ | A. Puck u. CH. Rueg |
| | $t_1=t_2=1/2$ | 0°, 90° hartes Harz T < ET | $\sqrt{\dfrac{\hat{E}_x\cdot\hat{E}_y}{1-\hat{V}_{xy}\cdot\hat{V}_{yx}}}$ | A. Puck u. CH. Ruegg |
| | $t_1\neq t_2$ | 0°, 90° hartes Harz | $\sqrt{\hat{E}_x\cdot\hat{E}_y}$ | C.S. Wang V. Schulz B. Schlehöfer |
| | $t_1=t_2=t_3=1/3$ | ±30°, 90° beliebiges Harz | $\sqrt{\dfrac{\hat{E}_x\cdot\hat{E}_y}{1-\hat{V}_{xy}\cdot V_{yx}}}$ | A. Puck u. CH. Ruegg |
| | $t_1=t_2=t_3=1/3$ | ±45°, 90° | $\sqrt{\dfrac{\hat{E}_x\cdot\hat{E}_y}{1-\hat{V}_{xy}\cdot\hat{V}_{yx}}}$ | A. Puck u. CH. Ruegg |
| 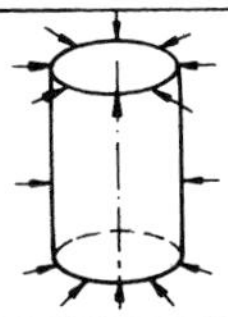 | $t_1\neq t_2$ | 0°, 90° | $\sqrt{\hat{E}_x\cdot\hat{E}_y}$ | C.S. Wang |
| | $t_1\neq t_2$ | 0°, 90° | $\left(\dfrac{E_B^U}{E_Z^U}\right)^{3/4}\cdot\dfrac{E_Z^U}{1-0{,}1\left(\frac{E_Z^A}{E_Z^U}\right)}\cdot\sqrt{\dfrac{E_Z^A}{E_Z^U}}$ | G. Nonhoff |

U = Umfang    Z = Zug    A = Axial

Bild 7.21 Mittelwerte für den Modul $M$ bei der Beulberechnung von anisotrop aufgebauten Zylinderschalen (*Derek* und *Menges*)

z. B. Schichtlaminate benutzen, wenn sie symmetrisch zur „neutralen Faser" des Laminats aufgebaut sind (was in der Regel so sein wird). Man muss jedoch einen „Schalenmodul" durch Mitteln bilden, wie dies Bild 7.21 zeigt.

> **Bauteile aus Kunststoffen – auch solche mit Verstärkung durch eingelagerte Fasern – werden gegen Versagen durch Instabilität mit den gleichen Regeln, wie andere Werkstoffe ausgelegt. Der einzige Unterschied ist, dass Zeit und Umgebungseinflüsse durch Heranziehen des von Zeit, Temperatur (und Umgebungseinfluss) abhängigen Modules (Kriechmodul) berücksichtigt werden müssen.**

# 7.6    Die Tragfähigkeit von faserverstärkten Kunststoffen

Dem Einsatz von Faserverbundkunststoffen (FVK) liegt das Prinzip zugrunde, durch Kombination von mindestens zwei unterschiedlichen Werkstoff-Komponenten zu einem Verbundwerkstoff neue Gebrauchseigenschaften zu erzielen bzw. existierende zu optimieren. Zu den besonderen Eigenschaften, die sie von den metallischen Werkstoffen abgrenzen, gehören ihr geringes Gewicht sowie eine in weiten Grenzen einstellbare Steifigkeit, Dämpfung und Wärmedehnung.

In Verbundkunststoffen werden Fasern in einer Polymermatrix eingebettet, die sie fixiert und vor Umwelteinflüssen schützt. Es entsteht ein zusammenhängendes Bauteil, dessen mechanische Eigenschaften nachhaltig von der Orientierung der eingebrachten Fasern geprägt werden. Demzufolge bilden die Fasern die Verstär-

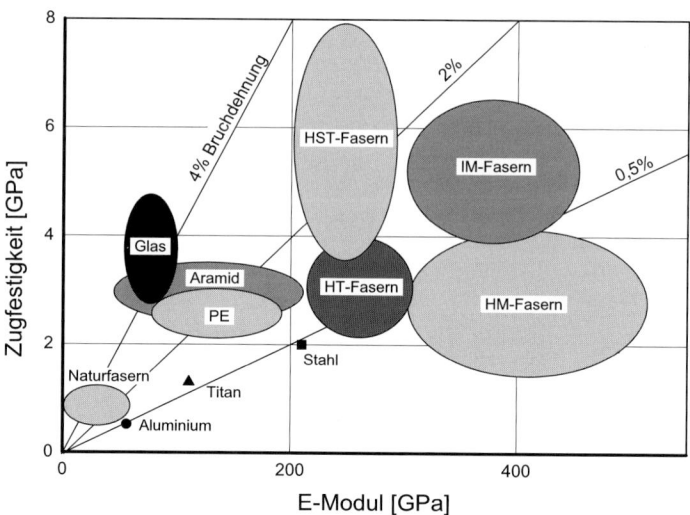

Bild 7.22 Eigenschaften von Verstärkungsfasern und Metallen

kungskomponente eines FVK und bestimmen in hohem Maße die mechanischen Eigenschaften des Werkstoffes. In Bild 7.22 sind die Eigenschaften gebräuchlicher Verstärkungsfasern denen von Metallen gegenübergestellt.

Daraus abzulesen ist, dass die reinen Fasern deutlich höhere Festigkeiten als die Metalle aufweisen. Der E-Modul von Glas- und Polymer-Fasern liegt im Bereich von Aluminium und Titan, während der E-Modul (Steifigkeit) von Kohlenstofffasern sogar den von Stahl weit übertreffen kann. Berücksichtigt man zusätzlich noch die wesentlich geringere Dichte der Fasern, so treten ihre Vorteile noch deutlicher hervor.

## 7.6.1    Faserarten

Glasfasern

Bei der Herstellung von Glasfasern, die als Erste zur Verstärkung von Kunststoffen Verwendung fanden, wird das Glas aus der Schmelze durch Düsen mit mehreren Tausend Öffnungen gezogen, kontrolliert abgekühlt und anschließend zu Filamentsträngen (Rovings) zusammengefasst. Alle Glasarten bestehen zum größten Teil aus Siliziumoxid, jedoch entstehen durch unterschiedliche Gehalte an Metalloxiden, wie z. B. Aluminium- oder Magnesiumoxid, sowie andere Zuschlagstoffe Glasarten mit zum Teil sehr unterschiedlichen Eigenschaften.

Man unterscheidet vorrangig drei Typen von Glasfasern, die mit den Kürzeln E, R und C gekennzeichnet werden. Die ursprünglich für den Einsatz in elektrischen Anwendungen entwickelten E-Glasfasern sind vielseitig einsetzbar und zeichnen sich vor allem durch ihren geringen Preis aus (2–3 €/kg). R-Glas (französisch: résistance) besitzen höhere Festigkeiten als E-Glas, während C-Glas sich vor allem durch besonders gute chemische Beständigkeit auszeichnet.

Fasern aus Kohlenstoff (C-Fasern)

Für Anwendungen, in denen die Steifigkeit oder die Festigkeit von Glasfasern nicht ausreichen, bietet sich der Einsatz von Kohlenstofffasern (C-Fasern) an. C-Fasern bestehen aus Graphit und werden aus sog. Precursor-Fasern durch eine kontrollierte Pyrolyse bei Temperaturen von 1200 °C bis 3000 °C hergestellt. Als

Precursor werden entweder Fasern aus Polyacrylnitril (PAN) oder aus Petroleum- oder Steinkohlenpech verwendet. In mehreren Schritten erfolgt nachfolgend eine Wärmebehandlung, im Laufe derer der Kohlenstoffanteil der Fasern zunimmt. Je nach Kohlenstoffanteil und Art der Herstellung weisen C-Fasern sehr unterschiedliche Eigenschaften auf, sodass vier verschiedene Typen unterschieden werden.

Die ersten auf dem Markt erhältlichen C-Fasern wurden als HT-Fasern (High Tenacity) bezeichnet. Wie in Bild 7.22 zu erkennen ist, liegen Festigkeit und Steifigkeit dieser Fasern etwas oberhalb von Stahl. Sie werden aufgrund ihres relativ günstigen Preises (ab ca. 25 €/kg) auch heute noch häufig verwendet, obwohl ihr Eigenschaftsniveau die C-Fasern nach unten abrundet. Die Forderung nach hohen Steifigkeiten in der Luft- und Raumfahrttechnik führte zur Entwicklung der HM-Kohlenstofffasern (high modulus). Diese können einen mehr als doppelt so hohen E-Modul als Stahl aufweisen. Sie sind jedoch mit einem Preis von 250 bis 1000 €/kg die teuersten C-Fasern. Ein großer Nachteil der HM-Fasern ist ihre äußerst geringe Bruchdehnung. Bei Stoßbelastungen müssen aber hohe Spannung bei zugleich hohen Dehnungen ertragen werden. Diese Forderung wird von den HST-Fasern (high strain and tenacity) erfüllt, die einen ähnlichen E-Modul wie HT-Fasern aber eine wesentlich höhere Festigkeit und Bruchdehnung aufweisen. Ihr Preis liegt mit ca. 25 bis 250 €/kg im mittleren Bereich der Kohlenstofffasern. Schließlich gibt es noch die IM-Kohlenstofffaser (intermediate modulus), die in Bezug auf Festigkeit und Steifigkeit einen Kompromiss zwischen HST- und HM-Fasern darstellen.

Neben ihrer elektrischen Leitfähigkeit zeichnen sich C-Fasern durch einen negativen Wärmeausdehnungskoeffizienten aus, der zusammen mit dem positiven des Matrixwerkstoffs durch entsprechende Laminatauslegung einen Werkstoff ohne Wärmedehnung entstehen lassen kann.

Aufgrund ihres sehr guten Energieabsorptionsvermögens bei gleichzeitig geringer Dichte eignen sich hochfeste Polymerfasern zum Einsatz in sehr leichten stoßbeanspruchten Bauteilen in besonderem Maße. Es sind dies Aramid- und Polyethylenfasern, welche deshalb häufig für den ballistischen Schutz – z. B. in Autos oder splittersicheren Westen – verwendet werden. Auch diese Polymerfasern besitzen einen negativen Wärmeausdehnungskoeffizienten, der betragsmäßig sogar größer als bei C-Fasern ist.

*Polymerfasern (Kevlar u. a.)*

## 7.6.2 Aufmachung von Verstärkungsfasern

Unabhängig von der Art der Faser gibt es verschiedene Aufmachungen bzw. Lieferformen von Verstärkungsfasern. Die wichtigsten sind im Folgenden kurz dargestellt.

Die einfachste Aufmachung von Verstärkungsfasern sind die Rovings, die vorrangig in der Wickel- und Flechttechnik sowie beim Strangziehverfahren Verwendung finden. Ein Roving ist ein Filamentstrang, der aus mehreren Tausend Einzelfilamenten bestehen kann. Die einzelnen Filamente sind durch eine Schlichte, die auch die Haftung der Fasern an der Matrix verbessern soll, verbunden und häufig zusätzlich leicht verdrillt. Eine wichtige Größe zur Charakterisierung von Rovings ist die so genannte Garnfeinheit $T$ (auch Titer genannt), die die Masse $m$ einer Faser pro Längeneinheit $L$ angibt:

*Rovings*

$$T = \frac{m}{L} \tag{7.14}$$

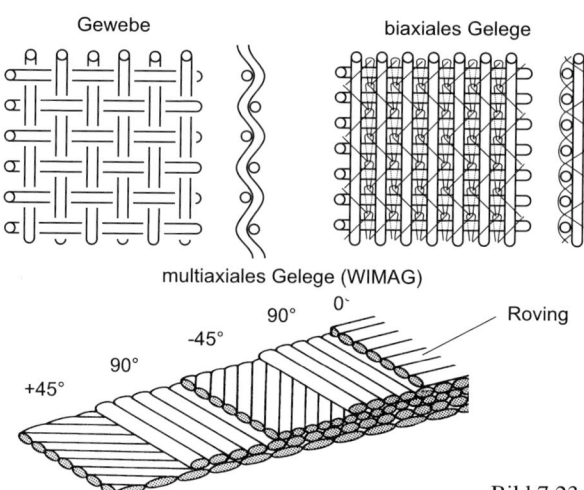

Bild 7.23　Gewebe und Gelege

**Matten und Vliese**　Matten und Vliese sind Flächengebilde aus ungeordnet übereinander liegenden Fasern, deren Zusammenhalt im ungetränkten Zustand durch einen speziellen Binder hergestellt wird. Als Fasern werden hauptsächlich preiswerte Glasfasern mit einer Länge von ca. 5 cm verwendet. Matten und Vliese sind, da sie keine bevorzugte Faserrichtung aufweisen, zweidimensional isotrop und besitzen nur geringe Steifigkeiten und Festigkeiten. Während Matten als preisgünstige Möglichkeit zur Verbesserung der mechanischen Bauteileigenschaften Verwendung finden, dienen die dünneren Vliese vorrangig zur Verbesserung der Oberflächenqualität von mit Endlosfasern verstärkten Kunststoffbauteilen.

**Gewebe**　Gewebe sind textile Halbzeuge, in denen Filamente oder einzelne Rovings miteinander verwoben sind. Dabei überkreuzen sich die Filamente bzw. Rovings in regelmäßigen Abständen im rechten Winkel zueinander (Bild 7.23). Durch diese Überkreuzungen liegen die Fasern nicht völlig gestreckt vor und die mechanischen Eigenschaften werden verschlechtert. Die Gewebe werden aus allen üblichen Faserarten in verschiedenen Ausführungen hergestellt und haben große Bedeutung vor allem bei der Herstellung großflächiger Bauteile, z. B. im Handlaminier-, Injektions- und Infusionsverfahren. Werden Halbzeuge benötigt, bei denen sich die Fasern nicht im rechten Winkel überkreuzen, so können auch schlauchförmige Rundgeflechte oder bandförmige Litzengeflechte bezogen werden. Textile Halbzeuge werden im Allgemeinen durch ihr Flächengewicht (Einheit: $kg/m^2$) charakterisiert.

**Gelege**　Im Gegensatz zu Geweben und Geflechten sind Gelege textile Halbzeuge, in denen die Fasern sich nicht überkreuzen, sondern parallel zueinander vorliegen. Häufig werden mehrere solcher Schichten in unterschiedlicher Orientierung aufeinander gelegt und miteinander vernäht oder verwirkt (so genannte verwirkte mulitaxiale Gelege oder WIMAG). Aufgrund der gestreckten Lage der Fasern in Gelegen sind die mechanischen Eigenschaften besser als die von Geweben.

> **Die Fasern bestimmen als Verstärkungskomponente in hohem Maße die mechanischen Eigenschaften des Verbundkunststoffs. Unabhängig vom Fasertyp gibt es verschiedene Aufmachungen bzw. Lieferformen.**

## 7.6.3 Eigenschaften des Verbundes aus Fasern und Matrix

Die mechanischen Eigenschaften von Verstärkungsfasern können erst durch die Einbettung der Fasern in eine Matrix genutzt werden. Die Matrix übernimmt dabei folgende Aufgaben:

- Fixierung der Fasern in der gewünschten geometrischen Anordnung,
- Übertragung der Kräfte auf die Fasern,
- Stützung der einzelnen Fasern bei Druckbeanspruchung (Stabilität gegen Knicken),
- Schutz der Fasern vor der Einwirkung von Umgebungsmedien (Feuchtigkeit, Chemikalien usw.).

Prinzipiell besteht die Möglichkeit aus der Vielzahl von duroplastischen und thermoplastischen Kunststoffen ein für den jeweiligen Anwendungsfall optimales Matrixsystem zu wählen. In der praktischen Anwendung haben sich vor allem Reaktionsharze auf Basis ungesättigter Polyesterharze und Epoxidharze bewährt. In den letzten Jahren kommen allerdings auch Thermoplaste vermehrt zum Einsatz, um hochdehnbare Matrices mit gleichzeitig hoher Wärmeformbeständigkeit einsetzten zu können. Daneben ist auch eine Verarbeitung von elastomeren Matrices in Laminaten denkbar, was insbesondere durch die bekannten Anwendungen in Form von Antriebsriemen, Schläuchen oder auch Reifen dokumentiert wird.

Ein Faserverbund-Kunststoff (FVK) besteht nun aus den Fasern mit ihren exzellenten mechanischen Eigenschaften *und* einer Matrix mit mäßigen mechanischen Eigenschaften. Die Summe dieser Eigenschaften liegt natürlich unter dem Eigenschaftsniveau der Fasern alleine. Je nach Faservolumengehalt, der im Wesentlichen vom Fertigungsverfahren abhängig ist, kann dieser Unterschied beträchtlich sein. Weiterhin kommt der Ausrichtung der Fasern bezogen auf die Lastrichtung eine entscheidende Bedeutung zu. Für den einfachsten Fall einer sog. unidirektionalen Einzelschicht (UD-ES), die durch parallele Faseranordnung in nur einer Richtung gekennzeichnet ist, liegen in Faserrichtung die sehr guten faserdominierten Eigenschaften vor. Senkrecht zur Faserrichtung sind die Eigenschaften der UD-ES allerdings deutlich geringer und matrixdominiert (Bild 7.24).

*Faserverbund-Kunststoff*

Die beiden begrenzenden Belastungsfälle senkrecht und parallel zur Faserorientierung sind in Bild 7.25 dargestellt. Für die optimale Belastung einer UD-ES gilt

*Grenzen der Belastbarkeit*

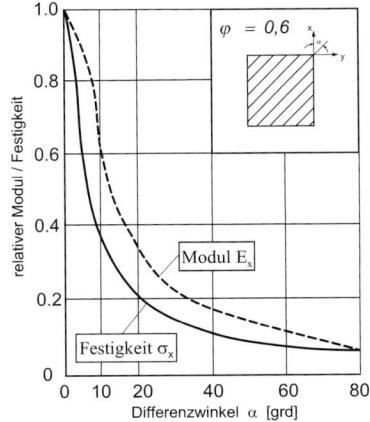

**Bild 7.24** Richtungsabhängigkeit der mechanischen Eigenschaften einer UD-ES

entsprechend der in Bild 7.25, links aufgezeigte Spannungs/Dehnungs-Verlauf. Die Steifigkeit in Faserrichtung liegt unterhalb der reinen Fasersteifigkeit und in der Regel ist die Bruchdehnung identisch mit der reinen Faser-Bruchdehnung, während die Bruchspannung etwa proportional zum Faservolumengehalt $\varphi$ abnimmt.

**Faservolumengehalt**
Der Faservolumengehalt stellt das Mengenverhältnis von Verstärkungsmaterial zum reinen Matrixmaterial dar und lässt sich in Volumen- bzw. Querschnittsanteilen $V$ bzw. $A$ beschreiben. In der Regel ist nur der Fasergewichtsgehalt $\psi$ bekannt. Dieser kann leicht vor der Herstellung aus den Gewichten der Komponenten bestimmt werden. Man kann ihn bei FVK-Bauteilen im Falle eingesetzter Glasfasern durch Veraschen der Matrix bei ca. 400 °C bis 500 °C, bei Kohlefasern durch Kochen in Säuren oder Laugen bestimmen. Die Umrechnung von Gewichts- auf Volumengehalt erfolgt mit der Dichte der Fasern $\rho_F$ und der Dichte der Matrix $\rho_M$ nach

$$\varphi = \frac{V_{Faser}}{V_{Verbund}} = \frac{A_F}{A_V} = \frac{1}{1 + \dfrac{1 - \psi}{\psi} \cdot \dfrac{\rho_F}{\rho_M}} \tag{7.15}$$

**Querfestigkeit**
Bei der Belastung einer UD-ES senkrecht zur Verstärkungsrichtung sinken die mechanischen Eigenschaften auf Matrixniveau (Bild 7.25, rechts) bzw. liegen in der Regel sogar unterhalb derer einer reinen Matrix. Besonders eine starke Abnahme der Bruchdehnung ist zu verzeichnen, die darin begründet liegt, dass die Fasern kaum an der Querverformung teilnehmen, da sie gegenüber der Matrix eine vielfach höheren Elastizitätsmodul besitzen. Es kommt daher zu einer überhöhten Dehnung des zwischen den Fasern liegenden Matrixsystems. Das Maß der sog. Dehnungs-Überhöhung ist – wie man leicht einsieht – umso höher, je größer der Unterschied in den Moduln und je höher der Faservolumengehalt ist.

**Eigenschaft der Einzelschicht**
Um die mechanischen Eigenschaften einer UD-ES hinreichend genau beschreiben zu können, werden zumindest die Steifigkeit parallel zur Faserrichtung $E_1$ und die Steifigkeit senkrecht zur Faserrichtung $E_2$ sowie der Schubmodul $G_{21}$ und die Querkontraktionszahl $\nu_{21}$ in der Laminatebene benötigt. Um diese Kennwerte auf

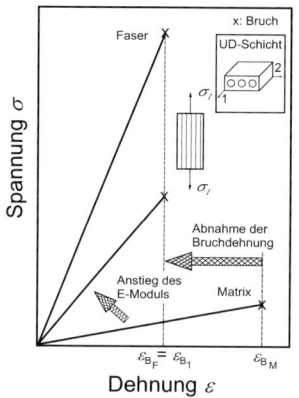 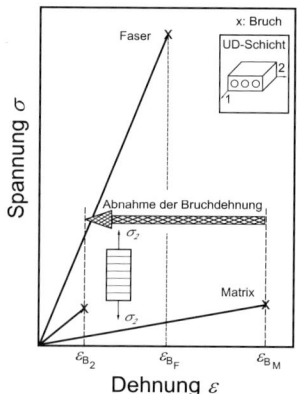

Bild 7.25 Qualitative Darstellung der Spannungs/Dehnungs-Kurven von UD-ES

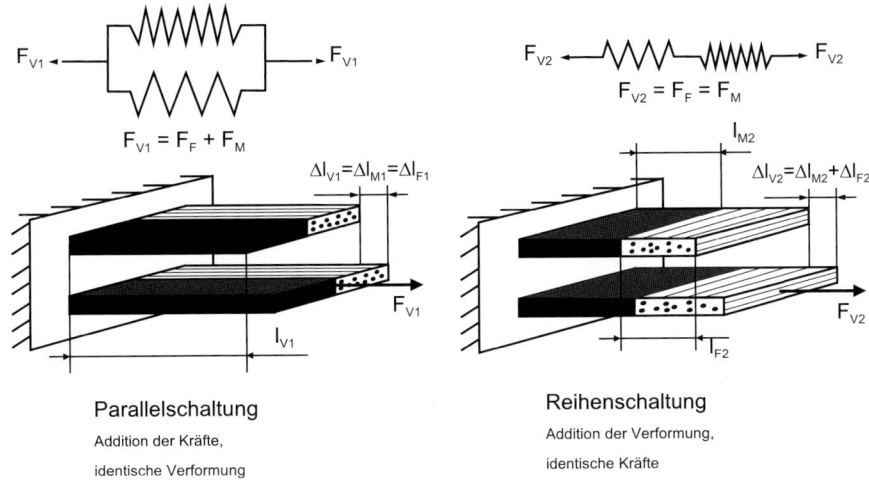

**Parallelschaltung**

Addition der Kräfte,

identische Verformung

**Reihenschaltung**

Addition der Verformung,

identische Kräfte

**Bild 7.26** Mehrkomponentige Systeme unter Belastung

recht einfache Weise abzuschätzen, kann man sich einer Mischungsregel bedienen, die davon ausgeht, dass die Wirkung jedes der beiden Verbundpartner seinem Volumenanteil im Verbundwerkstoff in der betrachteten Richtung entspricht. Grundlage der Betrachtungen bilden dabei Parallel- und Reihenschaltung der Verbundpartner (Bild 7.26).

Wird der Verbundwerkstoff (V) genau in Faserrichtung belastet, so erfolgt der Kraftfluss durch Matrix (M) und Faser (F) parallel. Das Modell zur Abschätzung des $E_1$-Moduls basiert daher auf einer Addition der Kräfte bei identischer Verformung (Bild 7.26, links). Liegen die Fasern hingegen quer zur Kraftrichtung in der Matrix eingebettet, stellt sich in Fasern und Matrix die gleiche Spannung ein, während die Gesamtverformung aus der Summe der Komponentenverformungen resultiert (Bild 7.26, rechts). Mit diesem Modell lassen sich die mechanischen Eigenschaften $E_2$, $G_{21}$ und $\nu_{21}$ ermitteln. Damit ergeben sich die als Mischungsregeln bekannten Gleichungen:

$$E_1 = \varphi \cdot E_F + (1 - \varphi) \cdot E_M \qquad \nu_{21} = \varphi \cdot \nu_F + (1 - \varphi) \cdot \nu_M$$

$$E_2 = \frac{E_M \cdot E_{F_2}}{\varphi \cdot E_M + (1 - \varphi) \cdot E_{F_2}} \qquad G_{21} = \frac{G_M \cdot G_F}{\varphi \cdot G_M + (1 - \varphi) \cdot G_F} \qquad (7.16)$$

In Gleichung (7.16) wurde bereits dem Umstand Rechnung getragen, dass auch der Fasermodul selbst anisotrop sein kann. Bei Kohlenstofffasern ergibt sich – im Gegensatz zu den isotropen Glasfasern – in Faserrichtung ein sehr viel höherer Modul als quer zur Faserrichtung! Für den interessierten Leser sei bezüglich der Herleitung der Mischungsregeln und weiterer Details über die Möglichkeiten der Mikromechanik – insbesondere auch zur Abschätzung der Festigkeitseigenschaften der UD-ES und der mechanischen Eigenschaften von Matten- und Gewebeschichten – auf [2] verwiesen.

*Mikromechanik*

Im günstigsten Fall können FVK-Bauteile so ausgelegt werden, dass die Fasern ausschließlich in Längsrichtung belastet werden und lediglich eine Faserorientierung vorherrscht (UD-ES). Für Bauteile wie Zug/Druck-Stangen, Zugschlaufen

*Laminateigenschaft*

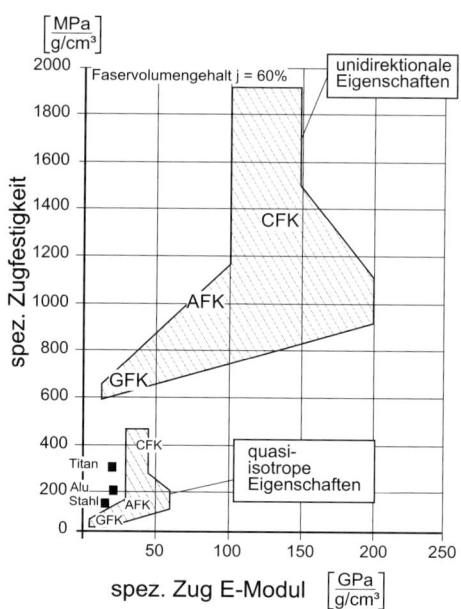

Bild 7.27  Spezifische Eigenschaften von FVK-Laminaten

und Biegebalken (z. B. Pkw-Blattfedern) ist also das Leichtbaupotential der FVK am größten. In den weitaus meisten Fällen unterliegen Bauteile allerdings einem komplexen Beanspruchungszustand. Die Konstruktion eines Laminats für einen ebenen, also nur zweidimensionalen Spannungszustand bewirkt bereits eine erhebliche Reduzierung der auf das Laminatgewicht bezogenen mechanischen Eigenschaften. Man benötigt für diesen Fall bereits mindestens zwei Faserrichtungen im Laminat, von denen jede nur in ihrer Verstärkungsrichtung zu den mechanischen Eigenschaften des Laminats beiträgt. Der unter dem Leichtbauaspekt ungünstigste Fall einer Laminatkonstruktion ist das sog. quasi-isotrope Laminat, das durch Einbringung sehr vieler Faserrichtungen nahezu gleiche mechanische Eigenschaften in jeder Richtung der Laminatebene aufweist. Unter dieser Randbedingung ist nur noch CFK hochwertigen metallischen Konstruktionswerkstoffen überlegen (Bild 7.27).

Um die mechanischen Eigenschaften eines Laminats mit mehreren Faserrichtungen aus den Eigenschaften der UD-ES ableiten zu können wurden verschiedene Berechnungstheorien entwickelt, von denen die Netztheorie und die Klassische Laminattheorie die breiteste Anwendung gefunden haben. Ihre Anwendung lässt auf einfache Weise auch eine Abschätzung der mechanischen Eigenschaften von gewebe- und geflechtverstärkten Einzelschichten zu. Der Einfluss der Faserwelligkeit resultierend aus den angesprochenen Überkreuzungen lässt sich dabei allerdings nur schwer erfassen.

Zeiteinfluss    Bei zeitlich gleich bleibender Belastung nimmt bei Kunststoffmatrices die Verformung stetig zu (Bild 7.28, links). Bei Kohlenstofffasern ist dieses Verhalten hingegen überhaupt nicht und bei Glas- und Polymerfasern sehr viel weniger ausgeprägt festzustellen. Dementsprechend ist bei solchen Belastungen und Verstär-

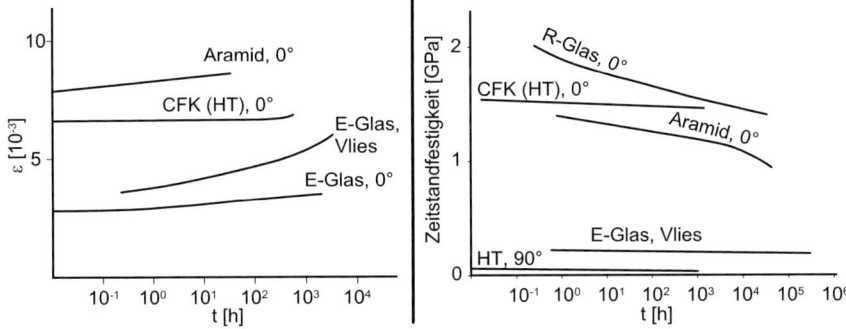

Bild 7.28 Kriechkurven und Zeitstandfestigkeit von faserverstärktem Epoxidharz bei Raumtemperatur (nach *Moser*)

kungsarten, bei denen die Matrix eine tragende Funktion übernimmt, mit starken Kriecherscheinungen zu rechnen. Gleichbedeutend damit ist eine Abnahme der ertragbaren Last mit der Zeit (Bild 7.28, rechts). Selbst parallel zur Faser zugbelastete UD-ES mit Glas- und Aramidfaserverstärkung ertragen eine ein Jahr wirkende Belastung von nur etwa 50 % bzw. 70 % der Kurzzeitbruchlast.

Werden FVK schwingenden Belastungen ausgesetzt, so weisen Aramid- und Kohlenstofffaserverstärkung nur eine kleine Festigkeitsabnahme auf, Glasfaserverstärkung dagegen eine ähnlich große wie unverstärktes Epoxidharz (Bild 7.29). Die im Bild angeführten Beispiele beziehen sich auf UD-ES deren Steifigkeit in Abhängigkeit von der Belastungshöhe um rund 10 % abnimmt. Die Entwicklung handhabbarer Methoden zur Berechnung der Lebensdauer (Schädigungshypothesen) von Laminaten mit mehreren Faserrichtungen sind derzeit Gegenstand von Forschungsarbeiten, da die für Metalle bekannte Miner-Regel bei FVK zu beträchtlichen Fehlern führen kann.

*schwingende Beanspruchung*

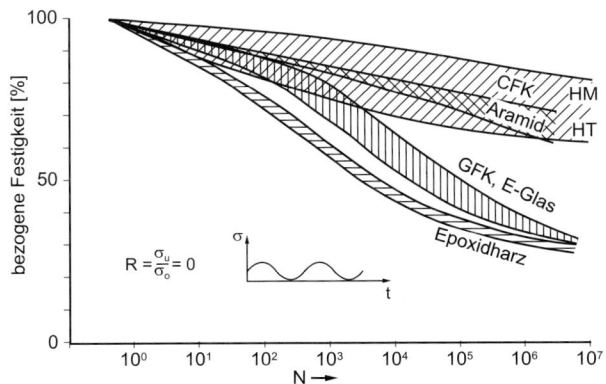

Bild 7.29 Ermüdungsfestigkeit bei Schwellbeanspruchung in Faserrichtung von Epoxidharz, ohne und mit Faserverstärkung bei Raumtemperatur (nach *Moser*)

**Ein FVK besteht aus Fasern mit exzellenten mechanischen Eigenschaften und einer Matrix mit mäßigen mechanischen Eigenschaften. Das Eigenschaftsniveau des Verbundkunststoffs liegt in jeder Richtung damit unter dem des in dieser Richtung fallenden Anteils der Fasern. Daneben kommt der Ausrichtung der Fasern bezogen auf die Lastrichtung eine entscheidende Bedeutung zu.**

## 7.6.4 Mechanismus der Tragfähigkeit von kurzfaserverstärkten Kunststoffen

Faser-Matrix-Haftung

Die Tragfähigkeit von kurzfaserverstärkten Kunststoffen wird durch die Haftung des Harzes an den Fasern bestimmt. So können über Schubspannungen die Kräfte in die Armierung übertragen werden. In Bild 7.30 ist schematisch das Verhalten des Harzes bei Zugbeanspruchung in Richtung einer eingelagerten Faser dargestellt. Das Harz wird durch die Faser entlastet. Die dabei übertragenen Schubspannungen sind an den Enden der Faser sehr hoch, gegen Mitte der Faser klingen sie ab. Diese Spannungsspitzen können bei den von Hause aus spröden Harzen nicht abgebaut werden, wie es bei fließfähigen, sich plastisch verhaltenden Werkstoffen der Fall ist. Es kann infolgedessen zu Anrissen kommen, die an der Faser entlanglaufen.

kritische Faserlänge

Zudem muss die Faser, wie Bild 7.30 zeigt, eine bestimmte Mindestlänge besitzen, damit die volle Tragfähigkeit der Faser auch ausgenutzt wird. Diese Mindestlänge $l_c$ kann man aus einer Gleichung errechnen, die aus dem Gleichgewicht der an einer Faser mit dem Durchmesser $d_F$ angreifenden Schubspannung $\tau$ und der Faserfestigkeit $\sigma_F$ herrührt, wenn die Faser z. B. in einem teilkristallinen Thermoplasten eingelagert ist:

$$l_c = \frac{d_F \cdot \sigma_F}{2 \cdot \tau} \tag{7.17}$$

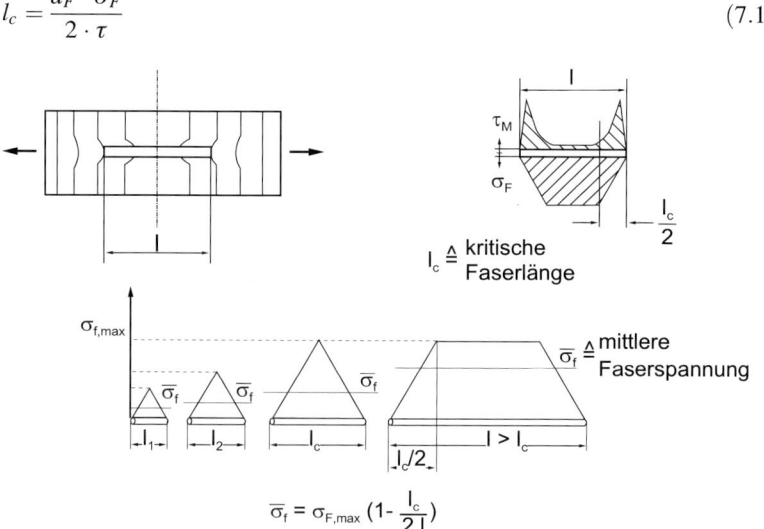

Bild 7.30 Spannungen in der Grenzfläche Faser/Matrix und in der Faser bei Kurzfaser-Verstärkung (nach *Ehrenstein*)

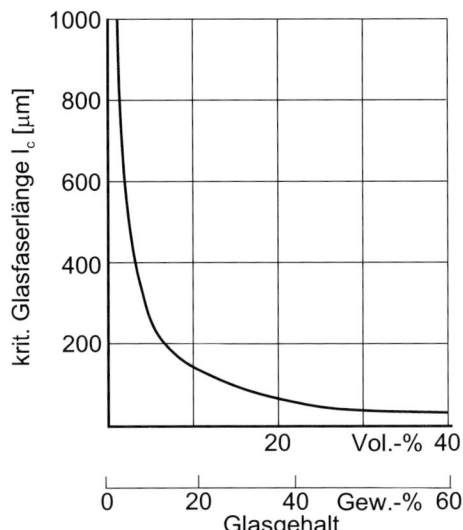

Bild 7.31 Kritische Faserlänge für bestimmte Glasgehalte bei Polyamid (nach *Ehrenstein*)

Die Faserlänge ist besonders bei den i. A. mit nur wenigen Millimeter langen Fasern verstärkten Thermoplasten wichtig, die als Formmassen häufig im Spritzgießverfahren verarbeitet werden. Bild 7.31 zeigt daher die kritische Faserlänge von mit Kurzglasfasern verstärktem Polyamid in Abhängigkeit vom Glasgehalt.

Die übertragbare Schubspannung ist durch die Haftung der Matrix an der Faser bzw. den Reibungskoeffizienten bestimmt, wenn die Fasern beim Bruch herausgezogen werden (pull out). Im besten Falle kann die Schubspannung, wenn Faser und Matrix optimal zusammenwirken, dem Wert der von der Matrix ertragbaren maximalen Schubspannung $\tau_{BM} \approx 0{,}58 \cdot \sigma_{BM}$ gleichkommen ($0{,}58 \cdot \sigma_{MB}$ entspricht dem theoretischen Wert, der mit der *Huber-Mises-Hencky*schen Hypothese errechnet werden kann). Bei Spritzgussbauteilen aus praktischen Formmassen stellt sich meist eine Faserlänge von 0,1 mm bis 0,3 mm in den Fertigteilen ein, da die Fasern beim Aufschmelzen und Fließen in der Matrix auf diesem Niveau zerbrochen werden. Dies ist weniger, als sich mit $\tau_{BM} \approx 0{,}58 \cdot \sigma_{BM}$ errechnen würde. Durch diesen Umstand sinkt allerdings auch die Schlagzähigkeit nicht ganz so tief, wie es bei idealer Haftung der Fall wäre.

Die Eigenschaften spritzgegossener kurzfaserverstärkter Bauteile werden stark durch die Orientierung der Fasern beeinflußt. Daher ist die Abschätzung der mechanischen Eigenschaften schwierig. Neuere Arbeiten beschäftigen sich mit der Berechnung der Faserorientierung durch die Fließsimulation des Spritzgußprozesses und der Ableitung der mechanischen Eigenschaften aus den so ermittelten Faserorientierungen.

> **Schubspannungen übertragen Kräfte in eine Kurzfaserarmierung, daher müssen die Fasern eine Mindestlänge $l_c$ besitzen, um ein Maximum ihrer Tragfähigkeit auszunutzen.**

## 7.7    Reibung und Verschleiß

### 7.7.1    Reibung

physikalische Grundlagen

Bei der Gleitbewegung zweier Körper, die aufeinander liegen, muss eine Kraft $R_F$ aufgebracht werden, um das Gleiten aufrecht zu erhalten

$$R_F = \mu \cdot N_F \tag{7.19}$$

Die Reibungskraft $R_F$ verhält sich um den Reibungskoeffizient $\mu$ zu der Kraft $N_F$ proportional, mit der die beiden Körper aufeinander lasten. Dieses von *Coulomb* aufgestellte Reibungsgesetz gilt prinzipiell auch für Kunststoffe, die einen oder auch beide Reibpartner bilden. Allerdings bestehen erhebliche Schwierigkeiten in der Analyse des Reibungsverhaltens, da Wärme, und andere Einflüsse aus der Umgebung, wie Feuchte, Oxidation usw. in nur schwer entkoppelbarer Weise den Reibungsprozess beeinflussen. Bei Kunststoffen als Reibungspartner sind die Verhältnisse besonders schwierig zu analysieren, da die genannten Einflüsse noch durch das viskoelastische Verhalten weiterhin erschwert werden. Die Ergebnisse aus Reibungsuntersuchungen an Laborprüflingen liefern nur Anhaltswerte, die keine sichere Voraussage für praktische Teile erlauben. Es gibt jedoch die Möglichkeit einer Abschätzung, wozu ein gewisses Verständnis des Prozessgeschehens hilfreich ist.

Modell-vorstellung

Die Ursachen der Reibungskraft kann man an einer anschaulichen Modellvorstellung erklären. Reale Oberflächen sind, in mikroskopischen Größenordnungen betrachtet, nicht eben, sondern haben ein „gebirgiges" Oberflächenprofil. Liegen zwei Oberflächen aufeinander, dann werden die Oberflächenspitzen der gegeneinander drückenden Körper sich, wie dies anschaulich Bild 7.32 zeigt, mit zunehmender Normalkraft stärker verhacken bzw. verformen oder die Spitzen des härte-

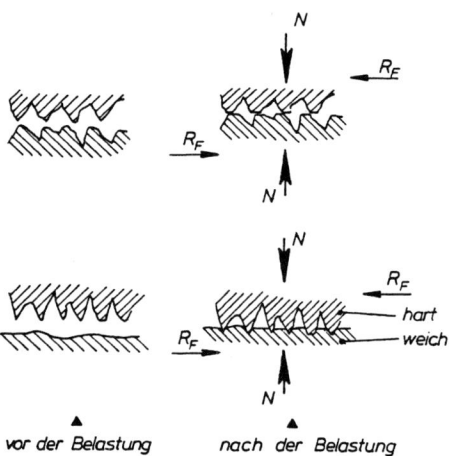

Bild 7.32 Entstehung der Reibungskraft

ren Partners dringen in den weicheren ein. Aus den Eigenschaften der Kunststoffe kann man schon generell erwarten, dass im Falle von Kunststoffen als Reibungspartner gilt:

qualitative Abschätzung

- Da Festigkeiten und Modulwerte von Polymerwerkstoffen niedrig sind, dürfen die Normalbelastungen, die ein Kunststofflager zu übertragen hat, nicht groß sein, weil sonst schnell Schäden entstehen, sei es durch unzulässige Verformungen oder zu starker Erwärmung.
- Da durch Reibung immer Wärme entsteht und diese in Polymerwerkstoffen nur sehr schlecht abgeleitet wird, sich aber erheblich auf das viskoelastische Verhalten von Polymerwerkstoffen bzw. auf die Festigkeit und den Elastizitätsmodul auswirkt (Bild 7.33 und 7.34) müssen hieraus umfangreiche Konsequenzen erwartet werden.
- Feuchte und Öle usw. können in manche Polymerwerkstoffe eindiffundieren und damit die Reibungsbedingungen erheblich und abweichend davon beeinflussen, was man von anderen Werkstoffen kennt.

Bild 7.32 entwickelt eine einfache Modellvorstellung dafür, was sich bei diesem Prozess abspielt. Man entnimmt diesem Bild, dass zunächst die Adhäsion überwunden werden muss, die an den Stellen entsteht, wo die Spitzen der stets mehr oder weniger rauen Oberflächen aufeinander drücken. Die Spitzen werden sich dabei verformen und platt drücken, denn die spezifischen Drücke sind sehr groß (die Spitzen umfassen nur einen kleinen Querschnitt gegenüber der gesamten aufeinander liegenden Fläche), (Bild 7.32 oben). Da man die Fließgrenzen $\sigma_F$ der Reibpartner kennt und auch die belastende Normalkraft $N$ bekannt ist, kann man daraus die wahre Berührungsfläche $A$ errechnen.

rechnerische Abschätzung

$$A = N/\sigma_F \qquad (7.20)$$

Die gemessene Reibungskraft entsteht nun dadurch, dass die verformten Rauigkeitsspitzen des weicheren Partners abgeschert werden. Das bedeutet:

$$R_F = A \cdot \tau_B \qquad (7.21a)$$

Die Scherfestigkeit $\tau_B$ kann aus gängigen Werkstofftabellen dadurch gewonnen werden, dass eine für alle Werkstoffe geltende Abschätzung bekannt ist, wonach sie zur Zugspannung $\sigma_B$ proportional ist:

$$\tau_B = 0{,}58 \cdot \sigma_B \cong 0{,}5 \cdot \sigma_B \qquad (7.21b)$$

Setzt man für die unbekannte effektive Oberfläche $A$ die oben gefundene Beziehung ein, dann ergibt sich:

$$R_F = (N \cdot \tau_B)/\sigma_F \qquad (7.21c)$$

und da

$$R_F/N = \mu \qquad (7.22)$$

ist, ergibt sich aus der Proportionalität der Scherfestigkeit zur Zugfestigkeit (Gleichung 7.18b) für den Reibungskoeffizienten:

$$\mu = \tau_B/\sigma_F \approx \sigma_B/2\sigma_F \, . \qquad (7.23)$$

Da sich Kunststoffe unter einer langfristig einwirkenden Spannung $\sigma_{(T,\,t)}$ bzw. $\tau_{(T,\,t)}$ viskoelastisch verhalten, beobachtet man erhebliche Unterschiede, je nachdem, ob die Reibbeanspruchung stetig, intermittierend oder über längere Zeit ein-

Einfluss der Form der Belastung

wirkt. Besonders kritisch ist somit auch eine so hohe Erwärmung, dass örtlich der Werkstoff schmilzt, was zu befürchten ist, wenn die Reibbelastung über längere Zeit anhält, weil die Wärme in den Kunststoffen nur langsam abfließt. Dies bestätigen auch Versuche, denn wie Bild 7.33 zeigt, steigen die Gleitreibungswerte dann spontan auf hohe Werte, wenn die Schmelztemperatur des Polymerwerkstoffes erreicht wird. Dies kann natürlich vor allem bei langzeitig anhaltender Reibung relativ schnell eintreten, wenn die Wärmeabfuhr nicht ausreichend groß ist. Man kann die örtliche Erwärmung, die sich in der Reibebene einstellt, abschätzen:

$$T = T_0 + \frac{2\dot{q}\,\sqrt{t}}{\sqrt{\pi}\cdot\sqrt{\lambda\cdot\varrho\cdot c}} \tag{7.24}$$

Darin bedeuten:

| | |
|---|---|
| $T$ | Temperatur in der Grenzschicht, |
| $T_0$ | Umgebungstemperatur, |
| $\dot{q}$ | Wärmefluß, bezogen auf Zeit und Flächeneinheit (auf jeder zur Kontaktfläche parallelen Ebene, er ist aus der in Wärme umgesetzten Reibungsarbeit zu errechnen), |
| $t$ | Zeit |
| $\sqrt{\lambda\cdot\rho\cdot c}$ | Wärmeeindringzahl |
| $\lambda$ | Wärmeleitfähigkeit, |
| $\rho$ | Dichte und |
| $c$ | spezifische Wärme. |

Die in Bild 7.32 entwickelte Modellvorstellung erleichtert insbesondere dann das Verständnis wenn zwischen den Reibpartnern ein erheblicher Unterschied der

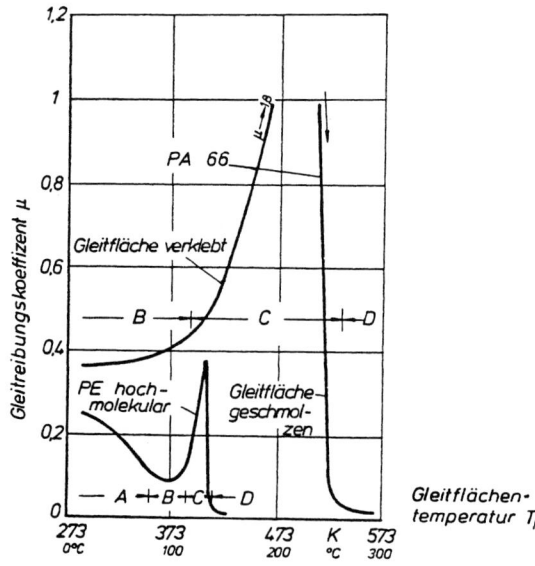

Bild 7.33 Gleitreibungskoeffizient als Funktion der Gleitflächentemperatur (*BASF*)

Härte bzw. der Festigkeit und der Elastizitätsmoduln besteht. Gleitet z. B. Stahl auf Kunststoff, dann werden die Rauigkeitsspitzen des Stahls, dank seiner sehr viel größeren Festigkeit, sich in den Kunststoff eindrücken. Die Reibungskraft wird sich in diesem Falle aus der Kraft ergeben, welche zum „Durchpflügen" der Kunststoffoberfläche erforderlich ist (Bild 7.32 unten).

Paarung Kunststoff Metall

Überraschenderweise beobachtet man jedoch, wenn in solchen Fällen die Normalkräfte nicht zu hoch sind, dass die Reibungskraft im stationären Betrieb schnell von anfänglich hohen Werten auf ein niedrigeres Niveau absinkt. Besichtigt man dazu die Reibflächen, so findet man, dass abgetragener Kunststoff auf die Metalloberfläche übertragen worden ist, so dass nun Kunststoff auf Kunststoff gleitet. Dabei erweist es sich als vorteilhaft, dass die mit abgetragenem Kunststoff aufgefüllte Metalloberfläche die Reibungswärme gut abzuführen vermag, weshalb hier der abgeriebene Kunststoff erstarrt, Wärmestau verhindert wird und die Reibeigenschaften deutlich verbessert worden sind.

Durch den Ab- und Übertrag des Kunststoffs auf die reibende Metalloberfläche können die Reibungskoeffizienten zwischen Metallen und Kunststoffen von $\mu = 0,3$ bis $0,6$ auf etwa $\mu = 0,1$ bis $0,2$ sinken. Dieser Effekt ist allerdings nur dann festzustellen, wenn dank ausreichend niedriger Normalbelastung die Kunststoffreibfläche noch nicht aufgeschmolzen wird. Wenn diese jedoch den Schmelzbereich erreicht, nimmt der Reibungskoeffizient (vgl. Bild 7.33) sehr stark zu und es entsteht so starker Verschleiß, dass das Lager zerstört wird (vgl. Bild 7.34).

Unter den Kunststoffen zeichnet sich Polytetrafluorethylen (PTFE) durch seinen sehr niedrigen Reibungskoeffizienten gegenüber Metallen als Reibpartner aus, von:

warum PTFE so gut ist

$$\mu = 0,05 \text{ bis } 0,1 .$$

Man kann die Gründe hierfür wie folgt ableiten:

- Es schmilzt erst über 300 °C.
- Es hat eine niedrige Oberflächenspannung d. h. auch einen niedrigen Reibungskoeffizienten.
- Die gute Wärmeleitung des metallischen Reibungspartners verhindert einen Wärmestau in der Reibschicht d. h. das PTFE schmilzt nicht und bleibt kristallin.
- PTFE hat eine abnormal niedrige Scherfestigkeit, aber eine hohe Streck- bzw. Reißfestigkeit, in Molekül-Kettenrichtung. Das verursacht eine starke Orientie-

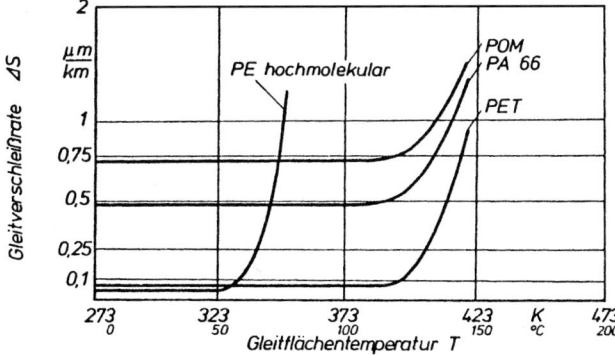

Bild 7.34 Gleitflächenverschleißrate als Funktion der Gleitflächentemperatur (*BASF*)

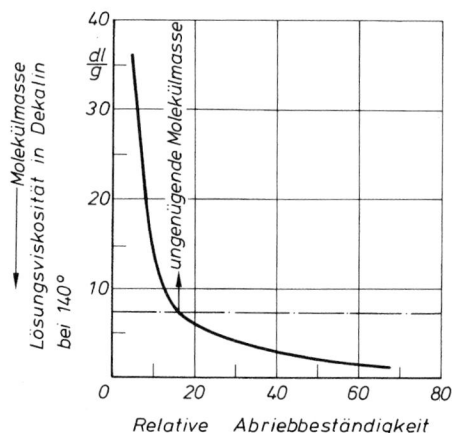

Bild 7.35 Zusammenhang zwischen Abriebbeständigkeit und Molmasse von hochmolekularen Polyethylenen (gemessen durch Lösungsviskosimetrie)

rung der PTFE-Moleküle in Gleitrichtung durch die mit der Reibung verbundene Verformung in der Oberfläche. Zudem sind die Moleküle sehr lang, denn die Molmassen von PTFE Halbzeugen, aus welchen solche Lager hergestellt werden, sind groß. Es ist bekannt, dass hohe Orientierungen in Gleitrichtung einen niedrigen Reibungskoeffizienten zur Folge haben.

Dass die Molmasse einen Einfluss hat, ist auch von anderen Anwendungen z. B. von Gleitkörpern aus hochmolekularem Polyethylen bekannt. Tatsächlich besteht für den Verschleiß-(Abrasions-)widerstand eine exponentielle Abhängigkeit von der Molmasse, was man Bild 7.35. entnehmen kann. Bild 7.35 zeigt auch, dass sich erst oberhalb eines bestimmten Mindestwertes der Molmasse eine ausreichende Abriebbeständigkeit einstellt. Tatsächlich erweisen sich niedermolekulare Polyethylene weit weniger gegen Verschleiss beständig.

Anwendungen    Diese verschiedenen Effekte von Festigkeit, Orientierung und guter Wärmeableitung von dünnen Kunststoffschichten auf Metallkörpern für das Reibungsverhalten u. a. werden in vielen Anwendungen genutzt. Nachfolgend werden einige erfolgreiche Anwendungen aufgelistet.

- Wartungsfreie Lager für Lenkhebel in modernen Automobilen, die aus verstreckten PTFE-Fasern hergestellt werden.
- Lagerschalen mit guten Notlaufeigenschaften werden heute oft als Zwei-Komponenten-Systeme von Metall mit eingelagerten PTFE-Partikeln hergestellt. Hiermit schaltet man den Wärmestau in der reibenden Kunststoffoberfläche und deren frühzeitiges Aufschmelzen aus, (Metall leitet die Wärme ca. 100 mal schneller als Kunststoffe.)
- Gleitlager bestehend aus dünnen verstreckten Folien, z. B. aus Polyamid u. a. werden auf die Welle aufgeklebt.
- Kugellagerkäfige haben sich sehr bewährt, weil sie niedrige Reibbeiwerte mit der den Kunststoffen eigenen Flexibilität verbinden und so die Montage der Kugeln erleichtern und den Lagern lange Lebensdauer vermitteln.
- Gleitsteine für Autotüren haben sich bewährt, weil sie nur intermittierend durch Reibung belastet werden.

- Scheiben aus POM dienen als Drucklager auf den Lagerzapfen von Wohnungstüren. Sie haben sich bewährt, weil sie nur kurzzeitig durch Reibung belastet werden

> **Kunststoffe als Reibungspartner bewähren sich vor allem dort, wo diese Lager nur gelegentlich bewegt werden, sodass sie sich nicht oder nur gering erwärmen.**

Es gibt bisher keine ISO-Norm für die Bestimmung der Reibungseigenschaften.

Für die Dimensionierung von Gleitpaarungen sind in Tabelle 7.1 Erfahrungswerte des Reibungskoeffizienten $\mu$ in Abhängigkeit von der Gleitgeschwindigkeit $v$, angegeben. Die besten Gleitpaarungen ergeben interessanterweise Polyamide mit gedrehter Oberfläche gegen ungehärteten Stahl. Mit Öl- oder Wasserschmierung; wobei die Ölschmierung wesentlich niedrigere Reibungskoeffizienten ergibt. Schmierungsfreie (trockene Lager) haben die höchsten Reibungskoeffizienten.

Ein wichtiger Hinweis erscheint angebracht. Da Polymerwerkstoffe oft umgebende Medien in sich aufnehmen, muss man beim Einsatz von Schmiermitteln sorg-

Einfluss von Schmiermitteln

Tabelle 7.1 Reibungskoeffizienten einiger Gleitpaarungen verschiedener Kunststoffe gegen die gleichen Kunststoffe und Stahl

| Proben Gleitwerkstoff | | Gleitpartner | | Gleitgeschwindigkeit [mm/s] | | | | | |
|---|---|---|---|---|---|---|---|---|---|
| | | | | 0,03 | 0,1 | 0,4 | 0,8 | 3,0 | 10,6 |
| | | | | Reibungskoeffizient $\mu$ | | | | | |
| *a) ohne Schmierung* | | | | | | | | | |
| PP | (gespritzt) | PP | (gesandstrahlt) | 0,54 | 0,65 | 0,71 | 0,77 | 0,77 | 0,71 |
| PA | (gespritzt) | PA | (gespritzt) | 0,63 | – | 0,69 | 0,70 | 0,70 | 0,65 |
| PP | (gesandstrahlt) | PP | (gesandstrahlt) | 0,26 | 0,29 | 0,22 | 0,21 | 0,31 | 0,27 |
| PA | (gedreht) | PA | (gedreht) | 0,42 | – | 0,44 | 0,46 | 0,46 | 0,47 |
| Stahl | ungehärtet | PP | (gesandstrahlt) | 0,24 | 0,26 | 0,27 | 0,29 | 0,30 | 0,31 |
| Stahl | ungehärtet | PA | (gedreht) | 0,33 | – | 0,33 | 0,33 | 0,30 | 0,30 |
| PP | (gesandstrahlt) | Stahl | ungehärtet | 0,33 | 0,34 | 0,37 | 0,37 | 0,38 | 0,38 |
| PA | (gedreht) | Stahl | ungehärtet | 0,39 | – | 0,41 | 0,41 | 0,40 | 0,40 |
| *b) Wasserschmierung* | | | | | | | | | |
| PP | (gesandstrahlt) | PP | (gesandstrahlt) | 0,25 | 0,26 | 0,29 | 0,30 | 0,28 | 0,31 |
| PA | (gedreht) | PA | (gedreht) | 0,27 | – | 0,24 | 0,22 | 0,21 | 0,19 |
| Stahl | ungehärtet | PP | (gesandstrahlt) | 0,23 | 0,25 | 0,26 | 0,26 | 0,26 | 0,22 |
| PP | (gesandstrahlt) | Stahl | ungehärtet | 0,25 | 0,25 | 0,26 | 0,26 | 0,25 | 0,25 |
| PA | (gedreht) | Stahl | ungehärtet | 0,20 | – | 0,23 | 0,23 | 0,22 | 0,18 |
| *c) Ölschmierung* | | | | | | | | | |
| PP | (gesandstrahlt) | PP | (gesandstrahlt) | 0,29 | 0,26 | 0,24 | 0,25 | 0,22 | 0,21 |
| PA | (gedreht) | PA | (gedreht) | 0,22 | – | 0,15 | 0,13 | 0,11 | 0,08 |
| Stahl | ungehärtet | PP | (gesandstrahlt) | 0,17 | 0,17 | 0,16 | 0,16 | 0,14 | 0,14 |
| Stahl | ungehärtet | PA | (gedreht) | 0,16 | – | 0,11 | 0,09 | 0,08 | 0,08 |
| PP | (gesandstrahlt) | Stahl | ungehärtet | 0,31 | 0,30 | 0,30 | 0,29 | 0,27 | 0,25 |
| PA | (gedreht) | Stahl | ungehärtet | 0,26 | – | 0,15 | 0,12 | 0,07 | 0,04 |

fältig prüfen, ob diese nicht in den Kunststoff eindiffundieren, ihn damit erweichen oder anquellen, sodass es zu einem Festsetzen des Lagers kommen kann. Solches kann z. B. bei Polyamid in Wasser oder bei Polyethylen in Öl eintreten.

> **Reibung ist auch bei Kunststoffen nur schwierig zu berechnen. Versuche sind zu empfehlen. Versagen ist dann zu befürchten, wenn größere Gleitgeschwindigkeiten über längere Zeitspannen zu erwarten sind und die Kühlung nicht ausreicht, um Anschmelzen der Oberfläche zu verhindern.**

## 7.7.2   Verschleiß

Verschleiß kann entstehen durch:

- trockene Reibung,
- abrasive Partikel,
- Korrosion,
- Ermüdung der Oberfläche.

*Verschleiß tritt erst auf, wenn die Temperaturen in der Reibfläche die Schmelzpunkte erreichen*

Die trockene Reibung ist bei vielen Kunststoffen so lange, als keine übermäßige Erwärmung zu erwarten ist, ungefährlich. Da man beim Einsatz von Kunststoffen in der Regel darauf achtet, dass diese nur dort eingesetzt werden, wo man bei reibenden Flächen nicht mit Erwärmung rechnen muss, ist Versagen durch Verschleiß seltener als bei Metallen.

Das schließt auch abrasiven Verschleiß ein. Die meisten Kunststoffe sind widerstandsfähiger als Metalle. Vielfach hat es sich sogar als günstig erwiesen, dass in Lager eingedrungene Partikel so tief in das Lagermaterial eingedrückt werden, dass sie ungefährlich werden.

*Strahlverschleiß durch Partikel*

Nur transparente Scheiben aus organischen Gläsern, wie PMMA, oder PC sind durch Strahlverschleiß gefährdet, weil sie blind werden, wenn Staub und Sandpartikel ständig auf die Oberfläche mit hoher Geschwindigkeit auftreffen. So war es auch erst dann möglich, Glasscheiben z. B. in Frontlampen von Pkws zu ersetzen, als glasharte Oberflächenbeschichtungen (Lacke, die aus Verbindungen von Silikaten und Polymeren hergestellt werden) gefunden wurden und auf die Kunststoffoberflächen aufgetragen werden konnten.

Eine weitere interessante Anwendung findet sich in Form von Abdeckungen der Frontkanten von Flugzeugtragflächen mit einem Elastomerstreifen. Hiermit wird deren Erosion des Metalls durch Regentropfen verhindert.

*kein korrosiver Verschleiß*

Korrosiver Verschleiß, der bei Metallen durch gleichzeitigen Angriff von aggressiven Medien und Reibung recht häufig zu beobachten ist, gibt es in vergleichbarer Weise bei Kunststoffen nicht, weil sie gegen Säuren und Laugen hinreichend beständig sind.

Ein besonderes Verschleiß-Problem hingegen sind Ausbrüche in der Oberfläche, die sich z. B. bei Zahnrädern aus Polyamiden zeigen und die von Rissen ausgehen, welche durch die Dauerwechselbeanspruchung, denen die Zähne unterworfen sind, entstanden sind.

Es gibt für Teile aus Kunststoffen bisher keine sicheren allgemein gültigen Voraussagen über Verschleiß. Nur ein, den praktischen Bedingungen entsprechender Versuch unter realen Bedingungen kann Aufschluss geben, ob Gefahren dieser

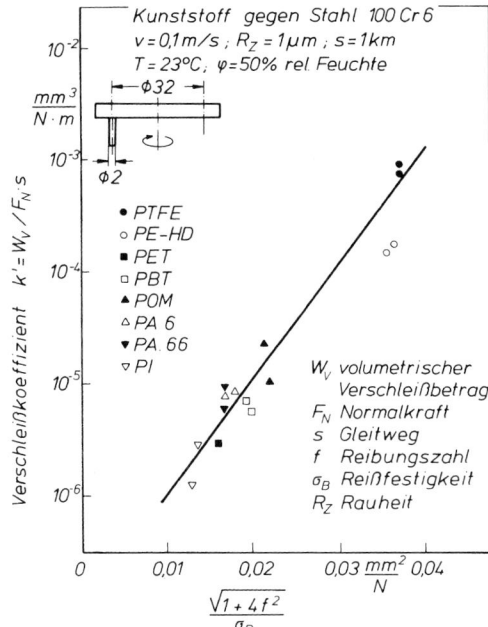

**Bild 7.36** Abschätzung des Gleitverschleißes von Kunststoffen in Paarung mit Stahl nach einer Empfehlung der BAM

Art bestehen. Mit Sicherheit kann man nur eines voraussagen: Erwärmung an der Oberfläche der Kunststoffteile in Reibpaarungen, welche diese zum Schmelzen bringen, führen zu schnellem Verschleiß (Bild 7.34).

Für den Verschleiß von Kunststoffteilen, die in Reibpaarung mit Stahl stehen, wurde die in Bild 7.36 dargestellte Beziehung entwickelt. Sie gestattet, den volumetrischen Verschleiß $W_v$ aus Normalkraft und Gleitweg zu errechnen.

Auch für den Verschleiß gibt es keine ISO Normprüfmethoden. Am weitesten verbreitet ist aber die Bestimmung des Abriebs mit dem Taber-Reibrad nach DIN 53754 und nach ASTM D 1044.

Prüfung

> **Verschleiß ist bei aufeinander gleitenden Flächen dann zu erwarten, wenn die Oberfläche des Kunststoffs so warm wird, dass sie schmilzt.**

Reibende Partikel, die mit hoher Geschwindigkeit auf die Oberfläche treffen, zerstören die Oberflächen, was für transparente Kunststoffe meist deren Versagen darstellt.

## Literatur zu Kapitel 7

Alf, E.: Untersuchungen zum Verhalten ausgewählter Kunststoffe unter schwingender Beanspruchung unter besonderer Berücksichtigung der Eigenerwärmung, von Kriechvorgängen und Verformungsgrenzen erster Schädigung. Diss. RWTH Aachen, 1972

Behrenbeck, U.-P.: Fertigungs- und werkstoffgerechtes Konstruiern von Fsaerverbundbauteilen. Diss. RWTH Aachen, 1987

Boden, H.-E.: Das mechanische Verhalten von Thermoplasten bei stoßartiger Belastung. Diss. RWTH Aachen, 1983

Brand, N.: Dimensionierungshilfe für dynamisch beanspruchte Kunststoffbauteile. Diss. RWTH Aachen, 1977

Brintrup, H.: Beitrag zum zeitabhängigen Verformungsverhalten und zur Rissbildung orthotrop glasverstärkter, ungesättigter Polyesterharze. Diss. RWTH Aachen, 1975

Brüller, O. S.: Theoretische Untersuchungen zum Kriechverhalten und Kriechversagen von Kunststoffen. Diss. RWTH Aachen, 1978

Carlowitz, B.: Untersuchungen zum Bruchverhalten ausgewählter thermoplastischer Kunststoffe bei Schlagbeanspruchung. Diss. RWTH Aachen, 1978

Dolfen, E.: Bemessungsgrundlagen für tragende Bauelemente aus GFK. Diss. RWTH Aachen, 1978

Effing, M.: Rechnerunterstützte Auslegung und Fertigung von Faserverbundteilen. Diss. RWTH Aachen, 1988

Ehrenstein, G. W.: Faserverbund-Kunststoffe. München: Carl Hanser Verlag, 1992

Flemming, M.; Ziegmann, G.; Roth, S.: Faserverbundbauweisen. Springer, 1996

Haldenwanger, H.-G.: Hochleistungs-Faserverbund-Werkstoffe im Automobilbau. Düsseldorf: VDI-Verlag, 1993

Hesselt, F.: Untersuchungen über den Einfluss der Werkstoffkomponenten auf die Gebrauchseigenschaften von glasfaserverstärkten Kunststoffen. Diss. RWTH Aachen, 1969

Kleinholz, R.: Beitrag zum Verstärken von Kunststoffen unter besonderer Berücksichtigung der Verstärkungs- und Matrixwerkstoffe.

Knipschild F.: Beitrag zur Abschätzung und Ermittlung mechanischer Eigenschaften von Kunststoffhartschäumen. Diss. RWTH Aachen, 1975.

Menges, G.; Taprogge, R.: Kunststoffkonstruktionen; Rechenbeispiele. VDI-Taschenbücher T38; VDI-Verlag GmbH. Düsseldorf 1974

Menning, G.: Wear in Plastics Processing. München: Carl Hanser Verlag, 1995

Stojek, M.; Stommel, M.; Korte, W.: FEM zur mechanischen Auslegung von Kunststoff- und Elastomerbauteilen. Hrsg. Michaeli, W.: Springer VDI Verlag, 1998

Michaeli, W.; Huybrechts, D.; Wegener, M.: Dimensionieren mit Faserverbundkunststoffen. München: Carl Hanser Verlag, 1995

Oberbach, K.; Schmachtenberg, E.: Konstruktionsgerechte Kennwerte. Voraussetzung für werkstoffgerechte Konstruktion von Präzisionsteilen aus Kunststoff. Plaste und Kautschuk 38 (1991) 4, S. 109–116

Opfermann, J.: Untersuchungen zur Fließzonenbildung und zum Bruch von amorphen Plastomeren. Diss. RWTH Aachen, 1978

Overath, F.: Das Verhalten von Thermoplasten im Bereich kleiner Verformungen. Diss. RWTH Aachen, 1979

Rest; H.: Die Berechnung der Mindeststoßfestigkeit von Kunststoffen. Diss. RWTH Aachen, 1984

Roskothen, H. J.: Untersuchungen zur Dimensionierung von Bauteilen aus Kunststoffen. Diss. RWTH Aachen, 1974

Seiler, U.: Zur Auslegung statisch und dynamisch belasteter Bauteile aus Verbundwerkstoffen am Beispiel von GFK-Blattfedern. Diss. RWTH Aachen, 1987

Schmidt, H.: Untersuchungen der Fließzonenbildung und des mechanischen Langzeitverhaltens bei thermoplastischen Kunststoffen bei ein- und zweiachsig wirkenden Zugspannungen. Diss. RWTH Aachen, 1971

Schwarz, O.: Beitrag zum statischen Langzeitverhalten glasfaserverstärkter Kunststoffe. Diss. RWTH Aachen, 1968

Taprogge, R.: Untersuchungen zur Ermittlung zulässiger mechanischer Beanspruchungen thermoplastischer Kunststoffe bei statischer und schwingender Zug- und Biegebelastung. Diss. RWTH Aachen, 1966

Thebing, U.: Beitrag zur Dimensionierung von GF-UP unter wechselnder Beanspruchungen. Diss. RWTH Aachen 1979

# 8 Thermische Eigenschaften

## 8.1 Thermische Stoffwerte

### 8.1.1 Enthalpie

Unter der spezifischen Enthalpie $h$ versteht man den Wärmeinhalt einer Masseneinheit eines Stoffes bei einer bestimmten Temperatur und einem bestimmten
Druck. Dieser Wärmeinhalt ist nicht absolut messbar, sondern nur von einer Be-
zugsbedingung aus, die meist zu 0 °C oder 20 °C bei Atmosphärendruck gewählt
wird.

spezifische
Enthalpie

Enthalpiewerte von Kunststoffen werden immer dann benötigt, wenn der Leis-
tungsbedarf für das Aufheizen oder das Abkühlen von Kunststoffen ermittelt werden soll:

$$\dot{Q} = \dot{m} \cdot \Delta h \tag{8.1}$$

$$\Delta h = \int_{T_1}^{T_2} c_p(T)\, \mathrm{d}T \tag{8.2}$$

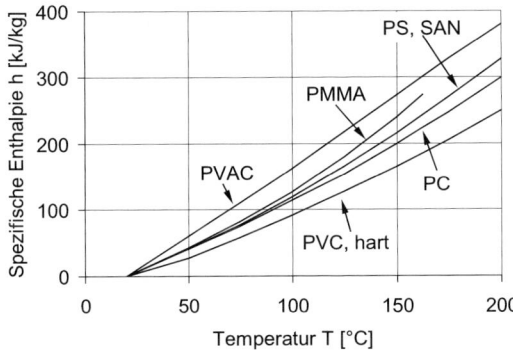

Bild 8.1 Spezifische Enthalpie als Funktion der Temperatur für amorphe Thermoplaste

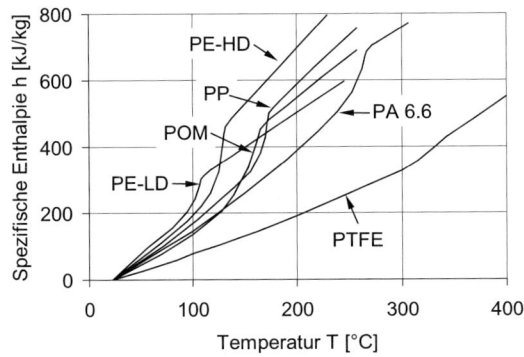

Bild 8.2 Spezifische Enthalpie als Funktion der Temperatur für teilkristalline Thermoplaste

mit $\dot{Q}$ = Wärmestrom, $\dot{m}$ = Massestrom, $\Delta h$ = spezifische Enthalpie und $T_1$, $T_2$ = Temperaturintervall, $c_p$ = spezifische Wärme.

Bild 8.1 zeigt die Enthalpiewerte einiger wichtiger amorpher Thermoplaste in Abhängigkeit von der Temperatur, gemessen bei Atmosphärendruck; Bild 8.2 enthält die entsprechenden Werte für wichtige teilkristalline Thermoplaste.

> **Teilkristalline Formmassen besitzen im Schmelzbereich einen erheblich höheren Wärmeinhalt als amorphe Werkstoffe.**

Das bedeutet, dass man bei Plastifizier- und Kühleinrichtungen für teilkristalline Formmassen im Durchschnitt etwa die doppelte Leistung installieren muss, um gleiche Durchsätze zu erreichen.

## 8.1.2 Spezifische Wärmekapazität

spezifische
Wärmekapazität
Kristallitgehalt

Die spezifische Wärmekapazität $c_p$ (Bild 8.3) ändert sich im Gebrauchstemperaturbereich der Kunststoffe nur mäßig, besitzt jedoch bei teilkristallinen Thermoplasten eine Unstetigkeit am Kristallitschmelzpunkt. Dieser Kurvenverlauf kennzeichnet den Wärmebedarf zum Aufschmelzen der Kristallite. Die spezifische Wärme ist daher vom Kristallitgehalt abhängig.

Duroplaste im ausgehärteten Zustand zeigen einen ähnlichen Verlauf der spezifischen Wärme wie amorphe Thermoplaste. Noch nicht ausgehärtete Duroplaste zeigen beim Aufheizen eine scheinbare starke Änderung der spezifischen Wärmekapazität, was auf die mit der Vernetzung verbundene Wärmetönung zurückzuführen ist.

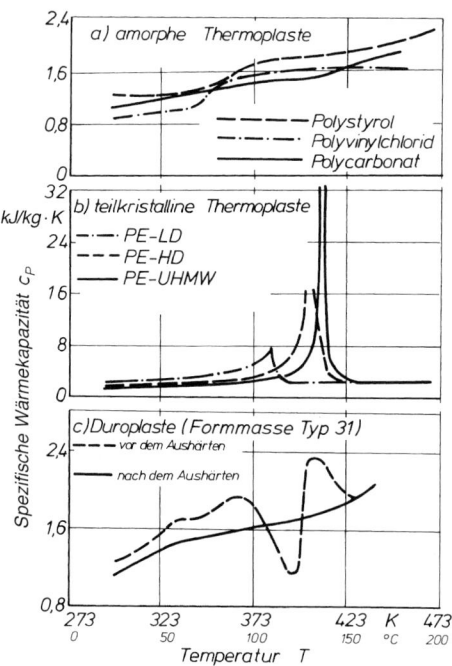

Bild 8.3 Spezifische Wärmekapazität von Kunststoffen (nach *Knappe*)

Für gefüllte Systeme aus Polymeren mit anorganischen, pulverförmigen Füllstoffen hat sich bis 65 Gew.% folgende Mischungsregel bewährt:

$$c_p(T) = (1 - \psi)\, c_{pK}(T) + \psi c_{pF}(T) \qquad (8.3)$$

mit $\psi$ = Gewichtsanteil Füllstoff, $c_{pK}$ = spezifische Wärmekapazität des Kunststoffs und $c_{pF}$ = spezifische Wärmekapazität des Füllstoffs.

Die Wärmekapazität von Copolymeren kann aus den Wärmekapazitäten der Polymerpartner $c_{p_1}$ und $c_{p_2}$ mit den Molanteilen $\sigma_1$ und $\sigma_2$ nach folgender Mischungsregel ermittelt werden:

$$c_{p,\, Copolymer} = \sigma_1 c_{p_1} + \sigma_2 c_{p_2} \qquad (8.4)$$

mit $c_{p1/2}$ = spezifische Wärmekapazitäten der Kunststoffe, $\sigma_{1/2}$ = Molanteile der Kunststoffe.

## 8.1.3  Dichte

Die Dichte als Kehrwert des spezifischen Volumens haben wir bereits in dem Verhalten der Zustandsgrößen (Abschnitt 6.1, Bild 6.2) kennen gelernt. Auch wurde bereits in Abschnitt 7.6.3 (Gleichung 7.15) die Mischungsregel für die Dichte eines Faserverbundwerkstoffs gezeigt. Hier soll nun lediglich noch die Temperaturabhängigkeit behandelt werden. Die Dichte $\rho_K(T)$ eines reinen Polymers bei einer Temperatur $T$ kann mit folgender Gleichung berechnet werden:

$$\rho_K(T) = \rho(T_0)\, \frac{1}{1 + \alpha(T - T_0)} \qquad (8.5)$$

mit $\alpha$ = lineare Wärmedehnzahl, $\rho(T_0)$ = Dichte bei Referenztemperatur $T_0$.

Der Gültigkeitsbereich erstreckt sich natürlich nur auf die linearen Abschnitte, d. h., jeweils unter oder über der Erweichungstemperatur bei amorphen Kunststoffen, bei teilkristallinen für den Bereich bis zur Kristallisationstemperatur bzw. oberhalb der Kristallitschmelztemperatur (vgl. Bild 6.2).

Bei Stoffkombinationen aus Polymeren mit anorganischen Füllstoffen kann man Letztere hinsichtlich der Dichte als von der Temperatur unabhängig ansehen. Die Dichten der Materialkombinationen für unterschiedliche Temperaturen werden mit der Mischungsgleichung bestimmt.

$$\rho(T) = \frac{\rho_K(T)\, \rho_F}{\psi \rho_K(T) + (1 - \psi)\, \rho_F} \qquad (8.6)$$

mit $\rho_K$ = Dichte des Kunststoffs, $\rho_F$ = Dichte des Füllstoffs, $\psi$ = Masseanteil.

Eine sehr einfache und häufige Art der Dichtebestimmung bietet die so genannte Dichtegradientenmethode (DIN 53479), wobei in ein Standglas eine Flüssigkeit eingefüllt wird, die aus einem Gemisch von Wasser und Alkoholen für die Dichten $\rho < 1$ g/cm$^3$ und wässrigen Salzlösungen für höhere Dichten besteht. Schließlich wird neuerdings mehr und mehr das „Durchfluss-Dichtemeßgerät" benutzt. Hier stellt man zunächst die Dichte der Flüssigkeit durch Zumischen von z. B. Ethanol zu Wasser bei Dichten des Kunststoffs $\rho_K < 1$ g/cm$^3$ auf die Dichte des Kunststoffs ein, sodass Späne des zu messenden Kunststoffs gerade schweben. Die Dichte der Flüssigkeit wird in einem Messgerät, welches die Flüssigkeit

*Mischungsregel*

*Dichte*

*Temperatur-abhängigkeit*

*Dichte-gradienten-methode*

durch ein U-Rohr pumpt, in dem die Dichte der Flüssigkeit durch Ultraschall gemessen wird, ermittelt.

Helium-<br>pyknometrie

Alternativ kann die Dichte mit Hilfe der Heliumpyknometrie bestimmt werden. Diesem Messverfahren liegt die isotherme Zustandsänderung eines idealen Gases zugrunde. Es wird das heliumverdrängende Volumen einer Probe bestimmt. Dazu wird die Probe in eine Probenkammer gefüllt, deren Volumen aus einer vorangegangenen Kalibrierung exakt bekannt ist. Über ein Einlassventil wird die Probenkammer bis zu einem Druck $p_1$ gefüllt und der Gleichgewichtsdruck erfasst. Danach wird ein Expansionsventil geöffnet und das Helium expandiert in den Expansionsraum, dessen Volumen wiederum exakt bekannt ist. Es stellt sich dann der Druck $p_2$ ein. Das Probevolumen ergibt sich dann aus der Gleichung:

$$p_1(V_{PR} - V_P) = p_2(V_{PR} + V_{EP} - V_P) \tag{8.7}$$

mit $p_1 =$ Druck in der Probekammer, $p_2 =$ Druck nach Expansion, $V_{PR}$, $V_P$, $V_{EP} =$ Probenraum-, Probe-, Expansionsraumvolumen.

### 8.1.4   Wärmeleitfähigkeit

Wärmeleit-<br>fähigkeit

Liegt in einem Festkörper eine ungleichförmige Temperaturverteilung vor, so stellt sich unter stationären Verhältnissen ein Wärmestrom ein, der dem Temperaturgradienten proportional ist. Proportionalitätsfaktor ist die Wärmeleitfähigkeit $\lambda$.

Schwingungen<br>von Ketten-<br>molekülen

> **Während z. B. in Metallen die freien Elektronen maßgeblich für die hohe Wärmeleitfähigkeit verantwortlich sind, wird die Energie in Kunststoffen durch Schwingungen der Kettenmoleküle transportiert.**

Diese verschiedenen Wärmetransportmechanismen führen zu erheblichen Differenzen in der Wärmeleitfähigkeit unterschiedlicher Stoffe (vgl. Bild 8.4).

Phonon

Nach *Debye* wird die Wärme in Festkörpern durch die Energiequanten der elastischen Wellen (thermische Schwingungen), den so genannten Phononen, weitergeleitet. Dementsprechend ist der gesamte Energieinhalt eines Festkörpers in den

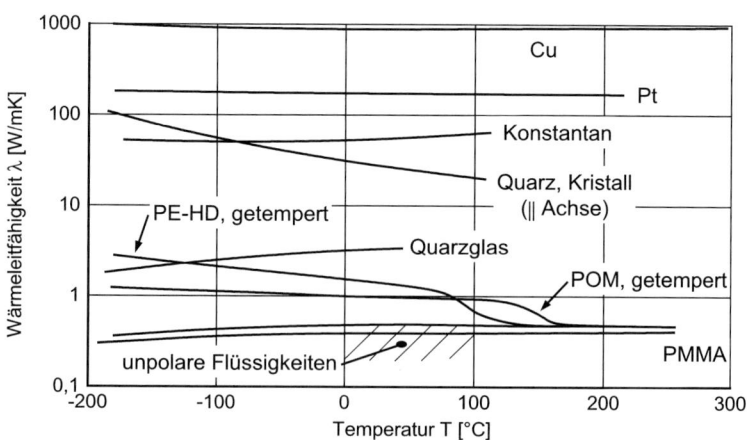

Bild 8.4 Wärmeleitfähigkeit einiger Stoffe in Abhängigkeit der Temperatur

stehenden Wellen der Gitter- bzw. Kettenmolekülschwingungen gespeichert. Die elastischen Wellen werden an Inhomogenitäten (z. B. Verunreinigungen) des molekularen Gefüges und durch Stöße miteinander gestreut und verlieren dadurch längs ihres Weges an Intensität. Der Weg, auf dem sie auf 1/e (entspricht ca. 37 %) ihres Ausgangswertes absinkt, wird als die freie Weglänge $l$ der Phononen bezeichnet. Die elastischen Wellen können nicht nur an Gitterbaufehlern sondern auch aufgrund statistischer Dichteschwankungen verursacht durch Wärmebewegungen der Gitterbausteine gestreut werden. *Debye* hat für die Wärmeleitfähigkeit folgende Beziehung aufgestellt:

freie Weglänge<br>elastische<br>Wellen

$$\lambda \approx c_p \cdot \rho \cdot u \cdot l \tag{8.8}$$

mit $c_p =$ Wärmekapazität, $\rho =$ Dichte, $u =$ Geschwindigkeit der elastischen Wellen, $l =$ mittlere freie Weglänge der Wellen (Phononen).

> **Bei Kunststoffen wird Wärme einerseits durch die Fortpflanzung der elastischen Wellen über die kovalenten Bindungen entlang eines Makromoleküls transportiert, andererseits auch über Nebenvalenzkräfte (van der Waals Kräfte) von Molekül zu Molekül übertragen.**

Bei der modellhaften Vorstellung der Wärmeleitfähigkeit in Kunststoffen auf Basis der *Debye*schen Theorie geht man davon aus, dass der Wärmewiderstand kovalenter Bindungen nahezu vernachlässigt werden kann. Sie stellen sozusagen einen Kurzschluss dar. Entscheidend für den Wärmetransport ist der höhere Wärmewiderstand durch die schwächeren van der Waalsschen Bindungskräfte.

Wärmewider-<br>stand

In Bild 8.5 werden der qualitative Verlauf von $\lambda$ für amorphe und teilkristalline Thermoplaste sowie die Einflussgrößen gemäß der Gleichung (8.8) von *Debye* in Abhängigkeit der Temperatur dargestellt.

Der temperaturabhängige Verlauf von $\lambda$ wird grundsätzlich von drei Mechanismen beeinflusst.

- *Zunehmende Beweglichkeit des Materialgefüges mit steigender Temperatur.*
  Die gesteigerte Beweglichkeit führt zur Anregung einer größeren Zahl an Schwingungsformen der einzelnen Makromoleküle. Dadurch wird die Wärmekapazität $c_p$ erhöht. Hierdurch wird immer eine Verbesserung der Wärmeleitfähigkeit erreicht, vgl. Gleichung (8.8).

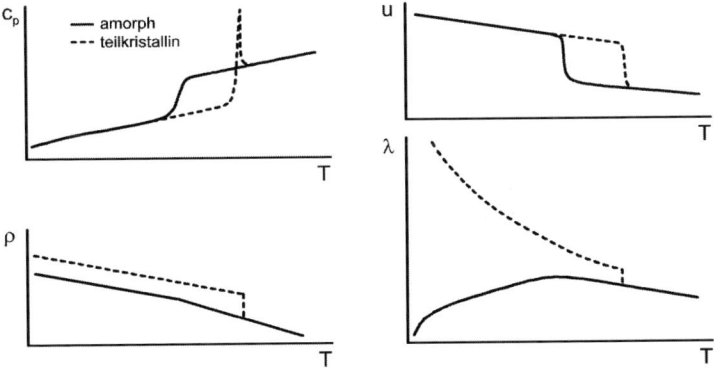

Bild 8.5 Qualitative Verläufe von $c_p, \rho, u$ und $\lambda$ in Abhängigkeit der Temperatur

- *Zunahme des spezifischen Volumens mit steigender Temperatur.*
  Ein größeres spezifisches Volumen führt einerseits zu einer verschlechterten Ausbreitung der elastischen Wellen, da sich der Zusammenhalt des Gefüges verringert. Durch den größeren Abstand der einzelnen Moleküle voneinander werden die Bindungskräfte reduziert. Folglich können die Phononen nur in geringerem Maße durch das Material geleitet werden, die „Stoßwahrscheinlichkeit" und damit die Fortpflanzungsgeschwindigkeit $u$ sinken. Dies führt zur Abnahme der Wärmeleitfähigkeit (vgl. Gleichung 8.8). Andererseits geht das spezifische Volumen direkt in die Gleichung der Wärmeleitfähigkeit ein und reduziert diese mit steigender Temperatur ebenfalls.
- *Inhomogenitäten im Gefüge.*
  Störstellen wie Fremdatome, Mikrorisse und Korngrenzen begrenzen die freie Weglänge $l$. Diese Fehlstellen sind entscheidend, da hier eine hohe Dämpfung der Schwingungen erfolgt. Ankommende Wellen können nicht weitergeleitet werden. Die freie Weglänge ist weniger temperatur- als strukturabhängig. Sie ist nur sehr schwer zu berechnen.

Durch die Überlagerung dieser Einflüsse ergeben sich für kristalline und amorphe Kunststoffe die in Bild 8.5 dargestellten qualitativen Verläufe der Wärmeleitfähigkeit. In Bild 8.6 werden die unterschiedlichen quantitativen Ausprägungen von $\lambda$ im festen und aufgeschmolzenen Zustand gezeigt.

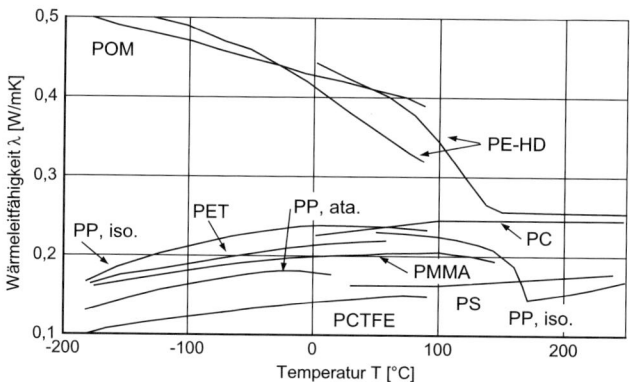

Bild 8.6 Wärmeleitfähigkeit verschiedener Thermoplaste (nach *Knappe*)

> **In amorphen Kunststoffen wird die Wärme fast ausschließlich über van der Waals-Bindungen transportiert.**

Hier sind nach Ansicht von *Debye* Gitterbaufehler entscheidend für die Wärmeleitfähigkeit. Die Störungen infolge des unregelmäßigen Aufbaus sind so stark, dass die freie Weglänge sehr viel kleiner (annähernd Atomabstand) und damit die Wärmeleitfähigkeit deutlich niedriger ausfällt als in kristallinen Stoffen.

> **In teilkristallinen Polymeren kann die Wärme über größere Strecken hinweg über kovalente Bindungen weitergeleitet werden.**

Hier beträgt die freie Weglänge ein Vielfaches eines Atomabstands. Folglich ist die Wärmeleitung in diesen Stoffen sehr viel größer. Verstärkt wird dieser Effekt bei teilkristallinen Stoffen durch die höhere Packungsdichte. Durch die Kettenfaltung bildet sich zudem eine höhere Zahl an van der Waals-Bindungen als in amorphen Stoffen aus. Dies erklärt die deutlich unterschiedlichen Niveaus der Wärmeleitfähigkeit unterhalb des Schmelzpunkts (Bild 8.6).

*Packungsdichte*

### 8.1.4.1 Wärmeleitfähigkeit in amorphen Thermoplasten

Der Anstieg der Wärmeleitfähigkeit amorpher Thermoplaste unterhalb von $T_g$ lässt sich anschaulich auf die zunehmende Mobilität der Kettensegmente mit steigender Temperatur zurückführen. Dieser Effekt überwiegt die Reduzierung der Wärmeleitung aufgrund der Zunahme des spezifischen Volumens. Am Einfrierpunkt amorpher Thermoplaste kann es zu einem Knick im Verlauf der Wärmeleitfähigkeit kommen, bedingt durch die deutlich stärkere Zunahme des spezifischen Volumens im Schmelzebereich (vgl. *pvT*-Verhalten). Unterhalb der Erweichungstemperatur ist die thermische Ausdehnung amorpher Kunststoffe geringer als oberhalb. Im Schmelzebereich heben sich beide Mechanismen nahezu auf, die Wärmeleitfähigkeit ändert sich nur noch geringfügig (Bild 8.6). Insgesamt ist die Temperaturabhängigkeit gering.

*Mobilität*

### 8.1.4.2 Wärmeleitfähigkeit in teilkristallinen Thermoplasten

Werden teilkristalline Thermoplaste im Feststoffzustand erwärmt, so überwiegt die Abnahme von $\lambda$ aufgrund der thermischen Ausdehnung gegenüber der Zunahme durch die erhöhte Mobilität der Molekülketten. Die Verringerung der Dichte reduziert die aufgrund der Kettenfaltung vorliegende hohe Zahl der van der Waals-Kräfte erheblich. So führt beispielsweise ein um 5 % geringerer Kristallisationsgrad (und damit geringere Dichte) bei Polyethylen zu einer um 30 % reduzierten Wärmeleitfähigkeit. Besonders stark fällt die Abnahme von $\lambda$ in dem Temperaturintervall aus, in dem die Kristalle aufschmelzen. Im Schmelzebereich heben sich wie bei den amorphen Kunststoffen die wesentlichen Einflussgrößen auf die Wärmeleitfähigkeit auf (Bild 8.6).

Unabhängig von der Art des Polymers wird die Wärmeleitfähigkeit von Kunststoffen weiterhin von folgenden Parametern beeinflusst:

*Druck*

Aus den obigen Ausführungen kann direkt gefolgert werden, dass die Wärmeleitfähigkeit mit steigendem Druck zunimmt, da sich hierdurch die Dichte und damit die Bindungskräfte erhöhen (Bild 8.7).

*Kristallinitätsgrad*

Wie Bild 8.7 bereits am Beispiel von PE zeigt, steigt die Wärmeleitfähigkeit mit zunehmendem Kristallinitätsgrad an. Ein teilkristallines Polymer kann man sich als 2-Phasen-Gemisch vorstellen, bestehend aus Kristalliten, eingebettet in eine amorphe Phase. Bei Kenntnis der Wärmeleitfähigkeiten der rein amorphen und der 100 % kristallinen Phase kann mit Hilfe der *Maxwell*schen Mischungsregel die Wärmeleitfähigkeit des teilkristallinen Kunststoffs bestimmt werden.

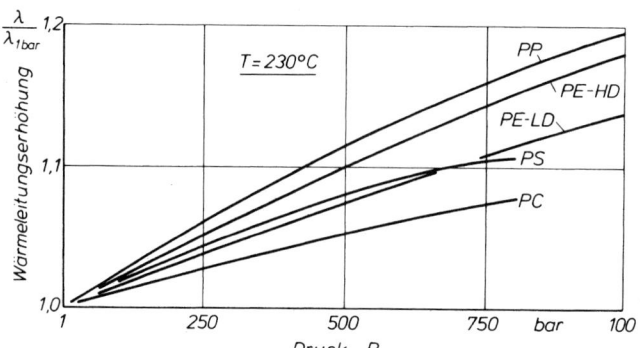

Bild 8.7 Änderung der Wärmeleitfähigkeit bei steigendem Druck (nach *Dietz*)

*Orientierung*

**Verstreck-richtung**   Makromoleküle weisen, wie in Bild 8.8 dargestellt, in Verstreckrichtung eine er-höhte und senkrecht dazu eine reduzierte Wärmeleitfähigkeit auf.

> **Die elastischen Wellen breiten sich entlang der kettenständigen Atome we-sentlich schneller aus als quer dazu.**

Durch die Ausrichtung der Molekülketten in Verstreckrichtung kommt es zu der gezeigten Anisotropie. *Eiermann* hat folgenden formelmäßigen Zusammenhang gefunden, mit dem er die Wärmeleitfähigkeiten in den beiden Hauptorientierungs-richtungen mit der des unorientierten Polymers verknüpft:

$$\frac{1}{\lambda_{\parallel}} + \frac{2}{\lambda_{\perp}} = \frac{3}{\lambda_{iso}} \tag{8.9}$$

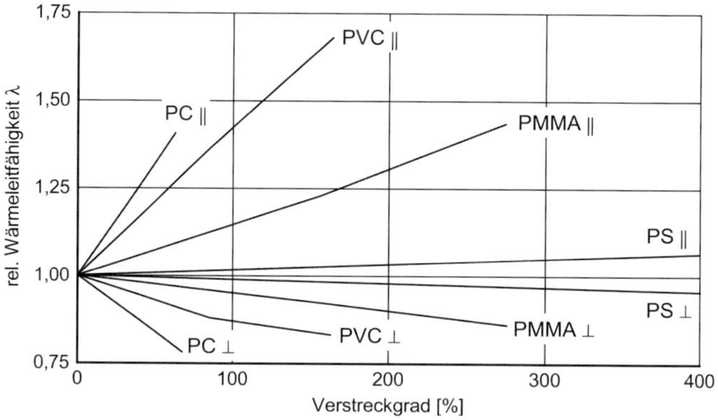

Bild 8.8 Anisotropie der Wärmeleitfähigkeit in Abhängigkeit vom Verstreckgrad

*Molekulargewicht und Seitengruppen*

Nach *Hansen et al.* steigt die thermische Leitfähigkeit linear mit der Quadrat-wurzel des mittleren Molekulargewichts an, vgl. Bild 8.9. Je kurzkettiger die Ma-kromoleküle in einem Polymer sind, desto weniger Wärme kann über Hauptva-lenzen weitergeleitet werden, vielmehr muss sie über die deutlich schlechter

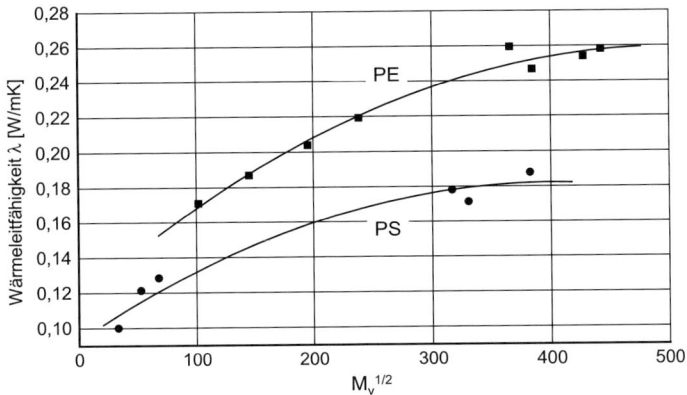

Bild 8.9 Wärmeleitfähigkeit in Abhängigkeit vom Molekulargewicht

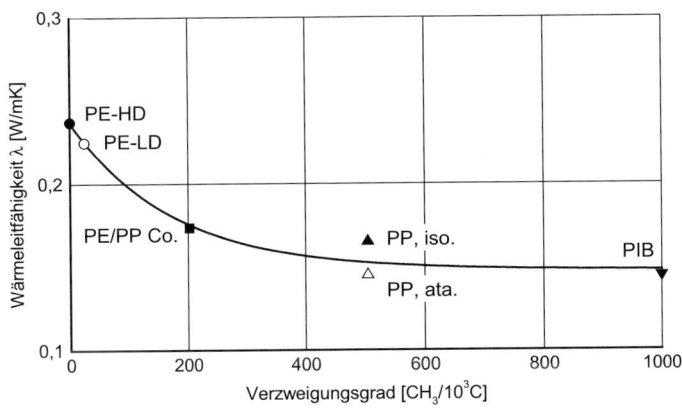

Bild 8.10 Wärmeleitfähigkeit in Abhängigkeit vom Verzweigungsgrad

wärmeübertragenden Stellen zwischen den Molekülen (van der Waals-Bindungen) fließen. Erst bei sehr hohen Molekulargewichten flacht der Kurvenverlauf ab.

*Lohe* zeigt, dass die Wärmeleitfähigkeit mit wachsendem Verzweigungsgrad stetig abnimmt (Bild 8.10). Sie ändert sich bei Polyolefinen mit wenigen Seitengruppen stärker mit dem Verzweigungsgrad als bei höher verzweigten Polyolefinen. Mit zunehmender Masse der Kettenbausteine, also auch mit größer werdenden Seitengruppen sinkt die thermische Leitfähigkeit ab. **Verzweigungs-grad**

## Füllstoffe

Anorganische Füllstoffe haben eine höhere Wärmeleitfähigkeit als Kunststoffe. Dadurch nimmt die Wärmeleitfähigkeit der gefüllten Kunststoffe mit steigendem Füllstoffanteil zu (vgl. Bild 8.11). Der Abfall im Bereich der Kristallitschmelz-temperatur ist jedoch – wenn auch schwächer – auch hier zu erkennen. **Füllstoffanteil**

Eine Abschätzung des Füllstoffeinflusses gestattet Bild 8.12, das auch für Schaumstoffe gilt. Es macht deutlich, wie sich einerseits ein sehr gut leitender Füllstoff (Metall) und andererseits Luft in den Zellen eines geschäumten Kunst- **Schaumstoff**

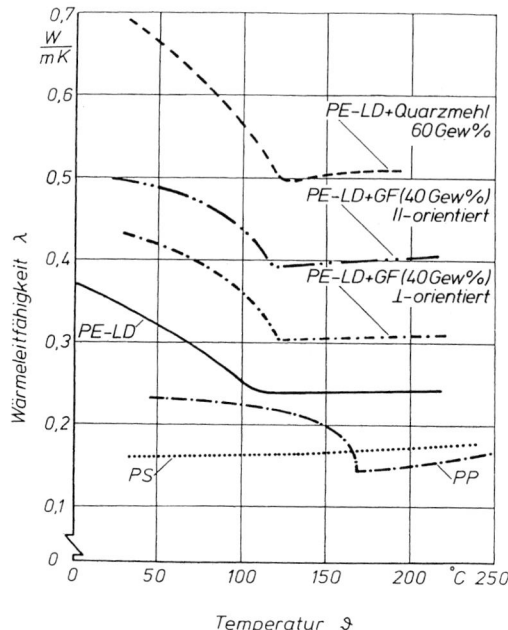

Bild 8.11  Füllstoffeinfluss auf die Wärmeleitfähigkeit (nach *Fischer*)

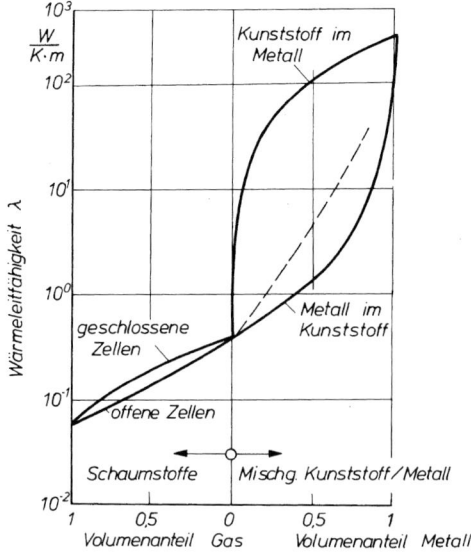

Bild 8.12  Wärmeleitfähigkeit von Kunststoffen, gefüllt mit Gas oder Metall (nach *Knappe*)

stoffs auf die Wärmeleitfähigkeit auswirken. Als Mischungsregel gilt nach *Knappe*:

$$\lambda_G = \frac{2\lambda_M + \lambda_F - 2\varphi_F(\lambda_M - \lambda_F)}{2\lambda_M + \lambda_F + \varphi_F(\lambda_M - \lambda_F)} \cdot \lambda_M \qquad (8.10)$$

mit $\lambda_G$ = Wärmeleitfähigkeit des Gemisches, $\lambda_M$ = Wärmeleitfähigkeit der Matrix, $\lambda_F$ = Wärmeleitfähigkeit des Füllstoffs, $\varphi_F$ = Volumenanteil des Füllstoffs.

Diese Beziehung arbeitet bei glasfaserverstärkten Kunststoffen brauchbar bis zu Glasgehalten von 50 Vol.%, auch bei unidirektionaler Verstärkung.

Duroplaste unterscheiden sich in ihrer Wärmeleitfähigkeit nicht nennenswert von amorphen Thermoplasten, solange sie keine Füllstoffe enthalten.

> **Mit zunehmender Anzahl der Vernetzungsstellen im Molekülnetzwerk der Duroplaste verbessert sich das Wärmeleitvermögen.**

Vernetzungs-stellen

## 8.1.5 Temperaturleitfähigkeit

Die Temperaturleitfähigkeit $a$ bestimmt den zeitlichen Ablauf von instationären Wärmeleitvorgängen (Bild 8.13 und Bild 8.14). Sie resultiert aus der Fourierschen Differentialgleichung und ist definiert als Verhältnis der Wärmeleitfähigkeit $\lambda$ zur Wärmespeicherfähigkeit $\rho \cdot c_p$. Das Produkt $\rho \cdot c_p$ stellt die Wärmekapazität pro Volumeneinheit dar.

instationäre Wärmeleitung

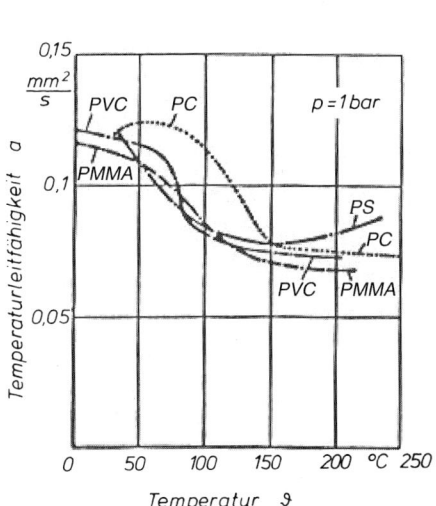

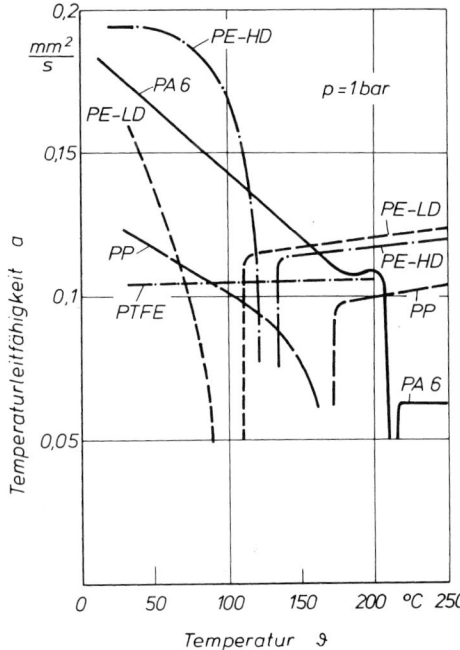

Bild 8.13 Temperaturleitfähigkeit in Abhängigkeit der Temperatur für amorphe Thermoplaste

Bild 8.14 Temperaturleitfähigkeit in Abhängigkeit der Temperatur für teilkristalline Thermoplaste

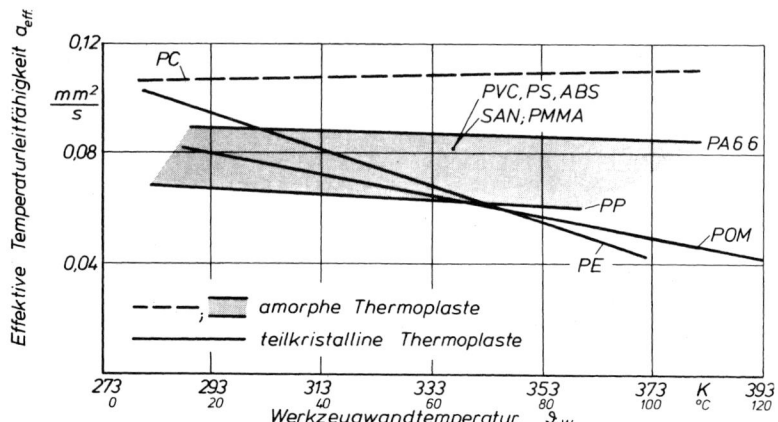

Bild 8.15 Effektive Temperaturleitfähigkeit verschiedener Thermoplaste (nach *Wübken*)

$$\frac{\partial T}{\partial t} = \frac{\lambda}{\rho \cdot c_p} \frac{\partial^2 T}{\partial x^2} \qquad (8.11)$$

$$\alpha = \frac{\lambda}{\rho \cdot c_p} \qquad (8.12)$$

**Abkühl-geschwindigkeit**

Die Temperaturleitfähigkeit hat bei teilkristallinen Kunststoffen eine Unstetigkeit am Schmelzpunkt, so dass Berechnungen erschwert werden. Sie ist auf die Schmelzwärme der Kristallite zurückzuführen. Zudem hängt sie vom Kristallisationsgrad und damit von der Abkühlgeschwindigkeit ab. Für Abkühlberechnungen beim Spritzgießen, wo man relativ gleichmäßige Entformungstemperaturen hat, da diese durch die zum Ausformen notwendige Gestaltfestigkeit vorgegeben sind, kann man Mittelwerte heranziehen, wie sie in Bild 8.15 zusammengestellt sind.

## 8.1.6   Wärmeeindringzahl

Von erheblichem praktischen Interesse ist die Wärmeindringzahl

$$b = \sqrt{\lambda \cdot \rho \cdot c_p} \qquad (8.13)$$

Mit ihrer Kenntnis wird die Kontakttemperatur $T_K$ bei Berührung zweier Körper $A$ und $B$ nach der Beziehung

$$T_K = \frac{b_A T_A + b_B T_B}{b_A + b_B} \qquad (8.14)$$

errechnet. Darin bedeuten $T_A$, $T_B$ die Temperaturen der sich berührenden Körper, sowie $b_A$, $b_B$ die Wärmeeindringzahlen der beiden Werkstoffe (für Kunststoffe vgl. Tabelle 8.1).

Die Kontakttemperatur ist für viele Gegenstände des täglichen Gebrauchs, wie z. B. Griffe von beheizten Gegenständen oder Trinkbecher aus Kunststoffen, aber auch bei der Berechnung von Werkzeugen für die Verarbeitung von Kunststoffen eine wissenswerte Größe.

Tabelle 8.1 Wärmeeindringzahl einiger Kunststoffe (nach *Catic*)

| Kunststoff | Koeffizienten zur Berechnung der Wärmeein-dringzahl $b$ $b = a_b \cdot T + b_b \; [\text{W} \cdot \text{s}^{1/2}/\text{m}^2 \cdot \text{K}]$ | |
| --- | --- | --- |
| | $a_b$ | $b_b$ |
| PE-HD | 1,41 | 441,7 |
| PE-LD | 0,0836 | 615,1 |
| PMMA | 0,891 | 286,4 |
| POM | 0,674 | 699,6 |
| PP | 0,846 | 366,8 |
| PS | 0,909 | 188,9 |
| PVC | 0,649 | 257,8 |

## 8.1.7 Wärmeausdehnung

Die Wärmeausdehnung (Bild 8.16) wird mit dem Schmelzpunkt in Verbindung gebracht. Man erkennt, dass sich einige wichtige Kunststoffe gut in diese Kurve einpassen. Der Ausdehnungskoeffizient ist im Anwendungsbereich nahezu unabhängig von der Temperatur und konstant. Er ist bei den Polyolefinen mit 1,5 bis $2 \cdot 10^{-4}\,\text{K}^{-1}$ besonders groß. Durch Fasereinlage und andere Füllstoffe wird allgemein die Wärmeausdehnung herabgesetzt. Zur Berechnung genügt bei Füllstoffen in Pulver- oder Partikelform sowie bei Kurzfasern die Anwendung der Mischungsregel, vgl. Gleichung (8.15). Bei durchgehender Faserverstärkung gilt diese Regel ebenfalls für die Ausdehnung in Richtung senkrecht zur Armierung. In Richtung der durchgehenden Armierung bestimmt jedoch ausschließlich die Ausdehnung der Fasern diejenige des Verbundes. Bei Schichtlaminaten sind umfangreiche Berechnungen zur Bestimmung notwendig (Kontinuumtheorie, Diss.

*Ausdehnungs-koeffizient*

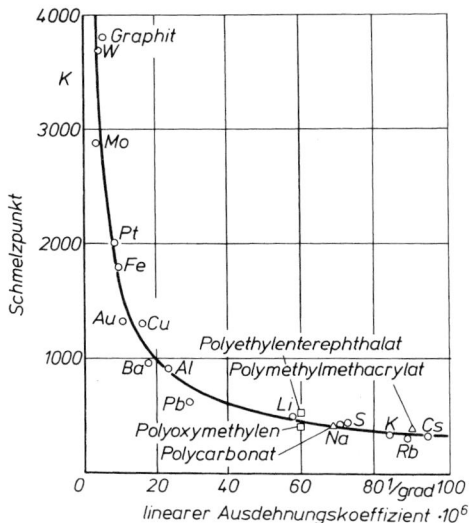

Bild 8.16 Wärmeausdehnung von Metallen und Kunststoffen bei 20 °C (nach *Knappe*)

*Thebing*). Bei Faserverbundwerkstoffen mit Kohlefasern und bei LC-Polymeren können in Faser- bzw. Orientierungsrichtung sehr niedrige bzw. auch negative Dehnzahlen entstehen. Für pulverförmige Füllstoffe gilt für den Wärmeausdehnungskoeffizienten des Verbundwerkstoffs:

$$\alpha_C = \alpha_K(1 - \varphi_F) + \alpha_F \varphi_F \tag{8.15}$$

mit $\alpha_C$, $\alpha_K$, $\alpha_F$ = Wärmeausdehnungskoeffizient des Compounds, des Kunststoffs und des Füllstoffs, $\varphi_F$ = Füllstoffanteil.

### 8.1.8   Glastemperatur (Einfriertemperatur)

Weichmacher

Die Glastemperatur ist, wie wir gesehen haben (Abschnitt 4.2) von den Nebenvalenzkräften abhängig. Wird sie durch Lösungsmittel, wie z. B. Weichmacher oder Gleitmittel, herabgesetzt, dann kann man dies ebenso wie bei Gemischen von verträglichen Polymeren mit der Gleichung

$$T_{gC} = \frac{\varphi_P \cdot \alpha_P \cdot T_{gP} - (1 - \varphi_P) \cdot T_{gL}}{\alpha_P \cdot \varphi_P + (1 - \varphi_P) \cdot \alpha_L} \tag{8.16}$$

errechnen, mit $\alpha$ = Wärmeausdehnungskoeffizient, $\varphi$ = Volumenanteil des Polymers im Gemisch, $T_g$ = Einfrier(Glas)-Temperatur, Index $P$ = Polymer, Index $L$ = Lösungsmittel, Index $C$ = Gemisch.

Gleitmittel

Auch Stabilisatoren, Gleitmittel und ähnliche Hilfsstoffe der Verarbeitung wirken in dieser Weise. Es gilt die Faustregel: 1 Vol.-% Gleitmittel entspricht einer Abnahme der Glastemperatur $T_g$ um 2 K.

Unverträglichkeit

Bei Gemischen von unverträglichen Polymeren erhält man zwei Einfriertemperaturen. So zeichnen sich z. B. in der Kurve sowohl des Speichermoduls als auch des Verlustmoduls (Bild 6.44) diese beiden Einfriertemperaturen deutlich ab.

## 8.2   Messung kalorischer Daten

Die Ermittlung kalorischer Daten ist dank moderner Analysengeräte mit großer Genauigkeit möglich. Die dabei ermittelten Daten erlauben eine gute Einsicht in chemische und strukturelle Vorgänge. Meist werden dafür nur minimale Mengen an Probenmaterial benötigt.

Simulation

Die Kenntnis exakter kalorischer Materialwerte in Abhängigkeit der verschiedenen Einflussgrößen ist heute unbedingt erforderlich, um die Vorhersagegenauigkeit von Simulationsrechnungen z. B. beim Füllverlauf im Spritzgießen zu verbessern. Dieses Hilfsmittel zur Auslegung von Bauteilen und präzisen Einstellung von Herstellprozessen ist inzwischen unerlässlich.

### 8.2.1   Bestimmung der Wärmeleitfähigkeit

Schmelzebereich

2-Platten-Messgerät

Die Wärmeleitfähigkeit $\lambda$ wird meist nach DIN 52612 gemessen. Problematisch gestaltet sich die kontinuierliche Messung von $\lambda$ vom Feststoff bis hinein in den Schmelzebereich. Die standardmäßig angewendeten 2-Platten-Messgeräte können konstruktionsbedingt häufig nur bis in die Nähe des Erweichungspunkts messen.

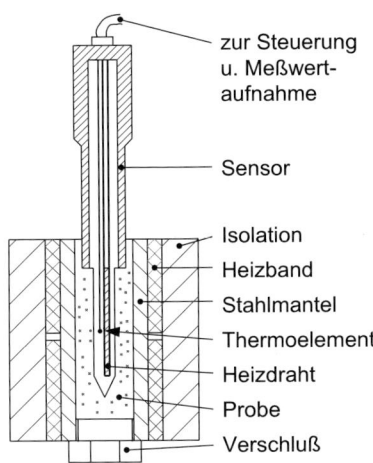

zur Steuerung
u. Meßwert-
aufnahme

Sensor

Isolation

Heizband

Stahlmantel

Thermoelement

Heizdraht

Probe

Verschluß

Bild 8.17 Messaufbau zur Bestimmung der Wärmeleitfähigkeit

Line-Source-Methode

Ein Messverfahren, das diesen Nachteil umgeht, arbeitet nach der so genannten „Line Source Method", einer linienförmigen Wärmequelle (Bild 8.17). Obwohl das Prinzip seit Mitte der 60er-Jahre bekannt ist, wird es erst in den letzten Jahren kommerziell angewendet.

Wie in Bild 8.17 dargestellt, wird ein schlanker Sensor in die mit Schmelze gefüllte Messkammer eingetaucht. Der im Innern des Sensors liegende Heizdraht (linienförmige Wärmequelle) erwärmt die zylindrische Probe entlang des gesamten Drahtes radial mit einer definierten Heizrate. Dadurch stellt sich im mittleren Bereich des Heizdrahts näherungsweise ein eindimensionaler Wärmestrom in radialer Richtung ein. Unmittelbar neben dem Heizdraht befindet sich ein Thermoelement auf der Hälfte der gesamten Heizdrahtlänge. Es registriert den Temperaturanstieg in Abhängigkeit von der Zeit (Bild 8.18). Befindet sich ein Material mit guter Wärmeleitfähigkeit in der Messkammer, fließt die von dem Heizdraht eingebrachte Wärme unmittelbar in die Probe ab. Das Thermoelement registriert in dem Fall eine geringere Zunahme der Temperatur als bei der Untersuchung eines schlecht wärmeleitfähigen Polymers. In diesem Fall kann die Wärme nicht in dem Maße in die Probe abfließen, es stellt sich eine größere Temperaturzunahme am Heizdraht ein.

Heizdraht

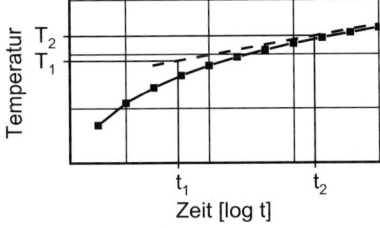

vom Thermoelement registrierter Temperaturanstieg
- - - - linearisierter Temperaturanstieg

Bild 8.18 Gemessener Temperaturanstieg

Mit folgender, aus der Fourierschen Differentialgleichung abgeleiteten Formel erfolgt die Auswertung für dieses Messverfahren:

$$\lambda = \frac{Q\mathrm{k}}{4\pi l} \cdot \frac{\ln\left(\frac{t_2}{t_1}\right)}{T_2 - T_1} \tag{8.17}$$

mit $Q$ = Wärmemenge, k = Gerätekonstante, $l$ = Heizdrahtlänge.

Die Zeit- und Temperaturdifferenz wird im Bereich des quasi-stationären Zustands konstanter Erwärmung durch eine Tangente angenähert und abgegriffen. Die ersten Messpunkte werden nicht berücksichtigt, um eine Verfälschung des Ergebnisses durch Anlaufvorgänge zu vermeiden.

*Kontaktwiderstand*
*hydrostatischer Druck*
*transient*
*Phasenumwandlung*
*Temperaturabhängigkeit*

Wichtig ist, dass der nadelförmige Sensor komplett von der Probe umschlossen ist. Sonst kommt es zur Verfälschung der Messergebnisse aufgrund des unbekannten Kontaktwiderstands. Die Messkammer kann mit Druck beaufschlagt werden, sodass auch die Ermittlung der Wärmeleitfähigkeit als Funktion des hydrostatischen Drucks möglich ist. Gegenüber dem herkömmlichen 2-Platten-Verfahren, bei dem $\lambda$ im stationären Zustand ermittelt wird, bietet dieses Verfahren wegen seiner transienten Messmethode Zeitvorteile. Jedoch kann es im Bereich von Phasenumwandlungen (Aufschmelzen von Kristalliten) zu Messwertverfälschungen kommen.

> **Zur präziseren Simulation der Wärmeverhältnisse beim Abkühlen eines Bauteils ist streng genommen die Wärmeleitfähigkeit nicht nur bei verschiedenen Temperaturen anzusetzen. Im Falle von teilkristallinen Thermoplasten ist der unterschiedliche Kristallisationsgrad (abhängig von den Abkühlgeschwindigkeiten) in der Rechnung zu berücksichtigen.**

*Kristallisationsgrad*

Die Ermittlung dieser Abhängigkeiten ist bei stationären Messungen gänzlich unmöglich, da sich während der Messung immer ein bestimmter materialbedingter Kristallisationsgrad einstellen wird. Bei hoher Abkühlgeschwindigkeit jedoch wird die Kristallisation zu tieferen Temperaturen verschoben.

## 8.2.2 Thermische Zersetzung von Kunststoffen (vgl. Abschnitt 5.1.3.2)

*Abbau*
*Arrhenius-Gesetz*

Als organische Werkstoffe sind Kunststoffe bei höheren Temperaturen von Kettenbruch, Abspaltung von Substituenten und Oxidation bedroht. Dieser Abbau (s. Bild 5.30) gehorcht im Allgemeinen einer Reaktion, die mit dem Arrhenius-Gesetz beschrieben werden kann. Die noch erlaubte Verweilzeit, in der noch kein unzumutbarer Abbau eintritt, beträgt:

$$t_{erlaubt} \sim \mathrm{e}^{\left(\frac{A}{\mathrm{R} \cdot T}\right)} \tag{8.18}$$

mit $A$ = Aktivierungsenergie, R = Gaskonstante und $T$ = absolute Temperatur.

Ein besonders kritischer Werkstoff dieser Art ist PVC-U (PVC-hart, d. h. ohne Weichmacher), da der bei Zersetzung frei werdende Chlorwasserstoff Metallteile angreift und Eisenmetalle katalytisch die Zersetzung beschleunigen. Bei Formmassen, die brennbare Kohlenwasserstoffe abspalten, kann in einfacher Weise mit dem in Bild 8.19 gezeigten Versuch der Flammpunkt bestimmt werden; bei PVC

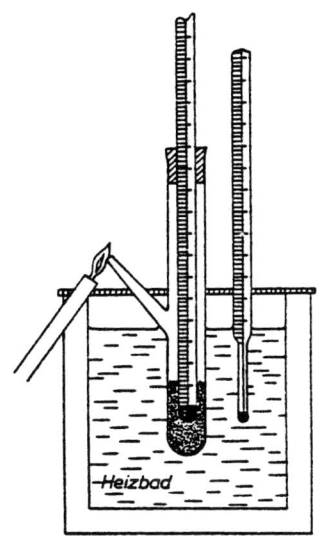

wird man anstelle der Flamme eine Waschflasche mit z. B. Natronlauge benutzen und hiermit den Umsatz an Chlor bestimmen.

Eine andere, häufiger benutzte Methode, die Zersetzungs- bzw. Abbauresistenz bei hohen Temperaturen zu ermitteln, ist die Thermogravimetrie (TGA). Hier wird der Prüfling auf einer hochgenauen Waage liegend in Luft oder unter Schutzgas erwärmt. Dabei wird die Gewichtsänderung beobachtet (vgl. Abschnitt 8.2.6).

TGA

Bild 8.19 Flammpunktbestimmung (nach *BASF*)

Ein sehr praktischer Test ist die Kontrolle der Farbveränderung im so genannten Ofentest. Es wird z. B. zur Prüfung der Wirkung von Verarbeitungshilfsmitteln ein unterschiedlich lange durch Kneten behandeltes Polymer anschließend zu einer Platte gepresst und dann die Zeit bis zu einer bestimmten Verfärbung bei Lagerung in einem Ofen bei höherer Temperatur festgehalten.

## 8.2.3 Wärmeformbeständigkeit

Neben der Bestimmung von physikalischen, kalorischen und mechanischen Kennwerten haben sich auch einige technologische Prüfverfahren zur Bestimmung der

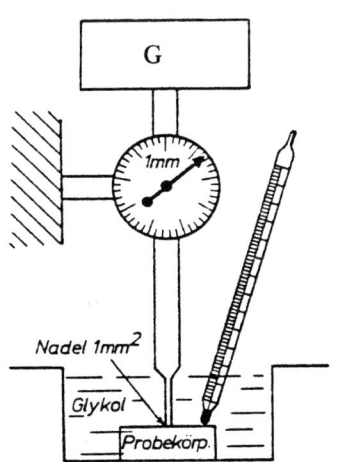

Bild 8.20 Apparatur zur Bestimmung der Vicat-Wärmeformbeständigkeit (nach *BASF*)

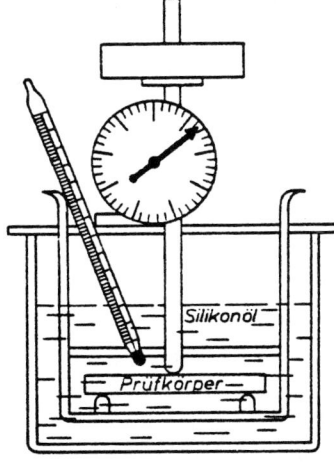

Bild 8.21 Bestimmung der Heat-Distortion-Temperatur (HDT) (nach *BASF*)

Einsatzgrenze von Kunststoffen bei höheren Temperaturen eingebürgert. Es sind dies die Vicat-Temperatur nach DIN 53460 (vgl. Bild 8.20), die Martens-Temperatur nach DIN 53458 bzw. 53462 und die Heat-Distortion-Temperatur nach ASTM (HDT) (vgl. Bild 8.21).

### 8.2.3.1   Die Vicat-Temperatur (DIN 53460)

Eine mit einem Gewicht belastete Nadel drückt auf den in einem Glykolbad liegenden Kunststoff (vgl. Bild 8.20). Das Glykolbad wird gleichmäßig beheizt; als Vicat-Zahl bzw. Vicat-Temperatur wird diejenige Temperatur festgehalten, bei der die Nadel 1 mm tief in das Polymer eingedrungen ist. Der Vorteil dieser technologischen Prüfung ist, dass die Messwerte kaum von der Fertigung beeinflusst werden. Die praktische Dauereinsatzgrenze von Thermoplasten, bei der sich Formteile noch nicht unter ihrem Eigengewicht unzulässig verformen, liegt ca. 15 K unter der Vicat-Temperatur.

### 8.2.3.2   Die Heat-Distortion-Temperatur (HDT) (ASTM D 648-72)

Bei der Bestimmung der HDT liegt ein Normstab im Flüssigkeitsbad auf zwei Schneiden im Abstand von 10 cm auf. Auf seine Mitte wirkt eine Biegespannung. Die Temperatur, bei der sich der Stab in dem sich erwärmenden Bad um 0,2 mm bis 0,3 mm (je nach Höhe der Probe) durchgebogen hat, wird als HDT angegeben (Bild 8.21).

Während die Vicat-Temperatur von der Herstellung und Vorbehandlung des Prüfkörpers verhältnismäßig unabhängig ist, werden die Heat-Distortion-Werte von der Formgebung und Vorbehandlung des Prüfkörpers beeinflusst. Die HDT hat die früher in Deutschland benutzte Methode der „Martenszahl" etwas verdrängt. Bei dieser misst man die Temperatur, bei der sich ein einseitig eingespannter genormter Biegebalken (Prüfling) um 6 mm durchgebogen hat. Der Prüfling befindet sich in einem umluftbeheizten Ofen, der mit konstanter Geschwindigkeit hochgeheizt wird.

Die Frage nach der Dauergebrauchstemperatur von Formteilen aus Kunststoffen lässt sich mit diesen Methoden nicht eindeutig beantworten. Denn unter der Wirkung einer Spannung tritt eine Deformation eher und stärker ein als in einem spannungslosen Teil. Dabei ist es gleichgültig, ob es sich hierbei um eine äußere Spannung handelt oder eine innere, wie sie in unterschiedlichen Ausmaßen bei der Verarbeitung entstehen kann.

## 8.2.4   Thermoanalyse

In den letzten Jahren haben sich einige physikalische kalorische Messgeräte für die Bestimmung solcher thermodynamischer Daten für die Fertigung und den Einsatz als sehr erfolgreich in breitem Maße eingeführt.

### 8.2.4.1   Die Differential-Thermoanalyse (DTA)

Die DTA dient zur Untersuchung von Reaktionen, die in kurzer Zeit (Sekunden bis Minuten) ablaufen und mit einer messbaren Wärmetönung ($> 0{,}04$ J/g) verknüpft sind. In der Regel erfolgt die Messung dynamisch, d. h. bei linearer Temperaturänderung, doch sind in günstigen Fällen auch isotherme Messungen mög-

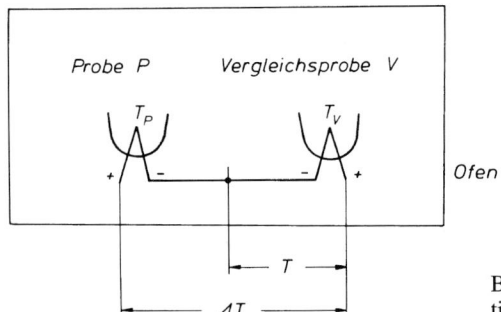

Bild 8.22 Prinzip der Differen-
tial-Thermoanalyse

lich. Die DTA wird hauptsächlich zur Bestimmung von Übergangstemperaturen **Übergangs-**
benutzt. Das Prinzip der Anordnung gibt Bild 8.22 wieder. **temperaturen**

In einem linear aufheizbaren Ofen werden die Probe $P$ und eine Inertsubstanz $V$
untergebracht. Beide enthalten je ein Thermoelement. Die Thermosonden sind
einander entgegengesetzt geschaltet, sodass keine Thermospannung auftritt, solan- **Thermo-**
ge $P$ und $V$ gleiche Temperatur aufweisen: **spannung**

$$\Delta T = T_P - T_V = 0 \qquad (8.19)$$

Findet demgegenüber in der Probe z. B. bei der Temperatur $T_U$ eine Umwandlung statt, so wird Wärme verbraucht oder freigesetzt und es gilt $\Delta T \neq 0$. Jetzt
tritt eine Thermospannung auf, die (bzw. deren zeitliche Veränderung) registriert
wird und Aussagen über Reaktionstemperatur $T_U$, Reaktionswärme $\Delta H$ und Re-
aktionsablauf ermöglicht.

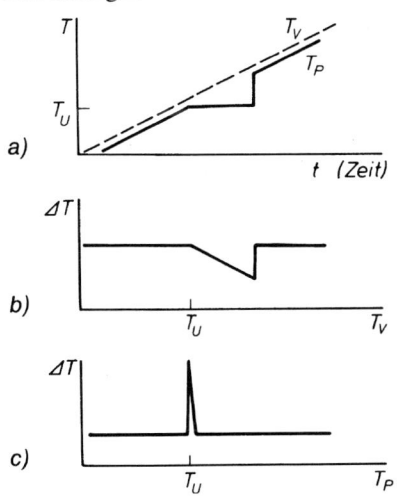

Bild 8.23 zeigt die Temperaturverläufe bei der Aufheizung
einer Probe mit dem endothermen Schmelzpunkt sowie die
sich daraus ergebenden Funktio-
nen $\Delta T = \mathrm{f}(T_V)$ und $\Delta T = \mathrm{f}(T_P)$.
Ein Vergleich von Bild 8.23b
und c zeigt, dass zur reinen
Ermittlung einer Umwand-
lungstemperatur (z. B. Schmelztemperatur) die Aufzeichnung
über der Probentemperatur $T_P$
günstiger ist.

Bild 8.23 Temperaturverläufe beim
Schmelzen kristalliner Proben

### 8.2.4.2 Differential-Scanning-Calorimetry (DSC)

Die DSC-Zelle gestattet die Ermittlung von Wärmetönungen im Temperaturbe- **DSC**
reich $-180\,°\mathrm{C}$ bis $+600\,°\mathrm{C}$. Die DSC-Zelle unterscheidet sich von der DTA-
Zelle dadurch, dass die Thermoelemente nicht direkt in der Probe bzw. Ver-
gleichssubstanz sitzen. Vielmehr sind die Proben in kleinen Aluminiumpfänn-

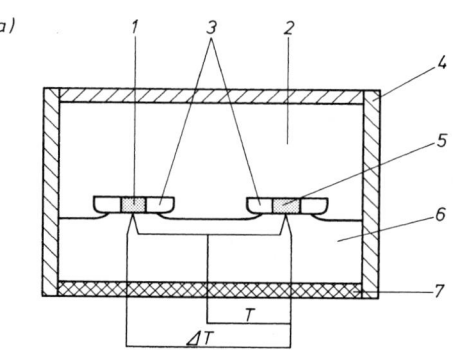

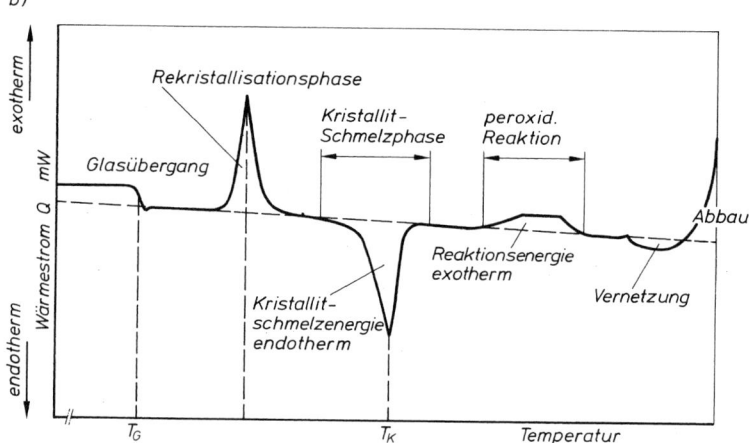

Bild 8.24 DSC-Meßeinrichtung (a) (Prinzipbild nach DuPont) und typischer DSC-Meß-schrieb (b), Erläuterungen siehe Text.
*1* Probe, *2* Inertgasatmosphäre, *3* Pfännchen, *4* Druckkammer, *5* Vergleichsprobe, *6* Konstantanblock, *7* Heizung

chen eingebettet; die Thermoelemente berühren die Pfännchen außen (Bild 8.24a).

Als Vergleichssubstanzen dienen meist Stoffe, die keine Umwandlungen im Messbereich besitzen, wie z. B. Luft, Glaspulver. Für die Eichung benutzt man Quecksilber, Zinn, Zink oder andere Substanzen mit genau bekannten thermi-

**Probenmenge**    schen Eigenschaften. Insgesamt benötigt man geringere Probenmengen im mg-Bereich ($< 10$ mg) im Gegensatz zur DTA-Analyse, wo im g-Bereich ($< 10$ g) gearbeitet werden muss. Nachteil der DSC-Analyse ist eine gegenüber

**Empfindlichkeit**    der DTA geringere Empfindlichkeit.

### Schmelzpunkt, Schmelzwärme

In Bild 8.24b ist eine an einem teilkristallinen Material gemessene DSC-Kurve dargestellt. Die in diesem Bild zwischen dem Kurvenzug und der Basislinie eingeschlossene Fläche ist ein direktes Maß für die zur Umwandlung (hier Schmelzen) benötigte Wärmemenge $\Delta H$, d. h. die Schmelzwärme.

*Kristallisationsgrad χ*

Der Kristallisationsgrad wird bestimmt durch das Verhältnis der Schmelzewärme der Polymerprobe $\Delta H_{SC}$ und der Schmelzwärme für eine 100%ige kristalline Probe $\Delta H_C$:

$$\frac{\Delta H_{SC}}{\Delta H_C} = \chi \tag{8.20}$$

In Tabelle 8.2 sind einige $\Delta H_C$-Werte für wichtige Polymere zusammengestellt; weitere Werte findet man bei *van Krevelen* [13].

Tabelle 8.2 Schmelzenthalpie $\Delta H_C$ und Schmelztemperatur $T_m$ einiger Kunststoffe

| Kunststoff | $\Delta H_C$ [kJ/mol] | $T_m$ [°C] |
|---|---|---|
| Polyethylen PE-LD | 8,0 | 105 bis 110 |
| PE-HD | 8,0 | 130 bis 135 |
| Polypropylen | 8,7 | 160 bis 165 |
| Polyamid 6 | 22 | 223 |
| Polyamid 66 | 44 | 265 |
| Polyamid 610 | 60 | 223 |

*Einfriertemperatur*

Amorphe Polymere zeigen am Glaspunkt $T_g$ einen Sprung in ihrer spezifischen Wärme, der mit Hilfe der DSC nachgewiesen werden kann (vgl. Bild 8.24b, Erweichungstemperatur). Eine solche Substanz zeigt im DSC-Diagramm nur eine Verschiebung der Nulllinie, die Höhe der Verschiebung ist proportional dem Sprung in der spezifischen Wärme. Der Glaspunkt $T_g$ wird durch den Wendepunkt in der Kurve festgelegt. Man kann auch das Freisetzen von Eigenspannungen auf diese Art beobachten.

*Glaspunkt*

*Spezifische Wärme*

Mit Hilfe der DSC können weitere stoffspezifische Größen bestimmt werden, wie vor allem die spezifische Wärme $c_p$. Das Gerät wird bei einer bestimmten Temperatur angehalten ($T$ = const.), sodass sich Temperaturdifferenzen in der Zelle aus-

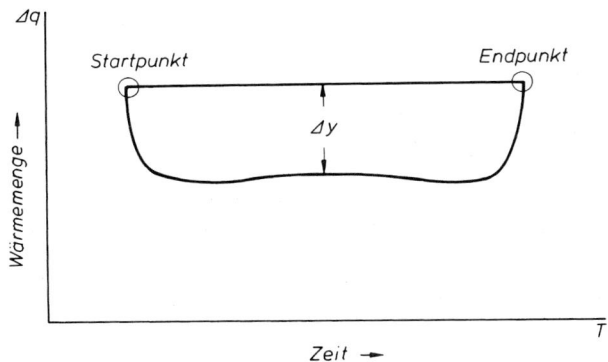

Bild 8.25 Bestimmung der spezifischen Wärme

gleichen können. Danach heizt man mit konstanter Heizrate weiter. Die Probe mit der höheren Wärmekapazität wird eine größere Wärmemenge aufnehmen, wodurch sich die in Bild 8.25 dargestellte Differenz $\Delta y$ ergibt. Die Verschiebung $\Delta y$ ist proportional zur Differenz der Wärmekapazität der Mess- und einer Vergleichsprobe (im Allgemeinen leeres Aluminiumpfännchen).

### Thermische Stabilität

Oxidation
Vernetzung

Da eine thermische Zersetzung im Allgemeinen mit einer exothermen Reaktion (Oxidation) verbunden ist, zeigt sich dies im DSC-Schrieb. Bei weiterer Erwärmung treten Vernetzungsreaktionen und schließlich Kettenabbau auf, vgl. Bild 8.24 b rechts.

### 8.2.4.3  Thermomechanische Analyse (TMA)

TMA

Wärmeausdehnungskoeffizient

Mit der thermomechanischen Analyse (TMA) wird – ähnlich wie bei der Vicatprüfung (Bild 8.20) – über Penetration die Wärmeformbeständigkeit gemessen, wozu die Probe linear aufgeheizt wird (Bild 8.26). Die Genauigkeit ist so groß, dass die meisten Geräte auch zur linearen Dilatometrie benutzt werden können. Man kann somit den Wärmeausdehnungskoeffizienten $\alpha$ als auch die Einfriertemperatur messen.

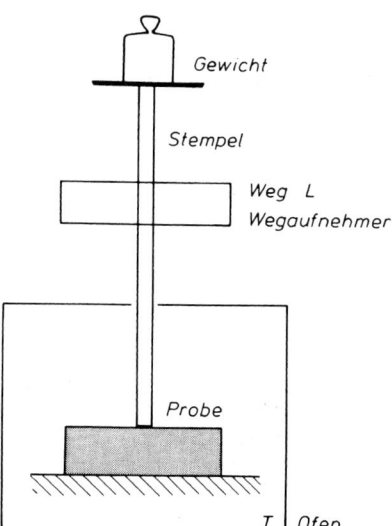

Bild 8.26 Thermomechanische Analyse TMA (Schema)

In diesem Falle wird die Probe in das Messgerät eingebracht und der Stempel mit einer geeigneten Belastung aufgesetzt. Um ggf. bei Temperaturen unter Raumtemperatur mit der Messung beginnen zu können, können Probe, Ofen und Stempel in flüssigem Stickstoff abgekühlt werden. Aus dem Messschrieb wird der lineare Ausdehnungskoeffizient $\alpha$ nach folgender Definition bestimmt:

$$\alpha = \frac{1}{L_0} \cdot \frac{\Delta L}{\Delta T} \tag{8.21}$$

Für isotrope Stoffe gilt der Zusammenhang zwischen dem linearen ($\alpha$) und dem kubischen ($\gamma$) Ausdehnungskoeffizienten:

$$\gamma = 3\alpha \tag{8.22}$$

## 8.2.5 Dynamisch-mechanische Analyse (DMA)

Dieses Gerät besteht aus einer Biegeeinrichtung für Flachstäbe von max.  DMA $65 \times 15 \times 12$ mm, die nach dem in Bild 8.27 gezeigten Schema in einer Temperier-

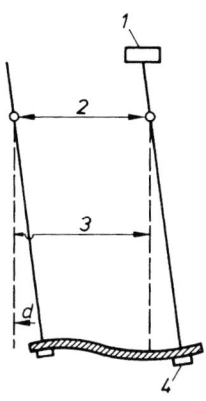

kammer von $-150\,°C$ bis $+150\,°C$ arbeiten kann. Die Probe kann vier verschiedenen Beanspruchungsmethoden unterworfen werden:

- Schwingung unter fester Frequenz,
- Schwingung unter Resonanzfrequenz,
- statisch als Spannungsrelaxation,
- statisch als Kriechen.

Bild 8.27 DMA-Messgerät (nach DuPont)
*1* elektromagnetischer Antrieb zum Aufbringen der Belastung, *2* Drehzapfen, *3* Nulllage gestrichelt (Probe ohne Verformung), *4* Befestigung der Probe, *d* Verschiebung, welche die Deformation der Probe bewirkt

Die Ergebnisse sind zwar nicht genau mit denjenigen von Normprüfungen identisch, ergeben jedoch qualitativ eine gute Übereinstimmung.

## 8.2.6 Thermogravimetrie (TGA)

Mit Hilfe des thermogravimetrischen Analysators lassen sich Gewichtsänderun- TGA gen ($\geq 10\,\mu g$) in Abhängigkeit von Temperatur und Zeit messen. Dies ist ein Maß für die Wärmebeständigkeit. Das System beruht auf dem Prinzip einer Balkenwaage. Der Probenraum ist beheizbar (bis ca.1200 °C) und mit Gasen (inerten oder reaktiven) spülbar. Es sind Messungen bei konstanten Heizraten ($\leq 100$ K/ min) und bei isothermer Reaktionsführung möglich. Das Maximalgewicht ist auf 500 mg begrenzt.

### Literatur zu Kapitel 8

Dietz, W.: Bestimmung der Wärme- und Temperaturleitfähigkeit von Kunststoffen bei hohen Drücken. Kunststoffe 66 (1976) 3, S. 161–167
Eiermann, K.: Modellmäßige Deutung der Wärmeleitfähigkeit von Hochpolymeren
Teil 1: Amorphe Hochpolymere. Kolloid-Zeitschrift und Zeitschrift für Polymere, Band 198, Heft 1–2, 1964
Teil 2: Verstreckte amorphe Hochpolymere. Kolloid-Zeitschrift und Zeitschrift für Polymere. Band 199, Heft 2, 1964
Teil 3: Teilkristalline Hochpolymere. Kolloid-Zeitschrift und Zeitschrift für Polymere, Band 201, Heft 1, 1964

Hansen, D.; Ho, C. C.: Thermal Conductivity of High Polymers. Journal of Polymer Science 1965, Vol. 3, Part A, pp. 659–670

Haberstroh, E.: Analyse von Kühlstrecken in Extrusionsanlagen. Diss. RWTH Aachen, 1981

Hering, E.; Martin, R.; Stohrer, M.: Physik für Ingenieure VDI-Verlag, Düsseldorf, 1992, S. 682

Henning, J.: Thermische Eigenschaften. In: Schreyer, G. (Hrsg.), Konstruieren mit Kunststoffen; Teil 2 Abschnitt 4.5. München: Carl Hanser Verlag, 1972.

Knappe, W.: Wärmeleitung in Polymeren. Advances in Polymer Science Vol. 7, 1970/71, S. 477–535

Ku, C.; Liepins, R.: Electrical Properties of Polymers, Chemical Principles. München: Carl Hanser Verlag, 1987

Lobo, H.; Cohen, C.: Measurement of Thermal Conductivity of Polymer Melts by the Line Source Method. Soc. of Plastics Engineers (SPE), Tagungsumdruck Antec 1988, S. 609–611

N.N.: Firmenschrift der SWO Polymertechnik GmbH D-47803 Krefeld

N.N.: Heliumpyknometrie – eine einfache Methode zur genauen Bestimmung der Dichte von Pulvern und Festkörpern. Micrometrics GmbH, Neuss. Sonderdruck aus Keramik-Ingenieur 4/1993

Weinand, D.: Modellbildung zum Aufheizen und Verstrecken beim Thermoformen. Diss. RWTH Aachen, 1987

Wübken, G.: Einfluss der Verarbeitungsbedingungen auf die innere Struktur thermoplastischer Spritzgussteile unter besonderer Berücksichtigung der Abkühlverhältnisse, Diss. RWTH Aachen, 1974

# 9 Elektrische Eigenschaften*

In der Elektrotechnik ist es erforderlich, elektrische Energie mit minimalen Leitungsverlusten und geringem technischen Risiko zu transportieren. Kunststoffe mit ihren in der Regel sehr geringen elektrischen Leitfähigkeiten sind daher als Isolationswerkstoffe für diese Aufgaben prädestiniert. So wurde bereits in der Mitte des neunzehnten Jahrhunderts Naturkautschuk zur Isolierung von Telegrafendrähten eingesetzt. Die Entwicklung immer leistungsfähigerer Kunststoffe trug dann in den letzten Jahren und Jahrzehnten wesentlich zu den großen technischen Fortschritten in der Elektrotechnik und in der Elektronik bei. Hierbei kommt insbesondere die sehr einfache Formgebung und die leichte Modifizierbarkeit polymerer Werkstoffe zum Tragen.

Neben der geringen elektrischen Leitfähigkeit sind die geringe abschirmende Wirkung gegenüber elektromagnetischen Feldern und die elektrostatische Aufladung weitere charakteristische Eigenschaften, die beim Einsatz von Kunststoffen beachtet werden müssen. Elektrisch leitfähige Kunststoffe erhält man durch Zugabe von Füllstoffen (z. B. Ruß, Metallfasern) oder in Form spezieller Polymertypen (Polyacetylen u. a.). Das jeweilige elektrische Eigenschaftsbild hängt im besonderen Maße – ebenso wie die mechanischen Eigenschaften – von der Beweglichkeit der molekularen Bausteine ab. Die experimentelle Analyse dieser Eigenschaften und die Darstellung der physikalischen Zusammenhänge ist von großer Bedeutung für den Einsatz der Kunststoffe in der Elektrotechnik.

Im folgenden Kapitel kann nur eine kurze Einführung in die breite Spektrum elektrischer Eigenschaften gegeben werden. Hinsichtlich den Einzelheiten sei an dieser Stelle auf die entsprechende Fachliteratur verwiesen, von der hier nur eine kleine Auswahl genannt werden kann.

## 9.1 Kunststoffe in elektrischen Feldern

### 9.1.1 Kunststoffe in statischen Feldern

Die mathematisch-physikalische Beschreibung der elektrischen Eigenschaften der Kunststoffe kann mit Hilfe eines einfachen Plattenkondensatormodells hergeleitet werden. Befindet sich zwischen den Kondensatorplatten ein vollständiges Vakuum, so kann bei einer angelegten Spannung $U$ die Stärke des elektrischen Feldes $E$ zwischen den Platten wie folgt angegeben werden:

$$E = \frac{U}{d} \tag{9.1}$$

($E$ = elektrische Feldstärke [V/m], $U$ = Spannung [V], $d$ = Plattenabstand [m])

Die positive wie auch die negative Ladung auf den Platten ergibt sich zu:

$$Q = \varepsilon_0 \cdot E \cdot A \tag{9.2}$$

Die *Dielektrizitätskonstante* des Vakuums $\varepsilon_0$ besitzt den Wert:

Dielektrizitätskonstante $\varepsilon_0$

$$\varepsilon_0 = 8{,}85 \cdot 10^{-12} \, \frac{A \cdot s}{V \cdot m} \tag{9.3}$$

---

*) Dieses Kapitel beruht auf einer Vorlesung von Prof. *A. Hersping*, RWTH Aachen.

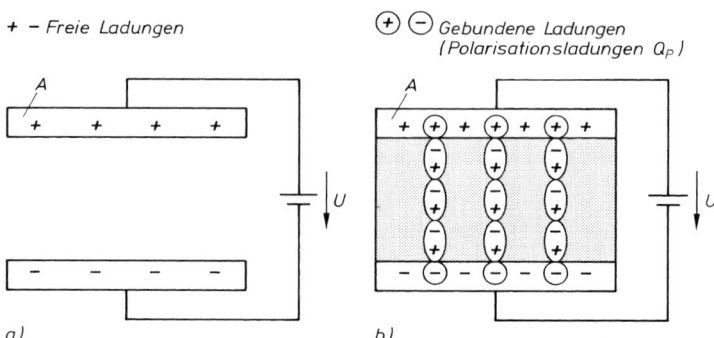

Bild 9.1  Polarisationsladung in einem Plattenkondensator
a: ohne Dielektrikum, b: mit Dielektrikum (nach *Hersping*)

Die gespeicherte Ladung $Q$ ist der angelegten Spannung $U$ proportional.

$$Q = C \cdot U \tag{9.4}$$

Die Proportionalitätskonstante $C$ bezeichnet man als Kapazität. Für den Plattenkondensator im Vakuum (und in erster Näherung auch in der Luft) folgt mit Gleichung (9.1) und Gleichung (9.2).

$$C_0 = \varepsilon_0 \cdot \frac{A}{d} \tag{9.5}$$

Schiebt man zwischen die beiden Platten des Kondensators einen nicht leitenden Stoff, ein *Dielektrikum*, so verursacht die angelegte Spannung $U$ zwischen den Platten eine höhere Feldstärke $E'$.

$$E' = E + P \quad mit \quad P = \chi_e \cdot E \tag{9.6}$$

($\chi_e$ = dielektrische Suszeptibilität des Dielektrikums, $P$ = durch das Dielektrikum hervorgerufenes elektrisches Feld)

Die Verstärkung des elektrischen Feldes beruht auf der Ausrichtung permanenter oder der Induktion temporärer Dipolmomente im Feld zwischen den Kondensatorplatten. Hierdurch erhöht sich sowohl die Ladung auf den Kondensatorplatten als auch die Kapazität des Kondensators.

$$Q' = \varepsilon_0 \cdot (E + P) \cdot A \tag{9.7}$$

$$C' = \frac{Q'}{U} \tag{9.8}$$

relative Dielektrizitätszahl $\varepsilon_r$

Der Quotient aus der Kapazität des Vakuums und der Kapazität eines Kondensators mit Dielektrikum ergibt die *relative Dielektrizitätszahl* $\varepsilon_r$. Für die Kapazität des Kondensators folgt:

$$C' = \varepsilon_r \cdot C_0 = \varepsilon_r \cdot \varepsilon_0 \cdot \frac{A}{d} \tag{9.9}$$

Die dimensionslose Dielektrizitätszahl $\varepsilon_r$ hängt vom Werkstoff zwischen den Kondensatorplatten und der Temperatur ab. Wird an den Kondensator ein Wechselfeld angeschlossen, so ist diese Größe zudem von der Frequenz abhängig. Tabelle 9.1 zeigt eine Auswahl relativer Dielektrizitätszahlen verschiedener Kunststoffe.

Tabelle 9.1  Relative Dielektrizitätszahl $\varepsilon_r$ verschiedener Kunststoffe (nach *Hersping*)

| Kunststoff | relative Dielektrizitätszahl $\varepsilon_r$ bei | |
|---|---|---|
| | 800 Hz | $10^6$ Hz |
| Polystyrol-Schaumstoff | 1,05 | 1,05 |
| Polytetrafluorethylen | 2,05 | 2,05 |
| Polyethylen (abhängig von Dichte) | 2,3–2,4 | 2,3–2,4 |
| Polystyrol | 2,5 | 2,5 |
| Polypropylen | 2,3 | 2,3 |
| Polyphenylenether | 2,7 | 2,7 |
| Polycarbonat | 3,0 | 3,0 |
| Polyethylenterephthalat | 3–4 | 3–4 |
| ABS-Polymerisat | 4,6 | 3,4 |
| Celluloseacetat, Typ 433 | 5,3 | 4,6 |
| Polyamid 6 (je nach Trocknung) | 3,7–7,0 | – |
| Polyamid 66 (je nach Trocknung) | 3,6–5,0 | – |
| Epoxidharz (ungefüllt) | | 2,5–5,4 |
| Phenolmasse  Typ 31.5 | 6–9 | 6 |
| Typ 74 | 6–10 | 4–7 |
| Harnstoffmasse, Typ 131.5 | 6–7 | 6–8 |
| Melaminmasse, Typ 154 | 5 | 10 |

Eine weitere Kenngröße für den Kondensator ist die Flächendichte der Ladung des Kondensators bzw. des Dielektrikums, die auch als Verschiebungsdichte $D$ bezeichnet wird. Es gelten für den Kondensator im Vakuum bzw. mit Dielektrikum:

$$D = \varepsilon_0 \cdot E \tag{9.10}$$

$$D' = \varepsilon_0 \cdot (E + P) = \varepsilon_0 \cdot \varepsilon_r \cdot E \tag{9.11}$$

> **Die Dielektrizitätszahl $\varepsilon_r$ ist eine elektrische Werkstoffkenngröße. Sie hängt von der Art des Kunststoffes, von der Temperatur und in elektrischen Wechselfeldern zudem von der Frequenz ab.**

## 9.1.2  Die dielektrische Polarisation

Das Dielektrikum wirkt bei fest angelegter Spannung am Kondensator als Verstärkungsfaktor für die speicherbare Ladung. Diese Ladungsverstärkung ist darauf zurückzuführen, dass das elektrische Feld im Dielektrikum molekulare Dipole induziert oder bereits vorhandene permanente Dipole orientiert. Den ersten Fall bezeichnet man als *Verschiebungspolarisation*, den Zweiten als *Orientierungspolarisation*.

### 9.1.2.1  Verschiebungspolarisation

Unter dem Einfluss eines elektrischen Feldes können Elektronen relativ zu den Atomkernen verschoben werden (Elektronenpolarisation). Es können aber auch ganze Moleküle bzw. Molekülteile (Atompolarisation) oder Ionen (Ionenpolarisation) gegeneinander verschoben werden (Bild 9.2 oben). Beide Polarisationsvor-

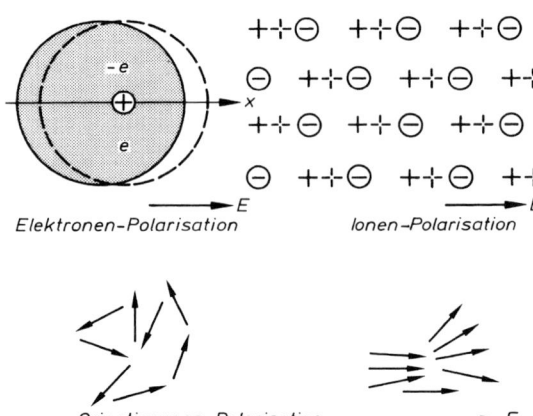

Bild 9.2  Polarisationsvorgänge (nach *Hersping*)

gänge verlaufen sehr schnell und sind in der Lage elektrischen Wechselfeldern mit hohen Frequenzen zu folgen. Da die Verschiebungspolarisation auch dem Feld einer elektromagnetischen Lichtwelle folgen kann, besteht ein Zusammenhang zwischen dieser Polarisationsart und der Lichtbrechung in unpolaren und transparenten Kunststoffen. Mit der Maxwellbeziehung kann die Brechzahl $n$ eines Polymers aus der Dielektrizitätskonstanten $\varepsilon$ bestimmt werden (*van Krevelen*).

$$n = \sqrt{\varepsilon} \tag{9.12}$$

Hieraus ergibt sich die Möglichkeit, mit der Messung der Brechzahl auf die Polarisierbarkeit des Kunststoffs zu schließen. Ionen bzw. Molekülsegmente von Polymeren werden vor allem im mittleren Infrarotbereich angeregt (Bild 9.3).

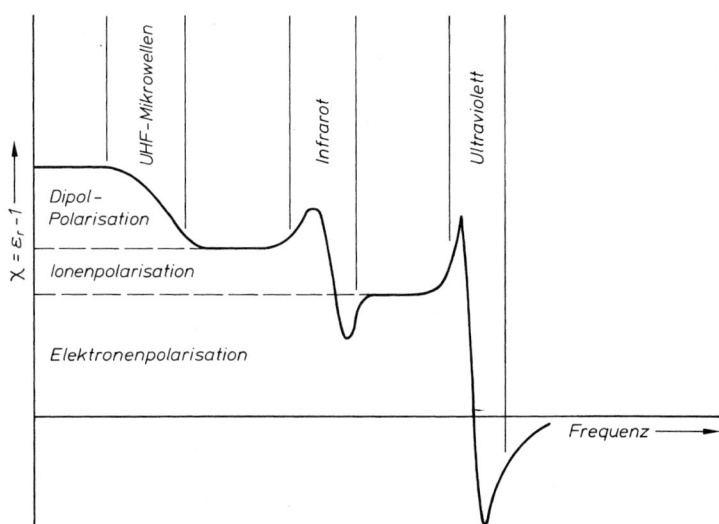

Bild 9.3  Frequenzabhängigkeit der Polarisationsanteile

### 9.1.2.2 Orientierungspolarisation

Aufgrund polarer Molekülgruppen besitzen eine Reihe von Kunststoffen bereits im feldfreien Raum ein Dipolmoment. Der bekannteste polare Kunststoff ist PVC. Verantwortlich für die Polarität sind Molekülgruppen wie z. B. −CN (Dipolmoment ca. $14 \cdot 10^{-30}$ C · m), −NO (ca. $13 \cdot 10^{-30}$ C · m), −COOH (ca. $6 \cdot 10^{-30}$ C · m), −NH und −OH (ca. $5 \cdot 10^{-30}$ C · m) sowie die Halogene (z. B. −Cl, ca. 6 bis $7 \cdot 10^{-30}$ C · m). Diese Molekülpolarisation erfolgt im Vergleich zur Elektronenpolarisation wesentlich langsamer. Eine Anregung kann hier mit Mikrowellen erfolgen (siehe Bild 9.3). polare Molekül-<br>gruppen erzeu-<br>gen Dipol-<br>momente

Von erheblichem praktischen Interesse ist die Frage des Einflusses von Füllstoffen auf die Dielektrizitätszahl. Mittels einer Mischungsregel kann aus der Summe der Dielektrizitätszahlen der als kugelförmig angenommenen Einschlüsse $\varepsilon_{Füllstoff}$ und der Matrix $\varepsilon_{Matrix}$ auf die Gesamtdielektrizitätszahl $\varepsilon_{eff}$ geschlossen werden. Füllstoffeinfluss

$$\varepsilon_{eff} = \varepsilon_{Matrix} \cdot \left( 1 - 3\varphi \cdot \frac{\varepsilon_{Matrix} - \varepsilon_{Füllstoff}}{2 \cdot \varepsilon_{Matrix} + \varepsilon_{Füllstoff}} \right) \tag{9.13}$$

($\varphi$ = Volumengehalt). Für Lufteinschlüsse (Schaumstoff) mit $\varepsilon_{Luft} = 1$ ergibt sich

$$\varepsilon_{eff} = \varepsilon_{Matrix} \left( 1 - 3\varphi \cdot \frac{\varepsilon_{Matrix} - 1}{2 \cdot \varepsilon_{Matrix} + 1} \right) \tag{9.14}$$

und für Metalleinschlüsse mit $\varepsilon_{Metall} = \infty$ folgt

$$\varepsilon_{eff} = \varepsilon_{Matrix}(1 + 3\varphi) . \tag{9.15}$$

---

**Elektrische Felder induzieren in Kunststoffen molekulare Dipole (Verschiebungspolarisation) oder orientieren vorhandene permanente Dipole (Orientierungspolarisation).**

---

## 9.1.3 Kunststoffe im elektrischen Wechselfeld – Dielektrische Verluste

In elektrischen Wechselfeldern werden die Kunststoffmoleküle bzw. Molekülgruppen zu Schwingungen angeregt. Die Intensität dieser Schwingungen hängt von der Relaxationszeit dieser Gruppen ab, die wiederum eine Funktion der Viskosität $\eta$, der Temperatur $T$ und dem Radius $r$ des Moleküls ist. Relaxationszeit

$$\lambda_m \sim \frac{\eta \cdot r^3}{T} \tag{9.16}$$

$\lambda_m$ ist die Zeit, die ein Molekül benötigt, sich aus seiner Auslenkung zurück zu bewegen. Die Resonanzfrequenz $f_m$ berechnet sich dann wie folgt:

$$f_m = \frac{\omega_m}{2\pi} = \frac{1}{2\pi \cdot \lambda_m} \tag{9.17}$$

Im Vergleich zur Elektronen- und Atompolarisation können die Molekülteile bei der Dipolpolarisation aufgrund ihrer Größe dem elektrischen Wechselfeld nicht folgen. Dies führt dazu, dass zwischen Spannung und Strom eine Phasenverschiebung auftritt und aufgrund der Molekülreibung der Kunststoff sich erwärmt. Dieses Phänomen bezeichnet man als dielektrische Erwärmung bzw. als dielektrischer Verlust.

**dielektrische Erwärmung**

Zur näheren Erläuterung dieses Sachverhalts kann das in Bild 9.4 dargestellte Ersatzschaltbild verwendet werden.

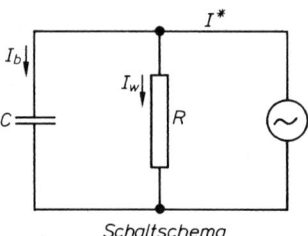

*Schaltschema*

Bild 9.4 Ersatzschaltbild für die Verluste in einem Dielektrikum (nach *Hersping*)

Ein Kunststoffdielektrikum in einem Kondensator kann als eine Parallelschaltung eines ohmschen Widerstands und eines Kondensators dargestellt werden. Wird an diese Schaltung eine Wechselspannung $U$ mit der Kreisfrequenz $\omega$ angelegt, so fließt ein komplexer Strom $I^*$, der sich aus einem Wirkstrom $I_W$ und einem Bildstrom $I_B$ zusammensetzt. Mit der komplexen Zahl $i$ gilt:

$$I^* = I_W + i \cdot I_B \tag{9.18}$$

mit: $\quad I_W = U/R$
$\quad\quad\ I_B = \omega CR$

Für die in Bild 9.4 zugrunde gelegte Schaltung zeigt Bild 9.5 den Verlauf von Strom und Spannung als Funktion der Zeit. Ohne dielektrische Verluste (a) sind Strom und Spannung um den Phasenwinkel $\varphi = 90° = \pi/2$ verschoben. Mit dielektrischen Verlusten (b) ist die Stromkurve $I^*$ um den Verlustwinkel $\delta$ verzögert.

**Verlustwinkel δ**

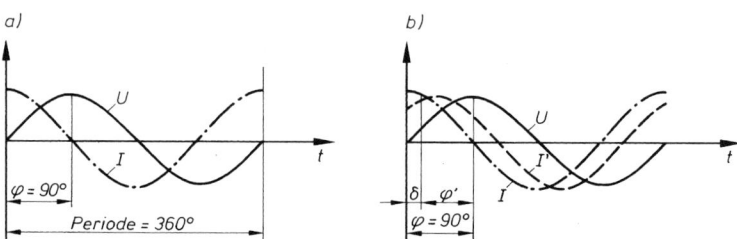

Bild 9.5 Verlauf von Strom und Spannung im Kondensator ($I$ Strom, $U$ Spannung, $t$ Zeit)
a: ohne dielektrische Verluste (Idealfall), Strom und Spannung sind um den Phasenwinkel
$\quad\varphi = 90° = \pi/2$ verschoben
b: mit dielektrischem Verlust, die Stromkurve $I$ ist um den Verlustwinkel $\delta$ verzögert

Bild 9.6 zeigt diesen Zusammenhang im Zeigerdiagramm. Aus diesem Diagramm erfolgt unmittelbar die Definition des Verlustfaktors, der gleich dem Tangens des Verlustwinkels ist.

$$\tan \delta = \frac{I_W}{I_B} = \frac{1}{R\omega C} \tag{9.19}$$

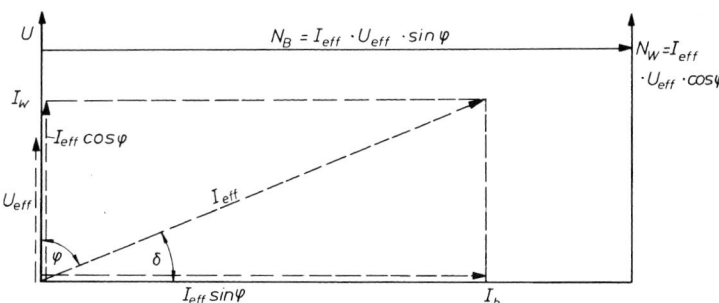

Bild 9.6 Strom-Spannungs-Leistungszeigerdiagramm eines Kondensators mit Dielektrikum

Der Gleichung ist zu entnehmen, dass bei einem verlustfreien Kondensator (ohne Dielektrikum) und bei einem entsprechend hohen Wert für den elektrischen Widerstand ($R \rightarrow \infty$) der Verlustfaktor gegen Null und der Phasenwinkel gegen 90° geht.

Die Gesamtkapazität dieser Ersatzschaltung lässt sich mit der komplexen Dielektrizitätszahl e* = $\varepsilon' - i\varepsilon''$ ebenfalls als komplexe Größe schreiben. Es gilt:

$$C^* = C' - iC'' = C' - \frac{i}{R\omega} \tag{9.20}$$

mit
$$C' = \varepsilon_0 \cdot \varepsilon' \cdot \frac{A}{d} \tag{9.21}$$

$$C'' = \frac{1}{R\omega} = \varepsilon_0 \cdot \varepsilon'' \cdot \frac{A}{d} \tag{9.22}$$

Hierbei ist der Realteil $\varepsilon'$ die eigentliche Dielektrizitätszahl und der Imaginärteil $\varepsilon''$ wird als dielektrische Verlustzahl bezeichnet. Aus Gleichung (9.19) und (9.22) folgt für den Verlustfaktor:

$$\tan \delta = \frac{\varepsilon''}{\varepsilon'} \tag{9.23}$$

Beispielsweise betragen die *dielektrischen Verlustfaktoren* einiger Polymere (gemessen bei 27,12 MHz und 23 °C) (nach *Potente*):

PE, PS $< 10^{-3}$
PVC    0,02 ... 0,1
PA     0,005 ... 0,05

Die Verluste polymerer Dielektrika können besonders in Hochfrequenzfeldern sehr hoch sein. Die Auswahl von Isolationskunststoffen bei Hochfrequenzkabeln muss daher sehr sorgfältig getroffen werden. Dies gilt zum Beispiel für Verkleidungen von Antennenleitungen oder Radarstationen.

Andererseits kann man Kunststoffe zum Zwecke des Schweißens in einem Hochfrequenzfeld dielektrisch erwärmen, wenn die Verluste hoch sind. So ist das Schweißen von polaren Kunststoffen im Hochfrequenzfeld ein wichtiges Fertigungsverfahren. Anwendung findet dieses Prinzip z. B. beim Verschweißen von PVC-Folien (Infusionsbeutel, Konfektionierung von Kunstleder).

Schweißen von polaren Kunststoffen

Zur Beurteilung, ob ein Kunststoff für die Isolation von Hochfrequenzfeldern oder zum Hochfequenzschweißen geeignet ist, kann die im Kunststoff *in Wärme umgesetzte Wirkleistung* herangezogen werden. Mit dem Verlustfaktor $\tan \delta$ (Gleichung 9.19) folgt:

$$\tan \delta = \frac{I_W}{I_B} = \frac{P_W}{P_B} \tag{9.24}$$

Mit

$$P_B = I_B \cdot U = U^2 \cdot \omega \cdot C \tag{9.25}$$

und Gleichung (9.1) ergibt sich für die Wirkleistung:

$$P_W = E^2 \cdot d^2 \cdot \omega \cdot C \cdot \tan \delta \tag{9.26}$$

Bezogen auf das Volumen und unter Verwendung der Gleichung (9.5) folgt schließlich für die im Dielektrikum umgesetzte Leistung:

$$P_W = E^2 \cdot \omega \cdot \varepsilon_0 \cdot \varepsilon_r \cdot \tan \delta \tag{9.27}$$

Das werkstoffabhängige und den Verlust charakterisierende Produkt aus $\varepsilon_r$ und $\tan \delta$ wird in diesem Zusammenhang meist als Verlustzahl bezeichnet. Kunststoffe zur *Hochfrequenzisolation* erfordern Verlustzahlen $\varepsilon_r \cdot \tan \delta < 10^{-3}$, und zum Erwärmen bzw. Hochfrequenzschweißen sollten Materialien mit Verlustzahlen $\varepsilon_r \cdot \tan \delta > 10^{-2}$ gewählt werden. Für die Hochfrequenzisolation von Radarstationen wird vorzugsweise geschäumtes Polystyrol eingesetzt (siehe auch Gleichung 9.14). Die dielektrische Charakterisierung von Kunststoffen erfolgt nach DIN 53483 bzw. nach ASTM D 150.

> **Polare Kunststoffe mit hohen dielektrischen Verlustfaktoren können mit Hilfe von Hochfrequenzfeldern geschweißt werden. Kunststoffe für die Hochfrequenzisolation müssen relativ geringe Verlustzahlen haben.**

## 9.1.4  Elektrisch-mechanische Analogie

Da insbesondere bei polaren Kunststoffen in einem Wechselfeld Molekülteile in Schwingungen versetzt werden und der Kunststoff sich dabei ebenso erwärmt wie unter mechanisch erzwungenen Schwingungen, ist es nahe liegend, das elektrische Materialverhalten analog zum viskoelastischen Materialverhalten zu beschreiben (vgl. Abschnitt 5.1.2). In Bild 9.7 sind die sich entsprechenden Modelle zum mechanischen und zum *elektrischen Materialverhalten* gegenübergestellt.

elektrisches
Material-
verhalten

Das Federelement mit dem zugehörigen Hookschen Gesetz entspricht dabei dem Kondensator aus der elektrischen Analogie. Hieraus folgt, dass der mechanische Modul dem Kehrwert der Dielektrizitätskonstanten entspricht.

$$G \cong \frac{1}{\varepsilon} = \frac{1}{\varepsilon_0 \varepsilon_r'} \tag{9.28}$$

Da ferner $\varepsilon_0$ konstant ist, entspricht der mechanische Modul dem Kehrwert des Realteils der Dielektrizitätskonstanten.

$$G \cong \frac{1}{\varepsilon_r'} \tag{9.29}$$

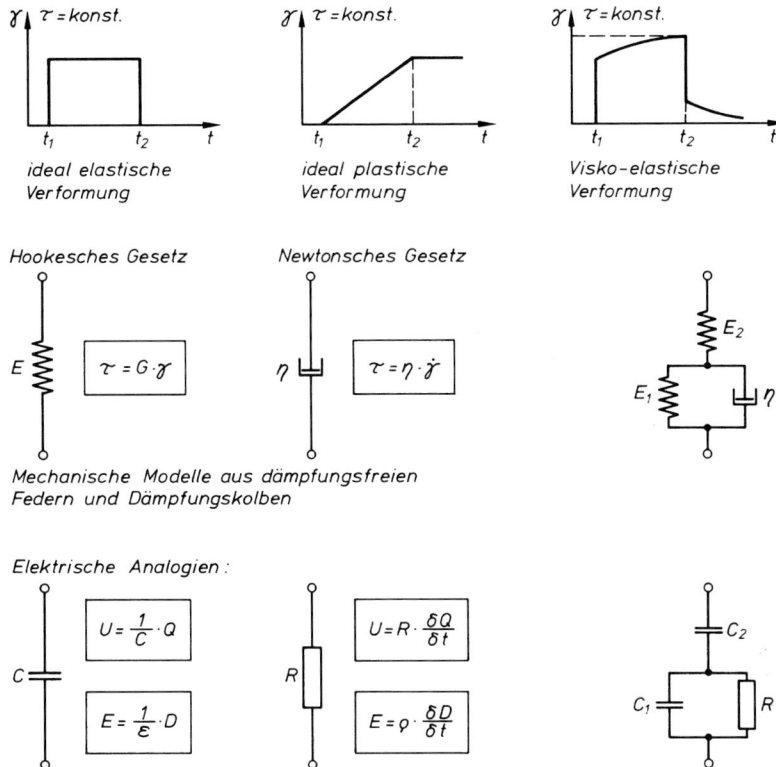

Bild 9.7 Vergleich mechanischer und elektrischer Modelle
*Mechanische Modelle:* $\tau$ Spannung, $\gamma$ Dehnung, $\eta$ Viskosität, $t$ Zeit
*Elektrische Analogien:* $Q$ Ladung des Kondensators, $U$ Spannung am Kondensator, $E = U/d$ Feldstärke, D Verschiebungsdichte = Oberflächenladungsdichte, $\varepsilon = \varepsilon_0 \varepsilon_r$ Dielektrizitätskonstante, $\varrho = 1/\sigma$ spez. Widerstand, $\sigma$ Leitfähigkeit, mit Gleichung (9.19) folgt $\sigma = \varepsilon_r'' \omega \varepsilon_0$

Als Analogon zum Newtonschen Gesetz für die Viskosität $\eta$ folgt mit dem spezifischen Widerstand $\rho$

$$\rho = \frac{R \cdot A}{d} \tag{9.30}$$

und mit Gleichung (9.19) und Gleichung (9.9)

$$\eta \sim \frac{1}{\varepsilon_r'' \cdot \omega \cdot \varepsilon_0} \tag{9.31}$$

bzw.

$$\eta \sim \frac{1}{\varepsilon_r''} \tag{9.32}$$

In Abschnitt 6.2 wurde ein mechanischer Verlustfaktor $\tan \delta$ hergeleitet.

$$\tan \delta = \frac{G''}{G'} \tag{9.33}$$

Wenn sowohl bei der mechanischen als auch bei der elektrischen Beanspruchung dieselben Molekülgruppen beteiligt sind, stimmt die Lage der Maxima der beiden Verlustfaktoren als Funktion der Frequenz überein und es gilt:

$\tan \delta_{elektrisch} =$
$\tan \delta_{mechanisch}$

$$\tan \delta_{elektrisch} = \tan \delta_{mechanisch} \qquad (9.34)$$

Hieraus ergibt sich die Möglichkeit, aus einer mechanischen Materialcharakterisierung auf das elektrische Verhalten zu schließen und umgekehrt. Wie bei den mechanischen komplexen Modulen sind auch $\varepsilon_r'$ und $\varepsilon_r''$ sowohl frequenz- (bzw. zeit-) als auch temperaturabhängig. Ferner kann das Zeit- (bzw. Frequenz-) Temperaturverschiebungsprinzip angewendet werden.

> **Kunststoffe erwärmen sich durch mechanische Schwingungen und durch elektrische Wechselfelder. Das Werkstoffverhalten unter beiden Belastungen kann analog beschrieben werden.**

## 9.2 Elektrische Leitungsvorgänge in Kunststoffen

### 9.2.1 Elektrische Leitfähigkeit

Polymere mit homöopolaren Atombindungen, die zu Elektronenpaarbindungen führen, haben keine freien Elektronen und sind daher eigentlich nicht leitfähig. Abgesehen von speziellen, leitfähigen Polymeren (so genannten intrinsisch leitfähigen Polymeren) ist die dennoch vorhandene geringe Leitfähigkeit auf die Verschiebung von Eigen- und Fremdionen zurückzuführen. Technische Kunststoffe

*elektrische Leitung durch niedermolekulare Bestandteile*

besitzen stets eine gewisse Anzahl zugesetzter oder eingeschleppter niedermolekularer Bestandteile, die als bewegliche Ladungsträger fungieren. Es handelt sich dabei um eine in Feldrichtung verlaufende und durch das elektrische Feld getriebene Diffusion. Die Ionen „hüpfen" dabei zwischen so genannten Potentialmulden, wobei sie durch höhere Temperaturen aktiviert werden und eine geringere Dichte bzw. größeres Leervolumen diese Diffusion erleichtert. Der durch die Aufnahme von Feuchtigkeit bedingte starke Abfall des spezifischen Widerstandes hat seine Ursache in dieser Ionenleitfähigkeit.

Für den Einsatz als elektrischer Isolator ist aber nicht alleine die geringe Leitfähigkeit maßgeblich. Vielmehr ist von Interesse, ob der Kunststoff seinen hohen elektrischen Widerstand und damit die Isolierwirkung über den geforderten Gebrauchszeitraum aufrechterhalten kann.

Die Volumenleitfähigkeit bzw. die Isolierfähigkeit von Kunststoffen wird durch den elektrischen Widerstand $R$ [$\Omega$] charakterisiert, der sich bei einer plattenförmigen Probe im Gleichspannungsfeld wie folgt ergibt

$$R = \frac{U}{I} = \frac{\varrho \cdot d}{A} = \frac{1}{\sigma} \frac{d}{A} = \frac{1}{G} \qquad (9.35)$$

Mit:     $\varrho$            spezifischer Widerstand
        $d$            Dicke
        $A$            Fläche der Probe
        $\sigma = 1/\rho$     Leitfähigkeit
        $G = 1/R$     Leitwert

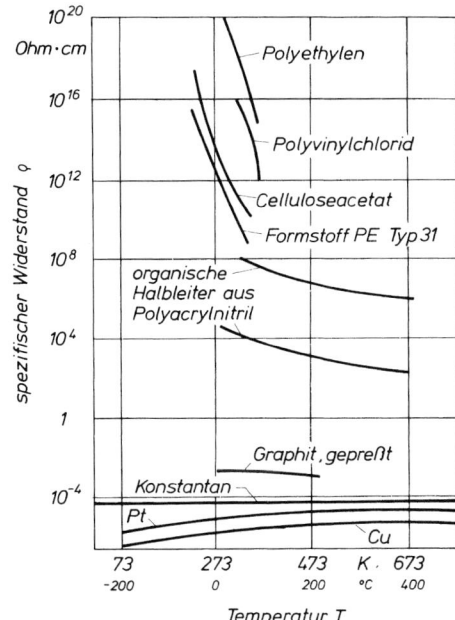

Bild 9.8 Spezifischer elektrischer Widerstand von Kunststoffen und Metallen in Abhängigkeit von der Temperatur

Zum Vergleich unterschiedlicher Kunststoffe wird in der Regel der Durchgangswiderstand (entspricht dem spezifischen Widerstand [$\Omega$m]) bzw. die Leitfähigkeit ([S/cm]) angegeben, die nach IEC 93 gemessen werden. Hierzu wird eine zumeist flächige Probe zwischen zwei Elektroden eingespannt. Der Widerstand ergibt sich aus den Spannungs- und Stromwerten, die nach einer Minute nach Anlegen der Gleichspannungsquelle gemessen werden. Eine Zeitvorgabe ist notwendig, da der Widerstand sich stetig infolge von Polarisationsvorgängen erniedrigt.

Bild 9.8 vergleicht verschiedene Kunststoffe und zeigt die Abhängigkeit des spezifischen Widerstandes $\rho$ von der Temperatur. Ebenso wie der Widerstand von der Zeit abhängt, fällt er auch mit zunehmender Temperatur.

---

**Der elektrische Widerstand von Kunststoffen fällt mit zunehmender Temperatur.**

---

## 9.2.2    Elektrische Kennwerte

Die elektrischen Kennwerte Oberflächenwiderstand, Kriechstromfestigkeit und Durchschlagsfestigkeit sind keine grundlegenden physikalischen Größen im eigentlichen Sinne. Sie werden im Wesentlichen von Verunreinigungen, Inhomogenitäten, der Oberflächenbeschaffenheit und Zuschlagstoffen im Kunststoff beeinflusst und werden daher häufig zur vergleichenden Beurteilung herangezogen.

### 9.2.2.1  Oberflächenwiderstand

Verunreinigun-
gen beeinflussen
den Oberflächen-
widerstand

Der Oberflächenwiderstand ($[\Omega]$) charakterisiert den Stromfluss auf der Oberfläche eines Kunststoffs. Bedingt durch Verunreinigungen (Staub oder Feuchte) hat die Oberfläche von Kunststoffformteilen meist einen anderen elektrischen Widerstand als das Volumen. Ferner beeinflussen langsam verlaufende, irreversible Veränderungen der Oberfläche, wie zum Beispiel Oxidationsprozesse, den Oberflächenwiderstand. Maßgeblich ist der Oberflächenwiderstand für Isolationskörper, bei denen der Stromfluss nicht über die Oberfläche erfolgen darf, und für Bauteile, die sich nicht elektrostatisch aufladen dürfen. Man misst den Oberflächenwiderstand nach IEC 93 mit kontaktierten Proben.

### 9.2.2.2  Kriechstromfestigkeit

Temporäre Verunreinigungen der Oberfläche können selbst bei gut isolierenden Kunststoffen zu einem Versagen des Bauteils führen. Eine besondere Form der Widerstandsprüfung ist daher die Bestimmung der Kriechstromfestigkeit nach IEC 112. Hierbei wird zwischen zwei Elektroden auf der Oberfläche einer Kunststoffprobe diskontinuierlich eine definierte Salzlösung geträufelt. Dadurch wird die Oberfläche leitfähig, und das Wasser verdampft. Zurückbleibende Ablagerungen und eventuell elektrisch leitfähige Verbrennungsrückstände des Polymers führen zu einer partiellen Isolationsverminderung der Oberfläche. Die Messung wird solange durchgeführt bis sich aus den Abbauprodukten ein leitfähiger Pfad gebildet hat, der einen Kurzschluss verursacht. Kriechstromfest sind daher solche Kunststoffe, die flüchtige Abbauprodukte bilden (z. B. Polyethylen, Fluorpolymere) oder über entsprechende Füllstoffeffekte die Kriechwegausbildung unterbinden (z. B. durch kristallwasserhaltige Füllstoffe).

kriechstromfeste
Kunststoffe

### 9.2.2.3  Durchschlagsfestigkeit

Kunststoff-
isolatoren

Da bei allen Isolatoren der elektrische Durchschlag eine Zerstörung des Bauteils zur Folge hat, muss er unter allen Umständen verhindert werden. Dies gilt insbesondere für Hochspannungsisolationen, bei denen zudem erhebliche Ströme fließen können. Für die Anwendung von Kunststoffisolatoren muss eine Grenzbelastung bekannt sein, die sicherstellt, dass der Isolationskörper auch in einer jahrzehntelangen Dauerbelastung nicht versagt. Kunststoffe werden hierzu entsprechend der IEC 243 geprüft. Der platten- oder blockförmige Prüfkörper liegt zwischen zwei Elektroden und wird einer zeitlich ansteigenden Wechselspannung ausgesetzt. Die im Augenblick des Durchschlags gemessene Spannung heißt Durchschlagsspannung. Bezieht man diese Spannung auf die geringste Probendicke, so erhält man die Durchschlagsfestigkeit $E_d$ ($[kV/mm]$). Die elektrische Durchschlagsfestigkeit hängt von der Belastungszeit, der Belastungsgeschwindigkeit, der Stärke und der Homogenität des elektrischen Feldes, der Temperatur und dem Werkstoffzustand ab. Um sicherzustellen, dass die im Labor an Prüfkörpern gemessenen Werte in der Praxis nie erreicht werden, muss der Probekörper unter Laborbedingungen deutlich höhere Belastungen ertragen als in der Praxis erwartet werden.

Es konnte gezeigt werden, dass die Durchschlagsfestigkeit mit zunehmender Dehnung abnimmt (Bild 9.9). Da gleichzeitig mit dem Entstehen von Fließzonen der Verlustfaktor deutlich ansteigt (Bild 9.10), kann gefolgert werden, dass bei me-

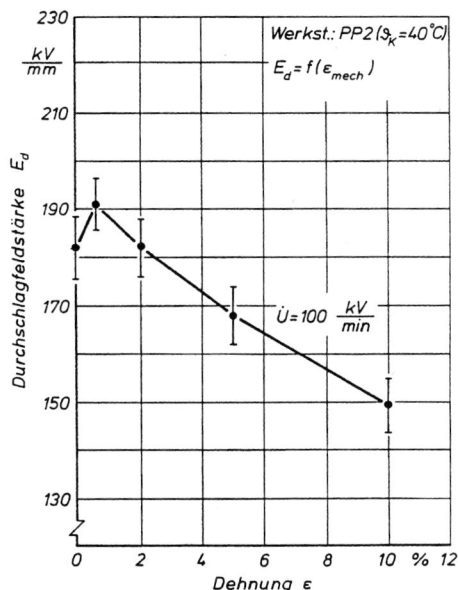

Bild 9.9 Abfall der Durchschlagfeldstärke von PP-Folien mit zunehmender Dehnung (nach *Berg*)

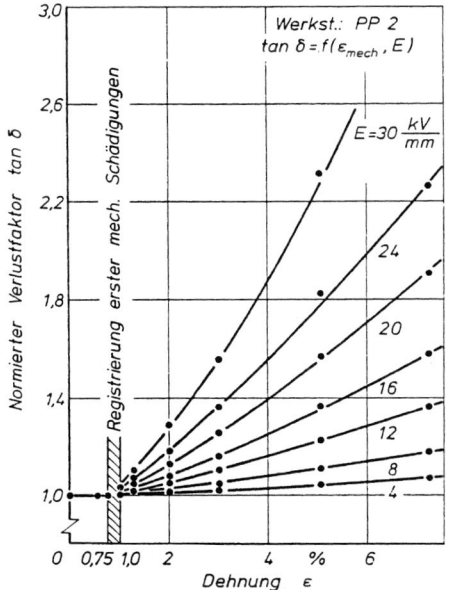

Bild 9.10 Zunahme der Verluste mit zunehmender Dehnung bei PP-Folien (nach *Berg*)

Bild 9.11 Durchschlagskanal an Sphärolithgrenze von Polypropylen

chanischer Beanspruchung zwischen dem Entstehen von Fließzonen und der Durchschlagsfestigkeit ein ursächlicher Zusammenhang besteht.

Es ist auch bekannt, dass sich amorphe Kunststoffe hinsichtlich der elektrischen Durchschlagsfestigkeit günstiger als teilkristalline Kunststoffe verhalten. Man nimmt an, dass die Baufehler in Sphärolithen dabei als Schwachstellen wirken (Bild 9.11). Der Langzeitdurchschlag kann entweder mit der so genannten Bäumchenbildung (engl. treeing) verbunden sein (Bild 9.12) oder in Form eines Wär-

Bäumchen-
bildung

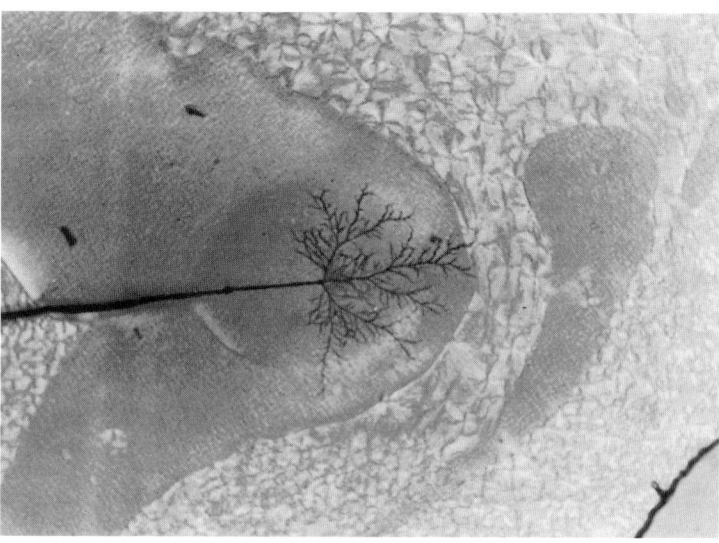

Bild 9.12 Durchschlagskanal in strukturloser feinkristalliner Zone von Polypropylen

medurchschlags ein Loch in die Isolation brennen (wie in Bild 9.11). Mit zunehmender Temperatur, Belastungszeit und Frequenz sinkt die Durchschlagsfestigkeit weiter ab.

Isolationswerkstoffe – z. B. PE-LD – sind besonders rein und enthalten so genannte Spannungsstabilisatoren. Deren Wirkung beruht vermutlich darauf, dass diese niedermolekularen zyklischen aromatischen Kohlenwasserstoffverbindungen in Fehlstellen eindiffundieren und so den Werkstoff gegen den Durchschlag absichern.

---

**Der Oberflächenwiderstand, die Kriechstromfestigkeit und die Durchschlagsfestigkeit sind wichtige technische Kennwerte, die durch Verunreinigungen, Inhomogenitäten und die Oberflächenbeschaffenheit des Kunststoffes beeinflusst werden.**

---

## 9.2.3 Die elektrostatische Aufladung

Die elektrostatische Aufladung ist aufgrund der hohen Oberflächen- und Durchgangswiderstände eine unmittelbare Folge der sehr guten Isolationseigenschaften der Kunststoffe. Eine durch mechanische Reibung entstandene Ladungsverschiebung der sich reibenden Körper – Elektronenüberschuss auf der Oberfläche des einen und Elektronenmangel beim anderen – kann sich bei den gut elektrisch isolierenden Kunststoffen nicht ausgleichen. Es können sich Oberflächenladungen mit Spannungen von einigen hundert Volt aufbauen, die sich erst bei Berührung mit einem anderen leitfähigen oder gegensinnig aufgeladenen Körper wieder abbauen. Bei entsprechend hohen Aufladungen kann es zu einem Luftdurchschlag mit entsprechender Funkenbildung kommen. Da bei diesen Entladungen nur geringe Ströme fließen, sind sie in der Regel für den Menschen nicht gefährlich, obwohl sie bei aufgeladenem Gewebe oder Kunstleder (Textilien und Schuhe) häufig als unangenehm empfunden werden. Bei Anwesenheit von zündfähigen Gemischen (z. B. im Untertagebergbau oder in Exschutzbereichen) besteht aber die Gefahr von Explosionen. Die elektrostatische Aufladung ist zudem verantwortlich für das Anziehen von Niederschlägen und Staubpartikeln auf Kunststoffoberflächen.

*statische Aufladung durch die Widerstandswerte*

*Luftdurchschlag*

*Anziehen von Staub*

Da der Durchgangswiderstand der Luft im Allgemeinen etwa $10^9$ Ωcm beträgt, kommt es erst dann zu Aufladungen und Überschlägen, wenn der Kunststoff Durchgangswiderstände von $<10^9$ bis $10^{10}$ Ωcm besitzt.

Die elektrostatische Aufladung kann durch folgende Maßnahmen verhindert bzw. vermindert werden:

- Herabsetzen des Durchgangswiderstandes durch Füllen mit leitfähigen Füllstoffen (wie z. B. Graphit, Ruß) auf Werte unter $10^9$ Ωcm.
- Antistatische Ausrüstung der Kunststoffoberflächen durch Einarbeitung von hygroskopischen, mit dem Kunststoff unverträglichen Füllstoffen, die nach der Verarbeitung aus dem Formteil an die Oberfläche „ausschwitzen". Alternativ können die Oberflächen mit hygroskopischen Mitteln (z. B. starken Seifenlösungen) eingerieben werden. In beiden Fällen wirkt das angezogene Wasser aus der Luft als Leitschicht. Die Behandlung verliert mit der Zeit ihre Wirkung und ist zudem vom Wassergehalt der Luft abhängig. Insbesondere das Einreiben muss von Zeit zu Zeit wiederholt werden.

- Herabsetzen des Widerstands der Luft durch Ionisieren mittels Funkenentladung oder radioaktiver Strahlung.

Die Prüfung von Kunststoffen auf elektrostatische Aufladung erfolgt nach DIN 53486 oder VDE 0303 Teil 8, wobei die Kunststoffoberfläche mit definierten Geweben und einer speziellen Vorrichtung gerieben wird. Die Halbwertzeit für die Endladung der entstandenen Feldstärke ist ein Maß für die elektrostatische Aufladung.

> **Die elektrostatische Aufladung ist eine unmittelbare Folge der geringen Leitfähigkeit der Kunststoffe.**

## 9.3 Kunststoffe mit speziellen elektrischen Eigenschaften

### 9.3.1 Elektrisch leitfähige Compounds

Die elektrische Leitfähigkeit eines Kunststoffs kann auch durch Compoundierung mit einem gut leitfähigen Werkstoff erhöht werden. Häufig werden hierzu Ruße, Graphit, Metallflocken oder -fasern eingesetzt. Füllt man einen Kunststoff mit einem gut leitfähigen Werkstoff, so stellt man fest, dass der elektrische Widerstand keine lineare Funktion des Füllstoffgehalts ist. Vielmehr beobachtet man *Perkolations-* eine so genannte Perkolationsgrenze. Ab einer bestimmten Füllstoffmenge fällt *grenze* der Widerstand des Compounds deutlich ab.

Diese Verhaltensweise ist damit zu erklären, dass ab einer gewissen Füllstoffmenge erstmals leitfähige Bahnen des Füllstoffs im Kunststoff entstehen. Bild 9.14

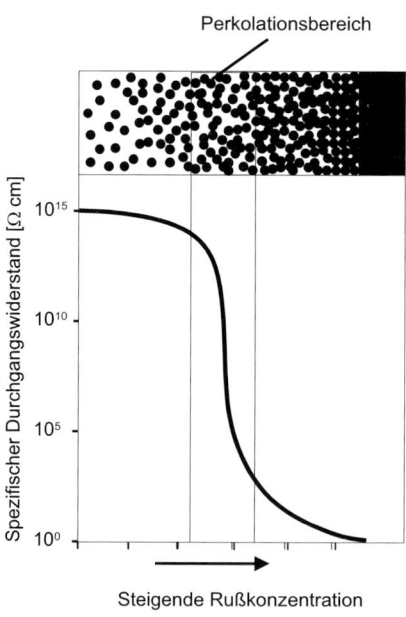

Bild 9.13 Der Durchgangswiderstand von Kunststoffcompounds (nach *Mair*)

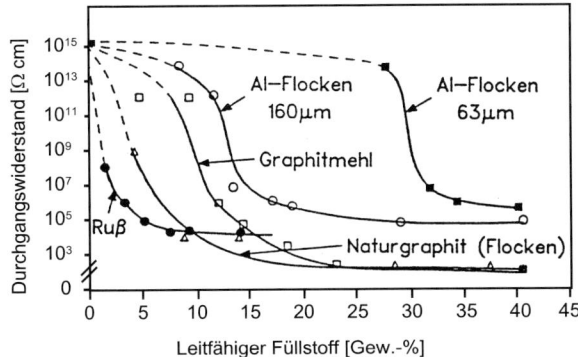

Bild 9.14 Durchgangswiderstand bei unterschiedlichen Füllstoffgehalten (nach *Mair*)

zeigt, dass die Perkolationsgrenze bei verschiedenen Füllstoffarten bei unterschiedlichen Füllstoffgehalten erreicht wird.

Die Perkolationsgrenze wird bei Rußen bei wesentlich geringeren Füllstoffanteilen erreicht. Grundsätzlich gilt, dass bei größerer Oberfläche eines Füllstoffpartikels die Perkolationsgrenze bei niedrigeren Füllstoffgehalten erreicht wird. Anwendung finden leitfähige Compounds in den Bereichen, in denen z. B. eine elektrostatische Aufladung vermieden werden muss (Funkenschlag im Bergbau).

Ein weiteres Einsatzgebiet ist die Abschirmung gegen elektromagnetische Störfelder. Da elektrische Felder durch ungefüllte Kunststoffe hindurchgreifen können, besteht beim Betreiben von empfindlichen Nachrichtengeräten oder Rechnersystemen in Kunststoffgehäusen die Gefahr, dass äußere elektromagnetische Felder diese zerstören oder deren Funktion beeinträchtigen. Neben einer direkten Metallbeschichtung (Metallisieren) können auch leitfähige Compounds eingesetzt werden. Kunststoffgehäuse aus diesen Materialien wirken dann wie ein Faradayscher Käfig, und elektromagnetische Störfelder werden wirkungsvoll abgeschirmt. Als Richtgröße sollte ein Kunststoff mit einem Durchgangswiderstand von maximal $10^2$ $\Omega$cm eingesetzt werden. Compounds mit C-Fasern oder Ni-beschichteten C-Fasern ermöglichen die beste Schutzwirkung. Geprüft wird die elektromagnetische Abschirmung (Electromagnetic Interference Shielding = EMI-Abschirmung) nach ASTM ES 7-83.

*Faradayscher Käfig*

*elektromagnetische Abschirmung*

> **Durch Compoundierung mit gut leitfähigen Werkstoffen kann die Leitfähigkeit von Kunststoffen deutlich gesteigert werden. Derartige Compounds reduzieren die elektrostatische Aufladung und ermöglichen eine elektromagnetische Abschirmung.**

## 9.3.2 Intrinsisch leitfähige Polymere

Nachdem erste intrinsisch (= selbst-) leitende und halbleitende Kunststoffe bereits in den fünfziger Jahren hergestellt wurden, konnten erst in den letzten Jahren marktfähige Produkte entwickelt werden. Diese Entwicklungen sind mittlerweile bei polymeren Halbleiterelementen (polymere LEDs und Displays)

*polymere Leiter*

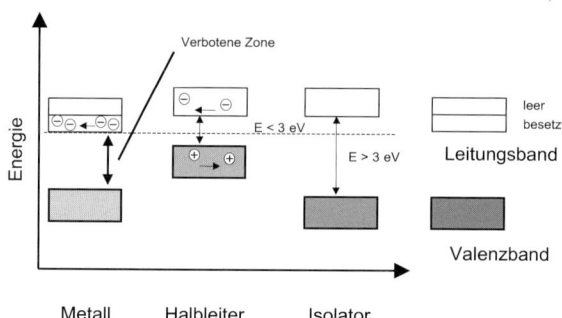

Bild 9.15  Das Bändermodell der Elektronenleitfähigkeit

**Energiebänder**

angelangt. Die Erläuterung der Leitungsvorgänge in Festkörpern kann mit Hilfe des Bändermodells erfolgen (Bild 9.15).

Grundlage dieses Modells ist die Vorstellung, dass sich Elektronen in Festkörpern, wie den Kunststoffen, nicht in diskreten Energieniveaus sondern in mehr oder weniger breiten Energiebanden aufhalten. Zwischen diesen Energiebändern befinden sich so genannte verbotene Zonen, in die keine Elektronen gelangen können. Das oberste, ganz mit Elektronen gefüllte Energieband wird als Valenzband bezeichnet, das darüber liegende leere oder nur teilweise gefüllte als Leitungsband. In Metallen ist das Valenzband vollständig und das Leitungsband teilweise gefüllt. Legt man eine Spannung an, so verschieben sich die Elektronen, und ein Strom fließt. Bei Halbleitern ist das Leitungsband leer. Da die verbotene Zone aber relativ schmal ist, können einzelne Elektronen (z. B. durch Temperaturzufuhr) aus dem Valenzband in das Leitungsband gelangen. Ein Stromfluss ist nun durch die Verschiebung der Elektronen oder der verbleibenden Löcher möglich. Bei Isolationswerkstoffen ist die verbotene Zone so groß, dass keine Elektronen ins Leitungsband gelangen können. Ein Stromfluss ist daher in der Regel nicht möglich.

**Doppelbindungen begünstigen Leitfähigkeit**

**Polyacetylen**

Dies gilt auch für die prinzipiell nicht leitenden Polymere, bei denen die Energiebänder sehr schmal und entweder vollständig gefüllt oder leer sind. Besitzt ein Kunststoff hingegen Doppelbindungen, so repräsentieren diese Doppelbindungen ein halb gefülltes Energieband, und der Kunststoff könnte theoretisch Strom leiten. Polyacetylen ist ein derartiger Kunststoff mit konjugierten Doppelbindungen (Bild 9.16).

Das Polyacetylen kann man sich als dehydriertes Polyethylen vorstellen, bei dem jedes zweite Wasserstoffatom entfernt wurde. Aufgrund starker Wechselwirkungen zwischen den einzelnen Struktureinheiten des Polyacetylens sind die Elektronen der Doppelbindungen nicht lokal gebunden, sondern können entlang der Molekülkette wandern. Es entsteht ein verschmiertes Band. Das Molekül ist damit prinzipiell mit einem eindimensionalen metallischen Leiter vergleichbar. Eine signifikante Leitfähigkeit ergibt sich theoretisch aber erst ab einer Temperatur von 10 000 K, die allerdings zur Zerstörung des Kunststoffs führen würde.

**Dotierung steigert Leitfähigkeit**

Durch Dotierung mit geringen Mengen einer Fremdsubstanz (z. B. Jod) kann die Leitfähigkeit des Polyacetylens erheblich gesteigert werden. Mittels Redoxreaktionen werden hierbei dem Kunststoff einzelne Elektronen hinzugefügt oder entrissen. Es entstehen Konjugationsfehler, entlang denen nun eine Ladungsverschie-

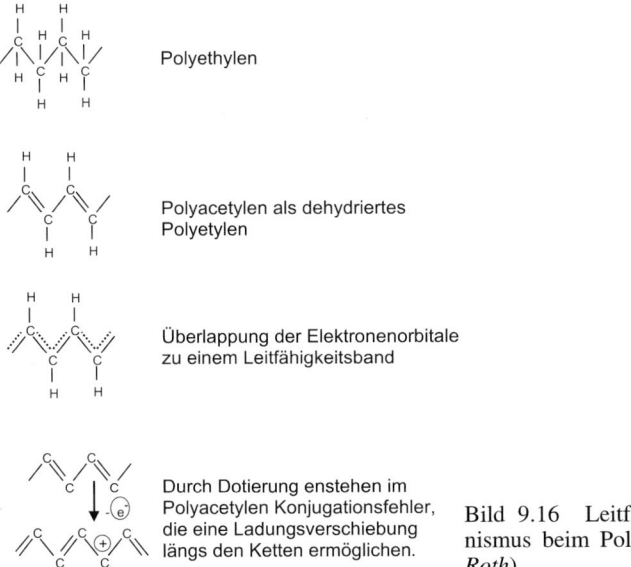

Polyethylen

Polyacetylen als dehydriertes Polyetylen

Überlappung der Elektronenorbitale zu einem Leitfähigkeitsband

Durch Dotierung entstehen im Polyacetylen Konjugationsfehler, die eine Ladungsverschiebung längs den Ketten ermöglichen.

**Bild 9.16** Leitfähigkeitsmechanismus beim Polyacetylen (nach *Roth*)

bung und damit ein Stromfluss möglich ist. Durch die Art und die Intensität der Dotierung kann die elektrische Leitfähigkeit in weiten Grenzen variiert werden (Bild 9.17).

Dotiertes Polyacetylen erreicht eine Leitfähigkeit von $1{,}5 \cdot 10^5$ S/cm, was einem Viertel der Leitfähigkeit von Kupfer entspricht. Allerdings ist Polyacetylen bei

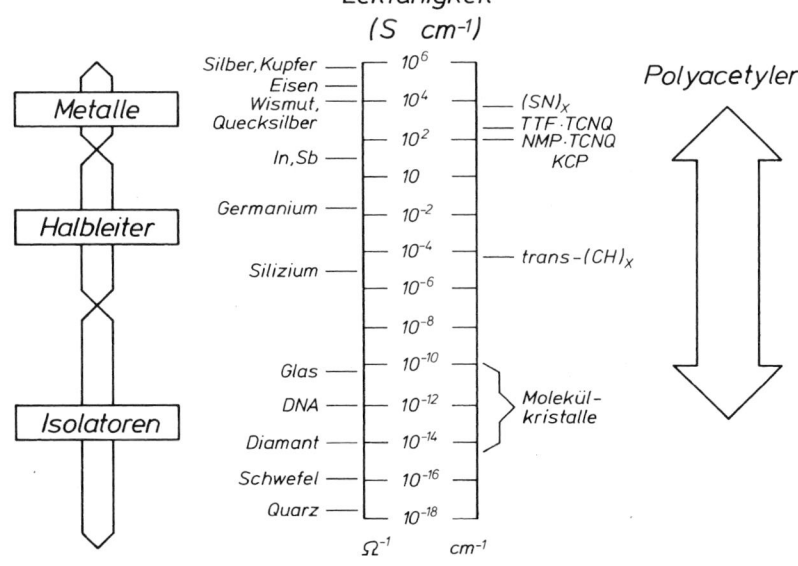

**Bild 9.17** Elektrische Leitfähigkeit von Polyacetylen im Vergleich mit anderen Werkstoffen

Anwesenheit von (Luft-)Sauerstoff nicht stabil und verliert sehr schnell seine Leitfähigkeit. Da dieser Kunststoff weder schmelzbar noch löslich ist, kann er zudem nur sehr schwer verarbeitet werden. Andere intrinsisch leitende Kunststoffe wie Polypyrrol, Poly-p-phenylenvinylen, Polyanilin und Polyethylendiioxythiophen weisen diese Nachteile nicht auf und haben bereits erste Anwendungen gefunden (polymere Leuchtdioden, elektrostatische Schutzschichten, Metallschutzlackierungen).

> **Intrinsisch leitende Polymere sind Spezialkunststoffe mit hohen Leitfähigkeiten, die als elektrische Funktionselemente eingesetzt werden können.**

### 9.3.3 Elektrete

Kunststoffe auf eingefrorener Polarisation

Elektrete sind Festkörper mit einem permanenten elektrischen Feld, das auf eine eingefrorene Polarisierung im Kunststoff zurückzuführen ist. Sie werden hergestellt, indem man einen geeigneten Kunststoff unter gleichzeitiger Einwirkung eines elektrischen Feldes aus der Schmelze erstarren lässt, mit Elektronen beschießt oder gegebenenfalls mechanisch umformt.

Anwendung finden derartige Kunststoffe in Kondensatormikrophonen, bei denen so eine separate Fremdspannungsquelle ersetzt werden kann. Zum Einsatz kommen Folien aus Polyester, Polycarbonat oder Fluorpolymeren. Ein besonders geeigneter Kunststoff ist Polyvinylidenfluorid. Folien aus diesem Material zeigen nach einem mechanischen Umformungsprozess (z. B. Kaltwalzen) piezoelektrische Eigenschaften. Sie werden beispielsweise als Schallwandler eingesetzt.

## 9.4 Magnetische Eigenschaften

Magnetische Felder beeinflussen Stoffe, indem das äußere Feld mit den inneren Feldern der Elektronen und der Atomkerne in Wechselwirkung tritt.

### 9.4.1 Magnetisierbarkeit

Reine Kunststoffe sind diamagnetisch, das heißt, dass das äußere Magnetfeld magnetische Momente induziert. Es sind jedoch keine permanenten magnetischen Momente im Stoff vorhanden, die wie bei den ferromagnetischen oder paramagnetischen Stoffen ausgerichtet werden könnten. Diese Magnetisierbarkeit $M$ eines Stoffes in einem Magnetfeld mit der Feldstärke $H$ wird durch die magnetische Suszeptibilität $\chi$ vermittelt

$$M = \chi \cdot H \tag{9.36}$$

Die Suszeptibilität der reinen Kunststoffe als diamagnetische Stoffe hat einen sehr kleinen und negativen Wert. In einigen Fällen wird durch Zugabe von (magnetischen) Füllstoffen der magnetische Charakter eines Kunststoffs völlig verändert. Bekannte Anwendungen sind gespritzte oder extrudierte Magnete bzw. magnetische Profile und vor allem elektronische Massenspeicher (Tonband, Floppydisk, Magnetspeicherplatte).

gespritzte Magnete

## 9.4.2  Magnetische Resonanz

Magnetische Resonanz tritt auf, wenn ein Stoff, der sich in einem stetigen Magnetfeld befindet, Energie aus einem oszillierenden Magnetfeld absorbiert. Diese Absorption kommt dadurch zustande, dass kleine paramagnetische Elementarpartikel zu Resonanzschwingungen angeregt werden. Man benutzt diese Erscheinung zur Strukturaufklärung in der Physikalischen Chemie in Form der Elektronenspinresonanz (ESR)- und der Kernresonanz (NMR)-Spektroskopie.

NMR-Spektro-skopie

Die Elektronenspinresonanz macht sich in einer Absorption der Mikrowellen des hochfrequenten Wechselfelds bemerkbar, wenn die Feldstärke des statischen Magnetfelds geändert wird. Da hiermit jedoch nur unpaarige Elektronen erfasst werden können, wird diese Messtechnik zur Bestimmung von radikalischen Molekülgruppen eingesetzt.

Bei Atomkernen, die eine ungerade Anzahl an Nukleonen (Protonen und Neutronen) enthalten, können sich durch den Eigendrehimpuls (Spin) verursachte schwache Magnetfelder nicht ausgleichen. In einem äußeren Magnetfeld werden die Kernspins ausgerichtet, was zu einem makroskopisch messbaren Magnetisierungsvektor führt (Bild 9.18). Solche Atomkerne kann man mit rotierenden Kreiseln vergleichen. So wie diese bei einem zusätzlichen Impuls senkrecht zur Drehachse eine Kippbewegung beginnen, so kann man durch ein rotierendes Magnetfeld – angeregt durch eine Radiofrequenz-Wechselspannung – in einer Magnetspitze auch die Kerne zum Kippen bringen (Bild 9.18, *4*). Die entsprechenden Kerne werden damit auf ein höheres Energieniveau gebracht. Der Magnetisierungsvektor stellt sich darauf ein, indem er eine neue Lage einnimmt. Dies kann man ebenso makroskopisch messen wie die Rückstellung nach Abschalten des Hochfrequenzfeldes. Dieser Vorgang kann besonders gut an Wasserstoffatomen beobachtet werden. Die Bewegungen des Momentenvektors sind aber unterschiedlich. Sie sind abhängig davon, wo im Molekül die Wasserstoffatome

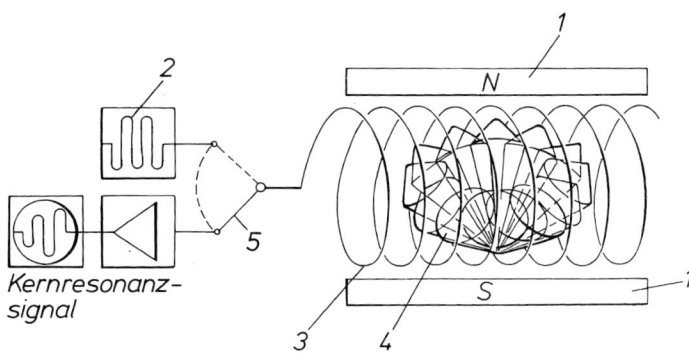

Bild 9.18 Schema der Arbeitsweise eines Kernspintomographen (Quelle: Bild der Wissenschaft)
*1*: Magnet, der ein hohes ruhendes Magnetfeld erzeugt,
*2*: Radiowellengenerator,
*3*: Hochfrequenzfeld erzeugt von *2* (Schalter *5* in gestrichelter Lage),
*4*: Präzedierender Kern, angestoßen durch Hochfrequenzfeld,
*5*: Schalter, in dieser Stellung Messung des Abnehmens der Kippschwingung (Präzession) des Kerns

angeordnet sind bzw. wie ungestört sie reagieren können. Da die Anregung zum Kippen quantenweise aufgenommen wird, sind diese ganz bestimmten Resonanzfrequenzen der Kerne zuzuordnen. Diese Messmethode liefert sehr exakte Informationen über den Molekülaufbau und ist für den Polymerphysiker ein wichtiges Werkzeug zur Strukturaufklärung geworden.

> **Die magnetische Resonanz liefert Informationen zum Molekülaufbau und kann zur Strukturaufklärung bei Kunststoffen genutzt werden.**

### Literatur zu Kapitel 9

Baur, J.: Beitrag zur Herstellung leitfähiger Verbundkörper aus metallisierten Kunststoffen. Diss. RWTH Aachen, 1976

Berg, H.: Elektrische Hochspannungsuntersuchungen an teilkristallinen Kunststoffen in Abhängigkeit von Verarbeitung, mechanischer Beanspruchung und dem Einwirken flüssiger Medien. Diss. RWTH Aachen, 1976

Beyer, C.: Modifizierung von Kunststoffen durch Mischung, dargestellt am Beispiel von Polypropylen als Kabelisolierwerkstoff. Diss. RWTH Aachen, 1979

Hersping, A.: Vorlesung an der RWTH Aachen, 1975

Holzmüller, W.: Physik der Kunststoffe. Akademie-Verlag, Berlin, 1961

van Krevelen, D. W.: Properties of Polymers. Elsevier, Amsterdam, 1990

Klütsch, H. E.: Beitrag zur Berechnung des spezifischen Gleichstromdurchgangswiderstandes von Faserkunststoffverbunden. Diss. RWTH Aachen, 1991

Ku, C. C.; Liepins, R.: Electrical Properties of Polymers, Hanser Publishers, New York, 1987

Laun, H. M.; Retting, W.: Kunststoff-Physik, München: Carl Hanser Verlag, 1991

Leute, U.: Kunststoffe und EMV, Elektromagnetische Verträglichkeit mit leitfähigen Kunststoffen. München: Carl Hanser Verlag, 1997

Mair, H. J.: Elektrisch leitende Kunststoffe. Gummi Fasern Kunststoffe (GAK) 8, 1993, 46, S. 406–411

Roth, S.; Mair, H. J.: Elektrisch leitende Kunststoffe. München: Carl Hanser Verlag, 1989

Schmiedel, H.: Handbuch der Kunststoffprüfung. München: Carl Hanser Verlag, 1992

Schreyer, G. (Hrsg.).: Konstruieren mit Kunststoffen; Teil 2 Abschnitt 4.3 Elektrische und dielektrische Eigenschaften. München: Carl Hanser Verlag, 1972

# 10 Optische Eigenschaften

## 10.1 Die Grundgesetzmäßigkeiten[*]

Licht ist eine elektromagnetische Strahlung (oder Welle) und kann daher mit Polymerwerkstoffen in Wechselwirkung treten, d. h. Elektronen, Moleküle oder Molekülgruppen können von den Wellen des Lichtes in ihrem eigenen Schwingungsverhalten beeinflusst, d. h. angeregt werden. In Bild 10.1 ist dargestellt, welche Materieanteile bei welchen Wellenlängen in Wechselwirkung treten. Die Strahlung von Licht überstreicht den Bereich von $1 \cdot 10^1$ bis $8 \cdot 10^6$ nm, d. h. von UV-Strahlung über sichtbares Licht (optischer Bereich), die IR-Strahlung (Infrarotstrahlung) bis zum fernen Infrarot (FIR).

Licht als elektro-
magnetische
Strahlung oder
Welle

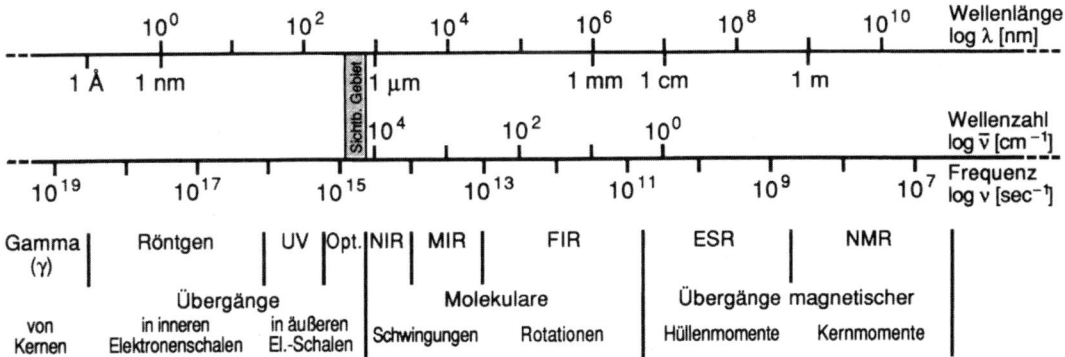

Bild 10.1 Eingrenzung der Wellenlängen elektromagnetischer Strahlung auf den optischen Bereich

Die Grafik zeigt, dass eine Wechselwirkung von UV- und sichtbarem Licht mit Elektronen der äußeren Schalen der Atome erfolgt. Elektronen werden hierbei in das nächst höhere Energieband des Materials kurzfristig angehoben, um dann unter Aussendung von Licht (Emission) wieder in das niedrigere Band zurückzufallen.

Die Infrarotstrahlung beeinflusst die Elektronen nicht, jedoch regt sie Moleküle und Molekülgruppen zu Schwingungen bzw. Rotationen an. Dies führt zur Absorption von Energie in Polymerwerkstoffen. Es kommt dabei sowohl zu einer Phasenverschiebung der durchfließenden Welle, wie zu einer Absorption eines Teiles ihrer Energie. Man kann dies durch den komplexen Brechungsindex $n^*$) ausdrücken:

$$n^* = n' - i \cdot n''$$ (10.1)

darin ist $n' = $ der reale Teil des Brechungsindex (normalerweise mit $n$ bezeichnet), $i = $ Zahl ($i = \sqrt{-1}$) und $n'' = $ der imaginäre Teil des Brechungsindex, mit Extinktion bezeichnet.

---

[*] Da die Bezeichnungen für die Strahlungstechnik in der Literatur sehr uneinheitlich sind, werden hier alle Begriffe und Formelzeichen in Anlehnung an DIN 5496 „Temperaturstrahlung" gewählt.

> **Lichtwellen haben eine starke Wechselwirkung mit Materie, so auch mit Polymeren.**

## 10.2  Der Realteil der Brechung

Die Brechzahl $n$ – die optische Dichte des Mediums – ist

$$n = \frac{c_0}{c} \tag{10.2}$$

das Verhältnis der Ausbreitungsgeschwindigkeit des Lichtes in einem für das Feld durchlässigen Körper gegenüber der Ausbreitungsgeschwindigkeit im Vakuum $c_0$. Beim Eintritt eines Lichtstrahls in ein anderes Medium ändert sich entsprechend dessen optischer Dichte die Phasengeschwindigkeit und damit die Richtung des Strahles.

*Temperatur-einfluss auf die Brechzahl* — Transparente Kunststoffe – organische Gläser – haben bei Raumtemperatur Brechzahlen von 1,4 bis 1,5. Die Brechzahlen sind erwartungsgemäß stark abhängig von der Temperatur, d. h. vom Zustand des Werkstoffs. Damit erklärt sich die mäßige Tauglichkeit der organischen Gläser für Präzisionsoptiken. Dies wird durch die *Lorenz-Lorentz*-Beziehung erkennbar:

$$n = \sqrt{1 + \frac{3R}{M \cdot v - R}} \tag{10.3}$$

mit $R$ = Refraktionskonstante (f($T$)), $M$ = Molmasse des Grundbausteins des Polymers, $v$ spezifisches Volumen des Polymers (f($T$))

Der Brechungsindex nimmt mit der Temperatur ab und hat bei den transparenten, amorphen Kunststoffen (daher auch organische Gläser genannt), bei der Glastemperatur $T_g$ einen Knick (vgl. Bild 10.2) hin zu stärkerer Neigung nach kleineren Brechzahlen.

Beim Übergang von einem Medium in ein anderes ändert sich entsprechend der optischen Dichte die Phasengeschwindigkeit und damit die Richtung des Strahles.

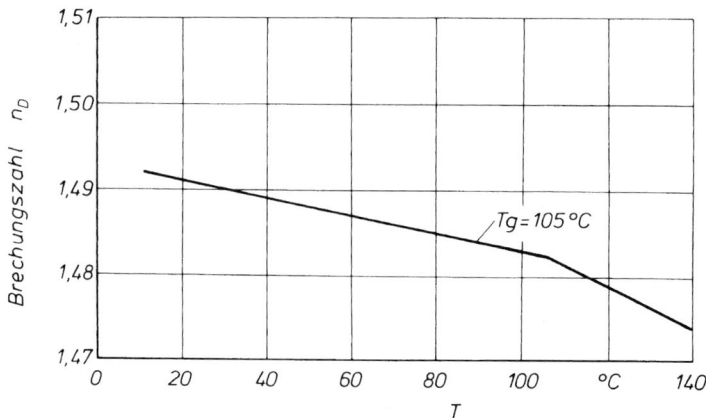

Bild 10.2  Brechungszahl $n_D$ von PMMA als Funktion der Temperatur

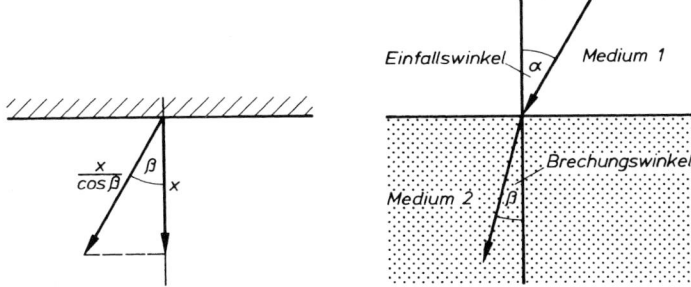

Bild 10.3 Brechungsgesetz nach *Snellius*

Dies drückt das von *Snellius* aufgestellt Brechungsgesetz für den Wechsel eines Lichtstrahls von einem Medium 1 in ein Medium 2 aus (vgl. Bild 10.3)

$$\frac{\sin \alpha}{\sin \beta} = \frac{n_2}{n_1} = \frac{c_1}{c_2} \tag{10.4}$$

Dabei wird der Strahl beim Eintritt in ein optisch dichteres Medium ($n_1 < n_2$, $c_1 > c_2$) zum Lot hin gebrochen, und umgekehrt, wenn der Strahl vom optisch dichteren in ein dünneres Medium tritt.

## 10.3 Wellenlängenabhängigkeit der Brechzahl (Dispersion des Lichtes)

Bei den organischen Gläsern nimmt die Brechzahl, ebenso wie bei den anorganischen Gläsern mit steigender Wellenlänge (= abnehmende Frequenz) ab.

Es gilt hierfür allgemein:

$$f = \frac{c_0}{\lambda \cdot n} = c_0 \cdot \frac{\nu}{n} \tag{10.5}$$

*Dispersion als Ursache für Spektralfarben bzw. Naturfarbe des Polymers*

mit $\lambda$ = Wellenlänge, $c_0$ = Lichtgeschwindigkeit im Vakuum, $n$ = Brechzahl, $f$ = Frequenz, $\nu$ = Wellenzahl

Die Brechzahl ist eine wichtige Größe für die Beurteilung der optischen Eigenschaften von Gläsern. Die Messung wird mit speziellen Geräten, z. B. dem *Abbé*-Refraktometer, bei diskreten Wellenlängen innerhalb des sichtbaren Spektralgebietes gemessen. Die Eichung wird normalerweise auf das Licht der Natrium-D-Linie vorgenommen, weshalb man diesen Messwert dann als $n_D$ bezeichnet.

Bild 10.4 vergleicht die Brechzahlen $n_D$ einiger organischer mit (optischen), anorganischen Gläsern. Man erkennt, dass die organischen Gläser sich zwischen den anorganischen, optischen Gläsern einordnen. Dies wird noch deutlicher, wenn man die Steigung dieser Kurven in Form des Differentialquotienten d$n$/d$\lambda$ in Bild 10.5 vergleicht.

Der Differentialquotient d$n$/d$\lambda$ ist eine wichtige Maßzahl, die man als Dispersion bezeichnet. Diese Kurven zeigen insbesondere, dass im UV-Bereich die Dispersion ebenso wie im nahen sichtbaren (blauen) Lichtbereich besonders bei Flintglas und Polystyrol sehr groß ist und dann beim Übergang zu größeren Wellenlängen schwächer wird.

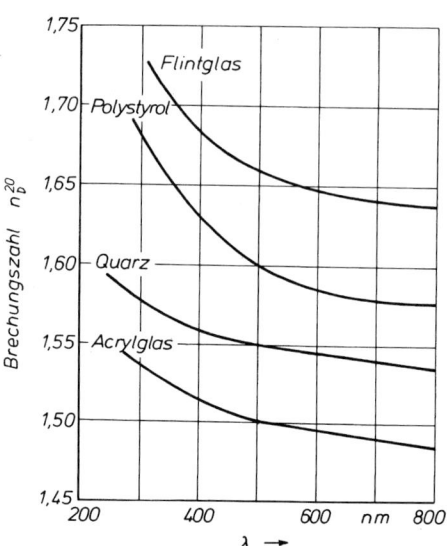

Bild 10.4 Brechungszahl $n_D$ bei 20 °C von organischen und anorganischen Gläsern als Funktion von der Wellenlänge des Lichtes

Messmethoden
zur Bestimmung
der Brechzahl
In der praktischen Optik werden noch einige andere Dispersionszahlen verwendet, worauf aber hier nicht eingegangen werden soll. Prüfungen erfolgen z. B. nach DIN 53491. Es gibt auch einfache Messmethoden, die mit einem Mikroskop ohne spezielle Ausrüstung ausgeführt werden können (vgl. *Philipp*).

Obwohl Kunststoffe zum Teil günstige optische Eigenschaften aufweisen, die denjenigen optischer Gläser nahe kommen und oft für Imitationen (Kronleuchter, usw.) verwendet werden, lassen sie sich für hochwertige, optische Geräte im Allgemeinen nicht einsetzen. Hier erweist sich die mangelnde Dimensionsstabilität als nachteilig, die verursacht wird durch den großen thermischen Ausdehnungskoeffizienten. Die früher als sehr nachteilig angesehene niedrige Kratzempfindlichkeit konnte durch spezielle Beschichtungen mit Siliziumverbindungen inzwischen beseitigt werden. Daher werden heute nicht nur Brillen sondern sogar Streuscheiben

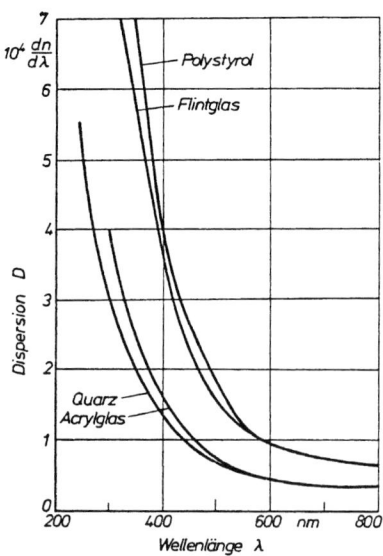

Bild 10.5 Dispersion d$n$/d$\lambda$ für organische und anorganische Gläser als Funktion von der Wellenlänge

von Autoscheinwerfern aus organischen Gläsern (Polycarbonat PC) hergestellt. Kunststoffe sind auch für Sicherheitsverglasungen sehr beliebt, da sie gegen Schlag und bei richtiger Dimensionierung und Gestaltung auch gegen Beschuss (z. B. Polycarbonat) beständig und splittersicher sind.

> **Temperatur und mangelnde Dimensionsstabilität beeinflussen die optischen Eigenschaften des Kunststoffs.**

# 10.4 Der imaginäre Teil der Brechzahl

## 10.4.1 Absorption und Streuung

Wenn das Licht durch ein Medium durchtritt, verliert es einen Teil seiner Energie durch die Wechselwirkungen mit der Materie. Dieser Verlust, die Extinktion $n''$ wird im *Lambert*schen Gesetz für die Intensität der Welle ausgedrückt:

*Lambertsches Gesetz*

$$I = I_0 \cdot e^{-E \cdot x} \qquad (10.6)$$

mit $x$ = Lauflänge des Strahls, $E$ = Extinktionskoeffizient.

Dieser setzt sich zusammen aus:

$$E = \sigma + k \qquad (10.7)$$

mit $\sigma$ Streuungskoeffizient, $k$ Absorptionskoeffizient.

Darin ist der Absorptionskoeffizient $k$ eine für den Werkstoff typische Größe, deren Bestimmung jedoch schwierig ist. Werden diese Zahlen benötigt, fragt man am besten beim Rohstoffhersteller nach. Seine Größe hängt vom Aufbau des Stoffes, d. h. seinem chemischen Aufbau ab.

Der Streuungskoeffizient $\sigma$ hängt davon ab, wie rein das Produkt ist. Bereits geringfügige Verunreinigungen können starke Änderungen verursachen. Streuzentren sind z. B. auch interne Ausscheidungen (z. B. bei Blends oder Sphärolithe), d. h. Partikel mit einem gegenüber der Matrix größeren Brechungsindex, wenn sie größer sind als die Wellenlänge des Lichtes (vgl. Abschnitt 10.5).

Eine sehr wichtige Anwendung der Absorption ist die „charakteristische Absorption" bei ganz bestimmten Frequenzen, bei welchen Moleküle oder Molekülgruppen in den Kunststoffen im Bereich ihrer Eigenschwingungen zu Resonanzschwingungen mit der einfallenden Welle treten. Hierbei wird ein merkbarer Anteil der eingestrahlten Energie absorbiert. Aus dem Maß an Verlustenergie einerseits und der anregenden Frequenz andererseits kann man auf die Art des Moleküls und seinen Anteil in dem Körper schließen (vgl. Abschnitt 10.8.1).

*charakteristische Absorption*

## 10.4.2 Absorption, Reflexion und Transmission

Die Ermittlung des Absorptionsgrades kann nicht direkt, sondern nur über die Messung des Transmissions- und des Reflexionsgrades erfolgen. Diese drei Größen sind nämlich direkt miteinander verbunden; es gilt nach dem ersten Hauptsatz der Thermodynamik

$$\rho_\nu + \alpha_\nu + \tau_\nu = 1 \qquad (10.8)$$

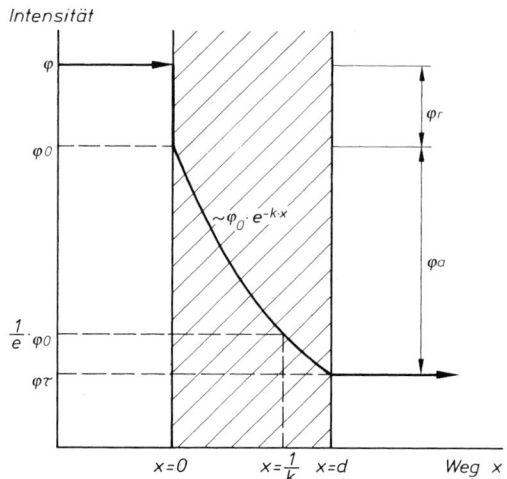

Bild 10.6 Lambertsches Absorptionsgesetz (nach *Vonderbrück*)
$\varphi$        auffallende Intensität
$\varphi_o$     eindringende Intensität
$\varphi_r$     reflektierende Intensität
$\varphi_\tau$  durchgelassene Intensität
$\varphi_a$     absorbierte Intensität
$\varphi_a/\varphi$ Absorptionsgrad
$k$        Absorptionskonstante

Ein von einem Lichtstrahl getroffener Körper wird einen Teil des Lichtes (vgl. Bild 10.6) reflektieren ($\rho$ Reflexionsgrad).
Der spektrale Reflexionsgrad ist

$$\rho_\nu = \frac{\varphi_{\nu\rho}}{\varphi_\nu} \tag{10.9}$$

Dies bedeutet den bei der Wellenzahl $\nu$ reflektierten Strahlungsfluss, bezogen auf den bei Wellenzahl $\nu$ eingestrahlten Strahlungseinfluss.
Der spektrale Absorptionsgrad

$$\alpha_\nu = \frac{\varphi_{\nu a}}{\varphi_\nu} \tag{10.10}$$

bedeutet den bei Wellenzahl $\nu$ absorbierten Strahlungsfluss, bezogen auf den bei Wellenzahl $\nu$ eingestrahlten Strahlungsfluss.
Der spektrale Transmissionsgrad

$$\tau_\nu = \frac{\varphi_{\nu\tau}}{\varphi_\nu} \tag{10.11}$$

Dies bedeutet den bei Wellenzahl $\nu$ durchgeflossenen, transmittierten Strahlungsfluss, bezogen auf den bei Wellenzahl $\nu$ eingebrachten Strahlungsfluss.
Diesen Zusammenhang verdeutlicht das Bild 10.6, das den Verlauf der Intensität eines Lichtstrahls beim Auftreffen und Durchtritt durch z. B. eine transparente oder transluzente Kunststoffplatte darstellt. Aus dem Bild wird auch ersichtlich,

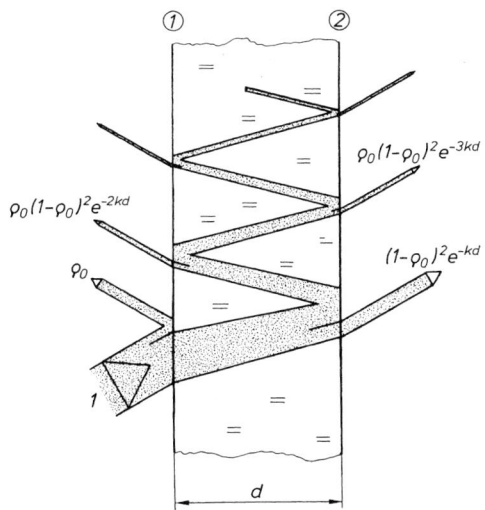

Bild 10.7 Reflexion und Transmission an einer planparallelen Platte

dass die Intensität bei der Dicke $d = 1/k$ auf den $e$-ten Teil der eingetretenen Intensität abgefallen ist.

Gleichzeitig wird erkennbar, dass immer ein Teil der auftreffenden Strahlintensität an der Oberfläche reflektiert wird. Reflexionen treten an jeder Oberfläche auf, die der Strahl trifft. Dies mag man dem Bild 10.7 entnehmen, das diese Erscheinung an einer planparallelen Platte darstellt.

Das Reflexionsvermögen ist eine reine Stoffgröße und beschreibt den reflektierten Anteil, der bei der Bestrahlung eines halbunendlichen Körpers entsteht (einmalige Reflexion). Das Reflexionsvermögen kann nach der *Beer*schen Formel als Funktion der optischen Konstante $n$ (Brechungsindex) und $\varkappa$ (Absorptionsindex) berechnet werden:

Reflexions- vermögen

$$\rho_0 = \frac{(n-1)^2 + \varkappa^2}{(n+1)^2 + \varkappa^2} \qquad (10.12)$$

Darin ist $\varkappa = k/(4\pi v)$.

Daraus ergibt sich der Reflexionsgrad

$$\rho = \rho_0 (1 + \tau \cdot e^{-k \cdot d}) \qquad (10.13)$$

Ein Aufsummieren aller transmittierten Anteile in Bild 10.7 führt zu einer Reihe, aus deren Näherung man den Transmissionsgrad für die Plattendicke $d$ wie folgt entnehmen kann:

$$\tau = \frac{(1-\rho_0)^2 \cdot e^{-k \cdot d}}{1 - \rho_0^2 \cdot e^{-2k \cdot d}} \qquad (10.14)$$

Der Absorptionsgrad ergibt sich dann zu:

$$a = 1 - \tau - \rho \qquad (10.15)$$

## 10.5    Die Totalreflexion

Da der Strahl beim Eintritt in ein optisch dichteres Medium zum Lot und beim Austritt vom dichteren in ein optisch dünneres Medium vom Lot weg gebrochen wird (Bild 10.3), kommt es unter flachen Einfallswinkeln eines Strahls, der vom optisch dichteren Medium auf die Grenzfläche zum optisch dünneren Medium trifft, zur Totalreflexion. Sie hängt ebenfalls von den Brechungsindizes ab. Der Winkel, bei welchem Totalreflexion auftritt, beträgt

$$\sin \alpha_g = \frac{n_2}{n_1} \qquad\qquad (10.16)$$

mit $n_1$ = Brechungsindex des weniger dichteren Mediums, $n_2$ = Brechungsindex des dichteren Mediums, $\alpha_g$ = Grenzwinkel zur Totalreflexion. In Bild 10.3 nähert sich der Winkel des einfallenden Strahls $\alpha \rightarrow 90°$. Wenn der Berechnungsindex $n$ von Medium 1 größer als der von Medium 2 ist, dann erreicht $\beta$ vor $\alpha$ 90°.

Dies ist eine für die Anwendung z. B. für Lichtleiter sehr wichtige Gesetzmäßigkeit. Ein in einem Lichtleiter (Platte oder vor allem Lichtleitfasern) eingetretener Strahl erleidet dank dieser Erscheinung keine Verluste durch Reflexion, denn der Strahl kann den Leiter erst wieder durch die Endfläche verlassen.

## 10.6    Glanz, Farbe und Trübung

Die im letzten Abschnitt behandelten Gesetzmäßigkeiten für die Reflexion von Lichtstrahlen gelten in dieser Form nur für absolut planparallele und ebene Oberflächen. Da technische Oberflächen nie ganz eben sind, entstehen unterschiedliche Reflexionen, sobald kritische Einfallswinkel vorliegen. Dies wird mit der als Glanz (ASTM D 523 bis 553 T) bezeichneten Eigenschaft von Kunststoffoberflächen ausgedrückt. Das reflektierte Licht weist dann eine um so breitere und flachere Verteilung auf, je größer die Rauigkeit ist. Das Maximum des reflektierten Lichtes liegt nach wie vor im Bereich Einfallswinkel = Ausfallwinkel (Bild 10.8). Man spricht auch von Trübung, die von der Rauigkeit der Oberflächen verursacht wird (Oberflächentrübung).

Unter Volumentrübung versteht man den Anteil des Lichts, das auf innere Streuzentren trifft. Deren Wirkung ist abhängig von Größe und Unterschied in ihrem Brechungsindex gegenüber dem reinen Kunststoff. Sie müssen größer sein, als die Wellenlänge des eingetretenen Lichtes und einen anderen Brechungsindex als die Matrix besitzen. Solche inneren Streuzentren sind beispielsweise Pigmentpartikel, die in Kunststoffe eingearbeitet werden, um sie einzufärben (Bild 10.9). Solche Streustellen sind auch Sphärolithe oder Ausscheidungen.

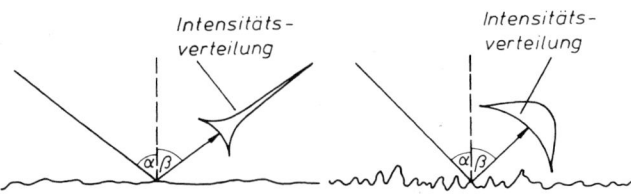

Bild 10.8   Reflexion an rauen Oberflächen

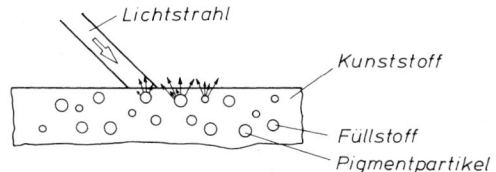

Bild 10.9 Reflexion an inneren Partikeln wie z. B. Pigmentremission in eingefärbten Kunststoffen

Der Reflexion an der Oberfläche überlagert sich somit Licht, das in den Werkstoff eingedrungen ist und dort an vorhandenen Streustellen reflektiert und remittiert wird. Da die meisten amorphen Kunststoffe im Bereich des sichtbaren Lichts keine spezifische Absorption zeigen, also keine Wellenlänge absorbiert wird, erscheinen sie – falls sie nicht eingefärbt sind – farblos. Manchmal besitzen sie jedoch auch eine Eigenfarbe, die von Verunreinigungen aus der Fertigung herrühren, die als Streuzentren wirken.

*Streuung, Remission, (Farb-) Pigmente, Rauigkeit*

Durch den Zusatz löslicher Substanzen, aber auch durch Veränderung des molekularen Aufbaues, z. B. auch bei langzeitiger Lichteinwirkung als Alterungserscheinung, kann die Farbe verändert werden bzw. sich die Transparenz (Durchlässigkeit) vermindern.

Glanz und Farbe sind somit keine eindeutig physikalisch definierte Größen, sondern durch das menschliche Auge, also subjektiv aufgenommene Erscheinungen. Sie sind nur mit einer Reihe von unterschiedlichen Messmethoden einigermaßen beschreib- und vergleichbar. Daher entstehen gerade über diese nicht präzise bestimmbaren Erscheinungen von Kunststoffoberflächen z. B. bei Karosserieteilen Definitionsschwierigkeiten zwischen Lieferanten und Abnehmern.

Es wird zudem von dem Verändern der Absorption bei bestimmten Wellenlängen durch Hinzufügen bestimmter Substanzen vielfältiger Gebrauch gemacht. So lassen z. B. bestimmte handelsübliche PMMA-Sorten den gesamten, im Sonnenspektrum vorhandenen UV-Anteil durch. Die für Sterilisationen besonders aktiven Wellenlängen von 270 nm bis 315 nm werden von dünnen Filterscheiben nur gering absorbiert, was für spezielle Fenster solcher Sterilisationsanlagen erforderlich ist. Durch Zusatz von Absorbern kann jedoch der Bereich nahezu beliebig eingeengt werden.

*UV-Filterung*

Durch Zusätze, die in dieser Weise wirken, wird im Übrigen auch der Kunststoff selbst gegen den Abbau durch energiereiche UV-Strahlung geschützt (so genannte Lichtstabilisatoren).

Besonders hohe Lichttransmission wird von Lichtleitern, also z. B. Glasfasern und Fasern aus hochreinem PMMA erwartet. Lichtleitfasern aus Glas absorbieren so wenig Licht, dass erst nach 3 000 m ein Abfall der Intensität auf 50 % festzustellen ist. Die besten Polymer-Lichtleitfasern sind demgegenüber sehr viel schlechter. Eine merkliche Verbesserung erreicht man durch die Substitution der Wasserstoffatome der Monomere durch Fluoratome, was Bild 10.10 an drei Polymeren zeigt, bei denen in zunehmendem Maß die H-Atome durch F-Atome substituiert wurden.

Die Vorteile von polymeren Lichtleitfasern gegenüber denjenigen aus Glas sind leichtere Verarbeitung, insbesondere Verbindungstechnik, niedrigere Herstellkos-

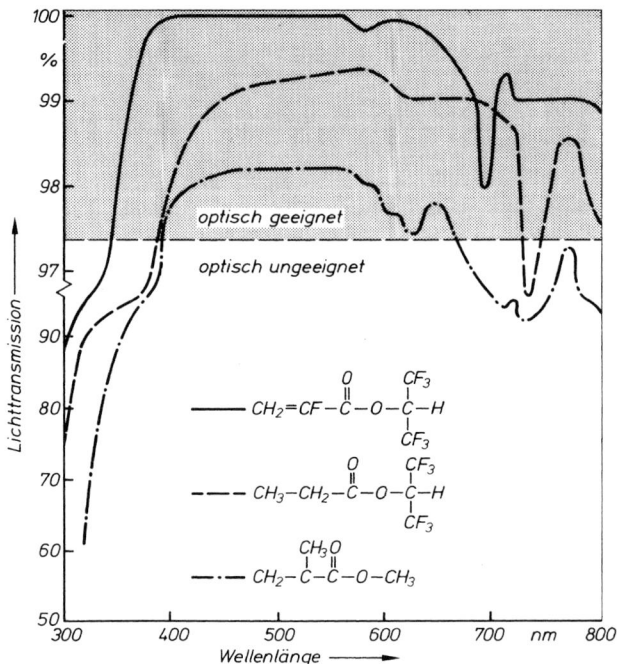

Bild 10.10 Einfluss der Änderung von Substituenten an der Molekülkette auf die Transmission des Lichtes am Beispiel von PMMA bei welchem H-Atome gegen F-Atome ausgetauscht wurden (Quelle: Hoechst)

ten und vor allem Unempfindlichkeit gegen mechanische Einflüsse (Vibration) unter denen Lichtleitfasern aus Glas brechen können.

> **Durch Zusätze können Absorption und Transmission eines Kunststoffs gezielt eingestellt werden.**

## 10.7   Einfärben von Kunststoffen

Die Einfärbung kann bei Kunststoffen in zweierlei Weise erfolgen.

Farbstoffe und Farbpigmente
- Man löst einen Farbstoff in dem Kunststoff. Das ist jedoch eine nur selten praktisch genutzte Methode. Sie wird im Wesentlichen nur bei Synthesefasern angewendet.
- Man verteilt im Kunststoff möglichst gleichmäßig Farbpigmente. Das sind Partikel in Form von Kristallen, die Lichtstrahlen so brechen und reflektieren, dass aus Tageslicht ganz bestimmte Spektralfarben erzeugt werden. Diese Pigmentkörner haben eine Größe zwischen 0,1 µm und 1 µm (Pigmentremission, s. Bild 10.11 links).

Zusatz von Pigmenten
Die Pigmentremission hat ihre größte Intensität, wenn man die Fläche in Richtung ihrer Normalen betrachtet, unabhängig vom Einstrahlwinkel. Da die meisten

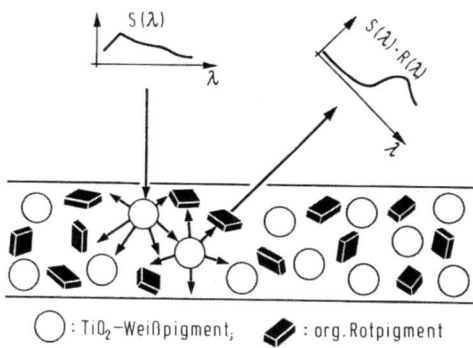

Bild 10.11 Pigmentremission in Kunststoffen

Kunststoffe transparent bzw. transluzent sind – das meint mehr als 30% Trübung – und im Allgemeinen zu dünnwandigen Gegenständen verarbeitet werden, lassen sie sich mit Hilfe von Pigmenten, d. h. organischen oder anorganischen Partikeln von transluszent über opak bis deckend einfärben. Dabei hängt die Farbe allerdings stark ab von der Dicke, von der Pigmentverteilung und der Größe der Pigmentpartikel, d. h., von der Verarbeitung. Bei verschiedenen Dicken sind, wenn man gleiche Farbe erhalten will, unterschiedliche Rezepturen notwendig. Da Pigmente bei spezifischen Temperaturen ihre Reflexion verändern – meist durch Schmelzen der Partikel und damit Änderung der Gestalt –, muss bei der Verarbeitung besonders auf die Temperaturbeständigkeit der Partikel geachtet werden. Zudem müssen die Pigmente sich mit dem Polymer als verträglich erweisen. Voraussetzung für gleiche Farbe sind dann noch gleiche Oberflächen, denn die vom menschlichen Auge erkannte Farbe ist nicht nur von den Partikeln abhängig, sondern wird in starkem Maß auch von der Rauigkeit der Oberfläche mitbestimmt. Daher bedeutet die Einstellung einer ganz bestimmten Farbe immer einen erheblichen Aufwand.

Glanzmessungen werden in der Regel mit Goniophotometern ausgeführt (vgl. Bild 10.12). Die Probe wird mit weißem Licht bestrahlt. Der Beleuchtungswinkel ist zwischen 0° und 70° wählbar, der Beobachtungswinkel ebenfalls zwischen 0° und 70°. Zur Messung wird der Beleuchtungskollimator auf einen festen Wert (z. B. 45°) eingestellt. Die Helligkeit des Beleuchtungsflecks ist durch eine Aperturblende variierbar, der kleinste Aperturwinkel beträgt 0,25°. Sodann fährt der

Glanz

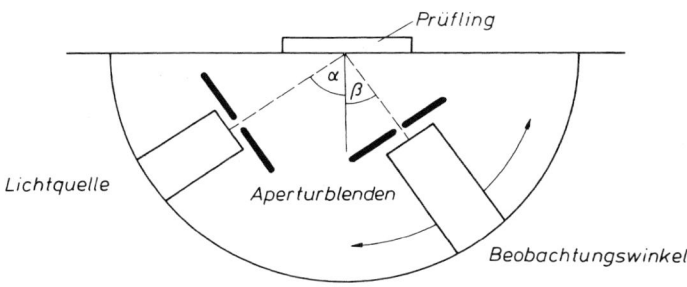

Bild 10.12 Goniophotometer

Messkollimator motorisch den Bereich $\beta = 0°$ bis $70°$ ab, die Intensität wird von einem x-y-Schreiber mit geschrieben.

Geeicht wird das Gerät mit einem Schwarzstandard. Dies ist ein schwarz eingefärbtes, auf Hochglanz poliertes Glas. Für diesen Standard wird die maximal reflektierte Lichtintensität gleich 100 % gesetzt, sodass der später gemessene Glanz durch die dimensionslose Größe

$$G = \frac{I_{\max \, Probe}}{I_{\max \, Standard}} \cdot 100 \tag{10.17}$$

ausgedrückt wird.

> **Mit Pigmenten lässt sich die Farbe des Kunststoffs präzise einstellen.**

## 10.7.1  Farbmessung

Neben Rauigkeit und Glanz wird die Oberfläche eines Gegenstands maßgeblich von seiner Farbe geprägt. In vielen Fällen werden hohe Anforderungen an die farbliche Konstanz gestellt, zu deren Überprüfung Messgeräte erforderlich sind. Genauso wie bei einem Farbfernseher jede Farbe aus Kombinationen der drei Farben Rot, Grün und Blau zusammengesetzt werden kann, lässt sich dieser Vorgang zum Zwecke einer Farbmessung umkehren. Hierbei wird die Farbe mittels handelsüblicher Spektralphotometer gemessen.

Moderne Farbmessgeräte zur genauen Bestimmung der Normfarbwerte X, Y, Z sind Spektralphotometer so wie sie hier beispielhaft in Abb. 10.13 dargestellt sind. Das Innere der Ulbricht-Kugel hat eine diffus streuende, matt-weiße Beschichtung. Die Xenon-Lampe mit einem Normtageslichtfilter (D65) blitzt kurz in die Kugel, damit eine Erwärmung der Probe verhindert wird. Zwei Strahlen werden aufgenommen, ein Referenzstrahl, der das Farbspektrum neben der Probe durchläuft und ein Probenstrahl, dessen Spektrum mit dem des Referenzstrahls verglichen wird.

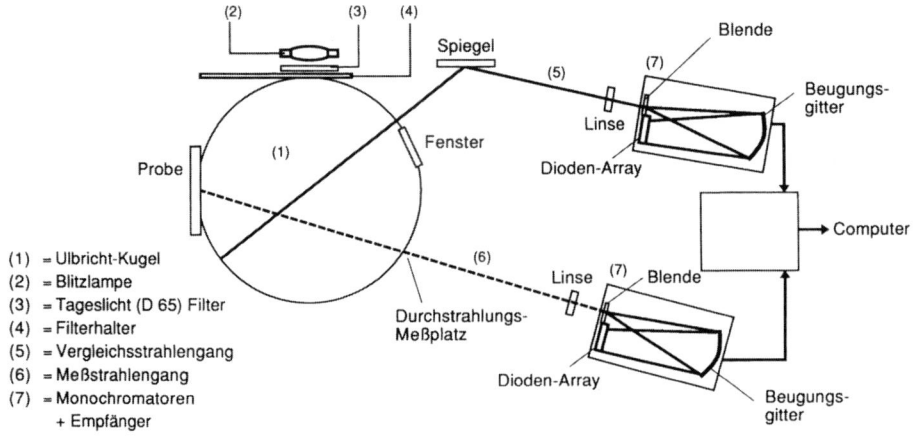

(1) = Ulbricht-Kugel
(2) = Blitzlampe
(3) = Tageslicht (D 65) Filter
(4) = Filterhalter
(5) = Vergleichsstrahlengang
(6) = Meßstrahlengang
(7) = Monochromatoren
    + Empfänger

Bild 10.13  Spektralphotometer

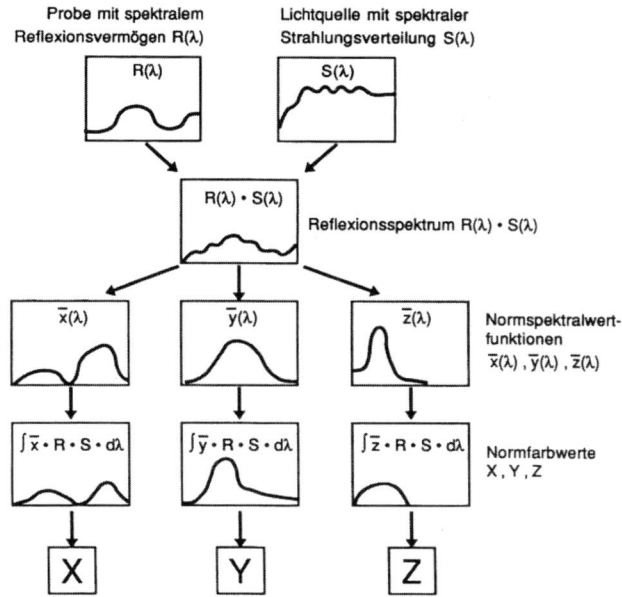

Bild 10.14 CIE Farbmetrik – Objektive Farbmessung nach Normbeobachter

Zur Aufnahme der beiden Spektren werden Beugungsgitter als Monochromatoren verwendet, um damit jede Wellenlänge des Spektrums einzeln zu vermessen. Das gesamte Spektrum wird während der Messung in einigen Sekunden durchfahren. Der Vergleich durch Differenzbildung sowie die Berechnung der X-, Y-, Z-Werte erfolgt im Rechner nach dem in Abb. 10.14 beschriebenen Verfahren.

Das Spektrum wird üblicherweise zwischen 380 und 780 nm, also im gesamten sichtbaren Bereich mit einer Genauigkeit von 0,15 nm abgetastet. Dies ermöglicht eine genauere Messung als der Mensch wahrnehmen kann. Für eine Vergleichsmessung zweier Proben sollten beide die gleiche Oberflächenbeschaffenheit aufweisen.

Die gemessenen Intensitäten werden bezeichnet mit

$X$ = Rot,
$Y$ = Grün,
$Z$ = Blau.

Zur graphischen Darstellung der Farbe der Probe könnte man die X-, Y-, Z-Werte direkt in einen dreidimensionalen Farbraum eintragen. Übersichtlicher wird die Darstellung jedoch, wenn man zunächst Norm-Farbwerte $x$, $y$ bestimmt:

$$x = \frac{X}{X + Y + Z} \tag{10.18}$$

$$y = \frac{Y}{X + Y + Z} \tag{10.19}$$

Trägt man nun in einem rechtwinkligen Koordinatensystem diese beiden „Norm-Farbwertanteile" $x$ als Abszisse und $y$ als Ordinate alle Farbarten ein, so entsteht das CIE-Farbdreieck (Norm-Farbtafel nach DIN 5033, Bild 10.15).

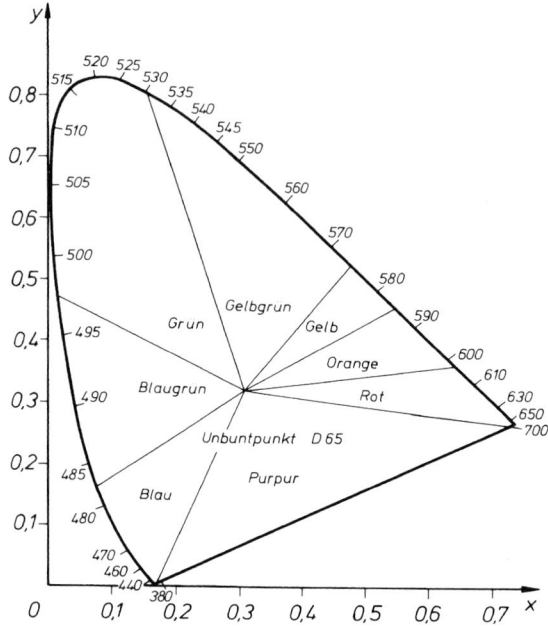

Bild 10.15  Die CIE-Farbtafel

Die Herstellung eines Farbrezeptes ist heute dank des Einsatzes von Rechnern mit geeigneten Programmen etwas einfacher geworden. Trotzdem ist damit jedoch stets ein gewisser Aufwand in Form von Messungen, z. B. der Vorlage, von Mischungen, Kontrollmessungen bis zur Übereinstimmung, verbunden. Die Einstellung der Farbe erfolgt über „subtraktive Farbmischung".

> **Mit Spektralphotometern wird eine Farbmessung ermöglicht, die genauer ist als das menschliche Auge wahrnehmen kann.**

## 10.8    Die Anwendung der Infrarotstrahlung in der Kunststoffindustrie

### 10.8.1  Infrarotspektroskopie

*Infrarot-spektroskopie misst Resonanz-schwingungen*

Die Infrarotspektroskopie arbeitet auf der Basis der Absorption einzelner Frequenzen. Die im infraroten Bereich bei manchen Frequenzen besonders starke Absorption des Lichts kommt dadurch zustande, dass in diesem Bereich einzelne Moleküle und Molekülgruppen ihre Eigenfrequenzen besitzen und zu Resonanzschwingungen angeregt werden. Die dafür verbrauchte Energie führt zur Auslöschung dieser Frequenz im austretenden Strahl; im Spektrum als „Bande" bezeichnet. (Es sind stets verschiedene Anregungszustände – Rotation, Deformation – sodass die Banden über einen gewissen Frequenzbereich sich erstrecken). Ein so im mittleren Infrarotbereich zwischen 2,5 µm und 25 µm aufgenommenes

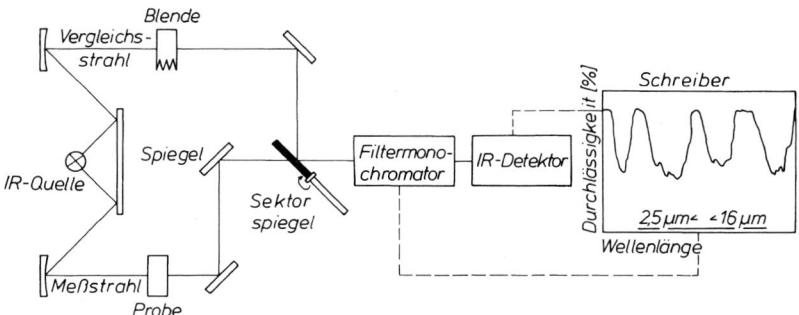

Bild 10.16 Prinzip des Infrarotspektrometers zur qualitativen Bestimmung von molekularen Bausteinen durchstrahlter Polymerer

Spektrum (Bild 10.18) ist daher ganz typisch ein Fingerabdruck der Zusammensetzung des betreffenden Stoffes. Die Infrarotspektroskopie ist daher heute die wohl wichtigste Messmethode zur Analyse der Zusammensetzung.

Eine Messbrücke zur Messung der Infrarotabsorption (Bild 10.16) besteht im Wesentlichen aus einer Lichtquelle, deren Emissionsfrequenz kontinuierlich den gesamten Bereich überstreichen kann oder auf eine beliebige Frequenz einstellbar ist. Dieser Strahl wird geteilt, sodass der eine Teilstrahl die Probe passieren muss. Der zweite Teilstrahl dient als Referenzstrahl. Ein Intensitätsvergleich beider Strahlen liefert eine elektrische Anzeige, die – über der Frequenz aufgeschrieben – das so genannte Absorptionsspektrum ergibt.

Es gibt vier Möglichkeiten, die Messungen vorzunehmen

- an Folien < 0,25 mm Dicke,
- der zu untersuchende Kunststoff wird pulverisiert und mit einem neutralen Stoff, meist Kaliumbromid, gemischt und zu einer Pille gepresst,
- der Kunststoff oder seine Schmelze bzw. Lösung wird in optischen Kontakt mit einem Kristall gebracht (ATR-Technik), den eine mehrfach gebrochene Infrarotwelle durchläuft und dabei auch in den Kunststoff oberflächlich eindringt.

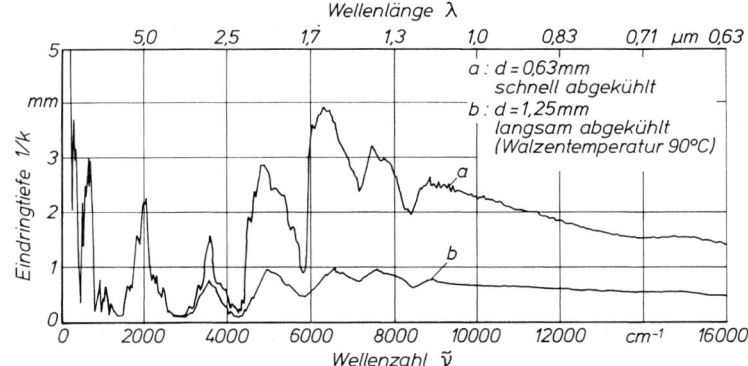

Bild 10.17 Eindringtiefe der Infrarotstrahlung beim Heizen von Tafeln aus PP mit unterschiedlichen Gefügen (*d* Sphärolithdurchmesser)

- Der Kunststoff wird gelöst und auf einen Metallspiegel als dünner Film aufgetragen und der reflektierte Strahl ausgewertet.

Man kann mit der Infrarotspektroskopie quantitative z. B. auch den Abbau durch Bewitterung über die Zunahme der Absorptionsbande der COOH-Gruppe oder die Wasseraufnahme durch Verfolgung von der Wasserbande über der Zeit verfolgen.

Mit der ATR-Methode lassen sich Reaktionsvorgänge über der Reaktionszeit in Schmelzen usw. verfolgen.

> **Die Infrarotspektroskopie ist zu einer der wichtigsten Methoden zur Bestimmung von Kunststoffen geworden.**

## 10.8.2  Aufheizung

Aufheizung durch Infrarotstrahlung ist bei manchen Verarbeitungsverfahren eine gerne benutzte Erwärmungsmethode. In erster Linie werden Tafeln und Folien vor Umformvorgängen hierdurch erwärmt (Diss. *Weinand*). Ergänzend zum Grundsätzlichen der Strahlungsabsorption in Abschnitt 10.3 seien hier einige spezielle Hinweise gegeben.

Sphärolithe absorbieren

Man kann von Pigmenten und Sphärolithen erwarten, dass sie infolge geringerer Transparenz auch die Absorption erhöhen werden. Bild 10.17 zeigt, in welch starkem Maße die Absorption durch große Sphärolithe (langsam abgekühlt) bei Wellenzahlen $\nu > 5000 \, \mathrm{cm}^{-1}$ zunimmt, was aber für die üblicherweise mit $1000 \, °\mathrm{C}$ arbeitenden Strahler nicht mehr wirksam ist.

Ähnlich ist eine Einfärbung (vgl. Bild 10.18) nur im Falle deckend weißer Einfärbung für übliche Infrarotstrahler mit $1000 \, °\mathrm{C}$ stark absorbierend, d. h., die Strahlung dringt nur noch wenig in das angestrahlte Material ein.

Schließlich vergleicht Bild 10.19 die Gesamtabsorption einer 1 mm dicken Folie verschiedener Kunststoffe und Einfärbungen. Man entnimmt dem Bild, dass sich offensichtlich bei einer Strahlertemperatur von 1200 K für alle Kunststoffe gleiche Absorptionen ergibt.

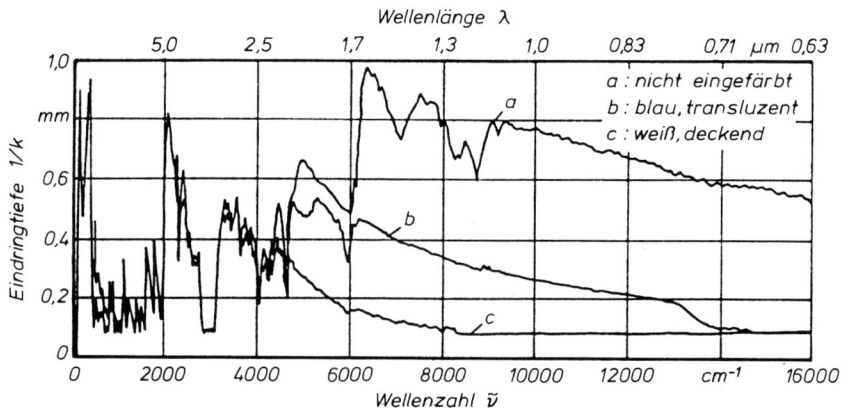

Bild 10.18 Eindringtiefe der Infrarotstrahlung beim Heizen von Tafeln aus Polystyrol mit unterschiedlicher Einfärbung

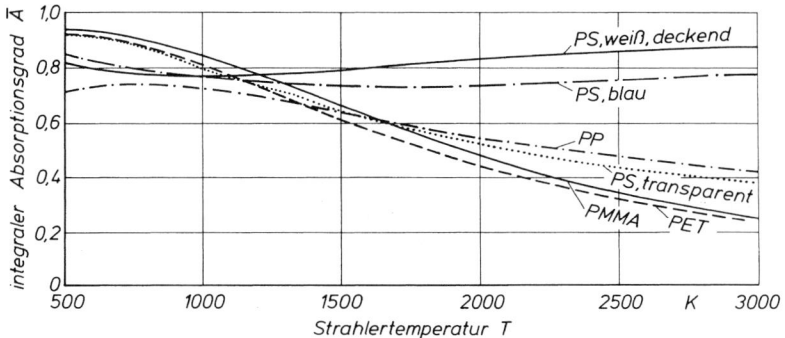

Bild 10.19 Integraler Absorptionsgrad bei unterschiedlichen Kunststoffen

## 10.8.3 Berührungslose Temperaturmessung von Kunststoffoberflächen

Die berührungslose Messung der Temperatur eines erwärmten Körpers mit Hilfe von Infrarotkameras hat für die Fertigung in Kunststoffbetrieben eine große Bedeutung. Die Strahlungsmessung beruht auf dem *Stefan-Boltzmann*schen Gesetz für das Gesamtemissionsvermögen:

$$L_{TS} \approx T^4 \tag{10.20}$$

für den absolut schwarzen Körper. Für einen nicht schwarzen Strahler ist

$$L_{TS} \approx \varepsilon \cdot T^4 \tag{10.21}$$

Darin nimmt $\varepsilon$ folgende Werte ein: $\varepsilon = 1$ für schwarze Strahler und für alle anderen Strahler $\varepsilon < 1$.

Weiterhin gilt das *Kirchhoff*sche Gesetz, wonach sowohl für die Gesamtstrahlung als auch die spektrale Strahlung Absorption $\alpha_{\nu T}$ und Emission $\varepsilon_{\nu T}$ identisch sind:

$$\varepsilon_{\nu T} = \alpha_{\nu T} \tag{10.22}$$

sofern der Körper nicht transparent ist. Somit würde gelten

$$\varepsilon_\nu = 1 - \alpha_\nu - \rho_\nu \tag{10.23}$$

d. h., man muss noch $\tau_\nu$ und $\rho_\nu$ kennen oder eliminieren. Die Transmission kann in der Regel, d. h. wenn die Folien nicht zu dünn sind, dadurch eliminiert werden, indem man bei einer Wellenlänge misst, bei welcher der Kunststoff stark absorbiert, d. h., in seinem Spektrum eine starke Bande besitzt. Dazu setzt man in die Strahlungsmessgeräte – Bolometer, die als Pyrometer bezeichnet werden – schmalbandige Filter ein, die eine der üblicherweise benutzten Banden heraus filtern. Es sind dies entweder $\lambda = 3{,}43$ µm (die $CH_2$-Bande) oder $\lambda = 6{,}8$ µm $+/-0{,}15$ µm ($CH_3$-Bande) oder $\lambda = 8{,}05$ µm (C−OC-Bande). *(Randnotiz: Strahlungsmessprinzip)*

Für den Reflexionsanteil kann man bei Kunststofffolien in erster Näherung den Reflexionsgrad konstant mit 0,05 ansetzen. Man macht auch keinen Fehler, wenn man unter einem Winkel kleiner als 40° vom Lot auf die Messfläche abweicht. Geeicht wird die Kamera mit einem auf verschiedene Temperaturen einstellbaren

schwarzen Strahler, dessen Temperatur wiederum mit einem Quecksilberthermo-
meter gemessen wird.

## 10.9  Doppelbrechung

Die Lichtgesetze gehen zunächst davon aus, dass die Lichtgeschwindigkeit in den
durchstrahlten Medien in allen Richtungen gleich, d. h., diese optisch isotrop
sind. Je nach Herstellung können aber auch in den an sich optisch isotropen,
amorphen Kunststoffen (organische Gläser) die Moleküle mehr oder weniger ausgerichtet sein, sodass in verschiedenen Richtungen sich die Lichtgeschwindigkeit
unterscheidet, der Kunststoff optisch anisotrop ist und der Brechungsindex andere
Werte einnimmt. Bei einigen amorphen Kunststoffen ist die Empfindlichkeit so
groß, daß bereits elastische Deformationen zur Anisotropie führen, ein Effekt, der
bei der „Spannungs-Doppelbrechung" benutzt wird. Auch Kristalle sind fast immer optisch anisotrop, so auch die in den teilkristallinen Kunststoffen. Da weder
das menschliche Auge noch photoaktive Emulsionsschichten auf die Polarisation
reagieren, benötigt man Polarisationsfilter.

polarisiertes  Man kann diese Anisotropien sichtbar machen, wenn man den Kunststoff mit
Licht  linear polarisiertem Licht, (d. h. Licht, das nur in bestimmten Ebenen schwingt)
durchstrahlt. Die einfallende, polarisierte Lichtwelle pflanzt sich somit unterschiedlich schnell in den Stoffbereichen verschiedenen Zustandes fort, sodass die
austretenden Lichtstrahlen eine Phasenverschiebung aufweisen. Wird dann dieser
Strahl durch einen weiteren Polarisationsfilter (genannt Analysator) geleitet, dann
kommt es zur Aufteilung des Lichtstrahls, sodass die Phasendifferenzen infolge
Interferenz direkt sichtbar werden. d. h. Auslöschung, wenn die Phasendifferenz
$\varphi = Z \cdot 2\pi$, $Z = 0, 1, 2, 3$ beträgt.

In Bild 10.20 ist eine optische Bank schematisch dargestellt, wie sie benutzt wird,
um solche Anisotropien sichtbar zu machen.

Die Spannungsdoppelbrechung wird häufig für die Spannungsanalyse komplizierter Bauteile des Maschinenbaus benutzt. Hierzu fertigt man einen Modellkörper

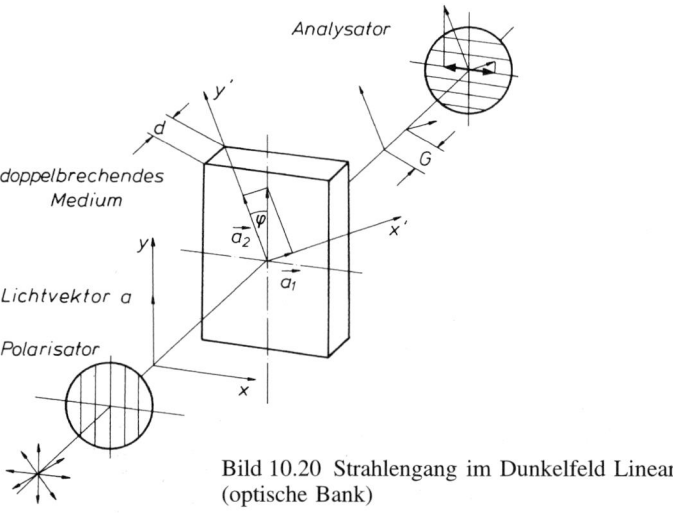

Bild 10.20 Strahlengang im Dunkelfeld Linear Polariskop
(optische Bank)

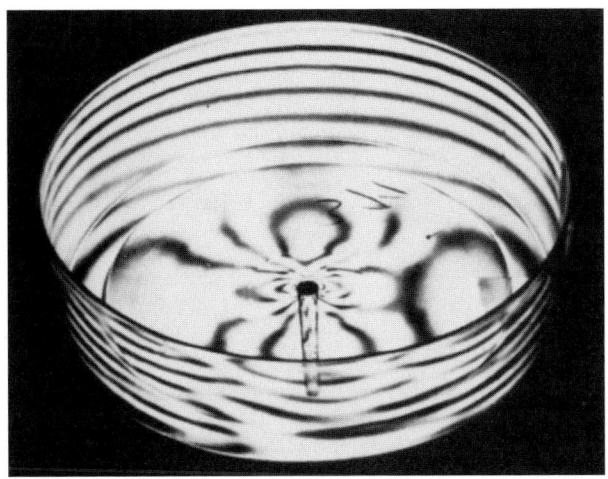

Bild 10.21 Sichtbarmachen von Orientierungen in einer gespritzten Schale aus transparentem Kunststoff mit Hilfe der Doppelbrechung

aus einem isotropen und spannungsoptisch aktiven, transparenten Thermoplasten oder Gießharz (PMMA oder Epoxidharz), der dem Querschnitt des zu analysierenden Bauteils entspricht. Unter Belastung zeigen sich dann in der optischen Bank Auslöschungen, d. h. schwarze Linien und Bereiche, aus denen man auf die Hauptspannungsdifferenzen und die Hauptspannungsrichtungen im belasteten Teil schließen kann.

Für die Kunststofftechnik von größerer Bedeutung ist die Orientierungsdoppelbrechung, weil dank ihr auf die Füllvorgänge, z. B. Herstellung eines Spritzgussteiles, und die dabei entstandenen Orientierungen geschlossen werden kann (vgl. Bild 10.21).

Bei der Beobachtung der Orientierungen stören die stets ebenfalls vorhandenen und aus der Abkühlung herrührenden Eigenspannungen (eingefrorene energieelastische Deformationen) im Allgemeinen nicht, da ihr Anteil sehr klein ist (einige Prozent).

> **Orientierungen und Spannungen sind Ursache für eine Doppelbrechung des Lichts.**

## 10.10   Lichtstreuung in Mehrphasenkunststoffen

Die Einlagerung von Kunststoffpartikeln anderer optischer Eigenschaften führt zur Verfärbung. So besitzen die mit Kautschukpartikeln schlagzäh gemachten ABS-Typen nichts mehr von der Transparenz des Polystyrols. Auch die teilkristallinen Thermoplaste, die in der Feinstruktur im allgemeinen Überstrukturpartikel, so genannte Sphärolithe, besitzen (vgl. Abschnitt 6.1.2), deren Durchmesser $(10 \text{ bis } 100) \cdot \lambda$ beträgt, sind allenfalls transluzent, bei größerer Dicke oder Kristallinität opak.

310 *10 Optische Eigenschaften*

Beim Warmrecken verschwindet die Opazität, da die Sphärolithe zerstört werden. Die Opazität ist daher kein Maß für die Kristallinität. Die Kristallinität braucht sich durch das Verstrecken nicht zu verändern. Ebenso führt schnelles Abkühlen zur Erhöhung der Transparenz, da die Sphärolith-Bildung entweder ganz unterdrückt wird oder sich nur sehr kleine Sphärolithe in der kurzen Zeit ausbilden können. Dies tritt z. B. in der Randschicht von Spritzgussteilen aus teilkristallinem Kunststoff, wie u. a. Polypropylen, ein. Bei anderen, sehr langsam kristallisierenden Kunststoffen hingegen ist auch amorphe Erstarrung möglich, wenn die Abkühlgeschwindigkeit zu groß wird (z. B. PET).

Lichtstreuung an
Sphärolithen

Die Beobachtung von Dünnschichten $< 20\,\mu$m unter dem Lichtmikroskop mit polarisiertem Licht, gestattet die Beobachtung der Überstrukturgefüge, wenn die Sphärolithe ausreichend groß sind. Infolge der unterschiedlichen Brechungszahlen in verschiedenen Richtungen der durchschnittenen Sphärolithe kommen charakteristische Bilder zustande, die nicht nur über die Wachstumsbedingungen (Geschwindigkeit, Bildungstemperatur) Aufschluss geben, sondern auch über die Art der Fertigung, wie homogene Aufschmelzung, Oxidation u. a. mehr.

Die Gefügeuntersuchungen mit dem Lichtmikroskop ist weiterhin aber auch sinnvoll bei gefüllten oder amorphen Kunststoffen, da hierbei die Verteilung und Zerteilung (Dispersion) von Füllstoffen kontrolliert, aber auch Orientierungen festgestellt werden können. So kann man durch Einwirkenlassen von fluoreszierenden Medien Risse usw. sichtbar machen oder – da im UV-Licht gewisse spezifische Absorptionen entstehen – aufschlussreiche Beobachtungen machen.

## Literatur zu Kapitel 10

Behrens, M.: Kontinuierliche Qualitätsprüfung bei der Kunststoffextrusion mittels optoelektronischer Verfahren. Diss., RWTH Aachen, 1995
Hecht, E.: Optik. Addison-Wesley, Bonn, München, 1989
Hensel H.: Orientierungsdoppelbrechung – ein Mittel zur Beurteilung der Anisotropie von Kunststoffen. Diss., RWTH Aachen, 1975
Hering, E.; Martin, R.; Stohrer, M.: Physik für Ingenieure. VDI-Verlag, Düsseldorf 1989
Kunze, R.: UV-angeregte Thermolumineszenz an Polymeren. Materialprüfung 35 (1993) 3
Meeten, G. H.: Optical Properties of Polymers. Elsevier Applied Science Publishers, London, New York, 1986
Peukert, H.: Spannungsoptische Untersuchungen an warmgerecktem Plexiglas. Kunststoffe 41 (1951) 5, S. 154–160
Philipp, M.: Entwicklung und Einsatz automatisierter optischer Inspektionssysteme in der Kunststofftechnik. Diss., RWTH Aachen, 1994
Philipps, J.: Methoden der schnellen Echtzeitbildverarbeitung zur Detektion von Oberflächenfehlern im Extrusionsprozess. Diss., RWTH Aachen, 1999
Weinand, D.: Modellbildung zum Aufheizen und Verstrecken beim Thermoformen. Diss., RWTH Aachen, 1987
Wienke, D.; Van den Broek, W.; Melssen, W.; Buydens, L.; Feldhoff, R.; Huth-Fehre, T.; Kantimm, T.; Winter, F.; Cammann, T.: Near-infrared imaging spectroscopy (NIRIS) and image rank analysis for remote identification of plastics in mixed waste. Springer Verlag, Fesenius J Anal Chem 354 (1996), S. 823–828

# 11 Akustische Eigenschaften

Elastische Wellen in deformierbaren Medien werden meist als Schall bezeichnet. In festen Medien treten sie als Longitudinal- oder Transversalwellen auf. Dünne Platten oder Stäbe können auch zu Biegeschwingungen angeregt werden (vgl. Bild 11.l). In Flüssigkeiten und Gasen gibt es nur Longitudinalwellen weil dort keine Schubkräfte übertragen werden können.

Das akustische Verhalten der Kunststoffe ist von erheblicher praktischer Bedeutung. In der Fertigung werden Kunststoffe, wie z. B. Rohre und dicke Platten, heute durch Ultraschall im Hinblick auf Lunker oder andere Fehler untersucht. Das Gleiche gilt für die Schweißnähte von großen Kanalrohren.

In vielen Anwendungen dienen Kunststoffe als Isolation gegenüber Schallemissionen. Wichtige Anwendungen im Bauwesen sind schon seit Jahrzehnten die Trittschalldämmungen in Form von Platten aus Polystyrolschaumstoff, die in Fußböden unter den Estrich eingebaut werden, um in Häusern, deren Decken aus Beton hergestellt worden sind, die Übertragung von Schrittgeräuschen zu eliminieren.

wichtige Anwendungen

Autokarosserien werden ebenfalls schon seit Jahrzehnten mit Verbundblechen an den Stellen ausgerüstet, wo sie durch Schallwellen zu Biegeschwingungen angeregt werden. Kunststoffe, vor allem in elastomerer Form, die in oder auf die Stahlbleche laminiert sind, dämpfen die Biegeschwingungen und verhindern die Schallweitergabe weitgehend.

In vielen Bereichen der technischen Akustik spielen Polymerwerkstoffe, oft in geschäumter Form, für die Schwingungsisolation und die Schalldämmung eine wichtige Rolle. Das gilt in besonders großem Maß für Automobile, wo sowohl im Innenraum, wie im Motorraum Schaumkunststoffe als Luftschallabsorber und für die Verminderung der Schallemissionen eingesetzt werden.

Schall ist eine mechanische Schwingung eines Mediums (fest, flüssig oder gasförmig)

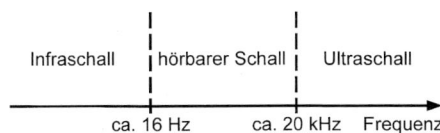

Beispiele für Wellenformen:

| Typ | Wellenform |
| --- | --- |
| reine Longitudinalwelle | |
| reine Transversalwelle | |
| Biegewelle | |

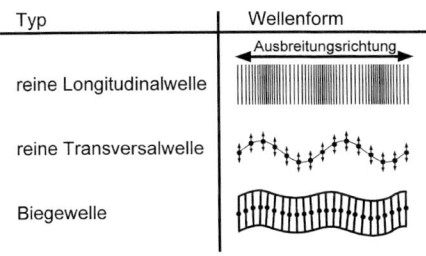

Bild 11.1 Erscheinungsformen des Schalls

Für Kunststoffe müssen somit zwei Schallerscheinungen besonders beachtet werden, das ist einerseits der Körperschall, d. h. die Fortpflanzung von mechanischen Wellen in Kunststoffen und andererseits die Aufnahme oder Weitergabe von mechanischen Schwingungen aus angrenzenden Medien, vor allem aus Luft. Der Luftschall ist die wichtigste Form von Schallwellen, weil das menschliche Ohr ein sehr sensibles „Messgerät" für diese Wellen darstellt.

## 11.1    Akustische Eigenschaften von Polymerwerkstoffen

physikalische
Grundgesetze
Für die Abschätzung der Fortpflanzung von mechanischen Schwingungen in Kunststoffen ist die Dehnwellengeschwindigkeit (Longitudinalwellengeschwindigkeit) sehr wichtig. Für den einachsig beanspruchten Stab bestimmt sie sich zu:

$$c_D = \sqrt{\frac{E}{\varrho}} \qquad (11.1)$$

Für die Transversalwellengeschwindigkeit gilt:

$$c_T = \sqrt{\frac{G}{\varrho}} \qquad (11.2)$$

Darin bedeuten $E$ Elastizitätsmodul des Werkstoffs, $G$ Schubmodul des Werkstoffs, $\varrho$ Dichte des Werkstoffs.

In ausgedehnten Körpern sind die Dehnwellen nur um 5 % größer als in Stäben, so dass die Gleichungen (11.1 und 11.2) für Abschätzungen in allen Fällen ausreichen.

Die Schallgeschwindigkeit in Kunststoffen hängt somit direkt mit dem Elastizitätsmodul zusammen, sodass man hieraus weiterhin ableiten kann, dass sie um Größenordnungen kleiner ist als bei Metallen, vor allem als bei Stahl vgl. Tabelle 11.1.

Die Schallgeschwindigkeit in Kunststoffen muss man für einen eventuellen Ein-

Tabelle 11.1 Modul und Schallgeschwindigkeit in Abhängigkeit vom Phasenzustand

|  | Modul [N/mm²] | Wellengeschwindigkeit [m/s] |
|---|---|---|
| *Glaszustand*, $\mu = 0{,}3$ | | |
| Elastizitätsmodul | $E \approx 10^3$ bis $10^4$ | $c_D \approx 2000$ |
| Schubmodul | $G = \dfrac{E}{2(1+\mu)} \approx 3{,}8 \cdot (10^2 \text{ bis } 10^3)$ | $c_T \approx 1000$ |
| *Gummielastischer Zustand*, $\mu = 0{,}5$ | | |
| Elastizitätsmodul | $E \approx 1$ bis $10^2$ | $c_D \approx 10$ bis $400$ |
| Schubmodul | $G \approx \dfrac{E}{2 \cdot (1+0{,}5)} \approx \dfrac{E}{3}$ | $c_T \approx 6$ bis $200$ |

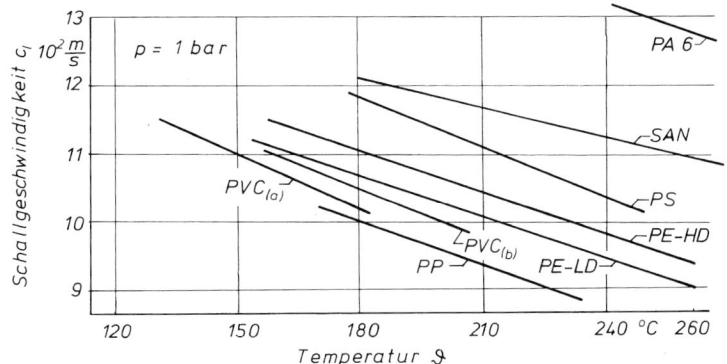

Bild 11.2 Schallgeschwindigkeit in Polymerschmelzen in Abhängigkeit von der Temperatur der Schmelze

satz von Ultraschall z. B. in Schmelzen kennen. Es leitet sich direkt aus Gleichung (11.1) ab, dass sie hier mit zunehmendem Druck, also größerer Dichte, etwas zunehmen wird (ca. 10 %/100 bar). Der Einfluss der Schmelztemperatur ist demgegenüber wesentlich größer, wie dies Bild 11.2 zeigt.

Wichtig für die Beurteilung der Schallfortpflanzung können noch die Biegewellen von dünnen Platten sein, die durch das Auftreffen von Schallwellen aus einem angrenzenden Medium erzeugt werden. Für die Abschätzung gilt, dass sie sich um den Faktor

$$F = c_B c_D \sqrt{2 \cdot \pi \cdot f \cdot h} \qquad (11.3)$$

($c_B$ = Schallwellengeschwindigkeit, die durch Biegewellen erzeugt werden, $f$ = Frequenz der Schallwelle und $h$ = Dicke der angeregten Platte) von den Dehnwellengeschwindigkeiten unterscheiden.

Aus den Wellengeschwindigkeiten errechnen sich direkt die Wellenlängen $\lambda$ mit

$$\lambda = \frac{c}{f} \qquad (11.4)$$

Kunststoffe mit ihren viskoelastischen Eigenschaften weisen eine innere Dämpfung auf. Die Dämpfung von Schallwellen in Kunststoffen ist zum mechanischen Verlustfaktor $d$, bzw. dem tan $\delta$ oder einer der anderen Messgrößen für die Dämpfung proportional. (Siehe Abschnitt 6.2). Dies bedeutet, dass ein Teil der Schwingungsenergie in Wärme umgewandelt wird.

## 11.2 Dämmung und Dämpfung

Zur Reduzierung bzw. Abschirmung gegen den Weitertransport und das Eindringen von mechanischen Schwingungen gibt es grundsätzlich zwei physikalische Möglichkeiten; die *Dämmung* und die *Dämpfung*. Dies ist schematisch in Bild 11.3 dargestellt.

Bei der Dämmung wird die Ausbreitung der Schwingung durch Reflexion an Hindernissen eingeschränkt. Entscheidend für das Maß der Dämmung ist der An-

Dämmung und
Dämpfung

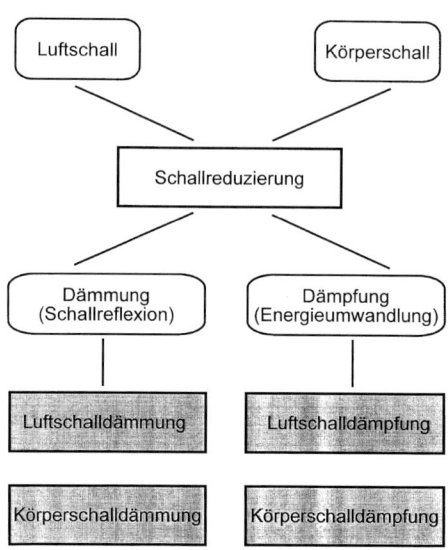

Bild 11.3 Gegenüberstellung der Möglichkeiten der Reduzierung von Schallfortpflanzung

teil der Energie, der in der Grenzfläche des Hindernisses reflektiert wird. Bei der Dämmung von Schall ist die Dichte des dämmenden Körpers die entscheidende Größe. Die Schallübertragung erfolgt über eine Deformation der Molekularstruktur, und schwere Moleküle leisten mehr Widerstand gegen eine Verformung. Das bedeutet, dass eine höhere Masse zu besseren Dämmeigenschaften führt. Dies ist schematisch in Bild 11.4 dargestellt.

Die spezifisch leichten Kunststoffe sind somit keine idealen Dämmstoffe. Man versucht dies aufzubessern, indem man beispielsweise die viskoelastische Be-

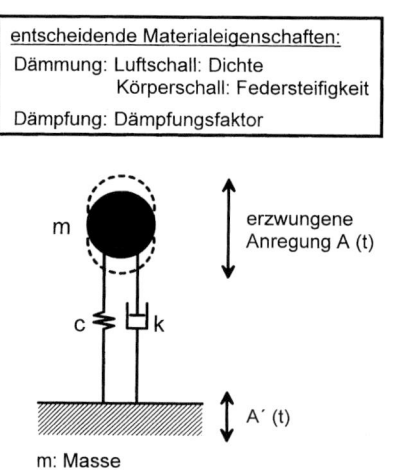

m: Masse
c: Federsteifigkeit
k: Dämpfungskonstante

Bild 11.4 Schematische Darstellung der Körperschalldämmung

schichtungsmasse, wie sie zum Entdröhnen benutzt wird, mit Schwerspatpulver füllt.

Die Kenngröße für die Reflexion ist das Verhältnis der Wellenwiderstände auch Kenn-Impedanz genannt. Für den Wellenwiderstand $Z$ gilt:

$$Z = c_D \cdot \rho \qquad (11.5)$$

und damit gilt für die Reflexion gegenüber dem angrenzenden Medium:

$$R = \frac{Z_{Kunststoff} - Z_{Umgebung}}{Z_{Kunststoff} + Z_{Umgebung}} \qquad (11.6)$$

Der Dämpfung liegt das Prinzip der Energieumwandlung in Wärme zugrunde. Hierfür maßgebend ist die Dissipation der einfallenden Schwingungsenergie in Wärme; eine passende Aufgabe für viskoelastische Polymerwerkstoffe in ihren verschiedenen Erscheinungsformen. Man unterscheidet bei Körpern, die mechanischen Schwingungen ausgesetzt sind, die Bereiche Verstärkung, Resonanz und Isolation (vgl. Bild 11.5). Starke Dämpfung führt zwar zu stark reduzierter Amplitude, im Resonanzbereich aber gleichzeitig auch zu einer verminderten Wirkung im Isolierbereich.

Für den technischen Einsatz ist das Auftreffen von Schallwellen auf eine Kunststoffoberfläche von besonderer Wichtigkeit, wobei es sich bei den angrenzenden Medien in erster Linie um Luft und gelegentlich (z. B. in Sanitärinstallationen) um Wasser handelt. Der Verlauf der Kurvenschar in Bild 11.5 zeigt, dass die übertragene Schallleistung stark von der Frequenz abhängt. Im Bild ist das Übertragungsverhalten über dem Frequenzverhältnis von Anregungsfrequenz und Eigenfrequenz aufgetragen. Resonanz entsteht, wenn die eingestrahlte Schwingung die gleiche Frequenz hat wie die Eigenfrequenz eines Bauteils. Die Eigenfrequenz ist eine Funktion der Geometrie. Man wird bei einer Konstruktion daher besonders darauf achten, dass der Resonanzbereich möglichst vermieden wird. Zum mindesten sollte man, wenn es sich nicht ganz vermeiden lässt, dann eine hohe Dämpfung, im Bild 11.5 durch den Parameter $D$ ausgedrückt, einbauen.

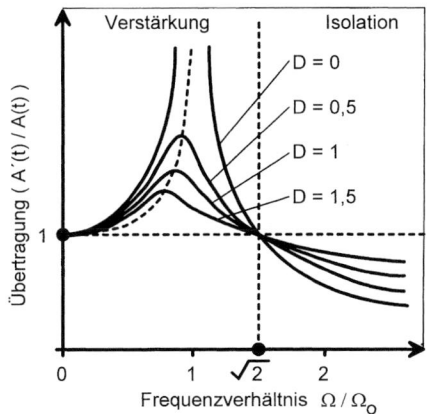

$\Omega_o$: Eigenfrequenz
$\Omega$: Anregungsfrequenz
D: Dämpfungsfaktor

Bild 11.5 Übertragung von Schallwellen in Funktion vom Frequenzverhältnis (eingestrahlte Frequenz zu Eigenfrequenz)

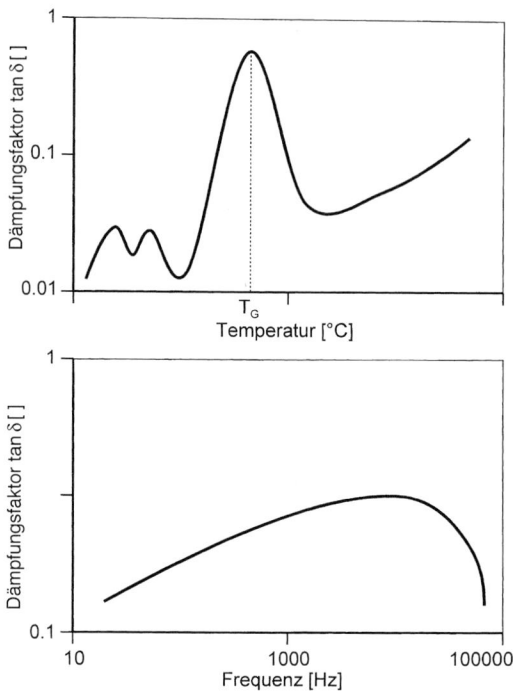

Bild 11.6 Abhängigkeit des Dämpfungs-(Verlust-)Faktors eines Polymerwerkstoffes (schematisch) von Temperatur und Frequenz

Das Übertragungsverhältnis wird vom Dämpfungsfaktor *D* entscheidend mitbestimmt. Dieser ist bei Kunststoffen abhängig vom Zustand, d. h. wie viskoelastisch der Werkstoff sich verhält. Aber auch diese Zusammenhänge sind komplex, denn der Dämpfungsfaktor von Polymerwerkstoffen ist sowohl von der Temperatur (Bild 11.6) als auch von der Belastungsfrequenz abhängig.

**Dämpfungsfähigkeit eines Polymerwerkstoffes**
Die Dämpfungsfähigkeit hängt stark vom molekularen Aufbau ab, deswegen wurde hier eine schematische Darstellung gewählt. Alle Polymerwerkstoffe verhalten sich jedoch in so weit gleich, als bei Erwärmung die Molekularstruktur von Kunststoffen verschiedene Zustände durchläuft, womit sich das viskoelastische Verhalten ändert. Bei niedrigen Temperaturen liegt der Kunststoff glasartig vor, die Moleküle sind gegeneinander unbeweglich, der Dämpfungsfaktor ist entsprechend niedrig. Der maximale Dämpfungsfaktor liegt im Glasübergangsbereich, hier ist der Verlustfaktor am größten. Mit weiter zunehmender Temperatur nimmt der Dämpfungsfaktor dann nur noch linear zu. Bei niedrigen Frequenzen ist der Dämpfungsfaktor klein, da die innere Reibung der Moleküle vernachlässigbar ist. Mit zunehmender Frequenz nimmt die innere Reibung und somit der Dämpfungsfaktor zu. Bei sehr hohen Frequenzen können die Moleküle der Deformation nicht mehr folgen, sodass der Dämpfungsfaktor wieder abfällt.

Im Bild 11.7 sind für einige Kunststoffe Dämpfungsfaktoren dargestellt, die nach DMTA im Biegeschwingungsversuch ermittelt wurden. Die Lage und die Höhe des Dämpfungsmaximums sind von der Art des Kunststoffes bestimmt. Durch die

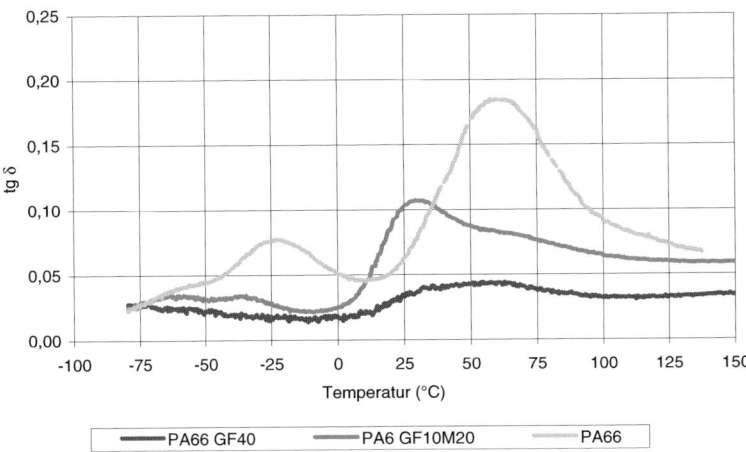

Bild 11.7 Dämpfungseigenschaft von verstärktem und unverstärktem PA

Einbringung von Füllstoffen wird die Höhe des Dämpfungsmaximums zusätzlich beeinflusst.

Für einen gegebenen Werkstoff muss man sich die Kurve des Schubmoduls und der Dämpfung (vgl. Abschnitt 6.2.2; Bild 6.39) über der Temperatur ansehen. Wie man dort auch beschrieben findet, ist der Frequenzeinfluss mit Hilfe der Temperatur-Zeit-Verschiebung berechenbar, sodass man sich für Abschätzungen über die Eignung eines Werkstoffes ein gutes Bild machen kann.

> **Man kann die Eignung eines Polymerwerkstoffs als akustischer Isolator für die gegebenen Bedingungen anhand der Kurve des Verlustfaktors über der Temperatur abschätzen.**

Reale Bauteile werden allerdings über weite Frequenzbereiche angeregt; sie haben meist mehrere Eigenfrequenzen, sodass deren genaue akustische Auslegung entsprechend aufwendig ist und daher in der Regel empirisch vorgenommen werden muss.

## 11.3  Körperschall

Ein typischer Anwendungsfall für Dämmung von Körperschall ist der Einsatz von Motorlagern in Kraftfahrzeugen. Sie haben die Schwingungen des Antriebsaggregats von der Karosserie fern zu halten. Bei der Körperschalldämmung wird, wie Bild 11.8 zeigt, die Einleitung der Schwingungen in die umgebende Konstruktion verhindert. Führt der Körper 1 eine ungedämmte Schwingung aufgrund einer erzwungenen Anregung durch, so gelangt diese Schwingungsenergie gedämmt auf den zweiten Körper, wenn dieser federnd auf Metallfedern oder Kombinationen aus Gummi- und Metallfedern gelagert ist. Die Feder steht dabei für

Körperschalldämmung und Dämpfung

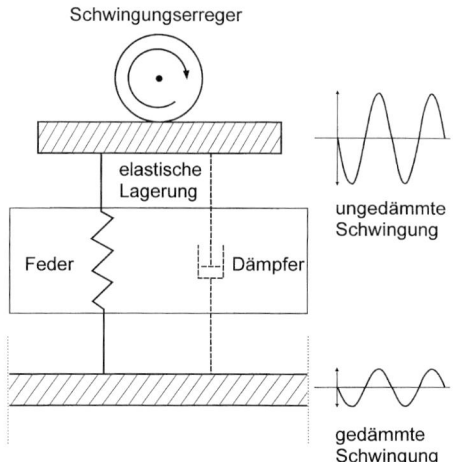

Schwingungserreger

elastische
Lagerung

ungedämmte
Schwingung

Feder                    Dämpfer

gedämmte
Schwingung

| Beispiel: | Motorlagerung |
| Material: | Elastomere |
| Eigenschaften: | Federsteifigkeit |

Bild 11.8 Schematische Darstellung der Körperschalldämmung am Beispiel eines Motorlagers

die elastischen Anteile des Werkstoffs, der Dämpfer für die Verlustanteile (Gummipuffer). Das heißt, dass die Körperschalldämpfung gleichzeitig erfolgt, indem man die Feder mit einem Dämpfer kombiniert.

## 11.4    Was ist Schall?

**Luftschall**

In Bild 11.1 sind die technischen Formen des Schalls und der Art wie er sich als Schwingung fortpflanzen kann, zusammengestellt. Schall wird für das menschliche Gehör dadurch wahrnehmbar, dass die Schwingungen in der Regel durch die Luft übertragen von den Ohren aufgenommen und in Nervenreize übersetzt werden. Das Übertragungsmedium ist die Luft, daher Luftschall genannt. Je nach Frequenzen und Amplituden kann Luftschall als unangenehm empfunden werden; er kann auch gefährlich werden, wenn er die Hörfähigkeit der Menschen spontan oder bei längerer Belastung schädigt oder gar zerstört. Luftschall pflanzt sich, da Gas keine Schubspannungen überträgt, als reine Longitudinalwelle also als Kompressionswelle fort.

**Luftschall und zugehörige Messgrößen**

Zur physikalischen Bedeutung des Schalls werden zahlreiche Größen definiert, wovon die wichtigsten hier dargestellt werden: Die grundlegende Größe zur Beschreibung des Luftschalls ist der *Schalldruck*. Der menschliche Hörbereich überstreicht Schalldrücke von 20 bis 200 Mio. Mikropascal. Diese gehen über mehrere Größenordnungen und sind daher physikalisch schwer zu handhaben. Aus diesem Grund wurde hierfür eine logarithmische Größe, der *Schalldruckpegel*, eingeführt, welcher in Dezibel (dB) angegeben wird. Der Hörbereich erstreckt sich dabei von 0 bis 140 dB. Der Schalldruckpegel $L_p$ definiert sich nach

$$L_p = 10 \cdot \log\left(\frac{p^2}{p_0^2}\right)$$

(11.7)

Eine weitere wichtige Größe ist die *Schallschnelle*. Diese beschreibt die Geschwindigkeit der einzelnen Teilchen des Ausbreitungsmediums. Es ist eine vektorielle Größe, da sie eine Richtungsinformation enthält.

Die *Schallintensität I* ist das Produkt aus Schallschnelle und Schalldruck und beschreibt die Schalleistung pro Flächeneinheit:

$$I = p(t) \cdot v(t) \tag{11.8}$$

Die *Schallgeschwindigkeit* ist zwar bei Luft und Gasen keine Stoffkonstante, jedoch kann sie ohne große Fehler im Bereich des hörbaren Schalls als solche gehandhabt werden und errechnet sich für den Luftschall aus dem Kompressionsmodul und der Dichte des Ausbreitungsmediums (siehe Gleichung 11.1).

Der *Lautstärkepegel* unterscheidet sich von den vorherigen Größen dadurch, dass es sich um eine vom Menschen bewertete Größe handelt. Der Hintergrund ist, dass gleiche Schalldruckpegel bei unterschiedlichen Frequenzen vom Menschen nicht als gleich laut empfunden werden. Der Lautstärkepegel berücksichtigt dieses Lautstärkeempfinden und wird in Phon angegeben. In Bild 11.9 ist der Schalldruckpegel über der Frequenz aufgetragen, und darin sind Linien gleich empfundener Lautstärke eingezeichnet. Tiefe und hohe Töne werden bei gleichem Schalldruckpegel leiser wahrgenommen, die maximale Empfindlichkeit liegt bei ca. 4 kHz vor. Beispielhaft wird ein Schalldruckpegel von 100 dB bei ca. 20 Hz mit einer Lautstärke von 70 Phon wahrgenommen, bei ca. 5 kHz hingegen mit 110 Phon.

*Geräusche* sind ein Gemisch aus unterschiedlichen Frequenzen. Es gibt unterschiedliche Bewertungsmethoden, den Schalldruckpegel eines Geräusches in einem Wert zusammenzufassen.

Die für eine akustische Auslegung bedeutendste ist der *A-bewertete Schalldruckpegel*. Dieses frequenzabhängige Lautstärkeempfinden wird im A-bewerteten Schalldruckpegel nachgebildet. Das bedeutet, die Schalldruckpegel gehen entsprechend ihrer empfundenen Lautstärke in den Gesamtpegel ein.

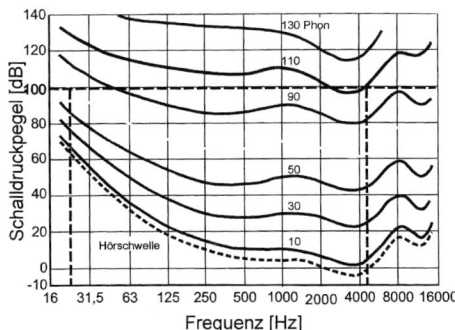

- Nachbildung des frequenzabhängigen Lautstärkeempfindens des menschlichen Gehörs

- Schalldruckpegel gehen entsprechend ihrer empfundenen Lautstärke ein

- wird häufig zur akustischen Auslegung verwendet

Bild 11.9 Schallpegel und Schalldruck in Abhängigkeit von der Freqenz im Vergleich zur Lautstärke

## 11.5   Möglichkeiten der Lärmreduzierung

Der als Lärm bezeichneten, als unangenehm empfundenen Erscheinungsform von Geräuschen versucht man durch Abschirmung Herr zu werden, wozu die beiden oben genannten Möglichkeiten der Schalldämmung und der Schalldämpfung eingesetzt werden.

Bei der *Luftschalldämmung* (Bild 11.10) wird der Luftschall an einem Hindernis reflektiert und so die Schallübertragung vom Sende- in den Empfangsraum vermindert. Der Empfänger nimmt das Geräusch im Vergleich zum Senderaum entsprechend leiser wahr.

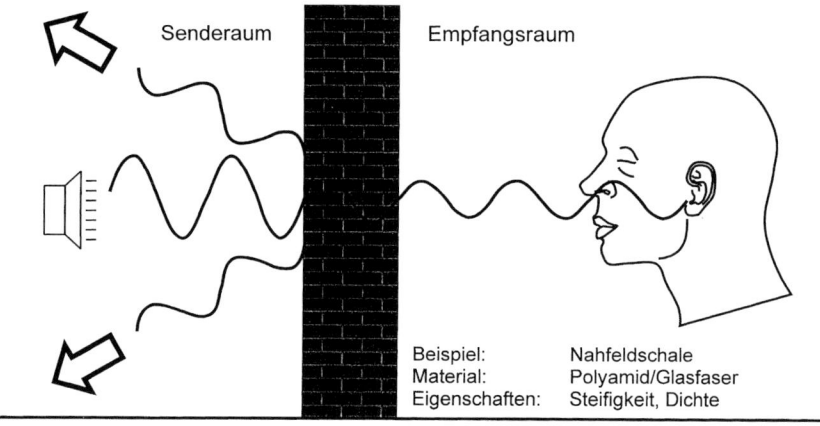

Senderaum                         Empfangsraum

Beispiel:               Nahfeldschale
Material:               Polyamid/Glasfaser
Eigenschaften:     Steifigkeit, Dichte

Bild 11.10 Luftschalldämmung

Damit die Schallreflexion möglichst groß ist, muss man dem Luftschall eine schwere Wand entgegenstellen (Bild 11.11 oben). Ein typisches Beispiel sind Tapeten aus Bleifolien, die man in den Räumen von Schalllaboratorien gelegentlich einsetzt (vgl. auch Bild 11.4).

Kunststoffe besitzen eine mäßige Luftschalldämmung. Bei Compounds wird sie hauptsächlich von der Art und Menge des Füllstoffes bestimmt. Im Bild sind mittlere Schalldämmmaße von einigen Kunststoffplatten mit der Wanddicke von 2,5 mm, im Frequenzbereich zwischen 400 Hz und 2 kHz dargestellt.

Die *Luftschalldämpfung*  wird auch als Luftschallabsorption bezeichnet, weil die Energie in Wärme umgesetzt wird. Beispielsweise kann der reflektierte Schall noch weiter durch Dämpfen vermindert werden, wenn ein Dämpfungsbelag (Bild 11.11 unten) auf die reflektierende Wand aufgebracht ist. Dies ist oft ein Schaumstoff mit meist offenen Poren. Durch die pulsierende Bewegung der Luftteilchen in der porösen Struktur kommt es zu intensiven Reibungseffekten sodass Schallenergie in Wärme umgesetzt wird und das Geräusch somit leiser wird.

Luftschalldämpfung von porösen Schallabsorbern ist von der Zellstruktur und der Dicke der Schaummatte abhängig. Ein Maß für die Schallabsorption ist der Schallabsorptionsgrad. Er ist von der Frequenz abhängig. Zwei Messkurven für ein PUR-Schaum mit einer Dichte von 55 kg/m$^3$ und einer Dicke von 10 und 20 mm, gemessen im Frequenzbereich bis 10 kHz sind im Bild 11.13 ersichtlich.

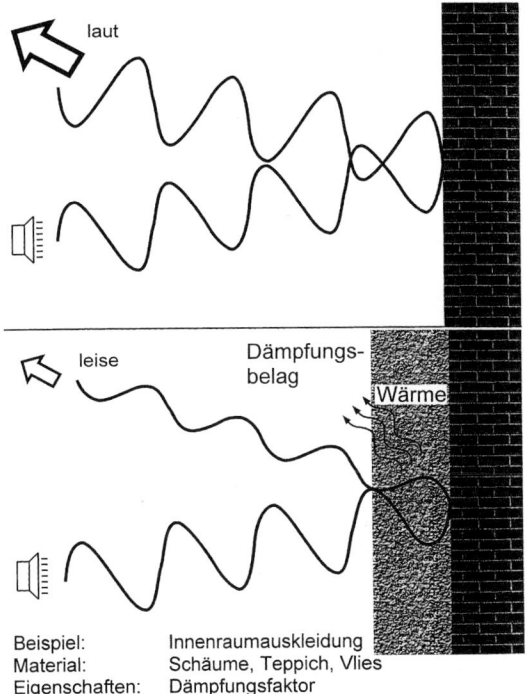

Bild 11.11 Luftschalldämpfung durch steife Wand, beklebt gegen die Richtung aus welcher der Schall eintritt, mit einem Schaum, der eine hohe Schallabsorption besitzt

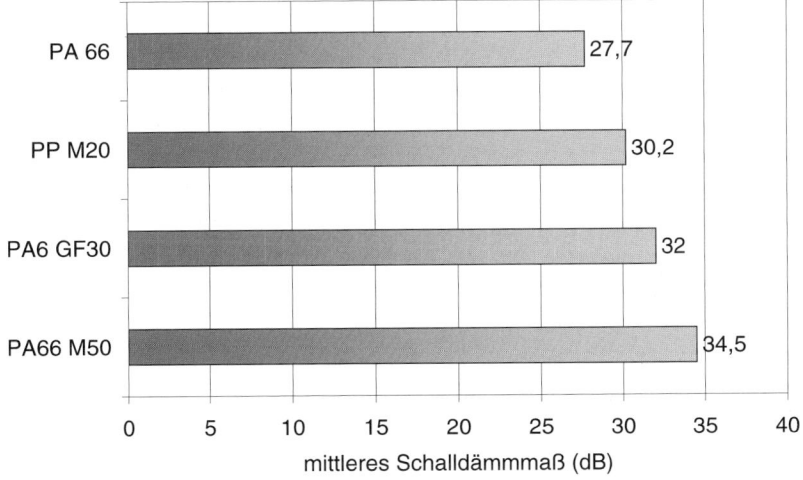

Bild 11.12 Luftschalldämmung von Kunststoffplatten

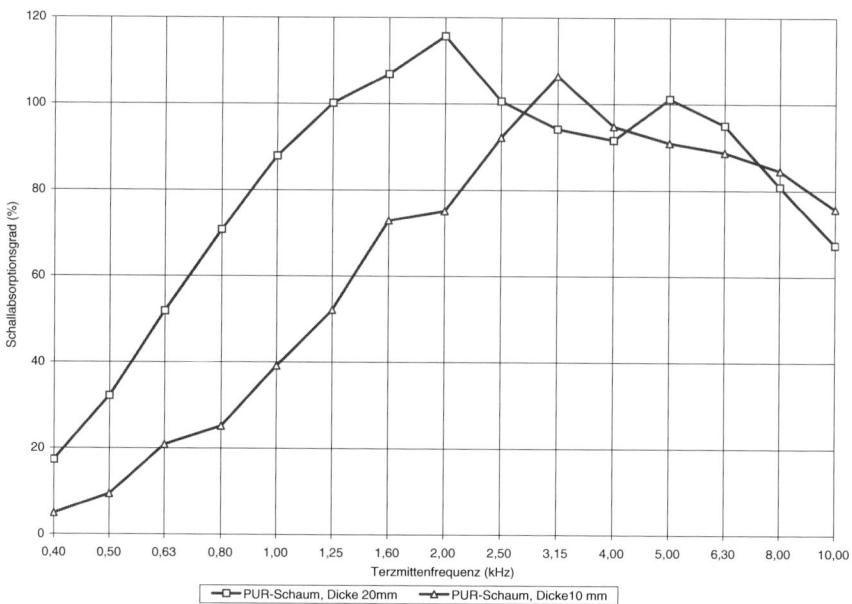

Bild 11.13 Schallabsorption von PUR-Schaum

Schalldämmung
in Autos

Zur Erzeugung solcher Reibungseffekte gibt es zwei Möglichkeiten:

- äußere Reibung zwischen den Molekülen der bewegten Luft (z. B. in offenporigen Schäumen, auf die die Schallwelle auftrifft.
- innere Reibung durch Deformation der Wände des Dämpfermaterials (z. B. in beschichten Blechen, die zu Biegeschwingungen angeregt werden, jedoch dank der Beschichtung einen Teil der eingestrahlten Energie in Wärme umsetzen. Mann nennt dies auch Entdröhnung (vgl. Bild 11.14).

Bild 11.14 Schematische Darstellung der Wirkung von beschichteten Blechen zur Entdröhnung

Beispiele sind auch die Nahfeldschalen im Motorraum von Pkws. Diese bestehen üblicherweise aus glasfaserverstärktem Polyamid und werden durch Spritzgießen hergestellt. Sie tragen in der Regel eine aufgeklebte Schaumschicht auf der dem Motor zugewendeten Seite. Die entscheidenden Eigenschaften des Bauteils sind die Steifigkeit und die Dichte und die Art des Schaumes. Ein anderes Beispiel ist die Innenraumauskleidung in Pkws, die üblicherweise aus Schäumen, Teppichen oder Vliesen bzw. Kombinationen aus solchen besteht.

---

**Polymerwerkstoffe sind wegen ihrer niedrigen Dichte zwar keine guten Dämmwerkstoffe, jedoch im wichtigen Frequenzbereich dank ihrer viskoelastischen Eigenschaften einerseits und der weiten Variationsfähigkeit ihrer Struktur anderseits hervorragend für Dämpfer geeignet und daher wichtige akustische Isolationswerkstoffe.**

---

## Literatur zu Kapitel 11

Cvjeticanin, N.: Akustische Eigenschaften von technischen Kunststoffen und deren Produkten in Kraftfahrzeugen. Diss. RWTH Aachen, 1998

Klug, J. L.: Untersuchungen zum Dämpfungsverhalten von glasfaserverstärkten Kunststoffen. Diss. RWTH Aachen, 1977

Oberst, H.: Akustisches Verhalten. In: G. Schreyer (Hrsg.) Konstruieren mit Kunststoffen. Teil 2, Abschnitt 4.1.9. München: Carl Hanser Verlag, 1972

Potente H.: Untersuchungen der Schweissbarkeit thermoplastischer Kunststoffe mit Ultraschall. Diss. RWTH Aachen, 1972

Potente, H.: Fügen von Kunststoffen – Grundlagen, Verfahren, Anwendung. München: Carl Hanser Verlag, 2004

# 12 Einfluss der Nebenvalenzkräfte auf das Lösungsverhalten

## 12.1 Lösungen und Mischungen

Die Löslichkeit oder Verträglichkeit von Polymeren mit niedermolekularen Flüssigkeiten und Feststoffen sowie anderen Polymeren beruht ebenso auf den molekularen Wechselwirkungen der Atome und Moleküle wie bei niedermolekularen Stoffen, d. h., auf den Nebenvalenzkräften. Erhebliche Erfahrungen liegen über das Lösungsverhalten von Polymeren in organischen Lösungsmitteln aus der Lackherstellung vor.

thermo-
dynamisches
Kriterium

Man hat die Kohäsionsenergiedichte als Messzahl entwickelt, die für niedermolekulare Flüssigkeiten, z. B. über die Verdampfungswärme, bestimmt werden kann. Für Abschätzungen kann oft die Verdampfungswärme des Monomeren dienen. Bei Kunststoffen, die keinen Dampfzustand besitzen, kann die Messung nur über andere Methoden, z. B. das Lösungs- und Quellverhalten, erfolgen. Als thermodynamisches Kriterium für das Entstehen einer Lösung gilt, dass die freie Energie $\Delta G_m$ des Mischens negativ wird. Generell gilt:

$$\Delta G_m = \Delta H_m - T \cdot \Delta S_m \tag{12.1}$$

mit $\Delta H_m$ = Enthalpie des Mischens, $\Delta S_m$ = Entropie des Mischens.

Da $\Delta S_m$ stets positiv ist, muss $\Delta H_m$ unter einem bestimmten positiven Wert fallen, damit $\Delta G_m$ negativ wird, d. h., Lösung stattfindet.

Löslichkeits-
parameter

*Hildebrand* versuchte 1949, die Löslichkeit mit den Kohäsionseigenschaften von Lösemitteln zu koppeln und schlug als Löslichkeitsparameter $\delta$ vor:

$$\frac{\Delta H_m}{V} = \Delta h_m = f_1 \cdot f_2 \cdot (\delta_1 - \delta_2) \tag{12.2a}$$

Darin sind: $f_1, f_2$ die Volumenanteile von Lösemittel und Polymer, $\delta$ = Löslichkeitsparameter oder Kohäsionsenergiedichte. Für $\delta$ gilt

$$\delta = \sqrt{\frac{E_{Koh\ddot{a}sion}}{V}} \tag{12.2b}$$

Lösung tritt ein, wenn

$$\Delta h_m = 0 \tag{12.2c}$$

Das heißt

$$\delta_1 = \delta_2 \tag{12.3}$$

ist.

Es hat sich bei Polymeren gezeigt, dass man die Kohäsionsenergie zweckmäßigerweise als Summe aller Nebenvalenzkräfte aufteilt, da diese sich in ihrer Wirkung um Größenordnungen unterscheiden:

Löslichkeits-
parameter für
Polymer und
Lösemittel

$$E_{Koh\ddot{a}sion} = E_d + E_p + E_h \tag{12.4}$$

Die Indizes bedeuten $d$ Dispersions-Nebenvalenzkräfte, $p$ polare Nebenvalenzkräfte, $h$ Wasserstoffbrücken

Danach gilt:

$$\delta = \sqrt{\delta_p^2 + \delta_h^2 + \delta_d^2} \qquad (12.5)$$

> **Die Nebenvalenzkräfte bestimmen entscheidend das Löseverhalten.**

## 12.2   Polymerlösungen

Das Verhalten von Polymeren gegen Lösemittel ist stark abhängig von der Natur des Lösemittels und dem Aufbau des Makromoleküls. Sind der Grundbaustein des Makromoleküls und das Lösemittelmolekül gleicher oder ähnlicher Natur, dann kommt es bei geringer Lösemittelaufnahme zum Quellen und bei ausreichender Zufuhr zum „Freischwimmen" einzelner Knäuel im Lösemittel, d. h. zum Lösen. Durch eindringendes Lösemittel werden die Nebenvalenzkräfte vermindert. Sind diese jedoch von vornherein im Polymer hoch, so benötigt man starke Lösemittel, um ein Quellen oder gar Lösen zu bewirken. So sind die kristallinen Bereiche aller teilkristallinen Thermoplaste gegen Lösemittel sehr unempfindlich, dieses dringt nur in die amorphen Bereiche ein. Auch der Vernetzungsgrad macht sich stark bemerkbar. Je enger die Abstände zwischen den Vernetzungsstellen, umso weniger können Lösemittelmoleküle eindringen und den Kettensegmenten Beweglichkeit verleihen. Während Elastomere noch quellbar sind, können hochvernetzte Duroplaste nicht mehr gequollen und schon gar nicht mehr gelöst werden.

Man kann sich diese Vorgänge leicht veranschaulichen (Bild 12.1): Zunächst aufgenommenes Lösemittel wird in den einzelnen Knäueln eingelagert und durch die dort besonders starken Nebenvalenzkräfte festgehalten. Bei weiterer Aufnahme beginnt nun ein merkliches Quellen, jedoch behält der Stoff seinen Zusammenhang, solange die Nebenvalenzkräfte zwischen den Polymermolekülen noch wirksam bleiben. Erst wenn so viel Lösemittel zur Verfügung steht, dass diese Nebenvalenzkräfte vollends aufgehoben werden, kommt es zum Freischwimmen von immer mehr Knäueln; das Polymer geht in Lösung. In der Lösung findet aber

*Mechanismus des Lösungsvorgangs*

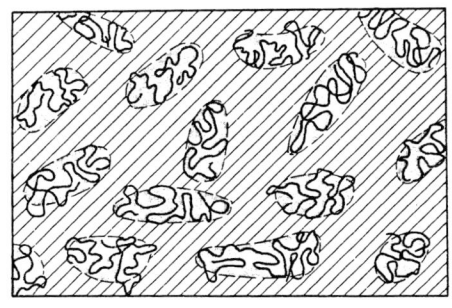

▨▨▨ „gebundenes" Lösungsmittel

▨▨▨ „freies" Lösungsmittel

⌐‒‒‒⌐ Knäuelvolumen

〰〰 Kettensubstanz

Bild 12.1 Schematische Darstellung einer verdünnten makromolekularen Lösung (nach *Vollmert*)

kein Durchspülen der Knäuel statt. Das dort gebundene Lösemittel wird dank der Nebenvalenzkräfte festgehalten. Das Knäuel behält bzw. nimmt seine statistisch wahrscheinlichste Gestalt an, ist jedoch leicht deformierbar, da die Kettensegmente sich relativ leicht bewegen können.

Da zunehmende Temperatur die Nebenvalenzkräfte des Polymers herabsetzt und gemäß Gleichung 12.1 $\Delta G_m$ dabei abnimmt, wird die Löslichkeit mit zunehmender Temperatur größer. Der Vorgang ist reversibel.

Abschätzung   Es ist schwierig, die Löslichkeit von Polymeren zu bestimmen, jedoch gibt es einige Regeln für die Abschätzung. Die einfachste Regel lautet: „Gleiches löst Gleiches", oder anders ausgedrückt: Wenn beide Partner – Polymer und Lösemittel – gleiche Nebenvalenzkräfte besitzen, besteht Löslichkeit. Leicht zu verstehen ist weiterhin, dass mit steigender Molmasse die Löslichkeit abnimmt. Die Moleküle sind durch Verschlaufungen relativ stark aneinander gebunden. Teilkristalline Thermoplaste sind erst oberhalb ihrer Kristallit-Schmelztemperatur löslich, da damit die Dispersions-Nebenvalenzkräfte sich um Größenordnungen vermindern.

Die Forderung aus Gleichung (12.2), bzw. umgeformt entsprechend (12.5) auf die Nebenvalenzanteile bezogen, ist erfüllt für

$$(\delta_{h1} + \delta_{p1} + \delta_{d1}) - (\delta_{h2} + \delta_{p2} + \delta_{d2}) = 0 \qquad (12.6)$$

bzw.

$$(\delta_{h1} - \delta_{h2}) + (\delta_{p1} - \delta_{p2}) + (\delta_{d1} - \delta_{d2}) = 0 \qquad (12.7)$$

Es zeigt sich bei vielen Lösungsvorgängen, vor allem auch bei der Auswahl geeigneter Lösemittelgemische in der Lackindustrie, dass es in erster Linie auf die Abstimmung der polaren Wechselwirkungskomponenten $\delta_{p1}$, $\delta_{p2}$ ankommt. Weitere Hinweise findet man bei *van Krevelen\**).

Eine allgemeine Darstellung des Quell- und Lösungsverhaltens eines amorphen Thermoplasten in Lösemitteln mit unterschiedlichem Löslichkeitsparameter $\delta$ zeigt Bild 12.2. Wenn die Löslichkeitsparameter sich annähern, wird das Polymer unbeschränkt lösbar. Ist dieses gleiche Polymer jedoch vernetzt, dann ist es nur quellbar – je nach Vernetzungsgrad mehr oder weniger.

Es ergibt sich aus Gleichung (12.1) jedoch weiter, dass auch bei einem positiven Beitrag von $\Delta H$ eine Lösung hergestellt werden kann, wenn nur die Temperatur hoch genug ist. Da in der Regel bei einem Lösungsprozess die Ordnung vermindert wird, ist $\Delta S$ positiv. Tatsächlich führt man die meisten Lösungsprozesse – schon um den Prozess zu beschleunigen – bei höheren Temperaturen aus. Gleichzeitig wird stark gerührt, um überall ein konstantes Angebot an unverbrauchtem Lösemittel zu haben.

Die Flory-Temperatur ist ein genau definierter Zustand der Polymerlösung, in der die Polymerknäuel in einem ungestörten Zustand vorliegen. Für die Flory-Temperatur $\theta_F$ gilt:

$T = \theta_F$:   Die Moleküle des Lösungsmittels und des Polymers zeigen keine Präferenz; die Polymerknäuel liegen in ihren ungestörten Dimensionen vor, d. h. sie sind durch die Wechselwirkung mit dem Lösemittel weder

---

\* D.W. van Krevelen: Properties of Polymers. 3. Aufl., Elsevier, Amsterdam, Oxford, New York, 1990

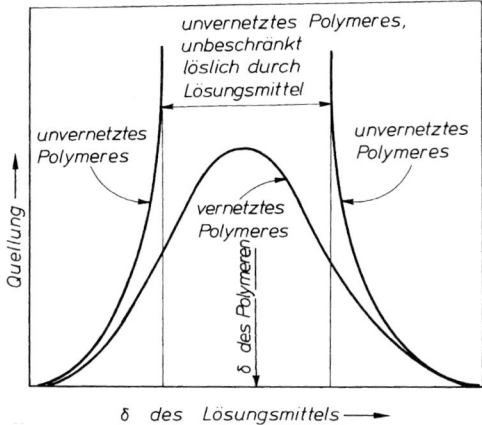

Bild 12.2 Quellung als Funktion des Löslichkeitsparameters δ für vernetztes und unvernetztes Polymeres (nach *van Krevelen*)

stark aufgeweitet, noch durch die Wechselwirkung mit sich selbst kollabiert.

$T < \theta_F$:   Die Knäueldichte steigt mit abnehmender Temperatur

$T \ll \theta_F$:   Das Polymer fällt aus der Lösung aus.

Daraus lässt sich auch ableiten, bei welcher Temperatur

$$T_{cr} = \frac{\theta_F}{1 + \dfrac{C}{\sqrt{M}}} \tag{12.8}$$

Phasentrennung beginnt. $C$ ist dabei eine Konstante für das betreffende Polymer/Lösemittel-System und $M$ ist die Molekülmasse des Polymeren.

Man muss $\theta_F$ experimentell bestimmen, was leicht möglich ist, da der Moment des Ausfällens sehr präzise bestimmbar ist. Schließlich kann, wenn $\theta_F$ für ein Lösemittel und für ein Polymeres einmal bekannt ist, damit die Molmasse abgeschätzt werden.   <small>praktisches Vorgehen</small>

Werte für die Löslichkeitsparameter wichtiger Polymere gibt Tabelle 12.1 und solche von Lösemitteln Tabelle 12.2.

Tabelle 12.1 Löslichkeitsparameter einiger Polymerwerkstoffe (nach *Hansen*) $10^3$ $[J^{1/2}/cm^{3/2}]$

| Polymer | $\delta$ | $\delta_d$ | $\delta_p$ | $\delta_h$ |
|---|---|---|---|---|
| Polyisobutylen | 17,6 | 16,0 | 2,0 | 7,2 |
| Polystyrol | 20,1 | 17,6 | 6,1 | 4,1 |
| Polyvinylchlorid | 22,5 | 19,2 | 9,2 | 7,2 |
| Polyvinylacetat | 23,1 | 19,0 | 10,2 | 8,2 |
| Polymethylmethacrylat | 23,1 | 18,8 | 10,2 | 8,6 |
| Polyethylmethacrylat | 22,1 | 18,8 | 10,8 | 4,3 |
| Polybutadien | 18,8 | 18,0 | 5,1 | 2,5 |
| Polyisopren | 18,0 | 17,4 | 3,1 | 3,1 |

Tabelle 12.2 Löslichkeitsparameter für Lösemittel (nach *Burel*) [cal$^{1/2}$/cm$^{3/2}$]

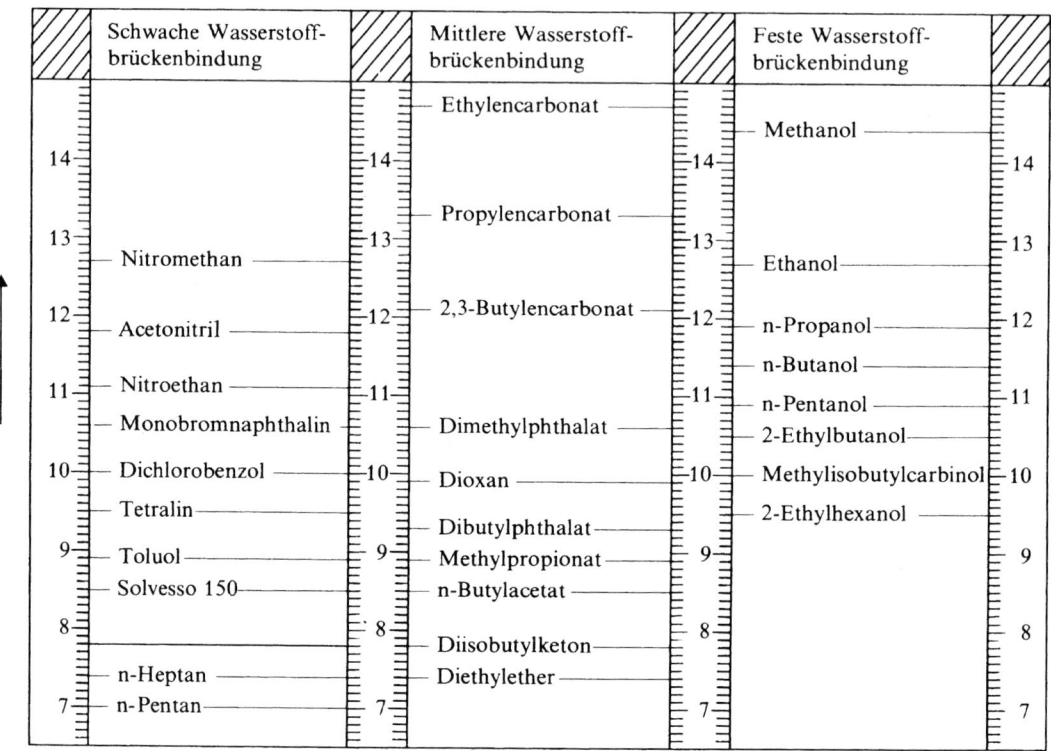

> **Gleiches löst Gleiches wussten schon die Alchimisten! Gleiche polare Kräfte in Polymer und Lösemittel führen zur Lösung.**

## 12.3    Anwendung

### 12.3.1    Herstellen von Gießfolien

Gießfolien    Man macht von der Löslichkeit der meisten unvernetzten Polymere breitesten Gebrauch. Bei der Fertigung von Profilen mit sehr geringer Ausdehnung, z. B. Fäden oder Folien – das sind Bahnen geringer Dicke (< 1 mm) – wird die Lösung eines Polymers auf eine beheizte Trommel o. Ä. vergossen. Das Lösemittel, die Trommeltemperatur und die Umfangsgeschwindigkeit der Trommel sind so gewählt, dass das Lösemittel verdampft und das Polymere auf der Trommel zurückbleibt. Mit abnehmendem Lösemittelgehalt kommen die Knäuel wieder in den Wirkungsbereich der Nebenvalenzkräfte benachbarter Moleküle, das Polymere erstarrt und kann als Folie abgezogen werden. Man produziert sozusagen kontinuierlich einen Lackfilm.

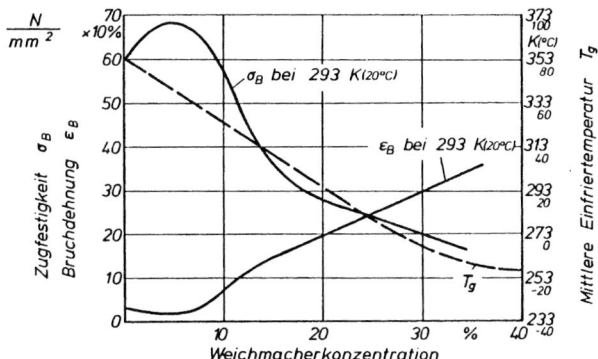

Bild 12.3 Einfluss der Weichmachung bei PVC, Weichmacher: Dioctylphthalat (DOP)

## 12.3.2 Weichmachen

Eine anders geartete, sehr verbreitete Anwendung schlecht wirkender Lösemittel ist das äußerliche Weichmachen. In Bild 12.3 wird dies für Polyvinylchlorid erläutert. Phthalate und einige Ester sind schwache Lösemittel für Polyvinylchlorid (PVC), da sie dessen Nebenvalenzkräfte nicht völlig aufheben können. Sie zeigen jedoch dank ihrer eigenen polaren Nebenvalenzkräfte eine gute Verträglichkeit, d. h., es lassen sich hierdurch hohe Prozentsätze in das Polymere einlagern, ohne dass sie ausdiffundieren (ausschwitzen). Die Erweichungstemperatur $T_g$ des Polymers wird mit zunehmendem Weichmachergehalt stetig erniedrigt, sodass sie bei ausreichendem Gehalt an Weichmacher, wie in Bild 12.3 gezeigt, unter Raumtemperatur abgesenkt wird. Das Polymer verhält sich dann bei Raumtemperatur kautschukelastisch. Dieses Verhalten kommt auch in den Kurven für die Zugfestigkeit $\sigma_B$ und die Bruchdehnung $\delta_B$ zum Ausdruck. Allerdings zeigt sich bei sehr niedrigen Weichmachergehalten ($< 8\,\%$) eine Versprödung; der eingelagerte Weichmacher wirkt auf die Polymerketten zunächst versteifend. Erst mit zunehmendem Weichmachergehalt sinken die Nebenvalenzkräfte; die Knäuel werden beweglicher. Man nennt solche Systeme auch Nebenvalenzgele, da die Nebenvalenzkräfte ihre Wirkung behalten.

*Weichmacher*

## 12.4 Polymergemische

Man kann Polymergemische als die Lösung eines Polymers in einem anderen ansehen und somit die für das Lösungsverhalten erstellten Beziehungen entsprechend erweitern. So wird die thermodynamische Zustandsgleichung (12.1) für verschiedene Anteile – meist Massenbrüche $w$ – gemessen (vgl. Bild 12.4) und aufgetragen.

*Blends*

Mischbarkeit ist gegeben, wenn die folgenden Bedingungen erfüllt sind:

$$\Delta G_m(w) = \Delta H_m(w) - T \cdot \Delta S_m(w) < 0$$

$$\left( \frac{\delta^2 \, \Delta G_m}{\delta_{w2}} \right)_{p,T} > 0 \tag{12.9}$$

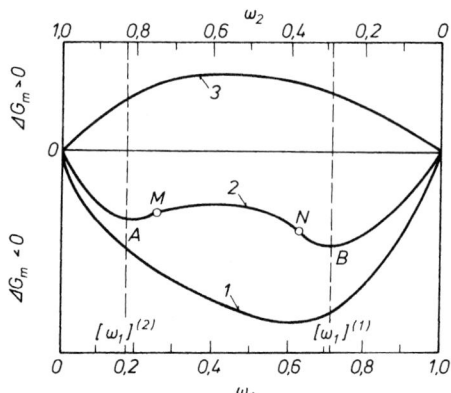

Bild 12.4 Konzentrationsabhängigkeit des isothermisch-isobaren Mischungspotentials von thermodynamisch stabilen (1), teilstabilen (2) und instabilen (3) binären Mischungen (schematisch, nach *Marinow*)

darin ist der Massenbruch im Fall einer Zweikomponentenmischung:

$$w_1 = 1 - w_2 = \frac{m_1}{m_1 + m_2} \tag{12.10}$$

**Beispiel** Dies soll anhand der drei Beispielgemische gezeigt werden, deren Funktion $\Delta G_m$ in Bild 12.4 eingezeichnet ist.

Für die Kurve 1 sind beide Bedingungen erfüllt; die Mischung 1 bildet in allen Mischungsverhältnissen $w$ ein thermodynamisch stabiles und homogenes System. Umgekehrt zeigt die Kurve 3, dass die Mischung 3 in allen Verhältnissen heterogen und thermodynamisch instabil ist. Den realen – und meist angestrebten – Fall verdeutlicht Kurve 2. Im Abschnitt M–N ist das System thermodynamisch instabil. In den Bereichen O–A und B–O sind die Mischungen stabil und entmischen sich nicht. In den Bereichen A–M bzw. B–N entstehen metastabile, homogene Mischungen. Wie Bild 12.5 zeigt, sind die Verträglichkeiten jedoch stark temperaturabhängig. Dies wird besonders deutlich in Bild 12.5b, das die Grenzmassenbrüche der Gleichgewichtsmischungen als Funktion der Temperatur zeigt. Man bezeichnet übrigens einen Verlauf, wie ihn die Kurve 1 für Mischung 1 zeigt, als „Binodale" bzw. bei Kurve 2 als „Spinodale". Die Spinodale teilt den nicht stabilen Bereich in zwei metastabile und einen instabilen Bereich; die Binodale trennt den stabilen vom nicht stabilen Bereich.

Diese Beispiele verdeutlichen, dass sich solche Mischungen stark fertigungsabhängig verhalten werden. Insbesondere erkennt man, dass die Abkühlgeschwindigkeit einen enormen Einfluss hat, weil an sich heterogene Systeme infolge hoher Abkühlgeschwindigkeit als homogene Mischung eingefroren werden können, die sich dann bei erneuter Erwärmung in Phasen trennen werden.

Für den praktischen Gebrauch würden somit diese Mischungen große Probleme bereiten; deswegen hat man Compatibilizer entwickelt, das sind Makromoleküle, die für die Verträglichkeit in den Grenzschichten sorgen (vgl. Abschnitt 4.4.2 und Bild 4.24).

**Messmethoden** Zur Analyse des in einem Material vorliegenden Mischungszustands nutzt man einerseits die Elektronenmikroskopie, andererseits die mechanische Spektroskopie

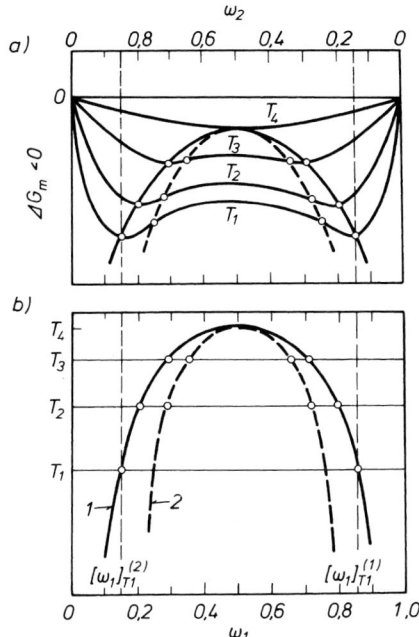

Bild 12.5 Temperaturabhängigkeit des konzentrationsbezogenen Gleichgewichtszustands eines binären Systems mit oberer kritischer Mischungstemperatur
a: freie Mischungsenergie (isobar); Parameter: Temperatur,
b: Binodale (1) bzw. Spinodale (2) (schematisch, nach *Marinow*)

mit Hilfe des Torsionspendels (vgl. Abschnitt 6.2.2.1) bzw. andere Methoden zur Bestimmung von Real- und Verlustmodul in Abhängigkeit von der Temperatur. In Bild 12.6 sind qualitativ Ergebnisse beider Methoden gegenübergestellt. Bei Unverträglichkeit und Spaltung in wenige große Phasenbereiche – ein völlig un-

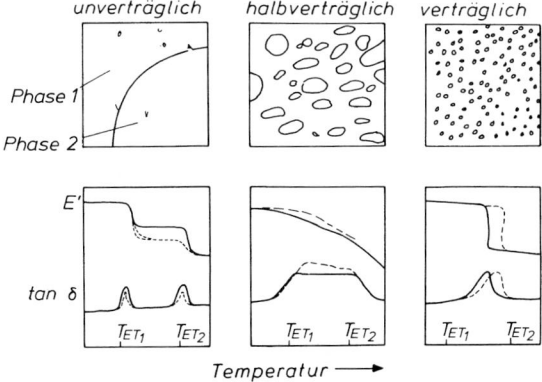

Bild 12.6 Schematischer Vergleich von Phasenstruktur, wie sie im Elektronenmikroskop sichtbar wird, und Abhängigkeit des E-Moduls von der Temperatur für binäre Gemische

brauchbares Gemisch – zeigen sich vor allem in der Dämpfungskurve (Bild 12.6 unten links) deutlich ausgeprägte Verlustmaxima. Umgekehrt ergibt sich bei homogener Mischung, mit allenfalls in submikroskopischen Bereichen (Domänen) aufgeteilter zweiter Phase, ein einziges Verlustmaximum bei Verschiebung des Moduls zu niedrigeren Werten entsprechend der Mischungsregel (vgl. Abschnitt 7.6.3, Gleichung (7.16) sowie Abschnitt 4.4.2). Der z. B. bei schlagzähen Mischungen erwünschte Zustand (Bild 12.6 Mitte) äußert sich in einer Verbreiterung des Verlustmaximums und allmählichem Abfall des Schubmoduls.

## Literatur zu Kapitel 12

van Krevelen, D. W: Properties of Polymers. Elsevier, Amsterdam, London, New York, Tokyo, 1990

Paul, R.; Barlow, J. W.; Keskkula: Polymerblends. Encyclopedia of Polymer Science and Engineering, 2nd Edition. Editors: Mark, H. F.; Biskales, N. M.; Overberger, C. G.; Menges, G.: Vol. 12, 1990, p. 399–461

Vollmert, B.: Grundriss der makromolekularen Chemie. Springer Verlag, Berlin, Göttingen, Heidelberg, 1962

# 13 Oberflächenspannung

## 13.1 Oberflächenspannung und Benetzungsfähigkeit

Oberflächenspannungen werden häufig dann betrachtet, wenn Aussagen über die Benetzungsfähigkeit eines Festkörpers getroffen werden sollen. Dabei kann sowohl eine gute als auch eine schlechte Benetzbarkeit erwünscht sein.

> **Die Oberflächenspannung ist ein Maß für die Benetzungsfähigkeit.**

Die folgenden Beispiele aus der Kunststoffindustrie sollen dies verdeutlichen: Beim Beschichten (Lackieren, Bedrucken) von Oberflächen ist beispielsweise eine gute Benetzbarkeit erwünscht. Ist dies nicht von vornherein gegeben, so kann eine geeignete Vorbehandlung Abhilfe schaffen. So können beispielsweise Stoßstangen mit einer Plasmabehandlung, Folien mit einer Coronabehandlung und Getränkekisten durch das Beflammen mit einer höheren Oberflächenspannung versehen werden. Hierbei werden polare Gruppen erzeugt, die eine bessere Anbindung an die meist polaren Beschichtungen erlauben.

*Anwendungs-beispiele*

Auch das Kleben von Kunststoffen erfordert eine gute Benetzbarkeit der Klebepartner durch das Klebemittel und im Bereich der Faserverbundkunststoffe ist eine gute Faser/Matrix-Haftung vielfach von Bedeutung.

Beim Heizelementstumpfschweißen ist jedoch eine schlechte Haftung zwischen dem zu schweißenden Kunststoff und dem Heizelement unbedingt Voraussetzung für den Serieneinsatz. So wird hier das Heizschwert mit einer speziellen antiadhäsiven Folie überzogen. Neben dem Schweißen von Kunststoffen erfordern auch viele Herstellungsprozesse von Kunststoffen eine schlechte Benetzbarkeit von Produkt und Werkzeugoberfläche. Die Werkzeuge werden daher mit Formtrennmitteln oder einer geeigneten Antihaftbeschichtung versehen.

Tabelle 13.1 Oberflächenspannungen und ihre Komponenten für einige feste Polymere und Metalle

| Werkstoff | Oberflächenspannung $\sigma_s$ [mN/m] | Disperser Anteil $\sigma_s^d$ [mN/m] | Polarer Anteil $\sigma_s^p$ [mN/m] |
|---|---|---|---|
| Polyethylen (PE-LD) | 33,2 | 33,2 | 0 |
| Polyvinylchlorid | 41,5 | 40 | 1,5 |
| Polyvinylidenchlorid | 45 | 42 | 3 |
| Polyvinylfluorid | 36,7 | 31,3 | 5,4 |
| Polyvinylidenfluorid | 30,3 | 23,2 | 7,1 |
| Polytetrafluorethylen | 19,1 | 18,6 | 0,5 |
| Polymethylmetacrylat | 40,2 | 35,9 | 4,3 |
| Polyamid 66 | 47 | 40,8 | 6,2 |
| Polystyrol | 42 | 41,4 | 0,6 |
| Aluminium (phosphatiert) | 151,5 | 150 | 1,5 |
| Aluminium (anodisiert) | 169 | 125 | 44 |
| Gold | 1550 | – | – |
| Kupfer | 1850 | – | – |

Die vorangegangenen Beispiele zeigen die vielfältige praktische Bedeutung der Oberflächenspannung in der Kunststoffverarbeitung, aber auch in anderen Bereichen unseres Alltags (Mischen von Flüssigkeiten, Geschirrspülmittel, Shampoo, Wasserläufer etc.) auf. Dieses Kapitel stellt daher im Folgenden die Grundlagen der Oberflächenspannung und ihrer Theorie vor, als auch die verschiedensten Möglichkeiten zur Quantifizierung von Oberflächenspannungswerten.

*Größenordnung der Oberflächenspannung verschiedener Materialien*

Vorab sei jedoch noch darauf hingewiesen, dass sich die Oberflächenspannungswerte von Kunststoffen deutlich von denen reiner Metalle (Aluminiumschmelze unter Inertgas $\sigma = 1200$ mN/m) oder keramischer Werkstoffe unterscheiden. Kunststoffe weisen in der Regel vergleichsweise geringere Oberflächenspannungswerte auf. In Tabelle 13.1 sind Oberflächenspannungen verschiedener Werkstoffe aufgeführt.

## 13.2   Grundlagen

An der Trennfläche zweier Phasen (Flüssigkeit und ihr gesättigter Dampf, zwei nicht vollständig gemischte Flüssigkeiten, Flüssigkeit/Festkörper u. dgl.) tritt infolge der verschiedenen intermolekularen Wechselwirkungen eine resultierende Kraft in der Grenzfläche der sich berührenden Phasen auf. Sie steht senkrecht auf der Grenzfläche und ist beispielsweise beim System Flüssigkeit/Dampf in die Flüssigkeit hinein gerichtet.

Um ein zusätzliches Molekül aus dem Innern einer Phase an die Oberfläche zu bringen, ist eine gewisse Arbeit zu leisten. Diese Arbeit ist gleichbedeutend mit einem Zuwachs an Oberflächenenergie. Man bezeichnet den Quotienten

*Definition Oberflächenspannung*

$$\sigma = \frac{\text{Arbeit zur Bildung der neuen Oberfläche } \Delta W}{\text{neue Oberfläche } \Delta A} \tag{13.1}$$

daher auch als spezifische Oberflächenenergie bzw. Oberflächenspannung. Als Einheit wird üblicherweise Millinewton pro Meter (mN/m) angegeben.

Die Oberflächenspannung ist ein Maß für die Benetzungsfähigkeit. Als Maß für die Benetzung dient der Kontaktwinkel $\theta$, den eine Flüssigkeit mit der Oberfläche eines Festkörpers bildet (siehe Bild 13.1). Dabei bedeutet ein Kontaktwinkel von 0° vollständige Spreitung der Flüssigkeit auf dem Festkörper und damit vollständige Benetzung. Je größer der Kontaktwinkel desto schlechter ist die Benetzung.

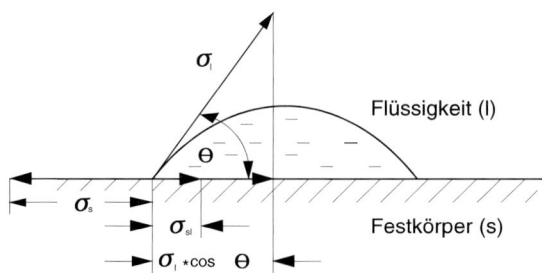

Bild 13.1 Prinzip der Kontaktwinkelmessung am stehenden Tropfen

Die Oberflächenspannung der Flüssigkeit und des Festkörpers sind die Ursachen für die Ausbildung des Randwinkels, der nur dann auftritt, wenn die Oberflächenspannung der Flüssigkeit größer ist als die des Festkörpers. Der Zusammenhang zwischen den Oberflächenspannungen und dem Kontaktwinkel, welcher sich im Benetzungsgleichgewicht einstellt, ist in Bild 13.1 dargestellt und wird durch die Gleichung von *Young* beschrieben:

$$\sigma_s = \sigma_{sl} + \sigma_l \cos \theta \tag{13.2}$$

Dabei ist $\sigma_s$ die Oberflächenspannung des Festkörpers, $\sigma_l$ die Oberflächenspannung der Flüssigkeit, $\sigma_{sl}$ die Grenzflächenspannung zwischen dem Festkörper und der Flüssigkeit und $\theta$ der Kontaktwinkel, der sich zwischen Flüssigkeit und Festkörper ausbildet.

## 13.3 Bestimmung der Oberflächenspannung von Festkörpern

Im Gegensatz zur Oberflächenspannung von Flüssigkeiten ist die Oberflächenspannung von Festkörpern keiner direkten Messung zugänglich. Es besteht jedoch die Möglichkeit, mit Hilfe der *Young*schen Gleichung eine Aussage über die Festkörperoberflächenspannung zu treffen, wenn es gelingt die Größen $\sigma_l$, $\theta$ und $\sigma_{sl}$ zu bestimmen. Die Oberflächenspannung der Flüssigkeit ist entweder aus Tabellenwerken bekannt oder kann mittels der in Abschnitt 13.5 vorgestellten Methoden direkt gemessen werden. Der Kontaktwinkel zwischen der Flüssigkeit und dem Festkörper kann ebenfalls mittels verschiedener Messmethoden, wie sie in Abschnitt 13.4 dargestellt sind, ermittelt werden. Zur Bestimmung der Grenzflächenenergie $\sigma_{sl}$ gibt es verschiedene Methoden. Zwei dieser Methoden seien im Folgenden dargestellt.

### 13.3.1 Methode nach Zisman

Die Methode nach *Zisman* bestimmt im Eigentlichen nicht die Grenzflächenenergie, sondern die Differenz $\sigma_s - \sigma_{sl}$. Hierzu definierte Zisman den Begriff der „kritischen Oberflächenspannung der Benetzung", $\sigma_c$. Innerhalb von homologen Reihen von Flüssigkeiten (dies sind nahe verwandte organische Verbindungen, für die man eine allgemeine Summenformel angeben kann) nimmt der Randwinkel gegen ein und denselben Festkörper mit abnehmender Flüssigkeitsoberflächenspannung ab. Die Auftragung der Flüssigkeitsoberflächenspannung gegen den Cosinus des Randwinkels liefert einen Kurvenzug, der näherungsweise für kleine Randwinkel eine Gerade bildet (siehe Bild 13.2).

Bestimmung der kritischen Oberflächenspannung nach Zisman

Durch Extrapolation des Kurvenverlaufs auf den Ordinatenwert $\cos \theta = 1$, was einer vollständigen Benetzung entspricht ($\theta = 0°$), erhält man den kritischen Oberflächenspannungswert $\sigma_c$ für den betrachteten Festkörper. Mit $\sigma_c$ ist somit eine festkörperspezifische, grenzflächenenergetische Größe gewonnen. Sie selbst ist jedoch keiner direkten Messung zugänglich und darf der freien Grenzflächenenergie nur bei unpolaren Festkörpern gleichgesetzt werden. Da Kunststoffe jedoch in der Regel nicht über einen großen polaren Anteil der Oberflächenspannung verfügen, stellt $\sigma_c$ eine gute Näherung dar. *In jedem Fall gilt aber auch ohne Näherung, dass Flüssigkeiten mit einer größeren Oberflächenspannung als $\sigma_c$ den Festkörper nur noch unvollständig benetzen ($\theta > 0°$).*

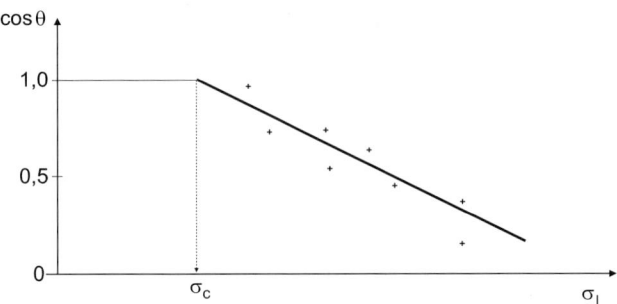

Bild 13.2 Auswerteverfahren nach *Zisman*

## 13.3.2  Methode nach Fowkes

Nach *Fowkes* wird die Grenzflächenenergie jeder Phase aufgespalten in einen Anteil, der nur die Dispersionskräfte berücksichtigt und einen Anteil, der alle gerichteten, polaren Wechselwirkungen enthält:

$$\sigma_l = \sigma_l^{dispers} + \sigma_l^{polar} \tag{13.3}$$

$$\sigma_s = \sigma_s^{dispers} + \sigma_s^{polar} \tag{13.4}$$

**Bestimmung der Grenzflächenenergie nach Owens und Wendt**

Der Einfachheit halber enthält der polare Anteil auch die Wasserstoffbindungswechselwirkungen. Ausgehend von dieser Betrachtungsweise fanden *Owens* und *Wendt* die folgende Beziehung für die Grenzflächenenergie:

$$\sigma_{sl} = \sigma_s + \sigma_l - 2\sqrt{\sigma_s^d \sigma_l^d} - 2\sqrt{\sigma_s^p \sigma_l^p} \tag{13.5}$$

Verbunden mit der *Young*schen Gleichung ergibt sich:

$$\frac{1 + \cos\theta}{2}\,\frac{\sigma_l}{\sqrt{\sigma_l^d}} = \sqrt{\sigma_s^p}\,\sqrt{\frac{\sigma_l^p}{\sigma_l^d}} + \sqrt{\sigma_s^d} \tag{13.6}$$

Diese Gleichung ist eine Geradengleichung der Form $y = mx + b$, wobei gilt:

$$m = \sqrt{\sigma_s^p} \quad \text{und} \quad b = \sqrt{\sigma_s^d} \tag{13.7}$$

Sind für verschiedene Testflüssigkeiten die Oberflächenspannungen $\sigma_l$ und deren disperse $\sigma_l^d$ und polare Anteile $\sigma_l^p$ bekannt und werden die Randwinkel gemessen, so können $\sigma_s^d$ und $\sigma_s^p$ ermittelt werden.

Die Ermittlung der polaren Oberflächenspannungsanteile der Festkörperoberfläche als auch der Flüssigkeit kann für die Beurteilung von Benetzungsfähigkeiten eine Rolle spielen. Liegen die Gesamtoberflächenspannungswerte von Festkörper und Flüssigkeit weit auseinander, dann spielt die Polarität der einzelnen Partner keine große Rolle. Erreichen die Oberflächenspannungen aber vergleichbare Werte, so ergibt sich nur dann eine optimale Kompatibilität im thermodynamischen Sinne, wenn die Polaritäten von Adhäsiv und Festkörper gleich groß sind. Dies erklärt die häufig gemachte Beobachtung, dass polar/unpolare-Paare meist keine starke Bindung aufweisen.

Im Folgenden werden verschiedene Methoden vorgestellt, die es ermöglichen, mittels Kontaktwinkelmessung die Oberflächenspannung von Kunststoffen zu bestimmen.

## 13.4 Messung der Oberflächenspannung von Festkörpern mittels Kontaktwinkelbestimmung

### 13.4.1 Die Methode des liegenden Tropfens

Die Methode des liegenden Tropfens gehört zu den optischen Verfahren. Ein Flüssigkeitstropfen wird auf die zu untersuchende Festkörperoberfläche mittels einer Spritze aufgebracht und parallel zur Oberfläche mittels eines Goniometers betrachtet (Abbildungseinheit, die im Okular über eine Winkeleinteilung verfügt) (siehe Bild 13.3). Durch Anlegen einer Tangente an die Tropfenkontur im Berührungspunkt der Phasen Festkörper/Flüssigkeit/Gas, lässt sich der Kontaktwinkel bestimmen. Mit Hilfe des Kontaktwinkels lassen sich dann aus den oben beschriebenen Verfahren nach *Zismann* oder *Owens* und *Wendt* die benötigten Oberflächenspannungen des Festkörpers ermitteln. Dieses Messverfahren ist subjektiv, lässt sich aber durch moderne Bildanalysetechniken objektivieren.

Bei der statischen Kontaktwinkelmessung, wie sie oben beschrieben wird, kann es aufgrund von Sedimentationseffekten, Verdunstung usw. zu einer Veränderung der Tropfenkontur kommen. Der statische Kontaktwinkel ist daher zeitabhängig. Eine eindeutige Reproduzierbarkeit der Ergebnisse wird hierdurch erschwert, sodass die statische Kontaktwinkelmessung zur Bestimmung der Oberflächenspannung nicht die geeignete Methode darstellt. Sie findet aber dort ihre Berechtigung, wo gerade die zeitliche Veränderung der Oberfläche, z. B. das Trocken von Lacken oder Aushärten von Klebern detektiert werden soll.

*statische Kontaktwinkelmethode*

Bei der dynamischen Kontaktwinkelmethode verbleibt die Spritze im Tropfen. Bei Vergrößerung des Tropfenvolumens beginnt der Tropfen über die Oberfläche

*dynamische Kontaktwinkelmethode*

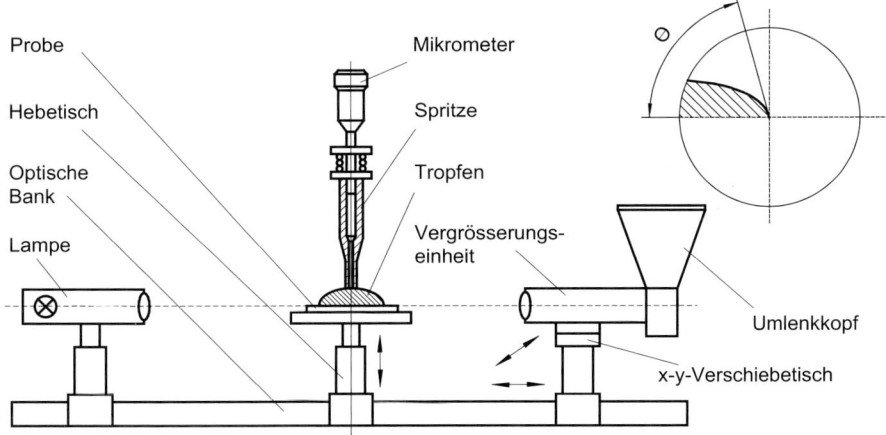

Bild 13.3 Anordnung zur Messung von Randwinkeln

zu wandern und der Kontaktwinkel wird automatisch oder manuell gemessen. Dieser Winkel wird als *Fortschreitwinkel* bezeichnet und beschreibt sehr gut den Vorgang der frischen Festkörperoberflächenspannungsbenetzung, so wie es z. B. im Bereich des Druckens und Lackierens sinnvoll ist. Der Fortschreitwinkel wird daher auch zur Berechnung der freien Oberflächenenergie herangezogen.

Wird das Tropfenvolumen nicht vergrößert, sondern durch Absaugen der Flüssigkeit durch die Spritze verkleinert, so spricht man vom *Rückzugswinkel*. Er ist meist sehr klein (5 bis 20°) und gibt Auskunft über die makroskopische Rauigkeit des Festkörpers.

Moderne Randwinkelgeräte (z. B. von der Firma Krüss), die nach der hier beschriebenen Methode arbeiten, erlauben eine Temperierung des Probenraumes. So kann der Probenraum in einem Bereich von −10 °C bis 100 °C beheizt und wenn gewünscht, auch mit einer gesättigten Atmosphäre versehen werden, was praxisnahe Messungen ermöglicht.

## 13.4.2  Die Wilhelmy-Methode

Die Plattenmethode nach *Wilhelmy* wurde ursprünglich zur Bestimmung der Oberflächenspannungen von Flüssigkeiten gegen Luft benutzt. Eine aufgeraute Platinplatte bekannter Geometrie, die senkrecht aufgehängt ist, wird mit der Plattenunterkante mit einer Flüssigkeit in Kontakt gebracht. Dadurch benetzt die Platte und wird mit der Kraft $F$ in die Flüssigkeit hinein gezogen (siehe Bild 13.4). Entsprechend der benetzten Länge $L_b$ gilt:

$$\sigma_l = \frac{F}{L_b \cos \theta} \tag{13.8}$$

Da es sich bei der vor der Messung frisch ausgeglühten Platinoberfläche um eine hochenergetische Oberfläche handelt, kann davon ausgegangen werden, dass sie von jeder Flüssigkeit nahezu vollständig benetzt wird. Damit ergibt sich ein Randwinkel von 0°, wodurch sich die Oberflächenspannungsmessung der Flüssigkeit bei bekannter benetzter Länge zu einer Kraftmessung vereinfacht.

Zur Bestimmung von Festkörperoberflächenspannungen kehrt man die oben beschriebene Methodik um, d. h. es wird zunächst der Umfang des zu untersuchen-

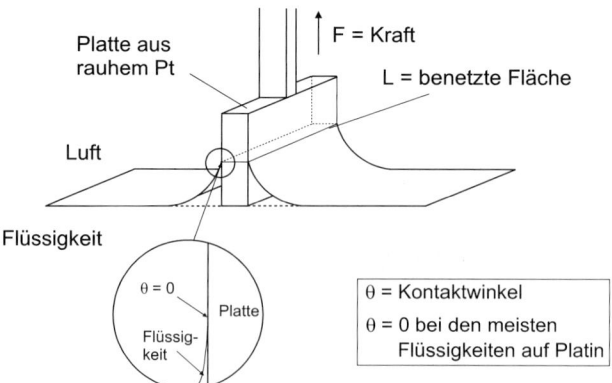

Bild 13.4 *Wilhelmy*-Methode

den Festkörperplättchens als auch die Oberflächenspannung der Flüssigkeit bestimmt. Mit Hilfe der Kraftmessung erhält man so den Wert $\cos\theta$ gemäß der Gleichung (13.8). Der Winkel $\theta$ stellt dabei den Hauptrandwinkel dar, der sich aus einer Vielzahl von verschiedenen Kontaktwinkeln entlang der benetzten Linie ergibt. Eine möglichst homogene Probenoberfläche entlang der Benetzungslinie ist daher erstrebenswert. Der Winkel $\theta$ gibt dann über das Verfahren nach *Zismann* bzw. entsprechend anderen Verfahren, die Oberflächenspannung des Festkörpers an.

Wie bereits für die Methode des liegenden Tropfens dargestellt wurde, ist auch mit der *Wilhelmy*-Methode die dynamische Kontaktwinkelmessung des Fortschreit- als auch des Rückzugswinkels möglich. Dabei wird die Kraft, die sich vektoriell aus dem Auftrieb und der Benetzungskraft zusammensetzt in Abhängigkeit von der Eintauchtiefe bestimmt.

Besonders gut geeignet ist diese Methode zur Bestimmung der Oberflächenspannung in einem Bereich von 5 bis 100 mN/m von allseitig gleich beschaffenen Proben, wie z. B. Blechen, Folien, Leiterplatten usw.

Es ist sogar möglich den Kontaktwinkel an Einzelfasern zu bestimmen. Anwendungsgebiete stellen hierbei die Herstellung und Modifikation von Textilfasern, die Herstellung von Verbundwerkstoffen als auch Haarpflegeprodukte dar. Die nach diesem Messverfahren arbeitenden Tensiometer können vielfach bis zu 100 °C temperiert werden.

*Bestimmung der Oberflächenspannung von Einzelfasern*

## 13.4.3 Die Steighöhenmethode

Als letzte Methode sei hier noch die Steighöhenmethode erwähnt. Sie erlaubt die Quantifizierung des Benetzungsverhaltens von Pulvern. Hierzu wird das zu untersuchende Pulver in möglichst gut definierter Menge und Schüttdichte in ein am unteren Ende mit einer Fritte verschlossenes Röhrchen gebracht (siehe Bild 13.5). Wird das Röhrchen mit der Flüssigkeit in Kontakt gebracht, so kann diese durch

*Bestimmung der Oberflächenspannung von Faserbündeln, Fliesen und Pulvern*

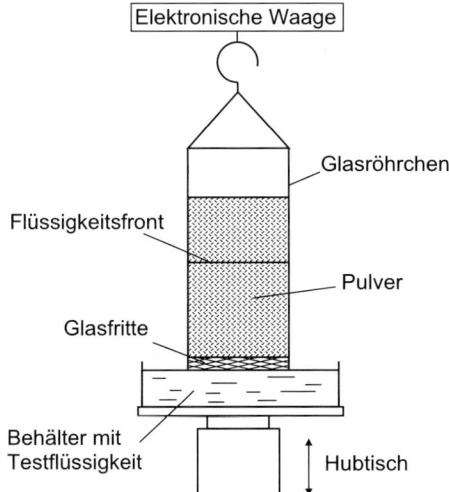

Bild 13.5 Prinzipdarstellung der Steighöhenmethode

die Fritte eindringen. Ermittelt man die Gewichtzunahme pro Zeiteinheit unter Anwendung der Gleichung (13.9), so kann das Benetzungsverhalten des Pulvers bestimmt werden.

$$\cos\theta = \frac{m^2}{t}\,\frac{\eta}{\rho^2\sigma_l c} \tag{13.9}$$

wobei $\eta$ die Viskosität der Flüssigkeit, $\varrho$ die Dichte der Flüssigkeit, $\sigma_l$ die Oberflächenspannung der Flüssigkeit, $\theta$ der Kontaktwinkel zwischen Pulver und Flüssigkeit und $c$ ein Geometriefaktor ist.

Um also den Kontaktwinkel mittels Steighöhenmethode und damit das Benetzungsverhalten zwischen Pulver und Flüssigkeit messen zu können, muss zunächst der Geometriefaktor, der von dem Probenhalter und der Probe abhängt, ermittelt werden. Hierzu wird eine Messung mit einer vollständig benetzenden Flüssigkeit wie z. B. Hexan, Heptan, Xylol durchgeführt. In Gleichung (13.9) ergibt sich somit $\cos\theta = 1$ und durch die Messung der Gewichtszunahme pro Zeit lässt sich unschwer der Geometriefaktor ermitteln.

Ist dies geschehen, erfolgt an einer vergleichbaren Probe durch die Bestimmung der zeitabhängigen Massenzunahme mit einer nicht vollständig benetzenden Flüssigkeit die Ermittlung des Randwinkels und damit des Benetzungsverhaltens. Aufgrund der mittelmäßigen Reproduzierbarkeit einzelner Kurven ist eine Mehrfachmessung und anschließende Mittelwertsbildung unbedingt notwendig.

Neben Pulvern lassen sich mit dieser Methode auch saugfähige Materialien wie Fliese, Faserbündel, Spezialpapier, Faserstifte und Textilproben in ihrem Benetzungsverhalten charakterisieren.

## 13.5   Messung der Oberflächenspannung von Flüssigkeiten und Schmelzen

Viele der bisher beschriebenen Methoden zur Bestimmung der Festkörperoberflächenspannung von Kunststoffen und anderen Materialien setzt die Kenntnis der Oberflächenspannung von Flüssigkeiten voraus. Im Folgenden sollen daher ausgewählte Verfahren zur Bestimmung der Oberflächenspannung von Flüssigkeiten dargestellt werden.

### 13.5.1   Methode des hängenden Tropfens (Pendant Drop-Methode)

Bestimmung der Oberflächenspannung von Flüssigkeiten und Kunststoffschmelzen

Die Methode des hängenden Tropfens stellt eine apparativ sehr einfache Messmethode zur Bestimmung der Oberflächenspannung von Flüssigkeiten und vor allem Schmelzen dar. Sie beruht auf der Minimierung der Flüssigkeitsoberfläche durch die Oberflächenspannung. So bilden Flüssigkeiten in Abwesenheit der Gravitation Kugeloberflächen aus. Wird jedoch ein Tropfen am unteren Ende einer senkrecht angebrachten Kapillare gebildet, so wird er durch die Gewichtskraft gelängt. Mittels Messung der Tropfendurchmesser $d_1$ und $d_2$ (siehe Bild 13.6) und unter Zuhilfenahme der Tabellen nach *Andreas*, *Hauser u. a.* erfolgt anschließend die Auswertung. Modernere Analyseverfahren machen sich hier die Bildverarbeitung zu nutze.

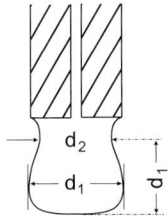

d$_1$ = größter Tropfendurchmesser

d$_2$ = Tropfendurchmesser im
    Abstand d$_1$ vom
    Scheitelpunkt

Bild 13.6 Am Kapillaraustritt hängender Tropfen

Trotz des einfachen Aufbaus erfordert die Methode erhebliches Geschick, einen derartigen Tropfen zu erzeugen und zu erhalten. Schwingungen und Eintrocknungen können hier das Messergebnis verfälschen. Auf der anderen Seite erlaubt diese Methode die Bestimmung der Oberflächenspannung von Schmelzen. Es gibt geheizte Dosiersysteme, sodass hier Temperaturen von bis zu 400 °C realisiert werden können. Dabei können Oberflächenspannungswerte von nahezu 0 mN/m bis zu einigen tausend Millinewton pro Meter gleichermaßen gut bestimmt werden.

## 13.5.2 Volumetrische Tropfenmethode (Drop Volume-Methode)

Eine ebenfalls sehr einfache Methode zur Bestimmung von Flüssigkeitsoberflächenspannungen, vor allem, wenn es sich um eine erste Überschlagsrechnung handelt, ist die volumetrische Tropfenmethode. Hierbei wird das Tropfenvolumen einer aus einer Kapillare abtropfenden Flüssigkeit bestimmt. Dies kann entweder direkt durch das Auffüllen des Tropfens mittels einer Mikrometerspritze bis zum Abtropfen geschehen oder aber indirekt über das Auszählen der Tropfenzahl, in die sich ein vorher gegebenes Volumen teilt.

Beim Abreißen des Tropfens ist seine Gewichtskraft gleich der Kraft, mit der er am Rohrumfang hängt. Damit ergibt sich die Oberflächenspannung aus der Beziehung:

$$2\pi \cdot r \cdot \sigma = V \cdot \rho \cdot g \tag{13.10}$$

mit $r$ Tropfenradius, $V$ Tropfenvolumen, $\varrho$ Dichte, $g$ Erdbeschleunigung

Bei dieser einfachen Methode sind nur eine Bürette und eine definierte Abtropffläche erforderlich. Es ist jedoch darauf zu achten, dass der Abtropfradius dem Kapillarradius entspricht und sich keine Nebentropfen bilden.

## 13.5.3 Ringmethode nach du Noüy

Die Ringmethode nach *Lecomte du Noüy* ist eine sehr bekannte Methode, die die Messung von Oberflächenspannungen in einem Bereich von typischerweise 2 bis 100 mN/m erlaubt. Hierbei wird ein frisch ausgeglühter Platiniridium-Ring bekannter Geometrie ($2R$: Durchmesser des Ringes, $2r$: Durchmesser des Drahtes) vertikal in die zu vermessende Flüssigkeit getaucht (siehe Bild 13.7). Der Ring wird solange wieder herausgezogen, bis die hierzu erforderliche Kraft ein Maximum erreicht hat bzw. der Flüssigkeitskragen abreißt.

Die Oberflächenspannung greift während des Herausziehens an einer Linie um den Ring an, wobei der Angriffspunkt um den Drahtquerschnitt wandert. Die

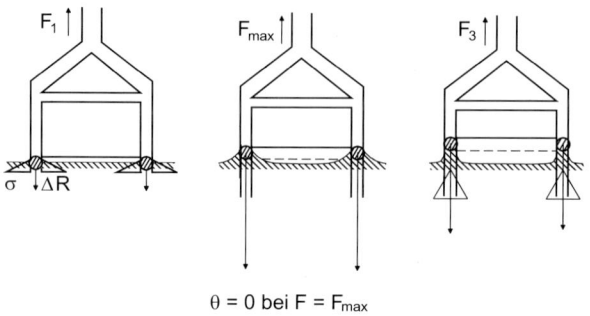

θ = 0 bei F = F_max

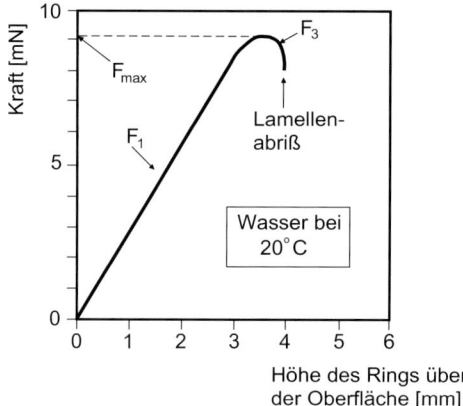

Bild 13.7 Phasen der Ringmessung

resultierende, der am Ring angreifenden Kräfte, erreicht ihr Maximum, wenn die Tangente an den Benetzungspunkt gerade senkrecht steht, wie in Bild 13.7 zu erkennen ist.

Die gemessene Kraft beinhaltet neben der aus der Oberflächenspannung resultierenden Kraft auch noch das hydrostatische Gewicht der unter dem Ring angehobenen Flüssigkeitsmenge und muss daher um diesen Wert korrigiert werden. Damit ergibt sich:

$$\sigma_l = \frac{F_{\max} - F_V}{L_b \cos \theta} \tag{13.11}$$

Dabei ist $F_{\max}$ der Wert des Kraftmaximums, $F_V$ die Kraft des Flüssigkeitsvolumens unterhalb des Ringes, $L_b$ die benetzte Länge und $\theta$ der Randwinkel zwischen dem Ring und der Flüssigkeit. Für $F_V$ gilt:

$$F_V = gV(\rho_l - \rho_a) \tag{13.12}$$

Dabei ist $g$ die Erdbeschleunigung, $\varrho_l$ die Dichte der Flüssigkeit, $\varrho_a$ die Dichte der Luft und das Volumen $V$ lässt sich aus der Ringgeometrie und der Höhe der Flüssigkeitslamelle ermitteln.

Die Oberflächenspannung kann hier auf eine reine Kraftmessung zurückgeführt werden, da der Kontaktwinkel für die allermeisten Flüssigkeiten (Quecksilber ist eine Ausnahme) mit Platin gleich Null ist und somit cos $\theta = 1$.

Moderne Tensiometer erlauben ein Expandieren und Komprimieren der Flüssigkeitslamelle ohne Abriss. So können mit diesem quasistatischen Verfahren auch zeitabhängige Beobachtungen bzgl. der Oberflächenspannung gemacht werden. Dies ist beispielsweise für Tensidlösungen geringer Konzentration von Bedeutung, da die Vermischung der oberflächenaktiven Moleküle mit der Lösung sehr langsam erfolgt und sich somit die Oberflächenspannung langsam bis zum thermodynamischen Gleichgewicht von Difussion und Ad- u. Desorption verändert.

*Oberflächen-spannungs-messung von zeitabhängigen Veränderungen in Flüssigkeiten*

## 13.5.4 Spinnig Drop-Methode

Die Spinning Drop-Methode erlaubt die Vermessung besonders kleiner Oberflächenspannungen. Hiermit sind Oberflächenspannungswerte noch im Bereich von $10^{-5}$ bis 10 mN/m messbar, wie es z. B. für Emulgatoren der Fall ist.

*Bestimmung besonders kleiner Oberflächen-spannungen*

Bild 13.8 zeigt ein Tensiometer, das nach der Spinning Drop-Methode arbeitet. Im Innern des Tensiometers befindet sich eine Glaskapillare, die frei um ihre Längsachse drehbar und mit der schwereren Phase zu befüllen ist. Im mittleren Teil der Anlage kann die Phase durch ein Messmikroskop beobachtet werden. Durch Einbringen der leichteren Phase mittels einer µl-Spritze durch ein Septum hindurch in die schwerere Phase, kann ein Tropfen in die rotierende Glaskapillare eingebracht werden. Dabei ist es durch leichtes Kippen der Anlage möglich den Flüssigkeitstropfen in die Mitte der Kapillare zu bringen.

Aufgrund der Zentrifugalkraft längt sich der Tropfen solange, bis die aus der Oberflächenspannung resultierende Kraft, die den Tropfen zusammenhält, den gleichen Wert erreicht hat. Ist der Dichteunterschied zwischen den beiden Phasen

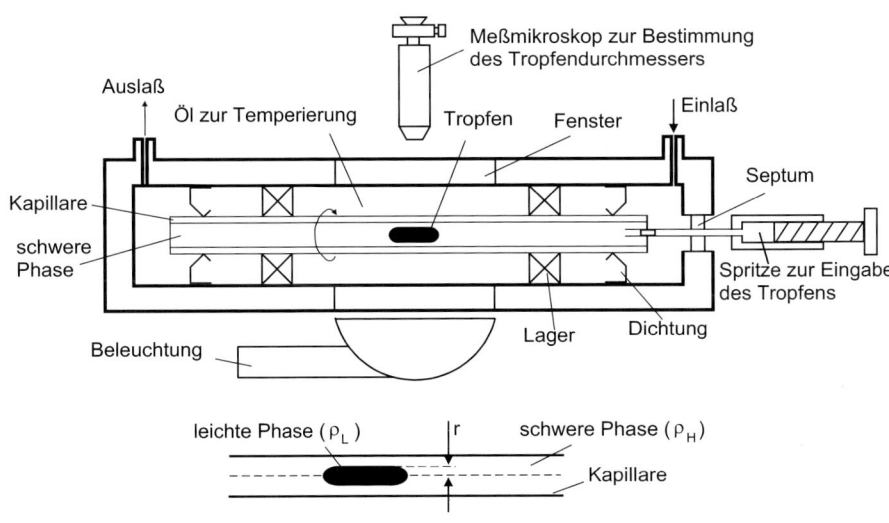

Bild 13.8 Spinning Drop-Tensiometer

bekannt und hat man den Radius r des Tropfens mit Hilfe des Mikroskops vermessen, so ergibt sich daraus die Oberflächenspannung.

## Literatur zu Kapitel 13

Chi Ming Chan: Polymer Surface Modification and Characterisation. München: Carl Hanser Verlag, 1993

Krüger, R.: Haftungsbestimmende Einflußgrößen beim Lackieren und Kleben von Thermoplasten. Diss., RWTH Aachen, 1980

Pocius, A.V.: Adhesion and Adhesives Technology. 2nd Edition, München: Carl Hanser Verlag, 2002

Vogel, H.: Oberflächenspannung. In: Gerthsen Physik, Springer Verlag, Berlin, Heidelberg, 1995, S. 100–104

Weser, C.: Die Messung der Grenz- und Oberflächenspannung von Flüssigkeiten – eine Gesamtdarstellung für den Praktiker – GIT Fachzeitschrift für das Laboratorium, 24 (1980) S. 642–648 und S. 734–742

Wu, S.: Polar and Nonpolar Interactions in Adhesion. Journal of Adhesion 5 (1973), S. 39–55

Zilles, J. U.: The Phenomen on Surface Tension. Firmenschrift der Firma Krüss GmbH Nord in Hamburg, S. 1–10

# 14 Stofftransportvorgänge

## 14.1 Einführung

Ein luftgefüllter Ballon verliert nach einigen Tagen deutlich an Innendruck und -volumen. Wählt man statt Luft zur Füllung Helium, so läuft dieser Vorgang bedeutend schneller ab. Gefüllte Kraftstofftanks aus Polyethylen verlieren täglich einige Gramm Benzin, wenn nicht geeignete Maßnahmen getroffen werden. Mit Kunststoffen versiegelte Metallteile beginnen in wässrigen Medien zu korrodieren. Limonadenartige Getränke in PET-Flaschen büßen innerhalb einiger Monate Teile ihres Kohlensäuregehalts ein und schmecken fade, und in Kunststofffolien unter Vakuum und „luftdicht" verpackte Lebensmittel oxidieren. Diese weithin bekannten und eine Vielzahl weiterer technischer Phänomene beruhen auf dem Stofftransport – der Permeation – von Gasen oder Dämpfen durch polymere Werkstoffe.

Der Stofftransport ist jedoch nicht eine ausschließlich unerwünschte Erscheinung: Bei der Verarbeitung von Kunststoffen ist die Permeation z. B. mitverantwortlich für die homogene Phasenverteilung beim Verarbeiten von Blends oder für die Migration von Weichmachern. Bei künstlichen Nieren, Mikrofiltern oder bei Folienverpackungen für einige Lebensmittelgruppen werden Kunststoffe gezielt so abgestimmt, dass sie für bestimmte Gase eine selektive, hohe Durchlässigkeit aufweisen.

## 14.1.1 Diffusion

Eine der Hauptursachen der Permeation ist die Diffusion. Die Diffusion ist die treibende Kraft, die z. B. dafür sorgt, dass sich Gas- oder Dampfmoleküle gleichmäßig in einem gegebenen Volumen verteilen und nicht zur Bildung lokaler Anhäufungen neigen, solange sie nicht äußeren Kräften unterworfen sind. Die mikroskopische Ursache für dieses Verhalten liegt in der beträchtlichen Eigenbewegung der Gasmoleküle (Brownsche Molekularbewegung). So besitzen die Sauerstoffmoleküle in einem hochverdünnten Gas bei $0\,°C$ bereits eine mittlere Geschwindigkeit von über 400 m/s. Durch typischerweise mehr als $10^6$ Stöße pro Sekunde der Moleküle untereinander werden so häufige Richtungswechsel bewirkt.

Betrachtet man nun ein Molekül in einem Volumenbereich, innerhalb dessen ein Konzentrationsgradient besteht, so wird es in der Bilanz wesentlich mehr Stöße erhalten, die es in Richtung der niedrigeren Konzentration treiben als umgekehrt. Diese Tatsache sorgt in einer Gasatmosphäre bei der hohen Eigengeschwindigkeit und Stoßfrequenz der Moleküle für einen zügigen Abbau unterschiedlicher Teilchendichten und damit für den Ausgleich lokal variierender Konzentrationen.

*Ursachen der Diffusion*

Ähnliches gilt für Gasgemische: Jede seiner Komponenten verteilt sich gleichmäßig in dem zur Verfügung gestellten Raum, sofern keine äußeren Kräfte wirken. Diffusion findet immer statt, wenn die Konzentration, der Druck bzw. der Partialdruck einer Komponente aus einem Gasgemisch, wenn also allgemein die Teilchenanzahl pro Volumeneinheit und damit die Konzentration lokal variiert.

In der physikalischen Beschreibung zeigt die Diffusion große Ähnlichkeit mit der Wärmeleitung: eine Inhomogenität einer Größe bewirkt den Transport einer anderen Größe. Diese Erscheinungen werden daher unter dem Begriff *Transportphänomene* zusammengefasst.

## 14.1.2  Permeation

Diffusion findet ebenfalls in Festkörpern statt. Voraussetzung ist natürlich, dass sie den Teilchen eine Aufenthaltsmöglichkeit bieten können, die Teilchen also im Festkörper löslich sind. Dies trifft insbesondere auf polymere Werkstoffe zu. Die im Polymer gelösten Teilchen folgen anschließend auch innerhalb eines Festkörpers einem Konzentrationsgradienten, sodass ein Diffusionsprozess stattfindet.

> **Der gesamte Prozess – Lösung *und* Diffusion von Teilchen – wird mit dem Begriff Permeation beschrieben.**

Permeation und
Polymerstruktur

Die Diffusionsbewegung der gelösten Teilchen im Polymer wird durch dessen molekulare Struktur stark eingeschränkt. Dennoch ist bei Polymeren die Permeation ein molekularer Vorgang mit makroskopischen Größenordnungen. Bei metallischen Festkörpern ist dieses Phänomen in der Regel um viele Größenordnungen geringer und – gemessen an Kunststoffen – vernachlässigbar klein.

> **Im Wesentlichen begründen sich die Permeationseigenschaften verschiedener Kunststoffe darauf, dass die spezifische molekulare Struktur der Polymere die Diffusionsbewegung gelöster Teilchen verschieden stark hemmt.**

Im Folgenden wird zunächst auf die Grundlagen der Permeation durch Kunststoffe eingegangen. Es werden wichtige Begriffe definiert und die elementaren mathematischen Gleichungen aufgestellt sowie deren physikalischer Gehalt diskutiert, sodass die Abhängigkeit der Permeation von den entscheidenden äußeren Größen wie Druck und Temperatur deutlich wird. Diese Zusammenhänge werden an Beispielen erläutert. In den darauf folgenden Abschnitten werden einige Verfahren zur Abschätzung und Messung von Permeations-, Sorptions- und Diffusionseigenschaften vorgestellt. Daraufhin wird auf die Permeation von Dämpfen durch Polymere eingegangen, bei der die Vorgänge im Vergleich zur Permeation einfacher Gase häufig bedeutend komplexer sind. Abschließend werden einige gängige Verfahren zur Minderung der Permeation angesprochen.

## 14.2  Grundlagen

Bei der Verpackung vitaminhaltiger Lebensmittel ist die Anwesenheit von Sauerstoff äußerst unerwünscht, da er das Vitamin C zersetzt. Die Haltbarkeit eines vitamin-C-haltigen Getränks in einer Kunststoffflasche hängt infolgedessen maßgeblich von der Menge Sauerstoff ab, die aufgrund von Undichtigkeiten und Permeationsvorgängen durch den Verschluss und die Kunststoffwand in das Flascheninnere transportiert wird. Ähnliches gilt für kohlensäurehaltige Getränke in Kunststoffflaschen: Aufgrund der Durchlässigkeit gegenüber $CO_2$ verliert das Getränk ständig an Kohlensäure. Der unerwünschte Stofftransport verläuft in diesem Fall in die andere Richtung. Eine sorgfältige Materialauswahl in Kenntnis und Berücksichtigung der entscheidenden Abhängigkeiten der Permeationsvorgänge ist hier unerlässlich.

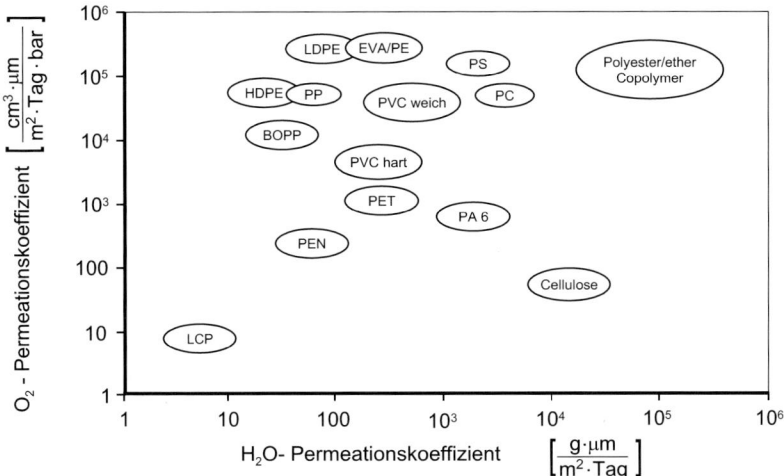

Bild 14.1 Medien- und polymerspezifische Permeationskoeffizienten (nach *Langowski*)

Bild 14.1 zeigt einen ersten Überblick darüber, wie vielfältig und medienspezifisch die Sperrwirkungen von Kunststoffen sein kann. Polyethylen zeigt eine hohe Durchlässigkeit für Sauerstoff, sperrt aber den Durchgang von Wasserdampf vergleichsweise gut. PA 6 hat dagegen eine um zwei Größenordnungen geringere Sauerstoffdurchlässigkeit, lässt aber im Vergleich zu Polyethylen mehr als die zehnfache Menge an Wasserdampf passieren. Eine dünne, porenfreie Metallfolie würde in Bild 14.1 nahe dem Ursprung liegen. Permeationsvorgänge durch metallische Werkstoffe sind in der Regel um viele Größenordnungen geringer als durch polymere Materialien. Die in Bild 14.1 angegebenen Daten sind nur grobe Richtwerte, da die Verarbeitung und die daraus resultierenden Struktureigenschaften ebenfalls eine große Wirkung auf Permeationseigenschaften zeigen. (Die unterschiedlichen Einheiten für die Wasserdampf- und Sauerstoffpermeation werden weiter unten erläutert (siehe Gleichung 14.5b).)

polymerabhängige Größenordnung der Permeation

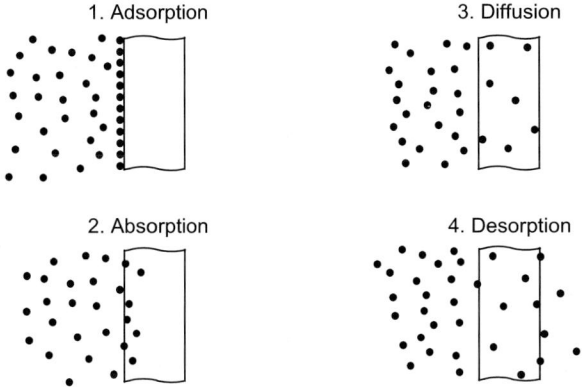

Bild 14.2 Elementare Permeationsschritte

elementare
Permeations-
schritte

Der Transport von Gasen, Dämpfen und Flüssigkeiten durch polymere Festkörper ist i. A. ein komplexer Vorgang, der einer Vielzahl von Einflussfaktoren unterliegt. In einem vereinfachenden Permeationsmodell wird der Stofftransport auf molekularer Ebene betrachtet und in vier Teilschritte zerlegt (Bild 14.2):

- Anlagerung von Teilchen an die Oberfläche einer Trennwand (Ad*sorption*),
- Aufnahme des Stoffes im oberflächennahen Volumenbereich (Ab*sorption*),
- Transport der Teilchen durch die Barriere *(Diffusion)*,
- Abgabe permeierter Teilchen an der gegenüberliegenden Oberfläche an das umgebende Medium *(Desorption)*.

Die Vorgänge vollziehen sich bei Polymerwerkstoffen nur dann nach einfachen Gesetzmäßigkeiten, wenn es sich bei den permeierenden Stoffen um Moleküle handelt, die sich gegenüber dem Polymer als inert erweisen. Die nachfolgend beschriebenen Gesetze des Stofftransports gelten ferner nur dann, wenn das Polymer keine Kapillaren, Risse und andere als Kanäle wirkende Durchlässe für den permeierenden Stoff besitzt.

In praktischen Fällen sind diese Idealbedingungen oft nicht gegeben. Zum Verständnis der physikalischen Zusammenhänge ist es aber dennoch dienlich, diese Vereinfachungen anzunehmen, um die erste Beschreibung dieser Vorgänge nicht zu komplex werden zu lassen. Ferner sind auf diesem vereinfachten Wege oft sehr brauchbare Abschätzungen möglich.

## 14.2.1 Physikalische Beschreibung

Bevor Diffusionsvorgänge in Polymeren stattfinden können, müssen die diffundierenden Teilchen zunächst im Polymer gelöst werden. Die Menge an Teilchen, die durch Diffusionsvorgänge transportiert werden kann, hängt von der Menge ab, die im Polymer gelöst wurde. Die Begriffe Ad- und Ab- und Desorption beschreiben die entsprechenden Vorgänge. Sie werden häufig auch mit dem Begriff Sorption zusammengefasst.

### 14.2.1.1 Adsorption

Bei der Anlagerung von Stoffen aus der Umgebung an eine Festkörperoberfläche spricht man von Adsorption. Man unterscheidet:

- physikalische Adsorption (van der Waalssche Kräfte),
- chemische Adsorption (Chemisorption) und
- elektrostatische Kräfte.

Die entscheidenden Phänomene der Adsorption wurden bereits in Kapitel 13 (Oberflächenspannung) behandelt.

### 14.2.1.2 Absorption

Dringen Gase in Flüssigkeiten oder Feststoffe ein und werden dort gelöst, so spricht man von Absorption. Lagert man eine Polymerprobe in einer Gasatmosphäre, so werden sich Gasmoleküle an deren Oberfläche anlagern und anschließend vom Polymervolumen absorbiert werden. Im weiteren Verlauf werden

Gleichgewicht
der Absorption
die Moleküle auch die oberflächenfernen Bereiche des Kunststoffteils erreichen, bis letztlich ein dynamischer Gleichgewichtszustand innerhalb des Polymers er-

reicht ist, der den Nettofluss der Gasmoleküle zum Erliegen bringt. Zum anderen entsteht auch ein Gleichgewichtszustand zwischen dem im Polymer gelösten und den in der Gasphase befindlichen Teilchen, sodass in der Bilanz keine weiteren Gasmoleküle vom Polymer ab- bzw. desorbiert werden.

In diesem Gleichgewichtszustand wird die Menge eines Stoffes, die vom Polymer absorbiert wurde, durch das Henrysche Gesetz beschrieben:

$$c = S \cdot p \tag{14.1}$$

Henrysches Gesetz

mit $c$ Volumen des Stoffes unter Standardbedingungen pro Polymervolumeneinheit, $S$ Löslichkeitskoeffizient, kurz auch: Löslichkeit, $p$ Partialdruck des Gases.

Explizit gibt die Löslichkeit $S$ das Volumen einer Substanz unter Standardbedingungen an, die bei einem äußeren Partialdruck des Stoffes von 1 bar in einer Volumeneinheit des Polymers gelöst ist. Die üblicherweise verwendete Einheit von $S$ ist: $[S] = cm^3/(cm^3 \cdot bar)$. Typische Werte der Löslichkeit für inerte Gase in Polymeren liegen bei Raumtemperatur im Bereich $0{,}02 \leq S \cdot (cm^3\ bar)/cm^3 \leq 1$. Die Löslichkeit $S$ hängt von der Eigenschaftskombination des Polymers und des gelösten Stoffes ab. Für verschiedene Polymere unterscheidet sich die Löslichkeit eines bestimmten, inerten Gases nur wenig. Verschiedene Gase besitzen jedoch häufig grundverschiedene Löslichkeiten.

> **Das Henrysche Gesetz gilt, solange die Löslichkeit $S$ druck- bzw. konzentrationsunabhängig ist. Dies ist für inerte Gase bei Normaldruck i. A. der Fall.**

### 14.2.1.3 Desorption

Die Desorption kann i. A. als die Umkehrung der Absorption betrachtet werden. Im Polymer gelöste Teilchen werden desorbiert, d. h. an die Umgebung abgegeben.

Wird in dem obigen Beispiel nach Erreichen des stationären Absorptionszustandes der das Kunststoffteil umgebende Raum fortwährend evakuiert, sodass die Umgebung permanent gasfrei ist, so kehren sich die Vorgänge um: Zum Erreichen eines neuen Gleichgewichtszustandes wird Gas aus dem Polymer gelöst und an die Umgebung abgegeben. Dieser Vorgang wird Desorption genannt.

### 14.2.1.4 Diffusion

Der Transport von Teilchen innerhalb eines festen oder ruhenden fluiden Stoffs wird dann, wenn er allein durch das Konzentrationsgefälle bewirkt wird, *Diffusion* genannt. Deren Ursache ist die Wärmebewegung der Moleküle, die dem Fremdmolekül gestatten, sich durch inter- und intramolekulare Zwischenräume in Richtung des Konzentrationsgefälles fortzubewegen. Die Moleküle „springen" von Freiraum zu Freiraum. Die Wahrscheinlichkeit der molekularen Wanderung hängt im Wesentlichen von der Größe der Zwischenräume sowie der Größe der diffundierenden Moleküle ab.

Der durch die molekulare Diffusion verursachte Volumenstrom wird in allgemeiner Form durch die *Fickschen Gesetze* beschrieben. Die Lösungen dieser Differentialgleichungen sind aber recht komplex und erfordern einige Annahmen. Zur Vereinfachung werden folgende Randbedingungen angenommen (nur die wesentlichen sind genannt):

Ficksche Gesetze

- Die Diffusion ist stationär: $dc/dt = 0$, d. h. die Konzentration des diffundierenden Mediums ändert sich an einem gegebenen Ort nicht mit der Zeit.
- Das Medium, innerhalb dessen die Diffusion stattfindet, ist hinsichtlich der Diffusionseigenschaften homogen und isotrop ($\nabla D = 0$).
- Der Diffusionskoeffizient $D$ hängt nicht von der Konzentration des gelösten Mediums ab.
- Es wird die Diffusion lediglich einer Komponente betrachtet.

Unter diesen Voraussetzungen lässt sich das erste Ficksche Gesetz für den eindimensionalen Fall in einer gebräuchlichen und anschaulichen Form darstellen:

$$\dot{q} = \frac{dq}{dt} = -D \cdot A \cdot \frac{dc}{dx} \tag{14.2}$$

**Diffusions-koeffizient**   Mit $q$ Volumen des diffundierenden Stoffes, $t$ Zeit, $D$ Diffusionskoeffizient, Einheit: $[D] = m^2/s$, üblich auch $cm^2/s$, $A$ Flächenquerschnitt, durch den die Diffusion stattfindet, $c$ Konzentration des diffundierenden Stoffes im Festkörper $[cm^3_{(Medium)}/cm^3_{(Polymer)}]$, $x$ Diffusionsrichtungskoordinate.

Das pro Zeiteinheit diffundierende Volumen $q$ ist demnach proportional zur angebotenen Fläche und zum Konzentrationsgradienten. Eine große Differenz in den Konzentrationen führt daher zu einer hohen Diffusionsrate. Das negative Vorzeichen in Gleichung (14.2) trägt dem Effekt Rechnung, dass der Volumenstrom immer in Richtung der geringeren Konzentration abläuft. Der Diffusionskoeffizient $D$ ist eine Konstante nur für die betrachtete Polymer/Gas-Kombination.

Die Abhängigkeit des Volumenstroms von der Konzentration $c$ der gelösten Teilchen Gleichung (14.2) deutet an, dass für den gesamten Stofftransport auch die Löslichkeit (gemäß Gleichung 14.1) eine entscheidende Rolle spielt.

## 14.2.1.5 Permeation

Betrachtet wird jetzt ein Zustand, bei dem eine Kunststoffbarriere zwei Raumbereiche mit unterschiedlichen Gaskonzentrationen trennt (Bild 14.3). Im Verlaufe einer ausreichend langen Zeit wird sich unter der Annahme homogener Materialeigenschaften innerhalb dieser Trennwand durch Diffusionsvorgänge ein konstanter Konzentrationsgradient aufbauen, sodass folgende Vereinfachung zulässig ist:

$$\frac{dc}{dx} = \frac{\Delta c}{d} = konst. \Rightarrow c(x) = c_1 + \frac{c_2 - c_1}{d} \cdot x \tag{14.3}$$

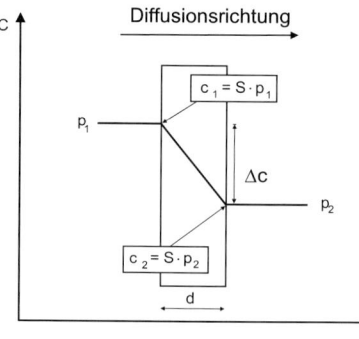

Bild 14.3 Konzentrationsverlauf in einer Kunststoffbarriere

Die gewählten Randbedingungen sind in Bild 14.3 illustriert. Die Konzentrationen $c_1$ und $c_2$ stellen sich dann jeweils entsprechend dem Henryschen Gesetz ein, das jedoch nur im Falle des Lösunggleichgewichts angewendet werden darf. Ein Gleichgewichtszustand ist erreicht, sobald die Zahl der absorbierten Gasmoleküle identisch mit der Zahl der desorbierten Moleküle ist. Bei konstanten äußeren Partialdrücken ändert sich dieser Zustand zeitlich nicht mehr: Es ist ein *stationärer Permeationszustand* erreicht. Aus den Gleichungen (14.2) und (14.3) folgt dann unmittelbar:

stationäre Permeation

$$\dot{q} = P \cdot A \cdot \frac{\Delta p}{d} \qquad (14.4)$$

mit $\Delta p = \Delta c/S$ und der Definition des Permeationskoeffizienten $P = D \cdot S$. Der Permeationskoeffizient ist gemäß seiner Definition ebenfalls bestimmt durch die Kombination aus Polymer und Permeant. Dies zeigt bereits Bild 14.1 anschaulich.

Permeationskoeffizient

Gleichung (14.4) bietet nun sofort die Möglichkeit, über die Messung des Volumenstromes eines Mediums durch die Barriere bei definierter Druckdifferenz, bekannter Permeationsfläche $A$ und Barrieredicke $d$ den Permeationskoeffizienten $P$ zu bestimmen. Man beachte: $P$ ist für homogene Barrieren eine von der Barrierendicke unabhängige Größe, also eine Materialeigenschaft. Die SI-Einheit des Permeationskoeffizienten ist:

$$[P] = \frac{\text{m}^2}{\text{s} \cdot \text{Pa}} \qquad (14.5\text{a})$$

Häufig werden auch abweichende Einheiten gewählt, die in ihren Größenordnungen praktikabler bzw. den Messbedingungen angepasst sind:

$$\textit{für Gase:} \quad [P] = \frac{\text{cm}^3 \cdot \upmu\text{m}}{\text{m}^2 \cdot \text{Tag} \cdot \text{bar}} \quad \textit{für Wasserdampf:} \quad [P] = \frac{\text{g} \cdot \upmu\text{m}}{\text{m}^2 \cdot \text{Tag}}$$

$$(14.5\text{b})$$

Es ist zu berücksichtigen, dass bei einer relativen Feuchtedifferenz von 85 % zu 0 % 1 g Wasserdampf einem relativen Dampfvolumen von ca. 60 000 cm³/bar entspricht. Die auf das Permeantenvolumen bezogene Durchlässigkeit von Kunststoffen ist für Wasserdampf daher um einige Größenordnungen höher als beispielsweise für Sauerstoff.

Zur Beschreibung der Permeationseigenschaften wird auch die Durchlässigkeit oder Permeabilität $\Pi$ einer Barriere verwendet:

Permeabilität

$$\Pi = \frac{P}{d} \qquad (14.6)$$

> **Die Permeabilität $\Pi$ ist die Größe, die unmittelbar Auskunft darüber gibt, welches Volumen eines Permeanten eine Barriere der Dicke $d$ und der Fläche 1 m² pro Tag durchdringt, wenn an den beiden Grenzflächen der Barriere eine Partialdruckdifferenz von 1 bar besteht.**

Mit den Daten aus Bild 14.1 kann die Größenordnung des Stofftransports berechnet werden. Nach Gleichung (14.4) permeiert durch eine Fläche von 1 m² einer 40 μm dicke LD-PE-Folie im Laufe eines Tages ein Sauerstoffvolumen von ca.

35 cm³, wenn die Druckdifferenz auf den beiden Seiten der Folie konstant 0,5 bar beträgt. Dagegen erhält man unter Verwendung einer 12 µm dicken PET-Folie einen Volumenstrom von nur 3,5 cm³/Tag. Selbst unter Einsparung eines Materialvolumens von 70 % erreicht man ein um den Faktor 10 besseres Ergebnis. Dies zeigt die Bedeutung der richtigen Werkstoffauswahl.

## 14.3 Temperaturabhängigkeit des Stofftransports

Diffusion und Sorption sind wärmeaktivierte Prozesse. Die Temperaturabhängigkeit der Diffusion basiert darauf, dass bei höherer Temperatur einerseits die Molekülkettensegmente des Polymers zu stärkeren Schwingungsbewegungen neigen, sodass das „Springen" diffundierender Moleküle zwischen inter- und intramolekularen Bereichen des Polymers wahrscheinlicher wird. Das diffundierende Molekül benötigt dann weniger kinetische Energie, um ausreichend große Zwischenräume zu erzeugen und die Polymerketten zu passieren. Andererseits erhält natürlich auch das diffundierende Molekül selbst eine höhere thermische Energie, sodass dessen stärkere Eigenbewegungen ebenfalls den Ortswechsel beschleunigen.

Zur physikalischen Beschreibung dieser Abhängigkeiten definiert man eine *Aktivierungsenergie* der Diffusion $E_D$, die den Energiebetrag beschreibt, den ein Mol Gasteilchen benötigt, um zwischen zwei Freiräumen der Polymerstruktur zu springen. $E_D$ wird über einen bestimmten Bereich temperaturunabhängig angenommen. Das temperaturabhängige Verhalten des *Diffusionskoeffizienten* kann
dann durch einen Arrheniusansatz beschrieben werden:

$$D(T) = D_0 \cdot e^{-\frac{E_D}{RT}} \qquad (14.7)$$

mit $E_D$ Aktivierungsenergie der Diffusion [J/mol], $R$ allgemeine Gaskonstante = 8,314 J/(mol K), $D_0$ Diffusionskonstante (abh. von der Polymer/Permeant-Kombination, aber temperaturunabhängig), $T$ Temperatur in Kelvin. Da $E_D$ aus anschaulichen Gründen grundsätzlich positiv ist, wächst der Diffusionskoeffizient $D(T)$ mit steigender Temperatur.

Für das Verhalten der Löslichkeit $S$ ergibt sich eine ähnliche Beschreibung. Der Löslichkeitskoeffizient wird im Wesentlichen durch zwei Prozesse bestimmt: der exothermen Kondensation des Gases und dem endothermen Mischungsprozess des Gases mit dem Polymer. Die Bilanz beider Prozesse wird in der Lösungsenthalpie $\Delta H_S$ zusammengefasst. $\Delta H_S$ kann abhängig von der Polymer-Gas-Kombination positiv oder negativ sein. In Ähnlichkeit zur Beschreibung der Diffusion lässt sich das Verhalten des Löslichkeitskoeffizienten unter Temperaturvariation durch

$$S(T) = S_0 \cdot e^{-\frac{\Delta H_s}{RT}} \qquad (14.8)$$

beschreiben. Aus den Gleichungen (14.7) und (14.8) folgt nun unter Berücksichtigung der Definition der Permeationskoeffizienten unmittelbar dessen temperaturabhängiges Verhalten:

$$P(T) = P_0 \cdot e^{-\frac{E_p}{RT}} \qquad (14.9)$$

mit $P_0 = D_0 \cdot S_0$ und der Aktivierungsenergie der Permeation $E_P = E_D + \Delta H_S$.

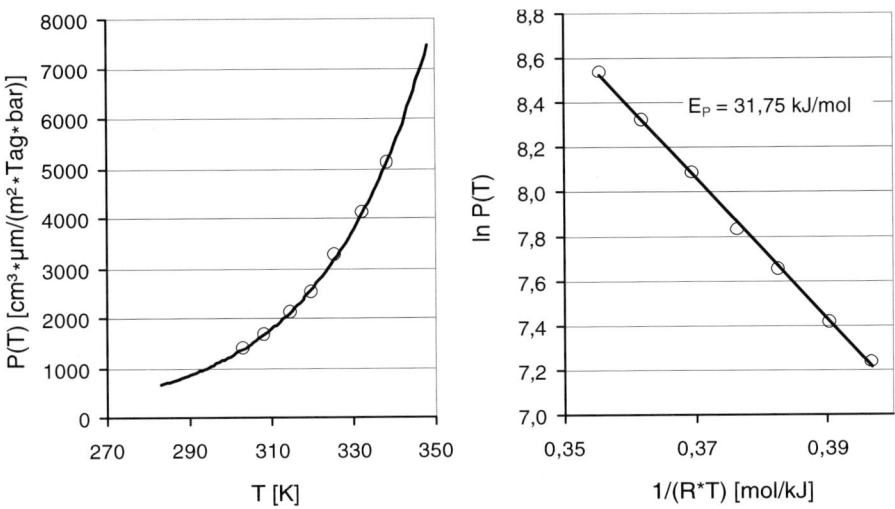

Bild 14.4 Temperaturabhängiger Verlauf der Permeation durch eine 12 μm-PET-Folie

Bild 14.4 links zeigt das Verhalten des Permeationskoeffizienten über der Temperatur am Beispiel der Messergebnisse einer 12 μm dicken PET-Folie. Das exponentielle Verhalten ist ansatzweise zu erkennen. Die hohe Sensibilität für die Umgebungstemperatur zeigt, dass Permeationsangaben ohne Temperaturangaben wenig sinnvoll sind. Überschlägig verdoppelt sich in diesem Beispiel der Permea-

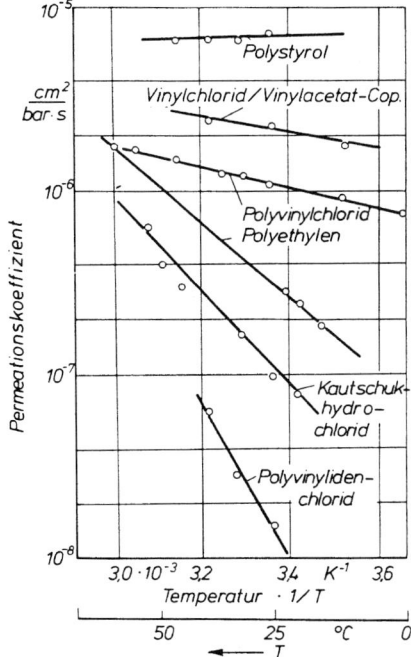

Bild 14.5 Arrheniusauftragung des Wasserdampfpermeationskoeffizienten verschiedener Polymere (nach *Knappe*)

**Arrhenius-
auftragung**

tionskoeffizient bei einer Erhöhung der Temperatur um 20 °C. Das rechte Teilbild zeigt die gleiche Funktion in der häufig benutzten Arrheniusauftragung (logarithmische Auftragung über $1/T$). Der weitgehend lineare Verlauf belegt den exponentiellen Verlauf von $P(T)$ und zeigt darüber hinaus, dass es in diesem Falle für den betrachteten Temperaturbereich zulässig ist, $E_P$ als konstant anzusehen. (Dies kann nicht grundsätzlich vorausgesetzt werden.) Aus der Steigung der Geraden kann direkt auf die Energie $E_P$ geschlossen werden. Zudem kann mit Gleichung (14.6) die erforderliche Dicke der Folie berechnet werden, um eine gewünschte Sauerstoffdurchlässigkeit zu erreichen.

In Bild 14.5 ist die Wasserdampfpermeation für verschiedene Polymere über der Temperatur aufgezeigt. Aus den unterschiedlichen Steigungen kann auf unterschiedliche Aktivierungsenergien geschlossen werden. Grundsätzlich kann nicht ausgeschlossen werden, dass sich in der Darstellung zwei Geraden schneiden (siehe PE und PVC).

> **Daraus folgt, dass ein Polymer geringer Permeation bei einer niedrigen Temperatur nicht zwingend für alle Temperaturen die geringsten Permeationsraten aufweist.**

**Gültigkeits-
bereich**

Die Gleichungen (14.7) bis (14.9) dienen der Beschreibung eines idealisierten Permeationsmodells, in dem Wechselwirkungen des Permeanten mit dem Polymer nicht berücksichtigt werden. Betrachtet man dagegen z. B. die Permeation organischer Dämpfe durch polymere Membransysteme, so werden die Verhältnisse bedeutend komplexer. Hierzu sind beispielsweise eingehende Betrachtungen der Lösungsenthalpie unumgänglich, die hier jedoch nicht behandelt werden können. Die Gleichungen (14.7) bis (14.9) zeigen mit Ausnahme der Barrieredicke lediglich die Abhängigkeit der Permeation von äußeren Parametern wie Partialdruck oder Temperatur. Die Polymer- und Permeanteneigenschaften gehen durch die Aktivierungsenergien in die Gleichungen ein.

## 14.4  Permeationsbestimmende Eigenschaften der Polymere

Die innere Struktur der Polymere, die großenteils auch durch den Verarbeitungsprozess beeinflusst ist, bestimmt maßgeblich die Permeationseigenschaften. Darüber hinaus können übergreifend auch den Polymergruppen bestimmte Eigenschaften zugewiesen werden. Aufgrund ihrer molekularen Struktur und den darauf beruhenden Eigenschaften von Polymeren werden Thermoplaste, Elastomere und Duroplaste unterschieden. Da Permeation als molekularer Prozess betrachtet werden kann, sind für diese Polymergruppen grundsätzlich unterschiedliche Permeationseigenschaften zu erwarten.

### 14.4.1  Elastomere

**leichte
Vernetzung**

Bei Elastomeren sind die verschlauften Molekülketten an einigen Stellen durch chemische Bindungen fixiert. Mechanische Verformungen werden in weitem Maße elastisch zurückgestellt, da eine Verschiebung der Molekülketten durch die Quervernetzung erschwert wird. Elastomere besitzen genügend große Zwischenräume, die die Permeation von Fremdmolekülen gestatten.

## 14.4.2 Duroplaste

Die Vernetzung ist hier gegenüber den Elastomeren so stark ausgebildet, dass auch unter Wärmeeinfluss keine Verformung möglich ist. Sie bieten nur sehr kleine molekulare Zwischenräume, sodass die Permeationskoeffizienten dieser gehärteten Formmassen meist sehr gering sind. Allerdings werden Duroplasten sehr häufig große Mengen an Füllstoffen zugegeben, die die Permeationseigenschaften zum einen durch intrinsische Eigenschaften des Füllstoffs, zum anderen aber auch durch die Art der Ausbildung der Phasengrenze zur Duroplastmatrix stark verändern können.

*starke Vernetzung*

*Wirkung von Füllstoffen*

## 14.4.3 Thermoplaste

Thermoplaste bestehen aus Molekülketten, die ineinander verschlauft sind. Im Schmelzezustand führen die Molekülketten Knick- und Rotationsschwingungen aus, die mit sinkender Temperatur in ihrer Ausprägung abnehmen. Bei Erreichen der Einfriertemperatur kommen diese Bewegungen zum Erliegen und das Material wird formbeständig. In diesem Zustand schwingen lediglich die einzelnen Atome um ihre Ruhelage an der Molekülkette. Während des Einfrierprozesses aus der ungeordneten Schmelze können sich dabei für molekulare Verhältnisse große Hohlräume ausbilden, die die Permeation begünstigen. Die Bildung von Kristalliten im Erstarrungsprozess hat großen Einfluss auf die Permeationseigenschaften.

*Permeation durch molekulare Zwischenräume*

### 14.4.3.1 Kristallinität

Die kristalline Phase in teilkristallinen Thermoplasten hat eine große Bedeutung für die Permeationseigenschaften.

> **Im Allgemeinen kann davon ausgegangen werden, dass durch diese kristallinen Bereiche hoher Ordnung und enger molekularer Packung keine Permeation stattfindet.**

Ein teilkristalliner Kunststoff kann demzufolge als Zweiphasensystem betrachtet werden, bei dem die Permeation lediglich durch die amorphe Phase stattfindet. Die Auswirkung des Kristallinitätsgrades $\alpha$ auf die Löslichkeit kann durch:

$$S = (1 - \alpha) \cdot S^a \tag{14.10}$$

beschrieben werden, wobei $\alpha$ der kristalline Volumenanteil und $S^a$ die Löslichkeit des vollkommen amorphen Polymers ist. Ein Gas wird somit nur in den amorphen Anteilen gelöst. Dies ist der erste Faktor, der die Permeation mindert. Ähnliches gilt jedoch auch für den Diffusionskoeffizienten. Die gelösten Gasmoleküle müssen die kristallinen Phasen umgehen, da sie dort nicht gelöst werden können. Die Diffusionswege werden bedeutend länger. Die Beschreibung kann durch die Einführung zweier Werkstoffparameter erfolgen:

*Kristallinität beeinflusst Löslichkeit und Diffusion*

$$D = \frac{D^a}{\tau \cdot \beta} \tag{14.11a}$$

Dabei ist $D^a$ der Diffusionskoeffizient des amorphen Polymers. $\tau$ stellt den geometrischen Anpassungsfaktor dar, der z. B. für die verlängerten Diffusionswege steht. Der Faktor $\beta$ trägt der zunehmenden Unbeweglichkeit der Polymerketten Rechnung. Beide Faktoren sind jedoch experimentell zu bestimmen.

> **Im Allgemeinen kann durch eine Erhöhung der Kristallinität die Permeabilität eines Polymers deutlich gemindert werden.**

Überschlägig kann auch anstatt Gleichung (14.11a) vereinfachend eine Analogie zu Gleichung (14.10) benutzt werden:

$$D = (1 - \alpha) \cdot D^a \tag{14.11b}$$

Bild 14.6 zeigt die Arrheniusauftragung des Permeationskoeffizienten für die Stickstoffpermeation durch Polyethylenfolien gleichen Typs, jedoch verschiedener Dichte. Die zunehmende Dichte korreliert mit einem zunehmenden Kristallisationsgrad. Dies wirkt sich deutlich auf die Permeation aus. Auffällig ist der lineare Verlauf der einzelnen Kurven, die auf eine konstante Aktivierungsenergie der Permeation hinweisen. Es ändert sich jeweils nur der Schnittpunkt mit der Ordinate, der nach Gleichung (14.9) durch $P_0$ bestimmt wird.

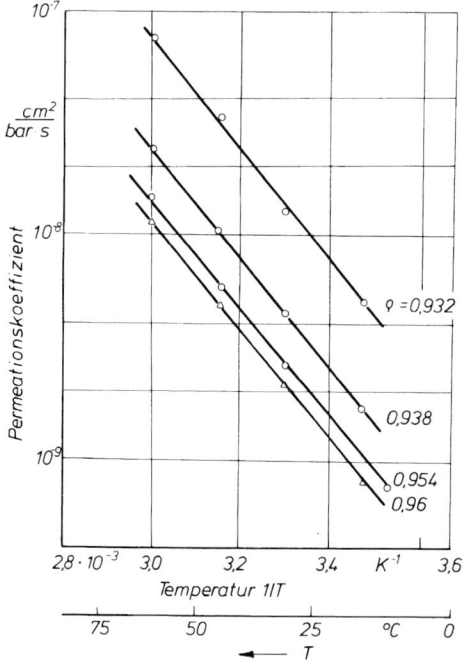

Bild 14.6 Permeation von Stickstoff durch Polyethylenfolien verschiedener Dichte in Abhängigkeit von der Temperatur (nach *Knappe*)

> **Die Kristallinität beeinflusst vorwiegend der temperaturunabhängigen Anteile der Permeation.**

### 14.4.3.2 Orientierung der Polymerketten

Die im Normalzustand verschlauften Molekülketten eines Thermoplasts können durch Verstrecken teilweise orientiert werden. Dadurch entstehen in der Tendenz linear nebeneinander liegende Molekülketten, deren Zwischenräume deutlich kleiner sind und gelöste Moleküle in ihrer Diffusionsbewegung erheblich einschränken. Insbesondere lassen sich Thermoplaste durch biaxiales Verstrecken hinsichtlich ihrer Permeationseigenschaften deutlich verbessern. Bei PET beruht ein zusätzlicher Effekt darauf, dass bei der Verstreckung die ebenen Phenolringe senkrecht zur Diffusionsrichtung der permeierenden Gasmoleküle (also parallel zur Membranoberfläche) ausgerichtet werden.

## 14.5 Abschätzung permeationsbestimmender Koeffizienten

Für eine Werkstoffvorauswahl sowie die Formteilauslegung kann es je nach Anwendungsfall sehr nützlich sein, die Permeationseigenschaften im Voraus zu berechnen. Dem steht allerdings entgegen, dass eine große Anzahl an Werkstoff- und Verarbeitungseigenschaften Einfluss auf die molekulare Struktur nehmen. Es ist sicherlich nicht möglich, alle diese Eigenschaften in eine Vorausberechnung der Permeation einzubeziehen – insbesondere, weil die Auswirkungen auf den Stofftransport nicht exakt bekannt und nicht geschlossen darstellbar sind. An dieser Stelle ist es sinnvoll, zur Approximation der Permeationseigenschaften auf experimentelle Daten zurückzugreifen. Die im Folgenden dargestellte, rein empirische Methode erlaubt die Abschätzung der permeationsbestimmenden Koeffizienten.

### 14.5.1 Löslichkeitskoeffizient

Bild 14.7 zeigt am Beispiel von Naturkautschuk, dass offenbar ein Zusammenhang zwischen den Löslichkeitskoeffizienten verschiedener Gase und Dämpfe und deren Siedetemperatur $T_s$ oder wahlweise deren Temperatur $T_{kr}$ besteht. Aus den empirischen Daten des Diagramms liest man ab:

$$\log S\,(298\,K) = -2{,}1 + 0{,}0123 T_s$$
$$\log S\,(298\,K) = -2{,}1 + 0{,}0074 T_{kr} \tag{14.12}$$

> Siedetemperatur
> kritische Temperatur

Diese Gleichungen können für wenig polare Elastomere sowie allgemein für amorphe Polymere als erste Abschätzung benutzt werden.

### 14.5.2 Diffusionskoeffizient

Eine typische, den Diffusionskoeffizienten bestimmende Eigenschaft eines diffundierenden Gases ist dessen Wirkungsquerschnitt, der im Wesentlichen durch den effektiven Moleküldurchmesser $\sigma$ bestimmt wird. Es ist anschaulich nachvollziehbar, dass größere Gasmoleküle auch größere intermolekulare Zwischenräume im Polymer erzeugen müssen, um zwischen zwei „Löchern" zu springen. Die Aktivierungsenergie der Diffusion sollte demzufolge monoton im Moleküldurchmesser steigen. Experimentelle Daten zeigen, dass die Aktivierungsenergie der Diffusion $E_D \sim \sigma^k$ ist, wobei $k \approx 2$ eine gute Näherung ist. Tabelle 14.1 enthält Werte

> effektiver Moleküldurchmesser

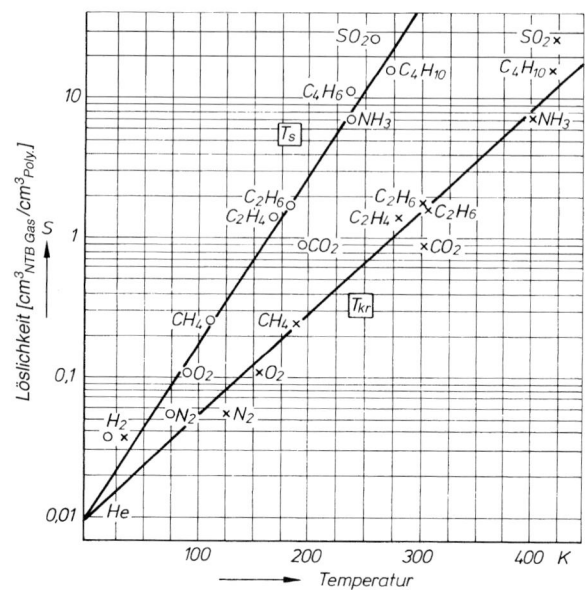

**Bild 14.7** Löslichkeitskoeffizient $S$ von Gasen in Naturkautschuk in Abhängigkeit von $T_S$ und $T_{kr}$ bei 25 °C (nach *van Krevelen*)

**Tabelle 14.1** Eigenschaften wichtiger Gase (nach *van Krevelen*)

| Moleküle (Gas) | $d$ nm | $V_{kr}$ cm$^3$ | $T_s$ K | $T_{kr}$ K | $\left(\dfrac{dN_2}{dx}\right)$ | $\left(\dfrac{dN_2}{dx}\right)^2$ |
|---|---|---|---|---|---|---|
| He | 0,255 | 58 | 4,3 | 5,3 | 0,67 | |
| H$_2$O | eff. 0,37 | 56 | 373 | 647 | 0,97 | 0,94 |
| H$_2$ | 0,282 | 65 | 20 | 33 | 0,74 | 0,55 |
| Ne | 0,282 | (42) | 27 | 44,5 | 0,74 | 0,55 |
| NH$_3$ | 0,290 | 72,5 | 240 | 406 | 0,76 | 0,58 |
| O$_2$ | 0,347 | 74 | 90 | 155 | 0,91 | 0,83 |
| Ar | 0,354 | 75 | 87,5 | 151 | 0,93 | 0,86 |
| CH$_3$OH | 0,363 | 118 | 338 | 513 | 0,96 | 0,92 |
| Kr | 0,366 | 92 | 121 | 209 | 0,96 | 0,93 |
| CO | 0,369 | 93 | 82 | 133 | 0,97 | 0,94 |
| CH$_4$ | 0,376 | 99,5 | 112 | 191 | 0,99 | 0,97 |
| N$_2$ | 0,380 | 90 | 77 | 126 | 1,0 | 1,0 |
| CO$_2$ | (0,38) | 94 | 195 | 304 | 1,0 | 1,0 |
| Xe | 0,405 | 119 | 164 | 290 | 1,06 | 1,14 |
| SO$_2$ | 0,411 | 122 | 263 | 431 | 1,08 | 1,17 |
| C$_2$H$_4$ | 0,416 | 124 | 175 | 283 | 1,09 | 1,20 |
| CH$_3$Cl | 0,418 | 143 | 249 | 416 | 1,10 | 1,21 |
| C$_2$H$_6$ | 0,444 | 148 | 185 | 305 | 1,17 | 1,37 |
| CH$_2$Cl$_2$ | 0,490 | 193 | 313 | 510 | 1,28 | 1,67 |
| C$_3$H$_8$ | 0,512 | 200 | 231 | 370 | 1,34 | 1,82 |
| C$_6$H$_6$ | 0,535 | 260 | 353 | 562 | 1,41 | 1,98 |

einiger effektiver Gasmoleküldurchmesser. Die beiden rechten Spalten zeigen relative Werte des jeweiligen Gases bezogen auf Stickstoff, wie sie weiter unten benötigt werden. Unter der Annahme, dass $E_D \sim \sigma^2$ ist, lässt sich bei bekanntem $E_D(N_2)$ mit Gleichung (14.7) der Diffusionskoeffizient für ein anderes Gas bestimmen. Der noch unbekannte Koeffizient $D_0$ in Gleichung (14.7) wird nach der empirisch ermittelten Formel

$$D_0 = 10^{\left(\frac{E_D}{R \cdot 10^3 \, Kelvin} - \lambda\right)} \cdot \frac{cm^2}{s} \qquad (14.13a)$$

berechnet. Diese Gleichung ist eine gute Näherung, wenn für kautschukartige Polymere $\lambda = 4$ und für amorphe Kunststoffe im glasartigen Zustand $\lambda = 5$ gewählt wird.

Durch Einsetzen von (14.13a) in Gleichung (14.7) folgt:

$$D(T) = e^{-\frac{E_D}{R}\left(\frac{1}{T} - \frac{1}{T_R}\right)^{-2,3 \cdot \lambda}} \cdot \frac{cm^2}{s} \quad \text{mit } T_R = 435 \text{ K} \qquad (14.13b)$$

$T_R$ ist dabei eine Referenztemperatur, deren Wert keine unmittelbare physikalische Bedeutung zugeordnet werden kann.

Zur Abschätzung des Diffusionskoeffizienten aus der obigen Gleichung fehlt noch die Aktivierungsenergie $E_D$, die die spezifischen Eigenschaften von Polymer und diffundierendem Gas für den Diffusionsvorgang beschreibt. Auch hier werden empirische Daten herangezogen. Wie zu Eingang dieses Abschnitts dargestellt, berücksichtigt man die Eigenschaften des Gases, indem eine quadratische Korrelation der Aktivierungsenergie mit dem Wirkungsquerschnitt der Moleküle angenommen wird. Betrachtet man in Anlehnung an Tabelle 14.1 für verschiedene Polymere die Größe $\{\sigma(N_2)/\sigma(Molekül)\}^2 \cdot \{E_D/R\}$, so zeigt sich eine auffällige Tendenz in Abhängigkeit der Glasübergangstemperatur $T_g$ der Polymere. Bild 14.8 zeigt diese Tendenz für verschiedene Polymertypen. Mit Hilfe von Bild 14.8 kann nun der Diffusionskoeffizient abgeschätzt werden, wenn der Wirkungsquerschnitt des Gasmoleküls bekannt ist. Glasüber-<br>gangstemperatur

Dieser Vorgang wird am Beispiel der Diffusion von Sauerstoff in Polyvinylacetat bei Raumtemperatur im kautschukelastischen (Zustand Nr. 10 in Bild 14.8) dargestellt:

I:     Sofern nicht bekannt, entnimmt man Bild 14.8 für Polyvinylacetat eine Glastemperatur von $T_g = 303$ K. Beispiel

II:     Aus Bild 14.8 entnimmt man den Ordinatenwert:

$$\left(\frac{\sigma(N_2)}{\sigma(O_2)}\right)^2 \cdot \frac{E_D}{R} = 7,8 \cdot 10^3 \text{ K} \qquad (14.13c)$$

sowie aus Tabelle 14.1 die Werte für den Durchmesser des Stickstoffmoleküls $\sigma(N_2) = 0,380$ nm und den Durchmesser des diffundierenden Mediums ($O_2$): $\sigma(O_2) = 0,347$ nm.

Daraus errechnet sich die Aktivierungsenergie der Diffusion:

$$\frac{E_D}{R} = \left(\frac{0,347}{0,380}\right)^2 \cdot 7,8 \cdot 10^3 = 6500 \text{ K} \qquad (14.13d)$$

$$E_D = 54 \text{ kJ mol}^{-1}$$

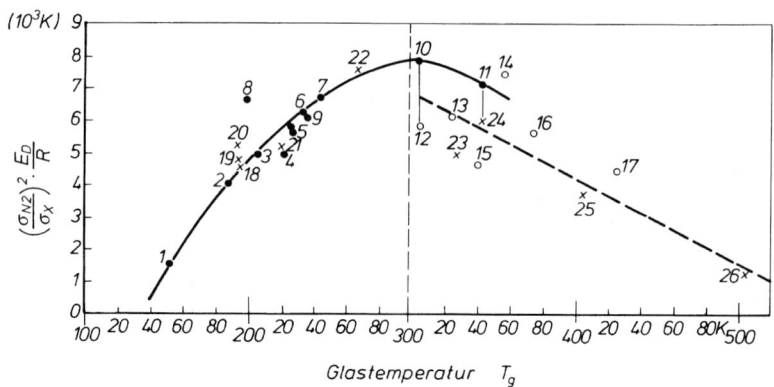

Glastemperatur $T_g$

Bild 14.8 Bestimmung der Aktivierungsenergie der Diffusion ($E_D$), bezogen auf den Wirkungsradius der Moleküle des diffundierenden Gases (vgl. Tabelle 14.1) in Abhängigkeit von der Glastemperatur des Polymerwerkstoffs (nach *van Krevelen*)
—— Kautschuke, — — — amorphe Kunststoffe, teilkristalline Kunststoffe

| | |
|---|---|
| 1 Silikonkautschuk | 14 Polyvinylchlorid |
| 2 Polybutadien | 15 Polymethylmethacrylat |
| 3 Naturkautschuk | 16 Polystyrol |
| 4 Butadien/Acrylnitril K 80/20 | 17 Polycarbonat |
| 5 Butadien/Acrylnitril K 73/27 | 18 Polyethylen hoher Dichte |
| 6 Butadien/Acrylnitril K 68/32 | 19 Polyethylen niedriger Dichte |
| 7 Butadien/Acrylnitril K 61/39 | 20 Polyoxymethylen |
| 8 Butylkautschuk | 21 Guttapercha |
| 9 Polyurethankautschuk | 22 Polypropylen |
| 10 Polyvinylacetat | 23 Polychlorotrifluorethylen |
| 11 Polyethylenterephthalat | 24 Polyethylenterephthalat |
| 12 Polyvinylacetat | 25 Polytetrafluorethylen |
| 13 Vinylchlorid/Vinylacetat-Cop. | 26 Poly(2,6-diphenylphenylenoxid) |

III:     Mit Gleichung (14.13b) folgt dann:

$$D(298 \text{ K}) = 1{,}1 \cdot 10^{-7} \text{ cm}^2 \text{ s}^{-1} \tag{14.13e}$$

Ebenso hätte man bei der Berechnung einen Glaszustand des Polyvinylacetats (Nr. 12) annehmen können und hätte bei der Abschätzung einen um den Faktor 3 geringeren Diffusionskoeffizienten ermittelt. Weiterhin können bei teilkristallinen Polymeren ebenso die kristallinen Bereiche gemäß Gleichung (14.11b) berücksichtigt werden. Dann wird lediglich mit dem amorphen Volumenanteil gerechnet.

Für inerte Gase zeigt sich eine gute Übereinstimmung mit dem abgeschätzten Verhalten. Bei der Permeation von Dämpfen ist das Verhalten komplizierter, worauf in Abschnitt 14.7 eingegangen wird.

## 14.6    Messung von Permeationsgrößen

**Wichtige Normvorschriften zur Erfassung von Permeationskoeffizienten sind für Wasserdampf DIN 53122, ASTM E 96 und ISO R 1195. Für die Messung von Gasdurchlässigkeiten sind die Normen DIN 53380, ASTM D 1434 und ISO 2556 von Bedeutung.**

Für die Messung von Permeationseigenschaften gibt es eine Fülle von Messverfahren, die im Einzelfall den Geometrien der Testkörper, wie z. B. Kunststoffflaschen, angepasst werden können. Bei diesen Verfahren werden Volumen-, Gasdruck- oder Massendifferenzen messtechnisch erfasst und der physikalische Zusammenhang zu Sorptions- bzw. Diffusionskoeffizienten hergestellt. Weiterhin erweisen sich sog. Trägergasverfahren insbesondere dann als sehr geeignet, wenn sehr geringe Permeationsraten nachgewiesen werden müssen.

Messprinzipien

Bei der Messung von Permeationsraten haben Umgebungsbedingungen einen wichtigen Einfluss auf das Ergebnis. Neben der Konzentration des Permeanten (bzw. dessen Partialdruck) und der Umgebungstemperatur hat z. B. auch der Feuchtegehalt des permeierenden Gases und des Polymers eine starke Wirkung auf die Permeationsvorgänge.

Umgebungsbedingungen

> **Diese und ähnliche Umgebungsgrößen sind grundsätzlich konstant zu halten bzw. zu erfassen, um die Interpretation der Ergebnisse zu erlauben und deren Übertragbarkeit zu gewährleisten.**

## 14.6.1 Sorptionsmessverfahren

Zur Messung der Löslichkeit wird die Polymerprobe zunächst in eine Kammer gegeben, die anschließend evakuiert wird. In die Kammer wird zügig das zu sorbierende Gas zugeführt, bis ein festgelegter Gasdruck erreicht ist.

Messung durch Massezunahme

Grundsätzlich erfolgt die Bestimmung des Sorptionskoeffizienten dadurch, dass die Gewichtszunahme durch die Lösung des Gases im Polymer bestimmt wird. Allerdings gestaltet sich die Messwerterfassung aufgrund der geringen relativen Gewichtszunahme schwierig. Als Messverfahren mit ausreichender Auflösung erweist es sich, die Polymerprobe an eine Quarzspirale zu hängen, deren Längung durch die sorptionsbedingte Gewichtszunahme als Maß der gelösten Gasmasse interpretiert wird.

Eleganter und genauer ist die Methode der Druckerfassung. Indem Gasmoleküle aus der Gasphase allmählich im Polymer gelöst werden, sinkt der Druck in der Vakuumkammer, bis sich ein Sorptionsgleichgewicht einstellt. Bei diesem Verfahren wird der Druckabfall in der Kammer vom Anfangsdruck bis zum Erreichen des konstanten Gleichgewichtsdrucks erfasst, sodass daraus der Sorptionskoeffizient ermittelt werden kann:

Druckmessung

$$S = \frac{V_K - V_P}{V_P} \cdot \frac{p_a - p_e}{p_e} \cdot \frac{V_{mol}}{RT} \qquad (14.14)$$

mit $V_K$, $V_P$ = Kammer- bzw. Probenvolumen, $p_a$ = Anfangsdruck, $p_e$ = Enddruck im Gleichgewicht, $V_{mol}$ = Molvolumen des Gases (22,4 m$^3$/kmol), R = allgemeine Gaskonstante (8,314 J/mol K = 8,314 m$^3$ 10$^{-5}$ bar/mol K).

Gleichung (14.14) gilt, solange das Gas als ideal betrachtet werden kann. Die Testanordnung ist demnach vorwiegend für geringe Gasdrücke ($p \lesssim 1$ bar) geeignet.

Nach diesen Messverfahren können so genannte Sorptionskurven aufgenommen werden, in denen der Quotient aus der zeitabhängigen Konzentration des gelösten Gases $c(t)$ und der Sättigungskonzentration $c_\infty$ über der Zeit aufgetragen wird (siehe Bild 14.9). Daraus wiederum lässt sich der Diffusionskoeffizient bestim-

Sorptionskurven

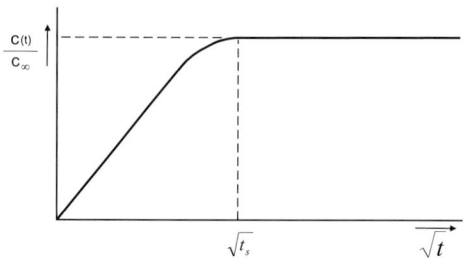

Bild 14.9 Schematische Darstellung des zeitlichen Verlaufs eines Lösungsvorgangs

men. Für kleine Diffusionskonstanten gilt bei kurzen Zeiten ($t \ll t_s$) (ohne Herleitung):

$$D = \frac{\pi \cdot d^2}{16 \cdot t} \cdot \frac{c(t)}{c_\infty} \tag{14.15}$$

Dadurch kann mit diesem Verfahren indirekt auch der Permeationskoeffizient als Produkt aus Sorptions- und Diffusionskoeffizient gemessen werden.

In vielen Fällen ist es aber interessanter, die Permeationsrate durch eine Kunststoffbarriere direkt zu messen. Dies betrifft z. B. Verpackungsfolien, aber auch Getränkeflaschen aus Kunststoff oder Chemikalienbehälter, zu denen auch Automobilkraftstoffbehälter zählen. Für diese Anwendungen sind Messverfahren zur unmittelbaren Ermittlung des Permeationskoeffiziententen, wie z. B. das Trägergasverfahren, von größerer Bedeutung.

## 14.6.2 Trägergasverfahren

Die Durchlässigkeit einer polymeren Barriere kann direkt durch die Bestimmung des Volumenstroms des permeierenden Gases pro Zeiteinheit gemessen werden. Bild 14.10 zeigt die typische Anordnung einer Messzelle für Kunststofffolien. Die Polymerfolie teilt eine Kammer in eine untere und eine obere Zone. Die untere

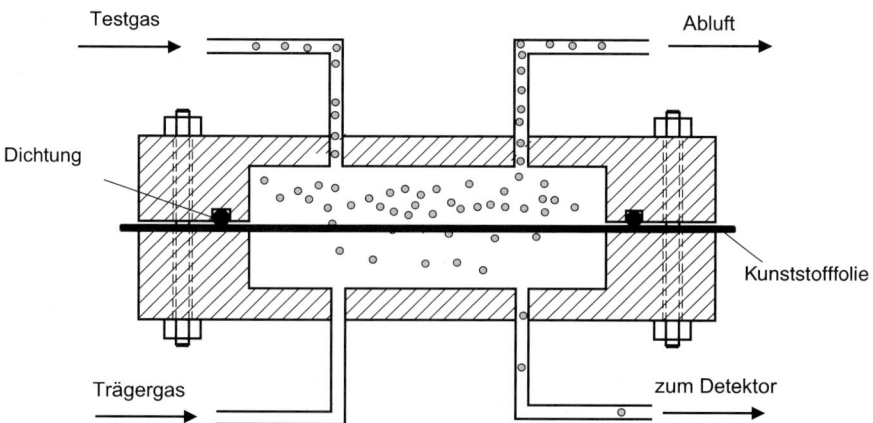

Bild 14.10 Messzelle für Permeationsmessung an Folien

Zone wird mit einem Trägergas (z. B. Stickstoff) gespült, während die obere Zone mit dem zu testenden Gas beaufschlagt wird. Messkammern dieser Art sind in der Regel temperierbar.

Ein Testzyklus läuft folgendermaßen ab: Zunächst werden sowohl der obere wie der untere Bereich mit dem Trägergas umspült. Dadurch werden eventuell noch im Polymer gelöste Gasmoleküle des Testmediums aus dem Film desorbiert. (Für eine Messung der Sauerstoffpermeation muss zunächst der Luftsauerstoff aus der Probe entfernt werden, der sich ggf. durch Lagerung des Probekörpers in Luft gelöst hat.) Nach ausreichend langer Zeit ist das Polymer frei von diesem Gas. Jetzt wird in den oberen Kammerteil das Testgas eingeleitet, sodass zunächst Ad-, Absorption und Diffusion stattfindet. An der unteren Grenzfläche werden nach einiger Zeit dorthin diffundierte Testgasmoleküle desorbiert, vom Trägergas aufgenommen und einem geeigneten Detektorsystem zugeführt. Der Detektor wandelt i. A. die Menge oder Konzentration des gelösten Testgases im Trägergas in eine elektrische Größe um. {.margin: Ablauf der Messung}

Die durchgezogene Linie in Bild 14.11 zeigt den typischen Messschrieb einer Permeationsmessung nach diesem Verfahren. Zum Zeitpunkt 0 wird das Testgas in den oberen Kammerteil geleitet. Die Kurve lässt sich in zwei signifikante Bereiche zerlegen: Bereich I kennzeichnet die Phase, innerhalb der die Permeation noch nicht stationär ist. Auf der oberen Folienseite treten mehr Gasmoleküle in das Polymer ein als unten vom Trägergasstrom abgeführt werden. In dieser Phase sind die Gleichungen (14.1) und (14.4) bzw. (14.6) in der angegebenen Form nicht anwendbar. Erst in Phase II herrscht ein Permeationsgleichgewicht, das dadurch gekennzeichnet ist, dass der Volumenstrom pro Zeiteinheit konstant ist ($dq/dt = $ const.). Aus Gleichung (14.4) kann bei bekannter Foliendicke $d$ und Messquerschnitt $A$ nun der Permeationskoeffizient errechnet werden. Der Partialdruckunterschied des Testgases zwischen oberer und unterer Kammer beträgt je nach Reinheit des Testgases $\Delta p = 1$ bar. {.margin: Permeationsgleichgewicht}

Nachteil dieses Verfahrens ist, dass das durch das Testgas kontaminierte Trägergas einen medienspezifischen Sensor erfordert. Dies kann für Sauerstoff ein elektrochemischer Sensor, für Wasserdampf ein Infrarotsensor und für $CO_2$ oder Kohlenwasserstoffe z. B. ein Gaschromatograph sein. Des Weiteren muss das Trägergas so gewählt werden, dass es vom Sensor nicht detektiert wird. (Häufig kommt hochreiner Stickstoff zum Einsatz.) Äußerst vorteilhaft ist, dass der ge- {.margin: Nachteil Vorteil}

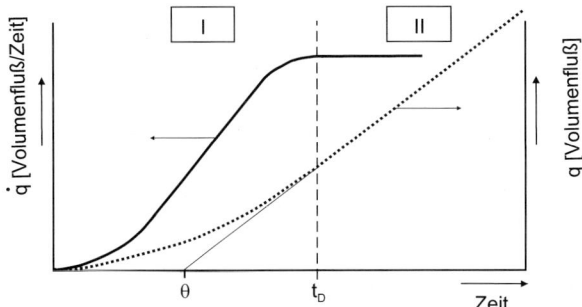

Bild 14.11 Messschrieb eines Permeationsmessgerätes (——) und numerische Integration (. . . . . .)

samte Permeationsvorgang bis zum Erreichen des Gleichgewichts beobachtet werden kann und sehr geringe Permeationsraten quantitativ gut bestimmt werden können.

### 14.6.2.1 Time lag-Methode

Das Trägergasverfahren bietet in der hier dargestellten Form unter Zuhilfenahme weiterer physikalisch-analytischer Methoden die Möglichkeit, über den Permeationskoeffizienten hinaus auch den Diffusionskoeffizienten zu bestimmen. Dies geschieht nach der so genannten Time lag-Methode. Dazu wird z. B. nach dem oben beschrieben Testverfahren eine Permeationskurve bis zum Permeationsgleichgewicht aufgenommen (durchgezogene Linie in Bild 14.11). Diese Kurve wird numerisch integriert, sodass man nun eine Funktion über die gesamte, seit dem Zeitpunkt 0 permeierte Menge an Testgas erhält (gestrichelte Linie in Bild 14.11). Der Bereich stationärer Permeation der Kurve wird nun in den Bereich des nicht stationären Zustandes (i. e. zu kleineren Zeiten) bis zum Schnittpunkt mit der Zeitachse extrapoliert. Dieser Zeitpunkt $\theta$ wird Verzögerungszeit (engl.: time lag) genannt.

*(Randnotiz: Erfassung des Diffusionskoeffizienten)*

Nach einigen Umformungen der Fickschen Gesetze und weiterer Näherungen, die hier aufgrund deren Umfang nicht dargestellt werden können, folgt eine einfache Korrelation, aus der der Diffusionskoeffizient berechnet werden kann:

$$D = \frac{d^2}{6 \cdot \theta} \tag{14.16}$$

mit $d$ = Foliendicke, $\theta$ = Verzögerungszeitpunkt (time lag).

Gleichung (14.16) gilt im Wesentlichen unter den Annahmen, dass das Polymer anfangs gasfrei war, ein Lösungsgleichgewicht an der gaseingangsseitigen Polymeroberfläche besteht und an der abgangsseitigen Polymeroberfläche permanent eine Gaskonzentration von 0 herrscht. Diese Forderungen können durch die Messanordnung gewährleistet werden. Ferner gilt Gleichung (14.16) nur, wenn der Diffusionskoeffizient nicht von der im Polymer gelösten Gaskonzentration abhängt ($D \neq \mathrm{f}(c)$).

> **Aus Gleichung (14.16) darf nicht etwa geschlossen werden, dass der Diffusionskoeffizient $D \sim d^2$ ist, da sich mit zunehmender Dicke einer Folie ebenfalls der Verzögerungszeitpunkt $\theta$ ändern wird.**

Ebenso ist zu beachten, dass die Verzögerungszeit nicht mit der Durchbruchzeit $t_D$ gleichzusetzen ist. Letztere beschreibt das Eintreten der Fickschen Diffusion, also der stationären Permeation (siehe Bild 14.11).

Der Verzögerungszeitpunkt $\theta$ liegt für handelsübliche Kunststofffolien von einigen 10 µm Dicke im Bereich von einigen Minuten. Gleichung (14.16) deutet an, dass mit wachsender Dicke der Barriere die Zeit bis zum Erreichen eines Permeationsgleichgewicht stark ansteigt.

*(Randnotiz: Permeation von Dämpfen)*

Bei der Permeationsmessung von Dämpfen wird im Prinzip die Messzellenanordung des Trägergasverfahrens verwendet. Dann wird in den unteren Kammerteil die organische flüssige Phase gefüllt, deren Dampfpermeation untersucht werden soll, und der obere Kammerteil wird mit dem Trägergas gespült.

Das Trägergasverfahren ist grundsätzlich geeignet, eine permeierende Stoffmenge zu bestimmen, selbst wenn das Henrysche Gesetz und die Fickschen Gesetze in der angegebenen Form nicht gelten, wie es bei der Permeation organischer Dämpfe häufig zutrifft. Der Rückschluss auf die Koeffizienten des Stofftransports ist dann nicht mehr nach den oben angegebenen einfachen Gesetzmäßigkeiten möglich.

## 14.7 Permeation von Dämpfen durch Kunststoffe

Die bisherigen Betrachtungen beschränkten sich auf die Permeation einfacher, inerter Gase, deren kritische Temperatur $T_{kr}$ unterhalb den im Allgemeinen relevanten Einsatztemperaturen liegen (siehe Tabelle 14.1). Eine Kondensation der Gase ist in dem Temperaturbereich $T > T_{kr}$ auszuschließen. Diese Gase werden daher auch permanente Gase genannt.

*Permeant/ Polymer*

In den vorangegangenen Abschnitten wurde eine Reihe von Annahmen getroffen, die für diese Gase eine gute Näherung darstellen und eine weitgehend geschlossene mathematische Beschreibung erlauben. Für viele organische Dämpfe sind diese Annahmen jedoch nicht immer zutreffend, weil Dämpfe mit dem Polymer in wesentlich stärkere Wechselwirkung treten können als inerte Gase. Dies führt bei hohen Konzentrationen bis zur Quellung des Polymeren. Solche Effekte sind auch bei Wasserdampf zu beobachten. Die entsprechende mathematische Beschreibung der Lösungs- und Diffusionsvorgänge wird dann äußerst komplex, da die entsprechenden Koeffizienten konzentrationsabhängig werden: $S = S(c)$ und $D = D(c)$. Das Henrysche Gesetz gilt dann nicht mehr.

*Wechselwirkung*

Die Messung des Stoffdurchgangs organischer Dämpfe kann aber dennoch nach dem oben dargestellten Trägergasverfahren geschehen; lediglich der Rückschluss auf die Werkstoffeigenschaften wie Permeations-, Diffusions- oder Sorptionskoeffizienten ist stark eingeschränkt. Dies soll an dem folgenden Beispiel deutlich werden:

Eine Erhöhung der Messtemperatur lässt gemäß Gleichung (14.7) höhere Permeationsraten erwarten. Gleichzeitig ändert sich in der Messzelle (Trägergasverfahren) durch die Temperaturänderung der Dampfdruck des Permeanten, der mit der flüssigen Phase am Boden der Messzelle im thermodynamischen Gleichgewicht steht. (Diese Größe ist berechenbar, aber nicht frei wählbar.) Ebenso ist bei Dämpfen nicht auszuschließen, dass die Aktivierungsenergie der Diffusion $E_D$ temperatur- und konzentrationsabhängig wird, und der Diffusionskoeffizient von der im Polymer gelösten Konzentration der Dampfmoleküle abhängt. Die Reaktion dieses Messsystems auf eine Temperaturerhöhung setzt sich in diesem Beispiel allein aus vier miteinander mehr oder weniger verknüpften Ursachen zusammen, die nicht mehr entkoppelt werden können. Insbesondere wird deutlich, dass der Rückschluss aus einer Messung auf den Diffusionskoeffizienten durch diese Überlagerungen nicht möglich ist. In diesen Fällen ist es erforderlich, die Messbedingungen dem Anwendungsfall so gut als möglich anzupassen.

Kann man aus einer Arrheniusauftragung der Permeation eines inerten Gases noch auf andere Bedingungen umrechnen (andere Foliendicke, anderer Partialdruck, ...), so ist dies bei organischen Dämpfen in der Regel nicht erlaubt.

*konzentrations-abhängiger Diffusions-koeffizient*

Zur weiteren mathematischen Beschreibung des Werkstoffverhaltens werden auch hier empirische Ansätze gemacht. Für den Diffusionskoeffizienten kann man einen phänomenologisch begründeten Ansatz wählen:

$$D(c) = D_{c=0} \cdot e^{\gamma \cdot c} \tag{14.17}$$

Der Koeffizient $\gamma$ ist eine jeweils zu bestimmende temperaturabhängige Größe, die mit steigender Umgebungstemperatur monoton fällt. Der Ansatz (Gleichung (14.17)) hat den Vorteil, dass $D_{c=0}$ mit dem konzentrationsunabhängigen Diffusionskoeffizienten $D(T)$ aus Gleichung (14.7) gleichgesetzt werden kann, woraus folgt:

$$D(c, T) = D_0 \cdot e^{\frac{-E_{D,c=0}}{RT}} e^{\gamma \cdot c} \tag{14.18}$$

Mit einer neuen Definition der Aktivierungsenergie $E_D$ lässt sich Gleichung (14.18) wieder in die Struktur der Gleichung (14.7) überführen:

$$E_D = E_{D,c=0} - R \cdot T \cdot \gamma \cdot c = E_D(c, T) \tag{14.19}$$

Daraus folgt:

> **Die Konzentrationsabhängigkeit des Diffusionskoeffizienten lässt sich auf eine Konzentrations- und Temperaturabhängigkeit der Aktivierungsenergie zurückführen.**

Mit wachsender Konzentration des Permeanten sinkt die Aktivierungsenergie, die die Teilchen benötigen, um das molekulare Gefüge des Penetrant-Wechselwirkungs zu durchwandern. Der Diffusionsstrom steigt also mit wachsender Konzentration. Zusätzlich existiert eine linear fallende Temperaturabhängigkeit von $E_D$.

Eine einfache Korrelation der Aktivierungsenergie mit dem Wirkungsquerschnitt der Permeantenmoleküle, wie sie für einfache Gase angegeben werden kann, wird hier nicht gefunden. Für sehr niedrige Konzentrationen findet man jedoch unterhalb der Glastemperatur experimentell einen weitgehend linearen Zusammenhang zwischen $E_D$ und dem Molvolumen des Permeanten.

Diese Darstellungen gelten lediglich für kleine im Polymer gelöste Molekülkonzentrationen. Bei großen Konzentrationen kommen Aufquellungseffekte hinzu, deren mathematische Beschreibung hier nicht erfolgt, die aber sehr wohl gravierend zu den Permeationseigenschaften beitragen können. Man kommt dann nicht umhin, Permeationsmessungen anzustellen, deren Parameter möglichst gut den späteren Anwendungsbedingungen anzupassen sind.

Die theoretische Beschreibung wird insbesondere dann äußerst aufwendig, wenn die Permeation von Gemischen organischer Dämpfe – wie z. B. Benzin – betrachtet wird. Handelsübliches Benzin besteht aus einer Fülle organischer Komponenten, deren Anwesenheit jeweils die Permeation der anderen Komponenten signifikant beeinflussen kann.

Polymer/Penetrant-Wechselwirkung

Für amorphe Polymere zeigt Bild 14.12 einen Überblick, in dem qualitativ alle beobachtbaren Phänomene der Polymer/Penetrant-Wechselwirkung skizziert sind. Hier werden Bereiche der konzentrationsabhängigen und -unabhängigen, der anomalen und der spannungskontrollierten Diffusion unterschieden.

Die einfach zu beschreibende konzentrationsunabhängige Diffusion ist nur bei niedrigen Temperaturen unter der Glastemperatur des Polymeren bzw. unabhängig von der Temperatur bei sehr niedriger Penetrationswirksamkeit (nach *Hopfen-*

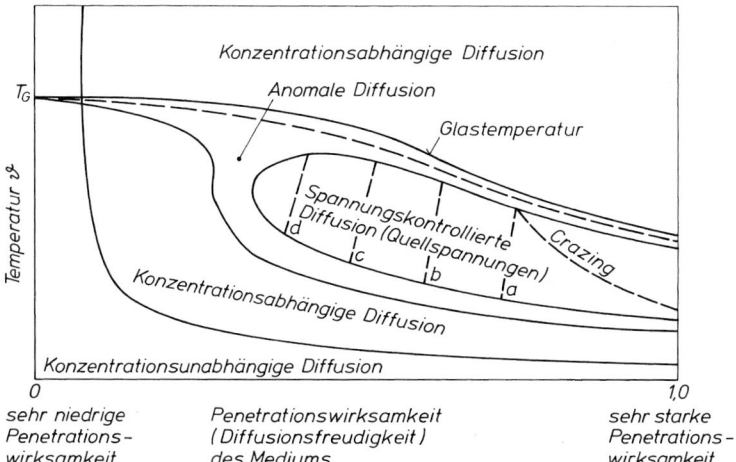

**Bild 14.12** Schematische Konzentrationsabhängigkeit der Diffusion in amorphen Polymeren (qualitativ und schematisch nach *Frisch* und *Hopfenberg*)
a, b, c, d: Linien gleicher Aktivierungsenergie

*berg* und *Frisch*) vorhanden. Zu höheren Penetrationswirksamkeiten und Temperaturen sowie oberhalb der Glasübergangstemperatur wird der Diffusionsvorgang konzentrationsabhängig. Bei sehr hohen Penetrationswirksamkeiten entsteht eine stärkere Wechselwirkung zwischen Penetrant und Polymer, die unterhalb der Glastemperatur zu Spannungsrissen führen kann. Dazwischen befindet sich ein Übergangsbereich, den man als durch Quellspannungen kontrolliert bezeichnen kann.

## 14.7.1 Sorption und Diffusion von Wasser durch Kunststoffe

Aufgrund der starken Polarität des Wassermoleküls bei geringer Größe sowie aufgrund der Möglichkeit, Wasserstoffbrückenbindungen miteinander und mit Polymermolekülen einzugehen, weist die Permeation von Wasser einige Besonderheiten auf. In polaren Polymeren werden die Löslichkeit und die Diffusion im Gleichgewicht von Wechselwirkungen der Wassermoleküle mit funktionellen Gruppen der Polymerketten bestimmt. In weniger polaren Polymeren beobachtet man die Bildung von Wasseransammlungen an aktiven Zentren (Clustern). In diesem Zusammenhang werden Polymere unterschieden, die

- wasserstoffbindende Gruppen enthalten, wie Cellulose, Polyvinylalkohol und Polyamide,
- polare Gruppen enthalten,
- hydrophob sind, wie Polyolefine.

Hydrophobe Kunststoffe absorbieren (gemäß ihrer Bezeichnung) nur sehr geringe Mengen an Wasser. Hier gilt das Henrysche Gesetz.

Je mehr polare Gruppen im Polymer vorhanden sind, umso mehr Anknüpfungspunkte werden den Wassermolekülen geboten. Allerdings besteht kein einfacher Zusammenhang zwischen der Dichte polarer Gruppen und der tatsächlich absor-

Löslichkeit

bierten Wassermenge, da die Zugänglichkeit dieser polaren Gruppen, die starken Bindungen zwischen Wassermolekülen und beispielsweise auch die Kristallinität dieser Tendenz entgegenwirken. Die Lösungsenthalpie der Wassermoleküle liegt im Bereich von 25 kJ/mol für unpolare und 40 kJ/mol für polare Polymere.

**Diffusion**  Neben den Lösungsvorgängen werden auch *Diffusionsvorgänge* von Wasser/Polymer-Wechselwirkungen geprägt. In Polymeren mit vielen wasserstoffbindenden Gruppen wächst die Diffusion mit dem Wassergehalt, da die lokalisierten Ankopplungspunkte für Wassermoleküle mehr und mehr gesättigt werden, und dadurch der Anteil mobiler Wassermoleküle in der Polymermatrix steigt. Als gute empirische Näherung kann für polare Polymere mit

$$\log D = \log D_{c=0} + 0{,}08\,c \qquad\qquad (14.20)$$

gerechnet werden. Darin ist $c$ der Wassergehalt in Gewichtsprozenten.

Bei Polymeren geringerer Polarität nimmt die Diffusion mit steigendem Wassergehalt ab. Dies wird häufig durch die Bildung von Clustern erklärt, die die Beweglichkeit vieler Wassermoleküle in der Polymermatrix einschränken. Die Abhängigkeit der Diffusionskonstante vom Wassergehalt kann hier durch

$$\log D = \log D_{c=0} - 0{,}08\,c \qquad\qquad (14.21)$$

abgeschätzt werden.

Die Diffusion von Wasser zeigt in hydrophoben Polymeren keine signifikante Abhängigkeit von dem ohnehin geringen Wassergehalt. Hier kann die Diffusion von Wasser mit den Gesetzmäßigkeiten beschrieben werden, die für ideale Gase gelten.

## 14.8  Maßnahmen zur Permeationsminderung

**Barrieredicke**  Die einfachste Methode zur Einflussnahme auf die Durchlässigkeit einer Kunststoffbarriere ist nach Gleichung (14.6) die Variation der Barrieredicke $d$. Weiterhin lassen sich, wie in Abschnitt 14.4 angesprochen wurde, grundsätzlich durch **Kristallinität**  die geeignete Wahl der Verarbeitungsparameter orientierte oder kristalline Bereiche in den Kunststoff einbringen, durch die die Permeationseigenschaften beein**Orientierungen**  flusst werden können. Typische Beispiele sind orientiertes PP (OPP), biaxial orientiertes PA (BOPA) oder PET mit einer mechanisch induzierten Kristallinität. Das dadurch für ein bestimmtes Polymer gegebene Potential zu Permeationsminderung reicht aber oftmals nicht aus.

Die dann nächstliegende Methode zur Minimierung von Permeationraten ist, ei**Werkstoff-**  nen neue Werkstoffauswahl zu treffen. Besteht die Forderung darin, die Sauer**auswahl**  stoff- und Wasserdampfpermeabilität zu minimieren, so würde man aus Bild 14.1 LCP als den optimalen Werkstoff definieren und wäre der Lösung des Permeationsproblems näher gekommen.

In der Praxis wird die Permeabilität jedoch sehr häufig als sekundäre Anforderung gestellt. Im Vordergrund stehen mechanische Anforderungen wie Formbeständigkeit, Reißfestigkeit, Elastizität, Druckfestigkeit oder auch optische Eigenschaften wie Transparenz. Weitere Forderungen bestehen für Nahrungsmittelbehältnisse: Nur wenige Polymere sind für den Kontakt mit Lebensmitteln zugelassen. Zusätzlich kann durch die Applikation selbst ein bestimmtes Verarbeitungsverfahren von vornherein festgelegt sein, und nicht zuletzt spielen vor allem bei Massenprodukten auch die Rohstoffkosten eine entscheidende Rolle. Die Auswahl an Polymeren ist durch diese Kriterien stark eingeschränkt.

Typische Werkstoffe, die den oben genannten Primärforderungen z. Zt. weitgehend genügen, sind z. B. PE, PET, PP oder PS. Je nach Anwendung kommt es aber zu Konflikten mit deren Permeationseigenschaften. Sehr häufig müssen im Prinzip bereits entwickelte Produkte immer strengeren Permeationsrichtlinien genügen, wie dies für Kunststoffkraftstofftanks zutrifft.

Interessant sind in diesem Zusammenhang Modifikationen konventioneller Polymerwerkstoffe. So werden Polyamide mit Schichtsilikat versetzt, das senkrecht zur Diffusionsrichtung ausgerichtet wird. Durch die verlängerten Diffusionswege kann die Permeation deutlich gemindert werden. Mit Hilfe von Metallocen-Katalysatoren können Polymere wie PE, PP oder PS mit neuem Eigenschaftsprofil hergestellt werden. Sie enthalten gegenüber mit konventionellen Katalysatoren hergestellten Kunststoffen sehr viel geringere niedermolekulare Anteile. Für PP lässt sich so die Sauerstoffpermeabilität halbieren. Der Preis metallocenkatalysierter Produkte ist aufgrund der geringen Produktionskapazitäten z. Zt. noch hoch. Ähnliches gilt auch für Ormocere und Nanocomposites, deren Anwendungsspektrum sich ebenfalls auf Permeationsbarrieren erstreckt.

*Polymer-modifikationen*

> **Oftmals erreicht man zufriedenstellende und im Hinblick auf die Wirtschaftlichkeit gute Ergebnisse, indem verschiedene Polymere in mehrschichtigen Verbunden kombiniert werden.**

## 14.8.1 Mehrschichtige Verbundsysteme

Bei diesen mehrkomponentigen Kunststoffsystemen werden auf die oben genannten konventionellen Polymere mit Hilfe verschiedener Verfahren vergleichbar dünne Schichten eines Hochbarrierewerkstoffs aufgebracht. Dadurch erreicht man, dass viele der oben genannten Primärforderungen auch durch den Mehrschichtverbund weiterhin erfüllt werden. Die Herstellung mehrschichtiger Verbunde kann durch verschiedenste Methoden erreicht werden, deren Anwendbarkeit z. T. vom Verarbeitungsverfahren bestimmt werden. Als Sperrschicht gegen die Wasserdampfpermeation werden PE und PP, gegen die Sauerstoffpermeation PA eingesetzt. PVDC sperrt gut gegen die Permeation von Wasserdampf, Sauerstoff und Aromastoffen.

Der Permeationskoeffizient $P$ eines mehrschichtigen Polymerverbunds kann überschlägig wie folgt berechnet werden:

$$\frac{1}{P} = \frac{1}{d} \sum_{i=1}^{i=n} \frac{d_i}{p_i} \qquad (14.22)$$

Mit $d$ Gesamtdicke des Laminats, $d_i$ Dicke der $i$-ten Schicht, $P_i$ Permeationskoeffizent der $i$-ten Schicht.

> **In ihrer Struktur zeigt Gleichung (14.22) eine Analogie zur Reihenschaltung elektrischer Widerstände. Die Kehrwerte der einzelnen Leitwerte summieren sich zum Kehrwert des Gesamtleitwerts.**

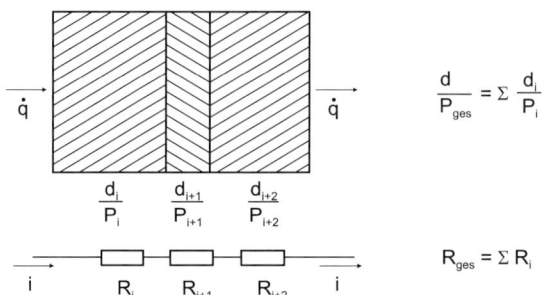

**Bild 14.13** Permeation durch Schichtverbunde und Analogie zur Reihenschaltung elektrischer Widerstände

Bild 14.13 verdeutlicht diesen Zusammenhang.

Aus Gleichung (14.22) wird deutlich, dass der kleinste Permeationskoeffizient die Permeationseigenschaften des gesamten Verbundes am stärksten bestimmt. Des Weiteren kann für eine geforderte Durchlässigkeit bei bekannten Permeationskoeffizienten die erforderliche Schichtdicke des Hochbarrierekunststoffs berechnet werden. Bei sehr dünnen Schichten können allerdings Grenzflächeneffekte auftreten, die die Permeationseigenschaften des Verbundes positiv wie negativ beeinflussen können.

## 14.8.2  Kunststoff-Folien

Für die Optimierung der Sperreigenschaften kommt bei Kunststoff-Folien eine Reihe von Verfahren zur Anwendung. Neben der Coextrusion herkömmlicher Kunststoffe mit Hochbarrierewerkstoffen werden verschiedene Beschichtungsverfahren angewendet.

**Coextrusion**

Bei der Coextrusion wird das Hochbarrierematerial in ein konventionelles Trägermaterial eingebettet. Für Folien zur Verpackung von Lebensmitteln bietet dieses Verfahren den Vorteil, dass das eigentliche Barrierematerial nicht in direkten Kontakt mit dem Füllgut kommt. Als kostengünstige Trägermaterialien kommen dabei z. B. PE, PP oder auch PET zum Einsatz, während z. B. EVOH (vielfach gebrauchte Bezeichnung für das Ethylen-Vinylalkohol-Copolymer EVAL) PA, PVDC oder LCP als Hochbarrierewerkstoffe verwendet werden. Bei der Kombination PE/EVOH/PE hat das Trägermaterial selbst bereits eine gute Sperrwirkung gegen Wasserdampf und schützt das empfindliche EVOH vor Wasserkontakt. EVOH übernimmt dann die Permeationsbarriere gegen Sauerstoff. Die Permeationswerte lassen sich durch die Dicke der Einzelschichten einstellen (Gleichung (14.22)). Häufig muss die mechanische Stabilität des Verbundes durch Haftvermittler gesichert werden, wodurch der Fertigungsaufwand zusätzlich steigt.

**PVD-, CVD-Verfahren**

Inzwischen weit verbreitet sind Verfahren zur Abscheidung dünner Schichten. Mit Hilfe von PVD- oder CVD-Verfahren (*Physical* bzw. *Chemical Vapour Deposition*) werden nur wenige 10 nm dünne organische, anorganische oder keramische Schichten auf handelsübliche Folien aufgebracht. Ausgezeichnete Sperrwirkung zeigen $SiO_x$- und $Al_2O_3$-haltige Schichten. Deren geringe Durchlässigkeit verbessert die Sauerstoffbarriere einer Folie um den Faktor 100 und mehr. Vorteil dieser Verfahren ist, dass handelsübliches Folienmaterial nachträglich hinsichtlich der Permeationseigenschaften optimiert werden kann. Ein Eingriff in den Extrusionsprozess ist nicht erforderlich.

## 14.8.3  Kunststoff-Rohre

Für Kunststoff-Rohre oder -Schläuche werden ähnliche Verfahren wie für Folien angewendet. Mehrschichtige Coextrudate dienen z. B. als Chemikalienleitung. Zusätzlich kommen auch Werkstoffe wie hochvernetztes PE zum Einsatz. Eine hohe Vernetzung gibt dem Thermoplasten einen teilweise duroplastischen Charakter, der sich wie in Abschnitt 14.4 beschrieben positiv auf die Barriereeigenschaften auswirken kann. Die molekulare Vernetzung kann beispielsweise durch Korpuskularstrahlung induziert werden, gelingt aber nicht für alle Polymere und Anwendungen und beeinflusst auch deren mechanische Eigenschaften. *Vernetzung*

In Fällen, in denen äußerst geringe Permeationsraten gefordert werden, wird in die Rohrwand eine metallene Schicht eingelegt, worunter einige Vorteile des Kunststoffrohres – Flexibiltät, Gewicht, Handhabarkeit – leiden. Ebenso sind Verfahren zur Innenbeschichtung von Kunststoffrohren mittels Plasmaverfahren in der Entwicklung, haben jedoch noch keine industrielle Relevanz. *metallische Sperrschicht*

## 14.8.4  Kunststoff-Hohlkörper

Typische Beispiele von Hohlkörpern, bei denen Permeation eine wichtige Rolle spielt, sind Getränkeflaschen und Kraftstofftanks aus Kunststoffen, für die PET bzw. PE als inzwischen etablierte Polymere eingesetzt werden.

Bei PET-Flaschen werden spritzgegossene Vorformlinge in einem zweiten Verarbeitungsschritt streckgeblasen. Die dadurch eingebrachten Orientierungen und Kristallinitäten verbessern die Permeationseigenschaften jedoch nicht in dem Maße, wie die Anforderungen an PET-Flaschen steigen. Speziell für Getränkeflaschen ergibt sich die Problematik der hohen $CO_2$-, $O_2$- und Aromastoffpermeabilität. Ausgehend von PET werden hier einerseits Werkstoffe wie PEN bzw. Blends aus PET und PEN diskutiert, mit deren Hilfe die Durchlässigkeiten für die genannten Gase um einen Faktor 4 bis 5 reduziert werden können. Der hohe Rohstoffpreis des PEN setzt dem Einsatz aber wirtschaftliche Grenzen. *PET-Flaschen*

Ein weiterer Lösungsansatz liegt auch in diesem Fall in Verbundsystemen verschiedener Art. So werden einerseits die Vorformlinge verfahrenstechnisch anspruchsvoll per Sandwichspritzguss hergestellt, bei dem eine PA- oder EVOH-Schicht in zwei PET-Schichten eingebettet wird. Ebenso ist LCP als Barriereschicht aufgrund des trüben Erscheinungsbildes nur bedingt einsetzbar.

Andererseits gibt es Entwicklungen, die die fertig geblasene Flasche von innen mit einer Hochbarriereschicht aus $SiO_x$ und/oder keramischen Stoffen beschichten. Ein geeignetes Verfahren scheint hier die Plasmapolymerisation, ein CVD-Verfahren, zu sein. Durch eine mit diesem Verfahren aufgebrachte Beschichtung kann die Permeation einiger Stoffe durch den Hohlkörper um den Faktor 100 und mehr gemindert werden. Ausschlaggebend für die Durchsetzungsfähigkeit eines Verfahrens sind allerdings nicht nur die erreichbaren Sperrwirkungen sondern auch die Kosten. *Innenbeschichtung*

Für Kunststoffkraftstoffbehälter (KKB) spielt die Permeation von Benzinkomponenten eine wichtige Rolle. Einerseits ändert sich die Kraftstoffzusammensetzung langfristig, dadurch dass die Benzinkomponenten verschieden schnell permeieren. Andererseits werden schnell auch Emissionsrichtwerte überschritten: Ein KKB aus Polyethylen kann bei hohen Außentemperaturen täglich einige Gramm seines *Kunststoffkraftstoffbehälter*

Inhalts allein durch Permeationsvorgänge verlieren. Amerikanische Emissionsvorschriften wie CARB oder EPA legen seit 1994 für KKBs maximale Kohlenwasserstoffemissionswerte von 0,1 g/Tag fest. Ein entsprechender Wert lag 1970 noch bei 20 g/Tag.

**Sulfonieren, Fluorieren, Selar**

Übliche Verfahren der Permeationsminderung sind das Sulfonieren oder Fluorieren. Die Fluorierung wird im on line- oder off line-Betrieb eingesetzt. Man erreicht mit der Fluorierung Barriereverbesserungen um den Faktor 100, die jedoch aufgrund von Auswascheffekten nicht langzeitstabil sind. Beim Selar-Verfahren werden Polyamid-Plättchen in die PE-Wand eingebracht, die die Sperrwirkung um mehr als das 100fache steigern können. Für methanolhaltige Kraftstoffe lässt deren Wirkung jedoch in einem nicht tolerierbaren Maß nach.

Üblich ist bei KKBs aus diesen Gründen vor allem die mehrschichtige Coextrusion. Die Behälterwand besteht aus bis zu sechs Schichten. Bild 14.14 zeigt den Aufbau einer Benzintankwand. Die eigentliche Sperrwirkung wird durch eine EVOH-Schicht erreicht, die mit Haftvermittlern in PE-HD-Außenwände eingebettet ist. Zusätzlich lassen sich in eine solche Konfiguration auch regenerierte Polymere einbringen. Die Sperrwirkung gegen Benzin ist gegenüber einem PE-Tank um den Faktor 200 besser. Bedingt durch die mitunter sehr komplexe Geometrie eines Pkw-Benzintanks werden die einzelnen Schichten des Vorformlings mit variabler Dicke coextrudiert, damit durch die lokal verschiedenen Dehnungen beim Blasvorgang eine weitgehend homogene Schichtdickenverteilung im fertigen Bauteil entsteht.

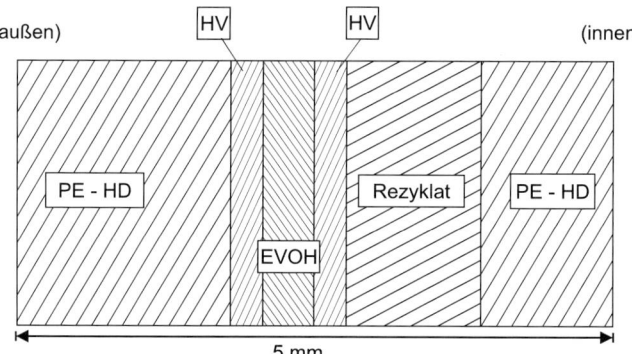

Bild 14.14 Sechsschichtiger Wandaufbau eines KKB (HV = Haftvermittler)

Die in diesem Abschnitt dargestellten Probleme und der Aufwand, der teilweise zu deren Lösung betrieben wird, zeigen, dass Permeationseigenschaften in vielen Bereichen eine bedeutende Rolle spielen. Dies deutet darauf hin, dass für den Ingenieur das Verständnis einiger grundlegender Zusammenhänge für die Erschließung weiterer Anwendungsbereiche von Kunststoffen immer wichtiger wird.

## 14.9 Das mechanische Tragverhalten unter physikalischer Einwirkung von spannungsrisserzeugenden Umgebungsmedien

Lösung und Diffusion bewirken – bedingt durch einen Konzentrationsgradienten – nicht nur den molekularen Stofftransport durch Kunststoffe. Der Eintrag von Umgebungsmedien durch Lösung und Diffusion in Kunststoffe kann darüber hinaus mittelbare und unmittelbare Auswirkungen auf deren mechanische Eigenschaften haben.

Die rein physikalische Einwirkung eines mit einem Kunststoff in Berührung stehenden Umgebungsmediums kann für dessen Bestand bereits ohne eine chemische Wechselwirkung gefährlich sein. Hier ist an alle Fälle des Erweichens, der Spannungsrissbildung und der Lösungsvorgänge zu denken. Alle diese Vorgänge beruhen darauf, dass das Umgebungsmedium in den Kunststoff eindringt und dort die Gasmoleküle in energetische Wechselwirkungen mit denen des Wirtes oder dessen Mischungspartnern eintreten. Dabei mag in manchen Fällen die physikalische Wirkung auch von einer – dann und wann vermuteten – chemischen Wechselbeziehung zusätzlich begleitet werden. Schließlich bleibt festzuhalten, dass Risse nur an Stellen entstehen, an denen der Werkstoff unter Zugspannung steht, wobei diese nicht nur durch äußere Kräfte, sondern auch durch innere Verspannungen, d. h. eingefrorene Dehnungen und Querspannungen, bewirkt werden können.

Man kann mehrere Mechanismen erkennen, die zu den gefürchteten Spannungsrissen führen:

* Erniedrigung der Grenzflächenenergie,
* Quellkräfte,
* Desoprtion und Lösen.

*Erniedrigung der Grenzflächenenergie*

Es ist zu erwarten, dass infolge der niedrigen Dichte der Kunststoffe jedes Umgebungsmedium mit beweglichen Molekülen in diesen eindringen wird. So haben Versuche unter hohem hydrostatischem Druck von einigen Kilobar gezeigt, dass selbst Silikonöle Spannungsrisse und Versprödung in amorphen Thermoplasten bewirken können. Bei druckloser Benetzung hingegen verhalten sie sich völlig inert. Das Eindringen erfolgt entlang der Zonen geringer Dichte (vgl. Bild 14.15). Das sind beispielsweise Partikelgrenzen, Grenzflächen von Füllstoffen, Fertigungsfehler (Poren).

Man kann erwarten, dass hierdurch die Haftkräfte zwischen den Partikeln usw. herabgesetzt werden. Wir erinnern uns dabei an die Begründung der Grenzdehnung des linear-viskoelastischen Verhaltens.

$$\varepsilon_{F_\infty} \sim \sqrt{\frac{\gamma}{E \cdot L}} \, . \tag{14.23}$$

$\gamma$  Grenzflächenspannung des Polymeren
$E$  Modul des Polymeren
$L$  Partikeldurchmesser

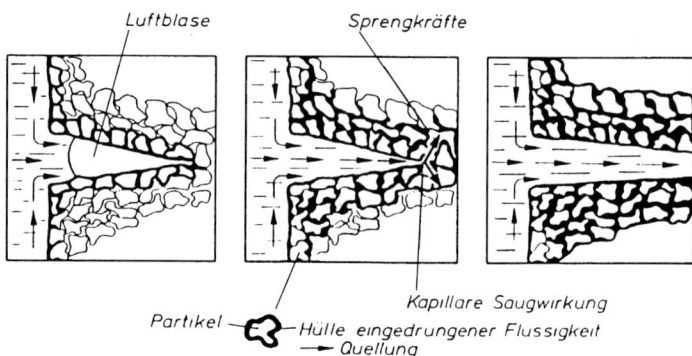

Bild 14.15a Eindringen von benetzten Flüssigkeiten in das partikelförmige Kunststoffgefüge (nach *Menges, Suchanek*)

Bild 14.15b PP-Gefüge, in das das Medium eingedrungen ist (Sauerstoffoxidation nach Ofenlagerung über einige 10 h bei 70 °C)

Wenn die die Haftungskräfte ausdrückende Grenzflächenspannung $\gamma$ zwischen adhärierenden Partikeln durch eindringende fremde Moleküle herabgesetzt wird, sinkt die Grenzdehnung. Es treten bei niedrigerer Dehnung Mikrorisse bzw. Fließzonen auf. Auch werden diese schneller wachsen.

Diesen Mechanismus werden wir insbesondere auch bei Flüssigkeiten erwarten dürfen, die Netzmittel enthalten. Dies ist z. B. bei vielen niedermolekularen Polyethylen-Typen eine Ursache der Spannungsrissbildung, die zu ganz speziellen Prüfmethoden geführt hat. In diesem Falle besteht die Triebkraft für das Penetrieren und damit den Rissfortschritt vorzugsweise aus den Kapillarkräften (Bild 14.15a und 14.15b). Bild 14.15b zeigt ein PP-Gefüge, in das Medium in die Sphärolithgrenzen eingedrungen ist.

*Quellkräfte* (nach *Pütz* und *Gitschner*)

In allen Fällen, in denen das Matrixharz Umgebungsmedium aufnimmt, entsteht eine leicht bestimmbare Gewichtszunahme und eine Volumenvergrößerung (Bild 14.16), das Quellen. Da diese Volumenvergrößerung von dem noch nicht beeinflussten, tiefer liegenden Werkstoff behindert wird, erzeugt dies Quellspannungen. Diese werden sich auch mit dem Fortschreiten der Diffusion bis zur Absättigung über den ganzen Querschnitt stetig ändern. Sie wirken als Zugspannungen im Zentrum des Werkstoffs, wenn dieser von beiden Seiten benetzt wird.

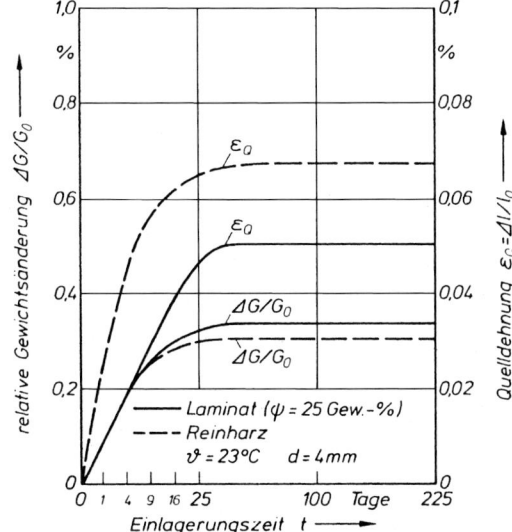

Bild 14.16 Gewichtsaufnahme und Quelldehnung in Abhängigkeit von der Einlagerungszeit bei Kunststoffen am Beispiel von ungesättigtem Polyester mit und ohne Glasfaserverstärkung

In einer Platte ist der kritische Zeitpunkt $t^*$, zu dem im Zentrum die höchste Zugspannung auftritt, gegeben durch

$$t^* = \frac{0{,}28 \cdot d^2}{\pi^2 \cdot D} \ . \tag{14.24}$$

$d$  Plattendicke
$D$  Diffusionsdicke

Die kritische Spannung im Kern der Platte beträgt, wenn man von einer Erniedrigung des Elastizitätsmoduls absieht,

$$\sigma_{max}(t = t^*) = 0.33 \cdot \varepsilon_{Q_{Sättigung}} \cdot \frac{E}{1 - \mu} \ . \tag{14.25}$$

$\varepsilon_{Q_{Sättigung}}$  Dehnung durch Quellen im Sättigungszustand

Diese Verhältnisse müssen auf praktische Verhältnisse übertragen werden, wo ja stets geometrisch ungünstige Bereiche, wie Ecken, Kanten, Löcher und Querschnittsveränderungen, ungünstigere Verhältnisse verursachen und Spannungsrisse entstehen können. Es kommt hinzu, dass praktische Teile nicht nur Fertigungsfehler in Form von Poren, Rissen oder Kratzern, sondern vor allem auch sogenannte Eigenspannungen enthalten. Das heißt, auch ohne äußere Belastungen können gefährliche Belastungszustände vorhanden sein, die sich den Beanspruchungen aus der Flüssigkeitsaufnahme überlagern.

Wie man Bild 14.16 entnimmt, entstehen Quelldehnungen hier beispielsweise in einem glasfaserverstärkten Laminat, die niedriger sind, als im Reinharz (gute Verarbeitung vorausgesetzt). Die Fasern behindern somit die Quelldehnung, was ebenfalls bereits zu Eigenspannungen führt. Es kann auch gefährlich werden, wenn z. B. von Harznestern solche Quellspannungen erzeugt werden, dass die Querfestigkeit – das Haften des Harzes an den Fasern – in der Nachbarschaft des quellenden Harznestes überschritten wird.

*Desorption und Lösen*

Als noch weit gefährlicher erweist sich jedoch der Fall der Desorption, wie man Bild 14.17 entnimmt. Es ist dies der Fall des jedermann bekannten zu schnell austrocknenden Bodens. Der mit einer Flüssigkeit gesättigter Körper, der von seiner Oberfläche her diese Flüssigkeit abgeben muss, möchte dort schwinden, d. h., sich dementsprechend zusammenziehen. Daran hindern ihn die tieferen noch gesättigten Schichten. Es entstehen spontan gefährliche Zugspannungen, die schnell Rissbildung bewirken können. Diese Spannungen können leicht dreimal größer sein als diejenigen bei Flüssigkeitsaufnahme:

$$\sigma_{\max}(\text{Rand},\, t = t_1) \equiv \varepsilon_{Q_{\text{Sättigung}}} \cdot \frac{E}{1 - \mu} \tag{14.26}$$

Derartige Rissbildungen können in allen hygroskopischen Kunststoffen beobachtet werden. Ein besonderer – und nicht ohne weiteres erwarteter – Fall von Spannungsrissbildung findet sich bei Laminaten aus ungesättigten Polyestern mit

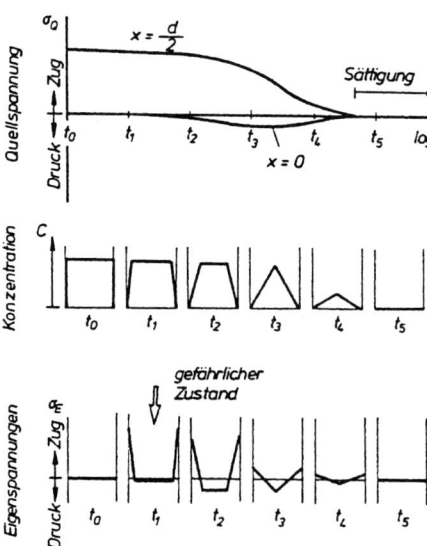

Bild 14.17 Quellspannung, Konzentration über dem Querschnitt und Eigenspannungen, die daraus entstehen, bei Desorptionsvorgängen (Austrocknung als der i. a. gefährlichste Vorgang)

Glasfasern in stark wasserentziehender hochkonzentrierter Phosphorsäure oder Schwefelsäure. Hier entzieht das Umgebungsmedium dem Harz, aber auch dem Glas, gebundenes Wasser, wodurch glatte verformungslose Spannungsrisse entstehen.

## Literatur zu Kapitel 14

Amberg-Schwab, S.; Hoffmann, M.; Bader, H.: Barriereschichten für Verpackungsmaterialien. Kunststoffe 86 (1996) 5

Braches, E.: Aussagefähigkeit von Untersuchungsmethoden bei der Beurteilung kunststoffbeschichteter Metallsubstrate unter Medieneinwirkung. Diss., RWTH Aachen, 1981

Crank, J.; Park, G. S.: Diffusion in Polymers. Academic Press, New York, 1968

Fischer, F.: Spannungsrissbildung und Spannungsrisskorrosion. In: G. Schreyer (Hrsg.) Konstruieren mit Kunststoffen. Teil 2, Abschnitt 4.2.2. München: Carl Hanser Verlag, 1972

Gitschner, H. W.: Diffusionsbedingte Verformungs- und Spannungszustände in Verbundwerkstoffen. Diss., RWTH Aachen, 1980

Langowski, H.-C.: Sperrschicht-Folien – ein Überblick. SKZ-Fachtagung „Sperrschichten in der Lebensmittelverpackung", Würzburg, 25./26. März 1998

Lohmeyer, S.: Diffusion und ihre Bedeutung in der Polymertechnik. Gummi Faser Kunststoffe (GAK) 40 (1987) 2

Lutterbeck, K.: Das Verhalten von Kunststoffen unter wechselnder Umgebungsfeuchte und Temperatur. Diss., RWTH Aachen, 1984

Pütz, D.: Kunststoffe in korrosiven Flüssigkeiten – dargestellt an den Beispielen PMMA und GF-UP. Diss., RWTH Aachen, 1977

Rieß, R.: Untersuchungen zum Verformungsverhalten thermoplastischer Kunststoffe in ausgewählten Flüssigkeiten. Diss., RWTH Aachen, 1973

Rogalla, D. G.: Ein Beitrag zur Erklärung der Spannungsrissbildung bei Kunststoffen. Diss., RWTH Aachen, 1982

Rösch, J.; Wünsch, R.: Trends bei Barrierematerialien. Kunststoffe 89 (1999) 4

Schenck, H.; André, J.: Barriereeigenschaften: Theorie und Praxis. Kunststoffe 89 (1999) 4

Schmidt, P.: Das Verhalten von Verbundsystemen aus chemikalienbeständigen Plastomeren und glasfaserverstärkten ungesättigten Polyesterharzen. Diss., RWTH Aachen, 1970

Schneider, W.: Die Lebensdauer dünnschichtiger Duromerüberzüge auf metallischem Untergrund bei starker Chemikalienbeanspruchung. Diss., RWTH Aachen, 1973

Stoll, F. K.: Untersuchungen zur Korrosions- und Witterungsbeständigkeit von Coil-Coating Verbundsystemen. Diss., RWTH Aachen, 1977

Vieth, W. R.: Diffusion in and through Polymers. In: Series: Progress in Polymer Processing. München: Carl Hanser Verlag, 1992

# 15 Der chemische Abbau von Polymeren

## 15.1 Abbaumechanismen

Polymere stellen – chemisch gesehen – organische Verbindungen dar. Diese organischen Verbindungen sind im Gegensatz zu vielen anorganischen Verbindungen (z. B. Salze) verhältnismäßig reaktiv, d. h. sie gehen schon bei relativ moderaten Bedingungen chemische Reaktionen ein. Bei niedermolekularen Verbindungen ändern sich durch diese Reaktionen die chemischen Eigenschaften. Bei Polymeren rufen diese Änderungen in den chemischen Eigenschaften zusätzlich z. T. erhebliche Veränderungen in den mechanischen Eigenschaften hervor, da die Polymerketten gespalten werden können und damit das Molekulargewicht sinkt.

Ein Teil der Abbaureaktionen wird durch die Zufuhr von Energie hervorgerufen. Diese Energie kann beispielsweise zugeführt werden durch

- Wärme,
- elektromagentische Strahlung (Licht),
- mechanische Energie (Scherung).

Die verschiedenen Polymere haben individuelle Schwachstellen, an denen die Abbaureaktionen ansetzen. Dies können z. B. Seitenketten und Substituenten sein, die durch die Abbaureaktion entfernt werden (*Eliminierung*). Die Stabilität der Anbindung der Substituenten an die Hauptkette sinkt dabei in folgender Reihe:

$$-\overset{|}{\underset{F}{C}}- \;>\; -\overset{|}{\underset{H}{C}}- \;>\; -\overset{|}{\underset{-C-}{C}}- \;>\; -\overset{|}{\underset{Cl}{C}}- \tag{15.1}$$

Als Beispiel soll hier das Polyvinylchlorid (PVC) dienen. Dieses ist sehr empfindlich hinsichtlich einer Abspaltung der Chloratome in Form von HCl, worauf später noch detaillierter eingegangen wird. Aber auch die Hauptkettenbindungen sind unterschiedlich stabil, wie die folgende Reihe zeigt:

$$\overset{C}{\diagdown}\,C\,\overset{C}{\diagup} \;>\; \overset{C}{\diagup}\underset{\underset{C}{|}}{C}\overset{C}{\diagdown} \;>\; \overset{C}{\diagup}\underset{C\ C}{C}\overset{C}{\diagdown} \;>>\; C{=}C \tag{15.2}$$

Besonders stabil sind dabei Ketten, die aromatische Ringe enthalten.

Tabelle 15.1 zeigt eine Übersicht über die wichtigsten Abbaumechanismen.

> **Durch Abbaureaktionen verändern sich die Eigenschaften von Kunststoffen. Ursache sind chemische Veränderungen, die zu Änderungen in der Kettenstruktur der Polymere (z. B. Spaltung) führen.**

Tabelle 15.1 Die wichtigsten Abbaumechanismen (Kettenspaltung) bei Polymeren
(nach *D. J. Carlson, D. M. Wiles*, in: Encyclopedia of Polymer Science and Engineering, Vol. 4, Degradation.
Wiley-Interscience, New York, 1958)

| Abbau-Mechanismus | Ursache | Betroffene Polymere |
|---|---|---|
| $-\overset{\|}{\underset{\|}{C}}-\overset{\|}{\underset{\|}{C}}- \longrightarrow -\overset{\|}{\underset{\|}{C}}{}^{\cdot} + {}^{\cdot}\overset{\|}{\underset{\|}{C}}-$ | kurzwelliges UV, γ-Strahlen, Elektronen-strahlen | alle Polymere |
| $-\overset{\|}{\underset{\|}{C}}-\overset{\|}{\underset{H}{C}}-\overset{\|}{\underset{\|}{C}}- \longrightarrow -\overset{\|}{\underset{\|}{C}}-\overset{\|}{\underset{\cdot}{C}}-\overset{\|}{\underset{\|}{C}}-$ | Bestrahlung, Wärme, mechanische Energie | alle Polymere |
| $-X-\overset{O}{\overset{\|}{C}}-Y- \longrightarrow -X^{\cdot} + {}^{\cdot}\overset{O}{\overset{\|}{C}}-Y-$ | UV-Strahlung | Polymere mit Keton-, Amid-, Urethan-, Ester-Gruppen |
| $-X-\overset{O}{\overset{\|}{C}}-Y-\overset{H}{\underset{\|}{C}}-\overset{\|}{\underset{\|}{C}}- \longrightarrow -X-\overset{O}{\overset{\|}{C}}-Y-H + \phantom{}_{\diagdown}C=C_{\diagup}$ | UV-Strahlung | Polymere mit Keton-, Ester-Gruppen |
| $-\overset{\|}{\underset{\|}{C}}-O-O-R \longrightarrow -\overset{\|}{\underset{\|}{C}}-O^{\cdot} + {}^{\cdot}OR$ | Licht, Wärme | partiell oxidierte Polymere (vorgeschädigt) |
| $-X-\overset{O}{\overset{\|}{C}}- \xrightarrow[H_2O]{B} -XH + \phantom{}_{HO}{}^{\diagdown}C_{\diagup}{}^{\diagup}{}^{\diagdown} - + B^-$ | Hydrolyse, basisch katalysiert | Polyamide, Polyur-ethane, Polyimide, Harnstoff-Derivate |
| $-X-Y \xrightarrow[H_2O]{H^+} -XH + HOY + H^+$ | Hydrolyse, sauer katalysiert | Polyamide, Polyur-ethane, Polyester, Siloxane, Polyacetale |
| $-\overset{R}{\underset{\cdot}{C}}-CH_2-\overset{R}{\underset{H}{C}}-CH_2- \longrightarrow -\overset{R}{C}=C\phantom{}_{\diagdown H}^{\diagup} + H-\overset{R}{\underset{H}{C}}-\overset{\cdot}{\underset{H}{C}}-$ | thermische Spaltung | Polyolefine |
| $-\overset{\|}{\underset{X}{C}}-O^{\cdot} \longrightarrow \phantom{}^{\diagdown}_{\diagup}C=O + X^{\cdot}$ | thermische Spaltung | alle oxidierbaren Polymere |
| $\begin{matrix} RO^{\cdot} \\ RO_2^{\cdot} \end{matrix} + -\overset{\|}{\underset{\|}{C}}-H \longrightarrow \begin{matrix} ROH \\ ROOH \end{matrix} + -\overset{\|}{\underset{\|}{C}}{}^{\cdot}$ | thermischer Angriff | alle oxidierbaren Polymere |
| $Cl^{\cdot} + -\overset{\|}{\underset{\|}{C}}-H \longrightarrow HCl + -\overset{\|}{\underset{\|}{C}}{}^{\cdot}$ | thermischer Angriff | Polyvinylchlorid |

[a] R = Alkyl oder H; X, Y = Hetero- oder C-Atome

# 15.2    Einwirkung thermischer Energie

## 15.2.1    Allgemeines

Um Kunststoffe zu plastifizieren müssen sie in der Regel auf entsprechend hohe Temperaturen gebracht werden. Das bedeutet für eine Reihe von Thermoplasten eine thermische Belastung, unter der sie in mehr oder weniger kurzer Zeit ihre Struktur und ihr Molekulargewicht verändern. Dies kann bis zu einer völligen Auflösung der Struktur führen, wenn die Temperatur eine kritische *Zersetzungstemperatur* übersteigt (s. a. Pyrolyse). Es soll jedoch zunächst der Abbau bei Temperaturen unterhalb der Zersetzung betrachtet werden.

## 15.2.2    Depolymerisation

**Reaktions-enthalpie und Reaktions-entropie**   In Kapitel 3 ist das energetische Schema einer (in diesem Fall exothermen) chemischen Reaktion dargestellt. Eine chemische Reaktion kann nur dann spontan ablaufen, wenn die sog. *freie molare Reaktionsenthalpie* $\Delta G$ negativ ist. Die Reaktionsenthalpie ist dabei ein Maß für die Triebkraft einer Reaktion, d. h. je negativer der Wert umso leichter erfolgt die Reaktion. $\Delta G$ wird definiert durch die *Gibbs-Helmholtz*-Gleichung:

$$\Delta G = \Delta H - T \cdot \Delta S \tag{15.3}$$

$\Delta H$ ist dabei die *molare Reaktionsenthalpie* (Reaktionswärme), die die Differenz der Energieinhalte (z. B. Bindungsenergien) von Produkten und Edukten darstellt. $\Delta S$ ist die *molare Reaktionsentropie*, die die Differenz zwischen den „Ordnungsgraden" von Edukten und Produkten repräsentiert. Anschaulich gesprochen handelt es sich bei der Entropie um ein Maß für die Ordnung.

Bei der Reaktion von Monomeren zu Polymeren steigt der Ordnungszustand des Systems, da die Anzahl der vorhandenen Teilchen sinkt. Die Entropie sinkt folglich während der Polymerbildungsreaktion, $\Delta S$ ist negativ. $\Delta H$ ist ebenfalls negativ. In der Regel überwiegt der negative Enthalpieterm den positiven Entropieterm, sodass (nach Aufbringung der Aktivierungsenergie) die Reaktion spontan ablaufen kann. Steigt jedoch die Temperatur auf eine bestimmte Grenztemperatur **Ceiling-Temperatur** (Ceiling-Temperatur $T_c$), so wird $\Delta H = -T \Delta S$ und damit $\Delta G = 0$. In diesem Fall halten sich die Polymerbildungsreaktion und die Rückreaktion (d. h. die Abspaltung von Monomermolekülen, Depolymerisation) die Waage. Steigt die Temperatur über $T_c$, so läuft die Depolymerisation bevorzugt ab, sodass die Polymerketten abgebaut werden. Tabelle 15.2 zeigt die Ceiling-Temperaturen für einige Monomer-Polymer-Systeme.

Tabelle 15.2  Ceiling-Temperatur einiger Monomere

| Monomer | $-\Delta H$ [kJ/mol] | $-\Delta S$ [kJ/mol] | $T_c$ [°C] |
|---|---|---|---|
| Isobutylen | 54 | 165 | 50 |
| $\alpha$-Methylstyrol | 34 | 102 | 61 |
| Methylmethacrylat | 54 | 110 | 220 |
| Propylen | 71 | 124 | 300 |
| Styrol | 71 | 122 | 310 |
| Ethylen | 92 | 137 | 400 |
| Tetrafluorethylen | 193 | 226 | 580 |

Für ein Polymer bedeutet dies, dass wenn während der Verarbeitung oder dem Gebrauch die Temperatur über $T_c$ steigt, eine Depolymerisation und damit ein Abbau beginnt. Das Molekulargewicht sinkt während der Depolymerisation jedoch verhältnismäßig langsam, da immer nur einzelne Monomere von den Kettenenden entfernt werden. Beschleunigt wird die Depolymerisation durch die Anwesenheit von Radikalen (beispielsweise Luftsauerstoff), die an den Ketten Radikalstellen erzeugen, an denen dann der reißverschlussartige Depolymerisationsmechanismus einsetzt.

Man kann die Depolymerisation auch gezielt zum Recycling von Kunststoffen einsetzen. Beispielsweise setzt PMMA bei hohen Temperaturen (und beschleunigt z. B. durch Wasserstoffperoxid) MMA frei. Dieses kann aufgefangen, gereinigt und schließlich wieder zu PMMA polymerisiert werden.

*Recycling durch Depolymerisation*

> **Das Gleichgewicht zwischen Polymerisationsreaktion und Depolymerisationsreaktion verlagert sich bei Temperaturen oberhalb der Ceiling-Temperatur hin zur Abbaureaktion. Bei der Depolymerisation werden an den Kettenenden Monomermoleküle abgespalten.**

## 15.2.3 Abbau durch Einwirkung von Wärme und Scherung

Die Einwirkung von Wärme ruft nicht nur eine Depolymerisation hervor. Es kann auch zu Kettenspaltungen kommen, insbesondere unter zusätzlicher Einwirkung von Scherung oder der Anwesenheit von Sauerstoff. Ein rein thermischer Abbau liegt streng genommen nur dann vor, wenn außer dem Polymer keine weiteren Reaktionspartner (wie z. B. Luftsauerstoff, der in das Material hineindiffundiert ist) vorliegen. In der Regel sind jedoch weitere Reaktanden zugegen, die unter der Wärmeeinwirkung am Abbau mitwirken.

*thermischer Abbau*

Der thermische Abbau folgt in weiten Bereichen der folgenden Gesetzmäßigkeit:

$$-\frac{d[\ln \bar{M}_w(t)]}{dt} = k \tag{15.4}$$

mit $M_w(t)$ = Molekulargewichtsmittel zur Zeit $t$ und $k$ = Geschwindigkeitskonstante der Abbaureaktion mit

$$k = B\, e^{-\frac{A}{RT}} \tag{15.5}$$

(A und B = const.)

Die Abbaugeschwindigkeit steigt damit exponentiell mit der Temperatur. Folglich sinkt die erlaubte Verweilzeit exponentiell mit $T$:

$$t_{erlaubt} \sim e^{-\frac{A}{RT}} \tag{15.6}$$

Dies ist in Bild 15.1 schematisch dargestellt.

Auch der Einfluss der Scherung bewirkt einen Kettenabbau. Dieser ist verständlicherweise bei niedrigen Temperaturen stärker als der thermisch bedingte. Bild 15.2 zeigt die Abnahme des Molekulargewichts von PP bei einer Temperatur von 240 °C (bei der bereits ein deutlicher thermischer Abbau einsetzt) unter dem Einfluss verschiedener Schergeschwindigkeiten.

*Abbau durch Scherung*

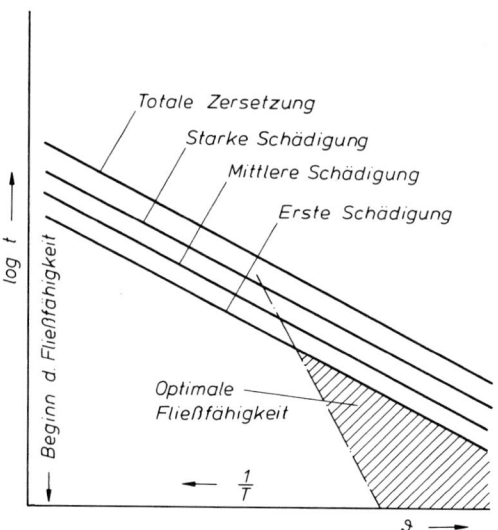

Bild 15.1 Schematische Darstellung des Abbaus und der Verweilzeit bei höheren Temperaturen

Bild 15.3 zeigt einen Vergleich zwischen thermisch-oxidativem und mechanischem Abbau unter verschiedenen Bedingungen. Man erkennt deutlich den Einfluss des mechanischen Abbaus bei höheren Schergeschwindigkeiten. Dies ist besonders für Extrusionsprozesse von Bedeutung, da hier u. U. verhältnismäßig lange Verweilzeiten vorliegen. Im Spritzgießprozess ist dagegen die Verweilzeit in der Regel recht kurz, sodass der Abbau meist gering ausfällt.

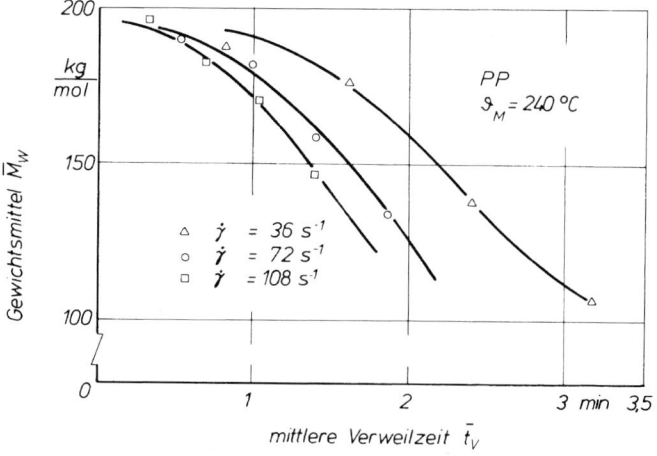

Bild 15.2 Mittlere Molekülmasse in Abhängigkeit von der Verweilzeit bei PP

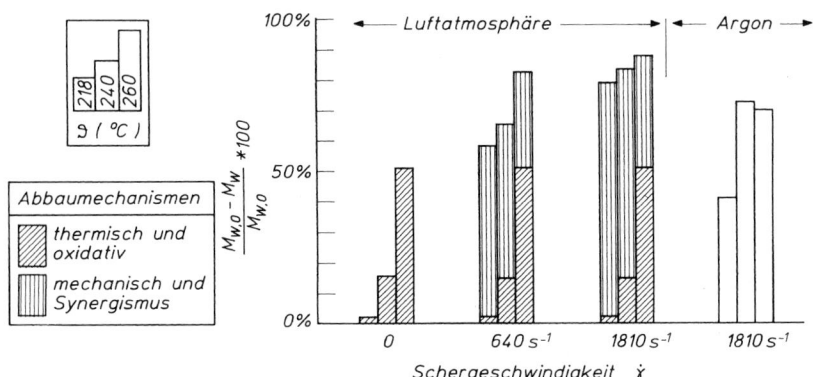

Bild 15.3 Gewichtung der Abbaumechanismen (Abbau bezogen auf die Molekülmasse des Granulats $M_{w,0}$)

## 15.3 Einwirkung von Chemikalien

### 15.3.1 Allgemeines

Einige der in Polymeren vorhandenen funktionellen chemischen Gruppen sind anfällig für den Angriff anderer chemischer Reagenzien. Das Verhalten ist dabei dem entsprechender niedermolekularer Verbindungen vergleichbar, jedoch erfolgen die Angriffe meist verlangsamt, da die Gruppen aufgrund der kompakten Struktur der Polymere für die Reagenzien räumlich nicht zugänglich sind. Das Reagenz muss zunächst in den Kunststoff hineindiffundieren, ansonsten bleibt die Wirkung auf die Oberfläche beschränkt. Die Geschwindigkeit dieser Diffusion ist dabei zum einen abhängig von chemischen Faktoren wie beispielsweise ähnliche funktionelle Gruppen aber auch von physikalischen Faktoren wie z. B. kristalline Bereiche, die aufgrund ihrer dichten Packung der Ketten keine Zwischenräume für ein Eindringen bieten.

In einigen Fällen macht man sich die Einwirkung von Chemikalien bei der Herstellung und Verarbeitung von Kunststoffen zu Nutze. Man denke hier an die Haftungsverbesserung durch eine partielle Oxidation der Oberfläche, wie sie beispielsweise beim Lackieren oder Kleben von Kunststoffen genutzt wird, oder die Herabsetzung der Benzindurchlässigkeit bei geblasenen Tanks durch eine Fluorierung.

Meistens hat jedoch die Einwirkung chemischer Reagenzien negative Auswirkung auf die Kunststoffe. Beispiele für derartige Reagenzien sind aggressive Medien, die durch Kunststoffrohre geleitet werden oder Inhaltsstoffe von Flaschen. Aber auch in der Umwelt vorhandene Stoffe können Kunststoffe angreifen (Sauerstoff, Wasser).

Einen besonders negativen Effekt auf die Beständigkeit von Kunststoffen haben Hilfsstoffe, die aus der Herstellung im Polymer verblieben sind. Dies können z. B. Katalysatorreste sein, die später – insbesondere bei höheren Temperaturen – Reaktionen auslösen können.

Oft ist die chemische Wirkung eines Reagenzes von der physikalischen Wirkung, die das Eindringen in den Kunststoff hervorruft, nicht eindeutig zu trennen. So werden die Nebenvalenzkräfte, die für den Zusammenhalt der Polymerketten ver-

*physikalische Wirkung chem. Reagenzien*

Tabelle 15.3 Beispiele zur Löslichkeit und Beständigkeit von Kunststoffen (nach *Knappe*)

| Kunststoff | Grundbaustein (Grundmolekül) | Löslich in | Unlöslich bzw. unquellbar in (beständig gegen) |
|---|---|---|---|
| Polystyrol | $\begin{array}{c}\text{H H}\\ \text{-C-C-}\\ \text{H}\;\bigcirc\end{array}$ | $\bigcirc$   $\bigcirc\!-\!CH_3$   $\bigcirc\!\!\begin{smallmatrix}CH_3\\CH_3\end{smallmatrix}$  Benzolderivate | $C_nH_{2n+2}$   $R''\!-\!OH$ Paraffine   Alkohole |
| Polymethylmethacrylat | $\begin{array}{c}\text{H CH}_3\\ \text{-C-C-}\\ \text{H C=O}\\ \quad\; \text{O-CH}_3\end{array}$ | $\begin{array}{c}R\!-\!C\!=\!O\\ \quad O\!-\!R\end{array}$   $\begin{array}{c}R\\ C\!=\!O\\ R\end{array}$ Keton | $R\!-\!OH$ |
| Polycarbonat | $\bigcirc\!-\!\overset{CH_3}{\underset{CH_3}{C}}\!-\!\bigcirc\!-\!O\!-\!\underset{O}{\overset{}{C}}\!-\!O\!-$ | $\bigcirc\!\!\begin{smallmatrix}OH\\CH_3\end{smallmatrix}$ Kresol | $C_nH_{2n+2}$ |
| PVC | $\begin{array}{c}\text{H H}\\ \text{-C-C-}\\ \text{Cl H}\end{array}$ | $\begin{array}{c}\text{H H}\\ \text{-C=C-}\\ \text{Cl Cl}\end{array}$ Dichlorethylen | $C_nH_{2n+2}$ |
| Polyisobutylen | $\begin{array}{c}\text{CH}_3\,\text{H}\\ \text{-C-C-}\\ \text{CH}_3\,\text{H}\end{array}$ | $C_nH_{2n+2}$   $\bigcirc$ | $R\!-\!OH;\;\begin{array}{c}R\\ C\!=\!O\\ R\end{array}$ Keton |

R'' sind aliphatische Kohlenwasserstoffe, wie sie in Lösungsmitteln vorkommen.

antwortlich sind, durch das Eindiffundieren niedermolekularer Stoffe in die Zwischenräume zwischen den Ketten herabgesetzt. Dies führt zum Absinken der Moduln und damit der zumutbaren Spannungen bei gleichzeitig höheren kritischen Dehnungen, aber auch bei zunehmender Kriechneigung. Diese Herabsetzung der Nebenvalenzkräfte kann bei einigen Thermoplasten bis zur Auflösung führen. Hier gilt die Regel *Gleiches löst Gleiches*, d. h. die Wechselwirkung zwischen Lösemittel und Kunststoff sind umso stärker, je größer die Ähnlichkeit in der chemischen Struktur ist. So lösen polare Lösemittel bevorzugt Kunststoffe mit polaren Gruppen.

Allgemein gilt für die Beständigkeit von Kunststoffen gegenüber der Einwirkung von Chemikalien:

- Kunststoffe sind relativ beständig gegen schwache Säuren, Basen und wässrige Salzlösungen. Sie werden durch stark oxidierend wirkende Stoffe jedoch angegriffen. Diese bewirken im einfachsten Fall eine Verfärbung, bei stärkerer Schädigung jedoch eine Versprödung bis hin zur Zerstörung. Polymere mit Ester-, Amid- und vergleichbaren Gruppen sind anfällig für eine Hydrolyse dieser Gruppen durch die Einwirkung von Wasser, insbesondere bei höheren Temperaturen.
- Treibstoffe, Fette, Öle und organische Lösemittel sind den Polymeren mehr oder weniger ähnlich. Sie sind in der Lage, viele Kunststoffe zu quellen oder sogar zu lösen. Weiterhin ist die Durchlässigkeit vieler Polymere für diese Stoffe groß.

Tabelle 15.3 zeigt Beispiele für die Löslichkeit von Kunststoffen bzw. die Beständigkeit der Kunststoffe gegen Lösemittel.

## 15.3.2 Hydrolyse

Bei der Herstellung einiger Polykondensate wir z. B. PA oder PET wird während der Kondensationsreaktion Wasser frei. Diese Polymere sind besonders anfällig gegen eine Hydrolyse, bei der das Polymer unter Umkehrung der Bildungsreaktion mit Wasser reagiert. Die Abbaureaktion ist dabei umso stärker, je mehr Wasser für die Reaktion zur Verfügung steht. Der Wassergehalt muss daher bei allen Ur- und Umformprozessen sehr niedrig ($< 0{,}01\,\%$) gehalten werden. Weiterhin neigen diese Kunststoffe zur Aufnahme von Wasser aus der Umgebung. Dies erfordert in der Regel eine aufwendige Trocknung der Polymere vor der Verarbeitung.

*Hydrolyse*

Die verschiedenen chemischen Gruppen sind unterschiedlich anfällig für einen hydrolytischen Angriff. Die folgende Aufstellung zeigt die Empfindlichkeit verschiedener Gruppen in aufsteigender Reihenfolge:

| Polyester | $-\overset{\displaystyle\|}{\underset{\displaystyle O}{C}}-O-$ |
|---|---|
| Polycarbonat | $-O-\overset{\displaystyle O}{\underset{}{\overset{\|}{C}}}-O-$ |
| Polyurethan | $-O-\overset{\displaystyle\|}{\underset{\displaystyle O}{C}}-NH-$ |

| Polyharnstoff | $-NH-\underset{\underset{O}{\|}}{C}-NH-$ |
|---|---|
| Polyamid | $-\underset{\underset{O}{\|}}{C}-NH-$ |
| Polyether | $-O-$ |
| Polyamin | $\underset{-N-}{\overset{H}{\mid}}$ |
| Polyimid | $-\underset{\underset{C}{\|}}{\overset{O}{\|}}-\overset{\mid}{N}-\underset{\underset{C}{\|}}{\overset{O}{\|}}-$ |

$$(15.7)$$

### 15.3.3 Oxidation

Luftsauerstoff kann Polymere durch Oxidation schädigen. Die aggressive Wirkung steigt dabei mit der Temperatur (aber auch die Einwirkung von Licht in Kombination mit bestimmten Pigmenten steigert die Schädigung). Eine direkte Kettenspaltung durch Luftsauerstoff tritt z. B. bei Polymeren mit ungesättigten chemischen Bindungen auf.

**Oxidation durch Luftsauerstoff**

Da der Luftsauerstoff durch Diffusion stets in allen Kunststoffen vorhanden ist, treten oxidative Prozesse auch auf, wenn die Kettenspaltungen durch andere Mechanismen wie Einwirkung von Strahlung oder Wärme hervorgerufen werden. Hier werden die entstehenden Kettenenden durch Sauerstoffatome abgesättigt. Viele Kunststoffe können daher nur in der Wärme ur- oder umgeformt werden, wenn sie vorher mit entsprechenden *Reaktionsinhibitoren* stabilisiert worden sind.

Gefährlich ist auch die Einwirkung oxidierender Stoffe in Kombination mit mechanischer Belastung. Hier können Spannungsrisse hervorgerufen werden, die die mechanischen Eigenschaften der Kunststoffe stark beeinträchtigen können. In einer abgeschwächten Form macht man sich das Phänomen der Spannungsrisskorrosion als Oberflächenerosion zur Galvanisierung zu Nutze. Beständig gegen den Angriff sehr aggressiver Stoffe ist nur PTFE. Dieses wird allein durch reduzierend wirkende Alkalischmelzen angegriffen oder angeätzt werden. Dies wird wiederum benützt, um PTFE klebbar zu machen.

### 15.3.4 Degradation von PVC

**HCL-Eliminierung**

Die im PVC vorhandene C–Cl-Bindung ist verhältnismäßig schwach. Wird einem PVC-Molekül Energie zugeführt, so kommt es leicht zu einer Abspaltung von Chlorwasserstoff HCl (*Eliminierungsreaktion*). Zurück bleibt eine C=C-Doppelbindung. Bei fortschreitender *Dehydrochlorierung* (HCl-Abspaltung) entstehen Systeme mit konjugierten Doppelbindungen, d. h. mit einer Abfolge Doppelbindung-Einfachbindung-Doppelbindung- etc., die aufgrund elektronischer Effekte in der Lage sind, elektromagnetische Strahlung im sichtbaren Bereich zu absorbieren. Die so entstehenden Makromoleküle sind daher meist bräunlich gefärbt.

Heute wird bezüglich des Reaktionsablaufs übereinstimmend angenommen, dass für die Ursachen der oberhalb von 100 °C beginnenden und bei den Verarbeitungstemperaturen um 170 °C mit merklicher Geschwindigkeit ablaufenden Dehydrochlorierung labile C—Cl-Gruppierungen als Folge struktureller Unregelmäßigkeiten im PVC-Molekül verantwortlich sind. Diese befinden sich an bei der Polymerisation entstandenen potenziellen Schwachstellen im Molekül. Bei Temperaturen >100 °C sind dies vornehmlich die durch Kettenübertragung bzw. -abbruch während der Polymerisation entstandenen ungesättigten Endgruppen, bei höheren Temperaturen von ca. 190 °C kommen auch tertiäre Verzweigungsstellen hinzu.

Nach dem an diesem Zentrum erfolgten Start schreitet die Reaktion von Monomereinheit zu Monomereinheit fort, da jede entstandene Doppelbindung durch *Allylaktivierung* das zur Doppelbindung α-ständige (d. h. das benachbarte) Kohlenstoffatom aktiviert, die C—Cl-Bindung schwächt und damit eine neue HCl-Eliminierung induziert. So entstehen die beschriebenen konjugierten Bindungssysteme:

$$(15.8)$$

Messungen der Reaktionsgeschwindigkeit des PVC-Abbaus in verschiedenen Medien (Luft, Stickstoff-, Sauerstoff-, Chlorwasserstoff-Atmosphäre) deuten darauf hin, dass aufgrund der schnelleren HCl-Abspaltung in Gegenwart von Sauerstoff noch andere Startmechanismen wirksam werden. Ursache ist eine Autoxidation (eine selbstkatalysierte Oxidation) des Polymeren, die bevorzugt an den tertiären Kohlenstoffatomen unversehrter Kettensegmente oder den entstandenen C=C-Doppelbindungen ansetzt. Dabei entstehen über Hydroperoxide als Zwischenstufe stabile sauerstoffhaltige Strukturen, die entweder zu einer Kettenspaltung oder zur Ausbildung kettenständiger Keto-Gruppen führen, die IR-spektroskopisch nachweisbar sind. Gleichzeitig wird auch ein Anstieg der elektrischen Leitfähigkeit beobachtet.

Es besteht ein konzentrationsabhängiger Einfluss einer Reihe von für die Praxis wichtigen Abbaukatalysatoren, wie z. B. Eisen-, Zink-, Cadmium- und anderen Metallsalzen, insbesondere Chloride, die eine verstärkte Dehydrochlorierung bewirken können.

Dehydrochlorierung und Autoxidation verändern das Molekulargewicht sowohl durch Kettenspaltung als auch durch überlagernde Vernetzung. Man erkennt dies zunächst durch einen Abfall der Viskosität, auf den dann ein Anstieg (bedingt durch die Vernetzung) folgt. Gleichzeitig wird das PVC unlöslich.

Parallel treten rasch die beschriebenen Verfärbungen von Gelb über Braun und Rot bis hin zu Schwarz auf. Die Verfärbung ist dabei umso tiefer, je größer das entstehende konjugierte Doppelbindungssystem ist. Daneben wirken auch entstehende Carbonylgruppen und schließlich Graphitstrukturen in die gleiche Richtung. Andererseits ist vielfach ein Ausbleichen der Farbe von bereits wärmegealtertem PVC bei nachfolgender Einwirkung von Sauerstoff festgestellt worden, was eine Beeinflussung der geschilderten Farbvertiefung im umgekehrten Sinne bedeutet. Aus der beobachteten Farbaufhellung kann gefolgert werden, dass von den zwei verschiedenen strukturellen Ursachen für die Verfärbung – konjugierte Polyketten und Carbonyl-Chromophore – die Ersteren durch Oxidation wieder aufgehoben werden.

## 15.4 Wirkung von elektromagnetischer und Korpuskularstrahlung

### 15.4.1 Lichteinwirkung

Abbau durch
Licht

Einige in Polymeren vorhandene Gruppen (z. B. die Carboxylgruppe oder andere Systeme mit Doppelbindungen) können elektromagnetische Strahlung – insbesondere UV-Strahlung mit Wellenlängen zwischen 300 und 400 nm – absorbieren, wobei sie angeregte Zustände einnehmen. Entweder resultieren aus den aktivierten Zuständen direkt chemische Reaktionen oder es entstehen lokale Erwärmungen, die die Abbaureaktionen verursachen.

### 15.4.2 Andere Strahlungsformen

Hierunter fasst man energiereichere elektromagnetische Strahlung und Korpuskularstrahlung zusammen. Dazu zählen schnelle Elektronen, Protonen, $\alpha$-Teilchen, Neutronen, Röntgen- und $\gamma$-Strahlung. Die Einwirkung solcher Strahlen auf Kunststoffe ruft Strukturänderungen wie beispielsweise Abbau oder Vernetzung hervor, die entsprechende Eigenschaftsänderungen zur Folge haben. Die Wirkung der verschiedenen Strahlungen ist dabei vom chemischen Standpunkt gesehen ähnlich, der entscheidende Unterschied liegt in der Eindringtiefe. Während energiereiche elektromagnetische Strahlen leicht in große Tiefen vordringen, werden $\alpha$-Teilchen bereits an der Oberfläche zurückgehalten. Daneben wird die Wirkung der Strahlung bestimmt durch die Strahlendosis. Dies ist die je Masseneinheit vom Kunststoff absorbierte Strahlungsenergie (1 J/kg = 100 rad). Der Einfluss der Strahlendosis ist dabei nicht linear; man benötigt meist einen gewissen Schwellenwert zwischen 0,1 und 100 Mrad bis eine merkliche Schädigung eintritt. Weiterhin nehmen die Geometrie des Kunststoffteils und die bei der Bestrahlung herrschende Temperatur Einfluss.

Die von den geschilderten Strahlungsformen hervorgerufenen Eigenschaftsänderungen lassen sich auf wenige Strukturänderungen zurückführen, von denen Abbau (durch Oxidation) und Vernetzung die wichtigsten sind. In Gegenwart von Sauerstoff bestimmt, insbesondere bei niedriger Dosisleistung und großer spezifischer Oberfläche, der oxidative Abbau die Änderung der Eigenschaften. Durch die Einwirkung der Strahlung werden die Polymermoleküle aktiviert (beispielsweise durch die Bildung von Radikalstellen) und damit anfällig für einen Angriff von Sauerstoff. Bei Abwesenheit von Sauerstoff überwiegt dagegen bei einer Reihe von Kunststoffen die Vernetzung, indem die aktivierten Polymermoleküle untereinander reagieren. In der Praxis treten im Allgemeinen die beschriebenen Prozesse nicht isoliert auf, sondern neben einer Vernetzung wird auch immer ein – wenn auch geringer – Abbau auftreten.

Die Schädigungsdosis kann für einen Kunststoff nicht pauschal angegeben werden, sondern nur für jede Eigenschaft gesondert und nur für klar definierte Be-

Tabelle 15.4 Änderungen der Struktur und der Eigenschaften von Kunststoffen durch energiereiche Strahlung

| Strukturänderungen | Eigenschaftsänderungen |
|---|---|
| Abbau durch Hauptkettenbrüche | Festigkeitsabnahme; Fließen |
| Vernetzung | Unlöslichkeit; Gummielastizität |
| Änderung der Doppelbindungen | Verfärbung |
| Seitengruppenabspaltung | Gasbildung |
| Kristallinitätsabnahme | Verminderung der Steifigkeit und Härte; Transparenz |
| Oxidativer Abbau | Festigkeitsabnahme; Polarität; Adhäsion; dielektrische Verluste |
| Temporäre Bildung von Ladungsträgern | Temporäre Leitfähigkeit |

Tabelle 15.5 Strahlungsverhalten einiger Kunststoffe unter Sauerstoffausschluss

| Überwiegend Abbau | Überwiegend Vernetzung |
|---|---|
| Polyisobutylen | Polypropylen |
| Poly-$\alpha$-methylstyrol | Polystyrol |
| Polymethacrylate | Polyacrylate |
| Polyvinylidenchlorid | Polyvinylchlorid |
| Polytetrafluorethylen | Polyvinylalkohol |
| Polytrifluorchlorethylen | Polyethylen |
| Cellulose | Polyamide |
| Cellulosederivate | Polyester, ungesättigt |
| Polycarbonate | Polybutadien, Polysiloxane, Naturkautschuk |

strahlungsbedingungen. Am beständigsten gegen einen durch Strahlung induzierten Abbau erweisen sich Polymere mit aromatischem Charakter.

Tabelle 15.4 und 15.5 zeigen die durch die Strukturänderungen hervorgerufenen Eigenschaftsänderungen im Überblick sowie das Strahlungsverhalten einiger Kunststoffe unter Sauerstoffausschluss.

## 15.4.3 Änderung von Struktur und Eigenschaften

Bei einem durch Strahlung induzierten Abbau wird das mittlere Molekulargewicht mit zunehmender Strahlendosis kleiner bis der Kunststoff schließlich seine mechanische Festigkeit verliert. Umgekehrt führt eine zunehmende Vernetzung zu steigenden Molekulargewichten und die Kunststoffe nehmen mehr und mehr die Eigenschaften vernetzter Polymere an. Dies sind beispielsweise eine immer weiter abnehmende Quellfähigkeit, die Kunststoffe werden unlöslich, das Schmelzen und Fließen wird verhindert und die Kunststoffe nehmen oberhalb der Glasübergangstemperatur ein gummielastisches Verhalten an (Bild 15.4). Bei niedrigen Dosen ändern sich im eingefrorenen Bereich die mechanischen Moduln nicht.

Änderungen im Molekulargewicht

Durch Nebenreaktionen entstehen parallel zu Abbau und Vernetzung in vielen Polymeren ungesättigte C−C-Bindungen durch die Abspaltung (*Eliminierung*)

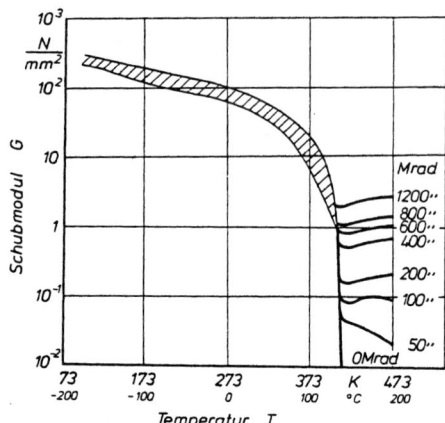

Bild 15.4 Temperaturverlauf des Schubmoduls von unter Sauerstoffausschluß bei Raumtemperatur bestrahltem Polyethylen hoher Dichte (*BASF*)

niedermolekularer Verbindungen. Beispielsweise kann bei PVC Chlorwasserstoff freigesetzt werden, bei Polyethylen Wasserstoff und bei anderen Polymeren Kohlenmonoxid, Kohlenwasserstoffe oder Kohlendioxid. Auf die Bildung der Doppelbindungen weist dabei meist eine zunehmende Färbung der Kunststoffe hin.

Der Kristallisationsgrad der Kunststoffe ändert sich bei Bestrahlungstemperaturen unterhalb des Schmelzebereiches zunächst nicht, da die Strahlung nicht genügend Energie zur Auflösung des Kristallgitters einbringt. Aufgrund der einsetzenden chemischen Veränderungen und insbesondere bei einer Bestrahlung im Schmelzezustand sinkt der Kristallisationsgrad nach einem erneuten Einfrieren deutlich, da

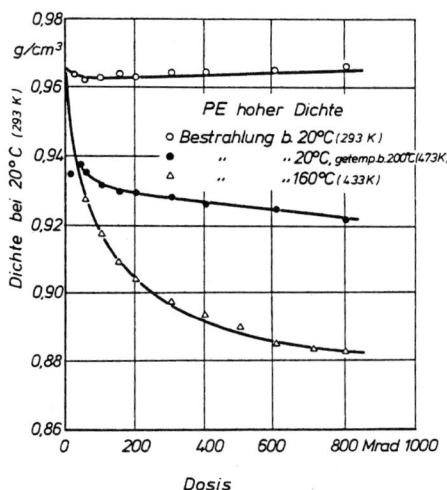

Bild 15.5 Dichteänderung von Polyethylen bei Bestrahlung und Sauerstoffausschluß (*BASF*)

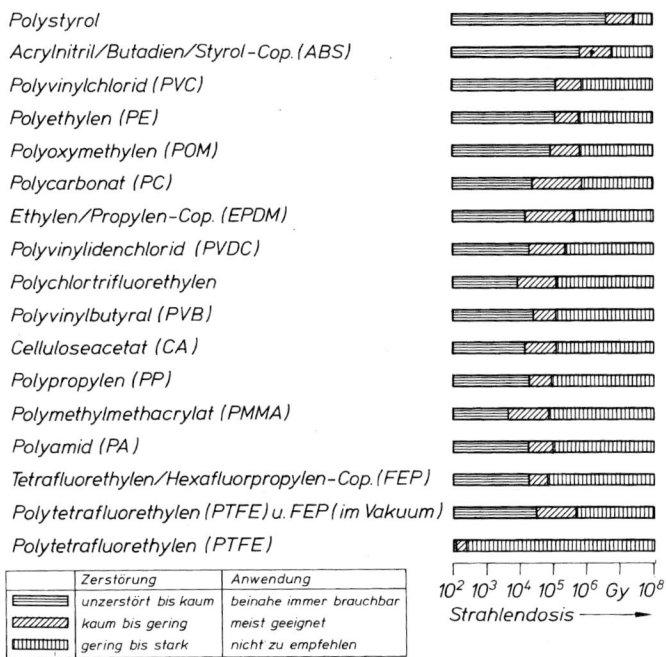

Bild 15.6 a) Beständigkeit von Thermoplasten gegen Kernstrahlung (γ-Strahlung)
(nach *H. Schönbacher*, CERN)

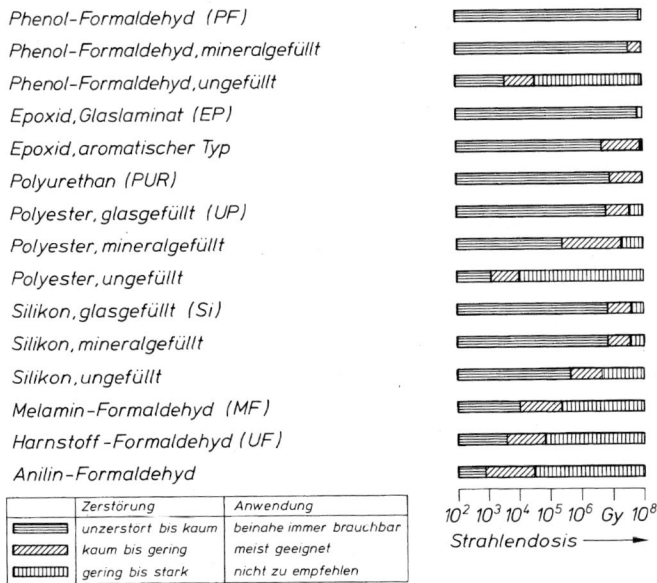

Bild 15.6 b) Beständigkeit von Duroplasten gegen Kernstrahlung (γ-Strahlung)
(nach *H. Schönbacher*, CERN)

die entstandenen Vernetzungsstellen die Rekristallisation stören. Durch die Abnahme der Kristallinität ändern sich die physikalischen Eigenschaften, wie es Bild 15.5 demonstriert.

Von CERN sind für den abschätzenden Gebrauch über die allgemeine relative Strahlungsbeständigkeit Listen veröffentlicht worden; die wichtigsten Kunststoffe hieraus sind in Bild 15.6 zusammengestellt.

### 15.4.4  Witterungseinflüsse

Ein praktisches Beispiel für die Einwirkung von Strahlung in Kombination mit dem Angriff verschiedener Chemikalien ist der Witterungseinfluss, dem Kunststoffe in freier Natur ausgesetzt sind. Zu der Wirkung der energiereichen UV-Strahlung kommt die Anwesenheit von Sauerstoff oder Luftfeuchtigkeit und die mechanische Belastung durch Wärmewechsel oder Phasenwechsel (beispielsweise kann Wasser bei der Eisbildung eine regelrechte Sprengwirkung entfalten).

Die Überlagerung der verschiedenen Mechanismen macht eine Vorhersage der Lebensdauer von Bauteilen schwierig. Oft helfen nur langfristige Tests, bei denen das Bauteil entsprechenden Bedingungen ausgesetzt wird (Freibewitterung nach ISO 4707). Die gefährlichsten Klimata sind dabei feuchtwarme Gebiete (Florida oder Singapur) oder Gebiete mit starkem UV-Einfluß (Hochgebirge). Vermindern kann man den Einfluss der Witterung durch den Einsatz geeigneter Stabilisatorsysteme (s. u.).

gezielter Abbau durch Strahlung

Durch die Zugabe von Photoinitiatoren kann man den Witterungseinfluss verstärken. Die Photoinitiatoren zerfallen bei Bestrahlung in Radikale, die dann bei Anwesenheit von Sauerstoff zu einem gewollten Abbau führen. Man hat diesen Effekt bei einer Reihe von Polymeren ausgenutzt. Beispielsweise wurden Folien für landwirtschaftliche Anwendungen mit derartigen Systemen ausgerüstet, um einen baldigen Selbstzerfall hervorzurufen. Eine weitere Möglichkeit für einen gezielten Abbau ist der Einbau von chemisch aktivierbaren Gruppen, die dann durch den Zutritt von Wasser und geeigneten Reagenzien einen Abbau hervorrufen (*Belland-Verfahren*).

### 15.5  Biologische Einwirkung

Im Allgemeinen sind biologische Einwirkungen (d. h. ein Angriff durch Mikroorganismen) auf reine Kunststoffe kaum vorhanden. Ein Beispiel für einen derartigen Angriff sind einige niedermolekulare Weichmacher, die im PVC eingesetzt werden. Diese bilden Nährböden für Mikroorganismen (Pilze und Bakterien), die dann eine Versprödung des Polymers hervorrufen. Auch die Stoffwechselprodukte der Mikroorganismen greifen den Kunststoff chemisch an. Auch einige Elastomere werden von Bakterien angegriffen.

Andere Angriffe durch größere Lebewesen sind ebenfalls bekannt. So zerstören in den Tropen Termiten Kunststoffe, die sich in ihrem Weg befinden. Auch Nagetiere greifen Kunststoffe an, wenn diese sie in ihrem Lebensbereich behindern. Man denke hier an durch Marderbisse zerstörte Schläuche, Manschetten und Kabel in abgestellten Automobilen.

## 15.6 Stabilisierung

Der Schutz von Kunststoffen gegen chemische Reaktionen wird als Stabilisierung bezeichnet. Ohne geeignete Stabilisatoren ließen sich viele Polymere nicht verarbeiten. Die Stabilisierung zielt darauf ab, durch Einbringen geeigneter Agenzien (*Stabilisatoren*) die angreifenden aggressiven Substanzen abzufangen und damit von den Polymerketten fern zu halten. Die Stabilisatoren müssen daher möglichst fein verteilt sein.

Zur Stabilisierung stehen dem Chemiker zwei grundsätzliche Möglichkeiten zur Verfügung:

Methoden der Stabilisierung

- Copolymerisation mit stabilisierenden Comonomeren und
- Zumischen von Stabilisatoren,

wobei der Einsatz von Stabilisatoren überwiegt.

Im Allgemeinen werden Stabilisatoren mit einem Gesamtgehalt $< 1\%$ eingesetzt. Sie haben einen synergetischen Effekt, d. h. die Gesamtwirkung ist höher als nach der Addition der Einzelwirkungen zu erwarten wäre. Stabilisatoren verhindern – trotz des Einsatzes in sehr geringen Mengen – einen stöchiometrisch sehr viel größeren Reaktionsumsatz, indem sie „strategisch" wichtige Mechanismen blockieren z. B. durch

- Blockade aktiver Startzentren,
- Abfangen von Zwischenprodukten, z. B. zur Verhinderung von Autoxidationsprozessen,
- Abfangen energiereicher Teilchen (Photonen), Aufnahme der Energie.

grundsätzliche Wirkmechanismen

Die Auswahl der Stabilisatoren erfolgt meist empirisch. Neben der stabilisierenden Wirkung muss natürlich auch eine gute Verträglichkeit mit dem Polymer bestehen. Sie dürfen nicht aus dem Kunststoff „ausschwitzen", sie dürfen nicht extrahierbar sein und sie dürfen Farbe, Geruch, Verarbeitbarkeit, Gebrauchseigenschaften etc. nicht beeinflussen. Letztlich sollen sie natürlich auch noch einigermaßen preiswert sein.

Für die Unterdrückung von Angriffen durch Sauerstoff werden Oxidationsstabilisatoren eingesetzt. Diese sollen die angreifenden Radikale einfangen und absättigen. Hier werden oft Stabilisatorsysteme auf phenolischer Basis eingesetzt. Die Oxidationsprozesse verlaufen weiterhin oft über sog. *Hydroperoxide* ($R-OOH$) als Zwischenstufe, sodass man versucht, diese Zwischenstufen mit einer weiteren Stabilisatorart – schwefelhaltige organische Stoffe – abzufangen.

## 15.7 Pyrolyse und Brand

### 15.7.1 Pyrolyse

Bei einer Pyrolyse handelt es sich um einen rein thermischen Abbau. Der Kunststoff wird unter Ausschluss von Luftzufuhr auf hohe Temperatur erhitzt. Der Kunststoff wird thermisch zersetzt, wobei niedermolekulare Spaltprodukte entstehen. Man kann sich diese Methode für verschiedene Zwecke zu Nutze machen. Einige analytische Methoden benutzen die Pyrolyse, da die entstehenden Spaltprodukte für die jeweiligen Kunststoffe charakteristisch sind.

Pyrolyse

In einigen Fällen nutzt man pyrolytische Prozesse bei Herstellungsverfahren, so z. B. bei der Herstellung von Kohlefasern aus Synthesefasern bei Temperaturen von ca. 1000 °C. Aber auch bei der Wiederverwertung von gebrauchten Kunststoffen werden z. T. Pyrolysemethoden eingesetzt, um neue Rohstoffe zu erzeugen.

## 15.7.2 Brandverhalten

### 15.7.2.1 Physikalisch-chemische Grundlagen und Prüfungen

Kunststoffe sind als organische Werkstoffe ebenso wie auch die natürlichen organischen Werkstoffe (Holz, natürliche Textil-Faserstoffe) mehr oder weniger leicht brennbar. Werden solche Stoffe örtlich über ihre Zersetzungstemperatur erwärmt, so spalten sie flüchtige niedermolekulare Bestandteile ab, dies sind in erster Linie Kohlenwasserstoffe, die mit dem Sauerstoff der umgebenden Luft entflammbare Gasgemische bilden. Bild 15.7 zeigt ein Stabilitätsdiagramm der Verbrennung. Darin stellt Kurve 1 die Wärmeerzeugung über der Temperatur und Kurve 2 diejenige der Wärmeabfuhr dar. Die Wärmeerzeugung hängt von der Verbrennungsgeschwindigkeit ab und nimmt mit der Temperatur exponentiell zu. Die Wärmeabfuhr hängt von der Temperaturdifferenz zwischen Verbrennungszone und Umgebungstemperatur ab und nimmt etwa linear mit der Temperatur zu. Daher ergeben sich in dem hier angenommenen Fall drei Schnittpunkte, an denen sich ein Gleichgewicht zwischen Wärmeerzeugung und Wärmeabfuhr einstellen:

A: Umgebungstemperatur, die als stabil angesehen werden kann.
B: Die zu B gehörende Temperatur ist die Entzündungstemperatur. Sie ist instabil, denn sie hängt von einer Reihe von Einflüssen ab. Links von B übertrifft die Wärmeabfuhr die Wärmeerzeugung und rechts davon sind die Verhältnisse umgekehrt.
C: Die stationäre Verbrennungstemperatur, die ebenfalls stabil ist.

Wenn man das Brandverhalten eines Stoffes verstehen will, so muss man somit die beiden Einflüsse auf die Entzündungstemperatur genauer betrachten. Dies sei nun in den folgenden beiden Bildern versucht.

In Bild 15.8 werden die Kurven für drei Materialien mit unterschiedlicher Entzündbarkeit jedoch in der gleichen Umgebung betrachtet. Das erste Material ist sehr leicht entzündlich, das Zweite mäßig entzündlich und das Dritte ist unter diesen Umständen flammfest.

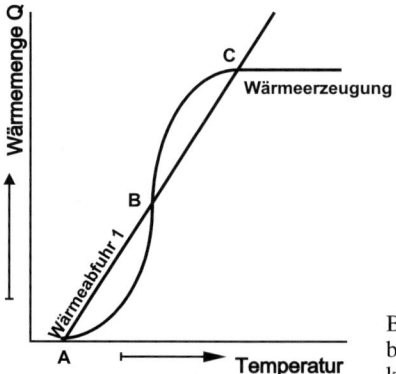

Bild 15.7 Stabilitätsdiagramm einer Verbrennung. Wärmehaushalt in Abhängigkeit von der Temperatur

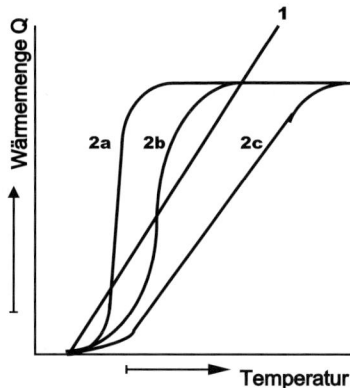

Bild 15.8 Stabilitätskurven von leichtent-
zündlichen (2a), mäßig entzündlichen
(2b) und flammfesten (2c) Stoffen

Da sich vor der Entzündung zunächst brennbare Gase über Pyrolyse entwickeln müssen, hängt sie zunächst ab von der:

- einwirkenden Energiedichte (heißes Bügeleisen, glimmende Zigarette, u. a.),
- dem Verhältnis von Oberfläche zu Volumen (Folie brennt sehr schnell, ein Stück eines dicken Stabes nur sehr langsam),
- der Anwesenheit von Sauerstoff und der Fähigkeit für diesen an die Brandstelle nach zu fließen,
- der Wärmeleitfähigkeit am Brandherd (Füllstoffe, welche Wasser oder andere nicht brennbare Gase abspalten und/oder einen Schaum bilden, sind bewährte Flammschutzmittel),
- dem Anteil von vergasbarem Kunststoff (mineralische Füllstoffe vermindern das brennbare Volumen).

Die Zusammensetzung der gasförmigen Zersetzungsprodukte (hohe Wasserstoff- und Sauerstoffanteile begünstigen die Entzündlichkeit; Chlor und Brom sind bewährte Flammschutzmittel, weil sie sich mit den Radikalen die beim Brennen entstehen, verbinden). Die molekularen Bindungskräfte (Aromatenringe spalten sich erst bei ca. 900°) haben ebenfalls erheblichen Einfluss auf die Entzündlichkeit.

Wenn sich die Umgebungsbedingungen ändern, verändert sich auch das Brandverhalten, was in Bild 15.9 schematisch veranschaulicht werden soll: Hohe Wärmeabfuhr kann durch hohe Luftgeschwindigkeit oder verringerte Isolation verursacht sein. Eine ganz entscheidende Größe hat die Atmosphäre, wie nachfolgend noch am Beispiel des Sauerstoffindex gezeigt wird.

Der Sauerstoff-Index (Oxygen-Index OI) ist ein Maß dafür, wie viel Sauerstoff einem Stoff von außen zugeführt werden muss, damit er entflammt und weiterbrennt. Der Limiting Oxygen Index (LOI) gibt den Mindestanteil (in Vol.-%) an Sauerstoff in einem Stickstoff-Sauerstoff-Gemisch an, der notwendig ist, um den Brand gerade nicht verlöschen zu lassen (Limiting Oxygen Index, LOI). Die Bestimmung wird unter standardisierten Bedingungen (u. a. 25 °C, getrocknete Proben, gleiches Verhältnis von Oberfläche zu Volumen usw.) durchgeführt (Limiting-Oxygen-Index-Test nach ASTM 2863). Die Prüfung ist relativ einfach, gehorcht physikalischen bzw. chemischen Gesetzmäßigkeiten weshalb zusammen mit der Standardisierung die Ergebnisse gut reproduzierbar sind. Zudem gestatten

Sauerstoff-Index

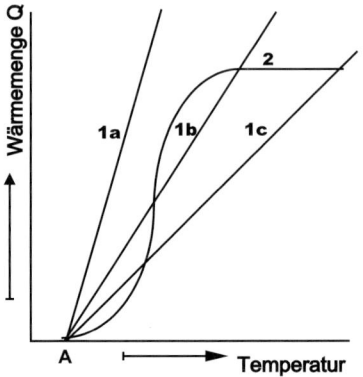

Bild 15.9 Entzündlichkeit bei unterschiedlichen Umgebungsbedingungen, jedoch gleichem Material (*van Krevelen*)
1a: hohe Wärmeableitung (bedeutet: keine Entzündung)
1b: mittlere Wärmeableitung (bedeutet: Entzündung und Ablauf, wie in Bild 15.7 erläutert)
1c: geringe Wärmeableitung (bedeutet: sehr schnelle Entzündung)

sie eine numerisch Auswertung und einen brauchbaren Vergleich der Werkstoffe wie auch die Abschätzung der Wirkung z. B. von flammhemmenden Zusatzstoffen.

In Tabelle 15.6 sind die LOI-Werte einer Reihe von Polymeren zusammengestellt. Man erkennt, dass Polytetrafluorethylen (PTFE) nahezu unbrennbar ist, denn es benötigt mindestens 96 Vol.-% Sauerstoff, um überhaupt zu brennen.

Mit dem limitierenden Sauerstoffindex (LOI) kann jedoch das praktische Brandverhalten nicht beurteilt werden. Es gibt nur einen Anhalt für die Brandgefahr, welche von einem Kunststoff ausgeht. Da es bisher keine exakt wissenschaftlich begründete Messmethode für die von einem Kunststoff, bzw. einem Gegenstand aus Kunststoff ausgehende Brandgefahr gibt, wurden im Laufe der Zeit eine große Zahl von empirisch basierten Prüfungen entwickelt, die in der Regel den gesamten, der Zulassung unterliegenden Gegenstand einem Brandtest unterziehen, der auf die jeweiligen Einsatzbedingungen zugeschnitten ist.

**Toxizität der Brandgase**

Neben der Frage der Brennbarkeit spielt die Toxizität der Spaltprodukte eine entscheidende Rolle, insbesondere im Hinblick darauf, ob die üblichen Brandmaskenfilter diese zurückhalten.

Tabelle 15.6 Sauerstoffindex (LOI) von Polymeren

| Polymeres | LOI-Wert | Polymeres | LOI-Wert |
|---|---|---|---|
| Polyformaldehyd | 0,15 | Wolle | 0,25 |
| Polyethylenoxid | 0,15 | Polycarbonat | 0,27 |
| Polymethylmethacrylat | 0,17 | Aramid-Faser | 0,285 |
| Polyacrylnitril | 0,18 | Polyphenylenoxid | 0,29 |
| Polyethylen | 0,18 | Polysulfon | 0,30 |
| Polypropylen | 0,18 | Phenolformaldehydharz | 0,35 |
| Polyisopren | 0,185 | Polychloropren | 0,40 |
| Polybutadien | 0,185 | Polybenzimidazol | 0,415 |
| Polystyrol | 0,185 | Polyvinylchlorid | 0,42 |
| Cellulose | 0,19 | Polyvinylidenfluorid | 0,44 |
| Polyethylenenterephthalat | 0,21 | Polyvinylidenchlorid | 0,60 |
| Polyvinylalkohol | 0,22 | Kohlenstoff | 0,60 |
| Polyamid 66 | 0,23 | Polytetrafluorethylen | 0,95 |

Schließlich ist die visuelle Zugänglichkeit eines Brandherds für die Rettungs- und Löscharbeiten in einem Brandfalle sehr wichtig, weshalb auch die Rußbildung eines brennenden Polymers geprüft wird.

Die wichtigste Norm für Zulassungen bei technischen Anwendungen dürfte die UL 94 (UL = Underwriter Laboratories) sein. Weitere Laborprüfungen sind der Brennertest nach ISO R 1210 und DIN 53438.

**Das Brandverhalten von Kunststoffen ist ein sehr komplexes Problem und daher einer exakten Voraussage kaum zugänglich. Für einen Vergleich der verschiedenen Kunststoffe empfiehlt sich der Oxygen-Index.**

### 15.7.2.2 Verbesserung des Brandverhaltens

Bei der Brennbarkeit von Kunststoffen muss man zwischen der Brandentstehung und dem Brandfortschritt unterscheiden. Häufig muss unter allen Umständen eine Brandentstehung unmöglich gemacht werden. Ein gutes Beispiel liefert die Innenausstattung von Flugzeugen. Hier darf es durch Zigaretten u. Ä. auf keinen Fall zu einem Brand kommen. Es ist hingegen beim Absturz eines Flugzeuges nicht so wichtig, ob die Brandgase, welche in der Folge bei einem Brand dann noch entstehen können, mehr oder weniger gefährlich sind, weil das Überleben einer solchen Katastrophe sowieso im Allgemeinen unwahrscheinlich bzw. ein Brand durch den Treibstoff des Flugzeugs sowieso meist nicht zu vermeiden ist.

Es ist unmöglich, Kunststoffe völlig unbrennbar zu machen, jedoch kann die Entzündungsgrenze durch die Wahl der Kunststoffe und geeignete Additive z. B. von Flammschutzmitteln in weiten Grenzen verschoben werden. Die Wirkungsmechanismen lassen sich aus den bereits aufgestellten Einflussgrößen vor allem auf die Wärmeentstehung bei einem Brand ableiten.

Man verwendet in gefährdeten Bauteilen entweder:

- praktisch inhärent schwer brennbare Kunststoffe, das sind vor allem solche mit einem hohen Aromatengehalt, in erster Linie Fasern aus Kevlar (DuPont), andere flüssig kristalline Polymere und hochwarmfeste Kunststoffe (Nachteil sind die Kosten),
- mit geeigneten Füllstoffen flammfest gemachte Kunststoffe.

Flammfest machende Füllstoffe können nach folgenden Mechanismen wirken:

- Bei ihrem Abbau bzw. ihrer Verdampfung wird Wärme verbraucht. Beispiele sind so genannte Wasserdepots (Aluminiumhydroxid spaltet molekular gebundenes Wasser von ca. 180° ab).
- Förderung von unbrennbaren Pyrolyserückständen wie vor allem Phosphor und seine Verbindungen. Diese Wirkung hemmt in erster Linie die Entflammbarkeit. Phosphorverbindungen sind in den letzten Jahren die wichtigsten flammhemmenden Additive geworden, da sie weder giftige Reststoffe bilden, noch korrosiv wirken.
- Radikalfänger, die beim Brand des Polymers sich bildende Radikale binden. Das sind vor allem die Halogene Chlor und Brom. Sie bilden gleichzeitig beim Brand schwere Gase, welche den Brandherd gegen Zutritt von Sauerstoff aus der Umgebung abschirmen. Halogene sind die zweitwichtigsten Flammschutzmittel (meist Bromverbindungen in Gewichtsanteilen von 6 % bis 15 %).

Sie werden meist zusammen mit dem dabei synergistisch wirkenden Antimon-tri- und -tetraoxid (2 % bis 6 %) verwendet.

**Es lassen sich heute für fast alle Anwendungsfälle flammfeste Kunststoffe finden. Die Brennbarkeit von Kunststoffen ist eigentlich kein Problem mehr, wenn die Kosten keine Rolle spielen.**

## Literatur zu Kapitel 15

Avondet, M.-A.; Lau, K. W.; Krebs, Ch.: Langzeitverhalten von Thermoplasten. München: Carl Hanser Verlag, 1998

Becker, W.: Brandverhalten. In: Schreyer, G. (Hrsg.): Konstruieren mit Kunststoffen, Teil 2, Abschnitt 4.5.6. München: Carl Hanser Verlag, 1972

Bonten, C.; Berlich, R.: Aging and Chemical Resistance. München: Carl Hanser Verlag, 2001

Boxhammer J.: Wärmealterung. In: Schreyer, G. (Hrsg.).: Konstruieren mit Kunststoffen, Teil 2, Abschnitt 4.5.5. München: Carl Hanser Verlag, 1972

Flory, P. J.: Principles of Polymer Chemistry. Cornell Univ. Press; Ithaca, London, 1969

Kirch, D.: Untersuchungen zum Einsatz bestrahlter Granulate bei der Verarbeitung von teil-kristallinen Kunststoffen. Diss., RWTH Aachen, 1986

van Krevelen, D. W.: Entzündlichkeit und Flammhemmung bei organischen Hochpolymeren und ihre Beziehung zur chemischen Struktur. Chemie-Ing. Techn. 47, Jhrg. 1975, Nr. 19, S. 793–802

Schreyer, G.: Konstruieren mit Kunststoffen, Teil 2, Abschnitt 4.2, Verhalten gegenüber chemischen Einwirkungen. München: Carl Hanser Verlag, 1972

Seymour, R. B.; Carraker, C. E.: Polymer Chemistry. An Introduction. New York, Marcel Dekker Inc., 1981

Singh, A.; Silverman, J.: Radiation Processing of Polymers. In: Series: Progress in Polymer Processing. Edited by L. A. Utracki, 1992

Troitsch, J.: Plastics Flammability Handbook. 3rd Edition, München: Carl Hanser Verlag, 2004

Woebcken, W.: Verhalten im Technoklima. In: Schreyer, G. (Hrsg.): Konstruieren mit Kunststoffen; Teil 2, Abschnitt 4.6. München: Carl Hanser Verlag, 1972

Zweifel, H.: Plastics Additives Handbook. München: Carl Hanser Verlag, 2000

# 16    Recycling von Kunststoffen

Die wichtigsten Gründe, die für die Wiederverwertung von Kunststoffen sprechen, sind wirtschaftlicher und ökologischer Natur. Politische Bestimmungen haben in der Vergangenheit jedoch häufig dazu geführt, dass meist nicht die wirtschaftlich günstigsten und auch nicht die ökologisch verträglichsten Verfahren zum Einsatz gekommen sind.

Neben dem werkstofflichen und rohstofflichen Recycling ist in der neuesten Fassung der Verpackungsverordnung vom Gesetzgeber erstmals die energetische Verwertung von Kunststoffabfällen zugelassen. Für alle drei Wege sind jedoch Quoten vorgegeben, die bei der Aufteilung der Abfallströme einzuhalten sind.

Das werkstoffliche Recycling schließt die direkte Wiederverwendung von Kunststoffartikeln, beispielsweise durch ein Pfandsystem, ebenso wie die Zerkleinerung, Aufbereitung und Wiederverarbeitung zu neuen Produkten ein. Entscheidend ist, dass der molekulare Aufbau des polymeren Werkstoffs nicht verändert wird. Dennoch kann Einfluss auf die Werkstoffqualität genommen werden, z. B. durch die Entfernung von Additiven als auch durch Hinzufügen neuer bestimmte Eigenschaften hervorrufende Additive. *(werkstoffliches Recycling)*

Beim rohstofflichen Recycling erfolgt die gezielte Rückführung der Polymermoleküle zu niedermolekularen Bausteinen. Diese werden nach einer Reinigung wieder in chemische Prozesse eingeleitet. Handelt es sich bei den Molekülen um das Monomere eines Kunststoffs, so können diese für die erneute Polymerisation eingesetzt werden. *(rohstoffliches Recycling)*

Das energetische Recycling hat die Gewinnung von Energie aus Kunststoffabfällen zum Ziel. Der Heizwert von Kunststoffabfällen liegt in der gleichen Größenordnung wie der von Steinkohle, so dass stark verschmutzte und vermischte Kunststoffabfälle häufig besser einer energetischen Verwertung zugeführt werden, anstatt sie einer aufwendigen Aufbereitung, die energie- und kostenintensiv sowie ökologisch nicht vertretbar ist, zu unterziehen. *(energetisches Recycling)*

Nicht alle Recyclingverfahren lassen sich eindeutig einer dieser drei Gruppen zuordnen. Beispielsweise ist die Rückgewinnung von Paraffinen aus Kunststoffen eine Mischform der werkstofflichen und rohstofflichen Wiederverwertung, während die Verwendung von Kunststoffabfällen zur Eisenerzreduzierung den rohstofflichen als auch den energetischen Verfahren zugeordnet werden muss.

Produktionsabfälle, wie z. B. die Angüsse von spritzgegossenen Formteilen oder der Verschnitt und die Sägespäne aus der Plattenextrusion werden bereits seit vielen Jahren aus wirtschaftlichen Gründen direkt wieder in den Produktionskreislauf rückgeführt. In vielen Fällen ist diese Vorgehensweise problemlos. Liegen dagegen Verbunde vor, wie die Butzen von mehrschichtigen blasgeformten Kraftfahrzeugtanks, so werden die Abfälle nach einem Zerkleinerungsvorgang aufgeschmolzen, homogenisiert und teilweise mit Compatibilizern verträglich gemacht. Anschließend werden sie in Form einer separaten Schicht der Tanks wieder in neue Formteile eingebracht.

Bei den Post-consumer-Abfällen sind die größte Gruppe die anfallenden Verpackungsabfälle. Diese stammen teilweise aus den Sammlungen des DSD (Duales System Deutschland), teilweise von Umverpackungen und aus Gewerbeabfällen. Für diese Stoffe haben sich, initiiert durch die Gesetzgebung, in den letzten Jah- *(DSD)* ren eine Vielzahl von werkstofflichen und rohstofflichen Wiederverwertungsverfahren etabliert. Mehr und mehr arbeiten diese Verfahren wirtschaftlich, sodass die Zuzahlungen durch das DSD bereits gesenkt werden konnten und in Zukunft weiter gesenkt werden können.

Eine wesentliche neue Technologie stellt das KAKTUS-Verfahren (Kommunale Aachener Kunststoffaufbereitungs-Technologie zur umweltfreundlichen Sekundärrohstoffverwertung), das in den letzten Jahren entwickelt wurde und kurz vor der großtechnischen Umsetzung steht. Dieses Verfahren erlaubt die vollautomatische

**vollautomatische Trennung** Trennung der Kunststofffraktionen von den Papier- und Aluanteilen sowie von sonstigen in den Verpackungsabfällen enthaltenen Stoffen. Herzstück dieser Technik ist ein aus der Papieraufbereitung bekannter Pulper, der den Aufschluss des gesamten Stoffgemisches ermöglicht. Die Kunststoffprodukte dieses Verfahrens sind die Polyolefinfraktion und die Fraktion sonstiger Kunststoffe. Während die Polyolefine einer werkstofflichen Verwertung zugeführt werden können und aufgrund ihrer Sortenreinheit ein erstaunliches Eigenschaftsprofil aufweisen, ist für die sonstigen Kunststoffe, die jedoch in sehr viel geringeren Mengen in den Verpackungsabfällen enthalten sind, eine rohstoffliche Verwertung vorgesehen. Da mit diesem Verfahren die händische Sortierung vollständig entfallen wird, erwartet man eine deutliche Reduzierung der Aufbereitungskosten.

Weiterhin werden in Zukunft die Polyethylenterephthalatabfälle gebrauchter Einweg- und Mehrwegflaschen sowie die Kunststoffe aus der Elektro- und der Automobilindustrie bedeutende Stoffströme darstellen. PET wird bereits heute in großen Mengen sowohl werkstofflich als auch rohstofflich wieder verwertet. Werkstoffliche Verfahren werden dazu eingesetzt, wenn das Regranulat zu Anwendungen wie Verpackungsfolien oder Vliesen verarbeitet wird, während die rohstofflichen Verfahren auch eine Materialrückgewinnung für Anwendungen mit Lebensmitteldirektkontakt ermöglichen.

Das Recycling von Kunststoffen aus der Elektro- und Automobilindustrie ist derzeit noch nicht so stark verbreitet, wird aber in nächster Zunkunft durch entsprechende Verordnungen gefordert werden. Ob sich hier werkstoffliche Verfahren durchsetzen können, muss sich zeigen, da die Materialströme sehr inhomogen sind. Selbst die Demontage von einzelnen Bauteilen, die enorme Kosten verursachen würde, lässt nur begrenzt eine Sortierung nach einzelnen Kunststoffsorten zu, da viele Bauteile Verbundbauteile aus mehreren Kunststoffen sowie anderen Werkstoffen sind.

---

**Sortenreine Abfälle von Kunststoffen wurden schon immer – aus Kostengründen – wieder verwendet.**
**Bei gemischten Abfällen, die Kunststoffe enthalten, ist bisher der energetische Aufwand so hoch, dass es ökologisch sinnvoller ist, diesen Abfall mit Rückgewinnung der Energie zu verbrennen.**

---

## Literatur zu Kapitel 16

Brandrup, J.; Bittner, M.; Michaeli, W.; Menges, G.: Die Wiederverwertung von Kunststoffen. 2. Auflage. München: Carl Hanser Verlag, 1995
Tiltmann, K. O. (Hrsg.): Recyclingpraxis Kunststoffe. Verlag TÜV-Rheinland, 1993
Wolters, L.; Marwick, J.; Regel, K.; Lackner, V.; Schäfer, B.: Kunststoff-Recycling, Grundlagen – Verfahren – Praxisbeispiele. München: Carl Hanser Verlag, 1997

# 17 Physiologische Wirkung (Wirkung auf den Menschen)

Lebende Organismen nehmen nur Stoffe in resorbierbarer Form auf. Dazu muss der Stoff in genügend kleine Partikel zerteilt sein. In Organismen erfolgt die Zerteilung durch „Lösen" in wässrigen, sauren oder alkalischen Medien. Makromoleküle mit kovalenten Bindungen können durch diesen Mechanismus nicht zerteilt werden und daher auch nicht resorbiert werden. Sie können also als biologisch inert angesehen werden. Hingegen sind einige Monomere und manche bei der Verarbeitung mit verwendeten Stoffen (Additiven) als toxisch anzusehen. Dabei kann die chemische Reaktivität als ein Indiz für die toxische Wirkung einer Substanz gelten.

Für das Augenlicht gefährdend sind z. B. einige Peroxide, die als Radikalbildner beim Polymerisieren der ungesättigten Polyester gebraucht werden. Das Tragen von Brillen ist daher an solchen Arbeitsplätzen Pflicht.

Um der Gefahr von Inhalation gefährlicher Aerosole vorzubeugen, müssen bei der Verarbeitung von Schaumrohstoffen durch Versprühen Atemmasken getragen werden.

Bei der Berührung mit der Haut rufen einige Härterkomponenten der Epoxidharze ebenso wie gewisse Lösemittel bei empfindlichen Personen Allergien hervor, weshalb damit arbeitende Personen grundsätzlich Gummihandschuhe tragen müssen.

Bekanntlich spielt beim Umgang mit toxisch wirkenden Stoffen die Dauer der Exposition eine sehr große Rolle. Beispielsweise beobachtete man in den 50er Jahren des 20. Jahrhunderts einige Fälle von Leberkrebs und Gliederverstümmelung bei Arbeitern, die langjährig in PVC-Polymerisationsfabriken damit beschäftigt waren, die Polymerisationskessel zu reinigen. Als Ursache konnte das Monomer des PVC, das Gas Vinylchlorid, durch Tierversuche bestimmt werden. Der Gesetzgeber hat daraufhin Vorschriften erlassen, wonach der Gehalt an Vinylchlorid (VC) am Arbeitsplatz eine bestimmte Konzentration (5 ppm [parts per million]) nicht überschreiten darf.

Bei der Verarbeitung chemisch reaktiver Stoffe bestehen Regeln über Handhabung, Schulung des Personals und einzuhaltende Vorsichtsmaßnahmen. Die Vorschriften können den Verarbeitungshinweisen der Rohstofflieferanten entnommen werden. Die Vorschriften müssen in den Betrieben durch Schulung und Aushang bekannt gemacht werden. Hilfsmittel für eventuelle Unfallhilfe müssen leicht auffindbar und zugänglich bereitliegen. In Betrieben hat der Unternehmer bzw. die ihn in den Leitungsaufgaben vertretenden leitenden Angestellten die Verantwortung dafür, dass die Vorschriften beachtet werden. Gegebenenfalls kann ein leitender Angestellter persönlich haftbar gemacht werden, falls durch Missachtung der geltenden Vorschriften Schäden entstehen. Die Gewerbeaufsicht überwacht die Einhaltung der Vorschriften.

Für die Anwendungen von Gegenständen aus Kunststoffen gilt zumeist, dass die Kunststoffe selbst inert und daher ungefährlich sind. Manche können jedoch noch Monomere oder niedermolekulare Begleitstoffe, z. B. gewisse Additive, enthalten, die sich im Gefüge des Kunststoffs molekular bewegen und an der Oberfläche austreten können; man spricht auch von Ausschwitzen. Das ist in der Regel wegen der geringen Konzentrationen ungefährlich, jedoch sind teilweise Geruchs- oder Geschmackswirkungen wahrnehmbar. Daher wurden schon früh für entsprechende Einsatzgebiete, wie Verpackungen für Lebensmittel oder Produkte, die mit Körperflüssigkeiten, z. B. in der Medizin, in Berührung kommen, Regeln aufgestellt, die laufend ergänzt werden. Sie verhindern, dass solche Kunststoffe in entsprechenden Fällen überhaupt zum Einsatz kommen. Ob ein Kunststoff im Lebensmittel- oder Medizinbereich einsetzbar ist, wird durch Prüfungen, etwa gemäß FDA-Richtlinien, nachgewiesen (FDA = Food and Drug Administration, USA).

Beispiele Ein besonders viel diskutiertes Beispiel für die Gefahr einer oralen Aufnahme solcher Stoffe sind seit Jahren die Weichmacher, die in Weich-PVC eingesetzt werden. Folien aus Weich PVC sind daher schon seit langer Zeit für die Verpackung von Fleisch nicht mehr zugelassen. In jüngster Zeit sind Kinderspielzeuge aus Weich-PVC in Verdacht geraten, sie könnten von den Kindern in den Mund genommen und hierdurch auf der Oberfläche der Spielzeuge kondensierte Weichmacher – vom Speichel gelöst – in den Verdauungstrakt gelangen.

Ein weiteres Beispiel sind die resorbierbaren Kunststoffe, etwa die Polylaktate, aus denen z. B. Knochennägel oder Fäden zum Nähen von Schnittwunden hergestellt werden. Bei diesen Kunststoffen ist ein langsamer, hydrolytischer Abbau im Organismus möglich. Die dabei entstehenden niedermolekularen Substanzen werden über den Harnstoffwechsel aus dem Körper ausgeschieden. Daher entfallen zusätzlich Eingriffe zur Entfernung der Implantate nach der Verheilung.

Soll ein Implantat dauerhaft eine Funktion im Körper erfüllen, so muss der dabei verwendete Werkstoff inert sein und den biologischen Abbaumechanismen weitestgehend widerstehen. Aus diesen Gründen fertigt man etwa Gleitschalen für Hüftgelenkprothesen aus hochmolekularem Polyethylen.

## Literatur zu Kapitel 17

Plank, H.: Kunststoffe und Elastomere in der Medizin. In der Reihe: Kunststoffe und Elastomere in der Praxis, herausgegeben von P. Eyerer bei Verlag W. Kohlhammer 1993.
Physiological Properties (see: Biological Activity, Biomaterials, Drug Applications, Food Applications, Medical Applications) In: Encyclopedia of Polymer Science and Engineering, 2nd Edition; Editors: Mark; Biscales; Overberger; Menges. Wiley & Sons, 1985.

# 18    Allgemeine Literatur

## Kompendien

Encyclopedia of Polymer Science and Engineering; second Edition in 19 Bänden ; herausgegeben von Mark, H. F.; Biskales, N. M.; Overberger, C. G.; Menges, G.: Editor in chief: J. I. Kroschwitz. John Wiley & Sons Inc., 1990

Comprehensive Polymer Science in 7 Bänden. Sir G. Allen u. a., Pergamon Press, 1989

Encyclopedia of Polymer Processing & Applications. Editor: P. J. Corish; Pergamon Press, 1991

## Datenbanken

CAMPUS Kunststoff-Datenbank für Thermoplaste und thermoplastische Elastomere: www.campusplastics.com, November 2005
MCBase: www.mbase.de, November 2005

## Fachbücher

Ahlhaus, O. E.: Verpackung mit Kunststoffen. München: Carl Hanser Verlag, 1997
Aendt, K. F.; Müller, G.: Polymercharakterisierung. München: Carl Hanser Verlag, 1996
Batzer, H.: Polymere Werkstoffe, 3 Bände: Georg Thieme Verlag, Stuttgart, New York, 1984
Becker, G. W.; Braun, D.; Carlowitz, B. (Hrsg.): Die Kunststoffe Chemie, Physik, Technologie, Kunststoff-Handbuch Band 1, 2. Ausgabe. München: Carl Hanser Verlag, 1990
Becker, G.; Braun, D.; Bottenbruch, L.: Hochleistungskunststoffe Polyarylate, Thermotrope, Polyester, Polyimide, Polyetherimide, Polyamidimide, Polyarylensulfide, Polysulfone, Polyetheretherketone. Kunststoffhandbuch Band 3/3 Technische Thermoplaste. München: Carl Hanser Verlag, 1993
Becker, G.; Braun, D.; Bottenbruch, L.: Polycarbonate, Polyacetale, Polyester, Celluloseester, Kunststoff-Handbuch 3/1 Technische Thermoplaste. München: Carl Hanser Verlag, 1992
Becker, G.; Braun, D.; Bottenbruch, L.: Technische Polymer-Blends, PC-ABS-Blends, PC-PBT-Blends, PPE-Blends, Kunststoff-Handbuch 3/2 Technische Thermoplaste. München: Carl Hanser Verlag, 1992
Becker, G.; Braun, D.; Bottenbruch, L.; Binsack, R.: Polyamide, Kunststoff-Handbuch 3/4 Technische Thermoplaste. München: Carl Hanser Verlag, 1998
Becker, G.; Braun, D.; Felger H.: Polyvinylchlorid, Kunststoff Handbuch 2/1 und 2/2. München: Carl Hanser Verlag, 1986
Becker, G.; Braun, D.; Gausepohl, H.; Gellert, R.: Polystyrol, Kunststoff-Handbuch 4. München: Carl Hanser Verlag, 1995
Becker, G.; Braun, D.; Oertel, G.: Polyurethane, Kunststoff-Handbuch 7. München: Carl Hanser Verlag, 1993
Becker, G.; Braun, D.; Woebcken, W. (Hrsg.): Duroplaste, Kunststoff Handbuch 10, 2. Ausgabe. München: Carl Hanser Verlag, 1988
Bonten, C.: Produktentwicklung – Technologiemanagment für Kunststoffprodukte. München: Carl Hanser Verlag, 2001
Brandau, E.: Duroplastwerkstoffe. Verlag Chemie, 1993.
Brandrup, J.; Bittner, M.; Michaeli, W.; Menges, G.: Die Wiederverwertung von Kunststoffen. München: Carl Hanser Verlag, 1995
Brandrup, J.; Immergut, E. H.; Grulke, E. A.: Polymer Handbook, 4th Edition. USA: University of Kentucky, 1999
Braun, D.: Erkennen von Kunststoffen, Qualitative Kunststoffanalyse mit einfachen Mitteln, 3. Auflage. München: Carl Hanser Verlag, 1998
Brostow, W.: Performance of Plastics. München: Carl Hanser Verlag, 2000
Brostow, W.; Corneliussen, R. D.: Failure of Plastics. München: Carl Hanser Verlag, 1986

Carlowitz, B.: Kunststoff-Tabellen, 4. Auflage. München: Carl Hanser Verlag, 1995

Castaño, N.; de Greiff, M.; Naranjo, C. A.: Applied Rubber Technology. München: Carl Hanser Verlag, 2001

Charrier, J.: Polymeric Materials and Processing, Plastics, Elastomers and Composites. München: Carl Hanser Verlag,1990

Dautzenberg, H.; Jaeger, W.; Kötz, J.; Philipp, B.; Seidel, C.; Stscherbina, D.: Polyelectrolytes, Formation, Characterization and Application. München: Carl Hanser Verlag, 1994

Dick, J.: Rubber Technology, Compounding and Testing for Performance. Hanser Gardner Publications, 2001

Domininghaus, H.; Eyerer, P.; Elsner, P.; Hirth,T.: Die Kunststoffe und ihre Eigenschaften. 6. Auflage, VDI-Springer-Verlag, Berlin,2004

Ehrenstein, G. W.; Pongartz, S. (Hrsg.): Thermische Einsatzgrenzen von Technischen Kunststoffbauteilen. Düsseldorf: Springer-VDI-Verlag GmbH, 2000

Ehrenstein, G. W.; Theriault, R. P.: Polymeric Materials; Structure – Properties – Applications. Hanser Gardner Publications, 2000

Ehrenstein, G.: Kunststoff-Schadensanalyse, Methoden und Verfahren. München: Carl Hanser Verlag, 1992

Ehrenstein, G.: Polymer-Werkstoffe, Struktur – Eigenschaften – Anwendung. München: Carl Hanser Verlag, 1999

Elias, H.-G.: Makromoleküle, Band 1: Chemische Strukturen und Synthesen. Wiley-VCH, 1999

Elias, H.-G.: Makromoleküle, Band 2: Physikalische Strukturen und Eigenschaften. Wiley-VCH, 2000

Elias, H.-G.: Makromoleküle, Band 4: Anwendungen. Wiley-VCH, 2002

Erhard, G.: Konstruieren mit Kunststoffen, 2. Auflage. München: Carl Hanser Verlag, 1999

Eyrer, P. A. (Hrsg.): Kunststoffe und Elastomere in der Praxis. 5 Bände. Verlag W. Kohlhammer Stuttgart 1986.

Franck, A.: Kunststoff-Kompendium. 5. Auflage. Vogel Buchverlag, 2000

Grellmann, W.; Seidler, S. (Hrsg.): Deformation und Bruchverhalten von Kunststoffen. Springer-VDI-Verlag, 1998

Janeschitz-Kriegl, H.: Polymer Melt Rheology and Flow Birefringence. Springer-Verlag, Berlin, Heidelberg, New York 1983

Johannaber, F., Michaeli, W.: Handbuch Spritzgiessen. München: Carl Hanser Verlag, 2002

Hensen, F.; Knappe; Potente, H. (Hrsg.): Kunststoff-Extrusionstechnik. In zwei Bänden. München: Carl Hanser Verlag, 1986

Hofmann, W.; Gupta, H. (Hrsg.): Handbuch der Kautschuktechnologie. Dr. Gupta Verlag, 2001

Hummel, D.; Scholl, F.: Atlas of Polymer and Plastics Analysis, München: Carl Hanser Verlag, 1979–1981

Volume 1: Polymers; Structures and Spectra

Volume 2: Plastics, Fibres, Rubbers, Resins; Starting and Auxiliary Materials, Degradation Products Part b/I: Text Part b/II: Bibliography and Index

Volume 3: Additives and Processing Aids; Spectra and Methods of Identification.

Krentsel, B.; Kissin, Y.; Kleiner, V.; Stotskaya, L.: Polymers and Copolymers of Higher a-Olefins, Chemistry, Technology, Applications. München: Carl Hanser Verlag, 1997

van Krevelen, D. W: Properties of Polymers. Elsevier, Amsterdam London New York Tokyo 1990

Lapresa, G.: Industrielle Kunststoff-Coloristik. München: Carl Hanser Verlag, 1998

Laun, H. M.: Praktische Rheologie der Polymerschmelzen. Wiley-VCH Verlag, 2002

Lechner, M. D.; Gehrke, K.; Nordmeier, E. H.: Makromolekulare Chemie. Birkhäuser Verlag, 2003

Limper, A.; Barth, P.; Grajewski, F.: Technologie der Kautschukverarbeitung. München: Carl Hanser Verlag, 1989

Lin, S.; Pearce, E.: High Performance Thermosets, Chemistry, Properties, Applications. München: Carl Hanser Verlag, 1993

Macosko, C. W.: RIM – Fundamentals of Reaction Injection Molding. München: Carl Hanser Verlag, 1998

Mallick, P.; Newman, S.: Composite Materials Technology, Processes and Properties. München: Carl Hanser Verlag, 1990

Menges, G.; Michaeli; W.; Mohren, P.: Spritzgießwerkzeuge 5. Auflage. München: Carl Hanser Verlag, 1999

Michaeli, W. (Hrsg.): FEM zur mechanischen Auslegung von Kunststoff- und Elastomerbauteilen. Springer-VDI-Verlag, 1998

Michaeli, W.: Einführung in die Kunststoffverarbeitung. Carl Hanser Verlag, 1999

Michaeli, W.; Brinkmann, T.; Lessenich-Henkys, V.: Kunststoff-Bauteile werkstoffgerecht konstruieren. München: Carl Hanser Verlag, 1995

Moore, E.: Polypropylene Handbook, Polymerization, Characterization, Properties, Processing, Applications. München: Carl Hanser Verlag, 1996

Müller, A.: Einfärben von Kunststoffen. München: Carl Hanser Verlag, 2002

Nagdi, K.: Rubber as an Engineering Material: Guideline for Users. München: Carl Hanser Verlag, 1992

Nentwig, J.: Kunststoff-Folien, Herstellung – Eigenschaften – Anwendung 2., überarbeitete Auflage. München: Carl Hanser Verlag, 2000

Neuman, R.: Experimental Strategies for Polymer Scientists and Plastics Engineers. München: Carl Hanser Verlag, 1997

Oberbach, K.; Baur, E.; Brinkmann, S.; Schmachtenberg, E. (Hrsg.): Saechtling Kunststoff-Taschenbuch, 29. Ausgabe. München: Carl Hanser Verlag, 2004

Orr, E.: Performance Enhancement in Coatings. München: Carl Hanser Verlag, 1998

Osswald, T. A.: Polymer Processing Fundamentals. München: Carl Hanser Verlag, 1998

Osswald, T. A.; Menges, G.: Materials Science of Polymers for Engineers. München: Carl Hanser Verlag, 2003

Progelhof, R.; Throne, J.: Polymer Engineering Principles, Properties, Processes and Tests for Design. München: Carl Hanser Verlag, 1993

Rao, N.; O'Brien, K.: Design Data for Plastics Engineers. München: Carl Hanser Verlag, 1998

Retting, W., Laun, H. M.: Kunststoff-Physik. München: Carl Hanser Verlag, 1991

Rohn, C.: Analytical Polymer Rheology, Structure-Processing-Property Relationships. München: Carl Hanser Verlag, 1995

Rosato, D.: Designing with Reinforced Composites, Technology – Performance – Economics. München: Carl Hanser Verlag, 1997

Rosato, D.: Rosato's Plastics Encyclopedia and Dictionary. München: Carl Hanser Verlag, 1992

Röthemeyer, F.; Sommer, F.: Kautschuktechnologie, Werkstoffe, Verarbeitung, Produkte. München: Carl Hanser Verlag, 2001

Rubin, I. I.: Handbook of Plastic Materials and Technology. Society of Plastics Engineers, 1990

Shalaby, S. W. (Hrsg): Biomedical Polymers. München: Carl Hanser Verlag, 1994

Schmiedel, H.: Handbuch der Kunststoffprüfung. München: Carl Hanser Verlag, 1992

Schnabel, W.: Polymer Degradation, Principles and Practical Applications. München: Carl Hanser Verlag, 1981

Schwarz, O.: Kunststoffkunde, 6. Auflage. Vogel Buchverlag, 2000

Sepe, M.: Dynamic Mechanical Analysis for Plastics Engineering. Society of Plastics Engineers, 1998

Shah, V.: Handbook of Plastics Testing Technology, Second Edition. Society of Plastics Engineers, 1998

Starke, L.; Meyer, B.-R.: Toleranzen und Oberflächengüte in der Kunststofftechnik. München: Carl Hanser Verlag, 1993

Stellbrink, K.: Micromechanics of Composites, Composite Properties of Fibre and Matrix Constituents. München: Carl Hanser Verlag, 1996

Stoeckhert, K.; Woebcken, W.: Kunststoff-Lexikon, 9. Auflage. München: Carl Hanser Verlag, 1998

Stoye, D.; Freitag, W.: Resins for Coatings, Chemistry, Properties and Applications. München: Carl Hanser Verlag, 1996

Strobel, G.: The Physics of Polymers. Springer Verlag 1996.

Tres, P.: Designing Plastic Parts for Assembly, 4th Edition. München: Carl Hanser Verlag, 2000

Tsai, S. W. (Hrsg.): Composites Design. Third Edition, Think Composites Dayton, 1987

Tucker III, C.: Computer Modeling for Polymer Processing – Fundamentals. München: Carl Hanser Verlag, 1989

Uhlig, K.: Polyurethan-Taschenbuch. München: Carl Hanser Verlag, 2001

Ulrich, H.: Introduction to Industrial Polymers, Second Edition. München: Carl Hanser Verlag, 1992

Vollmert, B.: Grundriss der Makromolekularen Chemie. Springer Verlag, Berlin, Göttingen, Heidelberg, 1962

White, J. L.: Rubber Processing, Technology, Materials and Principles. München: Carl Hanser Verlag, 1995

Wittfoht, A.: Plastics Technical Dictionary/Kunststofftechnisches Wörterbuch, English-German/German-English Illustrated Systematic Groups. 3 Parts in 1 Volume. München Carl Hanser Verlag, 1992

Woodward, A.: Understand Polymer Morphology. München: Carl Hanser Verlag, 1994

Wool, R. P.: Polymer Interfaces. München: Carl Hanser Verlag, 1994

Wortberg, J.: Qualitätssicherung in der Kunststoffverarbeitung, Rohstoff-, Prozeß- und Produktqualität. München: Carl Hanser Verlag, 1996

Wright, R.: Molded Thermosets, a Handbook for Plastics Engineers, Molders, and Designers. München: Carl Hanser Verlag, 1991

Zweifel, H.: Plastics Additives Handbook, 5th Edition. München: Carl Hanser Verlag, 2000

# Sachverzeichnis

# Wichtig für Sie.

Dieses bewährte Lehrbuch gibt eine Einführung in den Aufbau und die Struktur der Polymer-Werkstoffe, soweit sie zum Verständnis des Verhaltens bei mechanischer, thermischer und chemischer Beanspruchung notwendig sind.

Besonderer Wert wird auf die mechanischen Eigenschaften, das Versagensverhalten, Festigkeitshypothesen, Langzeitverhalten, Eigenspannungen und Orientierungen gelegt.

Gottfried Ehrenstein
**Polymer-Werkstoffe
Struktur –
Eigenschaften –
Anwendung**
2., völlig
überarbeitete Auflage
1999. 268 Seiten.
180 Abb. 22 Tab.
Kartoniert.
ISBN 3-446-21161-6

*Aus dem Inhalt:*
Wirtschaftliche Entwicklung • Charakterisierung der Polymer-Werkstoffe • Aufbau der Polymer-Werkstoffe • Struktur der Polymer-Werkstoffe (Thermoplaste, Duroplaste, Elastomere, Blends, Verbundwerkstoffe) • Thermisch-mechanische Zustandsbereiche • Mechanisches Verhalten (Verformung, Orientierung, Eigenspannungen) • Alterung und Stabilisierung

Mehr Kunststoff-Fachbücher bei

www.kunststoffe.de

Fax (0 89) 9 98 30-269

**Carl Hanser Verlag**

Postfach 86 04 20, D-81631 München
Tel. (0 89) 9 98 30-0, Fax (0 89) 9 98 30-269
E-Mail: info@hanser.de, http://www.hanser.de

Hanser – Fachbücher für Computer, Technik und Wirtschaft

# Die kompakte Einführung.

Wer mit Kunststoffen Bauteile entwickeln und konstruieren will, muß neben der klassischen Konstruktionslehre die kunststofftypischen Eigenschaften verstehen und berücksichtigen.

Dies zu vermitteln gelingt dem Autor in didaktisch hervorragender Weise.
Das Buch beschreibt die Eigenschaften, die Stoff- und Dimensionierungskennwerte von polymeren Werkstoffen. Es entwickelt darauf aufbauend die Grundlagen des werkstoff- und anwendungsgerechten Konstruierens.

Praxisnahe Konstruktionsbeispiele werden für Maschinenelemente sowie für die für die Bauteilkonstruktion so wichtigen Verbindungstechniken gegeben.
Abschnitte über EDV-Unterstützung sowie das recyclinggerechte Konstruieren runden diesen Studientext ab.

Gottfried W. Ehrenstein
**Mit Kunststoffen konstruieren**
Eine Einführung
2. Auflage

HANSER

Gottfried W. Ehrenstein
**Mit Kunststoffen konstruieren**
**Eine Einführung**
2., durchgesehene und korrigierte Auflage
2001. 263 Seiten.
256 Abb. 33 Tab.
Kartoniert.
ISBN 3-446-21295-7

Mehr Kunststoff-Fachbücher bei

**Kunststoffe.DE**

www.kunststoffe.de

**Carl Hanser Verlag**

Postfach 86 04 20, D-81631 München
Tel. (0 89) 9 98 30-0, Fax (0 89) 9 98 30-269
E-Mail: info@hanser.de, http://www.hanser.de

Fax (0 89) 9 98 30-269

Hanser – Fachbücher für Computer, Technik und Wirtschaft

# Kunststoffverarbeitung leicht gemacht.

Diese „Einführung in die Kunststoffverarbeitung" vermittelt in leicht verständlicher Form und Sprache einen umfassenden Überblick über alle Kunststoffverarbeitungsprozesse, ihre Verfahrenstechnik sowie die zugehörigen maschinenbaulichen Grundlagen.

Walter Michaeli
**Einführung
in die Kunststoff-
verarbeitung**
4., völlig
überarbeitete Auflage
1999. 234 Seiten.
200 Abb. 10 Tab.
Kartoniert.
ISBN 3-446-21261-2

*Inhalt:*
• Aufbau und Einteilung der Kunststoffe
• Physikalische Eigenschaften
• Werkstoffkunde
• Aufbereitung
• Verarbeitungsverfahren
• Weiterverarbeitungstechniken
• Recycling

Mehr Kunststoff-
Fachbücher bei

www.kunststoffe.de

**Carl Hanser Verlag**

Postfach 86 04 20, D-81631 München
Tel. (0 89) 9 98 30-0, Fax (0 89) 9 98 30-269
E-Mail: info@hanser.de, http://www.hanser.de

Fax (0 89) 9 98 30-269

# Spritzgießtechnik – leicht verständlich.

Sie erfahren alles Wichtige zur Verarbeitung und zu Aufbau und Varianten der Maschinen.

Zahlreiche Illustrationen veranschaulichen die dargestellten Prozesse und Komponenten.

Siegfried Stitz,
Walter Keller
**Spritzgieß-
technik**
472 Seiten,
419 Abbildungen,
49 Tabellen
2001. Gebunden.
ISBN 3-446-21401-1

*Aus dem Inhalt:*

Spritzgießen von Thermoplasten • Spritzgießen vernetzender Polymere • Die Thermoplast-Spritzgießmaschine • Thermoplast-Maschinen für spezielle Anwendungen • Maschinen für die Duroplastverarbeitung • Maschinen für die Gummiverarbeitung • Peripheriegeräte/Automation • Einführung in die Werkzeugtechnik • Wirtschaftlichkeit und Kostenrechnen

Mehr Kunststoff-
Fachbücher bei

www.kunststoffe.de

**Carl Hanser Verlag**

Postfach 86 04 20, D-81631 München
Tel. (0 89) 9 98 30-0, Fax (0 89) 9 98 30-269
E-Mail: info@hanser.de, http://www.hanser.de

Fax (0 89) 9 98 30-269